ナノファイバーテクノロジー
―新産業発掘戦略と応用―
Nano Fiber Technology
New Industrial Excavation Strategy and Application

監修：本宮達也

シーエムシー出版

ナノファイバーテクノロジー
― 新産業発現戦略と応用 ―

Nano Fiber Technology
New Industrial Excavation Strategy and Application

監修：本宮達也

シーエムシー出版

刊行にあたり

　ナノファイバーテクノロジーが，アメリカでいま，注目を浴びています。米国政府は，ナノファイバーの先進材料としての革新的効果について，いち早く着目し，ナノファイバーテクノロジーの中でも，現在，戦略上重要な材料と技術と位置づけているからです。

　1998年頃よりNTC（全米繊維センター）を中心に増加し，2002年にはNSF（全米科学財団），DHS（米国安全保障省），EPA（米国環境保護庁）をはじめ米国陸軍の研究所も参加して一躍急増し，2003年4月現在で，全米29研究機関（58研究所）に総額約200億円以上の研究助成がなされているのです。

　この中で最も，注目すべきは，2003年5月1日，MIT（マサチューセッツ工科大学）に米陸軍の研究助成金を5年間で5000万ドルを提供して「Soldier（兵員）ナノテクノロジー研究所（ISN）」を設立し，基礎研究を始めていたことです。

　2004年1月来日した同研究所長のE・トーマス教授は，重要なことは軍需用研究ばかりでなく，民需用途の技術移転を軍が認めたことであると言っています。MITだけでも，既に民需用途の研究にDu Pont社やレイセオン社さらにダウケミカル社などが参加して，総額110～120億円以上の研究費で，警察官，消防士，医師，看護師が着用する多機能な特殊な防護服の研究が始めており，大きな市場が期待されています。

　軍需用途は，従来の半分の軽量で快適な軍服，ナノメートル単位の集まりで，異なる機能をもつ積層新素材の開発，光の偏光によって兵員の姿を周囲の環境に合わせて見えなくする軍服の開発が進んでいます。

　さらに，ナノファイバーで作った高性能エアフィルターがエンジンフィルターに実用化され，また，ナノファイバーを応用したバイオケミカルハザード防御用超軽量高機能防御服やナノファイバーを培地にした再生医療の開発が活発に行なわれています。

　アメリカ政府の意図は明らかに「繊維産業を，従来の衣料繊維を製造する産業から，超高能化ハイテクスーツ，即ち防護服を製造する高度産業に転換をはかること」です。わが国のこの分野は残念ながら5～6年遅れています。この現状を認識する必要があります。

　アメリカの戦略をいち早く嗅ぎとったNIES諸国は，既にナノファイバーテクノロジーを国家の基本戦略と位置づけて，包括的な研究開発投資を行っており，一部の大学やベンチャーには目を見張るものがあります。現に，アメリカのこの分野の研究者らは，一番進んでいるのがアメリ

カ，次は韓国であると断言する学者も多くいます。

　一方，ドイツのMarburg大学のナノファイバーの研究グループもアメリカに追いつき追い越せと開発研究を進めており30の研究グループを束ねて基礎研究を進めています。5±2年後には本格的な生産を開始でき，更に5年後にはナノファイバーの時代が到来するといわれています。

　本書は，アメリカおよびドイツでスピードを増すナノファイバーテクノロジーの開発の現状に合わせてわが国がこれからどのようにファイバー産業やナノファイバーの科学技術を確立すべきかに焦点を当て出版するものです。特に，ナノファイバーテクノロジーをナノサイズ繊維からナノスケール構造制御された繊維まで幅広くとりました。また，総論編と基礎編と応用編に分け，しかも試みとして，バイオ，IT，環境の第一人者を選び，この第一人者にナノファイバーを用い，バイオ，IT，環境を大括弧でくくってもらい，強いては，それが近い将来プロジェクトにつながるように，意欲的な執筆陣を選定しました。更に，ナノテク開発に必要な計測，ナノ加工関係を加えまた，ナノファイバーテクノロジーの国際調査に参加した東京工業大学・谷岡明彦教授らに一番新しい欧米の情報を可能な限り網羅的に追加していただき関係者らの必見の価値ある非常にタイムリーな内容となりました。

　願わくは，今，急にナノテクノロジーとしてファイバーテクノロジーを見るのでなく，ファイバーテクノロジーが培ってきた日本のポテンシャルの高さを見直し，わが国が蓄積してきたナノファイバーテクノロジーを活かし，発展させ，高強度構造材の軽量化，光・電子デバイス，創薬・再生医療，環境浄化へと展開し，高度情報社会の実現，健康寿命の延伸，環境・エネルギー問題の克服等の社会制約・要請対処に主導的な役割を果たしたいと思います。さらに新規ナノファイバー産業を創設し，雇用拡大につながれば，これに勝るものはないと思っています。

　本書は，わが国のナノファイバーテクノロジーに係わる研究者の総力を結集したものであると確信しております。この出版企画がわが国の産業の未来を担う革新的プロジェクト立ち上げのきっかけとなることも併せて願っています。

　終わりに御多忙のところ貴重な時間をさいて執筆下さった専門家の先生方へ深甚な謝意を申し上げ，あわせて，一人でも多くのナノファイバーに関心と興味をもつ方々がMarket pullのスタンスで技術価値を市場の価値に交換すること，すなわち単に，学者の好奇心を単に膨らませるだけのものではなく，ニーズ指向のイノベーションで"もの作り"の一翼を担っていくことを願ってやみません。

2004年2月

監修　本宮達也

普及版の刊行にあたって

　本書は2004年に『ナノファイバーテクノロジーを用いた高度産業発掘戦略』として刊行されました。普及版の刊行にあたり，内容は当時のままであり加筆・訂正などの手は加えておりませんので，ご了承ください。

2008年10月

シーエムシー出版　編集部

執筆者一覧(執筆順)

本宮 達也	テクノ戦略研究所　代表 (現)イノベーション研究推進体　ナノファイバー先導研究戦略推進体　研究参事
梶　慶輔	京都大学名誉教授
梶原 莞爾	大妻女子大学　家政学部　被服学科　教授
赤池 敏宏	東京工業大学大学院　生命理工学研究科　教授
小池 康博	(現)慶應義塾大学　理工学部　物理情報工学部　教授 科学技術振興機構　ERATO-SORST　小池フォトニクスポリマープロジェクト　研究総括
谷岡 明彦	(現)東京工業大学　理工学研究科　教授
斉藤 敬一郎	(現)東京工業大学大学院　有機高分子物質専攻　研究員
新田 和也	東京工業大学大学院　理工学研究科　有機・高分子物質専攻　産学官連携研究員
皆川 美江	東京工業大学大学院　理工学研究科　有機・高分子物質専攻　技官
大谷 朝男	群馬大学大学院　工学研究科　教授 (現)東京工業大学　イノベーション研究推進体　特任教授
京谷　隆	(現)東北大学　多元物質科学研究所　教授
宮澤 薫一	(現)㈱物質・材料研究機構　ナノ物質ラボ　フラーレン工学グループ　グループリーダー
松本 英俊	(現)東京工業大学大学院　理工学研究科　有機・高分子物質専攻　特任准教授
山形　豊	(現)㈱理化学研究所　知的財産戦略センター　VCAD加工応用チーム　チームリーダ
八木 健吉	八木技術士事務所
藤田 大介	(現)㈱物質・材料研究機構　ナノ計測センター　センター長
村瀬 繁満	東京農工大学　工学部　有機材料化学科　客員教授
臼杵 有光	㈱豊田中央研究所　有機材料研究室　主席研究員
武野 明義	岐阜大学　工学部　機能材料工学科　助教授

鈴木 章泰	(現)山梨大学大学院　医学工学総合研究部　教授
渡辺 順次	東京工業大学大学院　理工学研究科　有機・高分子物質専攻　教授
佐野 正人	(現)山形大学大学院　理工学研究科　教授
金子 賢治	(現)九州大学大学院　工学研究院　材料工学部門　准教授
田中 敬二	(現)九州大学大学院　工学研究院　応用化学部門　准教授
梶山 千里	九州大学　総長
幾田 信生	湘南工科大学　工学部　マテリアル工学科　教授
西尾 悦雄	㈱パーキンエルマージャパン　代表取締役社長
片岡 一則	(現)東京大学大学院　工学系研究科　教授
玄 丞烋	(現)京都大学　再生医科学研究所　准教授
松川 詠梅	大阪府立大学　先端科学研究所　生物資源開発センター　研究員
松永 是	(現)東京農工大学　理事・副学長・教授
大河内 美奈	東京農工大学　工学部　生命工学科　助手
	(現)名古屋大学大学院　工学研究院　准教授
民谷 栄一	(現)大阪大学大学院　工学研究科　精密科学・応用物理学専攻　教授
西村 隆雄	(現)旭化成クラレメディカル㈱　知的財産マネジメント部　部長
亀田 恒徳	(現)㈲農業生物資源研究所　昆虫科学研究領域　主任研究員
朝倉 哲郎	(現)東京農工大学大学院　共生科学技術研究院　教授
中嶋 直敏	(現)九州大学大学院　工学研究院　教授
近藤 篤志	(現)㈲科学技術振興機構　ERATO－SORST　研究員
浜田 祐次	三洋電機㈱　マテリアルデバイス技術開発センターBU　主任研究員
齋藤 弥八	三重大学　工学部　教授
	(現)名古屋大学大学院　工学研究科　量子工学専攻　教授
小山 俊樹	(現)信州大学　繊維学部　機能高分子学課程　准教授
渡辺 敏行	(現)東京農工大学大学院　共生科学技術研究院　教授
杉原 興浩	東北大学　多元物質科学研究所　助教授

白 石 誠 司	ソニー㈱ マテリアル研究所 π電子材料研究グループ π電子デバイス研究チーム チームリーダー (現) 大阪大学大学院 基礎工学研究科 准教授
下 田 英 雄	Applied Nanotechnologies Inc.　Research and Development Research Scientist
森 本 剛	旭硝子㈱ 中央研究所 (現) 森本技術士事務所 代表
比 嘉 充	(現) 山口大学大学院 理工学研究科 教授
川 口 武 行	(現) 帝人㈱ 常務理事 CTO室長
永 井 一 清	(現) 明治大学 理工学部 応用化学科 教授
木 村 良 晴	(現) 京都工芸繊維大学大学院 工芸科学研究科 教授
近 田 英 一	京都工芸繊維大学 地域共同研究センター 研究支援推進員 (現) ㈱ビーエムジー 製造開発グループ 開発チーム チーム長
大 林 厚	三菱化学MKV㈱ 農業資材事業部 技術グループマネージャー (現) MKVプラテック㈱ 生産技術部 生産技術部長
西 野 孝	(現) 神戸大学大学院 工学研究科 応用化学専攻 教授
柏 木 孝	University of Maryland Department of Fire Protection Engineering Adjunct Professor
守 山 雅 也	東京大学大学院 工学系研究科 化学生命工学専攻 助手 (現) 大分大学 工学部 応用化学科 准教授
溝 下 倫 大	東京大学大学院 工学系研究科 化学生命工学専攻 (現) ㈱豊田中央研究所 先端研究センター
加 藤 隆 史	(現) 東京大学大学院 工学系研究科 化学生命工学専攻 教授
英 謙 二	信州大学大学院 工学系研究科 教授
小 林 聡	(現) 長野県工業技術総合センター 材料技術部門 技師
高 原 淳	(現) 九州大学 先導物質化学研究所 分子集積化学部門 教授
山 本 和 弥	九州大学大学院 工学府 博士後期課程2年
和 田 信 一 郎	九州大学 農学研究院 助教授
越 智 隆 志	東レ㈱ 繊維研究所 主任研究員

執筆者の所属表記は，注記以外は2004年当時のものを使用しております。

目次

【総論編】

第1章 ナノファイバーテクノロジーの現状と展望

1 ファイバー構造にみるナノサイエンス
　　　　　　　　　　　　　梶　慶輔… 1
　1.1 天然繊維 ………………………… 2
　　1.1.1 セルロース繊維 …………… 2
　　1.1.2 絹糸 ………………………… 4
　1.2 合成繊維 ………………………… 4
　　1.2.1 屈曲性高分子の繊維構造 …… 5
　　1.2.2 ポリエチレンテレフタレート繊
　　　　　維の構造 …………………… 8
　　1.2.3 剛直性高分子（液晶高分子）の
　　　　　繊維構造 …………………… 8
2 ファイバーにおけるナノテクノロジー
　　　　　　　　　　　　本宮達也… 10
　2.1 はじめに ………………………… 10
　2.2 ナノファイバーテクノロジーが登場
　　　する背景 ………………………… 12
　　2.2.1 ファイバーテクノロジーの現状
　　　　　と海外の様子 ……………… 12
　　2.2.2 日本のナノファイバーテクノロ
　　　　　ジー ………………………… 13
　2.3 ナノファイバー研究の必要性 …… 14
　　2.3.1 バイオミメティックスからスー
　　　　　パーバイオミメティックスへ… 14
　　2.3.2 ナノファイバーテクノロジーの
　　　　　必要性と経済効果 ………… 18
　2.4 ナノファイバーの構造を制御し新技
　　　術を構築し新産業を創設 ……… 19
　　2.4.1 ナノファイバーテクノロジーとは
　　　　　……………………………… 20
　　2.4.2 基礎技術の確立～ナノファイバー
　　　　　の構築，解析技術 ………… 25
　2.5 新産業の創出 …………………… 26
　　2.5.1 IT関連材料 ………………… 26
　　2.5.2 バイオファイバーハイブリッド
　　　　　材料 ………………………… 27
　　2.5.3 バイオメディカルナノファイバー
　　　　　……………………………… 27
　　2.5.4 環境関連材料 ……………… 28
　　2.5.5 高強度・超軽量材料 ……… 28
　　2.5.6 ナノ加工・計測技術 ……… 28
　2.6 海外の現状 ……………………… 28
　　2.6.1 アメリカのMITに「Soldier（兵員）
　　　　　ナノテクノロジー研究所（ISN）」
　　　　　の設立 ……………………… 28
　　2.6.2 アメリカの研究機関の現状 … 29
　　2.6.3 ヨーロッパの現状 ………… 37

2.6.4　アジアの現状 …………… 37
　2.7　おわりに ………………………… 37
　2.8　提案 ……………………………… 38
　　2.8.1　ナノファイバー国家プロジェクトの要望 …………………… 38
　　2.8.2　具体的提案の一例〜ナノファイバーを共通項にした戦略的技術開発 ………………………… 39
3　ナノファイバーテクノロジーの展望
　　………………………梶原莞爾… 42
　3.1　はじめに ………………………… 42
　3.2　繊維におけるナノテクノロジー：ナノファイバーテクノロジー …… 43
　3.3　ナノテクノロジーはスーパーバイオミメティックス ………………… 44
　3.4　ナノファイバーの概念 ………… 45
　3.5　ナノファイバー技術の波及効果 … 46
　　3.5.1　IT関連材料 ……………… 46
　　3.5.2　バイオファイバー材料 …… 47
　　3.5.3　環境関連材料 …………… 48
　3.6　ナノファイバー技術の広がり …… 48

第2章　ナノファイバーテクノロジーで環境，人間，高度情報社会を実現する

1　生命現象におけるナノファイバーワールドに学ぶファイバーテクノロジー
　　………………………赤池敏宏… 52
　1.1　はじめに〜ファイバーテクノロジーとバイオナノワールドとの接点 … 52
　1.2　細胞内空間に奏でられるナノファイバーワールドのオーケストラ〜細胞内骨格タンパク質・遺伝子の世界
　　……………………………………… 54
　　1.2.1　細胞内ナノファイバーアーキテクチュア ……………… 54
　　1.2.2　遺伝子は究極のインテリジェントファイバーである！……… 55
　　1.2.3　私たちの体はインテリジェント機能材料をつくっている …… 56
　　1.2.4　スーパー生体繊維"コラーゲン" ………………………… 58
　1.3　おわりに ………………………… 59

2　ナノファイバーテクノロジーが拓くIT社会 ……………………小池康博… 60
　2.1　背景 ……………………………… 60
　2.2　ナノファイバーテクノロジーとIT … 60
　　2.2.1　高速伝送を可能にするプラスチック光ファイバとプラスチック光回路 ………………………… 60
　　2.2.2　高画質ディスプレイのためのナノファイバーテクノロジー … 61
　2.3　ブロードバンド社会へ向けての展開
　　……………………………………… 62
3　ナノファイバーテクノロジーの環境への役割 ………………………谷岡明彦… 65
　3.1　はじめに ………………………… 65
　3.2　ナノファイバーの効果 ………… 66
　3.3　環境問題解決への応用 ………… 69
　3.4　おわりに ………………………… 72

第3章　海外の現状　谷岡明彦，斉藤敬一郎，新田和也，皆川美江

1　はじめに ………………………… 73
2　米国の兵員ナノテクノロジー ……… 74
3　米国のナノファイバーテクノロジー … 76
4　ヨーロッパの現状 ………………… 78
5　アジアの現状 …………………… 78
6　おわりに ………………………… 78

【基礎編】

第4章　ナノ紡糸

1　紡糸法でつくるカーボンナノファイバーとカーボンナノチューブ…大谷朝男… 81
　1.1　はじめに ……………………… 81
　1.2　ポリマーブレンドによるナノカーボン材のデザイニングの概要 ……… 81
　1.3　カーボンナノファイバー ………… 82
　1.4　カーボンナノチューブ ………… 85
　1.5　おわりに ……………………… 90
2　鋳型法による均一カーボンナノチューブ—合成と構造制御—……京谷 隆… 91
　2.1　はじめに ……………………… 91
　2.2　鋳型法によるカーボンナノチューブの合成 ……………………… 91
　2.3　カーボンナノチューブへのヘテロ原子の導入 …………………… 95
　2.4　二重構造カーボンナノチューブの合成 ……………………………… 97
　2.5　カーボンナノチューブ内部への異種物質の挿入 ………………… 98
　2.6　おわりに ……………………… 101
3　フラーレンのナノウィスカーとナノファイバー……………宮澤薫一… 103
　3.1　はじめに ……………………… 103
　3.2　液—液界面析出法によるフラーレンナノウィスカーの作製 ……… 104
　3.3　フラーレンナノウィスカーのキャラクタリゼーション …………… 105
　　3.3.1　形状と原子的構造 ………… 105
　　3.3.2　熱的・機械的・電気的性質 … 108
　3.4　おわりに ……………………… 111
4　エレクトロスプレー法
　　……谷岡明彦，松本英俊，山形 豊… 113
　4.1　はじめに ……………………… 113
　4.2　装置 …………………………… 115
　4.3　原理 …………………………… 116
　4.4　球状高分子のデポジション ……… 117
　4.5　線状高分子によるナノファイバーの形成 ………………………… 117
　4.6　エレクトロスプレー法によるナノファイバー技術の将来展望 ……… 119
5　複合紡糸法………………八木健吉… 122
　5.1　細い繊維への流れ ……………… 122
　5.2　複合紡糸法の基本技術と極細繊維の誕生 ……………………… 123
　　5.2.1　貼り合せ型断面複合紡糸繊維　123
　　5.2.2　芯鞘型断面複合紡糸繊維 …… 123

- 5.2.3 複合紡糸繊維の分割や1成分除去の発想 …… 123
- 5.2.4 極細繊維（ultrafinefiber, microfiber）の誕生 …… 123
- 5.3 海島型複合紡糸による極細繊維製造技術（islands-in-a-sea-fiber）…… 124
  - 5.3.1 高分子相互配列体繊維 …… 124
  - 5.3.2 混合紡糸繊維 …… 126
- 5.4 分割剥離型複合紡糸による極細繊維製造技術（segmented splittable fiber）…… 126
- 5.5 直接紡糸による極細繊維製造技術（direct spinning microfiber）…… 128
- 5.6 産業へのインパクト …… 128
  - 5.6.1 極細繊維使い人工皮革の優位性 …… 128
  - 5.6.2 極細繊維用途の拡がり …… 129
- 5.7 複合紡糸法における最近のナノファイバーテクノロジー …… 131
  - 5.7.1 干渉発色繊維 …… 131
  - 5.7.2 吸湿性ナイロンナノファイバー …… 131
  - 5.7.3 米国の動き …… 131
- 6 ナノワイヤーの製造法　藤田大介 …… 133
  - 6.1 自己再生型カーボンナノワイヤー創製 …… 134
  - 6.2 STMナノ創製 …… 138
    - 6.2.1 電圧パルス法 …… 138
    - 6.2.2 z-パルス法 …… 141
  - 6.3 おわりに …… 142

第5章　ナノ加工

- 1 ナノ粒子とナノコンポジット　村瀬繁満 …… 144
- 2 ポリマークレイナノコンポジット　臼杵有光 …… 152
  - 2.1 はじめに …… 152
  - 2.2 有機－無機ハイブリッド材料の合成方法（無機材料としてクレイを使用する場合）…… 153
    - 2.2.1 層間での重合…ナイロン6クレイハイブリッド …… 153
    - 2.2.2 クレイ層間でオリゴマーとゴムの共加硫…NBRクレイハイブリッド …… 156
    - 2.2.3 クレイとポリマーを共通溶媒で分散…ポリイミドクレイハイブリッド …… 156
    - 2.2.4 クレイ層間にポリマーをインターカレート …… 156
  - 2.3 今後の課題 …… 157
  - 2.4 おわりに …… 157
- 3 クレーズによるナノボイド　武野明義 …… 159
  - 3.1 クレーズ複合高分子材料とナノ構造 …… 159
    - 3.1.1 クレーズ複合高分子材料とは …… 159
    - 3.1.2 クレーズ内のナノ構造 …… 160
    - 3.1.3 クレーズ層のミクロ構造 …… 160
    - 3.1.4 クレーズ複合材料のマクロ構造 …… 161

3.2　クレーズ複合高分子材料の特徴 … 161
　3.2.1　クレーズによる視界制御性 … 161
　3.2.2　ナノボイドによる気体透過性
　　　　 ……………………………… 162
3.3　クレーズ複合高分子材料によるナノ
　　 コンポジット ……………………… 162
　3.3.1　色素の複合 ………………… 162
　3.3.2　導電性高分子の複合 ……… 163
　3.3.3　光触媒の複合 …………… 164
3.4　ナノボイドから生まれるミクロボイ
　　 ド（微細泡）……………………… 166
　3.4.1　微細泡とナノボイド ……… 166
　3.4.2　微細泡による産業発掘 …… 167
4　レーザー加熱による超極細化技術
　　 …………………………鈴木章泰… 168
4.1　はじめに ………………………… 168
4.2　現行の超極細化技術 …………… 169
　4.2.1　直接紡糸法 ………………… 169
　4.2.2　多成分紡糸法 ……………… 169
　4.2.3　特殊紡糸法 ………………… 169
4.3　炭酸ガスレーザー照射による繊維の
　　 超極細化 ………………………… 170
　4.3.1　炭酸ガスレーザーによる超極細
　　　　 化の原理 ……………………… 170
　4.3.2　PET，ナイロン6とitポリプロ
　　　　 ピレンの超極細化 …………… 171
　4.3.3　繊維の連続的な超極細化 …… 172
　4.3.4　超超極細繊維の延伸・熱処理に
　　　　 よる超極細化 ………………… 175
4.4　まとめ …………………………… 175
5　構造色 ………………………渡辺順次… 177
5.1　はじめに ………………………… 177
5.2　発色のしくみ …………………… 178
5.3　構造色の意義 …………………… 178
5.4　構造色の研究 …………………… 180

第6章　ナノ計測

1　走査プローブ顕微鏡 ………佐野正人… 185
1.1　走査プローブ顕微鏡 …………… 185
1.2　カーボンナノチューブの分子構造と
　　 物性 ……………………………… 187
1.3　SPMによるカーボンナノチューブの
　　 構造解析と物性評価 …………… 187
1.4　カーボンナノチューブ探針 …… 188
1.5　おわりに ………………………… 189
2　透過型電子顕微鏡：TEM
　　 …………………………金子賢治… 192
2.1　はじめに ………………………… 192
2.2　TEMの役割 ……………………… 192
2.3　TEMを用いた分析手法 ………… 195
　2.3.1　エネルギー分散型X線分光法
　　　　 （EDS：Energy Dispersive X-ray
　　　　 Spectroscopy）……………… 195
　2.3.2　電子エネルギー損失分光法
　　　　 （EELS：Electron Energy-Loss
　　　　 Spectroscopy）……………… 196
　2.3.3　エネルギーフィルタリングTEM法
　　　　 （EF-TEM：Energy-Filtering
　　　　 Transmission Electron
　　　　 Microscopy）………………… 197
　2.3.4　高角環状暗視野（HAADF：

　　　　　High-Angle Annular Dark-Field）
　　　　　法 ………………………………… 198
　2.4　おわりに ……………………………… 198
3　ナノ力学物性…田中敬二，梶山千里… 200
　3.1　ファイバーテクノロジーにおける
　　　　ナノ力学物性 ……………………… 200
　3.2　高分子表面におけるナノ力学物性の
　　　　評価法 ……………………………… 201
　　3.2.1　走査粘弾性顕微鏡 …………… 201
　　3.2.2　水平力顕微鏡 ………………… 202
　　3.2.3　ナノインデンター …………… 202
　3.3　単分散ポリスチレン膜表面の力学
　　　　物性 ………………………………… 204
　　3.3.1　室温での表面粘弾性関数 …… 204
　　3.3.2　表面ガラス転移温度 ………… 205
　　3.3.3　表面α_a緩和過程の活性化エネル
　　　　　ギー ……………………………… 207

　　3.3.4　表面分子運動性への末端基の
　　　　　効果 ……………………………… 210
　3.4　ファイバーテクノロジーにおける
　　　　ナノ力学物性の展望 ……………… 211
4　振動分光………幾田信生，西尾悦雄… 212
　4.1　赤外吸収とラマン発光 ……………… 212
　4.2　赤外分光による表面状態分析 …… 212
　　4.2.1　各種反射法によるLB膜評価
　　　　　 ……………………………………… 212
　　4.2.2　誘起電磁波による高感度赤外
　　　　　分析 ……………………………… 214
　4.3　最近の表面界面分析：和周波発生
　　　　（SFG） ……………………………… 214
　4.4　顕微赤外分光法 ……………………… 215
　4.5　カーボンナノチューブの共鳴ラマン
　　　　 ………………………………………… 216
　4.6　最近の研究動向と今後の展望 …… 216

【応用編】

第7章　ナノバイオニック産業

1　薬物・遺伝子デリバリー…片岡一則… 221
　1.1　はじめに ……………………………… 221
　1.2　生体機能性高分子ミセルの構築と
　　　　その標的指向性ナノキャリアへの
　　　　展開 ………………………………… 221
　1.3　DNAを運ぶインテリジェント型高
　　　　分子ミセル ………………………… 224
　1.4　おわりに ……………………………… 226
2　再生医療用培地
　　　　　………玄　丞烋，松川詠梅… 229

　2.1　はじめに ……………………………… 229
　2.2　体外受精用培地 ……………………… 229
　　2.2.1　培養液の種類と組成 ………… 230
　　2.2.2　培養液の調整法 ……………… 230
　　2.2.3　培養液の保存 ………………… 232
　2.3　ES細胞培養用培地………………… 232
　2.4　緑茶ポリフェノールを用いた生体
　　　　組織の常温長期保存液 …………… 234
　　2.4.1　緑茶ポリフェノールの細胞増
　　　　　殖制御機能 …………………… 235

- 2.4.2 ポリフェノールを用いた移植用生体組織の常温長期保存液 … 236
- 2.5 おわりに … 238
- 3 バイオチップ **松永 是,大河内美奈** … 240
  - 3.1 はじめに … 240
  - 3.2 DNAチップ … 240
  - 3.3 微粒子を用いた解析法 … 241
  - 3.4 磁気微粒子を用いた解析法 … 242
  - 3.5 Lab-on-a-Chipによる遺伝子解析 … 243
  - 3.6 電気化学検出を利用したOn-chip型イムノセンシングシステム … 244
  - 3.7 おわりに … 245
- 4 ファイバー技術とバイオセンシング **民谷栄一** … 247
  - 4.1 はじめに … 247
  - 4.2 カーボンファイバー微小バイオセンサーを用いる神経伝達物質の計測 … 247
  - 4.3 ナノ光ファイバーを用いたニアフィールド光／原子間力計測SPM(走査型プローブ顕微鏡)と生体計測 … 249
    - 4.3.1 SNOAMの原理と装置 … 249
    - 4.3.2 SNOAMによるGFP遺伝子組み換え大腸菌細胞の解析 … 252
    - 4.3.3 染色体解析への応用 … 255
    - 4.3.4 肥満細胞の開口放出の解析 … 256
    - 4.3.5 神経細胞機能の解析 … 256
  - 4.4 おわりに … 258
- 5 バイオフィルター **西村隆雄** … 260
  - 5.1 はじめに … 260
  - 5.2 ミクロファイバーによる白血球分離・除去 … 260
    - 5.2.1 繊維径／繊維集合形態と白血球捕捉能 … 261
    - 5.2.2 輸血用白血球除去フィルター … 262
    - 5.2.3 血液体外循環治療用白血球除去フィルター … 263
    - 5.2.4 造血幹細胞採取フィルターシステム … 263
  - 5.3 ナノファイバー組み込みによる高機能化の試み … 264
  - 5.4 今後の課題・展望 … 265
- 6 バイオシルク **亀田恒徳,朝倉哲郎** … 267
  - 6.1 はじめに … 267
  - 6.2 カイコから学ぶナノテクノロジー … 267
  - 6.3 新しいバイオシルクの創成 … 270
  - 6.4 ナノシルクへの挑戦 … 270
  - 6.5 おわりに … 273
- 7 DNAとカーボンナノチューブの複合化と機能化 **中嶋直敏** … 275
  - 7.1 はじめに … 275
  - 7.2 可溶化の手法 … 275
  - 7.3 化学結合による可溶化 … 276
  - 7.4 物理吸着による可溶化 … 277
  - 7.5 DNAとカーボンナノチューブの複合化と機能化 … 278

第8章　ナノネットワーク・ナノデバイス産業

1 プラスチック光ファイバー POF
　　……………**近藤篤志，小池康博**… 282
　1.1　はじめに ………………………… 282
　1.2　プラスチック光ファイバーの構造
　　……………………………………… 283
　1.3　GI型POF開発の歴史 ………… 284
　1.4　GI型POFの作製方法 ………… 285
　1.5　GI型POFの性能 ……………… 286
　　1.5.1　伝送損失 ………………… 286
　　1.5.2　伝送帯域 ………………… 286
　1.6　GI型POFの長期信頼性 ……… 288
　1.7　おわりに ………………………… 290
2 有機EL素子 ………… **浜田祐次** … 291
　2.1　はじめに ………………………… 291
　2.2　低分子型有機EL素子の概要 … 292
　2.3　キャリア輸送（注入）材料 …… 292
　2.4　発光材料 ………………………… 293
　2.5　有機ELディスプレイの製造方法　296
　2.6　有機ELディスプレイのフルカラー化
　　……………………………………… 296
　2.7　有機ELディスプレイの特徴 … 297
　2.8　おわりに ………………………… 298
3 カーボンナノチューブ冷陰極
　　…………………………**齋藤弥八** … 300
　3.1　電界エミッターとしてのカーボン
　　ナノチューブの特長 …………… 300
　3.2　電界放出顕微鏡法による電子放出
　　の研究 …………………………… 301
　　3.2.1　CNTエミッター先端の観察 … 301
　　3.2.2　エネルギー分布 ………… 301
　　3.2.3　電子源としての輝度 …… 303
　3.3　CNT冷陰極の作製 …………… 303
　　3.3.1　スプレイ堆積法 ………… 304
　　3.3.2　スクリーン印刷法 ……… 304
　　3.3.3　電気泳動法 ……………… 304
　　3.3.4　化学気相成長法 ………… 304
　3.4　CNTエミッターの寿命と残留ガスの
　　影響 ……………………………… 304
　3.5　ディスプレイデバイスへの応用 … 305
　　3.5.1　ランプ型デバイス ……… 305
　　3.5.2　フラットパネル型デバイス … 306
4 ナノ加工光ファイバーデバイス
　　…………………………**小山俊樹** … 310
　4.1　はじめに ………………………… 310
　4.2　ファイバー・ブラッグ・グレーティ
　　ング ……………………………… 310
　4.3　有機ナノ薄膜導波路をコートした
　　DFB型光ファイバーレーザー … 311
　　4.3.1　光ファイバー上への有機薄膜
　　　　　レーザー導波路の形成 …… 312
　　4.3.2　分布帰還型共振器の導入した
　　　　　DFB型光ファイバーレーザー
　　　　　……………………………… 313
　4.4　ファイバー型有機発光ダイオード
　　……………………………………… 314
　4.5　おわりに ………………………… 315
5 光散乱を利用した光制御デバイス
　　…………………………**渡辺敏行** … 317
　5.1　はじめに ………………………… 317
　5.2　偏光素子の原理 ………………… 317
　　5.2.1　吸収型偏光素子（ポーラロイド）
　　　　　……………………………… 318

5.2.2 フッ素化ポリイミドによる薄膜偏光素子 …………… 318	………………………………… 324
5.2.3 コレステリック液晶を用いた偏光素子 ………………… 318	5.4 おわりに ………………… 325
	6 高分子光導波路デバイス…**杉原興浩**…326
	6.1 はじめに ………………… 326
5.2.4 複屈折を有する多層膜の干渉を用いた偏光素子 …………… 319	6.2 高分子光導波路材料 ……… 327
	6.3 高分子光導波路作製方法 … 327
5.2.5 ゲストホスト系の光学的異方性を利用した偏光素子 ………… 319	6.4 光導波路作製例 …………… 331
	6.4.1 ホットエンボス法による大口径光導波路 ………………… 331
5.3 ゲストホスト系の光学的異方性を利用した偏光素子の特性と課題 …… 320	
5.3.1 ドメインサイズが波長以上の場合 ……………………………… 321	6.4.2 光回路エレメント一括成形加工 ………………………………… 332
	6.5 結論 ……………………… 334
5.3.2 ドメインサイズが波長以下の場合	

第9章　環境調和エネルギー産業

1 カーボンナノチューブへの水素吸蔵 …………………**白石誠司**… 335	3.3.1 活性炭電極 ……………… 352
	3.3.2 カーボンナノチューブ電極 … 354
2 ナノチューブのLi容量……**下田英雄**… 342	3.4 おわりに ………………… 360
2.1 はじめに ………………… 342	4 バッテリーセパレータ……**比嘉　充**… 361
2.2 カーボンナノチューブ …… 342	4.1 バッテリーセパレータの機能と分類 ……………………………… 361
2.3 ナノチューブにおけるLiの容量 … 343	
2.4 問題点 …………………… 347	4.2 多孔質フィルム―電解液型セパレータ ……………………… 362
2.5 おわりに ………………… 348	
3 カーボンナノチューブの電気二重層キャパシタへの応用……………**森本　剛**… 350	4.3 多孔質フィルム―ゲル電解質型セパレータ ………………… 364
	4.4 完全固体高分子電解質セパレータ ………………………………… 365
3.1 はじめに ………………… 350	
3.2 電気二重層キャパシタの原理 …… 350	
3.3 電気二重層キャパシタ用電極 …… 352	4.5 イオン交換膜セパレータ ………… 365

第10章　環境産業

1 ナノファイバーテクノロジーと分離膜 …………………**川口武行**… 369	1.1 はじめに ………………… 369
	1.2 ナノファイバーフィルターの分離対

IX

		象市場動向 ………… 370
	1.3	ナノファイバーフィルターの技術開発動向 ………… 371
		1.3.1 ナノファイバーフィルターの特徴 ………… 371
		1.3.2 ナノファイバーフィルターのその他の用途展開例 ……… 374
	1.4	ナノファイバーフィルターの工業的な製造技術の今後の課題 ……… 374
2	エアフィルター……… 永井一清 … 377	
	2.1	はじめに ………… 377
	2.2	エアフィルターとは ……… 378
	2.3	ナノファイバーエアフィルター … 383
	2.4	おわりに ………… 384
3	繊維性バイオマスと植物由来材料	

………… 木村良晴，近田英一 … 385

3.1 はじめに ………… 385
3.2 繊維性バイオマス ………… 385
3.3 バイオマスのケモ・バイオ変換とバイオマス材料 ………… 387
3.4 繊維性バイオマスによる強化複合材 ………… 389
3.5 竹，葦繊維を用いたバイオコンポジット ………… 391
3.6 おわりに ………… 394

4 農業用フィルム……… 大林 厚 … 396
4.1 はじめに ………… 396
4.2 農業用フィルムの要求性能 ……… 396
4.3 農業用フィルムの高機能化 ……… 398
4.4 おわりに ………… 402

第11章　革新的ナノ材料産業

1 ナノファイバー充てん複合材料
　………………………… 西野 孝 … 404
　1.1 はじめに〜ナノファイバー充てん複合材料に期待できること ……… 404
　1.2 ウィスカー充てんナノ複合材料 … 406
　1.3 カーボンナノチューブ充てん複合材料 ………… 407
　　1.3.1 界面での接着性 ………… 408
　　1.3.2 ナノチューブの分散性 ……… 409
　　1.3.3 ナノチューブの配向性 ……… 410
　　1.3.4 ナノチューブの自己修復性 … 411
　1.4 今後の展開〜セルロースナノファイバー充てん複合材料 ……… 411
2 ナノ難燃材料 柏木 孝 ……… 414
　2.1 はじめに〜ナノファイバー充てん複合材料に期待できること ……… 414
　2.2 Clay系ナノコンポジット ……… 415
　2.3 シリカ微粒子系，カーボンナノチューブ系ナノコンポジット ……… 420
3 自己組織性ナノファイバー
　……… 守山雅也，溝下倫大，加藤隆史 … 423
　3.1 はじめに ………… 423
　3.2 液晶物理ゲル〜液晶と自己組織性ナノファイバーとの複合体 ……… 424
　3.3 液晶中での自己組織性ナノファイバーの構造制御 ………… 425
　3.4 液晶／自己組織性ナノファイバー複合構造を利用した高性能表示素子への展開 ………… 426
　3.5 液晶／自己組織性ナノファイバー

複合体の光・電子機能化 ………… 428
　　3.5.1　ホール輸送性液晶ゲル ……… 428
　　3.5.2　光応答性液晶ゲル …………… 429
　3.6　おわりに ……………………………… 430
4　有機ナノファイバーとそれを利用した
　　無機ナノファイバーの創製
　　　………………英　謙二, 小林　聡 … 432
　4.1　はじめに ……………………………… 432
　4.2　有機ゲル化剤とナノファイバー …… 432
　4.3　ゲル化剤を利用した無機ナノファイ
　　　バーの創製 …………………………… 435
　4.4　おわりに ……………………………… 441
5　天然無機ナノファイバー「イモゴライト」
　　…高原　淳, 山本和弥, 和田信一郎 … 443
　5.1　はじめに ……………………………… 443
　5.2　「イモゴライト」はどのような物
　　　質か？ ………………………………… 443

　5.3　イモゴライトの水溶性高分子との
　　　複合化 ………………………………… 446
　5.4　イモゴライトの表面特性と表面化
　　　学修飾 ………………………………… 446
　5.5　イモゴライト／ポリマーハイブリッド
　　　…………………………………………… 448
　5.6　イモゴライトのその場合成による
　　　ポリマーハイブリッドの創製 …… 449
　5.7　おわりに ……………………………… 450
6　汎用ポリマーから成るナノファイバー
　　………………………………越智隆志 … 452
　6.1　はじめに ……………………………… 452
　6.2　形態制御による繊維の高機能化 … 452
　6.3　超極細糸 ……………………………… 452
　6.4　エレクトロスピニング …………… 453
　6.5　ナイロン・ナノファイバー ……… 454
　6.6　おわりに ……………………………… 456

総論編

第1章　ナノファイバーテクノロジーの現状と展望

1　ファイバー構造にみるナノサイエンス

梶　慶輔[*]

　人類が繊維を利用し始めたのは少なくとも1万年以上前に遡る。初めは，天然の繊維を衣料としてそのまま利用したが，その後，より細く，より強く，より美しい繊維を求め品種改良が行われてきた。その用途も単なる衣料から物をしばるためのロープ，物を包んだり，濾したり，風を受けたり（舟の帆）するための布として広がって行った。しかし，繊維（ファイバー）がサイエンスとして研究され始めたのは1920年代からで，それ以降「高分子説論争」と相俟って繊維構造が本格的に研究された。現在ではその構造を分子オーダーからかなり具体的に説明できるようになってきた。その結果，多くの繊維の基本単位においてナノファイバーが重要な働きをすることが明らかにされてきた。すなわち，繊維の多くは直線状の高分子（長い鎖状の分子）からなっており，繊維中にはこれらの分子鎖が繊維軸方向に平行に配向した領域が多少とも存在する。繊維の強度を支える主要部分は，このような配向領域である。したがって，繊維強度を高めるためにはこのような配向領域の分率を高めるとともにその領域の長さを出来るだけ長くする必要がある。また，温度変化などに対してこれらの領域を安定に保つためには結晶化による安定化が不可欠である。他方，繊維の重要な特徴としてしなやかさ（屈曲性）や高い結節強度が要求される。そのためには，繊維を出来るだけ細くする必要がある。このような要請を満たす究極的な形態がナノファイバーである。例えば，極めて高い強度をもつスーパー繊維は繊維中のナノファイバーの分率を極度に高めたものである。そのようなスーパー繊維は，特定の高分子（たとえば屈曲性高分子ではゲル紡糸法によるポリエチレン繊維，剛直性高分子では液晶紡糸によるPBO繊維など）で実現されているが，それ以外の多くの汎用性高分子については成功していない。したがって，ナノファイバーテクノロジーの推進が今後益々重要になると考えられる。その達成のために繊維構造の解明の現状を知っておくことは重要であろう。

　さて，繊維は天然繊維と合成繊維に大別できるが，両者の構造は同じではなく区別する必要があるし，天然繊維でもセルロース繊維と絹では産生機構が全く異なり，合成繊維でも屈曲性高分子と剛直性高分子（液晶高分子）とでは異なる構造をもつ。したがって，以下にそれぞれの構造

---

[*]　Keisuke Kaji　京都大学名誉教授

モデルを項目別に説明する。なお,繊維の歴史[1]および繊維構造の解明の歴史[2,3]については文献を参照されたい。

1.1 天然繊維

天然繊維の構造は,各生体系によって明確に制御されており,その制御の仕方も生物の種類によって異なる。ここでは,重要なセルロース繊維と絹糸について述べる。

1.1.1 セルロース繊維

セルロース繊維は,高等植物のみならず藻類やバクテリア(酢酸菌など)によっても生産される。これらに共通していることは,セルロースの生合成が細胞膜中にあるセルロース合成酵素複合体(cellulose synthase complex)と呼ばれる酵素系によって合成と同時に細胞膜の外表面にミクロフィブリル(ナノファイバー)を連続的に形成することである[4,5]。この複合体は,生成しつつあるミクロフィブリルの末端に結合しているので末端複合体(terminal complex;TC)とも呼ばれている。TCはセルロース分子を合成するサブユニットからなるが,サブユニットの集合の仕方によってロゼット型と直線型の2種類が存在する。ロゼット型は6個のサブユニットが六角形状に配列したものであり,直線型は多数のサブユニットが1列または3列に長く配列したものである。TCがどの形態を取るかは生物の種類による。例えば,多くの高等植物ではロゼット型,藻類ではロゼット型と3列の直線型,バクテリアでは1列の直線型を取っている。

図1は,高等植物におけるミクロフィブリルの産生の様子を示したモデル図である。ロゼット型のTCが細胞膜中にあり,各サブユニットは1本のセルロース分子を細胞膜の外側に生成する。

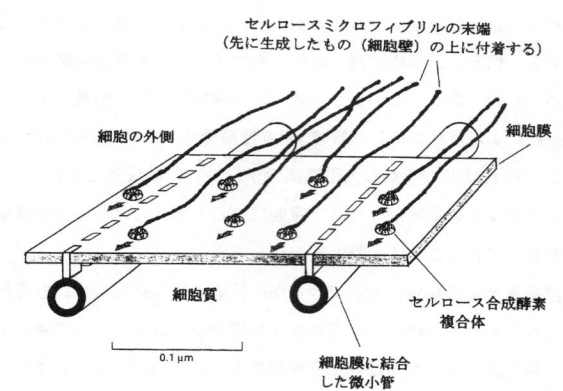

図1 セルロース・ミクロフィブリルの生成機構モデル
(B. Alberts et al., "Molecular Biology of the Cell", 4th edition, Garland Science, 2002, p.1124)

第1章　ナノファイバーテクノロジーの現状と展望

ロゼット当たり6個のサブユニットがあるから6本の分子が合成され，それらが凝集して1本のミクロフィブリルを作る。これらのミクロフィブリルが何本か集まってさらに太いフィブリルを形成するが，その際ミクロフィブリル間はリグニンなどの接着物質によって接合される。細胞壁は細胞膜間にできたこのようなフィブリルが集まったものである。ここで，ミクロフィブリルの直径の実測値は6～8nmであり[5]，自然は正にナノファイバーを産生しているのである。この生成過程で注目すべきことは，TCがセルロース・ミクロフィブリルを生成することによって前へ押し出されるが，そのときの圧力によって，高等植物や藻類ではTCが細胞膜中を移動して行くのに対し，バクテリアでは菌自体が走行し圧力を解消している。

さらに，高等植物では細胞膜に結合した平行な微小管が多数存在し，ロゼットはそれらの微小管に挟まれたチャンネル（溝）に沿ってしか進めないため，ミクロフィブリルは1方向に配向する。それに対して，藻類では直線状のTCが緻密に配列し隣接TCが反対方向に動くことによって配向を保つと思われる。しかし，不思議なことに次の層ではミクロフィブリルが前の層と互いに直交するように配向する。このような2軸配向は藻類の膜強度を上げるための戦略と考えられるが，どのようにして配向の向きを変えているのかは分かっていない。

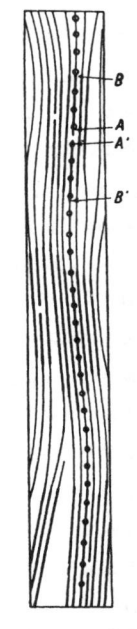

図2　セルロースに対する「ミセル構造モデル」（Kratky-Markモデル）
(H. A. Stuart, ed., "Die Physik der Hochpolymeren", vol. 3, p.193)

他方，バクテリアは方向を自由に変えながら走行するので，産生されるミクロフィブリルは曲がりくねっており緻密な網目を形成する。また，バクテリアにとって産生するミクロフィブリルは排泄物であり，それ以上修飾されないのでリグニンなどの接着物質を含まない純粋なセルロースであるという特徴をもつ。これから作られたフィルムは普通紙の数10倍の強度を持ちスピーカーの振動板として実用化されている[22]。

さて，以上の生成機構を基に麻や木綿に対する最も確からしい繊維構造モデルを示そう。図2は，1939年にKratky-Mark[6]によって天然セルロースに対して提出されたミセル構造モデルであるが，このモデルは上述の生成機構から推定される構造をよく表わしている。すなわち，ミクロフィブリルを生じるTCは溝の中を移動するときある程度の横揺れを伴って進むので，分子鎖が完全に平行配列する領域（太線の部分で結晶すなわちミセルに相当）は局所的になるであろうし，隣接ミクロフィブリルどうしが接触する部分はミセル領域はより大きくなるであろう。また，

横揺れによって曲がる部分は結晶化できず,非晶領域を与えると考えられる。事実,X線的に測定された結晶化度は約70%で完全には結晶化していない[7]。さらに,結晶領域と非晶領域の密度差が小さいことと結晶領域のサイズと分布が不規則であるため明確な長周期を与えないことが予想されるが,このことは小角中性子散乱測定によって確かめられている[8]。なお,このモデルは結晶ミセルの両端に非晶鎖のふさ飾りがあると考えられるので1種のふさ状ミセル構造である。

1.1.2 絹 糸

絹糸の場合には,セルロースとは異なり高分子の重合と紡糸過程が分離していることである。すなわち,1次構造はDNAの配列に従って完全に制御されているが[9],産生された高分子であるフィブロインは巧妙な生体機構によって紡糸される[10,11]。家蚕フィブロインは,絹糸腺細胞の小胞体の膜面にあるリボソームで合成され膜内に排出され,小胞体内を通りゴルジ体に移行し,ここで濃縮されて絹糸腺腔に分泌される。さらに,フィブロインは絹糸腺(後部,中部,前部糸腺の順)を経て吐糸管に運ばれる。後部糸腺のフィブロインは濃度12%程度,pH=6.9で粘度の低い水溶液ゲルである。架橋は金属イオン(Ca^+とK^+)によって行われている。分子はコイル状をしているが,わずかにα-ヘリックスを含む。

中部糸腺では,25%まで濃縮され「液状絹」と呼ばれるゲル状態になりセリシンゲルに包まれる。中部糸腺の先端では,pH=5.6〜5.0まで低下することによって1部の架橋点が外れ粘度も下がる。前部絹糸腺は極めて細くなっており,ここでフィブロイン分子鎖が平行に配列しネマチック液晶になる。この液晶絹が吐糸管を経て液晶紡糸されるが,重要なことはその引張り速度であり,約1mm/s以上でないと繊維化しない。蚕が吐糸時に頭を8の字型に振って延伸紡糸するが,その吐糸速度は6〜10 mm/sである。すなわち,この延伸によってはじめて液晶中のα-ヘリックスがβ型に変換して結晶化する訳である。

以上の紡糸機構から判断すると均一な繊維ができてもよいはずであるが,実際には結晶領域と非晶領域を交互にもつ構造をとる。これは,1次構造がDNAによって結晶領域になるアミノ酸(グリシン,アラニン,セリン)の規則的な配列部分と非晶領域になるバルキーなアミノ酸(チロシンやバリンなど)が不規則に入った部分の繰返しになるように決められているからである[9]。すなわち,結晶部分と非晶部分が予め遺伝的に組込まれている訳である。繊維構造の詳細については良く分かっていないが,ふさ状ミセル構造をとるのではないかと考えられる。

1.2 合成繊維

通常,合成繊維は線形鎖状高分子からなるが,その繊維構造は高分子鎖の屈曲性(剛直性),分子量およびその分布,作製条件(特に延伸条件)によって異なる。しかし,ここではこれまでに調べられた典型的な繊維構造モデルについて述べることにする。繊維構造研究の歴史において

は，主として研究のしやすいポリエチレン（PE）について詳しく調べられ，最終的にシシカバブモデルが提出された。このモデルは屈曲性が高く分子量の大きい高分子からなる繊維に適用できると考えられる。この場合，繊維の強度を支えているのは主として伸長鎖結晶からなるナノファイバーである。もう一つは，剛直性高分子からなる繊維で高分子液晶の構造が関係する。

1.2.1 屈曲性高分子の繊維構造

1942年Hess-Kiessigは，ポリウレタンやポリアミドなどの繊維の小角X線回折写真を撮り，7〜16nmの長周期が存在することを初めて発見した[12]。このことから合成繊維中では繊維軸方向に結晶領域と非晶領域が交互に規則正しく連なっていることが分かった。彼等は，この結果に基づいてミクロフィブリルが平行に配列しその非晶部の膨らみがスタッガー位置になるように密に充填した「ふさ状ミセル・ミクロフィブリルモデル」を提出した。その後，Bonart-Hosemann[13]は，このような非晶領域のふくらみがあるとミクロフィブリル間の干渉が赤道反射として生じる筈であるのに実際に観察されないとしてこのモデルを批判し，1957年にKellerやFischerによって発見された分子鎖の折りたたみを非晶領域に導入し膨らみをなくした。

さらに，長周期反射の層線上の広がりを説明するために，結晶領域の表面が統計的に波打ったいわゆる「パラクリスタル層構造モデル」を提出した。その後，Peterlin[14]は繊維強度や弾性率を説明するためには折りたたみ分子鎖やゆるんだタイ分子の他に緊張したタイ分子が非晶領域を貫通している必要があるとし，図3のような「折りたたみ鎖ミクロフィブリルモデル」を提出した。このモデルとパラクリスタリン層構造モデルとの違いは，緊張タイ分子があるかないかだけである。

1965年にPennings-Kiel[15]は，ポリエチレン溶液を攪拌すると細いフィブリル状の芯の周りに

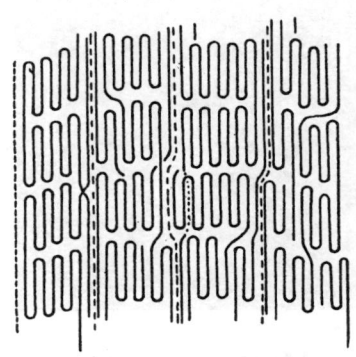

図3 屈曲性高分子に対する「折りたたみ鎖ミクロフィブリルモデル」（Peterlinモデル）
(A. Peterlin, *J. Polymer Sci.*, A-2, 7, 1151 (1969))

折りたたみ分子鎖の結晶ラメラがほぼ等間隔に付着した構造物ができることを発見した。彼等は，この構造が串刺しの焼肉料理に似ていることからシシカバブ（shish-kebab）構造と命名した。すなわち，芯（シシ）が串で結晶ラメラ（カバブ）が焼肉に対応する。その後，Keller[16]はこのような構造が溶融体（メルト）の流動物中にも存在することを発見した。写真1は，ポリエチレンフィラメント中に見出された典型的なシシカバブ構造を示す電子顕微鏡写真[17]である。この構造では，シシは等間隔に平行に多数配列しており，隣接シシカバブ同士はラメラが互いにかみ合っていることが分る。この写真では，ラメラの厚さは平均30nm，シシの太さは約25nm，長さは500μmに達するものもある。Kellerは，この構造を「かみ合わせシシカバブ構造（interlocking shish-kebab structure）」と命名した。図4は，この構造を模式的に示したものである。このモデルとPeterlinのモデルを比較すると緊張タイ分子が実はシシであったことが分る。さらに，ラメラ表面のうねりはそろばん玉状のラメラのかみ合わせによるものであることも分る。

　以上のことから，屈曲性高分子の典型的な繊維構造は「かみ合わせシシカバブ構造」と結論される。ここで，シシは伸長鎖結晶であり，ケバブは伸長鎖結晶上にエピタキシャル成長した折りたたみ鎖結晶ラメラと考えられている。上下のラメラ間にはもちろん緩和タイ分子を含め非晶鎖が存在する筈であるが，成長機構から考えて繊維軸方向の力を直接荷なう緊張タイ分子は存在し

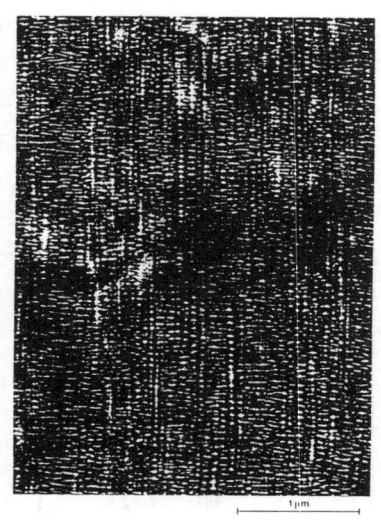

写真1　かみ合わせシシカバブ構造を示すポリエチレンフィラメントの透過電子顕微鏡写真
クロロスルフォン酸処理後切開。
（A. E. Woodward, "Atlas of Polymer Morphology", Hanser, 1989, p.279）

第1章 ナノファイバーテクノロジーの現状と展望

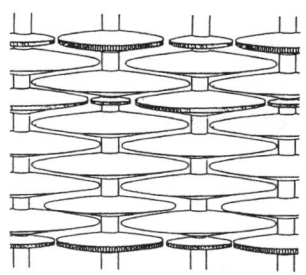

図4 屈曲性高分子に対する「かみ合わせシシカバブ構造モデル」(Kellerモデル)
(Z. Bashir, M. J. Hill, A. Keller, *J. Mater. Sci. Lett.*, **5**, 877 (1986))

ないと考えられる。繊維の強度を主として荷なうのはシシすなわちナノファイバーであり，その数が多いほど繊維は強いことになる。事実，ポリエチレンのスーパー繊維（高強度高弾性率繊維）はゲル延伸によって作製されるが，この方法で作製された試料中のシシの数密度は極めて高い。写真2は，ゲル延伸ポリエチレンフィルムの透過電子顕微鏡写真[18]であるが，その様子が良く分る。ここで注目すべきことは，シシの数密度が増大するにつれてラメラの横幅が減少しかみ合わ

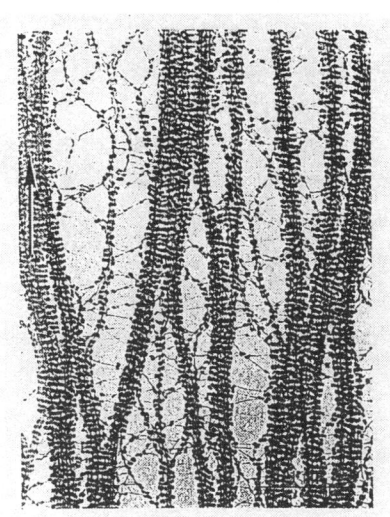

写真2 ゲル延伸ポリエチレンフィルムの透過電子顕微鏡写真
(J. Brady, in "Fractography and Failure Mechanisms of Polymers and Composites",
ed. by A. C. Roulin-Moloney, Elsevier Sci., (1989), p.134)

せがはずれることである。そのため横に裂け易くなりフィブリル化する。これを防ぐ一つの方法としては，表面を部分融解して圧着することが考えられる。

これまでにシシカバブ構造が実際に観察された高分子は，ポリエチレン[7]，ナイロン６６[16]，アイソタクチック・ポリプロピレン[19]，アイソタクチック・ポリスチレン[20]などがある。

1.2.2 ポリエチレンテレフタレート繊維の構造

屈曲性高分子でもより剛直なポリエチレンテレフタレート（PET）繊維では，シシカバブ構造が観察されていない。その原因は明らかでないが，一つには分子量が比較的低いためかも知れない。シシができるためには延伸配向効果の受け易い長鎖分子が不可欠だからである。PETのスーパー繊維化が難しいのは，ナノファイバーができ難いからであろう。

1.2.3 剛直性高分子（液晶高分子）の繊維構造

液晶高分子の繊維構造は，屈曲性高分子の場合とかなり異なる。図5は，Sawyer-Jaffe[21]による構造モデル図である。まず，結晶化時の表面と内部の剪断応力の差を反映してスキン・コア構造をとる。コア内部はフィブリルの階層構造をもっており，一番大きな単位が直径５μmのマクロフィブリルで，その中には１桁細いフィブリルが詰まっている。フィブリルは，さらに１桁小さい単位のミクロフィブリル（ナノファイバー）から形成されている。ケブラー

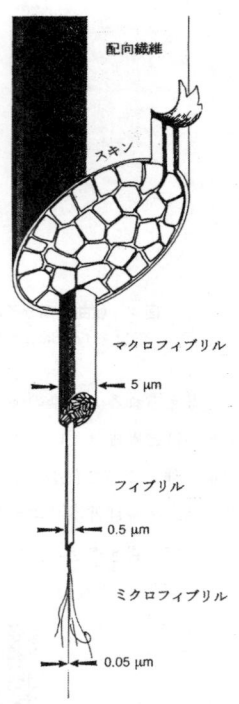

図5 液晶高分子繊維に対する
「階層フィブリルモデル」
（Sawyer-Jaffeモデル）
(A. E. Woodward, "Atlas of Polymer Morphology", Hanser, 1989, p.267)

繊維やPBO繊維が高い強度をもつのは，ナノファイバーが密に詰った構造をもつからと考えられる。

以上見てきたように，強くてしなやかな究極の繊維を作製するためには如何にしてナノファイバーを効率良く密に形成させるかに懸かっている。

第 1 章　ナノファイバーテクノロジーの現状と展望

文　　献

1) 梶　慶輔, 繊維と工業, **59**(4), P-121(2003).
2) 野村春治, 梶　慶輔, 繊維と工業, **53**(5), P-129(1997).
3) 梶　慶輔, 繊維と工業, **53**(5), P-132(1997).
4) B. Alberts, et al. (editors), "Molecular Biology of the Cell" (4th ed.), p.1118, Garland Science, New York(2002).
5) C. H. Haigler, Chapter 2 in "Cellulose Chemistry and Its Applications", ed. by T. P. Nevell and S. Haig Zeronian, p. 30, Ellis Horwood Ltd. (1985).
6) O. Kratky, H. Mark, Z. physik. Chem. **B**, **36**, 129(1937).
7) P. H. Hermans, A. Weidinger, J. Appl. Phys., **19**, 491(1948).
8) E. W. Fischer, et al., Macromolecules, **11**, 213(1978).
9) 三田和英, 高分子, **45**(3), 146(1996).
10) 赤井弘, 現代化学, **1972**(3), 37.
11) 馬越淳, 材料化学, **21**(4), 197(1984)；馬越淳ほか, 高分子, **38**, 279(1989).
12) K. Hess, H. Kiessig, Naturwissenschaften, **31**, 171(1943)；Z. phys.Chem., **A193**, 196(1944).
13) R. Bonart, R. Hosemann, Makromol. Chem., **39**, 105(1960).
14) A. Peterlin, J. Polymer Sci., A-2, **7**, 1151(1969).
15) A. J. Pennings, A. M. Kiel, Kolloid-Z. Z. Polymere, **205**, 160(1965).
16) A. Keller, M. J. Machin, J. Macromol. Sci. (Phys.), **B1**, 41(1967).
17) Z. Bashir, M. J. Hill, A. Keller, J. Mater. Sci. Lett., **5**, 876(1986).
18) J. Brady, in "Fractography and Failure Mechanisms of Polymers and Composites", ed. by A. C. Roulin-Moloney, Elsevier Sci., (1989), p. 134.
19) B. P. Saville, in "Applied Polymer Light Microscopy", ed. by D. A. Hemsley, Elsevier Applied Science(1989), p111.
20) R. J. Young, P. A. Lovell, "Introduction to Polymers", 2nd edition, Chapman & Hall(1991).
21) L. C. Sawyer, M. Jaffe, J. Materials Sci., **21**, 1897(1986).
22) 高井光男, 惠良田知樹, 高分子, **47**(6), 382(1998).

2 ファイバーにおけるナノテクノロジー

本宮 達也[*]

2.1 はじめに

「ナノテク」ブームが押し寄せている。1ナノメートルは1メートルの10億分の1という微小スケールで、この微小スケールを制御するナノテクノロジー（超微細技術）はIT（情報技術）や健康・新医療、環境など、多くの分野で期待される。

分子レベルの開発実績を持つナノファイバーの繊維分野は、萌芽的成果が、産業化に比較的直結しやすい分野である。半世紀前からナノファイバーの開発が進んでいた。多くの綿、羊毛、絹、腱、くもの糸など天然繊維は、1ナノメートルほどの小さい分子レベルからナノファイバーが集って、徐々に太い繊維束を作る一種の階層構造を採っており、ボトムアップ型の研究開発の先駆的役割を果たしてきた。

従来、わずか1gで地球を一周する極細繊維（ウルトラマイクロファイバーの0.0001デニール）は、物理的に作った研究室レベルの最小デニールファイバーであったが、現在は、東レが[1] 2002年10月に開発した60nmファイバーがトップダウンの最小の限界である。また、2003年7月帝人は、ナノファイバーテクノロジーでナノテクファイバー「MORPHOTEX」の生産を開始した[1]。ファイバーは面白いもので、連続相材料であると同時に配向材料、傾斜材料でもあり、知能材料の機能も発揮しうる材料である。図1にナノファイバーテクノロジーの異分野融合の技術開発を示す。

生物由来の繊維状材料の綿、絹、羊毛は、自然界の巧緻な構造をもち、今日のキーワードでいえば、ナノファイバーを基本単位にしている。従来の実用繊維の主な用途は、人体を守る衣料や非衣料の産業用に使われているが、分子繊維のナノファイバーは、バイオファイバーとして人間の体のコラーゲン繊維はじめ細胞の足場を支え、重要な役割を果していることが、最近明らかになってきた。

一方、いま、し烈な量産化競争が始まっているナノファイバーにカーボンナノチューブがある。次世代の医薬品や電池をはじめ次世代の電子素子や薄型表示装置などの中核素材となりうる。また、高度情報通信社会を引っ張るナノファイバーのGI型POF（コアのナノオーダー制御）の量産化は一部始まった。ソリューションが新ビジネスになる時代である。

21世紀のファイバーの特徴は、ナノレベルで構造を制御し、ナノレベルで評価することが重要となる。

特に、アメリカおよびドイツのナノファイバーにかける意気込みがひしひしと伝わってくる昨今である。本稿では、ナノファイバーを中心に、一部その関連のテクノロジーの背景、現状、将

---

[*] Tatsuya Hongu　テクノ戦略研究所　代表

第1章 ナノファイバーテクノロジーの現状と展望

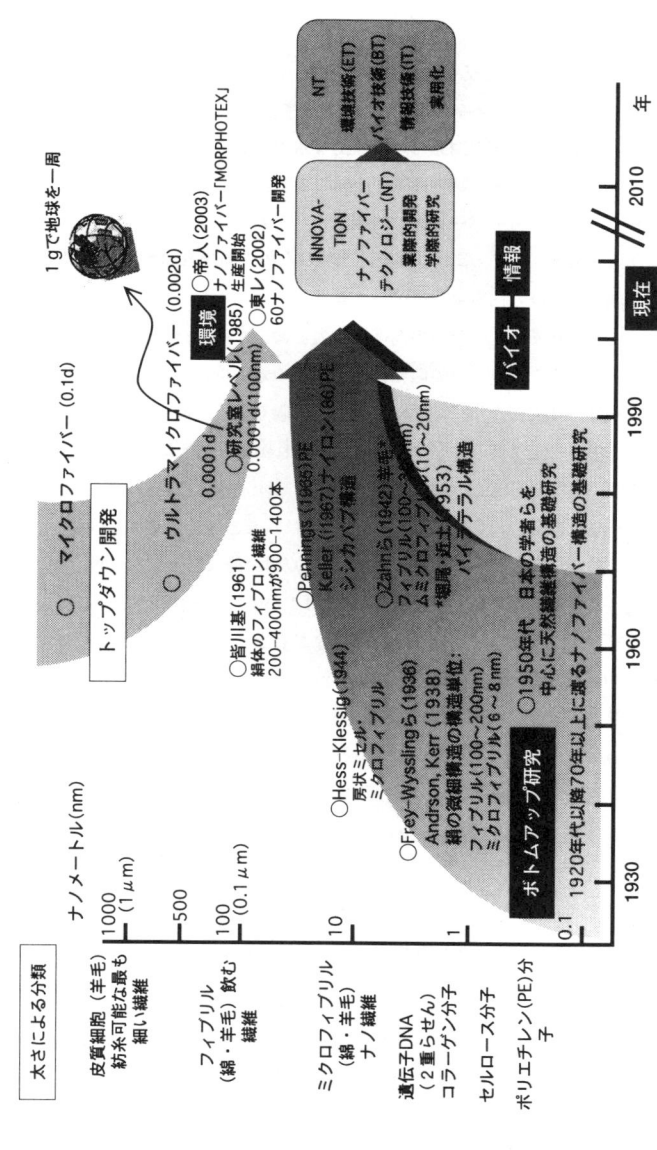

図1 ナノファイバーテクノロジーの異分野融合の技術開発
(注) d:デニール, ( ):発表年度

来と展望を試みる。更に，折角の機会なので具体的な提案をすることにした。ナノファイバーの海外調査員の協力をしているがドイツのMarburg大学の話では，「5年後にはナノファイバーの時代が到来する」といわれている。

2.2 ナノファイバーテクノロジーが登場する背景
2.2.1 ファイバーテクノロジーの現状と海外の様子

古来，わが国の繊維科学技術の開発力の国際的な水準は高い。20世紀の繊維は，消費者の目に直接触れる表（おもて）の数々の繊維技術の開発である。特に，ハイテク繊維[2]といわれる新合繊や新複合素材，高強度のスーパー繊維，高機能のバイオミメティックス繊維，ニューフロンティア繊維[3]の新素材開発，更に，これらを商品化するための高次後加工技術などは，学際的より，業際的に進められ，世界一の技術水準を保ってきた。

21世紀のファイバー技術は，これらの高度技術力を武器にして，消費者の目に直接触れ難い超微細なナノファイバーテクノロジーの開発技術が産業の牽引車になることが期待されている。勿論，伝統繊維技術は，裸で街を歩く時代がこない限り限りなく続けられるのは論を待たない。また，アジア地区を中心とした新しいグローバル化の流れが当分拡大傾向にある。

一方，欧米諸国における伝統的な繊維科学の研究は，わが国とは逆に学際的に行なわれてきた。その違いは研究資金の調達力による。欧・米の大学では，もともと基礎が大学で，しかも技術移転が容易な環境ができている。それに軍需ともなれば一点集中的に投資する。例えば，米陸軍のナノファイバーを使った軍服の軽量化や多機能な保護服はやがて民需へ技術移転されるようになろう。

ノースカロライナ州立大学（アメリカ）にみるまでもなく，基礎は大学，その成果は技術移転させる「拡張」の義務を負うシステムがある。特に，アメリカの土地基金大学[注1]で行なわれ，日本と違って産学共同研究の成果を民間指導で成果を上げてきた[4]。それ故，先端繊維科学の研究も盤石の土台の上に立ったものになっており，日本とシステムの違いによるが応用展開が活発である。その中で最近特に注目されるのが，エレクトロスピニング（電子紡糸）の技術から作る，生物・化学兵器から身を守る保護服のほか将来縫い目のない衣服や非繊維の分野の用途展開である。

アメリカを頂点とするナノファイバーの研究は，質・量共に増加の一途をたどっており，世界各国に広がりをみせてきた。各国の研究機関によっては戦略強化を図っているところが多い。

注1）アメリカの各州に一つ，ランドグラント（土地基金）大学がある。州政府により土地を提供してもらって大学を建て，見返りに大学は，その地域に大学で開発した技術移転をする，これを拡張（Extension）と呼ぶ。

第1章 ナノファイバーテクノロジーの現状と展望

2003年12月,シンガポール訪問の途中,東工大に立寄り,特別講演したアメリカ,ネブラスカ大学のDzenis教授は,ナノファイバーの可能性の応用展開として「極細耐久性フィルター,スマートメンブラン,保護用テキスタイル,触媒担持,燃料電池,超高速／超敏感センサー,透明／フレキシブルコーティング,アクチェーター,組織工学（Tissue Engineering）の足場,次世代エレクトロニクス,環境／農業への応用,宇宙への応用,高強度／高耐性コンポジット」をあげて既に,応用研究段階に入っている現状を説明し注目された。

筆者ら[8〜10]は,数年前よりアメリカのナノファイバー研究に関心をもつ一方で,日本の現状を憂い,2002年10月繊維学会の「ナノファイバー技術戦略研究会」（委員長谷岡明彦東工大教授）を立ち上げに参加した。その第1回の講演会[11]は2003年1月,日本科学未来館で開催したが産・官・学の参加を得て盛況であった。第2回[12]は2003年10月「ナノファイバーとバイオの融合」で盛り上がりをみせた。又繊維学会の「みらいせんい展」に合せて2004年6月28日,日本科学未来館で世界的権威を集めて開催されるナノファイバー国際会議が関心を集めている。

2.2.2 日本のナノファイバーテクノロジー

何故か,わが国では国際会議や,各種発表ではナノファイバーに関する報告がほとんど見られていない。2003年2月26日〜28日NEDO,JETRO,AISTなど[注2]政府機関の主催で幕張メッセにおいてナノテクノロジーに関する国際会議及び国際展示会が開催された。ナノテクノロジーに関する報告[5〜7]は多く,講演会も各方面で広く行なわれ,フェアなども開催されている。一見華やかに見えても,ナノ炭素材料の代表格のフラーレンとナノチューブにのみ焦点が当っているが,実商品に馴染がなく,中味は空虚感がただよう。これはまだ,研究開発の緒についたばかりで,もの作りはこれからの未成熟分野のためだろうか。

「ナノテクノロジー」は,2001年3月に,わが国の総合科学会議で「バイオサイエンス」,「IT」,「環境・エネルギー」と共に重点研究の戦略目標とされた。その後,2003年には経済活性化の具体的成果を求めて「産業発掘戦略」がたてられ,その中でナノテクノロジーは「ネットワーク・ナノデバイス産業」,「ナノバイオニック産業」,「ナノ環境エネルギー産業」,「革新的材料産業」,「ナノ計測・加工産業」に関連する基盤技術として位置づけられ具体的な成果が求められるようになった[5]。

現在,ナノファイバーテクノロジーに基盤を置く繊維の科学と技術では,上記戦略のそれぞれに対応して,例えば,ナノファイバーから構成される再生医療用培地,有害化学物質除去用ナノ

注2）NEDO：New Energy and Industrial Technology Development Organezation
　　　JETRO：Japan External Trade Organization
　　　AIST：National Institute of Advanced Industrial Science and Technology

ファブリック，高強度・高弾性率繊維，ナノファイバーの製造・加工技術等の実用化は，むしろこれから本格化する。したがって，ナノファイバーテクノロジーはナノテクノロジーにおける「産業発掘戦略」の重要な位置を占めている。それにも係らず，わが国での高機能繊維材料の開発を目的としたナノファイバーに関する研究は，一部企業では深く潜行して行なわれているに過ぎない。また，一部大学や国立の研究機関で散発的に行なわれているが，アメリカおよびドイツと違い組織的に行なわれた例はない。繊維学会は，2003年度の春の年次大会の研究発表会[13]より，「ナノファイバー」の研究発表項目がやっと始まったばかりである。

2.3 ナノファイバー研究の必要性
2.3.1 バイオミメティックスからスーパーバイオミメティックス[12〜21]へ

合成繊維の歴史は，総じて生体模倣技術（バイオミメティックス）の歴史であったといっても過言ではない。人間の手で絹のような高貴な繊維を作りたいという願望が数多くの合成繊維を生み出した。

120年前の1884年，フランスのシャルドンネは絹に学び「シャルドンネ絹」を作り，67年前の1938年，アメリカのカロザースは絹のもつアミド結合の「ナイロン」を作り，また，17年前の1988年，日本の繊維研究者らによって絹の風合を超える「新合繊」が作られた。

現在は，その模倣技術が進歩し，自然界の生物の構造や機能のみならず，より巧緻な生体の機能に学び，個々の性能，機能において優れた性質をもつ合成繊維が数多く開発され，ハイテク繊維として，我々の生活を豊かにしている。だが，後述するように模倣に成功しているのは，未だ大自然の一かけらに過ぎないことを忘れてはならない。綿や，羊毛や絹をとっても，その優れた繊維構造を満足に模倣したとは到底いい難い。

繊維の科学・技術の観点からみても，天然（綿，羊毛，絹）の繊維状材料にみられる自然界の巧緻な組織（階層）構造（これを「繊維系」と呼ぶ）の特徴は，実に，精緻で高度な構造制御されたミクロファイバーの階層構造によるものが多く，昨今のキーワードでいえば「ナノファイバー」を基本単位としている。図2に天然と合成の繊維の階層構造（繊維系）を示す。

つまり，0.1ナノメートル（nm）の小さい原子レベルから，分子が集ってできたナノ構造の分子繊維を生み出しており，メートルオーダーの動物の大きさまで，あらゆるサイズで構造が整然とできている。図3に階層構造によるファイバーの世界を示す。

現在，繊維関連分野は，ナノファイバー，生体（バイオ）ナノファイバー，糖鎖，生物，環境，IT（情報）などに幅広く展開しており，天然に学ぶべきお手本も，くもの糸，玉虫，ホヤの皮膚の超微細な構造，竹のしなやかさ，植物の葉，さらに，生体組織の超微細な構造と機能などナノファイバーが重要な役割を果たしている。バイオミメティックスの例は，帝人が2003年7月，上

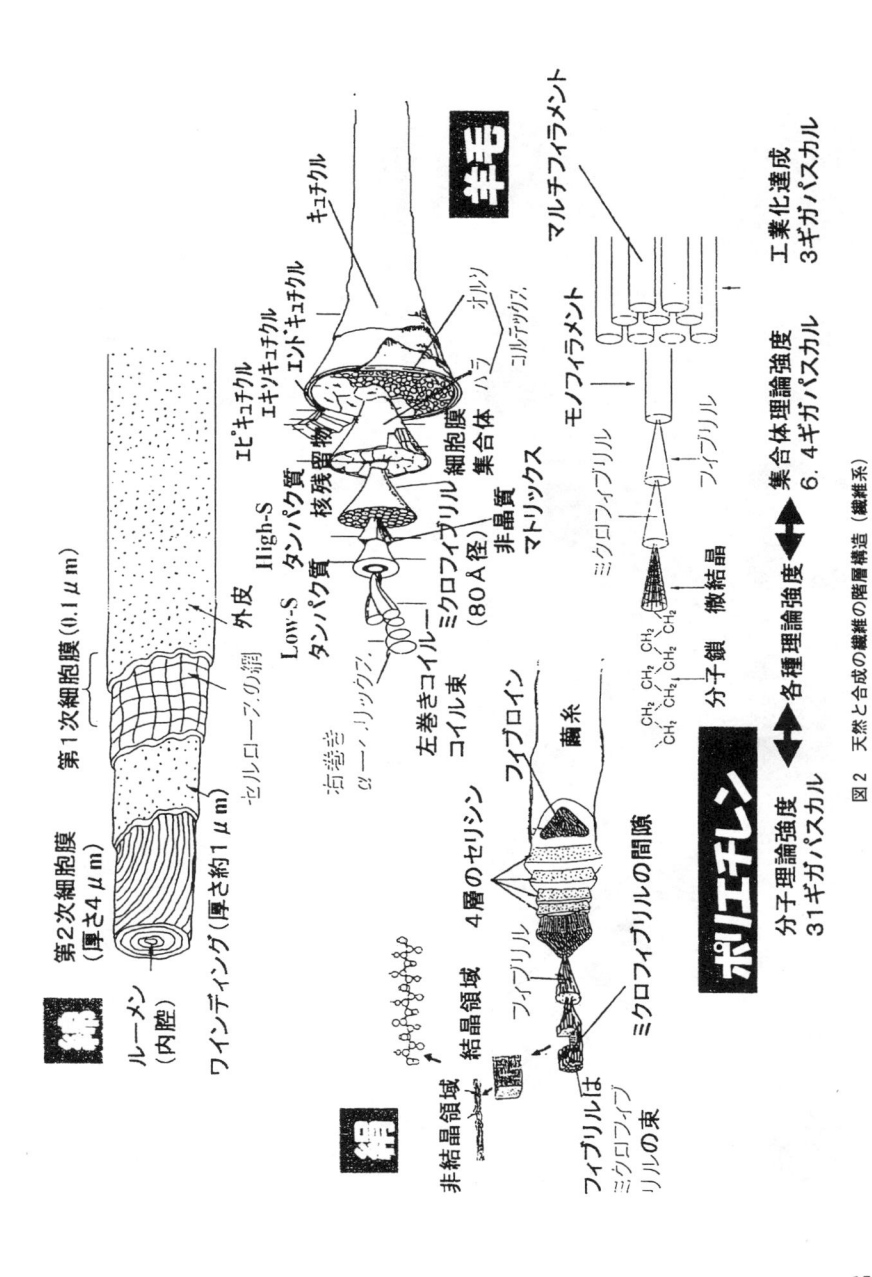

第1章　ナノファイバーテクノロジーの現状と展望

図2　天然と合成の繊維の階層構造（繊維系）

ナノファイバーテクノロジーを用いた高度産業発掘戦略

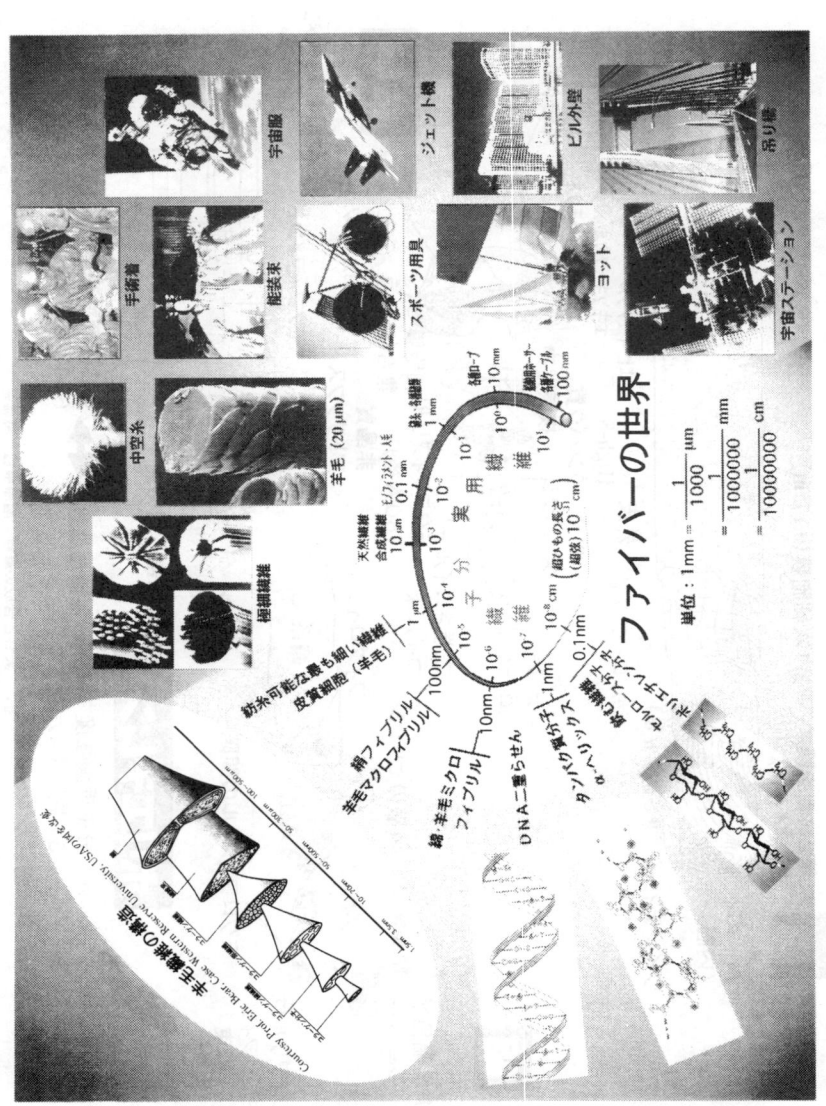

図3 階層構造ファイバーの世界

第 1 章　ナノファイバーテクノロジーの現状と展望

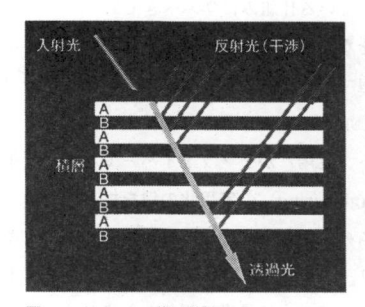

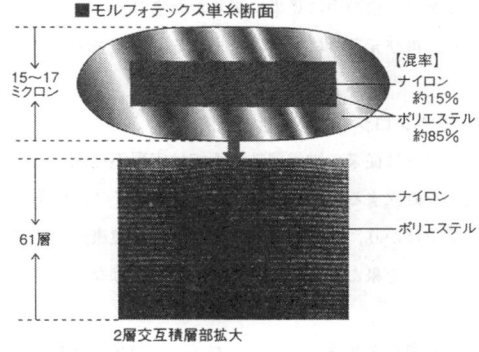

図 4　MORPHOTEXの発色原理
出典：帝人光発色繊維MORPHOTEXカタログより

市した南米産の「モルフォ蝶」の構造発色原理から学び，無染で，屈折率の違うポリエステルとナイロンを数10ナノオーダー単位で61層積み重ねた，所謂，多層積層構造「モルフォテック（MORPHOTEX[16]）」である。積層厚みを光学サイズ（ナノオーダー）コントロールすることにより 4 色（赤・緑・青・紫）に発色させるナノファイバーテクノロジーである。図 4 にMORPHOTEXの発色原理を示す。

　高度なバイオミメティックスに基づく新機能繊維の開発は，環境変化に伴って，高度→超（組織・融合）→知能の高度機能化に進むため，繊維科学者と関連分野の研究者の色々な"新システム"例えば，外部化を活用して効率的な共同開発を実施するのが効率的である。それは，生体系を模倣しつつ，生体を超える機能や構造を有する超繊維（スーパーバイオミメティックス繊維）の創出である。巨視的にみて繊維材料の中には，マクロの外なる宇宙（繊維材料として，宇宙服，宇宙ステーション）のみならず又，人間の毛髪，羊毛，絹糸，クモの糸から，微視的にみて内なる生体宇宙にみる傷で止血するフィブリン繊維，さらにミクロの細胞の足場として繊維ナノファ

イバーがダイナミックに活躍している仕組みに学ぶべきである。

　特に，生体システムの根幹をなす細胞内外の環境から物質，エネルギー，情報の制御システムを中心に担っているのが「細胞マトリックス工学」[注3]，即ち，細胞ナノファイバー工学であって細胞内でナノファイバーが活躍している。つまり，細胞社会のダイナミックな恒常性の維持にとって重要な要素は，細胞のベット（足場）がナノファイバーであり，近年，特に注目されている再生医療や組織工学（Tissue Engineering）の実用化の鍵を握っている。こうみてくると，バイオナノファイバーは生体システムの根幹をなす細胞内外の物質・エネルギー・情報の抑制システムを中心的に担っている。つまり，ナノファイバーといわれるDNAは，長さ約2 m，直径約10〜20ミクロンの細胞の内部のミクロの核の中に見事に折りたたまれる。必要な時に必要な場所を解きほぐし，複製と転写をやり，再び元通りに折りたたまれる。情報系ナノファイバーには学ぶ事があまりにも多い。

2.3.2　ナノファイバーテクノロジーの必要性と経済効果

　ナノファイバーテクノロジーは従来の繊維製造技術では実現不可能であったナノメートルオーダーの超微細繊維製造技術を確立する。それは，光・電子デバイス，創薬や再生医療，環境浄化や高強度軽量化等への展開をはかり，高度情報通信社会実現，健康や寿命延伸，環境やエネルギー問題克服に対して主導的役割を果たす。このために，従前にはない新規ナノファイバー産業創出ができる。

　このことはナノファイバー産業を基盤としてIT，バイオ，環境に関連する多くの企業が創出されるという連鎖効果をもたらすことから，本産業が総計数兆円を超える大規模な市場性を有することを示している。

　ナノファイバー産業の経済効果に与える影響の大きさに鑑み，早期かつ迅速にプログラムを組み，組織的かつ効率的に技術開拓を進める必要がある。概略は，①新規ナノファイバー創製を目的とした高分子合成技術の確立，②ナノファイバー紡糸技術の確立，③ナノファイバーを応用した表面ナノコーティング技術の確立，④ナノファイバー及びナノ薄膜の構造・物性解析技術の確立，⑤更に用途展開の技術である。

　創製されたナノファイバー及びナノコーティング技術は，①高度情報通信社会実現のためのIT産業の基盤となるELディスプレイ，フォトニクス材料，電磁波シールド材料，ファイバーレーザー，電池セパレーター等への利用，②健康や寿命延伸のためのバイオテクノロジー産業の基盤となる生体分子デバイス・細胞工学デバイス，再生医療・組織工学，バイオセンサー・アクチュ

注3）東京工業大学の赤池敏宏教授は工学的立場から「細胞マトリックス工学」を提案しており，東京女子医科大学岡野光夫教授は医学の立場から「細胞シート工学」というコンセプトを提案した。

第1章　ナノファイバーテクノロジーの現状と展望

エーター，DDS・遺伝子治療等への利用，③環境やエネルギー問題克服のための環境産業の基盤となる計量・高強度材料，グリーンナノハイブリッド，環境浄化材料，自己修復材料，フィルター等への利用をはかることが可能となる。さらに紡糸及びコーティング関連設備産業，構造・物性解析関連の高精度精密機器産業においても需要が見込める。

わが国のナノファイバー産業が国際的主導権の確保が出来たとき，その市場性は概算で試算によると夫々IT産業において3兆円，バイオテクノロジー産業において3兆円，環境産業において4兆円規模，関連設備及び精密機器産業で1兆円，総計およそ11兆円が見込まれるといわれる。

従って，ナノファイバー産業は，現在の全繊維産業規模以上のものになる。またナノファイバー産業及び関連の諸産業の立ち上げに伴い，ナノファイバー関連産業，IT関連産業，バイオ産業，環境産業，関連設備及び精密産業など多くのベンチャービジネスの創設が行われるものと期待される。

しかしながら，このためにはナノファイバー紡糸技術及びナノコーティング技術に画期的なブレークスルーが必要である。幸いなことにこのようなブレークスルーとして，紡糸やコーティング過程において数千ボルト以上の高電圧を加えるとナノメートルオーダーの繊維や薄膜の形成が可能となる，いわゆるエレクトロスプレースピニング（ESP）法，またはエレクトロスプレーデポジション（ESD）法と呼ばれる実用化可能な技術的シーズが存在する[17]ことから，実現性は高いと言える。但し，欧米にみるまでもなく組織的に進める必要がある。

2.4　ナノファイバーの構造を制御し新技術を構築し新産業を創設

繊維とは分子レベルでは連続材料でありながら，配向材料，傾斜材料であり，知能材料としての機能も発揮しうる材料であるにも拘らず，繊維＝衣料というマインドコントロールにかかっている研究者があまりにも多い。発想の転換が必要で，これなくてこの有利な特性を十分に生かしきった"もの作り"はでき難い。

21世紀は，ファイバーの視点が重要であり，ナノメートルスケールで評価し，ナノメートルスケールで構造を精密制御する必要がある。繊維の直径を現在のマイクロメートルオーダーからナノメートルオーダーへと千分の1にすることにより，同一体積での表面積は千倍になる。

ナノメートルオーダーの直径の繊維"ナノファイバー"では表面の占める割合が極めて大きくなり，繊維の表面を二次元の大きな面積の膜としてとらえると，その表面と深さ方向（繊維では半径方向）の構造を精密に制御すれば新しい特性の発現が期待される。また繊維のナノ化により表面機能は千倍の密度となり，多元の機能を組み込むことも可能となる。

このようなナノファイバーについてはその構築技術，ナノ構造・物性解析技術，表面ナノコーティング技術，ナノファイバー構造形成技術のいずれも未開発であり，ナノファイバーを利用し

た機能性繊維に関連した産業についても未知の分野である。わが国がこの分野で国際的にイニシチアブをとるためにはナノファイバーの科学と工学に早急に取り組むことが必要不可欠である。すなわち，21世紀のわが国の繊維産業は，ファイバー産業としてこれらフロンティアに立ち向かう中で，新しい技術を構築し，新産業を創設することにより世界に冠たるファイバー産業のハイテクセンターたる地位を追求すべきである。

わが国の大学の中で，このような取り組みは信州大学繊維学部のCOE，京都工芸繊維大学のファイブロ専攻の大学院，福井大学のアメニティ工学専攻の大学院などが参画し，世界的視野でネットワークを組んで組織的な機能を大いに発揮し，世界に情報を発信することを期待したい。大学の特殊法人化になればこれも新しい"仕組み"作りで意志があればできる筈である。

2.4.1　ナノファイバーテクノロジーとは

「ナノファイバーテクノロジー」は繊維学会のナノファイバー技術戦略委員会のメンバーらを中心にしたメンバー（片岡一則，加藤隆史，梶原莞爾，小池康博，谷岡明彦，渡辺順次ら〈五十音順〉）これに筆者を加えたメンバーで議論し，次のように定義した。

(1) ナノファイバーとナノファイバーテクノロジーの定義

一般に，ナノテクノロジーに対する最も共通した認識は「1ナノメートル (nm) から100nmの規模の原子や分子を操作・制御して，物質の構造や配列を変え，新しい機能やより優れた特性を作り出す技術[18〜19]」である。

ナノファイバー技術戦略委員会のメンバーらが合意した定義は次のようなものである。「ナノファイバー」とは直径が1 nmから100nm，長さが直径の100倍以上の繊維状物質と定義され，「ナノサイズ繊維」と「ナノ構造繊維」に分類される。「ナノサイズ繊維」とは，ナノメーターオーダーのディメンションを有するファイバーであり，「ナノ構造繊維」は，ファイバーの太さに関わらず内部，外部，表面にナノメーターサイズで制御された精密な構造設計を行い新機能を発現させたファイバーと定義した。この「ナノサイズ繊維」と「ナノ構造繊維」の両者の技術開発を「ナノファイバーテクノロジー」と呼ぶのが現実的であり，理由は産業に直結するからである。「ナノサイズ繊維（ファイバー）」の概念図，「ナノ構造繊維」の概念図をそれぞれ図5-a)，図5-b)に示す。

(2) ナノファイバー創出法

多くの研究機関で研究者が，色々な分野のナノファイバーやナノ構造繊維の研究を行っている。新規分野であるため今後の発展により分類も変更が余儀なくされることもあるが，現状を分類でみると，①カーボンナノチューブなどを作る気相成長ナノファイバー[20]，②自己組織再生誘導コラーゲンナノファイバーを作る天然物ナノファイバー，③超分子ナノワイヤーを作るナノファイバー，④ナノファイバー[21]を作るナノ紡糸，⑤バイオナノファイバーの機能応用などがある。創

第1章 ナノファイバーテクノロジーの現状と展望

ナノ紡糸
…エレクトロスプレーデポジション法などによりナノメーターサイズのファイバーを紡糸する。

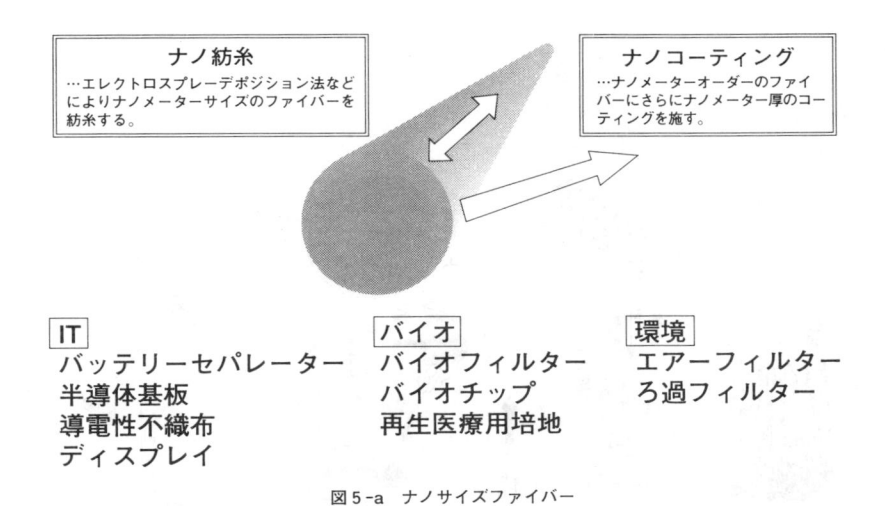

ナノコーティング
…ナノメーターオーダーのファイバーにさらにナノメーター厚のコーティングを施す。

IT	バイオ	環境
バッテリーセパレーター 半導体基板 導電性不織布 ディスプレイ	バイオフィルター バイオチップ 再生医療用培地	エアーフィルター ろ過フィルター

図5-a　ナノサイズファイバー

ナノインターフェース　…ファイバーの表面・界面におけるナノオーダーの微細構造を利用する。

EL素子　－　IT
細胞工学デバイス　－　バイオ
ナノハイブリッド　－　環境

ナノデザイン
…ファイバ内部におけるナノオーダーの微細構造を利用する。

遺伝子デリバリー　－　バイオ
ドラッグデリバリーシステム　－　バイオ

Axial-ナノ構造
…ファイバの軸方向でのナノオーダーの微細構造を利用する。

ファイバーレーザー　－　IT
ファイバーマイクロ総合診断システム　－　バイオ

ナノアッセンブリー
…共重合、有機無機ハイブリッド化技術によるナノ構造の形成

Radial-ナノ構造
…ファイバーの半径方向のナノオーダーの微細構造を利用する。

ブロードバンド光ファイバー　－　IT
バイオセンサー　－　バイオ

ブロック共重合体　生体高分子、生分解性ポリマー（キチン・キトサン）　－　環境

図5-b　ナノ構造ファイバー

出技術には，ナノサイズ特有の物質特性を利用して新しい機能を発現させる技術のほかに，それと関連のあるプロセス技術やナノ加工・計測技術が含まれる．図6に代表的なナノファイバーの創出法を示す．

- TNFの気相成長ナノ紡糸
 炭素蒸気からグラファイトへの結晶成長によるナノ繊維の形成
 例）カーボンナノチューブ
　　　（遠藤（信大）、飯島（名城大）、昭和電工、等）
　　　グラファイトナノファイバー（日本真空技術、等）

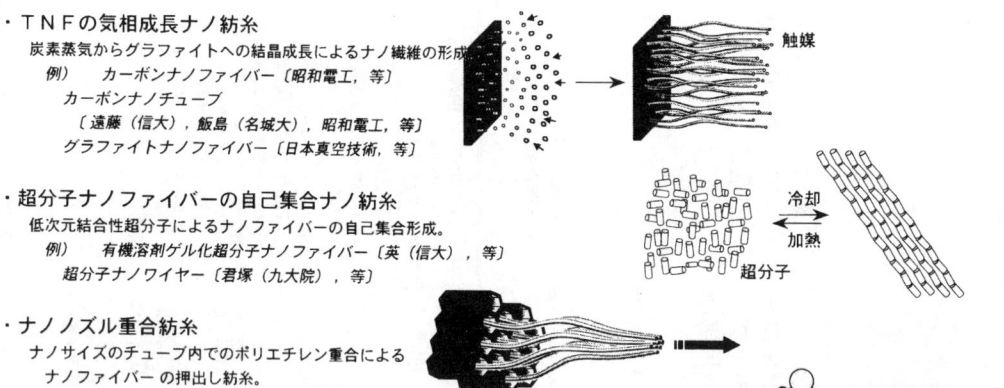

- 超分子ナノファイバーの自己集合ナノ紡糸
 逐次元結合性超分子によるナノファイバーの自己集合形成.
 例）有機溶剤ゲル化超分子ナノファイバー（英（信大）、等）
　　　超分子ナノワイヤー（君塚（九大院）、等）

- ナノノズル重合紡糸
 ナノサイズのチューブ内でのポリエチレン重合による
 ナノファイバーの押出し紡糸.
 例）ポリエチレンナノファイバー（相田（東大）)) $\phi_{pore} = 2.7$ nm

- 電界紡糸によるナノファイバー
 高電界中へ噴流したポリマーのナノファイバー
 例）エレクトロスプレースピニング (ESP法)
 　　アメリカ、seneker (Akron大)、
 　　　　　　　　Ko、(Drexel大)
 　　ドイツ、Wendorff, Grüner (Marburg大)
 　　日本、合岡（東工大）等
 　　フィブリノーゲン電界紡糸ナノファイバー [G. L. Bowlin、等]

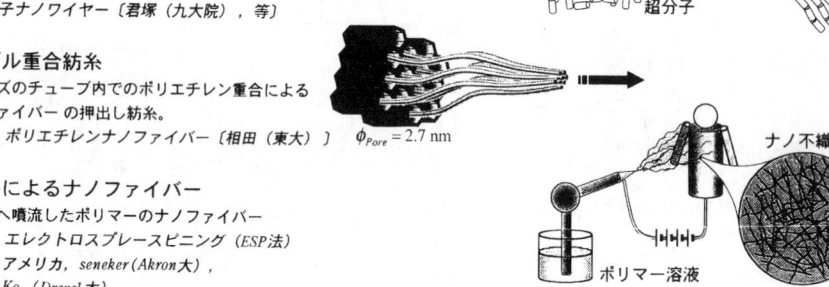

- バイオナノファイバーの機能応用
 生体高分子ナノファイバーを用いたバイオロジー・材料への応用.
 例）骨再生スルフォン化多糖（阿部（信大）、等）
 　　自己組織再生誘導コラーゲンファイバー（清水（京大）、等）
 　　DNAチップ（東レ、ミレニアムゲートテクノロジー、等）

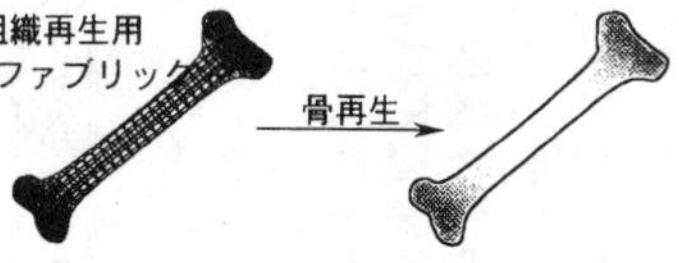

図6　各種のナノファイバーの創出法

第1章 ナノファイバーテクノロジーの現状と展望

表1 なぜナノファイバーか？

1. 多くの産業分野への応用

ナノファイバー

多空孔性：電池セパレータ、バイオセンサー、再生医療用培地、アグリマルチフィルム、
　　　　　水処理フィルター、エアフィルター、バイオ・ケミカルハザード防止フィルター
超表面積：カーボンナノチューブ、高吸水性合成繊維、バイオチップ、バイオフィルター、
　　　　　吸着処理水処理フィルター、エアフィルター、バイオ及びケミカルハザード防止フィルター
多層集積性：スペースラボ、航空機、建築・土木用資材

2. わが国がもともと有する強みの延長線上にある

　　　　　　　　　　　　　　　　　　　　　　　　　　世界シェア

　　繊維　→　超極細繊維　　　　　　　　　　　　　＞90%
　　セパレーター　→　二次電池セパレーター　　　　～100%
　　フィルター　→　水処理膜　　　　　　　　　　　＞50%
　　高強度構造材　→　カーボンファイバー　　　　　＞80%

ところで，現在実用化を視野に入れた上で最も注目されているナノ紡糸技術はトップダウン方式の複合紡糸法とボトムアップ方式のエレクトロスプレーデポジション法である。わが国では，複合紡糸法について前述の大学の研究機関をはじめ東レや帝人がナノオーダーの繊維を作っており，エレクトロスプレーデポジション法は，大学のグループを中心に積極的な研究開発が進めている。エレクトロスプレーデポジション法は，薄膜やチップから繊維製造まで行うことのできる非常に広範な技術である。海外では，アメリカやドイツを中心に繊維製造技術に関して「エレクトロスピニング」と称し基礎から用途開発に至るまで，実用化を目指して積極的な研究開発が行われている。彼我の差は5～6年ある。海外におけるエレクトロニスピニングについては後述する。

(3) **ナノファイバー効果**

ナノサイズ特有の物質特性を引き出すナノファイバー効果は，21世紀に役立つ新産業創設につながる。則ち，①サイズ効果（比表面積の増大，体積の減少による反応性・選択性の著しい向上。超低消費エネルギー等として具体化される効果）②超分子配列効果（分子が規則正しく配列して，自己組織化して，統一された機能を発現）③細胞生体材料認識効果（細胞が認識して結合する特異構造ナノファイバー）④階層構造効果（ナノポリマー鎖レベルからのナノ階層構造により発現する効果）などがあげられる。表1になぜナノファイバーか？　をまとめた。

ナノファイバーテクノロジーを用いた高度産業発掘戦略

材料：ナノテクノロジーファイバー

ナノテクファイバー
・ナノ加工ファイバー
・ナノコートファイバー
・ナノ染色ファイバー
・ナノ加工テキスタイル
・etc.

ナノ技術を用いて加工した
ファイバーや繊維構造体材料の創出

ファイバー・ナノテクノロジー
・ナノ加工、ナノ修飾、ナノコート
・ナノ染色（超分子染色）
・ナノプリント
・ナノ計測
・etc.

ファイバーや繊維構造体に対する
ナノ加工、ナノ計測技術の開発

ナノファイバー
・カーボンナノファイバー
・バイオナノファイバー
・合成高分子ナノファイバー
・超分子ナノファイバー
・etc.

ナノファイバー材料の創出

ナノファイバーテクノロジー
・ナノ紡糸
 （気相成長紡糸、超分子紡糸、
  電界紡糸、ナノズル紡糸）
・ナノファイバーコンポジット
・ナノテキスタイル ・etc.

ナノファイバーの紡糸や
応用技術の開発

技術：ナノファイバーテクノロジー

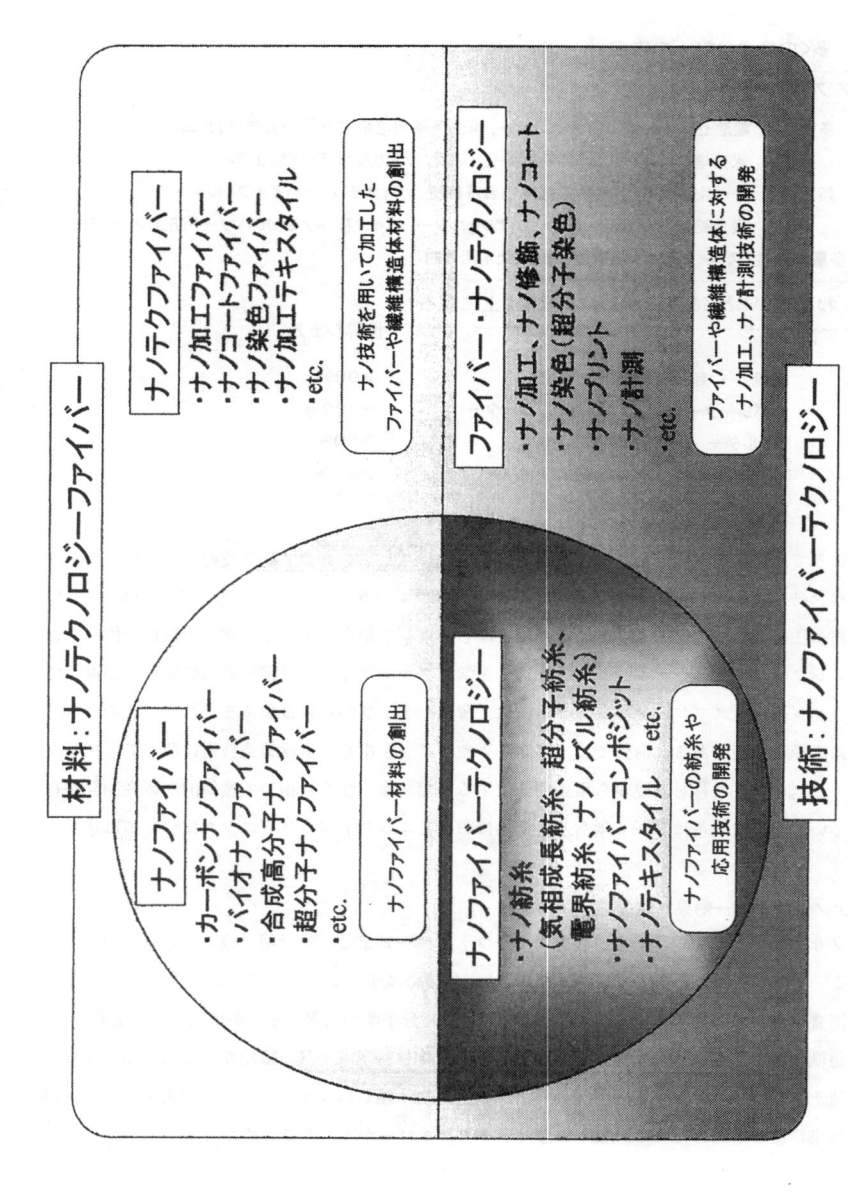

図7　ナノテクノロジーファイバー（材料）とナノファイバーテクノロジー（技術）の関係

第1章 ナノファイバーテクノロジーの現状と展望

(4) ナノファイバーテクノロジー

ナノファイバー一本では用途が限定される。機能性が著しく高まる用途はこれらを集合化・階層化して構造制御を行ない,不織布化すれば軽量性,保温性,接着性が高まる。さらに一本の糸（一次元）を布（二次元）にすると飛躍的に用途が拡大する。ナノメートルオーダーの超微細なファイバーをポリマーマトリックス中に均一分散させて作る複合材料"ナノファイバーコンポジット"もある。このようにナノサイズやナノ構造を有するファイバーを作製したり,用途に応じた機能や形状を有する材料の製造や加工を行い,応用展開をはかれば,ナノボイドファイバーから複合"ナノファイバーコンポジット"など応用範囲の幅が広くなる。ナノファイバーを材料と技術に整理し図7にナノテクノロジーファイバーとナノファイバーテクノロジー（技術）の関係を示す。

2.4.2 基礎技術の確立～ナノファイバーの構築,解析技術

ナノファイバーの構築は,従来の実用繊維の紡糸技術では困難であり,ナノ紡糸技術の確立や用途展開では分子の自己組織化が必要不可欠である。また,ナノファイバーの構造や物性の評価

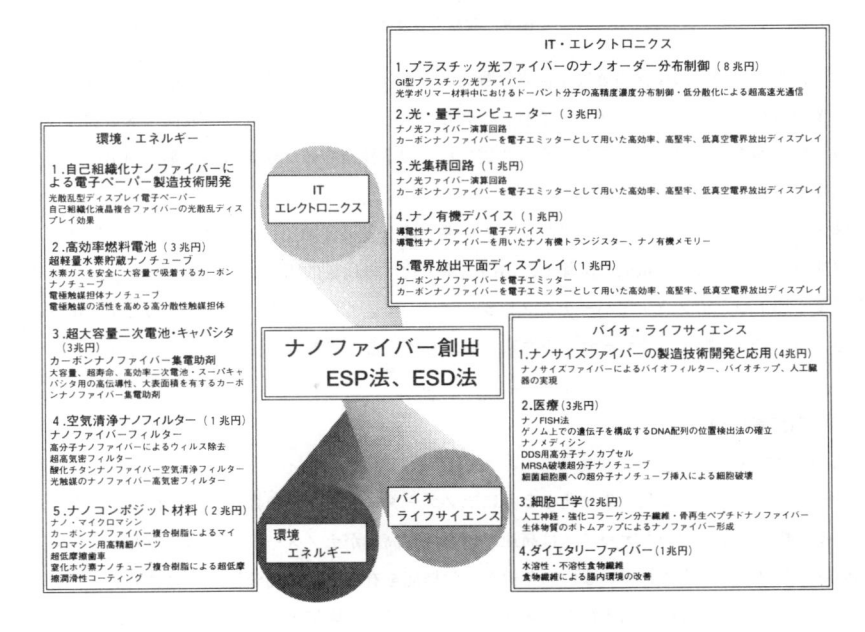

図8 ナノファイバーテクノロジーの展開と波及効果

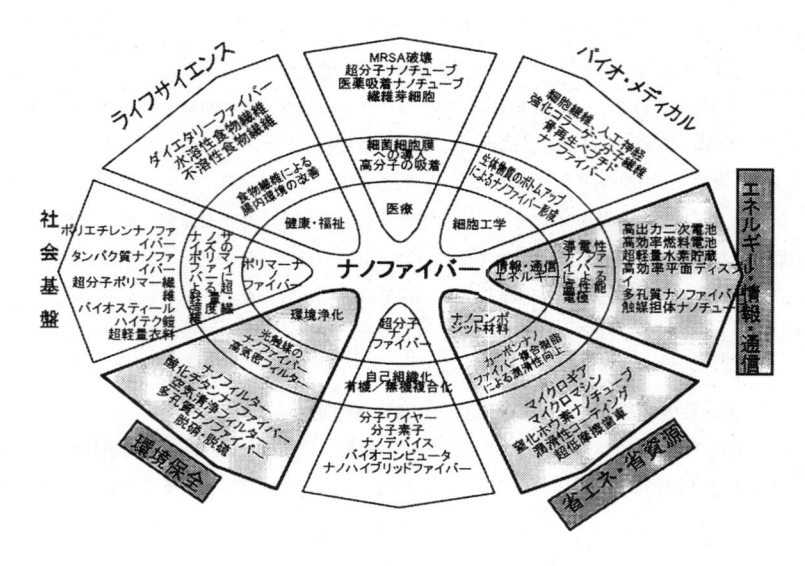

図9 製品の波及効果

には，従来の分析手法は検出感度や位置分解能が不十分であり，高感度，高分解能の分析法の開発が要求される。さらに，ナノファイバーの著しく大きな表面を活かした，表面の構造制御技術も取り組むべき課題である。このような基礎技術・製造技術の確立が新繊維産業の創出に不可欠である。

図8，9にナノファイバーテクノロジーの展開と波及効果と図10にナノファイバーの構築と用途展開を示す。ここでは紙面の関係上，出口（産業化）の比較的明確なものについてITやバイオや環境や加工などナノファイバーテクノロジーについてごく簡単に紹介するに止めるが，個々の記述については，幅広くそれぞれの専門家が執筆しているので参照されたい。

2.5 新産業の創出
2.5.1 IT関連材料

電子デバイスの高密度化，集積化とともにナノメーターレベルで組織化可能な材料が要求されている。特に，光を用いたデバイスは高速で信頼性も高いがナノメートルレベルの大きさで構造制御された材料は実現されていない。非線形光学機能を有する液晶高分子系ナノファイバーあるいは光を一次元伝送可能な金属被覆ナノファイバーを設計・構築することにより光情報通信や光コンピューターの高速度化が実現できる。また，プラスチック光ファイバー（GI型POF）のナノ

第1章 ナノファイバーテクノロジーの現状と展望

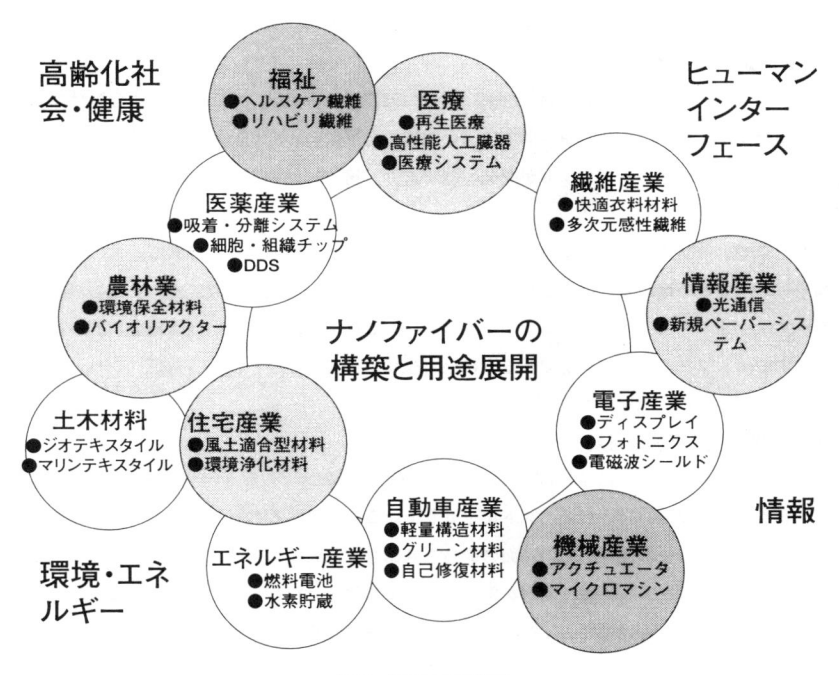

図10 製品の波及効果

オーダー分布制御技術の開発[22]が注目される。

2.5.2 バイオファイバーハイブリッド材料

生体の骨,腱,植物の竹などの組織はバイオファイバーから構成されており,ナノメートルオーダーで繊維の配向が制御され,引っ張り,圧縮,曲げ,捻りなどのいろいろな方向の変形に耐えるための高次組織を形成している。ナノファイバーの三次元集積技術,ナノファイバー表面からのアパタイトなどの無機結晶の成長制御を行うことにより,従来の技術とは異なった新しい手法で高度な物性を示す材料を構築できる。

2.5.3 バイオメディカルナノファイバー

生体材料の分野でナノファイバーは細胞の足場,物質・エネルギー・情報伝達で極めて重要な役割を果たしている。例えば,コラーゲンやフィブロネクチンの足場に接着した細胞は接着認識に関わる一群のレセプターの中で最も最適なものによって認識され,細胞内に信号が伝達される。これらの細胞情報にはアクチン繊維のナノファイバーが重要な役割を果たしている。バイオナノファイバーの機能を解明し,モデル化することにより,再生医療用の細胞の足場や高機能化人工

臓器用が実現できる，先進メディカルナノファイバー技術開発[23]が注目される。

2.5.4 環境関連材料

セルロースや，イモゴライト（粘土由来）などの天然由来のナノファイバーを生分解性高分子材料と複合化することにより，短時間では高い強度を発揮するが，長時間では，酵素，微生物で分解するグリーンナノハイブリッドが開発可能であり，構造材料のみならず再生医療分野への応用が可能となる。

また，中空のナノファイバーを設計・構築すると大きなナノ空間が利用できる。このナノ空間を利用し，吸着や分離による環境浄化，ナノ空間に閉じこめた薬剤の徐放，また，他の機能を有するナノファイバーとナノスケールでの不織布形成などにより，導電性と吸着機能などの多元機能を有するナノファイバーが構築できる。自己組織化ナノファイバーによる電子ペーパー製造技術[24]などができれば，環境にも役立つ。

2.5.5 高強度・超軽量材料

ナノファイバーの構造を精密制御することにより低欠陥のナノファイバーが構築可能である。ナノファイバーは非常に高いアスペクト比を有しているので高強度の材料としての展開が期待できる。ナノファイバーと高分子との界面の構造を制御し，高強度のナノファイバーを高分子中に分散させることにより，高い強化効率を実現し，従来の複合材料に比べて超軽量，高強度の材料を実現できる。又，平成13年度のNEDOのプロジェクトに採択された精密高分子技術の「高強度繊維」[25]の開発研究は鞠谷（東工大）らによって既に，スタートし成果をあげつつある。

2.5.6 ナノ加工・計測技術

ナノファイバーの繊維径制御や内部構造制御には高度なプロセス技術や加工技術を必要とするだけではなく，優れた計測機器を必要とすることから，マイクロエレクトロメカニカルシステム（MEMS），ナノ加工，マイクロリアクター，ナノ計測・評価関連の最先端の科学技術・新産業が生まれ発展する。特にナノ計測・評価関連機器は欧米に比べて著しく遅れていることから，かつての繊維産業が精密機器産業を押し上げたようにナノファイバー製造技術を通じて新たな展開を行わなければならない。

2.6 海外の現状

2.6.1 アメリカのMITに「Soldier（兵員）ナノテクノロジー研究所（ISN）」の設立

詳細は第3章「海外の現状」にゆずるが，アメリカでは，NSF，NTC，陸軍をはじめとして国がナノファイバーテクノロジーの研究開発に多額の資金投入を始めている。ごく最近では「Soldier（兵員）ナノテクノロジー」と称し，陸軍を中心にバイオ・ケミカルハザード防御用の高機能性軍服の実用化を目指し5年間で陸軍はじめ官民合わせて約110億円の資金をMITに投じ

ている。本プロジェクトには，Du Pont社，レイセオン社さらに最近ダウケミカル社が参加しているなど，ナノテクノロジープロジェクトの中でも最も成功の可能性が高い技術開発と言われる。

2002年5月1日MITは米陸軍の助成金を基に「Soldier（兵員）ナノテクノロジー研究所（ISN）（エドウィン・トーマス教授所長）を設立（総括責任者：MIT工学部長トーマス・マグナンティ教授）した。MITの9学部から教授35人，大学院生80人，博士課程修了の研究者20人，企業（デュポン，防衛企業のレイセオン社，ダウケミカル社など），医療関係者（マサチューセッツ総合病院，プリガム病院）など計150人が参加する。因みにトーマス教授は数回来日し講演している。

ナノテクを素材に取り入れ軽量で快適な軍服，生物化学兵器を防ぐ層，防火層，防弾チョッキなど異なる機能を重ね合わせた薄くて軽い兵員の従来の半分の重さの「多機能の保護服」を作るのが目的である[26]。図12は電子紡糸によるマスクに導電性ポリマー溶液を吹き付け固化させて作った繊維の膜である。又，複数の機能例えば一層に織込んだ強力な繊維は化学兵器を中和し，他の層は弾力や破片をくい止め，高温に耐える繊維などを一つの素材にあわせもつような多機能の衣服（保護服）にする。又，色や光パターンといった視覚情報を繊維を介して伝達できる未来の兵員の戦闘服の開発に取り組んでいる。これは光の偏光によって兵員の姿を周囲の建物にとけ込ませて見えにくくするなどである。図12は[26]服で姿を隠す究極のカムフラージュである。このほか，バイオハザート，ケミカルハザードの保護服は警察官，医者や化学工業，石油化学のプラントのエンジニアなどが着用する。

2.6.2　アメリカの研究機関の現状

アメリカの研究開発は活発であり，このまま推移すれば10年後の技術の彼我の差は拡大し，ナノファイバーの分野の知的所有権はアメリカに押さえられてしまうことを憂えざるを得ない。既に大学の研究機関を含め約30の研究機関，民間で10社近くが，実際商業生産に参加，又は商業生産を考えている。これは筆者の入手した2003年4月現在の資料からであり，実体は更に多いものと思われる。

特に，アメリカの国立科学財団（NSF），国立繊維研究所（NTC），米国安全保障省（DHS），米国環境保護庁（EPA）をはじめ陸軍が中心となってエレクトロスピニングによって製造される繊維をナノファイバーと位置づけ，基礎研究，開発，実用化などの研究を行う幅広い研究グループに対して総額約200億円以上の積極的な研究資金援助を行っている。

最近，アメリカの研究開発の重点は，基礎・応用から一部の大学では用途にもシフトしている

MIT : Massachusetts Institute of Technology
NSF : National Science Foundation
NTC : National Textile Center

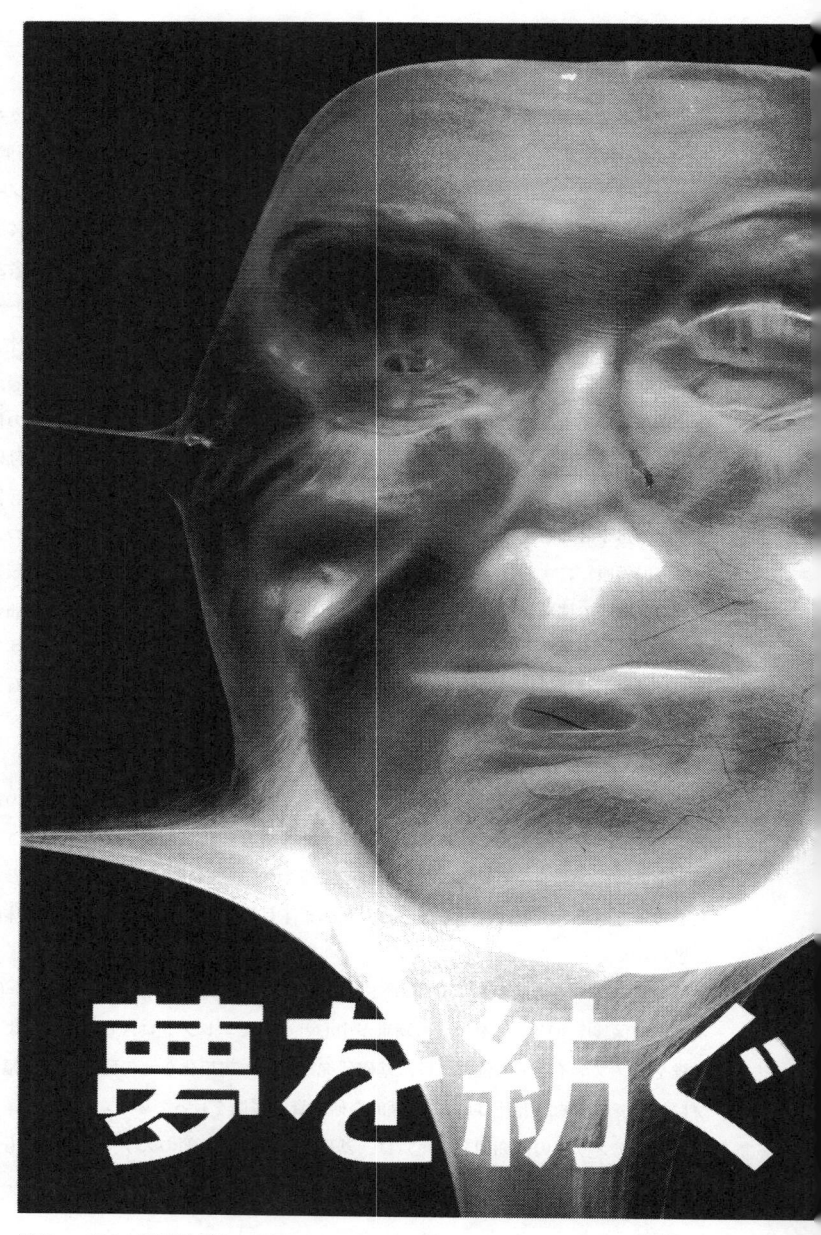

図12　マスクに導電性ポリマーを吹き付けて作った繊維の膜
（出典：写真・制作＝ケアリー・ウォリンスキー，ナショナルジオグラフィック日本版，2003年1月号，PP.104-105，日経ナショナルジオグラフィック社）

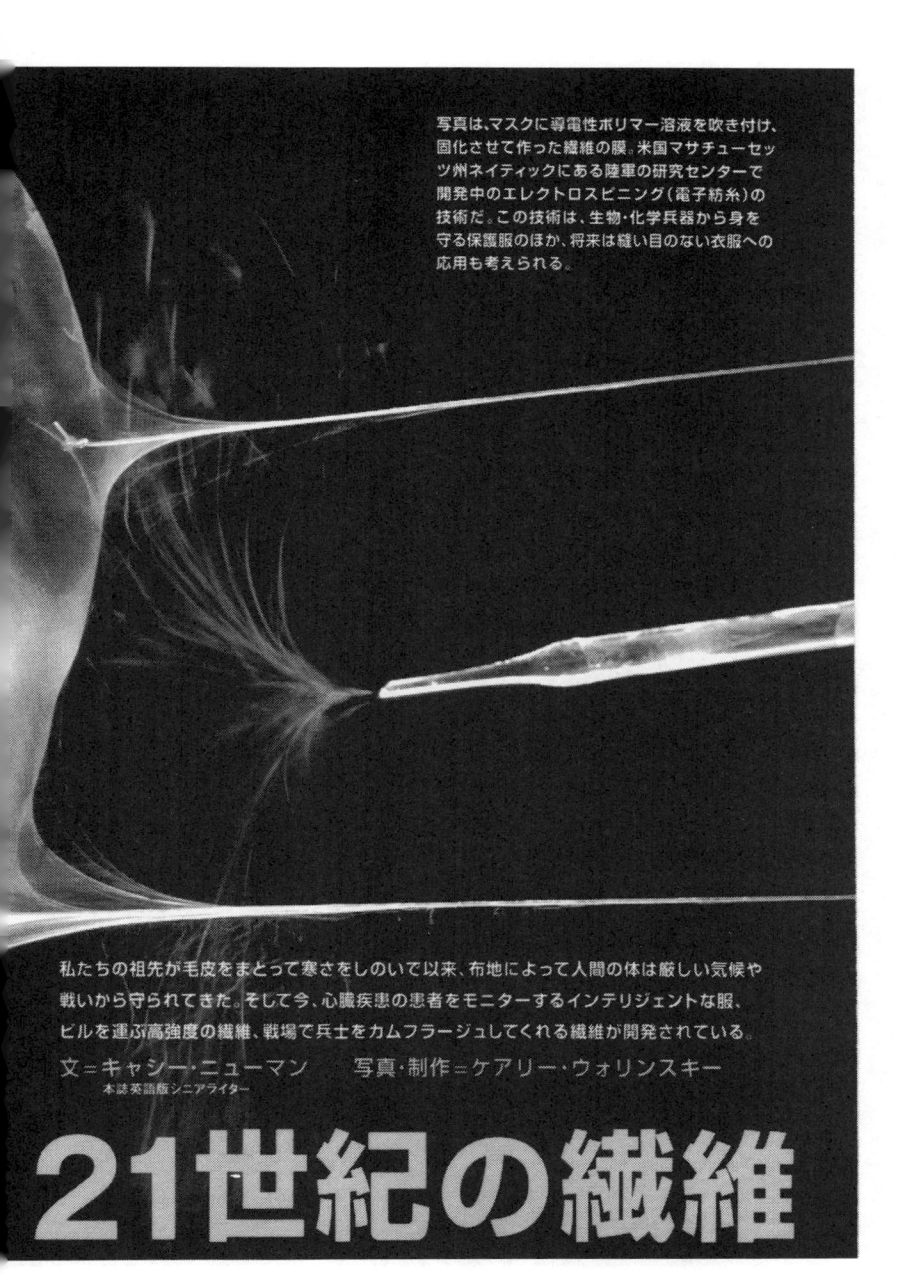

写真は、マスクに導電性ポリマー溶液を吹き付け、固化させて作った繊維の膜。米国マサチューセッツ州ネイティックにある陸軍の研究センターで開発中のエレクトロスピニング（電子紡糸）の技術だ。この技術は、生物・化学兵器から身を守る保護服のほか、将来は縫い目のない衣服への応用も考えられる。

私たちの祖先が毛皮をまとって寒さをしのいで以来、布地によって人間の体は厳しい気候や戦いから守られてきた。そして今、心臓疾患の患者をモニターするインテリジェントな服、ビルを運ぶ高強度の繊維、戦場で兵士をカムフラージュしてくれる繊維が開発されている。

文＝キャシー・ニューマン　　写真・制作＝ケアリー・ウォリンスキー
本誌英語版シニアライター

21世紀の繊維

図13 色や光，パターンなどの視覚情報を繊維を介して伝達できる戦闘服
(出典：Cary Wolinsky, David Deranian, ナショナルジオグラフィック日本版，2003年1月号，PP.116-117, 日経ナショナルジオグラフィック社)

CARY WOLINSKY AND DAVID DERANIAN

服で姿を隠す
究極のカムフラージュ

米国マサチューセッツ州にある陸軍の研究センターでは、色や光、パターンといった視覚情報を繊維を介して伝達できる、未来の兵士の戦闘服の開発に取り組んでいる。スタジオと街角で撮影した写真をデジタル合成したこの画像には、背景にうまく溶けこんだ二人の兵士が写っている。

ナノファイバーテクノロジーを用いた高度産業発掘戦略

表2　アメリカのナノファイバーの研究機関と研究内容（2003年4月現在）

大学
1．Drexel University（Philadelphia, Pennsylvania）
　(a) Departmcm of Materials Engineering（Frank K. Ko）
　　①エレクトロスピニングの理論解析
　(b) Department of Mechanical Engineering and Mechanics（Bakhtier Farouk）
　　①エレクトロスピニングの理論解析
　(c) Department of Matcrials　Research Laboratory（Jason Lyons, Frank Ko, Amotz Geshury）
　　①熱可塑性高分子のエレクトロスピニング
　(d) Fibrous Materials Research Center（Ashraf A. Ali, Amotz J. Geshury, Frank Ko）
　　①熱可塑性高分子のエレクトロスピニング
　(e)（Yury Gogotsi, Guoliang Yang, Christopher Li）
　　①PANエレクトロスピニング法によるPANからの炭素繊維の製造
　　②エレクトロスピニング法によるカーボンナノチューブの製造
2．University of Texas at Dallas（Richardson, Texas）
　(a) Departmem of Chemistry and the UTD Nano Tech Institute
　　（Kenneth J. Balkus, Jr., Sudha Madhugri, John P. Ferraris, Raluca Matea, Alan Dalton, Arnvar Zhakidov）
　　①エレクトロスピニング法による分子，ふるいと複合繊維
3．Univcrsity of Tennessee（Knoxville, Tennessee）
　(a) Textiles and Nonwovens Development Center（Peter　P. Tsai, J. Reece Roth）
　　①ナノファイバーの網目構造
　(b) Department of Material Science and Engineering（Kevin M. Kit, Sudhakar Jaannathan）
　　①エレクトロスピニング法によるナイロン，PET及びそのブレンド
4．virginia Commonwealth Univcrsity（Richmond, virginia）
(a) Dcpartmems of Chemical Engincering（E.-R. Kenawy, L. Yao, J. Layman, E. Sanders, R. Kloefkon, G. E. Wnek）
　　①エレクトロスピニング法で製造された高分子のドラッグデリバリシステムにおける応用
　(b) Departmems of Biomedical Engineering（G. L. Bowlin）
　　①エレクトロスピニング法で製造された高分子のドラッグデリバリシステムにおける応用
　(c) Departmems of Anatomy（D. G. Simpson）
　　①エレクトロスピニング法によるPVA共重合体とその誘導体
　　②エレクトロスピニング法で製造された高分子のドラッグデリバリシステムにおける応用
5．University of California at Davis（Davis, California）
　(a) Fiber and Polymer Science（You-Lo Hsieh）
　　①エレクトロスピニング法による繊維状膜
6．University of Pennsylvania（PhiladeIphia, Pennsylvania）
　(a) Department of Chemistry（N. J. Pinto, A. G. MacDiamid）
　　①導電性高分子によるナノファイバー
(b) Department of Physics and Astronomy（Y. X. Zhou, M. Freitag, A. T. Johnson）
　　①導電性高分子によるナノファイバー
7．Massachusetts Institute of Technology（Cambridge, Massachusetts）
　(a) Department of Chemical Engineering（S. V. Fridrikh, J. H. Yu, G. C. Rutledge）
　　①ナノファイバー製造プロセスの理論的解析
8．Harvard University（Cambridge, Massachusetts）
　(a) Division of Engineering and Applied Scienccs（M. P. Brenner）
　　①ナノファイバー製造プロセスの理論的解析
9．Univcrsity of Massachusetts, Lowell（Lowell, Massachusetts）
　(a) Department of Chemical　Engineering and Center for Advanced Materials（Jamila Shawon, Changomo Sung）
　　①エレクトロスピニング法によるポリカーボネート繊維の製造及び光電池への応用のためのセラミックコーテイング
　(b) Departmemt of Chemistry and Center for Advanced Materials（Christopher Drcw, Jayant Kumar）
　　①エレクトロスピニング法によるポリカーボネート繊維の製造及び光電池への応用のためのセラミックコーテイング
　(c) Departmemt of Mechanical Engineering, Advanced Composite Materials and Textile Rescarch Laboratory

第1章　ナノファイバーテクノロジーの現状と展望

　　　　（Navin Bunyan, Inan Chen, Julie Chcn, Samira Farboodmanesh, Kari White）
　　　　①エレクトロスピニング法によって製造したナノファイバーにおける堆積と配向制御
　　(d) Departmemt of Chemistry and physics and Center for Advanced Materials
　　　　（Xianyan Wang, Young-Gi Kim, Christopher Drew, Bon-Cheol Ku, Jayant Kumar）
　　　　①エレクトロスピニング法によって製造したナノファイバーのモルフォロジーに対する二酸化チタンの影響
　　　　②エレクトロスピニング法によって製造した膜の蛍光繊維への利用
　　(e) Depanment of Chemical and Nuclear Engincering and Center for Advanced Materials（S. Iadarola, B. Kang, C. Sung）
　　　　①エレクトロスピニング法によって製造した繊維からのバイオ＆医療材料の開発
　　(f) Departmemt of Plastics Engineering（A. Crugnola, R. Hoshi, Nantiya Viriyabanthon, Jamila Shawon, Joey L. Mead, Ross G. Stacer）
　　　　①ニレクトロスピニング法による選択透過膜の作製
　　(g) Department of Clinical Scinece（J. Tessier）
10. University of Massachusetts, Dartmouth
　　(a) Textile Sciences Department（Veli E. Kalayci, Prabir K. Patra, Samuel C. Ugbolue, Yong K. Kim, Steven B. Wamer）
　　　　①静電溶液紡糸法による極細繊維
11. University of Delaware（Newwark, Dclaware）
　　(a) Department of Materials Scicnce and Engineering（J. S. Stephens, CL, Casper, JF. Rabolt）
　　　　①エレクトロスピニング法によって製造した材料の微細構造
12. The University of Akon（Akron, Ohio）
　　(a) Department of Polymer Scicnce（Darrell H. Reneker, Woraphon Kataphinan, Zhaohui Sun, Wenxia Liu, Ratthapol Rangkupan, Haoqing Hou）
　　　　①ニレクトロスピニング法によるナノ複合材料の開発
　　　　②エレクトロスピニング法による生体適合性ナノファイバー製造
　　　　③使用後消失型枠へのナノファイバーの応用
　　　　④溶融高分子のエレクトロスピニング
　　　　⑤エレクトロスピニング法によるパラジウム・ハイブリッド・ナノファイバーの製造
　　　　⑥ポリカプロラクトンを用いた環状ナノファイバーのエレクトロスピニング法による製造
　　(b) Department of Chemistry（Daniel Smith）
　　　　①エレクトロスピニング法による生体適合性ナノファイバー製造
　　(c) Department of Chemical Engineering（Edward A. Evans, Brian J. Satola）
　　　　①使用後消失型枠へのナノファイバーの応用
　　(d) Morton Institute of Polymer Science（Han Xu, Daniel Galehouse, Darrell Reneker）
　　　　①エレクトロスピニング法による生体適合性ナノファイバー製造
　　　　②使用後消失型枠へのナノファイバーの応用
　　　　③溶融高分子のニレクトロスピニング
　　　　④干渉色を利用したエレクトロスピニング・ジェットの予測
13. North Carolina State University（Raleigh, North Carolina）
　　(a) Fiver and Polymer Science Program（Min Wei, Alan E. Tonelli）
　　　　①分子ナノチューブ
14. University of Massachusetts（Amherst, Massachusetts）
　　(a) PoIymer Science＆Engineering（A. Pedicini, R. J. Farris）
　　　　①静電紡糸法によって製造された不織布膜の機械的性質
15. Texas Tech University（Lubbock, Texas）
　　(a) The Institute of Environmental and Human Health（S. S. Ramkumar）
16. Tufts University（Medfor, Massachusetts）
　　(a) Department of Chemical＆Biological Engineering, Bioengineering Center（Hyoung-Joon Jin）
　　　　①PEOとボンビクスモリシルクのエレクトロスピニング
16. Virginia Polytechnic Institute and State University（Blacksburg, Virginia）
　　(a) Department of Chemical Engineering（Pankaj Gupta, G. L. wilkes）
　　　　①エレクトロスピニングの原理
17. University of Nebraska（Lincoln, NE）

35

(a) Department of Engineering Mechanics (Y. Dzenis)
      ①エレクトロスピニング・ジェットのモデル化
 18. Rensselaer Polytechnic Institute (NY)
   (a) Materials Engineering, Materials Research Center (Pulickel Ajayan)
      ①ナノ構造物の合成,それら構造及び特性のサイズや構成限界に関連した研究
 19. University of Dayton (Dayton, OH)
   (a) Research Institute (J.-B. Baek)
 20. Northcesten University (Evanton IL)
   (a) Department of Materials Science & Engineering (Samuel I. Stupp)
      ①ポリマーの静電的プロセッシング
 21. Worcester Polytechnic Institute (Worcester, Massachusetts)
   (a) Department of Mechanical Engineering (C-M Hsu, J. Tao, S. Shivkumar)
      ①生体高分子のエレクトロスピニング

(研究機関)
1. Center for Modeling and Characterization of Nanoporous Materials TRI/Princeton (Princeton, New Jersey)
   (Alexander V. Neimark, Sigrid Ruetch, Konstanin G. Kornev, PeterI. Ravikovitch)
      ①カーボンナノチューブ繊維の孔構造
2. U. S. Army Soldier Systems Center (Natick, Massachusetts) (Heidi Schreuder-Gibson, PhillipGibson)
   [Natick Soldier Center (Natick, Massachusetts) (Lynne Samuelson)]
      ①ナノファイバー中におけるガス状物質の拡散と透過
3. Air Force Research Laboratoriy (Dayton, OH)
   (L.-S. Tan)

(会社)
1. Porous Materials, Inc. (Ithaca, NewYork) (Akshaya Jena, Krishna Gupta)
      ①ナノファイバー不織布の孔構造の評価
2. Physical Science Inc. (Andover, Massachusetts) (Kevin White, John Lennhoff, Edward Salley, Karen Jayne)
      ①薄命の構造の強化及びその製作を行うためのエレクトロスピニング
3. Dupont (Wilmington, Delaware) (NG Tassi, DB Chase)
      ①エレクトロスピニングにより製造された材料の微細構造
4. Donaldson Company, Inc. (Minneapolis, Minnesota) (Dmitry M. Luzhansky)
      ①ナノファイバー複合材料のエレクトロスピニングによる製造工程における品質管理
5. AAF Imcmational (Louisville, Kentucky) (Kyung Ju Choi)

表3　ヨーロッパのナノファイバーの研究機関と研究内容 (2003年4月現在)

(大学)
1. Philipps-Universität Marburg (Marburg, Germany)
   (a) Institut für Physikalische Chemie, Kernchemie und Makromolekulare Chemie (Andreas Greiner)
      ①機能性ナノファイバー
      ②ナノファイバーの構造
      ③エレクトロスピニングによるナノファイバーとパラジウムのハイブリッド化
   (b) Department of Chemistry and Material Science Center (R Dersch, Taiqi Liu, A. K. Schaper, A. Grciner, J. H. Wendorff)
      ①エレクトロスピニングによるナノファイバーとパラジウムのハイブリッド化
   (c) (Zeng Jun, Michael Bognitzki, Haoqing Hou)
      ①Nanostructured fibers via electrospinningエレクトロスピニングによるナノファイバー
2. Université Bordeaux I (Pessac, France)
   (a) Centre de Recherche Paul Pascal/CNRS (Stéphane Badaire, Maryse Maugey, Philippe Poulin)
3. Sabanci University (Istanbul, Turkey)
   (a) Faculty of Engineering and National Sciences (M. M. Demir, B. Erman)
      ①ポリウレタン・ニラストマーのエレクトロスピニング

第1章 ナノファイバーテクノロジーの現状と展望

4．Moscow State University（Moscow, Russia）
　(a) Physics Department（A. V. Mironov, A. R. Khokhlov）
5．New castle University（UK）
　　①カーボンナノファイバー

（研究機関）
1．Cemre de Recherche Paul Pascal/CNRS（Pessac, France）（Stéphane Badaire, Maryse Maugey, Philippe Poulin）
　　①カーボンナノチューブ繊維の孔構造
2．Institute for Problems in Mechanics RAS（Moscow, Russia）（Alexander V. Bazilevsky, Aleksey N. Rozhkov）

（会社）
　Hollingsworth & Vose

のが注目される。特に，ノースカロライナ州立大学（NCSU）のノウーブン共同研究センターでは数年前より同センターのB.Pourdeyhimiや陸軍の研究センターのP.Gibsonらを中心に作ったアメリカの"繊維学会"での研究発表が年2回行なわれ活発である。

特に，ドイツのMarburg大学のナノファイバーの研究グループはアメリカに追いつき追い越せと開発研究を進めており30の研究グループを束ねて基礎研究を進めている。5±2年後には本格的な生産を開始でき，更に5年後にはナノファイバーの時代が到来するという。

2.6.3　ヨーロッパの現状

ヨーロッパに関しては，アメリカのように公表せずに，いかにも欧州人らしく，地味でしっかり潜行して行われることが多い。しかし，アメリカの刺激を受けて活発化しているのも事実である。現在，わかっている範囲では，次の大学で行われている。イギリスのマンチェスター工科大学では環境設計工学をはじめBangor大学やWrexham（レクサム）にあるNEWIのナノテクノロジー先端材料センターやBolton Instituteなどが活発に研究している。ドイツMarburg大学では構造，機能性，パラジウムハイブリッドについて積極的な研究が行われており，フランスのボルドーにあるNCRS，パリー大学，トルコのサバンチ大学，ロシアのモスクワ州立大学にも散見する。

2.6.4　アジアの現状

アジアでは中国や香港，台湾，韓国においてアメリカ留学から帰国した研究者が大学，研究所，ベンチャーや大企業において，アメリカに追いつけ追い越せの号令で積極的に研究開発を行っている。

2.7　おわりに

かつて，ナノファイバーテクノロジーの概念の確立と研究開発は日本で先駆的に始められ，世界のトップを走ってきた。しかしながら，昨今のアメリカは莫大な研究開発費を投資しエレクトロスピニングをテコにナノファイバーの製造と用途開発が最も実用化に近いナノテクノロジーであると位置づけ，バイオ・ケミカルハザード防御用の衣服開発を具体的なターゲットとして繊維

の科学と技術をテコに産業の実用化を目指している現状を考えると安閑してはいられない。

バイオ・ケミカルハザード防御用の高機能性軍服の実用化を目指し「Soldier（兵員）ナノテクノロジー」[27]の研究施設がMITで実施することに対して，MITでは大学における歴史的快挙と受け止められていることからもアメリカの熱の入れようが伺える。いずれ，ここにおけるナノファイバーをテコにした技術開発の成果はアメリカの繊維産業に大きな変革をもたらすことになる。同時に，世界的な指導的立場を日本から奪う可能性が残念ながら遠からず来るとみる。今や，アメリカどころか組織的にアメリカに追いつき追い越せと頑張っているドイツはじめ韓国にも奪われる可能性が高い。

わが国は，アメリカと異なり産業体制が民需に置かれていることから軍需をテコに繊維産業の優位性を保つことは難しいが，自衛隊のイラク派遣などで丈夫で燃えない安全な防災性のある衣料の関心は高い。そこで，これまでの優位性をさらに維持するためには具体的な用途開発を「ナノファイバーテクノロジー」に求める需要がでてきている。アメリカにおける研究開発能力が比較的手薄なことである上，基本的な科学や技術のコンセプトが軍需の方向と一致しており，米国における技術情報をわが国では利用できること等有利な点が多い。しかし，何もそれだけに頼っている訳にはいかず，独自の開発展開をすることが重要である。

わが国が，ナノファイバーテクノロジー分野で国際的にイニシアチブをとるためには，用途開発の目標を明確にした上でナノファイバーの科学と工学に早急に取り組むことが必要不可欠である。すなわち，21世紀のわが国の繊維科学技術におけるナノテクノロジー即ち，ナノファイバーテクノロジーは，これら限界技術に立ち向かう中で，新しい技術を開発し，新産業を構築することにより世界に冠たる地位を確保すべきである。産・学・官連携の新しい"仕組み"で追求すべきである。研究，開発者らは産学官での知の創造，活用，理解に総力をあげて取り組まなければならない重要な役割を担っている。

と同時にわが国では筆者らは評価システムの遅れを各方面で指摘している。総じて，これなくして，研究，開発の入口から産業化する出口までを含めた総合技術評価を整備しなければ掛け声ばかりになり，真の科学技術創造立国とはいえ難い。総合科学技術会議が中心となってまとめて方向づけをすべきである。そのためにはハードのできる人材も必要だが，むしろ必要なのはソフトの例えば評価できる人材育成が重要であることは言うまでもない。

なお，ナノファイバーの海外調査の一員として参加したがドイツの研究グループの意気込みに圧倒された。関係者の了解が得られれば稿を改めて執筆したいと思っている。

2.8 提案

2.8.1 ナノファイバー国家プロジェクトの要望

第1章　ナノファイバーテクノロジーの現状と展望

　アメリカではナノテクノロジーの中でもナノファイバー単独に200億円以上の重点投資を行っている。わが国では従来，ナノテクノロジー関係には各省合計すると数千億円以上の研究投資をしているが，ナノファイバーの投資は無きが等しい状況にあり，これらの内外の格差は歴然としており，今後数年後に，日米間に大きな格差の出るのは当然である。

　そればかりか，韓国や台湾はじめ，中国，香港では自国出身の研究者を米国から呼び戻して研究にとりかかっている。

　ナノファイバーテクノロジーは通常言われているナノテクノロジーの範囲にあるが，ナノファイバー単独で議論されることは日本では少ない。繊維の概念を従来の「衣料用」から，IT，バイオ，環境・エネルギー分野等における将来のわが国の技術を支える「先端材料」に大きく変化させる要因となることが忘れられている。繰返すが例えば，プラスチック光ファイバーはドープ剤によるナノオーダーの構造制御で実用化され，カーボンナノチューブ（カーボンナノファイバー）は既に冷陰極，二次電池の電極，複合材料として利用され，また，バイオ・ケミカルハザード防御にはナノファイバーフィルターが普及し始めている。さらに再生医療や組織工学の成功にはナノファイバーはなくてはならない細胞の足場の培地として極めて重要であることが判明している。現状を放置すれば，繊維科学技術は立枯れとなるばかりでなく，その国家損失は計り知れない。

　アメリカでは，NSF（アメリカ科学財団），NTC（全米繊維センター），陸軍をはじめとして米国政府がナノファイバーテクノロジーの研究開発に多額の資金投入を始めてきたことは注目に値する。ごく最近では「Soldier（兵員）ナノテクノロジー」と称し，陸軍がバイオ・ケミカルハザード防御用の高機能性軍服の実用化を目指し基礎研究だけでも5年間で5,000万ドルの資金をMIT投資している。このプロジェクトには米国有名企業例えばDu Pontなど大企業が数社などを参加させているのは，ナノファイバーが最も実用化に近い技術開発を視野においているに他ならない。

　筆者らは，同じナノファイバーの研究者として，手をこまねいて，見ているわけには行かない。国際社会での敗北を意味するからである。ここに編集委員の関係者（梶原莞爾（大妻女子大），片岡一則（東大），谷岡明彦（東工大），小池康博（慶應義塾大），高原淳（九大）の各教授）に赤池敏宏（東工大），お集まりいただき，このほか渡辺順次（東工大），加藤隆史（東大）の各教授にもご協力をいただき，日本で出来ることは何かを企画書として作成し，あわせて関係者に現状を知らせるべく本書を上梓するため，本企画を提案することになった。

　国の機関に於かれましては，この現状をよく認識されて，ナノファイバーの開発に，さらなるご支援を賜りたいと思っている。

2.8.2　具体的提案の一例〜ナノファイバーを共通項にした戦略的技術開発

　ナノファイバーとは，ナノスケールで構造制御された繊維及びナノサイズ繊維を含む。また，

ナノファイバーテクノロジーを用いた高度産業発掘戦略

ナノ（階層）構造制御，ナノスケールは繊維の断面方向，繊維軸方向あるいはその両方向に適応される。ナノファイバーは，生体機能保持に本質的な役割を演じていると共に，情報，バイオ，環境といった異分野を融合する基本的構造素材であることを活用して新規産業を創設する産業基盤を産学官連携により構築することにある。

わが国繊維産業か有する繊維製造技術は世界第一線にあるが，わが国の持つナノファイバーの技術を活かし，さらに，発展させ高強度構造材軽量化，光・電子デバイス，創薬・再生医療，環境浄化へと展開し，高度情報社会実現，健康寿命延伸，環境・エネルギー問題克服等の社会制約・要請対処に主導的役割を果たし，また，新規ナノファイバー産業を創設し，雇用拡大を図ることが重要である。

基本技術として，海島型複合紡糸技術，中空糸製造技術，高密度グラフト化技術，エレクトロスプレー紡糸技術，自己組織化技術があり，これらの技術の融合化，精密化，高精度化によりナノファイバー製造技術を確立する。さらに，その技術展開として，本技術の組織内で情報ネットワークの毛細血管部分となる家庭内ネットワーク構築を目指し，ネットワーク本体，その周辺機器（ペイパーレス新聞用ディスプレイ装置，対話型診断センサー）を開発する。

本技術の構成は，①新規ナノファイバー創製を目的としたオリゴマー・高分子合成技術の確立，②ナノファイバー紡糸技術の確立，③ナノファイバー表面コーティング技術の開発，④ナノファイバー及びナノ薄膜の構造・物性解析技術の確立，を技術的柱（これを縦糸）とし，イ．高度情報化社会実現のためのIT産業基盤となるナノ構造制御GI型POF，電子ディスプレイ，ロ．高齢化社会に向け，バイオテクノロジー産業の基盤となる生体分子デバイス，細胞工学デバイス，再生医療用人工臓器，バイオセンサー，ハ．環境・エネルギー産業用軽量・高強度材料，フィルター等の素材開発を素材的柱（これを横糸）とした新産業の創設が期待される。

この特徴は，既存技術の融合化と新技術開発により安定した製造が可能となるナノファイバーを共通項にした戦略的融合技術開発である。

本技術開発の遂行により，わが国の繊維産業が有する技術力の保持発展と，ナノファイバーを軸にした新規産業創出を期待できる。

具体的には前述のナノファイバーを軸に4つの技術を開発するため5年間で総額30～40億円規模を投資し，産学官連携による新技術を開発し，数年後に新産業，新市場を設立して，数10兆円以上の事業が予想される。また，応用事業も含め合わせて雇用の拡大をはかれる。

終わりに，本稿の作図に協力いただいた京都大学 梶慶輔名誉教授，東京工業大学 谷岡明彦教授，九州大学 高原均教授，信州大学 小山俊樹助教授，慶応義塾大学 石榑嵩明助教授らに感謝する。

第1章 ナノファイバーテクノロジーの現状と展望

文　献

1) 東レ，2002年10月31日新聞発表
1)' 帝人，2003年4月3日　日本繊維新聞
2) 本宮達也，ハイテク繊維の世界，日刊工業新聞社(1999)
3) 梶原莞爾，本宮達也，ニューフロンティア繊維の世界，日刊工業新聞社(2000)
4) 繊維学会，繊維科学教育欧米調査団(FSE' 90)報告書, p. 21(2002)
5) NEDO, JETRO, AIST, Nanotech 2003 + Future要旨集26-28, Feb. 2003
6) 代表的なもの　田中一義編，カーボンナノチューブ　ナノデバイスへの挑戦，2001年1月30日。化学同人
7) 日経サイエンス編集部，別冊日経サイエンス138「ここまで来たナノテク」2002年10月9日，日経サイエンス
8) 本宮達也，第33回繊維学会夏期セミナー講演要旨集, p. 21(2002)
9) 本宮達也，繊維と工業，**58**, No.10 p. 257(2002)
10) 梶原莞爾，本宮達也，日本繊維製品消費科学会誌，**44**, No.7　383(2003)
11) ナノファイバー技術戦略研究会主催第1回ナノファイバー技術戦略研究会講演会要旨集「21世紀を開くナノファイバーテクノロジー」，2003年1月22日　於：日本科学未来館 (2003)
12) ナノファイバー技術戦略研究会　，第2回ナノファイバー技術戦略研究会公演要旨「ノノファイバーとバイオの融合」2003年10月24日，於：東工大百年記念館
13) 平成15年繊維学会年次大会要旨集
14) 宮本武明，本宮達也，新繊維材料入門 p. 128　日刊工業新聞社(1992)
15) 次世代繊維材料の調査委員会編（委員長　本宮達也），新繊維科学—ニューフロンティアへの挑戦—p. 329，平成7年8月18日発行　通商産業調査会出版部
16) H. TABATA, M. Yoshimura, S. Shimizu., BULIETIN OF THE FIBER AND TEXTILE RESERCH FOUNDATION, **10** 8(2000).
17) 谷岡明彦，繊維と工業，**59**, No. 1, p.3, 2003
18) 川合知二，"ナノテクノロジー入門"，オーム社(2002)
19) 川合知二監修，"図解ナノテクノロジーのすべて"，工業調査会(2001)
20) 遠藤守信，CHEMTECH, p. 568-576, ACS(1988)
21) 谷岡明彦ら，高分子論文集，**59**, 706-709(2002)；同 **59**, 710-712 (2002)
22) T.Ishigure, E.Nibei, Y. Koike, 繊維と工業 **53** No. 12, p. 520 (1997)；小池康博，佐藤真隆，石樽崇明，応用物理 70 No. 11 p. 1287 2001
23) 片岡一則，特願2001-5240，特願2001-226293等，大塚英典，片岡一則，繊維と工業，**59**, No.1 p. 18(2003)
24) 加藤隆史，Science 295 p. 2414-2418(2002)，加藤隆史，藪内一博，**59**, No.1 p. 18(2003)
25) 鞠谷雄士，平成13年　第32回繊維学会夏季セミナー講演要旨集, p. 82 (2001), 精密高分子技術プロジェクト発表会，2003年12月4日　於：国際交流会館
26) NATIONAL GEO GRAPIC, p. 103, p. 116, 1月号(2003)
27) C & EN, Aug. 11, p. 28-34 (2003)

3 ナノファイバーテクノロジーの展望

梶原莞爾*

3.1 はじめに

　経済産業省は，2003年度より産業発掘戦略（New Industry Development Strategy；NIDS）の重点領域として，健康・バイオテクノロジー，情報家電・ブロードバンド・IT，環境・エネルギー，ナノテクノロジー・材料の4つを挙げ，技術開発，知的財産，標準化，市場化等の具体的計画策定を始めた。中でもナノテクノロジー（超微細技術）は領域を横断する基盤技術として最重要課題となる。ミクロ技術は，これまで人間が長い時間をかけて発展させてきた従来のマクロ技術延長線上にある技術であると位置付けられる。したがってその技術によって生み出されるモノは私たちの想像の域を超えるものではない。限られた資源のなかで人間が持続的に発展していくために，根本的に発想が異なる新しいモノを生み出そうというニーズに応えるには，これまでの技術の延長ではないナノ化技術の確立が必須となる。

　ではナノテクノロジーとはいったい何を意味するのか。日本人はもともと微小化技術に長けていた。ナノテクノロジーの名称自体が日本人研究者の造語であるし，ナノテクノロジー新素材の代表であるカーボンナノチューブも日本で発見された。「ナノ」は10^{-9}mオーダーの距離の単位である。カーボンナノチューブは直径が1nmの炭素の筒である。つまりナノテクノロジーとは，「1nmから100nmの規模の原子や分子を操作・制御して，物質の構造や配列を変え，新しい機能や，より優れた特性を作り出す技術」ということになる。通常の実用繊維の断面直径は$10\mu m$（10000nm）以上あるから，ナノサイズの繊維はさらにその約1000分の1程度の断面直径を持つ繊維ということになる。通常のナイロン布帛は40デニールのマルチフィラメントが12本程度で構成されているが，断面径が数十ナノメートル程度のナノファイバーだと140万本以上のフィラメントで構成されることになる。ナノファイバーは断面内に高々400本程度の高分子鎖を持つ。そのほとんどが繊維表面で空気と接していることから，繊維物性は従来のものとは著しく変わるだろうことは予想がつく。つまり同じ体積で比べると，ナノファイバーは従来の繊維の約1000倍以上の表面積を有し，この著しく大きな比表面積を生かしたさまざまな応用が考えられている。例えばナイロンナノファイバーでは繊維表面の吸湿量が繊維内部への吸湿量に比べて無視できなくなり，全体として従来のナイロン繊維の2～3倍程度の吸湿性を持つ。しかしナノテクノロジーは，ただ超微細なモノを作る，あるいは超微細な加工をする個々の技術のみを指すのではなく，これらの要素技術を有機的に組織化して，私たちが実際に手に触れるマクロサイズのモノを作り，加工しなければ意味がない。

＊　Kanji Kajiwara　大妻女子大学　家政学部　被服学科　教授

第1章　ナノファイバーテクノロジーの現状と展望

今，全世界においてナノテクノロジーがバイオテクノロジーと共に21世紀産業の切り札であるとして，産学官一体となってその研究開発を推進している。では21世紀型産業とはいったい何なのか，その中でナノテクノロジーが果たすべき役割は何なのか。20世紀は大量生産・大量消費の時代として産業集約に象徴されるギガ（大規模）テクノロジーが技術戦略の中枢であった。21世紀型産業は少量多品種生産を余儀なくされ，産業の局地化が予想されている。つまり人間の細胞のように，必要なものを必要とされる場所で効率よく生産し，その場所場所が有機的に繋がり，国あるいは地球全体が一つの生命体として機能することにより，人類の持続的進歩が可能となる。資源・エネルギー効率の良い局地生産を可能にする技術が，バイオテクノロジーであり，ナノテクノロジーであろう。当然これらのテクノロジーは互いに孤立した技術ではなく，相互に補完しあう協同的技術であることはいうまでもない。

3.2　繊維におけるナノテクノロジー：ナノファイバーテクノロジー[1〜9]

もう少し具体的にナノテクノロジーを知る目的で，「繊維」を切り口にしてナノテクノロジーを見てみよう。まずナノテクノロジーとして，ナノサイズの繊維を作る技術がある。海島型複合紡糸法により作り出される超極細繊維はわずか4.16gで地球から月まで到達するが，その断面直径は0.1μmあり，断面内には約40,000本の高分子鎖が並んでいる。海成分の数を増していくと原理的には直径が0.01μm，つまり10nmのナノファイバーを作ることができる。エレクトロスプレー法[10]という質量分析に用いられる技術（島津製作所田中氏のノーベル賞受賞で脚光を浴びた技術[11]）を応用して，数nmから数百nmの厚みのフィルムや不織布を一挙に製造する技術も開発されている。このようにして得られるナノファイバーを直接織ったり編んだりする技術はまだない。従って現状ではナノファイバーを絡ませて融着させた不織布しか作れないが，ナノファイバーで構成される不織布（ナノファブリック）は従来の不織布（ミクロファブリック）とどのように違うだろうか。図1に模式的に示すように，ナノファブリックの空孔径は1〜100nm程度であり，低分子は通すが，ウィルスのように径が10nm以上の粒子は通さない。また空孔径を1〜100nm間の特定の径に制御する技術もナノテクノロジーである。ここで注意しなければならないのは，従来の微細加工技術は「トップダウン方式」[12]（従来の生産技術を駆使して微細加工をする方式）であるため，単なる微細化であり飛躍的な機能向上は望めないことである。すべての生き物は，体内で作った分子から秩序的な構造をもつ集合体を形成し，その集合体を階層的に構築していくことにより，生存に最適な自分の体を作り上げている。例えば，羊毛や綿はナノオーダーの緻密な構造を持っており，衣服用繊維として理想的なのは，ナノオーダーで制御された構造による機能によることは良く知られている。つまり，ナノテクノロジーは，生き物と同じように，微細ナノ素材を作ると同時に，構造制御を行いながら集合化，階層化して，実用レベルまで加工してい

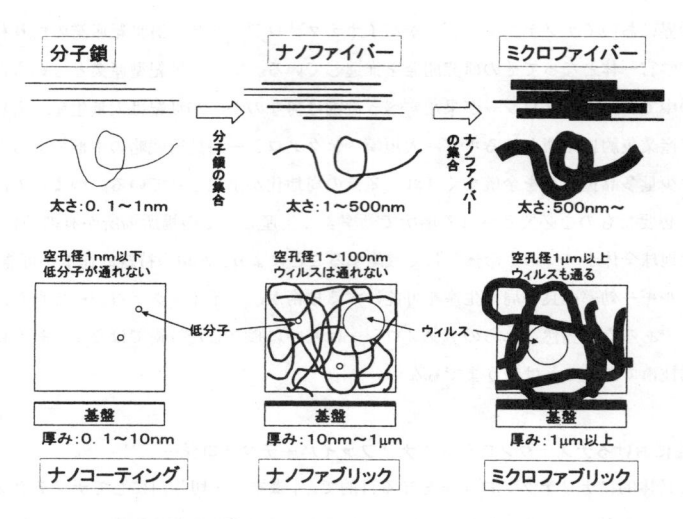

図1　分子鎖，ナノファイバー，ミクロファイバー

く「ボトムアップ方式」[12]の加工技術でもある。

3.3　ナノテクノロジーはスーパーバイオミメティックス

　合成繊維開発の歴史は天然模倣技術（バイオミメティックス）の歴史であった[13]。自分の手で絹，羊毛，綿のような繊維を作りたいという願望が数多くの化学繊維を生み出した。走査型顕微鏡観察を基に，天然繊維のミクロ形態を模倣し，さらにその極限まで技術を洗練することにより新合繊が生まれた。現在では生物の構造と機能の関係に学び，ある特定の性能や機能においては自然界にあるものよりも優れた性質を持つ合成繊維が開発されている。しかし，模倣に成功しているのは未だ大自然の一欠けらに過ぎない。従来の「トップダウン方式」の技術に固執する限り，自然の巧妙な機能を十分模倣することはできない。天然の繊維材料である綿，羊毛，絹はナノオーダーの秩序構造を基本とする巧妙な階層構造により，それぞれバランスの取れた特徴のある着心地を生み出す。天然にはくもの糸，玉虫，ホヤの皮膚の超構造，竹のしなやかさを作り出す傾斜構造，筋肉のスライド構造等，手本には枚挙がない。このような構造体が細胞というナノ工場で作り出されていることは言うまでもない。生体は環境変化に応じて構造を変化し，常に最適に適合するインテリジェンスを備えている。生体系を模倣し，さらに生体機能を超えるためには，ナノオーダーの構造制御から出発し，それをマクロ構造の基本単位として階層的に積み上げる技術，「ボトムアップ方式」によるスーパーバイオミメティックス，が今後の技術開発の鍵となる。

第1章 ナノファイバーテクノロジーの現状と展望

3.4 ナノファイバーの概念

　これまでナノファイバーという聞きなれない術語を使ってナノテクノロジーを説明してきた。この節ではナノファイバーとは一体何か，何故ナノファイバーがナノ材料として重要なのかを概説する。

　繊維分野は萌芽的研究成果が比較的産業化に直結しやすい分野である。繊維は生体の基本構造であり，ナノテクノロジー応用の結果が見通せる分野である。ここでナノファイバーは，①断面直径が1〜100nm，アスペクト比100倍以上の繊維状物質（ナノサイズ繊維）と②繊維の太さに関わらず内部，外部，表面にナノオーダーで制御された精密な秩序構造を持つ繊維（ナノ構造繊維）の2種類が考えられる。現在ナノファイバー技術により生まれつつある新しい素材を図2にナノファイバー効果としてまとめた。図2からも分かるように，ナノファイバーは経済産業省が推進するナノテク・材料分野産業発掘戦略にマッチした素材である。この発掘戦略では，ナノテクノロジー・材料が実現する社会像として①いつでもどこでも誰でも情報通信が簡単・安全にできる社会，②健康・高齢化に万全の対応をした安心・安全は社会，③エネルギーの効率利用と環境監視の高度化による豊で美しい環境を持つ社会，④新構造材料等野より，生活基盤の信頼性が一層向上し，安全で安心できる社会，⑤ナノレベルの計測分析・加工技術の高度化実現により，最先端の科学技術・新産業が生まれ発展する社会を想定した。10年後に想定された社会生活の5つの分野における目標と，目標達成に必要な具体的な技術をまとめたのが図3である。それぞれに関連したナノテクノロジー関連産業は，ネットワーク・ナノデバイス産業，ナノバイオニック産業，ナノ環境エネルギー産業，ナノ計測・加工産業があり，ナノファイバーはいずれの産業分野においても欠かせない基本素材である。

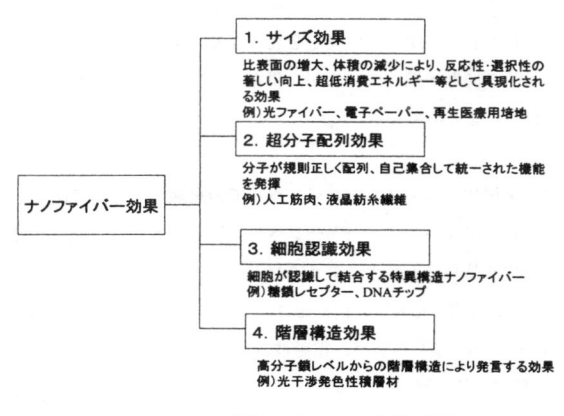

ナノファイバー効果
- 1. サイズ効果
  比表面の増大，体積の減少により，反応性・選択性の著しい向上，超低消費エネルギー等として具現化される効果
  例）光ファイバー、電子ペーパー、再生医療用培地
- 2. 超分子配列効果
  分子が規則正しく配列，自己集合して統一された機能を発揮
  例）人工筋肉、液晶紡糸繊維
- 3. 細胞認識効果
  細胞が認識して結合する特異構造ナノファイバー
  例）糖鎖レセプター、DNAチップ
- 4. 階層構造効果
  高分子鎖レベルからの階層構造により発言する効果
  例）光干渉発色性積層材

図2　ナノファイバー効果

ナノファイバーテクノロジーを用いた高度産業発掘戦略

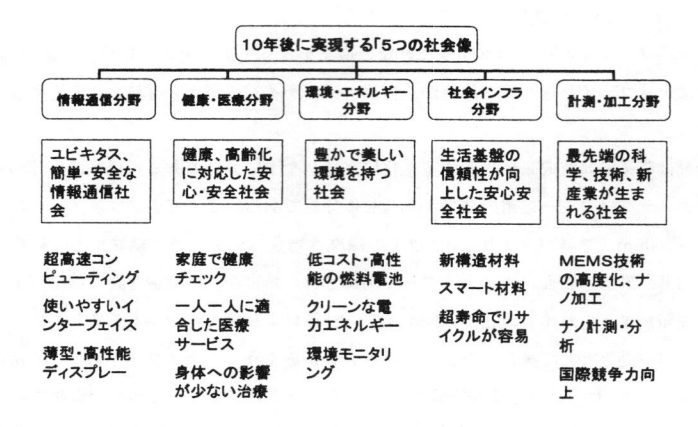

図3 10年後の社会像と関連技術

3.5 ナノファイバー技術の波及効果

　ナノファイバー技術の応用により、いろいろな産業分野でブレークスルーが起り、その結果として新産業が生まれる可能性がある。ナノファイバーの特徴は、先に述べた表面積比が大きいこと、可視光に対しては透明であること、ナノオーダーで空孔サイズを制御できること、高度な分子組織化が可能なこと、生体適合性がよいこと（生体がナノファイバーを異物として感じない）、等が挙げられる。これらの特徴から、図2にまとめたナノファイバー効果が現れる。ナノファイバー構築には技術的に未解決な部分が多い。ナノファイバー紡糸は従来の実用繊維紡糸技術の単なる延長ではないし、ナノファイバー内部の分子自己組織化はまだ十分理解できていないし、ナノファイバーの構造・物性評価も新しい手法の開発が必要となる。このようにナノファイバーの基盤技術・製造技術には未解決の問題が残っているが、現在すでに試みられつつあるナノファイバーの応用例を分野ごとに以下にまとめてみる。

3.5.1　IT関連材料

　電子デバイスの高密度化、集積化にはナノオーダーレベルでの組織化が必要である。特に、光を用いたデバイスは高速で信頼性が高いナノオーダーレベルで構造制御された光学材料が不可欠である。非線形光学機能を持つ液晶高分子系ナノファイバーや光一時伝送可能な金属被覆ナノファイバーを設計・構築することにより、光情報通信や光コンピューターの高速度化が実現できる。
　有機EL素子、電池セパレーター、電子ペーパ、電磁波シールド材には既にナノファイバー技術（特に一次元ナノファイバーを二次元化したナノコーティングやナノファブリック技術）応用による高度機能化が図られている（図4）。例えば、有機EL素子は負電荷輸送層、正電荷輸送層、

第1章 ナノファイバーテクノロジーの現状と展望

発光層を積層し，電荷を加えると発光する[14]が，発光する高分子は剛直分子が多く，液晶形成により凝集，ナノファイバーとなる。高分子各層は出来るだけ薄く均一であることが必要で，ここではナノコーティングの技術が応用される。二次電池や燃料電池の隔膜（セパレーター）は，使用目的にもよるが数nmから数百nmの空孔を有する多孔性膜である。ナノファブリックにより空孔径を制御した高性能セパレーターが出来るだろう。その他の応用例も含め，図4にまとめる。最近のナノファイバー技術応用としては，プラスチック光ファイバー（GI型POF）のナノオーダー分布制御技術の開発が注目される[15]（図5）。

3.5.2 バイオファイバー材料

　生体の構造組織はバイオナノファイバーが基本となって構成され，そのナノファイバーの配向が制御され階層構造化することにより，引っ張り，圧縮，曲げ，捻りなどいろいろな様式の変形に耐える高次組織形成している。生体材料分野では，バイオファイバーはアクチン・ミオシン筋肉組織の櫛形スライド機構に代表される。これほど高度な機構はまだ模倣できないが，この分野でもバイオファイバー技術はバイオチップ，バイオセンサー，バイオフィルター，再生医療用培地に応用されている（図6）。ナノコーティングやナノファブリック技術をバイオチップやバイ

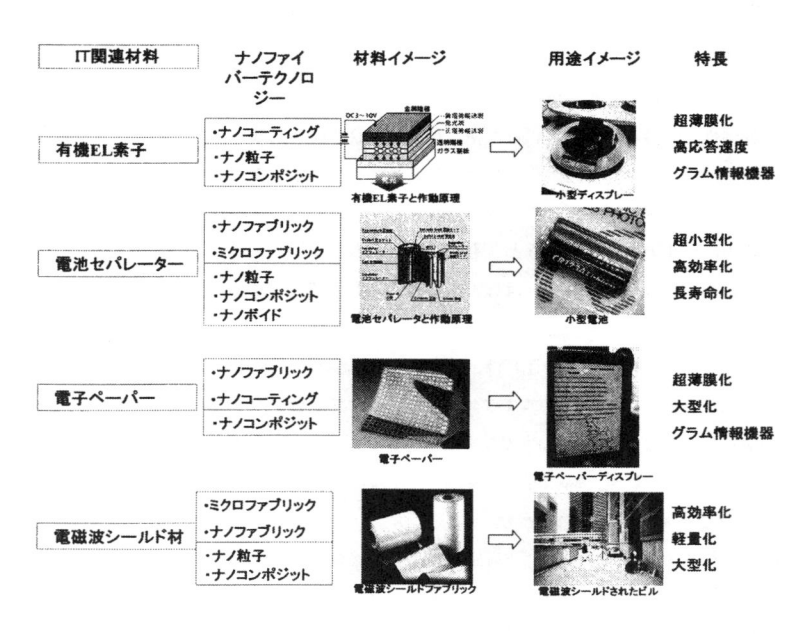

図4　IT関連材料としてのナノファイバー

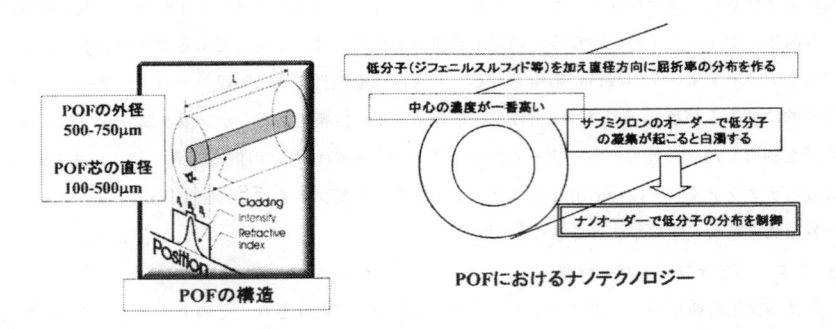

図5 有機光学ファイバーとナノファイバー技術

オセンサーに応用することにより，均一な薄膜の多孔性構造が得られ，感度や精度が飛躍的に向上する。またナノファブリックやミクロファブリックに微生物を固定化すると，反応性の高い処理効率のよいバイオフィルターとなる。ナノオーダーの空孔を持つ多孔性ミクロファブリックは，ウィルスや有害微生物の進入は妨げ栄養素は透過させる再生医療用培地として活用されている。

3.5.3 環境関連材料

環境産業用の利用例としては，図7に示すように農業用多機能ビニール，水処理フィルター，エアフィルター，構造物用不織布（ジオファブリック）がある。農業用多機能ビニールには，撥水性，保湿性，紫外線カットといった相容れない性質を同時に満たすことが要求される。このため超薄膜の積層化，表面構造のナノファブリケーションといったナノファイバー技術を駆使したナノオーダー構造制御が必要となる。水処理フィルターやエアフィルターは世界的な環境汚染問題解決のために重要な役割を担うとともに，今後大きな需要の見込める分野でもある。ナノオーダーで構造制御されたフィルターは有害な物質のみを分別除去することが出来，資源の有効利用にも活用できる。

ナノファイバー技術が確立できれば，構造的に欠陥少ない繊維製造が可能になる。またナノファイバーは比表面積が大きく，アスペクト比も高いので，ナノファイバーとマトリックス高分子の界面構造制御およびマトリックス内部のナノファイバー分散制御により，従来の複合材料に比べて格段に優れた超軽量，高強度の材料が実現する。

3.6 ナノファイバー技術の広がり

図8は，従来のミクロファイバー製造技術からナノファイバー技術に進化するために必要な基盤技術と，ナノファイバーの応用分野を示す。ナノファイバーは紡糸して得られる他に，重合段階や低分子物質の自己集合によっても得られる。図9は現在得られているナノファイバーをまと

第1章 ナノファイバーテクノロジーの現状と展望

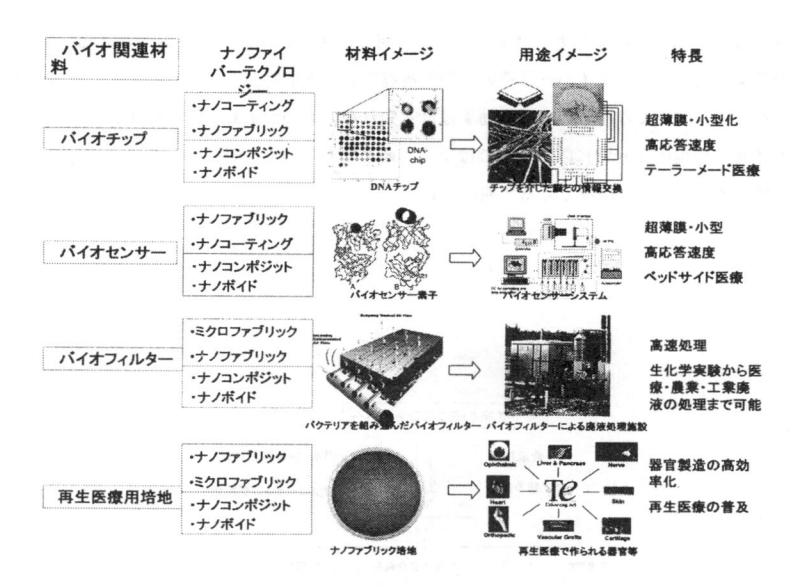

図6 バイオ関連材料としてのナノファイバー

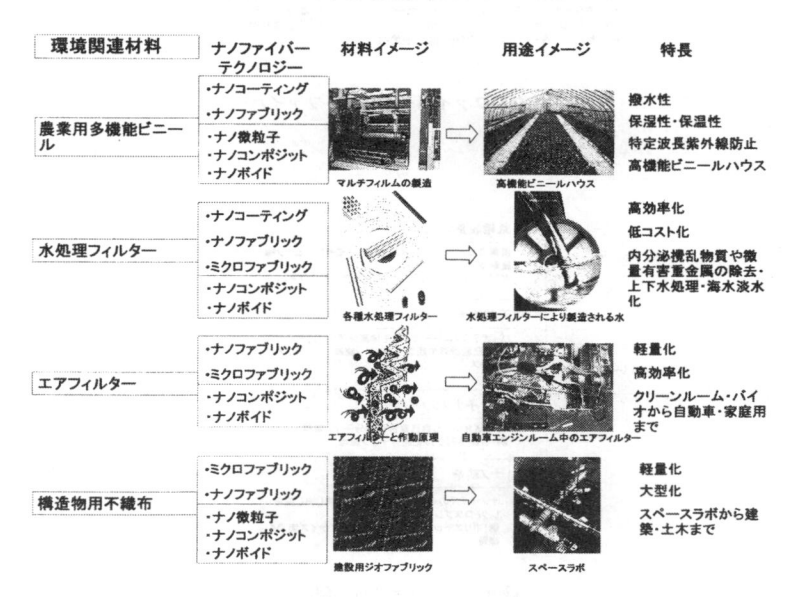

図7 環境関連材料としてのナノファイバー

めたものだが，今後得られたナノファイバーを如何に実用に供する形にするかが課題であろう。生物の基本構造がナノファイバーとその階層的構築による機能特化であることを考えれば，ナノファーバーの展開による社会への波及効果は計り知れないものがある。その応用分野は前述したIT，バイオ，環境の3分野に限るものではなく，産業のあらゆる分野においてイノベーションを促し，新産業創出につながってくると期待される。

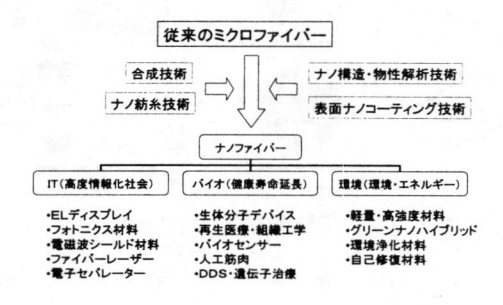

図8　ミクロファイバーからナノファイバーへ

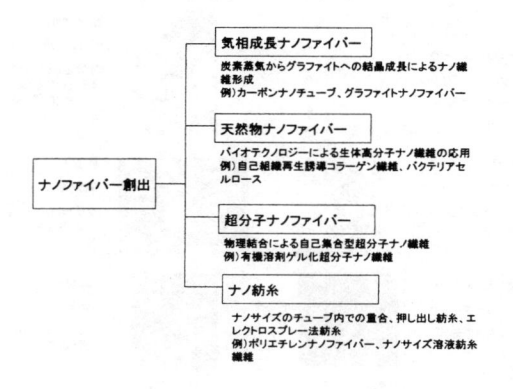

図9　ナノファイバー創出

第1章　ナノファイバーテクノロジーの現状と展望

文　　献

1) 本宮達也，第33回繊維学会夏期セミナー講演要旨集，p. 21(2002)
2) 谷岡明彦，繊維と工業，**59**(1)，p. 3-7(2003)
3) 谷岡明彦，"第一回ナノファイバー技術戦略研究会講演要旨集" p. 2-7(2003)
4) 本宮達也，"ハイテク繊維の世界"，日刊工業新聞社(1999)
5) 谷岡明彦，工業材料，**51**(6)，p. 56-60(2003)
6) 谷岡明彦，化学経済，**50**(8)，p. 75-83(2003)
7) 谷岡明彦，工業材料，**51**(9)，p. 18-24(2003)
8) 谷岡明彦，*WEB Journal*，**54**，p. 13-14(2003)
9) 谷岡明彦，クリーンテクノロジー，**13**(10)，p. 62-65(2003)
10) 諸田賢治，谷岡昭彦，山形豊，井上浩三，高分子論文集，**59**，706 (2002)
11) P. Kebarle, L. Tang, *Anal. Chem.*, **65**, 972A (1993)
12) 川合知二，「ナノテクノロジー入門」，オーム社（2002）；川合知二監修，「図解ナノテクノロジーのすべて」、工業調査会（2001）
13) 次世代繊維科学の調査研究委員会編，「新繊維科学：ニューフロンティアへの挑戦」，通商産業調査会出版部(1995)
14) 宮田清蔵，「有機EL素子とその工業化最前線」，NTS（1998）
15) 小池康弘，私信

第2章 ナノファイバーテクノロジーで環境,人間,高度情報社会を実現する

1 生命現象におけるナノファイバーワールドに学ぶファイバーテクノロジー

赤池敏宏[*]

1.1 はじめに～ファイバーテクノロジーとバイオナノワールドとの接点

　革新的科学技術として今,全世界的に期待されブームともなっているナノテクノロジーは必ずしも目新しいものではなく,生命体を筆頭とした自然の構成原理の解明とその制御・応用そのものでもある。そしてその典型例であり,ある意味最前線を担ってきた歴史を有するものこそが繊維材料でありそのキーワードはナノファイバーである。人間の体や細胞の内部構造はナノファイバーワールドである。「人間はナノファイバーである!」「細胞はナノファイバーで動かされている!」「遺伝子の世界はナノファイバーワールドだ!」等々は今さら強調する必要もないほど明らかとなっている。すなわち生命体はナノファイバーのメーカーそのものである。したがって,私達が食する動植物がナノファイバーでもある。一方化粧品,薬(DDS),人工臓器,そして最先端の再生医療においても,天然系繊維,合成高分子ファイバー等々が極めて多岐にわたって使用されている。すなわち,衣・食・住材料を筆頭に私達は繊維材料のユーザーでもあるのである。本稿ではすべてを網羅して紹介するわけにはいかないが,生命系ナノファイバーの構造とその形成原理に注目しながら,繊維工学(ファイバーテクノロジー)との親縁性について強調してみたいと思う。

　さて,二次元的に高度に構造制御された材料の極致ともいうべきものが繊維材料であり,その科学技術としての歴史的蓄積には極めて大なるものがある。材料の構造形成とその制御のしくみは当然のことながら階層的である。繊維材料においてはまず一次構造(モノマーレベルの分子構造とそのシークエンス/結合配列)が決まり,それにより二次構造(コンフォメーション),そして三次構造(高分子鎖全体の空間配置)さらにその集合状態としての四次構造(質品構造など)が順次規定されていく。したがって,そのサイズ・大きさ(短径)でオングストローム(Å)から始まり,ナノメータ(nm;10^{-9}m),マイクロメータ(μm;10^{-6}m),ミリメータ(mm,10^{-3}m)と大きくなる。長さで論じれば,ナノメータからマイクロメータ,ミリメータ,センチ

---

[*] Toshihiro Akaike　東京工業大学大学院　生命理工学研究科　教授

第2章 ナノファイバーテクノロジーで環境，人間，高度情報社会を実現する

メータ・キロメータと長じていく。

そもそも繊維の定義には，そのサイズは問われていない。その本質を直観的に言えば，ナノファイバーの集合体すべてが繊維材料である。従って，様々な材料の見かけ上の形すなわちバルクの形態にこだわっていると，ナノファイバーから始まる繊維の科学技術の過去の偉大な蓄積と，そこから外挿され応用して生かされるサイエンスとしてのすばらしさを生かし切れなくなる。フィルムおよびプラスチック・ゴムのバルクの塊りでもファイバーテクノロジーの科学と技術の粋が凝縮されている場合も多いのである。

そして今，注目されている人工的ハイドロゲル材料ですらそのユニットとなる微細構造においては，しばしばナノファイバーであり，水とのブレンド材料である。私達の体を構成する物質の70～80％が水であることはよく知られている。血液・組織液を除く生体組織の殆どはハイドロゲルの状態で存在しており，その相当部分が結合組織でありコラーゲン，フィブロネクチン，ラミニン，プロテオグリカンを筆頭とする各種のナノファイバー状分子と水とのブレンドである。体の恒常性の維持もこのナノファイバー／水のブレンドの状態で制御されていると言っても過言ではない。この性質をうまく活用して化粧品や食品の高級化が追求されているのはあまりにも有名な事実である。一方，臓器組織を構成する細胞のあるものは，ハイドロゲルの表面のラミニンや

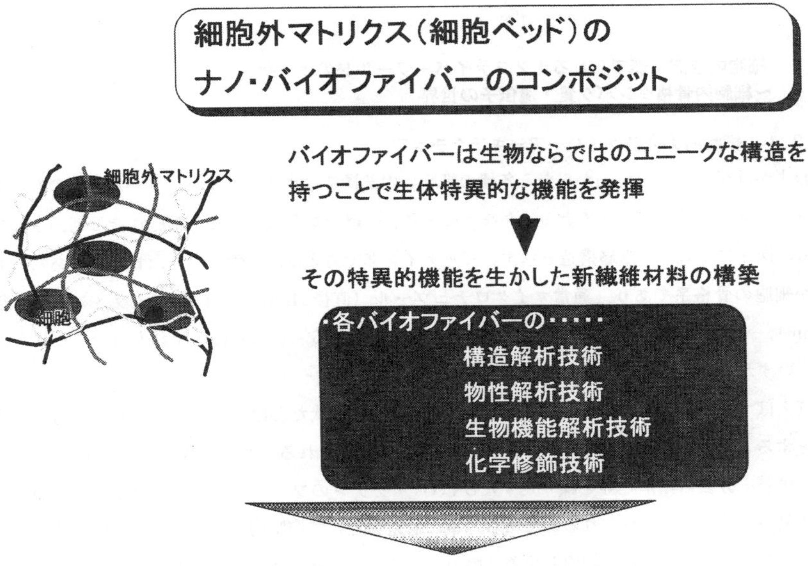

図1　細胞の足場（マトリクス／スキャフォールド）としての
　　　バイオファイバーの構造・機能相関の応用

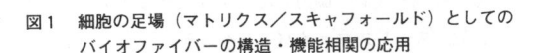

コラーゲン（IV）等，ナノファイバーブレンド膜(基底膜と呼ばれる)に対する接着によってプログラム死（アポトーシス）を免れ，増殖・分化等の各種機能を制御される。また，ある種の細胞はゲルの内部に漂い，臓器の硬さ・柔らかさやナノファイバーの種類・分布を認識して必要によっては組織再生の足場を調製する（図1）。

さらに言えば最近際立って，大きな注目を浴びている再生医療は細胞が乗ったり，泳いだりするゲルの足場（スキャフォールドとか細胞マトリックスとも呼ぶ）の設計なしには前へ進まないと言ってもよいほどである。こうして皮膚・粘膜・血管の再生医療から肝臓，腎臓，気管，神経，腱，靱帯，骨，軟骨，角膜等々の再生医療にもコラーゲン，フィブリン等々の生体ナノファイバーの科学・技術が密接不可分のものとなる。しかもこれらのファイバーは必要とされる時に，必要な場所で必要な量だけ任務を担当する細胞に合成されるのであり，これらの時間・場所（空間）・量などの重要パラメーターの乱れは病気，例えば肝硬変，各種臓器繊維症そのものである。驚くべきことには，血液凝固に伴い出現するフィブリン繊維のように秒・分の時間オーダーで登場し用がなくなれば分，時間のオーダーで消滅するナノファイバーすら私達の体は有している。

以上の例は，生体組織のしかも細胞外空間に登場し活躍するナノファイバーの数例を紹介したものにすぎない。さらに素晴らしいナノファイバーワールドは，臓器組織を構成する細胞内の微少空間に存在する。第2章ではそのことを各論的にざっと紹介してみよう。

1.2　細胞内空間に奏でられるナノファイバーワールドのオーケストラ
　　　～細胞内骨格タンパク質・遺伝子の世界

1.2.1　細胞内ナノファイバーアーキテクチュア

わずか直径5 μm〜20 μmからなる各種の細胞の内部構造はナノファイバーワールドそのものであり，ナノファイバーのダイナミックな形成・重合・離合集散によって，細胞機能は制御されている。図2に細胞内の階層構造を示す。ビルディングで言えば，鉄骨でできた骨組みにあたるものが細胞の骨格系であり，通常マイクロチュブール（直径24nm），中間径フィラメント（直径10nm），マイクロフィラメント（直径6nm）の3種である。これらはいずれも直径こそ異なるが，いずれもナノファイバーそのものである。

例えばマイクロフィラメントは，G-アクチンという球状たんぱく質が長軸方向に，物理的重合をすることによりF-アクチンになることにより形成される。さらに驚くべきことには，移動・接着・分裂（増殖）等を繰り返すたびにG-アクチンのファイバーへの重合と脱重合が分から時間のオーダーで実行されるのである。単に構造物として細胞内生存に必要な力学的強度を支えるのみならず運動や他の細胞と接着・協力して，より大きなスケールの細胞社会，すなわち組織／臓器を支える。それ故，ストレスファイバーとも言う。

第2章 ナノファイバーテクノロジーで環境，人間，高度情報社会を実現する

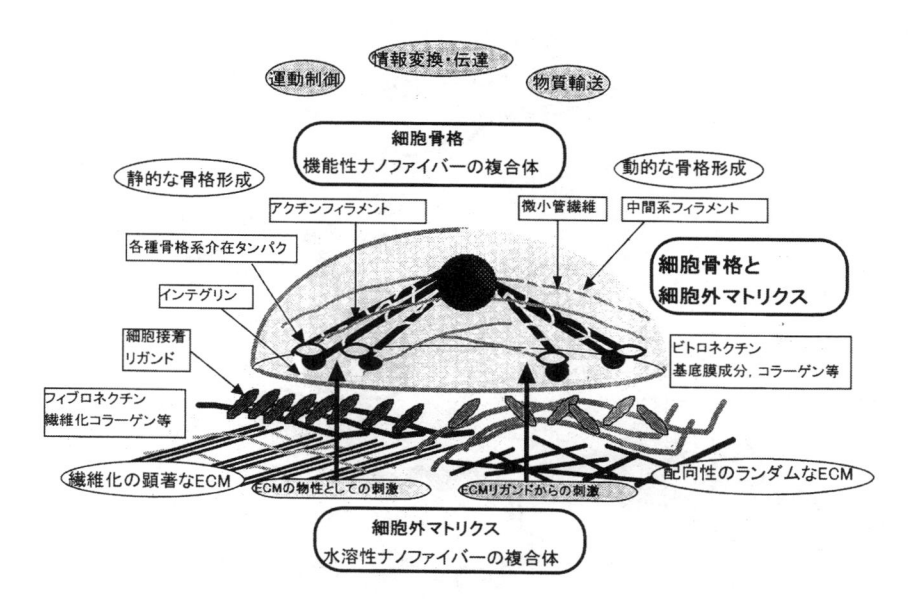

図2 細胞内部構造にみられるナノファイバーワールド
—細胞内骨格の役割—

図2に示すような，細胞内骨格系タンパク質を中心とした細胞内ナノファイバーアーキテクチャーに学ぶ繊維設計・材料システム設計や，さらにプラント設計，建築物設計は新しいバイオミメテックス産業の流れを築き上げるものと期待されている。

1.2.2 遺伝子は究極のインテリジェントファイバーである！

地球史上，最も有能でインテリジェンスなナノ材料／ファイバーシステムは何か，という問いに対して私は，躊躇なくそれは遺伝子（DNA）であると答えるであろう。それでは，遺伝子（DNA）はどのように，そして何故にナノファイバーから始まる階層的折りたたみ構造を有し，多くのRNAやタンパク質分子仲間と協調して，ダイナミックなナノテクノロジーワールドを作っているのだろうか。

平均直径10数μmの細胞中には，通常（真核細胞の場合）直径数μmの核があり，生命活動のいわば指令塔そして死（アポトーシス）まで含む生理活動に関する情報を制御している。そこでは，遺伝子（ゲノム）の本体であるDNAがコンパクトに糸巻きとも言うべきいくつもヒストンコアに2回転巻きつき，ヌクレオソーム一単位となる。ヌクレオソームはさらにコイルとなり，「クロマチン」と呼ばれる太い繊維構造を作る。これらのコンパクトにたたみ込まれたDNAは通

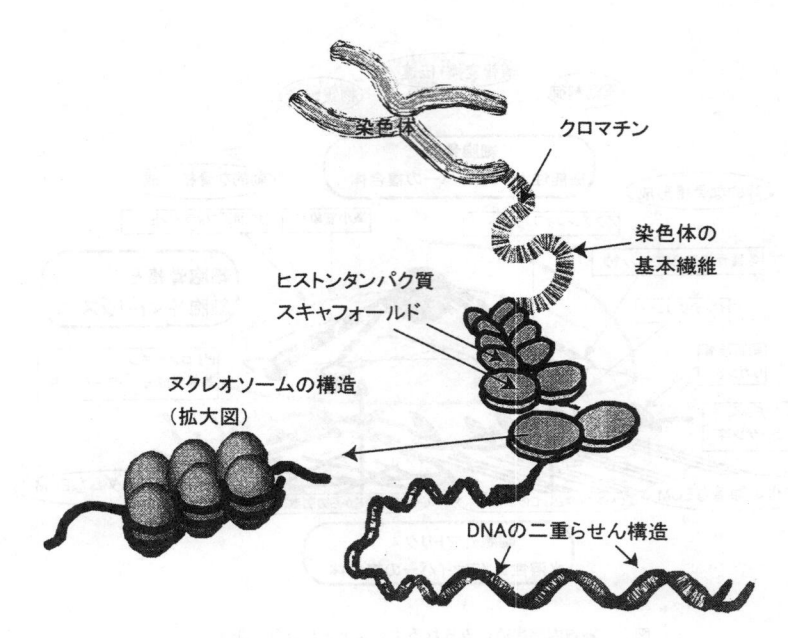

図3 遺伝子（DNA）ファイバーの折りたたみ構造
-染色体/クロマチン/ヌクレオソーム/DNA-ヒストンの階層構造-

常数メータにも及ぶ。数μmの核内にメータオーダーの二重らせん構造のDNAが収納されているだけでも驚異的であるが，その階層構造化したDNAを情報担体として，必要な時に必要な箇所のクロマチン構造を解きほぐし相補的ハイブリッド化してできている二重らせんがシングル鎖となり，それぞれを鋳型に重合反応が進行し，遺伝子の複製を（重合）をおこなう（その詳細を図3に示す）。

そして不思議なことには終了次第直ちに元の状態に巻き戻っていくのである。また一方では必要に応じてほぐされたファイバーが次の情報の担い手であるmRNAへの転写に関わる時も見事にシンクロナイズされたナノファイバーオーケストラが奏でられる。このようにファイバーの高次構造が臨機応変にほどけ（unfolding），後にmRNAさらにはタンパク質に翻訳されていくプロセスのナノファイバーオーケストラは工学的に学ぶ価値が大いにある。

1.2.3 私たちの体はインテリジェント機能材料をつくっている

それでは以下に私達の体が実際に繊維高分子材用のメーカーとなっていることを紹介し，実証していこう。体の外などで血液が固まる現象は，血管が切れたときに出血多量で死ぬことをまぬ

第2章 ナノファイバーテクノロジーで環境，人間，高度情報社会を実現する

がれるために，体に備わっている一種の防衛反応である．血液は，空気や異物に触れることなく通常は流動性を保ちながら血管というパイプラインの中を流れて，栄養やホルモン，酸素，老廃物などを運ぶという任務をもっている．したがって血管が損傷したとき，それ以上の出血をくい止め，傷害部位を修復するためこのような血液の凝固がおこるわけである（図4）．

この凝固塊の実態は水に不溶性のフィブリンというタンパク質でできた一種の繊維高分子材料なのである．普段はフィブリノゲンという水溶性の分子の状態で血液中を流れているが，ひとたび血管が損傷したり，異物の侵入や接触がおこったりしたとき等々，個体の危急存亡のときには，防衛システムの1つとしてこのような水に不溶性の繊維を形成する．不織布のように見えるが，

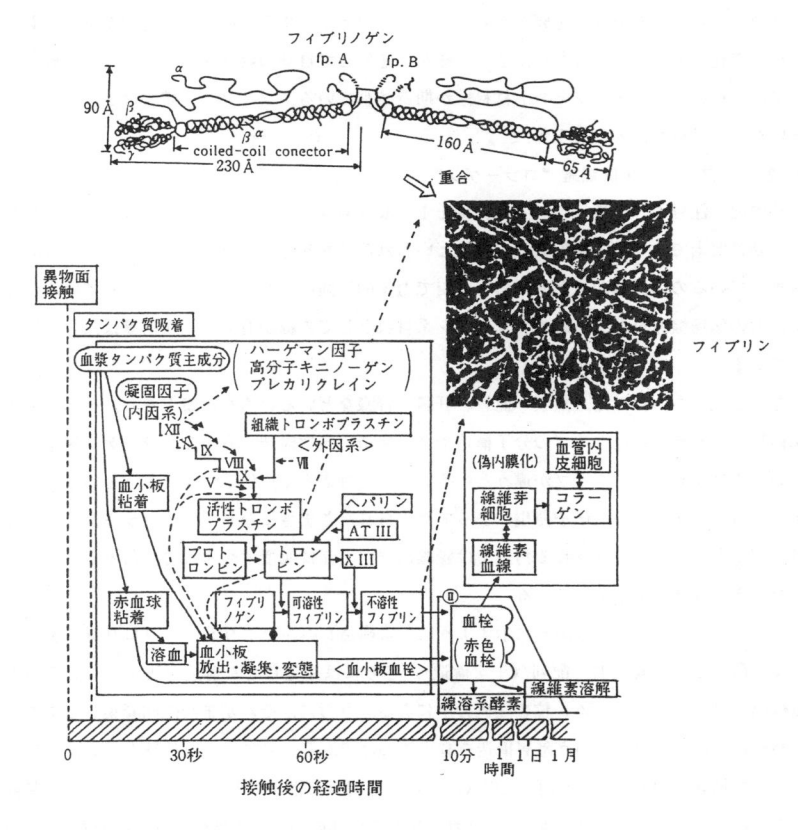

図4 止血，凝固，血栓形成に至る血液の反応とファイバー（フィブリン・コラーゲン）形成
抗血栓性材料（血液適合性材料）の設計に着目して図示した．

ミクロに見ると1本1本が高結晶化した繊維であることがわかる。非常に分子量の大きな1個1個のタンパク質（フィブリン）の粒子が，1次元方向に凝集することによって繊維状に並び，さらにそれらが不織布のようにからまり合って決壊した堤防（血管）を補強するわけである。

　血管が異常な状態になったという刺激（情報）が次々に化学増幅されて，水溶性の形で存在していたフィブリゲンという分子が最終的には少しプロテアーゼ処理（タンパク質の分解）を受け，活性化し，それが凝集してフィブリンになる。さらにそれに架橋を施す酵素（第13因子）が作用して，完全に安定なフィブリンネット（網）になっていく。

　しかも，また驚くべきことには，それが任務を終わって再び欠損部に細胞が生育しはじめて，組織が安定化するころになるとフィブリン繊維を分解するような酵素も出てくる。環境認識をして必要となれば直ぐ現れ，必要がなくなれば直ぐ消えてしまうという合目的的な繊維である。近年環境変化をセンシングしたり，さらにそれに応答して自身の物性を変化させたり，自己修復する機能性材料（インテリジェント材料）が期待されている。フィブリン繊維はさしずめこの理想をいく生体材料と言えるだろう。

1.2.4　スーパー生体繊維"コラーゲン"

　その他で注目すべきスーパー生体材料を1つ取りあげよう。アキレス腱に代表される腱を構成する繊維要素であり，生体内最強の繊維といわれる高配向性のコラーゲンがある。一方的に配向凝集しているのは，腱が骨と筋肉のあいだで力学的に強い力を伝える役割を担っているからである。力の伝達機能をもつためのコラーゲン系材料としての腱が有する高次構築は，合目的的なものである。

　しかし私たちの体には，角膜・血管・肝臓・腎臓などいろいろな内臓があり，それらをミクロに観察すると異なったタイプの分子構造や結晶構造・高次構造を有するコラーゲン繊維が存在していることがわかる。タイプが違うということは，対応する遺伝子が元々違うというところからきているのだが，その遺伝子発現によってつくられたさまざまなタイプのコラーゲンが，たとえば透明であることを要求される角膜では繊維構造が交互に90度ずつずれて累積するなど，合目的的な構造─機能相関を示している。

　コラーゲンファイバーは図5に示すように一次構造レベルでグリシン・プロリン・X（任意のアミノ酸）という規則的で配列（1次構造），さらには3重らせん構造が決まり，針金のような3,000Å（オングストローム）位の剛直分子になる。さらに，それがまた配向凝集して繊維（ファイバー）になっていくという階層構造を有するわけである。先に述べた地球上最高にインテリジェントな情報材料として遺伝子（DNA）の場合と同様に構造材料としてコラーゲンも階層構造を有するナノファイバーワールド…。これは私たちの体の中で最も多い繊維素材であると同時に，最も多いタンパク素材でもある。

第 2 章　ナノファイバーテクノロジーで環境，人間，高度情報社会を実現する

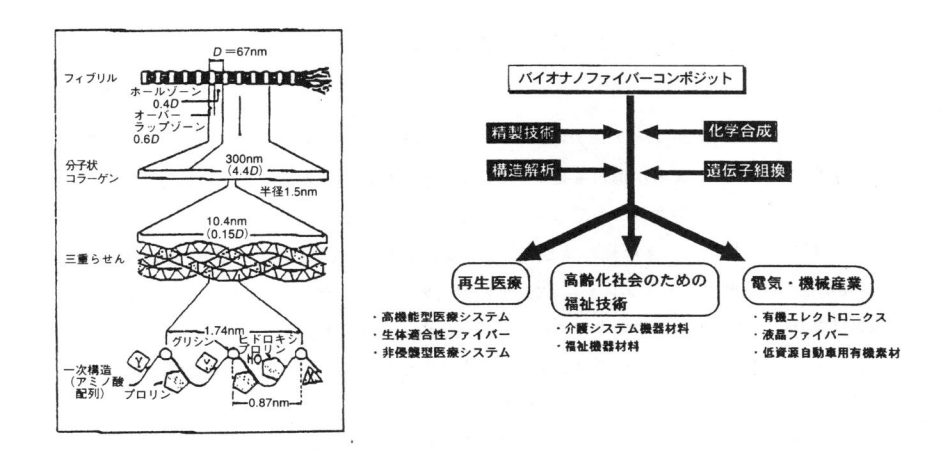

図5　コラーゲンの階層構造　　図6　新しい先端技術創設のためのバイオナノファイバー技術開拓

　要するに私たちの体は何種類かの遺伝子の発現を調整し，空間的・時間的に形成プロセスの制御を行いつつ，必要に応じて最も合理的な性状でコラーゲン繊維を製造し，正常な機能を果たしていることになる。逆に，このメーカー体制の乱れは病気として現れ，肝硬変は肝臓にこのような繊維が病的に多くなって硬くなった状態をいい，ケロイドなども火傷やけがの治癒過程のミスによる，異常なコラーゲン形成に基づいている。つまりコラーゲン繊維メーカーとしての私たちの体が混乱・不調に陥ることもある。要するに健康な体を維持するかぎり繊維メーカーとしての私たちの体は，合理的に素晴らしい構造材料を作っていることがよくわかる。

1.3　おわりに

　以上ざっと述べたように生命体は精緻なナノファイバーで構成されており，せんいメーカーとしての構造発現と機能発現を解明することにより，生命現象のブラックボックス解明にとどまるのみならず，新しい高機能ファイバーの設計に寄与するものと期待される。新しい先端技術創設のためのバイオナノファイバーの技術開拓が大いに望まれている（図6）。

2 ナノファイバーテクノロジーが拓くIT社会

小池康博[*]

2.1 背　景

　IT（インフォメーション・テクノロジー）という言葉は，我々の生活の中ですっかり定着してきたように思われる。誰もが携帯電話でメールを送り合い，電車の乗り継ぎの時刻も即座に検索することができる。筆者も日々の忙しい生活の中で，随分と活用させてもらっている。このように，IT産業は21世紀の大きな柱のひとつになると思われる。IT産業をハードの面からみると，「高速伝送」，「高画質ディスプレイ」，大容量のデータ保存を可能とする「ストーリッジ」の三つに大別されると思われる。その中で，特に，高速伝送，高画質ディスプレイにおける，ナノファイバーテクノロジーが果たす役割は益々重要になると思われる。それは，より臨場感あふれるリアルタイムの双方向コミュニケーション技術に代表されよう。

　そのような状況下，インターネットの爆発的な普及にともない，多くの人が，今までの延長ではない21世紀の情報化社会の到来と，それにともなう大きな経済の繁栄，活性化を期待した。しかし，ここ２，３年のIT産業の実情を見る限り，その大きな期待の割には，情報産業の伸びは頭打ちの傾向にあり，いわゆるIT不況という言葉も耳にする状況にある。この原因については，さまざまな意見があろうかと思われるが，「通信の常識は家電には通用しない」，また「よりリアリティーを求めるソフト開発にハード技術が追いついていない」という背景が大きな要因の一つであると思われる。

　それらの相互理解，技術の融合がなされないままに，つまり，ハードのブロードバンド化が家庭内やオフィス内にまで浸透しないままに，コンテンツを含めたソフトに対する期待ばかりが膨らみ，両者の間のギャップが大きく現実化してきたことが大きな原因と思われる。

2.2 ナノファイバーテクノロジーとIT

2.2.1 高速伝送を可能にするプラスチック光ファイバとプラスチック光回路

　以上を解決するためには，まず，ギガビットクラスの光ファイバ網を末端の家庭内やオフィス内まで如何にして敷設するかが最も大きな課題となる。「最後の１km」などとも呼ばれる，人の血管に例えるならば毛細血管系に相当する通信網末端系は，通信網全体の95％近くを占めるといわれ，その光ファイバ化においては膨大な数の接続や分岐が現れる。一方，今日までの情報技術の進展を支えてきた通信網幹線系の光ファイバ化で主役を担っている石英系光ファイバは，その

---

[*] Yasuhiro Koike　慶應義塾大学　理工学部　物理情報工学科　教授；科学技術振興機構
　　ERATO　小池フォトニクスポリマープロジェクト　総括責任者

第2章　ナノファイバーテクノロジーで環境，人間，高度情報社会を実現する

直径は10ミクロン以下であり髪の毛の10分の1程度の細さである。そのためこの石英系光ファイバによる「最後の1km」の光ファイバ化は，膨大な数の接続や分岐への対応に高いコストを要し，未だ実現されていない。そしてまたこのことが情報通信システムにおけるハードとソフトの今日的なギャップを招いた大きな要因の一つとなっているともいえる。

このような状況下にあって，接続や分岐に関して既存の金属線と同レベルの取扱い性や施工性を有し，しかも石英系光ファイバに匹敵する高速性をも実現する大口径の屈折率分布型プラスチック光ファイバ（GI型POF）の研究開発が進められてきており，既にその実用化も一部で図られている。これは，正にナノファイバーテクノロジーに支えられている。ナノレベルでのドーパントの拡散制御により屈折率分布形状を行っており，従来のPOFでは達成できなかった，ギガビットを超える高速のデータ通信が可能となった。この技術をベースとすることで，これまで大きな期待が寄せられながらも未だ実現していない，リアルタイムでの動画伝送，あるいはWebサイトへの高速アクセスやそこからの大容量ファイルの瞬時的ダウンロードなどを現実のものとするギガビットクラスの情報網空間を一般住宅やオフィス内にも構築することが可能となって来ている。

しかし，一般住宅にギガビットクラスの情報空間を構築して住宅の高度情報化を実現するには，情報技術の両輪であるハードとソフトをバランスよく連携させるだけでは不十分であり，ハードの根幹となる光ファイバ網を建物に組み込むための技術分野との連携が重要となる。特に，高精細な動画を大型ディスプレイで見るためには，プラスチック光ファイバだけでなく，光ファイバを分岐したりスイッチするための光回路の研究開発が極めて重要となる。高速のGI型POFと簡単に接続できる様々な光回路の開発に大きな期待が寄せられている。光導波，光偏波制御のためのナノファイバー技術が期待される。光導波路についての詳細は，第8章1を参照頂きたい。

2.2.2　高画質ディスプレイのためのナノファイバーテクノロジー

ITの発展と共に，高品質な画像をいつでもどこでも利用したいというニーズが高まってきている。通信技術の進歩によりリアルタイムコミュニケーションが可能となっても，そのインターフェースとなるディスプレイの画質が低くてはその利用価値が下がってしまう。高画質化，薄型，軽量化が進んだパソコン用モニターやテレビ等のディスプレイの開発に大きな期待が寄せられている。

有機EL等の新しい優れたフラットパネルディスプレイが，携帯電話等の小型ディスプレイとして精力的に研究開発されている。これは，自発光デバイスであるため，液晶ディスプレイのようなバックライトは不要であり，薄膜化，低消費電力化が期待できる。更に，近年は白色の有機ELが，今までの電球や蛍光灯に替わっての新しい照明として注目されている。有機ELについての詳細は第8章2で述べられている。

ナノファイバーテクノロジーを用いた高度産業発掘戦略

　現在，大型の壁掛けディスプレイとして，最も有望と考えられているものに液晶ディスプレイがある。特に，臨場感あふれる高画質な液晶ディスプレイの実現をめざして，種々の光学ポリマーフィルムの研究開発がナノファイバーテクノロジーを用いて精力的に展開されている。これらの光学ポリマーフィルムは，位相差フィルムや視野角補償フィルムなどの光学的機能を発揮するものもあれば，光学フィルムのように機械的強度を強めるためのものもあり，いずれも複屈折性が高度に制御されている必要がある。液晶ディスプレイは，偏光を利用して画に複屈折性が存在すると，偏光状態を乱すことになり，画質を著しく低下させる。そのため，フィルム製造にあたってポリマーの配向を避ける必要があるために，量産が可能な押出成形による製造が行えず，コストアップが避けられない。

　また，液晶ディスプレイは自発光式ではないため，通常は背面にバックライトと呼ばれる面状の光源が配置されている。このバックライトは，液晶ディスプレイの消費電力の大部分を占めており，その高効率化が液晶ディスプレイのみならずそれを搭載した機器の低消費電力化に重要な要素となる。

　以上の散乱制御技術をベースに，現在は壁掛け用大型フラットパネルディスプレイへ向けての研究開発が活発に展開されている。光散乱型光制御デバイスについては，第8章5で述べられている。壁の裏に張り巡らされた，ギガビット以上の通信速度を可能にするGI型POFを，高画質大型ディスプレイに直接つなぐことにより，キーボードの延長ではない，臨場感溢れる等身大のリアルタイムFace-to-Faceコミュニケーションが，初めて現実のものになるであろう。

2.3　ブロードバンド社会へ向けての展開

　このような状況下，集合住宅や一戸建て住宅群をアイランドと見立て，そのアイランド内の高速通信はプラスチック光ファイバで行い，アイランドから外はシングルモード石英光ファイバで伝送していく「ギガアイランド構想」が検討されている。アイランド内の住宅には，大きな壁掛けディスプレイが置かれ，双方向のリアルタイムコミュニケーションが可能となる。ナノファイバーテクノロジーが展開される分野は，高速伝送においてはプラスチック光ファイバ，高画質ディスプレイにおいては液晶ディスプレイ，有機EL等のポリマーフィルム，ポリマー部材である。これらのフォトニクスポリマーの研究開発とあいまって，そのような高速伝送と高画質ディスプレイが可能とするブロードバンド社会を想定しての実証実験が開始されている。

　例えば，2001年4月から2年間，経済産業省の予算事業としてGI型POFを用いたギガビットネットワークの実証実験プロジェクトが行われた。本プロジェクトでは，慶應義塾幼稚舎（東京都渋谷区恵比寿）内，及び東京目黒区に新たに建設されたマンション内全室（全40世帯）にGI型POFを敷設し，ギガビットのネットワーク環境を提供した。特にこのマンション内では，各戸の

第2章　ナノファイバーテクノロジーで環境，人間，高度情報社会を実現する

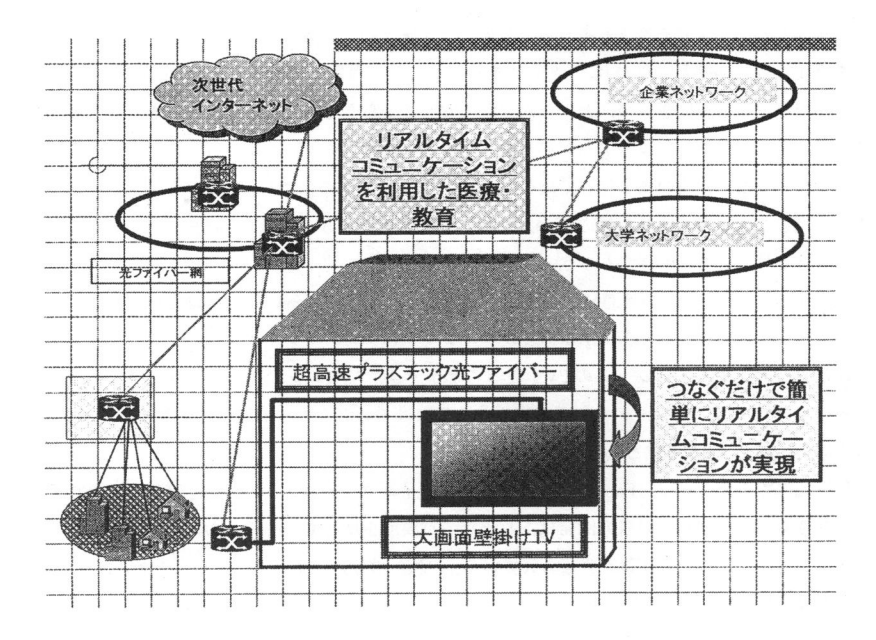

図1　「Fiber to the Display構想」の概念図

壁までにとどまらず，全パソコン端末に直接POFが繋がるネットワーク構成をとっており，1ギガビットの高速通信を可能としている点が，現在民間で進められているFTTH事業と大きく異なる。現在，異業種十数社がアライアンスを組み，それぞれの分野においてギガアイランド化（家庭やオフィス内においてもギガビットクラスの通信を利用できる環境を整えること）へむけた開発に取り組み，共同でギガアイランドを創出することが進められている。現在，いくつかの候補地に対して，POFの敷設計画から，オンデマンドコンテンツや遠隔医療，e-learningなどの提供コンテンツの設定に至るまでの具体的な内容の検討，開発が行われつつある。

このギガアイランドにおいて，臨場感あふれるハイビジョンの映像，リアルタイムコミュニケーションを現実のものとするには，ユーザーフレンドリーなインターフェースをもったホームネットワークシステムが必要であろう。

大型の高画質ディスプレイは，今後壁掛けタイプのものに移行していくであろう。近年のIT技術は，ともするとパソコンのキーボードの延長で考えられている場合が多々あるように思われるが，筆者は，家庭の安心，安らぎをもたらす真のブロードバンド社会の在り方は，キーボード一辺倒のものではなく，等身大の臨場感あふれる高画質ディスプレイによる双方向のリアルタイム

ナノファイバーテクノロジーを用いた高度産業発掘戦略

コミュニケーションであろうと考える。深夜に一人住まいのご老人が具合悪くなったときにボタンを押すだけで病院とつながり,「どうしましたか」と高画質で臨場感あふれるFace-to-Faceの対話ができることができれば,どんなに家庭に安心と安らぎをもたらすことができるかと筆者は考える。ギガビット,ブロードバンドといった言葉の数々からは,技術先行型の社会を考えがちであるが,技術が人間の先を行ってはならない。ITはあくまでもコミュニケーションのツールであるに過ぎないわけであり,縁の下の力持ちであるべきである。ITは,Face-to-Faceにもどる,人にもどる技術であるべきであろう。

Fiber-to-the-Displayの構想においては,集合住宅,病院,あるいは一戸建ての家のメインサーバーから壁の裏を張ってきたGI型POFがダイレクトにディスプレイに接続されている(図1)。普段はリモコンでハイビジョンのTVを見ることができ,リモコンの操作により見過ごしたテレビ番組をチャネル・オン・デマンドで見る,あるいはインターネット回線により遠隔医療相談,双方向のe-learningが可能となる。

以上述べてきたように,Face-to-Faceのリアルタイムコミュニケーションを可能とする高速伝送と高画質ディスプレイの研究開発は,益々その重要度を増しており,そのためのナノファイバーテクノロジーに多大の注目が寄せられている。これらの分野のナノファイバーテクノロジーは,日本が世界に先駆けて推進してきた分野であり,日本の科学技術ならびに産業界の大きな発展に寄与できることを期待するものである。

3　ナノファイバーテクノロジーの環境への役割

谷岡明彦[*]

3.1　はじめに[1〜4]

　ナノファイバー特有の物質特性として，大きな比表面積，高い反応性，高い接着性，階層構造の実現，空孔径の制御等が上げられている。大きな比表面積や高い反応性や空孔径の制御からは有害化学物質の除去，空気中の有害な微粒子の除去，ウイルスや微生物の除去等のフィルターや分離膜として利用可能であることが示唆される。また高い接着性や階層構造の実現からは高強度・高弾性な材料が創出され，構造物の軽量化を図ることが可能となり省エネ等環境への負荷の低減が可能となる。このようにナノファイバーテクノロジーの普及により環境問題の解決に向けた大きな進展が見られることが期待できる。本節ではまずナノファイバーの物理化学的特性を概観し，次にナノファイバーの特性からもたらされる効果を述べたあと，具体的な応用例について解説する。

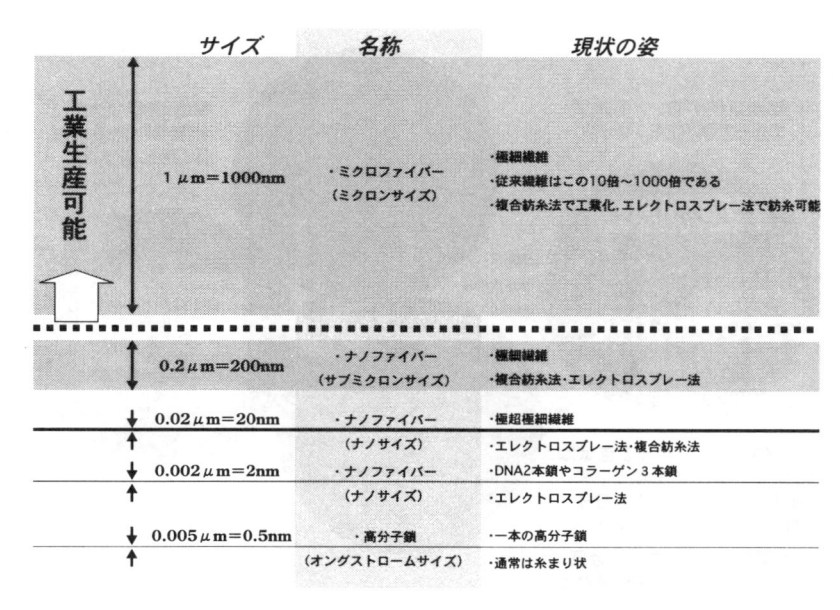

図1　繊維の太さのイメージ

---

[*]　Akihiko Tanioka　東京工業大学大学院　理工学研究科　有機・高分子物質専攻　教授

3.2 ナノファイバーの効果[1,2]

図1に繊維の太さのイメージを示す。1μmの直径を基準にサブミクロンサイズ，ナノサイズ，高分子鎖のサイズについて示した。本図から明らかなごとく，ナノファイバーの直径がミクロファイバーや通常繊維に比べて極めて細いことがわかる。従って，これまでの繊維では期待できなかった様々な特性と効果がナノファイバーから生じると考えられる。特にここでは環境への役割が重要と考えられる特性と効果について取り上げ論じたい。

① ナノファイバーの効果Ⅰ：小さな空隙

図2に示すように，ミクロファイバーや通常繊維を分散させた時に比べてナノファイバーを分散させると，ファイバー間に生じる空隙は小さくなる。従ってミクロファイバーや通常繊維で作られるフィルターでは微粒子や大きな分子や微生物は簡単に透過可能であったが，ナノファイバーで作られるフィルターはこれらの物質を透過させることはできない。しかしオングストロームオーダーの水蒸気，窒素，酸素，金属イオン，プロトンは簡単に透過させることが可能であるから，フィルターとして優れた機能を発揮することが可能である。

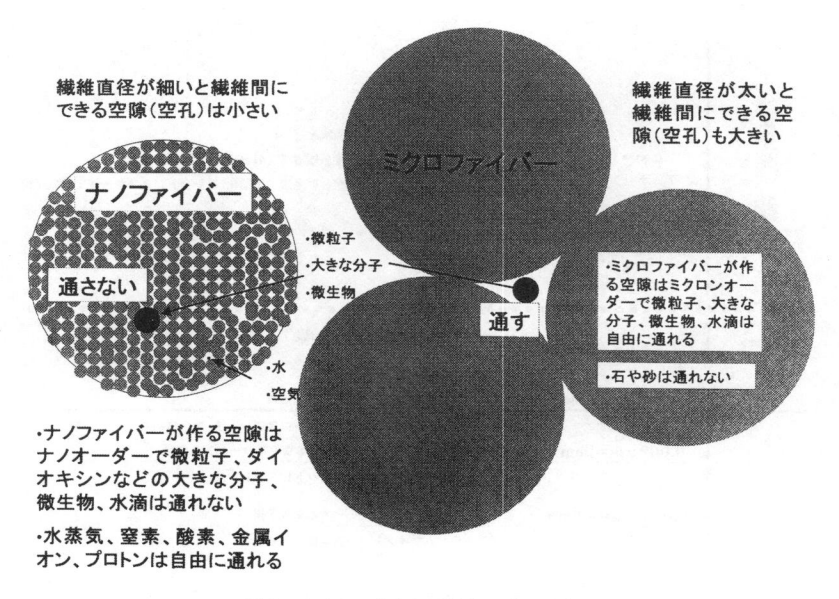

図2　ナノファイバーの効果Ⅰ：小さな空隙

第 2 章　ナノファイバーテクノロジーで環境，人間，高度情報社会を実現する

② ナノファイバーの効果 II：大きな比表面積

　図 3 に示すように，20μm の直径を有するミクロファイバーと直径20nm（0.02μm）のナノファイバー約120000本から構成され，直径20μm となるミクロファイバーを比較すると，比表面積は後者は前者に比べて100倍以上大きい。このようにナノファイバーからなる繊維が極めて比表面積を持つことは，単位重量あたりの表面の自由エネルギーも大きいことを示しており小さな隙間（空孔）により多くの気体，液体，微粒子，微生物が吸着することを示唆している。

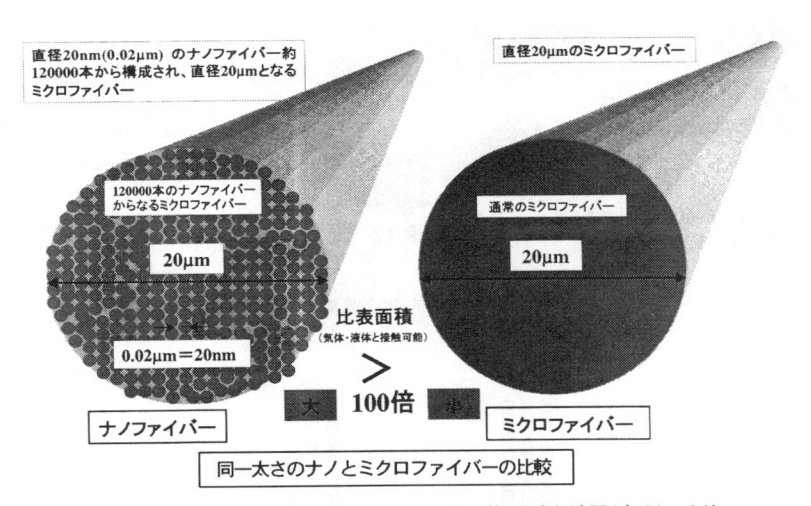

図 3　ナノファイバーの効果 II：大きな比表面積

③ ナノファイバーの効果 III：軽量化

　図 4 に示すように，ナノファイバーは集合化することにより引っ張りや曲げに対して強い繊維を作ることができる。このことは軽くて強い構造物ができ，構造物を大型化できることを示唆している。

④ ナノコンポジットの効果

　図 5 にナノコンポジットの効果を示す。ナノコンポジットの場合は粒子がナノオーダーの粒子で，繊維はナノファイバー，ミクロファイバー，通常繊維のいずれの場合でも良い。一般的にナノ粒子は非常に表面積や表面の自由エネルギーが大きく，反応性に富んでいることから，

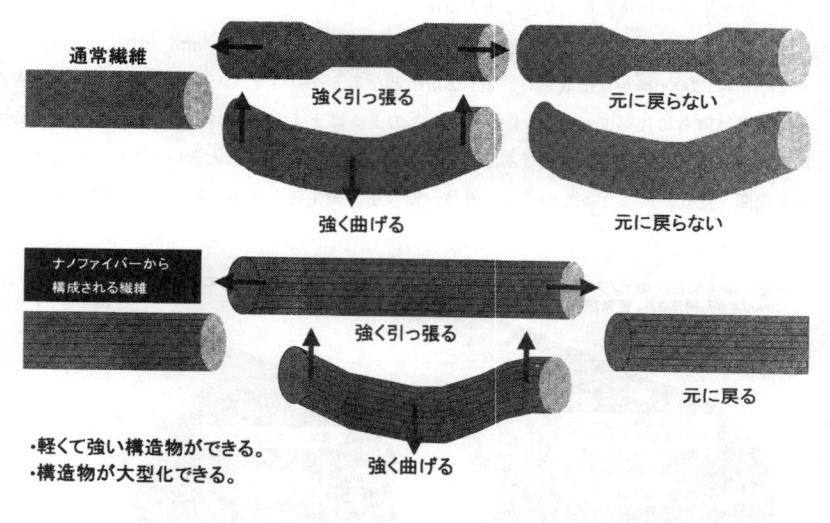

図4　ナノファイバーの効果Ⅲ：軽量化

・軽くて強い構造物ができる。
・構造物が大型化できる。

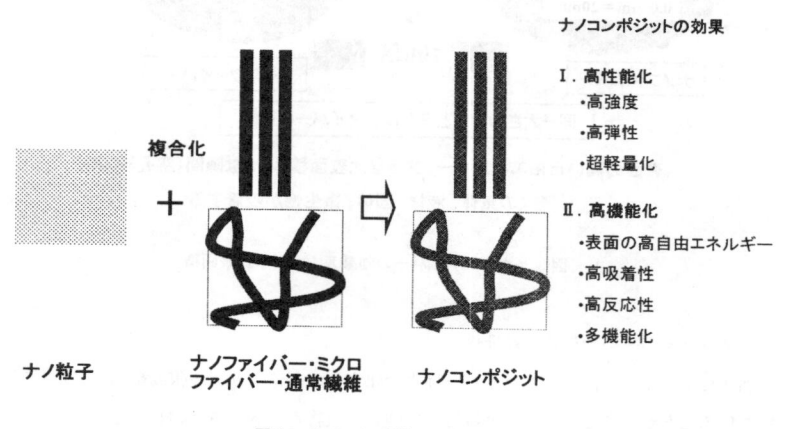

図5　ナノコンポジットの効果

繊維の高性能化と高機能化に大きな効果が期待できる。高性能化の効果としては高強度，高弾性，超軽量化が考えられ，高機能化の効果としては表面の高い自由エネルギーに基づく高吸着性の他に高反応性を利用した多機能化を考えることができる。

第 2 章　ナノファイバーテクノロジーで環境，人間，高度情報社会を実現する

⑤　ナノボイドの効果

　図 6 にナノボイドの効果を示す。ナノボイドの場合もボイドの孔径がナノオーダーで，繊維はナノファイバー，ミクロファイバー，通常繊維のいずれの場合でも良い。ナノボイドを有したファイバーは大きな比表面積と表面の高い自由エネルギーを有しており，高吸着性や高反応性が期待できる。多孔性の物質であることから低熱伝導性と高保温性も期待できる。こららの機能をシステム化することによりファイバーのより高度な多機能化をはかることが可能である。

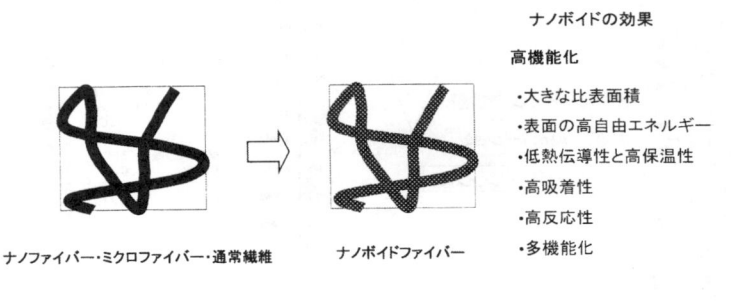

ナノボイドの効果

高機能化

・大きな比表面積
・表面の高自由エネルギー
・低熱伝導性と高保温性
・高吸着性
・高反応性
・多機能化

ナノファイバー・ミクロファイバー・通常繊維　　ナノボイドファイバー

図 6　ナノボイドの効果

3.3　環境問題解決への応用[5〜9]

　前項で述べたナノファイバーの効果 I 〜 III，ナノコンポジットの効果，ナノボイドの効果を考慮すると各種のナノファイバーを創成することにより環境問題の解決をはかることができる。

　まず代表的な応用例として水処理フィルター，エアフィルター，電池セパレーター，モニタリング材料が上げられる。水処理フィルターには分離フィルターとバイオフィルターがある。分離フィルターには一般ろ過フィルター，プレコートフィルター，精密ろ過膜，限外ろ過膜，ナノフィルトレーション膜，逆浸透膜等が上げられるが，これらのフィルター類と孔径，分離可能な物質，計測方法及びナノファイバーとの関係を図 7 に示す。バイオフィルターにはバイオフィルター型，バイオフィルム型，チップフィルター型が上げられる。水処理フィルターの種類と，これらのフィルターにおける分離に必要な技術的要素，環境への寄与，ナノテクノロジーの寄与を表 1 に示す。

　エアフィルターはナノファイバーの実用化が最も早く，期待されている領域である。室内やエンジンルームの空気清浄のみならずマスクにも応用することができる。最近は中国本土，台湾，香港でSARS防止用マスクに応用することが考えられている。また吸着性が非常に高いことから

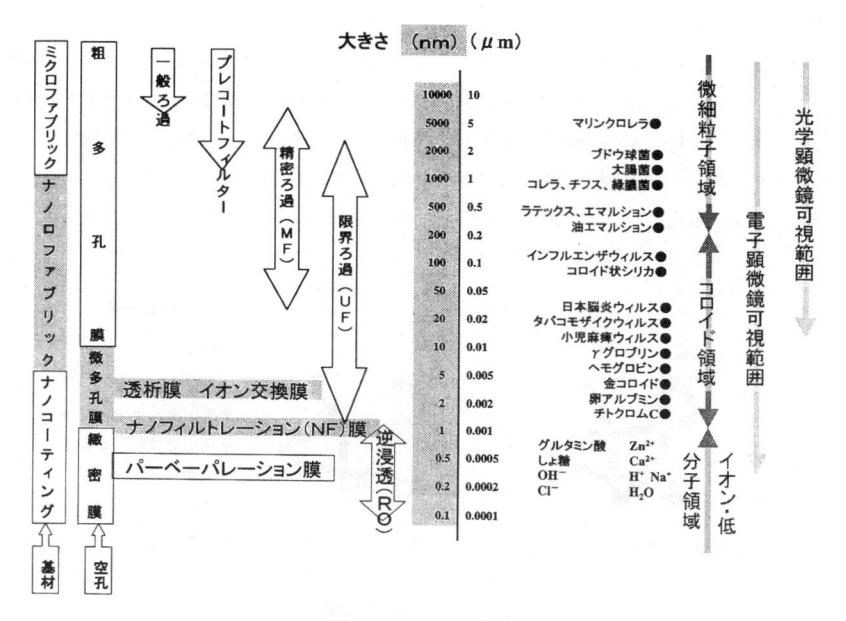

図7　各種濾過法の濾過範囲と物質の大きさ

空気中の放射性物質の除去に応用することも可能である。米国ではバイオ・ケミカルハザード防止用のフィルターに応用することが積極的に考えられており，ナノファイバーフィルターを装着した軍服や安全服の開発が非常に積極的に行われている。エアフィルターに必要な技術的要素，環境への寄与，ナノテクノロジーの寄与を同様に表1に示す。

さらに環境問題解決への応用として電池のセパレーターは重要である。特に二次電池，燃料電池，レドックスフロー電池のセパレータとして金属イオンやプロトンの移動速度を速めることが期待されている。さらに電極への応用も興味深いテーマである。さらにセンサーやチップとして環境モニタリング材料への応用も期待されている。最近の研究ではナノファイバーを用いたセンサーは感度が飛躍的に向上することが明らかにされている。セパレータやモニタリング材料に必要な技術的要素，環境への寄与，ナノテクノロジーの寄与を同様に表1に示す。

上述した環境への応用例以外に表2に示すように，ジオファブリック，農業用多機能フィルム，電磁波シールド材への利用が考えられる。ナノファイバーの構造を精密制御することにより低欠陥のナノファイバーが構築可能である。ナノファイバーは非常に高いアスペクト比を有しているので高強度の材料としての展開が期待できる。ナノファイバーと高分子との界面の構造を制御し，

第2章　ナノファイバーテクノロジーで環境，人間，高度情報社会を実現する

表1　環境ナノファイバーの種類と用途：膜・フィルター・セパレーター

環境フィルターの種類	技　　術	環境への寄与	ナノテクノロジーの寄与
(1) 水処理フィルター 　(a) 分離フィルター 　　一般ろ過 　　プレコートフィルター 　　精密ろ過 　　限外ろ過 　　ナノフィルトレーション 　　逆浸透	・分子の大きさで分離 ・分子の吸着を利用 ・空孔径制御 ・超高表面積 ・超多孔質	飲料水・工業用水・農業用水の確保 ・下水の飲料水化 ・海水やかん水の農業及び工業用水化 ・中水道の整備	・形状自在性 ・高効率化 ・低コスト化 ・高速処理
(b) バイオフィルター 　　バイオフィルター型 　　バイオフィルム型 　　チップフィルター型	・微生物で汚染物質を分解 ・分子の大きさで分離 ・分子の吸着を利用 ・超高表面積 ・超多孔質	水質基準の維持 ・内分泌撹乱物質除去 ・微量有害重金属の除去 ・家畜の排泄物処理（農業排水） ・アンモニアや硝酸性窒素の除去 ・油性物質の除去（工業廃水）	・形状自在性 ・軽量化 ・高効率化
(2) エアフィルター	・分子の大きさで分離 ・分子の吸着を利用 ・超高表面積 ・超多孔質	・空気清浄 ・バイオ・ケミカルハザード防止 ・放射性物質除去 ・マスク	・形状自在性 ・軽量化 ・高効率化
(3) 電池セパレーター 　二次電池 　燃料電池 　レドックスフロー電池	・イオンの大きさを利用 ・電気的引力と反発力を利用 ・空孔径制御 ・多機能性	・省エネルギー ・CO_2削減	・形状自在性 ・超小型化 ・高効率化 ・長寿命化
(4) モニタリング材料 　チップ 　センサー	・空孔径制御 ・多機能性	・環境の状況を把握	・形状自在性 ・超小型化

　高強度のナノファイバーを高分子中に分散させることにより，高い強化効率を実現し，従来の複合材料に比べて超軽量，高強度の材料を実現できる。またナノ粒子の分散も同様に複合材料として超軽量，高強度の材料を実現することが可能である。

　農業用多機能フィルムは撥水性，保湿性，保温性，紫外線のカット等相容れない性質を同時に要求される。これまでのようなマクロな構造制御でなく超薄膜の積層化や表面構造のナノファブリケーションによる制御等ナノコーティングやナノファブリックを利用したナノオーダーの構造制御が必要である。

　電磁波シールド材では導電性高分子のナノファイバーを利用することが考えられており，高機能化と同時に軽量化等への期待も大きい。

表2 環境ナノファイバーの種類と用途：
ジオファブリック・農業用フィルム・電磁波シールド材

種類	技術	環境への寄与	ナノテクノロジーの寄与
(1) ジオファブリック	・ファブリケーション ・複合化 ・集合化 ・結晶化 ・配向化	・軽量化及び大型化によるエネルギーの削減 ・CO_2削減 ・宇宙空間の利用	・軽量化 ・形状自在性 ・低コスト化
(2) 農業用多機能フィルム	・コーティング ・ファブリケーション ・複合化 ・積層化	・省エネルギー化 ・特定波長紫外線防止 ・保湿性・保温性 ・透湿性と撥水性 ・高機能ビニールハウス	・高機能化 ・軽量化 ・高効率化
(3) 電磁波シールド材	・複合化 ・ファブリケーション ・導電性高分子の利用	・電磁波からの保護 ・省エネルギー	・形状自在性 ・軽量化 ・高効率化

3.4 おわりに[6]

このようにナノファイバーテクノロジーの環境への応用は非常に広範にわたっている。今後ITやバイオへの応用と比べて量的に桁違いの需要が見込まれる領域である。今後この領域での技術的進展により，化学産業に多大なる影響を及ぼすものと言える。

文献

1) 本宮達也，第33回繊維学会夏期セミナー講演要旨集，p. 21(2002)
2) 谷岡明彦，繊維と工業，**59**(1)，p. 3-7(2003)
3) 谷岡明彦，"第一回ナノファイバー技術戦略研究会講演要旨集" p. 2-7(2003)
4) 本宮達也，"ハイテク繊維の世界"，日刊工業新聞社(1999)
5) 谷岡明彦，工業材料，**51**(6)，p. 56-60(2003)
6) 谷岡明彦，化学経済，**50**(8)，p. 75-83(2003)
7) 谷岡明彦，工業材料，**51**(9)，p. 18-24(2003)
8) 谷岡明彦，*WEB Journal*，**54**，p. 13-14(2003)
9) 谷岡明彦，クリーンテクノロジー，**13**(10)，p. 62-65(2003)

第3章　海外の現状

谷岡明彦[*1]，斉藤敬一郎[*2]，新田和也[*3]，皆川美江[*4]

1　はじめに

　海外においてナノファイバーの研究・開発の中で最も関心が高いのはエレクトロスプレー法によるナノファイバーの製造（エレクトロスピニング）と利用及びカーボンナノチューブである。カーボンナノチューブに関しては多くの著作があることから，ここでは主としてエレクトロスピニングの研究・開発の現状について述べたい。特に日本ではカーボンナノチューブの研究・開発のみが大きな注目を浴び，エレクトロスピニングに関してほとんど注目されていないことは，今後日本の技術開発に大きな禍根を残しかねない現状となっている。米国ではすでに商品が上市されており，また「兵員ナノテクノロジー」と称し大規模な国家プロジェクトを組み繊維産業の基盤強化に乗り出したことは我が国としても無視できない現状である。

　海外の現状を述べる上でこれまでの繊維の研究・開発の流れと今後の方向について簡単に記述しておく。これまでの研究の中心は合成高分子の結晶化度と配向度を如何に制御するかにあり，究極の目標として高強度・高弾性繊維を生み出すことにあったと言える。アラミド繊維やゲル紡糸によるポリエチレン繊維等高性能繊維の研究・開発に重点が置かれており，最近ではカーボンナノチューブもこの方向で捉える傾向がある。しかし近年，情報産業，バイオ関連産業，環境関連産業の進展が著しく，繊維製品のこの方面への利用が急速に拡大している。特に，高分子の有する光学特性，電気的性質，電気化学的性質，吸着等の界面特性を繊維化することにより，上記の産業へのより高度な利用が可能となる。このような性質を利用した繊維は高機能性繊維と呼ばれるが，今後の繊維産業の大きな柱となりうる。

　エレクトロスピニングは「高機能繊維」の製造という観点から捉えるべきである。エレクトロ

---

*1　Akihiko Tanioka　東京工業大学大学院　理工学研究科　有機・高分子物質専攻　教授
*2　Keiichiro Saito　東京工業大学大学院　理工学研究科　有機・高分子物質専攻　産学官連携研究員
*3　Kazuya Nitta　東京工業大学大学院　理工学研究科　有機・高分子物質専攻　産学官連携研究員
*4　Mie Minagawa　東京工業大学大学院　理工学研究科　有機・高分子物質専攻　技官

スピニングにより製造された繊維は，これまでの繊維に比べて結晶化度及び配向度に関して必ずしも十分なものとは言えない。しかしながら次の点に注目すべきである。
① 繊維製造の経験が無くても簡単にナノサイズの繊維（ナノファイバー）が得られる。
② 繊維製造の経験が無くても簡単に不織布が得られる。
③ 溶液紡糸及び溶融紡糸が可能であることから繊維化できる高分子の種類が非常に多い。
④ ポリアクリル酸のように繊維化が困難であった高分子も紡糸可能である。

エレクトロスピニングと競合する技術として，複合紡糸法とメルトブローン法が知られている。しかし複合紡糸法でナノファイバーを得るには大がかりな装置と熟練した技術が必要であり，またメルトブローン法でも大がかりな装置が必要なことと溶融高分子のみ可能なことさらにナノサイズの繊維の紡糸には技術的課題が多い等の問題点がある。したがって今後ナノファイバーテクノロジーの推進にあたってこれらの技術の優位性を論じるのではなく，それぞれのメリットとデメリットを十分に把握した上で，それぞれの用途に適合したナノファイバー製造技術を利用すべきである。

このようにエレクトロスピニングによりナノファイバーが簡単に得られることにより，最近従来繊維やマイクロファイバーに比べてナノファイバーが次に示すように非常に特徴ある繊維であることが明らかになって来た。
① 流体の抵抗が理論的に予測されるよりも極めて小さく，圧損の少ないフィルターメディアとなる。
② 透過性に優れているフィルターメディアであるが流体中の微量物質を捕捉することができる。
③ ナノファブリック上の微生物や細胞の成長速度が極めて速く，バイオフィルムや再生医療用培地として優れた性能を有している。
④ センサーチップとして利用したとき，非常に応答速度が速い。
⑤ 接着性に優れていることから「強度の高い接着材」として複合材料への利用が可能である。

2　米国の兵員ナノテクノロジー

米国ではナノファイバーテクノロジーの研究開発に多額の資金投入を始めている。特に最近では「兵員ナノテクノロジー」と称し，陸軍を中心に高機能性軍服の実用化を目指し2003年から5年間で官民合わせて100億円以上の資金をMITを中心とした本プロジェクトに投じている。MITには兵員ナノテクノロジー研究所（ISN）が開設され所長にE. トーマス教授が就任している。本プロジェクトには米国の大手化学・繊維会社であるデュポンが参加しているなど，ナノテクノ

第3章　海外の現状

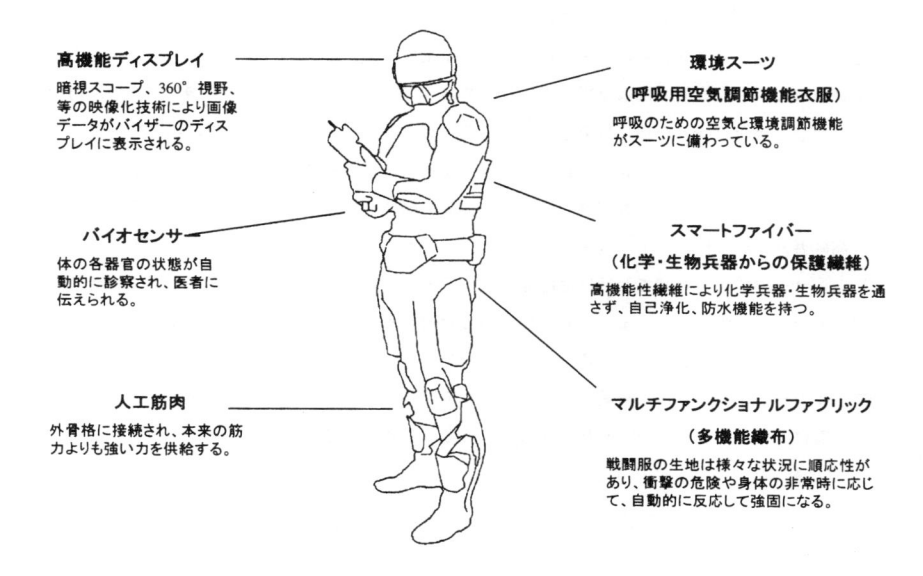

図1　兵員ナノテクノロジーの目標
(*C&EN*, Aug. 11, p. 28-34(2003))

図中ラベル:
- **高機能ディスプレイ**：暗視スコープ、360°視野、等の映像化技術により画像データがバイザーのディスプレイに表示される。
- **バイオセンサー**：体の各器官の状態が自動的に診察され、医者に伝えられる。
- **人工筋肉**：外骨格に接続され、本来の筋力よりも強い力を供給する。
- **環境スーツ（呼吸用空気調節機能衣服）**：呼吸のための空気と環境調節機能がスーツに備わっている。
- **スマートファイバー（化学・生物兵器からの保護繊維）**：高機能性繊維により化学兵器・生物兵器を通さず、自己浄化、防水機能を持つ。
- **マルチファンクショナルファブリック（多機能織布）**：戦闘服の生地は様々な状況に順応性があり、衝撃の危険や身体の非常時に応じて、自動的に反応して強固になる。

ロジープロジェクトの中でも最も成功の可能性が高い技術開発と言われる。図1に2003年の*C&EN*8月11日号に掲載された兵員ナノテクノロジーの目標を概略化した図を示す。兵員ナノテクノロジーで研究・開発の対象となっているものは，

① 環境スーツ（呼吸用空気調節機能衣服）
② スマートファイバー（化学・生物兵器からの保護繊維）
③ マルチファブリック（多機能織布）
④ 高機能ディスプレイ
⑤ バイオセンサー
⑥ 人工筋肉

である。環境スーツとは呼吸のための空気と環境調節機能が備わったスーツ，スマートファイバーとは化学兵器・生物兵器を通さず，自己浄化，防水機能を持つ高機能性繊維，マルチファンクショナルファブリックとは様々な状況に順応性があり，衝撃の危険や身体の非常時に応じて，自動的に反応して強固になる戦闘服の生地であり，高機能ディスプレイとは360°視野，等の映像化技術により画像データがバイザーのディスプレイに表示される暗視スコープ，バイオセンサーと

は体の各器官の状態が自動的に診察され，医者に伝えられるセンサー，人工筋肉とは外骨格に接続され，本来の筋力よりも強い力を供給する物質を指す。ナノテクノロジーに基づいて開発された素材を取り入れた軽量で快適な軍服を目指しており，生物・化学兵器を防ぐ層，防火層，防弾チョッキなど異なる機能を目に見えないほどの薄い層に持たせてかさねる多機能衣服である。光の偏光を利用して兵士の姿を周囲の建物にとけこませることも考えている。これらの成果は軍事以外への応用も可能であり，警察官や消防士，民間の緊急任務従事者にも有用であるだけではなく，高齢者向けの多機能シャツ（スマートシャツ）等への応用が考えられている。たとえばシャツにセンサー機能を持たせておけば血圧等の変化を察知し無線電波を通じて医者は多くの患者の健康状態を一元管理できる。また消防士が負傷した場合繊維に治癒機能を持たせておけば服が傷口を応急治療することも可能である。エレクトロスピニングはこのような治癒機能を持たせたナノファイバーを創製するには最適の方法と考えられている。本プロジェクトの繊維や化学産業に与える影響は非常に大きく我が国としても緊急に対応策を考える必要がある。

3　米国のナノファイバーテクノロジー

　米国の研究開発は活発であり，このまま推移すれば10年後の技術の差は拡大し，ナノファイバーの分野の知的所有権は米国に押さえられてしまうことを憂えざるを得ない。米国の国立科学財団（NSF），国立繊維研究所（NTC），陸軍が中心となってエレクトロスピニングによって製造される繊維をナノファイバーと位置づけ，これらの研究を行う研究グループに対して積極的な研究資金援助を行っている。研究成果は米国化学会，繊維学会，不織布協会，フィルター学会等で積極的に発表されている。

　特に2003年ニューヨークで開催された米国化学会（ACS）の秋期大会にはアクロン大学のD. Reneker教授を中心に「高分子ナノファイバー」と称してナノファイバーに関する特別セッションが設けられ，約80件の研究発表が行われ，関心の高さが伺われた。発表された研究テーマは次のように集約できる。

① 　エレクトロスピニングを中心としたナノファイバーの形成
② 　ナノファイバーの性質とキャラクタリゼーション
③ 　ナノファイバーのバイオへの応用
④ 　ナノファイバーのエレクトロニクスへの応用

　エレクトロスピニングはナノオーダーの直径を有する繊維（3 nm～30000nm）を簡単に製造できることから，もっとも注目を集めている。最近の傾向としては，コンジュゲートナノファイバーの製造技術，エレクトロスピニングによる溶融紡糸，微粒子とのコンポジットナノファイバ

第3章　海外の現状

ーの製造等に関心が移っている。ナノファイバーを利用したフィルターメディアは既にDonaldson社等により実用化されており不織布協会やフィルター学会等で発表されている。ACSでは今後実用化が可能なナノファイバーの応用方法について積極的な発表が見られた。その中でも最も注目されているのは再生医療用培地とセンサーへの応用である。再生医療用培地として優れている点は，ミクロファイバーに比べてナノファイバーの方がはるかに細胞の成長速度が速い点である。またセンサーチップをナノファイバー化すると感度が飛躍的に向上することも知られている。この他にエレクトロスピニングにより製造したPANナノファイバーからカーボンナノファイバーを製造する研究が非常に活発である。本方法によるとカーボンナノファイバーの製造コストが極めて低下すると考えられている。以上米国におけるナノファイバーの最近の研究開発の動向を概説したが，個々の大学における研究内容は次のとおりである。

ドレクセル大学では理論解析，熱可塑性高分子，炭素繊維，カーボンナノチューブ，医用材料，テキサス大学では複合繊維や多孔材料の製造，テネシー大学では構造，ブレンド高分子，バージニアコモンウエルス大学ではPVA共重合体，薬物徐放，カリフォルニア大学では膜，センサー，ペンシルバニア大学では導電性高分子。MITでは理論解析及びナノファイバーを応用した新機能衣服，ハーバード大学では理論解析。マサチューセッツ大学では構造制御，機械的性質，極細繊維製造，光電池，酸化チタンの影響，蛍光繊維，バイオ・医用材料，分離膜。デラウエア大学では構造，アクロン大学では形成メカニズム，溶融紡糸，複合材料，生体適合材料，生分解性材料，パラジウムハイブリッド，環状ナノファイバーの製造，ノースカロライナ州立大学ではナノチューブ，タフツ大学ではPEOとシルクのコンジュゲート，バージニア工科大学では形成メカニズム，バージニア大学ではコンジュゲート紡糸，ネブラスカ大学では形成メカニズム，複合材料，膜，レンスラー大学では合成，構造，物性，ワシントン大学ではセラミックスとのコンポジット，ミシガン大学では液晶高分子の紡糸，ノースイースターン大学ではプロセッシング，ヴォチェスター大学では生体高分子，ニューヨーク州立大学では医用材料，南ダコタ工科大学では歯科用材料，クレムソン大学ではナノファイバーの製造法，コーネル大学ではPANナノファイバーやセンサーについて基礎から応用まで興味深い研究が行われている。軍事関係では陸軍の研究所が1980年代から非常に活発に研究を行っているが，最近は海軍や空軍の研究機関がこの方面の研究を始めている。陸軍は兵員ナノテクノロジーの一環として軍事用衣服の技術革新に乗り出し，空軍は戦闘機に使用されているカーボンファイバーコンポジットにナノファイバーを使用することが試みられている。

特に，最近は用途に関する研究開発に重点がシフトしているのが注目される。民間会社ではDonaldson社が20年前から研究開発を手掛け大型の製造設備を有しナノファイバーを用いたフィルターメディアの製造販売を行っている。その他eSpin社等いくつかのベンチャー企業が見られ

る。大手の化学・繊維会社ではデュポン社が数十年前に研究開発を中断したが最近再びエレクトロスピニングの研究を始めた。

4 ヨーロッパの現状

ヨーロッパに関しては，米国のように公表せずに潜行して行われることが多い。現在，わかっている範囲では，次の大学で行われている。ドイツのマールブルグ大学では構造，機能性，パラジウムハイブリッドについて積極的な研究が行われており，その他，ドイツのアーヘン大学，フランスのボルドー大学，トルコのサバンチ大学，ロシアのモスクワ州立大学，イスラエルのテクニオンイスラエル工科大学にも散見する。

5 アジアの現状

アジアでは中国，台湾，香港，シンガポール，韓国等において米国留学から帰国した多量の研究者が大学，研究所，ベンチャーや大企業において，積極的に研究開発を行っている。韓国では既にエレクトロスピニングを用いたフィルター製造のベンチャー企業が製品の販売を行っている。このことは米国でナノファイバーの研究を行っている研究者の多くが中国や韓国からの留学生であることから今後，東アジアにおけるナノファイバーの研究開発の中心は中国や韓国となる可能性が高くなることを示唆している。

6 おわりに

ナノファイバーテクノロジーの概念の確立と研究開発は日本で先駆的に始められたものであり世界のトップを走っている。細々と進めている複合紡糸法を中心に優れたナノファイバーの製造技術を有しており他国の追随を許さない。しかしながら，米国は莫大な研究開発費を投資しエレクトロスピニングをテコにナノファイバーの製造と用途開発が最も実用化に近いナノテクノロジーであると位置づけ，バイオ・ケミカルハザード防御用の衣服開発を具体的なターゲットとして繊維の科学と技術をテコに産業の実用化を目指している。

バイオ・ケミカルハザード防御用の高機能性軍服の実用化を目指し「兵員ナノテクノロジー」の研究施設がMITに設立されることに対して，MITでは大学における歴史的快挙と受け止められており，国の熱の入れようが伺える。ここにおけるナノファイバーをテコにした技術開発の成果はいずれ米国の繊維産業に大きな変革をもたらすことになる。同時に，世界的な指導的立場を日本から奪う可能性があると考えられる。我が国は，米国と異なり産業体制が民需に置かれている

第3章 海外の現状

ことから軍需をテコに繊維産業の優位性を保つことは難しい。そこで，これまでの優位性をさらに維持するためには具体的な用途開発を「ナノファイバーテクノロジー」に求めることは重要でありこの方面は需要が非常に大きい。

　我が国が，ナノファイバーテクノロジー分野で国際的にイニシアチブをとるためには，用途開発の目標を明確にした上でナノファイバーの科学と工学に早急に取り組むことが必要不可欠である。すなわち，21世紀の我が国のナノファイバーテクノロジーは，これら限界技術に立ち向かう中で，新しい技術を開発し，新産業を構築することにより世界に冠たる地位を確保すべきである。そのためには産・学・官連携の新しい"仕組み"で追求すべきであり，学会は産学官での知の創造，活用，理解に総力をあげて取り組まなければならない重要な役割を担っている。

基　礎　編

第4章 ナノ紡糸

1 紡糸法でつくるカーボンナノファイバーとカーボンナノチューブ

大谷朝男[*]

1.1 はじめに

　カーボンナノファイバー（CNF）やカーボンナノチューブ（CNT），とりわけ後者はナノテク時代の寵児のようなもてはやされ方である。魅力的な用途展開の可能性を聞くにつけ，"なるほど"と思わなくもない。しかし，用途展開がうまく進展し，いざ実用化となった際に必要とされるのは，安価な材料を大量に供給する体制である。これまで，ナノカーボン材に関してさまざまな製法が開発されてきた。それらの中で，本命視されているのが触媒化学気相析出（CCVD）法で[1]，数10トン/年から100トン/年におよぶプラントはいずれもこの製法を用いている。

　ところが筆者は，CCVD法は本質的に量産には適していないと認識している。気相の物質濃度が，固体や液体に比べて著しく低いことが理由である。もちろん，カーボンブラックのような大量生産の例のあることは重々承知している。また高度利用が前提とするナノカーボン材においては，精密な構造制御が不可欠であるが，この点でも気相法は問題ありとみている。精密な制御をするには反応速度が大き過ぎるためである。

　ここで紹介するポリマーブレンド紡糸法は，ファイバー製造の要素技術である"紡糸技術"をポリマーブレンドに適用することによって，ナノカーボン材をデザイニングし，調製するものである。手法的には通常のファイバー製造プロセスと何ら変わりはないが，ナノカーボン材のデザイニングに利用するためには，それなりのアイディアが必要である。まだ開発初期の段階にあり，今後の展開は予断を許さないものの，アイディア自体のポテンシャリテイーは高いとみている。気相法を念頭において読んで頂けると，本法のユニークさが一層鮮明になるのではと思う。

1.2 ポリマーブレンドによるナノカーボン材のデザイニングの概要

　ポリマーブレンド法は，ポリマーの分野では幅広く用いられている汎用技術である。ポリマーブレンドをナノカーボン材のデザイニングに利用する基本的な考え方を図1に示した。原料には2種のポリマー，1つはカーボンの前駆体となるポリマー（Carbon Precursor Polymer：CPP），他方は加熱により分解消失するポリマー（Thermally Decomposable Polymer：TDP）を使用す

---

[*] Asao Oya　群馬大学大学院　工学研究科　教授

ナノファイバーテクノロジーを用いた高度産業発掘戦略

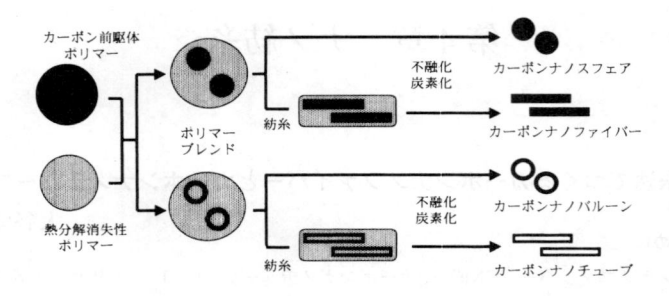

図1　ポリマーブレンド法によるナノカーボン材調製の概念図

る。図1には，4つの異なるナノカーボン材の調製プロセスが模式的に示されている。

CPP微粒子をTDPマトリックス中にナノサイズで分散させた後，CPPを不融化（硬化），炭素化すればナノカーボンナノスフェアが得られるし，ポリマーブレンドを紡糸して一次元的に延伸した後で，不融化，炭素化すれば，CNFが調製される。一工夫凝らしてTPDコアとCPPシェルとからなるナノサイズのコアシェル型ポリマー粒子を調製してみよう。そのまま不融化，炭素化すればカーボンナノバルーンとなるし，紡糸延伸すればCNTになる。

図1のプロセスにおいて，TDPの役割は重要である。1つはナノカーボン材中に空隙をつくる役割であり，他の1つはCPP同士の融着を防止する役割である。このようなTDPの役割を，ナノカーボン材のデザイニングに積極的に取り入れている点が本法の特徴でもある。

図1のアイディアを具現化するには，ポリマーの選択が極めて重要である。CPPの炭素化収率が高く，逆にTDPが完全に消失することは言うまでもないが，ポリマーの混練，不融化や炭素化初期段階などの加熱過程において両ポリマーが反応し，それぞれの炭素化挙動に変化が生じるとデザイニングが難しくなる。両ポリマー間の反応には充分な注意が必要である。両ポリマーの軟化点，厳密に言えば溶融粘度の近いことはとりわけ重要である。溶融粘度の差が大きいと，機械混練によるブレンド組織の微細化・均質化や溶融紡糸が不可能になる。またCPPが不融化され易いことも大切である。不融化が不充分な場合は，炭素化時に軟化溶融してポリマーブレンドの構造の履歴がカーボン材に残存しない。すなわちデザイニングができないことになる。逆に不融化しにくいCPPを厳しい条件下で不融化処理したために，TDPからもカーボンが残存したという例もある。

1.3　カーボンナノファイバー

図2にCNFの調製プロセスを示した[2,3]。細繊化のためには，①可及的小さなCPP粒子を使用

第4章 ナノ紡糸

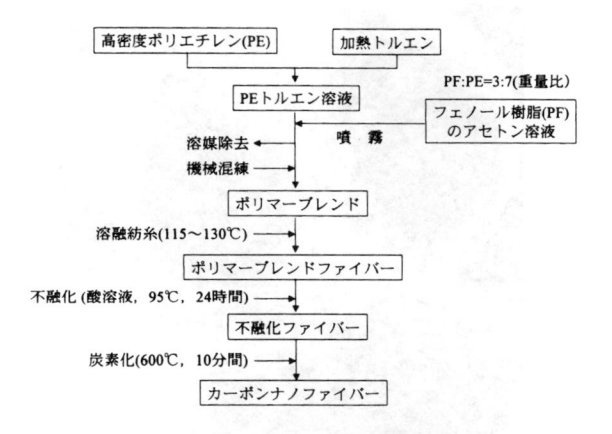

図2 カーボンナノファイバーの調製プロセス

```
高密度ポリエチレン(PE)    加熱トルエン
         ↓               ↓
       PEトルエン溶液        PF:PE=3:7(重量比)
              ↓
溶媒除去 ← 噴霧 ← フェノール樹脂(PF)
機械混練 ←                のアセトン溶液
         ↓
      ポリマーブレンド
溶融紡糸(115～130℃) ↓
      ポリマーブレンドファイバー
不融化(酸溶液,95℃,24時間) ↓
         不融化ファイバー
炭素化(600℃,10分間) ↓
         カーボンナノファイバー
```

するか，②紡糸時の延伸率を上げればよい。しかし，ポリマーブレンドのような不均質構造のポリマーは，紡糸性の低いのが一般的である。したがって，基本的には①の手法によらざるをえず，図2では噴霧法による微粒化が用いられている。具体的プロセスは以下の通りである。

ポリエチレンのトルエン溶液上に，ノボラック型のフェノールホルムアルデヒド樹脂のアセトン溶液を噴霧する。トルエンに不溶なフェノール樹脂が微粒子となって析出する。析出粒子の径はほぼサブμmであったが，1～2μmの粒子も散見された。溶媒除去後に機械混練したポリマーブレンドを，連続溶融紡糸する。紡糸繊維をホルマリンと塩酸を主成分とする酸溶液に浸漬してフェノール樹脂を不融化，最後に600℃で炭素化した。ここで重要なことは，TDPが海，CPPが島となる"海島"をつくることが重要である。逆の構造になると，"蓮根"型の細孔を有するカーボンファイバーになる[4]。

図3は不融化したファイバー破断面のSEM写真である。下の拡大写真上で観察される細いファイバー（矢印）は，ポリエチレンマトリックスから引き抜かれたフェノール樹脂ファイバーである。炭素化によりポリエチレンマトリックスが分解消失した後には，フェノール樹脂から誘導されるCNFの束が残存するはずである。

結果は予想通りであった。得られたCNFの束のSEM写真を図4に示す。CNFの束は軽く押すだけで簡単にばらけた。束の粗密はフェノール樹脂とポリエチレンの混合割合に依存する。CNF直径のヒストグラムによれば，径には数10～500nmの分布はあるが，大部分は150-250nmであった。フェノール樹脂粒子サイズのバラツキから予想されたよりも，径の分布は小さい。大きな粒

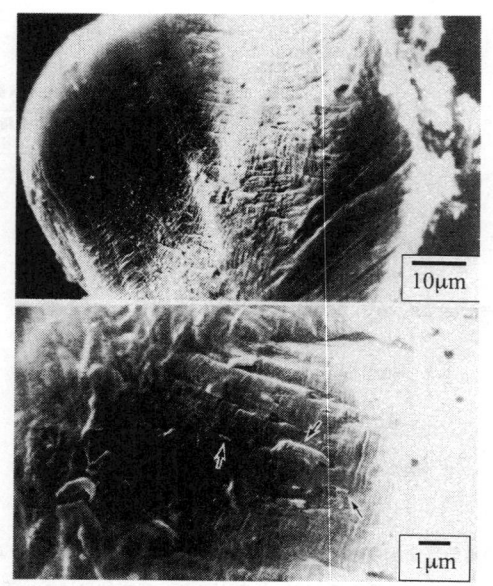

図3 不融化ナノファイバーの破断面（矢印：フェノール樹脂ナノファイバー）

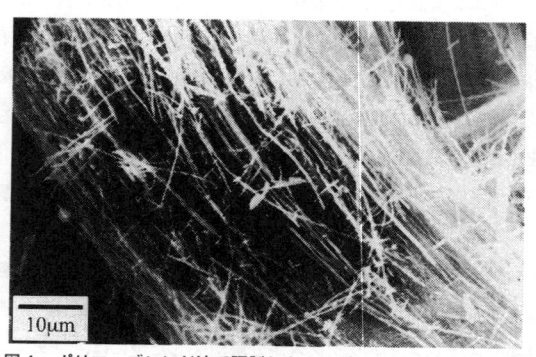

図4 ポリマーブレンド法で調製したカーボンナノファイバーの束

子ほど紡糸時の応力が掛かり易く，高延伸されたためと考えている。

　フェノール樹脂は難黒鉛化性炭素を与える。図5に900℃と3000℃で熱処理したCNFのTEM写真を示す。ここに示されたCNFの径はほぼ100nmである。900℃処理CNFの特徴は，表面の激しい凹凸と炭素結晶子の成長の低さである。3000℃処理により，結晶子は成長するもののその程度

第 4 章　ナノ紡糸

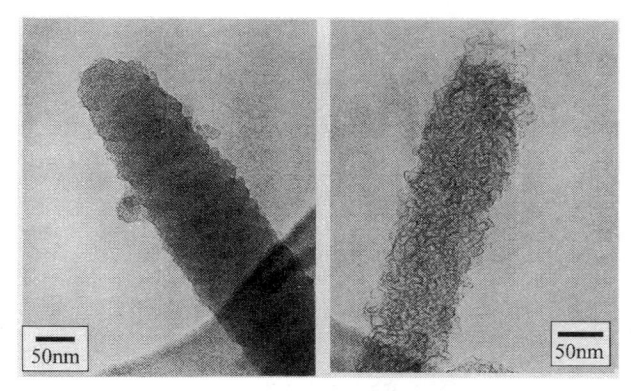

図 5　カーボンナノファイバーの構造
左：900℃処理，右：3000℃処理

は低く，難黒鉛化性炭素特有の"リボン構造"である。表面の凹凸も解消されていない。
　上述の結果から，残された課題を摘出してみよう。まず第1に細繊化である。現状のファイバーは，正直のところCNFと呼ぶには少々太過ぎる。数10nm程度にまで細繊化する必要がある。このための手段はCPP粒子の微小化である。昨今の微粒化技術の進展を考えればそう困難とは思われないが，それよりも合成プロセスからアプローチする方が真っ当かもしれないと考えている。またメルトブロー紡糸法を使用すれば，紡糸ファイバーの径を現在の数10μmから1μm程度にまで低下させることが可能とされているので，これに伴ってCNFの細繊化が達成できるかもしれない。都合の良いことに，メルトブロー法は，比較的紡糸性の低いポリマーでも紡糸可能である。第2は高結晶性のCNFの調製である。難黒鉛化性炭素のCNTは，機械的強度や導電性などの点で若干問題がある。紆余曲折はあったが，ようやく最近になって別種のCPPを用いて高結晶性CNFの調製にこぎ着けた。

1.4　カーボンナノチューブ

　コアシェル型ポリマー微粒子の紡糸により，CNTを調製しうることを図1で示した。当初は，高速気流中衝撃法[5]でコアシェル型ポリマー粒子の調製を行った。しかしこの方法は微小なコアシェル型粒子の調製には適していない[6]。その後，図6のソープフリー（エマルジョン）重合法により，微小なコアシェル粒子の調製に成功した[7,8]。合成法は極めて簡単である。CPPにはポリアクリロニトリル（PAN）を，TDPにはポリメタクリル酸メチル（PMMA）を使用した。まずメタクリル酸メチルモノマー（MMA）を，少量の過硫酸カリウム（KPS）とともに水に溶解

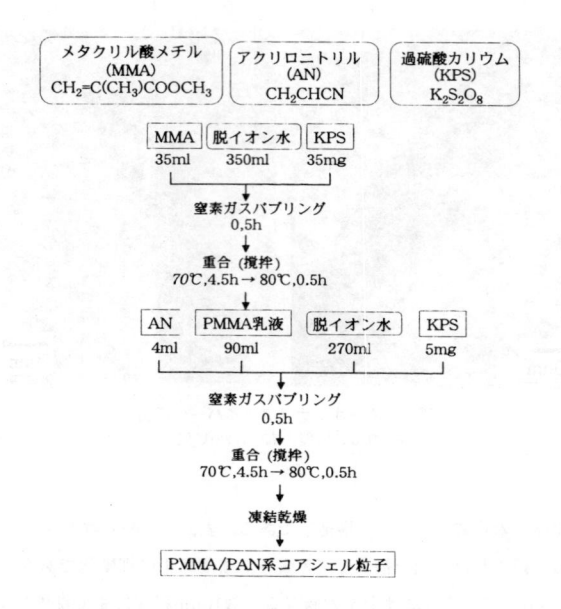

```
メタクリル酸メチル      アクリロニトリル      過硫酸カリウム
    (MMA)               (AN)              (KPS)
CH₂=C(CH₃)COOCH₃      CH₂CHCN           K₂S₂O₈
```

```
   MMA    脱イオン水    KPS
   35ml    350ml      35mg
            ↓
       窒素ガスバブリング
           0.5h
            ↓
        重合(撹拌)
     70℃,4.5h → 80℃,0.5h
            ↓
   AN   PMMA乳液  脱イオン水   KPS
   4ml    90ml    270ml    5mg
            ↓
       窒素ガスバブリング
           0.5h
            ↓
        重合(撹拌)
     70℃,4.5h → 80℃,0.5h
            ↓
         凍結乾燥
            ↓
    PMMA/PAN系コアシェル粒子
```

図6　PMMA/PAN系コアシェル粒子の調製プロセス
（3層コアシェル粒子の場合には，このプロセスに
PMMAの重合プロセスを再度加える）

する。KPSはラジカル開始剤である。窒素ガスを吹き込んで水中の酸素を除いた後，撹拌しながら図中に示した条件下で重合すると，微小なPMMA粒子が析出して白色の懸濁液へと変化する。懸濁液にアクリロニトリルモノマー（AN）を加えて再度同条件下で重合する。水に不溶のPANがPMMA微粒子表面に析出して，コアシェル粒子が生成する。最後に懸濁液を凍結乾燥する。

コアシェル型粒子をこのまま溶融紡糸すると，シェルのPAN同士が融着してしまう。融着を避けるために，別途調製したPMMA粒子中にコアシェル粒子を分散させて紡糸したが，この方法では炭素化物の収率が極めて低くなる。そこでコアシェル粒子上に，さらにPMMAを薄く被覆した3層のコアシェル型ポリマー粒子を開発した。3層構造コアシェル粒子は，2層構造コアシェル粒子懸濁液にMMAを加えて再度重合して調製する。

3層構造のコアシェル粒子のSEM写真を図7に示す。500nmの極めて均一な粒子である。コアシェル型ポリマー粒子の構造に関しては，これまで検討はなされていないので詳細は分からない。得られたコアシェル粒子はかなり高い紡糸性を示した。305-310℃で連続溶融紡糸後，空気中220℃で3時間処理して不融化，最後に1000℃で30分間炭素化した。

第4章　ナノ紡糸

図7　3層（PMMA/PAN/PMMA）コアシェル型ポリマー粒子

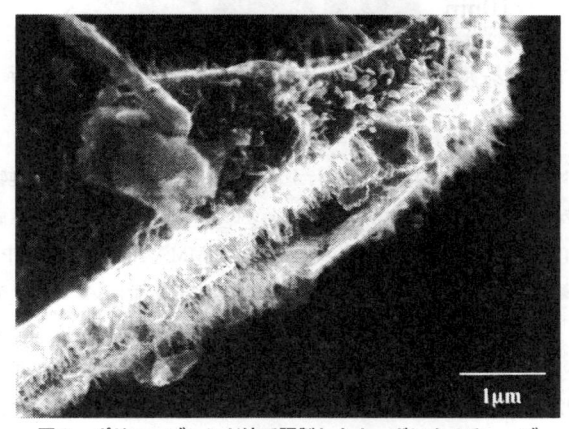

図8　ポリマーブレンド法で調製したカーボンナノチューブ

　炭素化試料を顕微鏡観察したところ，大部分はブロック状のカーボンであったが，図8でみられるような，カーボンブロック上に密集して生じたCNTもところどころで観察された。調製されたCNTの構造上の特徴を明確にするためにTEM観察を行った。図9からポリマーブレンド紡糸法で調製されたCNTの特徴が2，3明らかになった。

　まず，CNTを構成するグラフェンが，気相法で調製されたCNT程には発達していない。炭素化温度が1000℃と比較的低かったことが原因しているようで，3000℃近くで処理すれば発達すると思われる。つぎの特徴はチューブの内径の小さいことである。この構造はコアシェル型ポリマー粒子の調製過程で制御可能である。最後にチューブ先端が多面体構造ではなく丸いことを指

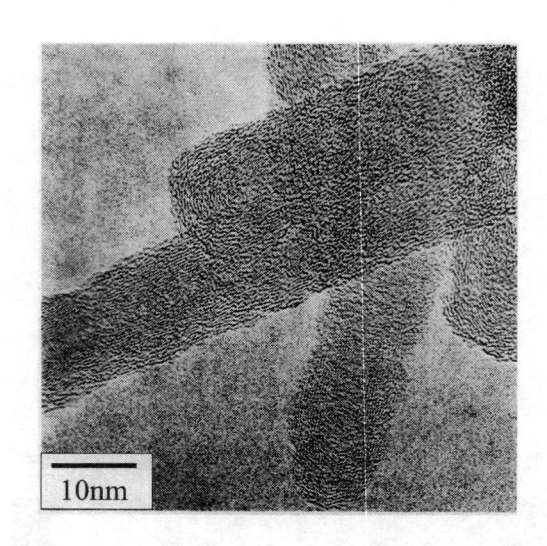

図9 3層コアシェル粒子(PMMA/PAN/PMMA)から調製したカーボンナノチューブ

摘しておこう。

さて，図1のスキーム通りにプロセスが進行すれば，CNTのみが生成し，不純物炭素は一切生成しないはずである。しかし現実には多量のブロック状カーボンが生成した。生成原因を探るために，紡糸ファイバーをテトラヒドロフランに浸漬してPMMAを溶解，不溶のPANをメッシュですくってTEM観察を行った。TEM写真を図10に示す。大部分は下の写真のようなPANのブロックであったが，上の写真のように延伸状態のPANも一部で観察された。この結果から，コアシェル型ポリマー粒子は，溶融紡糸時に相分離により合体・成長したブロック状のPANが，カーボンブロックに変化したと結論した。図8のようなCNTは，たまたま最適条件下で延伸されたもののようである。

現状におけるCNTの収率は低い。収率向上のためには，溶融状態でも安定に存在するコアシェル型ポリマー粒子の開発が必要である。あるいは，相分離しにくい，比較的高粘度のコアシェル粒子を紡糸しうるような紡糸法の開発が有効かもしれない。開発初期の段階であるが，最後に本法が完成されたとの前提に立ってCCVD法と比較することにしたい。

本法を構成する要素技術は，いずれも工業的に利用されている既存技術であり，したがって本法は量産化に適した方法と言える。またこれまではもっぱら連続溶融紡糸法を用いてきた。しかしCNTの長さを考えれば，連続紡糸である必要は皆目ない。むしろ生産性が高く，紡糸性の低いポリマーブレンドにも適応可能なメルトブロー法や遠心紡糸法を使用することで，生産性は格段

第4章 ナノ紡糸

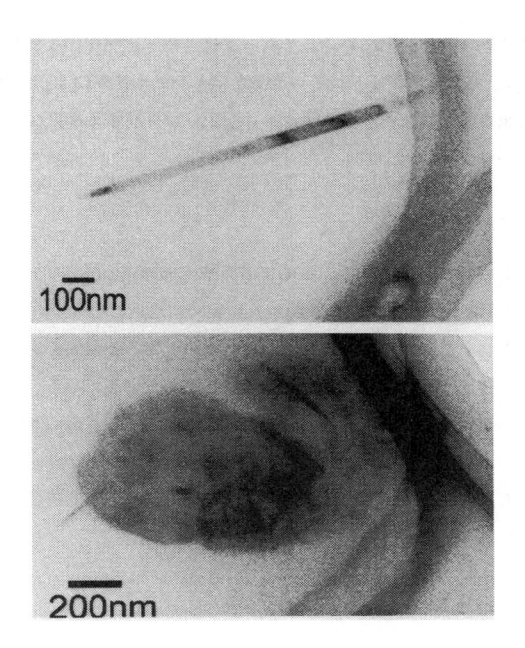

図10 紡糸繊維からPMMAを溶出した後でえられたPANのTEM写真

に向上するはずである。

CCVD法では不純物炭素の生成を抑制することは難しい[9]。本法も,現時点ではCNTの収率は低く,大部分はブロック状のカーボンである。しかし,図1のスキームは,不純物炭素の一切生成しないプロセスを示唆する。解決法については上述した。CCVD法で不可欠な金属触媒は[1,10],本法では一切使用しない。ちなみに3層コアシェル粒子からえられた炭素化物中の不純物金属量を表1に示した。全体で1.5wt%程度であり,カリウムの含有量が多い。ラジカル開始剤に使用したKPS由来である。そこでKPSの代わりに過硫酸アンモニウムを用いて同様の実験を行なったところ,炭素化物中の金属含有量は0.5wt%以下に激減した。不純物金属に対する精製プロセスは不要になる。

表1 3層コアシェル型ポリマー粒子からの炭素化物中における主要金属含有量

元素	含有量 (wt%)	元素	含有量 (wt%)
K	0.57	Ca	0.34
Fe	0.18	Mg	0.10
Al	0.10	Na	0.05
Ni	0.03	Cr	0.02

本法は多層CNTをターゲットにしている。チューブ径，壁厚，中空径などが構造制御の対象になる。こうした構造は，原料コアシェル粒子の構造と紡糸時の延伸率によって制御可能であるが，現実には前者で制御することになろう。コアシェル型ポリマー粒子の構造は，原料モノマーの仕込み量で制御できるからである。

1.5 おわりに

ポリマーブレンドの紡糸によるCNFとCNTの調製法の概要を紹介した。繰り返しになるが，開発はまだ初期段階であり，完成までにはまだ多くの難問に遭遇しそうである。しかし，本法が，気相法にはない多くの利点を有していることは間違いない。何とか難問をブレークスルーして一時も早く企業化につなげ，安価なCNTの供給にこぎ着けたいと考えている。幸いなことに，本書の読者には，本法に関連した知見をお持ちの向きが多そうである。忌憚のないコメントを頂ければ有り難い。最後に，ポリマーブレンド紡糸法は，ここで紹介したナノカーボン以外にも，様々なユニークな形態をもったナノカーボン材のデザイニングに使用しうることを付け加えておきたい[4]。

文　　献

1) M. Endo, K. Takeuchi, S. Igarashi, K. Kobori, M. Shiraishi and H. W. Kroto, *J. Phys. Chem. Solids*, **54**, 1841(1993).
2) 大谷朝男，笠原直人，機能材料, **20**, 20(2000).
3) A. Oya and N. Kasahara, *Carbon*, **38**, 1141(2000).
4) N. Patel, K. Okabe, ANd A. Oya, *Carbon*, **40**, 315(2002).
5) F. Honda, H. Honda, M. Koishi and T. matsuno, *J. Chromatography A*, **775**, 13(1997).
6) D. Hulicova, F. Sato, K. Okabe, M. Koishi and A. Oya, *Carbon*, **39**, 1438(2001).
7) D. Hulicova, K. Hosoi, S. Kuroda, H. Abe and A. Oya, *Adv. Mater.*, **14**, 452(2002).
8) D. Hulicova, K. Hosoi, S. Kuroda, H. Abe and A. Oya, *Molec. Cryst. Liquid Cryst.*, **388**, 107 (2002).
9) M. Yumura, "The Science and Technology of Carbon Nanotubes (edited by K.Tanaka *et al.*)" Elsevier, (1999), pp.6.
10) S. Seraphin, *J. Electrochem. Soc.*, **142**, 290(1995).

2　鋳型法による均一カーボンナノチューブ
——合成と構造制御——

京谷　隆*

2.1　はじめに

　カーボンナノチューブの製造法としては，アーク放電法，レーザー蒸発法，炭化水素触媒分解法などが知られているが，どの手法においてもチューブ径や長さなどを自在に制御することは簡単ではない。しかし，もしサイズを自在に制御しうる1次元ナノチャンネルを鋳型としてカーボンナノチューブを合成することができれば，鋳型のサイズを変えることでナノチューブの径や長さの精密制御も可能となる。

　このような1次元状のナノチャンネルをもつ物質の1つとしてアルミニウム陽極酸化皮膜がある。陽極酸化皮膜には膜面に垂直で均一なナノメータースケールの直線状細孔が多数貫通しており，陽極酸化時の電解条件を変化させることで細孔径，細孔密度，細孔の長さを容易に制御することができる。アルミニウム陽極酸化皮膜の細孔を鋳型とすることで，高分子，金属あるいは金属化合物のナノチューブやナノワイヤなど数多くの1次元状ナノ物質が作られているが，炭化水素ガスの化学気相析出（CVD）によりカーボンナノチューブの合成も可能となる[1,2]。この鋳型を用いたナノチューブの合成法はサイズの精密制御だけでなく，他の方法には真似の出来ない実に様々な構造制御を可能にする。本節ではこの方法の詳細について述べる。

2.2　鋳型法によるカーボンナノチューブの合成

　アルミニウム陽極酸化皮膜を鋳型としたカーボンナノチューブの合成方法は以下の通りである。まず，陽極酸化皮膜を反応管に入れ，800℃程度の温度でプロピレン（C_3H_6）などの炭化水素ガスを流す。一般に炭化水素ガスは高温になると気相中で分解し，熱分解炭素として陽極酸化皮膜の外表面および細孔内壁に堆積する。陽極酸化皮膜の表面は炭素堆積に対して強い触媒作用があり，このため鋳型細孔内のナノ空間においても細孔内壁への均一な炭素堆積が可能となる。このようにして生成した炭素被覆陽極酸化皮膜をフッ酸あるいは濃厚アルカリ溶液で処理する。陽極酸化皮膜は無定形のアルミナ（酸化アルミニウム）なのでフッ酸あるいはアルカリ処理で容易に溶解し，堆積した炭素が不溶分として残る。

　図1にこの実験スキームの概略を示す。この図から，炭素が直線状細孔の内壁に均一に堆積すれば，束状のナノチューブが処理後の不溶分として取り出せることがわかるだろう。また，この方法では金属触媒が必要で無いことも大きな特徴である。

---

*　Takashi Kyotani　東北大学　多元物質科学研究所　助教授

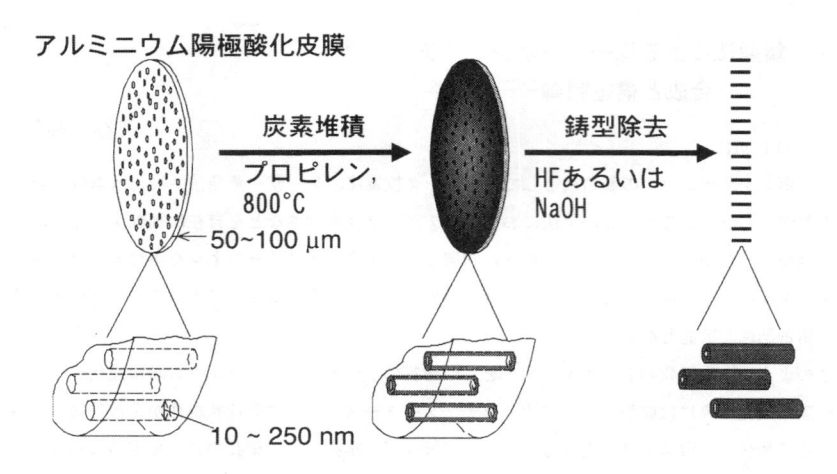

図1 アルミニウム陽極酸化皮膜を鋳型として利用したカーボンナノチューブの合成スキーム

図2 細孔径30nm（a, b）と230nm（c, d）の陽極酸化皮膜から調製した
カーボンナノチューブのSEM写真

図2に細孔径30nmと230nmの陽極酸化皮膜から調製した炭素の走査型電子顕微鏡（SEM）写真を示す。どちらの場合も均一なチューブ状の炭素のみが観察され，その外径は鋳型として使用

第4章 ナノ紡糸

した陽極酸化皮膜の細孔径にほぼ等しい。また，図2(a)と(c)では長さ70μm程度の束状になったカーボンチューブが認められ，この長さは使用した陽極酸化皮膜の厚さに等しい。陽極酸化皮膜の外表面にも炭素が堆積したため，チューブ同士がその端部でつながっている。図2(b)と(d)のようにチューブが1つ1つ独立で観察できたのは，フッ酸処理の撹拌中に束状のものからチューブが1本1本取れていったためと考えられる。

図3に細孔径230nmの陽極酸化皮膜を用いプロピレンのCVD時間を変化させた場合のカーボンチューブのSEM写真を示す。これより明らかにカーボンチューブの厚さはCVD時間とともに厚くなるのがわかる。1h，6h，12hのCVDで，その厚さはそれぞれ3-5，40-45，60-80nmとなっている。以上から，本法により選択的にカーボンチューブのみを合成することができ，しかもチューブの径，長さおよび厚さは鋳型となる陽極酸化皮膜の細孔径，厚さおよびCVD時間を変化させることで制御できることが明らかとなった。

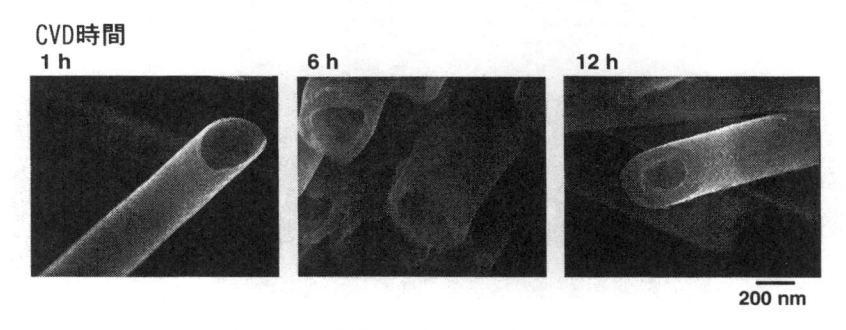

図3　CVD時間とカーボンチューブの壁の厚さ

アーク放電法で合成された多層カーボンナノチューブを透過型電子顕微鏡（TEM）で観察すると，チューブの壁の部分で炭素六角網面の真っ直ぐな断面が整然と積層しているのが見られる。しかし，アルミニウム陽極酸化皮膜鋳型から合成したナノチューブではかなり様相が異なる。図4に径30nmのナノチューブの高分解能TEM像を示す。写真では数本のチューブが交差している。このチューブの壁の厚さは10nm程度であり，その内部では短く細い筋が波打ちながらチューブ軸と平行に積層しているのが観察できる。この筋は炭素六角網面1層に対応しており，このナノチューブは微細な炭素六角網面が円筒状に積層してできたものであるといえる。また，アーク放電法からのナノチューブと比べると結晶性が低く，欠陥が多いことがわかる。

今まで述べたきたことから，アルミニウム陽極酸化皮膜の均一な直線状ナノ細孔を鋳型とすれば，その細孔の形状を正確に反映した均一なナノチューブを合成できることが理解できたであろう。この事実は，もし鋳型の細孔の形状が単純な直線状でなく別の形であれば，その形をそのま

ま反映した複雑な形状のカーボンナノチューブも作製できることを意味している。たとえば，細孔径20nmとして市販されている陽極酸化皮膜を鋳型として用いた場合，図5のように先端部が多くの細いチューブに枝分かれしたカリフラワー状のナノチューブが得られた[2]。これは市販の陽極酸化皮膜の細孔が外表面付近で枝分かれしていることを示している。さらにLiらは陽極酸化時の印可電圧を急激に減少させることで，長さが3μmで径が40nmの細孔が長さ2μmの2つの小さな細孔（28nm）につながったY字型の細孔構造をもつ陽極酸化皮膜を作製した。この酸化皮膜を鋳型として使用することで鋳型の細孔構造を見事に反映したY字型のカーボンナノチューブを合成している[3]。また，枝分かれしたナノチューブだけでなく，異径のチューブがつながったものも鋳型法で合成することができる[4]。

図4　カーボンチューブの高分解能TEM写真

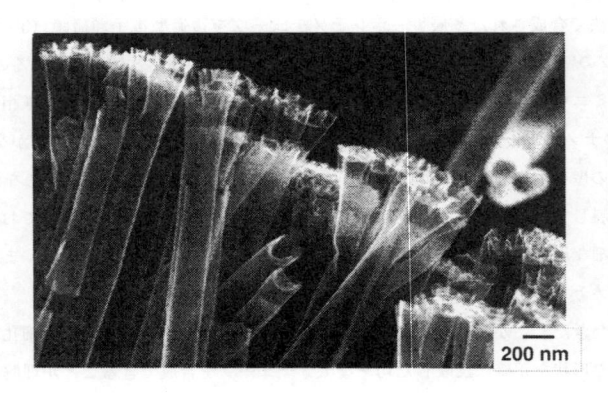

図5　カリフラワー状カーボンナノチューブのSEM写真

第4章　ナノ紡糸

2.3　カーボンナノチューブへのヘテロ原子の導入

　カーボンナノチューブの表面にホウ素，窒素，酸素などのヘテロ原子を導入することで，性能の向上のみならず新機能の発現も期待できる。そのため，ナノチューブの化学修飾に関する研究が盛んに行われている。鋳型法により合成したナノチューブも化学修飾することは容易であり，しかも鋳型法ならではの細かい芸当ができる。鋳型法からのナノチューブの特徴の一つは両端が開いた構造をしていることである。したがって，反応物質をチューブ内部に導入するのは閉口構造のアーク放電法からのものに比べてきわめて容易である。また，鋳型を除去する前の複合体の段階で化学修飾の処理を行えば，チューブの内部だけを選択的に改質することができる。たとえば，以下のような方法で簡単にナノチューブの内面だけに酸素原子を導入することができる。

　まず，アルミニウム陽極酸化皮膜上でプロピレンCVD（800℃）を行い，炭素被覆陽極酸化皮膜複合体を調製する。この複合体を20wt%硝酸中で6時間環流処理をして，複合体の細孔内表面に含酸素官能基を導入する。その後，複合体から鋳型であるアルミナをアルカリ処理により溶解除去して，カーボンナノチューブを取り出す（図6）[5]。カーボン表面を酸化する方法はいくつかあるが，硝酸処理はその中でも最も強力な方法の1つで，とくにカルボキシル基を導入するのに効果的である。図6からわかるように，複合体の段階で処理を行うので，複合体の外表面と細孔の内壁，つまりナノチューブの内表面が酸化される。しかし，チューブの外側は鋳型のアルミナで覆われているので，酸化されない。つまり，この方法を利用することでチューブ内表面だけを選択的に酸化でき，外表面は疎水性を保っているが内表面はそれより親水性が高い特殊な表面特性をもつナノチューブが合成できる。

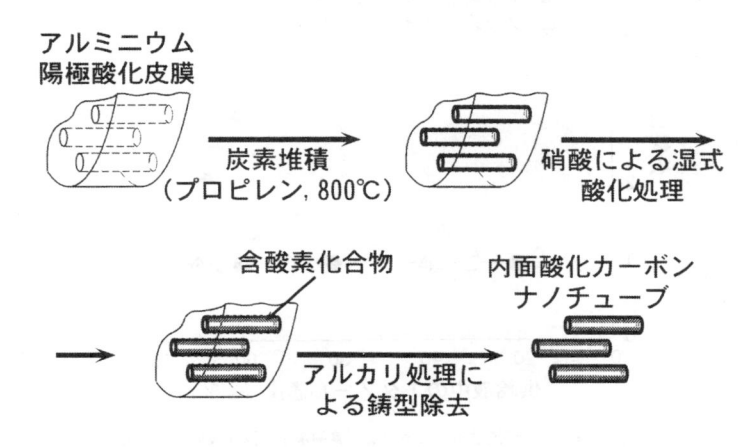

図6　鋳型法を利用したカーボンナノチューブ内面だけの選択的酸化

酸化処理だけでなく，内表面のフッ素化も行える。フッ素処理は50-200℃の温度範囲で0.1 MPaのフッ素ガスと炭素被覆陽極酸化皮膜複合体を数日間反応させることで行う。その後，フッ酸で鋳型を溶解除去することでフッ素化したナノチューブを取り出す[6]。この場合は内面が外面より疎水性の高いナノチューブとなる。

炭素被覆陽極酸化皮膜複合体は膜面に対して垂直にナノメータオーダーの細孔が貫通しているので，化学的安定性の高い透過膜としても利用できる。水/エタノールの浸透気化実験を酸化およびフッ素化処理した複合体を用いて行った例を紹介する[7]。浸透気化実験では膜の片側を所定濃度のエタノール水溶液に接触させ，もう一方の側を減圧状態に保つ。そうすると，溶液が気化して膜を透過していく。その際の透過の程度が水とエタノールで大きく違えば，この二つの成分のうちどちらかが多い濃縮液を得ることができる。実際の実験では透過側を100Pa以下に保っておき，透過蒸気を液体窒素でトラップした。つぎにガスクロで供給液と透過液中のエタノール濃度を測定し，エタノールに対する水の分離係数 α ($= (Y_{H_2O}/Y_{EtOH})/(X_{H_2O}/X_{EtOH})$) を求める。ここでX，Yはそれぞれ供給液と透過液の濃度である。図7に各複合膜の分離係数の供給液濃度に対する変化を示す。未処理膜と硝酸処理膜はどの濃度においても供給液濃度と透過液濃度は等しく ($\alpha = 1$)，水とエタノールの分離は起こらなかった。フッ素処理した複合体については，エタノ

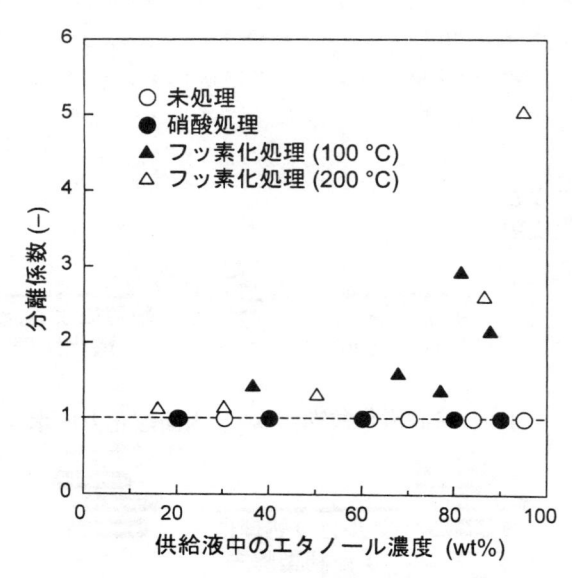

図7　水/エタノールの浸透気化における炭素被覆陽極酸化皮膜複合体透過膜
　　　（未処理，硝酸処理，フッ素化処理をそれぞれ施した複合体）の分離係数（25℃）

ール濃度が高い領域において，α が正の値で透過液のエタノール濃度が供給液の濃度より低いことがわかった。つまり，この領域ではフッ素処理膜は水選択透過膜であった。フッ素処理により疎水化したチューブの内面を水が選択的に透過した理由は明らかではないが，内面と相互作用の少ない水の方がエタノールに比べて膜を通過しやすいのかもわからない。どちらにしても，内面フッ素化ナノチューブは通常のナノチューブとはかなり性格が異なることだけは確かである。

2.4 二重構造カーボンナノチューブの合成

鋳型法を利用すれば外側と内側で組成の異なる二重構造のナノチューブの合成も可能となる。その合成プロセスを図8に示す。この場合，用いた原料はプロピレンとアセトニトリル(CH_3CN)であり，前者からは純炭素が，後者からは窒素を含んだ炭素が堆積する。まず，細孔径30nmの陽極酸化皮膜に800℃，2時間の条件でプロピレンのCVDを行い，さらに，800℃，5時間でアセトニトリルのCVDを行うことで炭素被覆陽極酸化皮膜複合体を調製する。その後，この複合体をアルカリ処理することでアルミナを除去しナノチューブを得る[8]。図8から1段目のCVDで純炭素層が堆積し，2段目のCVDで窒素を含んだ炭素層が純炭素層の上に堆積することが理解できる。図9にプロピレンだけのCVDおよびプロピレンとアセトニトリルの2段階CVDにより調製した炭素のTEM写真を示す。どちらの場合も均一なサイズのナノチューブが生成し，プロピレンだけから調製したナノチューブの壁の厚さは2.5nmであり，2段階目のCVDにより壁の厚さは4.4nmまで厚くなった。もちろんチューブの外径は変化していない。元素分析によると，プロピレ

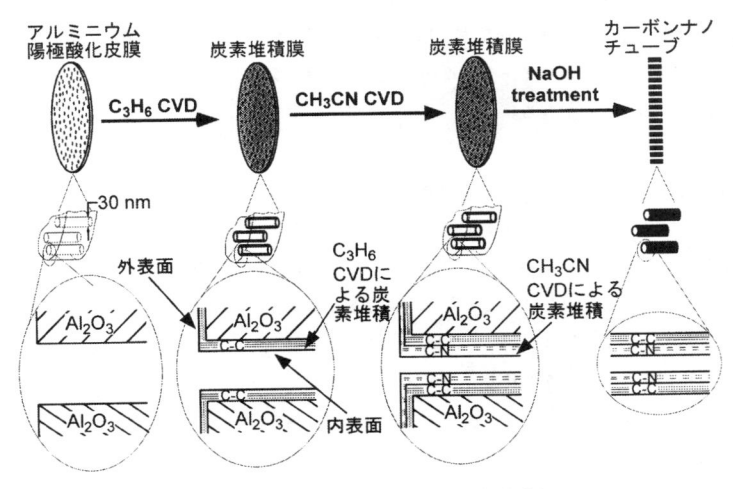

図8 二重構造カーボンナノチューブの合成プロセス

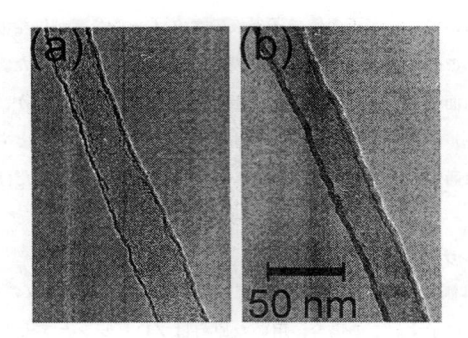

図9 プロピレンCVDから合成したカーボンナノチューブ(a)と
二段階CVDで合成したチューブ(b)のTEM写真

ンCVDからのナノチューブは当然の事ながら全く窒素を含んでいないが，2段階CVDを施したものの窒素含有量は3.2%である。このように，2段階CVD法で純炭素層が外側で，窒素を含んだ炭素層が内側になった二重構造のナノチューブを合成することができる。さらに，CVDの順序を逆にすれば，窒素を含んだ炭素層が外側で，純炭素層が内側のナノチューブもつくることができる。

このように鋳型法を利用すれば，ナノチューブ中の窒素原子の分布あるいは位置を精密に制御することができる。さらにホウ素原子を含む炭素層をCVD法で堆積させることができるようになれば，一本のチューブでホウ素を含むp型の炭素層と窒素を含むn型の層を同心円状に接合させることが可能となる。このような精密に構造が制御されたナノp-n接合の構築は，従来までのナノチューブ製造方法であるアーク放電法や炭化水素触媒分解法では困難であり，鋳型法により初めて実現させることができる。

2.5　カーボンナノチューブ内部への異種物質の挿入

　カーボンナノチューブのナノサイズの空洞内に他の物質を充填すれば，今までにない新しい性質や構造を示す可能性がある。そのため，カーボンナノチューブ内に金属などの異種物質を導入し1次元ナノ複合体を合成しようとした試みは今までも数多くあるが，ナノチューブの外部にも異種物質が付着し，内部だけに挿入することは困難であった。しかし，鋳型法を利用すれば，種々の異種物質をさまざまな形状でカーボンナノチューブの内部だけに挿入させることが可能になる。つまり，図10に示すように，炭素／アルミナ複合膜の段階で異種物質を担持した後，鋳型を溶解除去すれば，必然的にナノチューブの内部だけに異種物質は存在することになる。このような方法でPt，Fe，Niを担持した例を紹介する。

第4章　ナノ紡糸

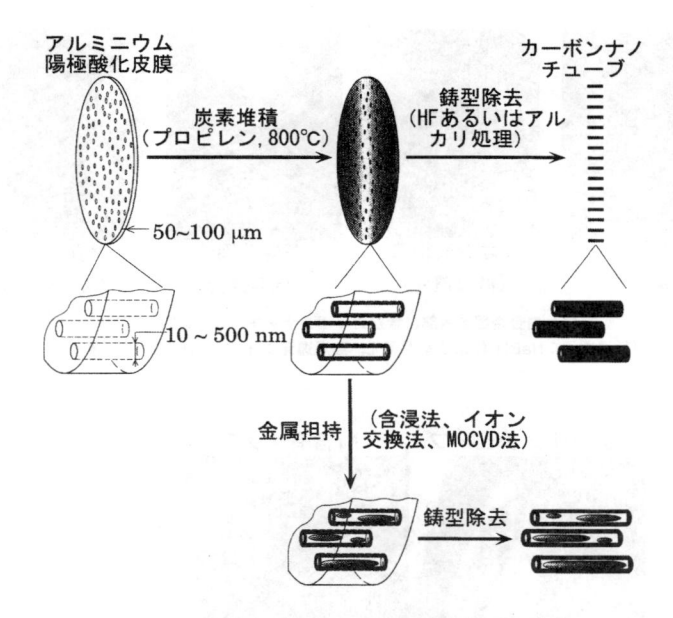

図10　カーボンナノチューブ内部への異種物質の導入

　Ptは塩化白金酸のエタノール溶液から蒸発乾固法と吸着法で含浸担持した。また，イオン交換法も用いた。この場合には複合膜を濃硝酸であらかじめ処理し，炭素表面にイオン交換性の含酸素官能基を導入した後，テトラアンミンジクロロ白金のアンモニア水溶液からPtを担持した。これらのPt担持複合膜を500℃で水素気流下にさらす，あるいは水素化ホウ素ナトリウムにより湿式で処理することにより内部のPtを還元した。図11にこれらの担持方法でPtを導入したナノチューブのTEM写真を示す[9,10]。担持方法や還元方法の違いにより様々な形状のPt金属が担持されているのがわかる。ここで重要なことは全ての場合に於いてPt金属はチューブ内部だけにあり，外部には存在しないことである。
　FeおよびNiはそれぞれフェロセン($Fe(C_5H_5)_2$)あるいはニッケロセン($Ni(C_5H_5)_2$)を昇華させ，複合膜を入れた反応管中に水素流とともに導入し，275-500℃で熱CVDを行うことで担持した。それぞれの場合のTEM写真を図12に示す。Feではチューブ内部に数十nm程度のナノ粒子として存在しており，各粒子の結晶性は非常に高く，そのいくつかは単結晶のように見える。電子線回折からこれらの粒子は酸化鉄(Fe_3O_4)と同定できた[11]。Niの場合は驚くべき事に直径約20nmのナノチューブ内部に直径4 nm，長さ約500nmの一本のワイヤが観察できる。このワイヤ状

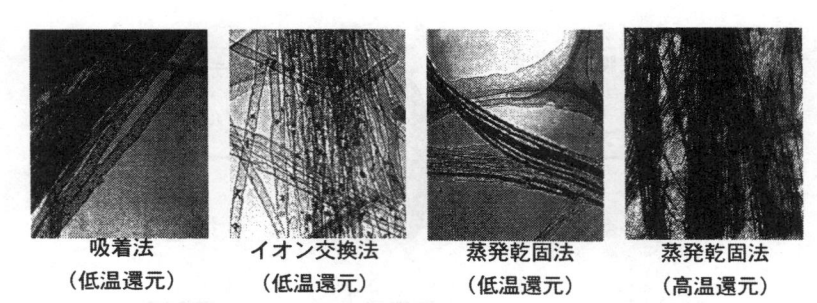

ナノファイバーテクノロジーを用いた高度産業発掘戦略

図11 白金金属を内部に含むカーボンナノチューブのTEM写真
（低温還元：NaBH₄による室温還元，高温還元：H₂による500℃での還元）

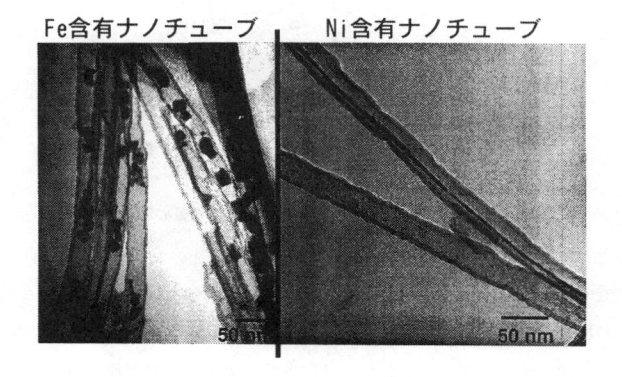

図12 Fe_3O_4ナノ結晶とNiOナノリボンを内部に含むカーボンナノチューブのTEM写真

のものはNiOの細長いリボンであり，ほぼ単結晶である。しかも，その(111)面はリボンの長軸に平行であることが分かった[12,13]。その後の詳細な分析から，FeとNiの場合にこのような結晶性の極めて高い酸化物がナノチューブ内部に生成したのは，鋳型であるアルミナ皮膜除去のために行ったアルカリ処理が原因であることが明らかとなった[13]。フェロセンあるいはニッケロセンの熱CVDでチューブ内部に生成した金属は空気に暴露することで酸化物となり，さらにオートクレイブ中のアルカリ処理で酸化物が溶解し，その後再析出することで高い結晶性をもつに至ったと考えられる。つまり，ナノチューブ内部で金属酸化物の水熱反応が起こったと結論できる。この事実は炭素を堆積させた陽極酸化皮膜の直線状ナノ細孔は水熱合成のような苛酷な条件の反応場として利用できることを示している。

第4章 ナノ紡糸

そこで，NiやFeの硝酸塩を炭素被覆陽極酸化皮膜複合体に含浸担持し，アルカリ処理することでアルミナ鋳型を除去するとともに細孔内部の硝酸塩を水熱処理した。その後，カーボンナノチューブを空気で酸化除去することで，チューブ内部にあった水熱処理物を取り出した。Niの硝酸塩から生成物のSEM写真を図13に示す[14]。均一なサイズのナノロッドが観察され，その径はナノチューブの内径に等しく25nmであった。また，電子線回折からこれらのナノロッドはNiOの単結晶であることが分かった。このように本法は単結晶の無機ナノロッドあるいはナノワイヤを合成するのに非常に有効な方法である。

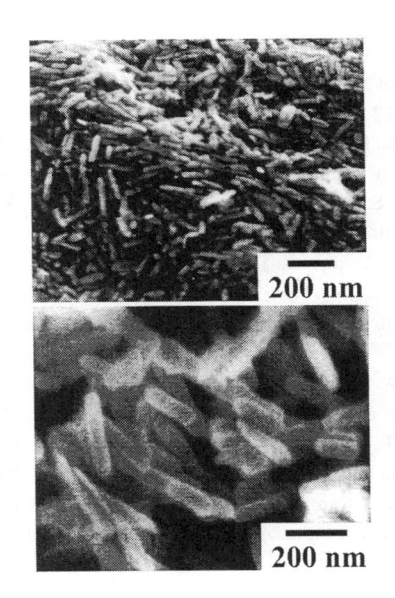

図13 硝酸ニッケルから鋳型法を用いて合成した単結晶NiOナノロッドのSEM写真

2.6 おわりに

鋳型法を利用することで，構造がナノレベルで制御されたカーボンナノチューブを合成することができる。さらに，ナノチューブ内面だけの選択的な化学修飾や二重構造のナノチューブの合成など，通常の方法では困難なことも鋳型法を利用すれば容易に行うことができる。また，鋳型法ではカーボンナノチューブの内部だけに貴金属や遷移金属などを容易に挿入でき，条件によりナノ粒子，ナノロッド，ナノリボンなどさまざまな形状のものをナノチューブの中だけにつくることができる。さらに，鋳型を除去する前の炭素被覆陽極酸化皮膜複合体の直線状ナノ細孔は水

熱合成のような苛酷な条件の反応場として利用できることが分かった。このように鋳型法はカーボンナノチューブのサイズを精密制御できるだけでなく，今までにないユニークな構造をナノチューブ中に構築することができる極めて有効で便利な合成法であるといえる。

文　　献

1) T. Kyotani, L. Tsai, L. and A. Tomita, *Chem. Mater.*, **7**, 1427(1995).
2) T. Kyotani, L. Tsai, L. and A. Tomita, *Chem. Mater.*, **8**, 2109(1996).
3) J Li, C Papadopoulos and J Xu. *Nature*, **402**, 253(1999).
4) J. S. Lee, G. H. Gu, H. Kim, K. S. Jeong, J. Bae and J. S. Suh. *Chem. Mater.*, **13**, 2387(2001).
5) T. Kyotani, S. Nakazaki, W. -H. Xu and A. Tomita, *Carbon*, **39**, 782(2001).
6) Y. Hattori, Y. Watanabe, S. Kawasaki, F. Okino, B. K. Pradhan, T. Kyotani, A. Tomita and H. Touhara, *Carbon*, **37**, 1033(1999).
7) T. Kyotani, W. -H. Xu, Y. Yokoyama, J. Inahara, H. Touhara and A. Tomita, *J. Membrane Sci.*, **196**, 231(2002).
8) W. -H. Xu, T. Kyotani, B. K. Pradhan, T. Nakajima, and A. Tomita, *Advanced Materials*, **15**, 1087(2003).
9) T. Kyotani, L. Tsai and A. Tomita, *Chem. Commun.*, 701(1997).
10) T. Kyotani, B. K. Pradhan and A. Tomita, *Bull. Chem. Soc. Jpn.*, **72**, 1957(1999).
11) B. K. Pradhan, T. Toba, T., Kyotani and A. Tomita, *Chem. Mater.*, **10**, 2510(1998).
12) B. K. Pradhan, T., Kyotani and A. Tomita, *Chem. Commun.*, 1317(1999).
13) K. Matsui, B. K. Pradhan, T., Kyotani and A. Tomita, *J. Phys. Chem. B*, **105**, 5682(2001).
14) K. Matsui, T. Kyotani and A. Tomita, *Advanced Materials*, **14**, 1216(2002).

3 フラーレンのナノウィスカーとナノファイバー

宮澤薫一[*]

3.1 はじめに

1985年にC_{60}が発見されて以来[1]，炭素原子から成る中空のかご状分子であるフラーレン (fullerene) は，ダイヤモンド，グラファイトに次ぐ第3の炭素同素体として，多くの研究者の関心を集めて来た。フラーレンは，C_{60}の他に，C_{70}，C_{76}，C_{82}などの高次フラーレン，内部に金属原子を取り込んだ$La@C_{60}$,$La@C_{82}$,$Y@C_{82}$などの金属内包フラーレンが発見された[2,3]。フラーレン分子は，C-C二重結合を持つため，様々な官能基を付加させることが可能である他，高温高圧の作用，光照射，電子線照射等によってフラーレン分子同士が重合することが明かにされて来た[4~7]。

C_{60}分子が直線状に結合したナノ細線は，多くの興味深い物性をもたらすと期待される。例えば，カリックスアレーン（calixarene）を用いて，C_{60}分子の1次元ポリマーを作る試みが報告された[8]。

一方，チタン酸ジルコン酸鉛（PZT）の薄膜は，有用なペロブスカイト型強誘電セラミックス素子として広く用いられている。PZT薄膜の作製法には，気相，液相を含めて，様々な方法があるが，特にPZTのコロイド溶液（ゾル）を基板上に薄く塗布して焼成する方法は，簡単で安価な薄膜作製法として広く用いられている。PZT薄膜の作製は，鉛の蒸発や電極材料の拡散を抑制するために，できるだけ低温で焼成することが必要であるが，しばしば強誘電特性を損なうパイロクロア相が生成残留する。そこで，パイロクロア相の発生を防止することを目的として，C_{60}を少量添加したPZTゾルによる薄膜作製の研究を進めていたところ，ゾル中に繊維状物質が生成することを見出した[9,10]。この繊維状物質は，透過電子顕微鏡（TEM）観察によってC_{60}分子から成るサブマイクロメートルサイズの直径を持つウィスカー（whisker，ひげ結晶）であることが判明し，これを，C_{60}ナノウィスカー（C_{60} nanowhisker）と名付けた[11]。C_{60}ナノウィスカーの成長軸の方向は，C_{60}分子の最密充填方向と一致しており，かつ，C_{60}分子同士の中心間距離が，常温常圧の面心立方晶（FCC）のC_{60}結晶（pristine C_{60}，格子定数$a=1.4166nm$[12]）に比べて約1%縮んでいた。また，C_{60}ナノウィスカーは，厚さが約10nmの薄層が積み重なってできていることが観察された。用いたPZTゾルは，酢酸鉛，ジルコニウムテトラn-プロポキシド，チタンテトライソプロポキシド，溶媒としてのイソプロピルアルコール（IPA）から成っており，C_{60}の添加はトルエン溶液を用いて行っていた。そこで，C_{60}のトルエン溶液とIPAの系で生じる反応

---

[*] Kun'ichi Miyazawa （独）物質・材料研究機構 エコマテリアル研究センター エコデバイスグループ 主幹研究員

を調べる過程において，C_{60}ナノウィスカーを再現良く作製できる方法である液-液界面析出法（液-液法，liquid-liquid interfacial precipitation method）を見出した[13]。

　液-液法により作製したC_{60}ウィスカーの直径は，数十ナノメートルから数百マイクロメートルの範囲に及ぶ。その長さは，1 mm程度に達する場合があり，直径に対する長さの比であるアスペクト比は数千以上になることがある。細長いフラーレンナノウィスカーは，繊維形状を持ち，フラーレンナノファイバー（fullerene nanofiber）と呼ぶことができる。フラーレンナノファイバーという名称は，結晶質，非晶質に関係なく使用できるので，細長いフラーレンナノウィスカーを，しばしば，フラーレンナノファイバーと称している。直径が1 μm未満で，アスペクト比が100以上の，フラーレン分子からなる繊維を，フラーレンナノファイバーと定義することができよう。

　"C_{60}ウィスカー"という用語は，Yosidaによって1992年に初めて使われたが[14]，報告された針状結晶は，ここで紹介するウィスカーとは全く異なる表面形状を示していた。

　2液界面が結晶の析出サイトとなることは良く知られている[15]。液-液法は，C_{60}やC_{70}のナノウィスカー・ナノファイバーのみならず，フラーレン誘導体のナノウィスカー・ナノファイバーや，ハロゲンなどの不純物元素をドープしたフラーレンのナノウィスカー・ナノファイバーも作製できることなど自由度が大きい。本稿では，以後，名称の混乱を避けるため，特別な場合を除いて，（ナノ）ウィスカーという用語を用いる。以下にフラーレンナノウィスカーの作製方法，構造，性質について詳述する。

3.2　液-液界面析出法によるフラーレンナノウィスカーの作製

　C_{60}粉末を乳鉢で細かく粉砕し，超音波洗浄器等を用いてC_{60}を飽和させたトルエン溶液を調製する。これを，適当な大きさの透明ガラスビンに入れ，ピペットを用いて，ほぼ等量のIPAを静かに滴下するかビン壁を伝わらせるかなどして加え，液-液界面を形成させて，静置する。IPAの添加を続けると，過飽和な状態が生じ，ナノウィスカーの析出が始まる。液温は21℃程度以下が適当であった。

　図1に，液-液界面作製直後の様子と1週間経過後の様子を示す。(a)では，下層のC_{60}トルエン溶液—IPA界面付近に茶褐色のナノウィスカーの生成が観察される。(b)では成長したナノウィスカーが綿状に沈殿している様子が見られる。より長時間放置すると，長く成長したC_{60}ナノウィスカーが得られる。フラーレンの溶媒としては，メタキシレン等も使うことができる。アルコールとしては，ブチルアルコールのようなより長鎖のアルコールを用いることができるが，この場合は太い針状結晶が生成しやすい。

　同様にして，C_{70}ナノウィスカーも作製できる[16]。不純物を少量添加したフラーレンナノウィ

第4章　ナノ紡糸

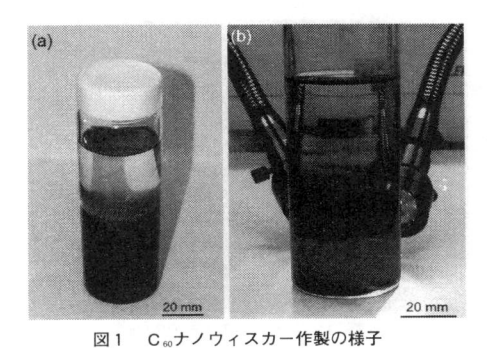

図1　C_{60}ナノウィスカー作製の様子
(a) C_{60}飽和トルエン溶液に，IPAを注いだ直後。(b) (a)から1週間経過後，ガラスビンの底に沈殿したC_{60}ナノウィスカー。

スカーを作製することも可能である。例えば，ヨウ素を溶解させたIPAとC_{60}飽和トルエン溶液を用いて，ヨウ素を含むC_{60}ナノウィスカーが作製できる[17]。

用いるフラーレンは，必ずしも高純度のものである必要は無く，精製されていないC_{60}/C_{70}混合粉末を使って，C_{60}/C_{70}混合ナノウィスカーを作製することができる。さらに，溶液に電界を印加しつつ，液-液界面析出法によるフラーレンウィスカーを作製することも可能である。

3.3　フラーレンナノウィスカーのキャラクタリゼーション
3.3.1　形状と原子的構造

図2に，濾紙上に分散させたC_{60}ナノウィスカーの走査電子顕微鏡（SEM）写真を示す。ウィスカーの成長軸に沿って，一様な線径が観察される。ウィスカーの断面は多角形であるが，丸みを帯びた断面を持つものも観察された。C_{60}はグラファイト並の低摩擦係数を示すので[18]，一定の直径を持つC_{60}ナノウィスカーは，滑らかなマイクロレールとしての応用が考えられる。

C_{60}ナノウィスカーの透過電子顕微鏡（TEM）写真を図3に示す。線径は92nmであり，ナノウィスカーという名称にふさわしい。これまで，C_{60}ナノウィスカーの構造として，少なくとも，面心立方晶と体心正方晶（BCT）の2種類があることが分かった[13]。C_{60}ナノウィスカーは単結晶であるが[13]，1μm以上の直径を持つC_{60}ウィスカーは，C_{60}分子の最密充填方向を成長軸とする多結晶となっていた[19]。

高分解能TEM（HRTEM）観察をした写真を図4(a)に示す。C_{60}分子がナノウィスカーの成長軸方向（水平）に沿って規則正しく配列している。図4(b)に，C_{60}ナノウィスカーの構造モデル（BCT）を示す。これは，C_{60}分子が，[2+2]付加環化重合によってポリマー化した構造を示す[13]。

図2　C₆₀ナノウィスカーのSEM像

図3　直径92nmのC₆₀ナノウィスカーのTEM像

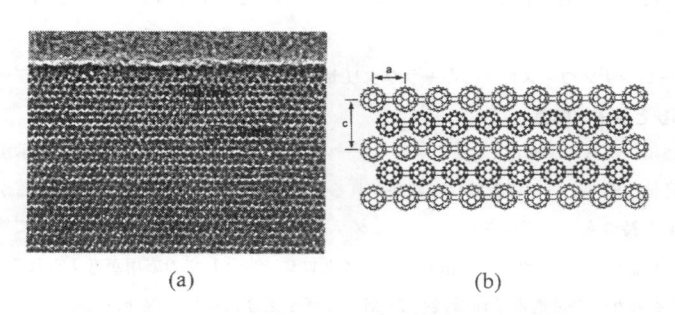

(a)　　　　　　　　(b)

図4　C₆₀ナノウィスカーの（a）HRTEM像と（b）構造モデル
(BCT，a＝1.0nm，c＝2.0nm)

　最近，橘らは，C₆₀ナノウィスカーの成長が，光によって促進されることを示すとともに，作製したばかりのC₆₀ナノウィスカーにおけるC₆₀分子同士の結合は，弱いvan der Waals結合であると報告している[20]。また，橘らによるC₆₀ナノウィスカーは，星形の断面形状を有しているため，ウィスカーの表面積が大きくなり，優れた触媒担体になる可能性がある。これまでの多数のTEM観察により，C₆₀分子の中心間距離Dは，pristine C₆₀結晶に比べて，1〜数パーセントほど小さいことが分かっているが，その原因は明らかでない。TEM観察の際に電子線で重合した可

第4章 ナノ紡糸

能性も含めて検討すべきテーマである[7,21]。

　液-液法で作製したC$_{70}$のナノウィスカーも単結晶である。C$_{70}$分子は,その最密充填方向がウィスカーの成長軸方向と一致するように配列していた[16,22]。また,C$_{70}$ナノウィスカーは,C$_{60}$ナノウィスカーと同様に,薄層が積み重なった構造を持っているので[22],C$_{70}$ナノウィスカーはしなやかに曲げ変形すると考えられる。TEM観察によって,最密充填方向におけるC$_{70}$分子の中心間距離Dは0.512nmであり,室温付近におけるFCC構造のC$_{70}$結晶におけるD=0.529nmに比べて約3％小さいことが分かった[22]。

　図5に,メタキシレンを溶媒として作製したC$_{70}$ナノウィスカーのSEM写真を示す。C$_{70}$ナノウィスカーも,大きなアスペクト比のナノファイバーに成長させることができる。

　また,C$_{60}$やC$_{70}$のナノファイバーを含む溶液を濾紙上に広げることにより,容易にシート状に成形することができる(図6)。このようなフラーレンシートは,複合材料,触媒担体など,多くの分野での利用が考えられる。

　フラーレン分子には様々な官能基を付加することが可能であり,極めて多くの誘導体が作製されている。C$_{60}$のマロン酸ジエチルエステル誘導体であるC$_{60}$[C(COOC$_2$H$_5$)$_2$]分子のトルエン飽和溶液とIPAによる液-液法によって作製したC$_{60}$[C(COOC$_2$H$_5$)$_2$]ナノウィスカーの例を図7に示す。HRTEM観察により,このナノウィスカーは,成長軸方向がC$_{60}$[C(COOC$_2$H$_5$)$_2$]分子の最密充填方向に一致しており,C$_{60}$ケージの中心間距離Dは,0.98nmであることが分かった。これは,C$_{60}$ナノウィスカーのD値と同様の値である。成長軸方向に沿って,C$_{60}$ケージ間にマロン酸エステル原子団が介在することなく,C$_{60}$ケージ間距離が最も短くなるようにC$_{60}$[C(COOC$_2$H$_5$)$_2$]分子が配列していると考えられる。本例は,液-液法によって,多様なC$_{60}$誘導体のナノウィスカーやナノファイバーが出来る可能性を示すものである。

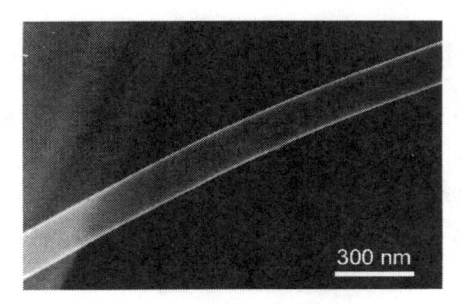

図5　C$_{70}$ナノウィスカーのSEM像
(作製:日本板硝子㈱　吉井哲朗氏)

ナノファイバーテクノロジーを用いた高度産業発掘戦略

図6 C_{60}ナノウィスカー（ナノファイバー）から成るシート

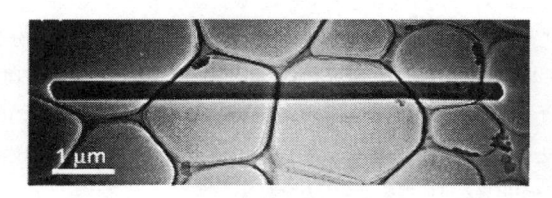

図7 $C_{60}[C(COOC_2H_5)_2]$ナノウィスカーのTEM像
(共立薬科大学 増野匡彦教授との共同研究にて作製)

3.3.2 熱的・機械的・電気的性質

　C_{60}飽和トルエン溶液／IPAの系で作製したC_{60}ナノウィスカーの熱分析（TG-DTA）の結果，大気中におけるナノウィスカーの分解温度は約450℃であり，良い耐熱性を示した。分解までの重量減少は殆ど見られず，ナノウィスカー中に取り込まれている溶媒はわずか（約1％未満）であることが分かった。また，C_{60}ナノウィスカーのTDS（Thermal Desorption Spectrometry）分析により，不純物として含まれている溶媒は主としてトルエンであり，IPAはわずかであった。TEM内その場観察実験を行った結果，C_{60}ナノウィスカーは，約600℃までは結晶状態を保った。より高温では，C_{60}ナノウィスカーは非晶質化したが，ウィスカーとしての形状を維持していた。室温から600℃までの範囲で，成長軸に垂直方向の分子間距離は大きくなったが，成長軸方向の

第4章 ナノ紡糸

C_{60}分子間距離は,ほとんど変化しなかった[23]。このことは,C_{60}分子が成長軸方向に,より強く結合していることを示唆する。

図8に,ロータリーポンプで排気しながら,700℃で30分間真空熱処理したC_{60}ナノウィスカーのTEM写真を示す。この熱処理によって,C_{60}ナノウィスカーは,薄い壁構造を持つ繊維形状に変化した。これは,フラーレンシェルの1形態であると考えられ[24],フラーレンシェルチューブ (fullerene shell tube) と呼ぶことができよう。このように,C_{60}ナノウィスカー(C_{70}ナノウィスカーも)は熱処理によって,様々な形状に変化することが示唆される。

C_{60}ナノウィスカーは非常にしなやかに変形する。図9は,光学顕微鏡下で,TEM観察用のメッシュに,ウィスカーの一部を樹脂で固定し,手作業で曲げ変形した直径2.6μmのC_{60}ウィスカー

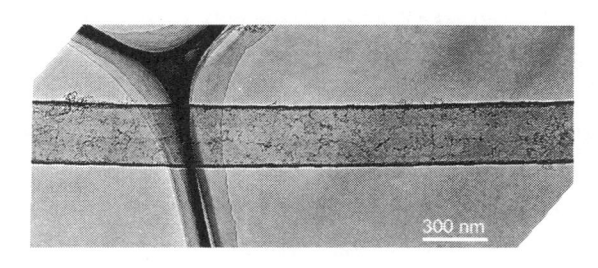

図8 700℃で真空加熱したC_{60}ナノウィスカーのTEM写真

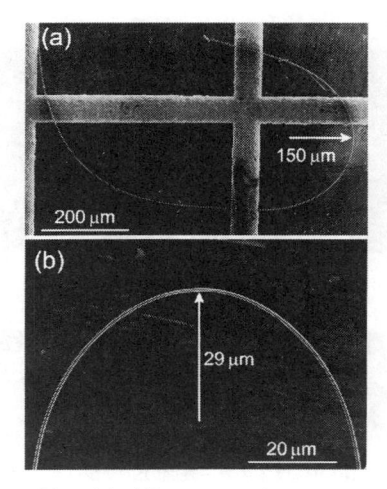

図9 (a) 直径2.6μmのC_{60}ウィスカー,
(b) 直径526nmのC_{60}ナノウィスカーのSEM写真[22]

109

と直径526nmのC$_{60}$ナノウィスカーの様子を示す[22]。長さが1mm以上に成長したC$_{60}$ウィスカー(a)は150μmの曲率半径で破断することなく曲げることが可能であった。(b)に示すように，直径が小さいものは，30μm以下の曲率半径で曲げ変形した。より強い曲げ変形を施すと，太いC$_{60}$ウィスカーは，さらに細いナノウィスカーに分裂したが[22]，これは，成長軸方向により強い結合をしているという構造異方性に由来している。

さらに，C$_{60}$ウィスカーは塑性変形能をも有している。例えば，図10に示すように，表面を，走査プローブ顕微鏡（SPM, SII SPI3800N/SPA-400）のシリコンカンチレバーチップで削って，ナノサイズのV字溝を形成することが可能であった。

液-液法により，数マイクロメートルから数百マイクロメートルの直径を持つ，巨大な針状結晶も生成する。C$_{60}$針状結晶の直径と電気抵抗率の関係を測定した結果，直径が小さい方が抵抗率が小さくなるという異常な結果が得られた[19]。この結果は，C$_{60}$ナノウィスカーの抵抗率が小さいことを示唆しているが，さらなる実験的検証が必要である。ヨウ素を添加したC$_{60}$ウィスカーの電流密度-電圧曲線を，ウィスカーの直径の関数として調べたところ，直径が小さい方が，電流密度が大きいという結果が得られている[17]。

C$_{60}$ナノウィスカーは，C$_{60}$粉末に比べてより良い焼結性を示した。C$_{60}$ナノウィスカーとC$_{60}$粉末を，金カプセルに詰め，同一条件下（5.5GPa, 600℃）で，ベルト型超高圧合成装置（物材機構）によって2時間焼結させ，直径約5mmで高さ約1mmの焼結体を得た[25]。C$_{60}$粉末焼結体の

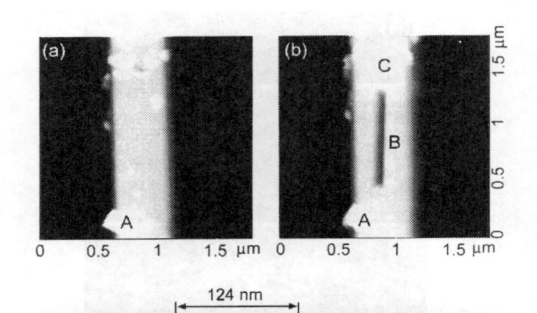

図10 (a) C$_{60}$ウィスカー表面のSPM像（A：目印），
(b) C$_{60}$ウィスカー表面に作ったV字溝（B），削り屑（C），(c) V字溝の断面プロファイル

ビッカース硬さは約125Hvであるのに対して、C_{60}ナノウィスカー焼結体のビッカース硬さは約190Hvと測定され、ほぼ2倍の硬度を示した。また、C_{60}粉末焼結体は$8.8×10^{11}\,\Omega\,cm$の抵抗率であったのに対し、C_{60}ナノウィスカー焼結体は$3.5×10^7\,\Omega\,cm$の抵抗率を示した。この4桁も低い抵抗率は、より緻密な焼結性と、C_{60}ナノウィスカーの半導体的導電性に由来していると考えられる。

3.4 おわりに

以上に示したように、液-液界面析出法によって、C_{60}、C_{70}、C_{60}誘導体からなるナノウィスカーが作製できる。フラーレン分子の長所は様々な官能基を付加できることであり、フラーレンナノウィスカーの多様な表面修飾が可能であると考えられる。また、C_{76}、C_{84}のような高次のフラーレンや、金属内包フラーレンなどを用いても、ナノウィスカーが作製できると思われる。異なったフラーレン分子から構成される多成分フラーレンナノウィスカーの作製も興味深いテーマである。このようにして生じる各種のフラーレンナノウィスカーやナノファイバーの物理的化学的性質は未知である。しかし、今日まで蓄積されたフラーレンについての膨大な知識を、フラーレン分子から成るリニアーな形状に集中することによって、新たな半導体、医薬品、複合材料、触媒など、広い分野において、多数の有用な物質が合成されると期待される。

＜謝辞＞

本研究は、主に科学研究費補助金（課題番号12450279, 14350367, 15651063）により行われた。本研究にご協力いただいた関係各位に甚大なる謝意を表します。

文献

1) H. W. Kroto et al., Nature, **318**, 162(1985).
2) Y. Chai et al., J. Phys. Chem., **95**, 7564(1991).
3) M. Takata et al., Nature, **377**, 46(1995).
4) Roger Taylor, "Lecture Notes on Fullerene Chemistry", Imperial College Press, London, (1999).
5) Y. Iwasa et al., Science, **264**, 1570(1994).
6) A. M. Rao et al., Science, **259**, 955(1993).
7) Y. B. Zhao et al., Appl.Phys. Lett., **64**, 577(1994).
8) D. Sun et al., Chem. Commun., 2391(2000).

9) K. Miyazawa et al., *Surface Engineering*, **16**, 239(2000).
10) K. Miyazawa et al., *Surface Engineering*, **17**, 505(2001).
11) K. Miyazawa et al., *J. Am. Ceram. Soc.*, **84**, 3037(2001).
12) D. McCready et al., *Powder Diffraction File*, No. 44-558, (1994).
13) K. Miyazawa et al., *J. Mater. Res.*, **17**, 83(2002).
14) Y. Yosida, *Jpan. J. Appl. Phys.*, **31**, L505(1992).
15) F. Sica, et al., *J. Cryst. Growth*, **168**, 192(1996).
16) K. Miyazawa, *J. Am. Ceram. Soc.*, **85**, 1297(2002).
17) K. Miyazawa et al., *J. Mater. Res.*, **17**, 2205(2002).
18) B. Bhushan et al., *Appl. Phys. Lett.*, **62**, 3253(1993).
19) K. Miyazawa et al., *Surf. Interface Anal.*, **35**,117(2003).
20) M. Tachibana et al., *Chem. Phys. Lett.*, **374**, 279(2003).
21) J. Onoe et al., *Synthetic Metals*, **121**, 1141(2001).
22) K. Miyazawa et al., *J. Mater. Res.*, **18**, 1096(2003).
23) 藤野, 宮澤, 須賀, "In situ observation of the behavior of C_{60} whiskers under heating by TEM", 第25回フラーレン・ナノチューブ記念シンポジウム講演要旨集, P. 42, 2003年7月23-25日.
24) H. Sakuma et al., *J. Mater. Res.*, **12**, 1545(1997).
25) K. Miyazawa et al., *J. Mater. Res.*, **18**, 166(2003).

4 エレクトロスプレー法

谷岡明彦[*1], 松本英俊[*2], 山形 豊[*3]

4.1 はじめに

ナノファイバーの創出法として[1]
- カーボンナノチューブなどを作る気相成長ナノファイバー製造法[2]
- コラーゲン等の天然物ナノファイバーに見られる自己組織再生誘導法
- 超分子ナノワイヤーを作るナノファイバー製造法
- 合成高分子からナノファイバーを作るナノ紡糸法[3]

等が挙げられる。また，ナノファイバーの創出技術には，ナノサイズ特有の物質特性を利用して新しい機能を発現させる技術のほかに，それと関連のあるプロセス技術やナノ加工・計測技術が含まれる。

これらの創出法の中で，現在実用化を視野に入れた上で最も注目されているナノ紡糸技術はトップダウン方式の複合紡糸法とボトムアップ方式のエレクトロスプレーデポジション (Electrospray Deposition, ESD) 法である。わが国では，複合紡糸については，大学の研究機関をはじめ東レ，帝人などの繊維メーカーがナノオーダーの直径を持つ繊維を製造しており，エレクトロスプレーデポジションについては，著者らのグループを中心に研究開発が進展中である。ESD法は，薄膜・チップから繊維製造まで行うことができる非常に広範な技術である。海外では，米国を中心にESDのうち繊維製造技術に関して「エレクトロスピニング (Electrospinning, ESPまたはe-spin)」と称し，基礎から用途開発に至るまで，積極的な研究開発が行われている。

ここで，トップダウン型というのは溶融紡糸や溶液紡糸のことを指す。これらは流動性のある高分子をノズルから糸状に引き出し延伸等を加えて一本の繊維を紡糸する方法である。しかし，この方法では，ナノオーダーの糸をノズルから引き出しさらに延伸を加えて細くするには技術的には不可能であるから，多数の繊維をまとめて（マルチフィラメント）紡糸する複合紡糸法を利用する。代表的な複合紡糸法として接合型（剝離型）と海島型がある。これらの糸を二次元の布として利用するには多数の糸を集めて撚りあわせたのち織布するか，あるいは分散させ不織布として利用する。他方，ボトムアップ型というのは従来の綿や羊毛等で見られる紡績糸製造のように短い繊維を紡いで一本の長い繊維を作る工程を指す。ナノテクノロジーでは一個の原子や分子

[*1] Akihiko Tanioka 東京工業大学大学院 理工学研究科 有機・高分子物質専攻 教授
[*2] Hidetoshi Matsumoto 東京工業大学大学院 理工学研究科 有機・高分子物質専攻 助手
[*3] Yutaka Yamagata （独）理化学研究所 中央研究所 素形材工学研究室 先任研究員

ナノファイバーテクノロジーを用いた高度産業発掘戦略

を合成して一本の繊維を製造すること,あるいは一本の高分子鎖を重ねることにより一本の繊維を製造することに対応する。最近注目されているのはESDを応用してフィルムや不織布の製造を行う方法である。これまでESD法ではノズルから噴出した高分子溶液が細分化することにより超極細の繊維が形成されると考えられていた。しかし,最近の研究ではノズル内やノズルから出た直後に高分子鎖の配向と集合が起こり,さらに飛翔中の溶媒蒸発によりさらに高分子鎖の集合が生じると考えられており,本方法がボトムアップ型と呼ばれるゆえんである。ESD法では条件により数nmの厚み(ナノコーティング)から数百nmの厚み(ナノファブリック)を経て,数μmの厚み(ミクロファブリック)を持つフィルムや不織布が一連の技術として製造可能である。ナノコーティングにおいては真空蒸着法,スピンコート法,インクジェット法に比べて製造される薄膜の厚みや製造工程の簡便さにおいて格段に優れた特長を有している。

ESD法では2,000〜30,000Vの高電圧を高分子溶液の入ったノズルの先端と基板上間に加え,荷電した高分子をノズルの先端から噴射し基板上にデポジットさせる。この方法は分子量に関係なく広範な物質に適用でき,水やアルコール(飛行過程中に蒸発するが)から分子量100万以上の高分子に至るまでスプレー可能である。これまでに,ポリアミド,ポリアクリロニトリル(PAN),ポリエチレンテレフタレート(PET),ポリビニルアルコール(PVA),ポリエチレンオキシド(PEO),ポリアクリル酸,ポリメタクリル酸メチル,ポリ塩化ビニル,ポリアニリン,絹,DNA等30種類以上の高分子に対してスプレーが可能であることが報告されている[4〜10]。

エレクトロスプレー現象の歴史は古く,Rayleigh卿による1882年の報告まで遡ることができる[11,12]。この現象を利用すると,比較的簡便な装置によって非常に微細な液滴(あるいはミスト)を形成することが可能であるため,加圧気体法や超音波振動子法に替わる高性能なアトマイザー(霧吹き)として様々な分野で利用されて来た。また1960年代より放射性同位体のスプレー源としても利用されている。近年では,エレクトロスプレー法が質量分析計のイオナイザーとして採用されたことによって生体高分子の同定が可能になり,分析化学に必須の要素技術となっている[13]。一方,ESP技術についてはこれらの応用例より古く,1934年にA. Formhalsの特許が見られる[14]。しかしながら,当時のESP技術は普及には至らずその後ほとんど省みられることはなかった。近年D. H. RenekerらがESP技術によって簡単にナノオーダーの繊維が形成されることに着目し,改めて組織的に研究を始めた結果[8,9],最も実用化に近いナノテクノロジーとして注目を浴びるに至った。最近は超極細の繊維のみならず表面に凹凸を持つ微細繊維[15]や微細中空糸の形成例[16]などが報告されている。一方,V. N. Morozovらは,エレクトロスプレー法により生物活性を持つタンパク質,DNAなどをデポジットし,生物活性を保持したデポジット(薄膜)の形成が可能であることを報告している[17〜21]。彼らはこの手法をエレクトロスプレーデポジション(Electrospray Deposition, ESD)法と呼んだ。著者らは,当初生物活性を持つ物質のデポジションを目的に

第4章　ナノ紡糸

Morozovらと共同でエレクトロスプレー装置の開発を進めて来たが、これを高分子材料に利用したところ、ナノファイバーが製造可能であることを見つけ出した。以上の経緯を踏まえて、著者らはESPをESDにおいて特に繊維や不織布を製造する技術として位置づけている。

4.2 装　　置

図1にエレクトロスプレー装置を示す。キャピラリーに電極を挿入し、電極と導電性基板間に高電圧（2,000～30,000 V程度）を印加する。キャピラリー中には高分子やタンパク質の溶液を入れておくと、電圧印加によりキャピラリー先端から対電極である導電性基板に向かって溶液が噴射され溶質が基板上にデポジットされる。このとき溶媒は噴射中に蒸発する。ESPではノズル近傍を金属製のニードルに置き換えたり、系全体を横置きにしたり、ノズルを45度傾けていることもある。ノズルを1個だけではなく数個設置し生産性を上げることも試みられている。電極を挿入したキャピラリーと導電性基板という基本的なコンポーネント以外にも、帯電現象を利用してデポジットを所望の形状に形成するためのポリマーシールドおよび絶縁体マスクを備えている場合もある。これにより希望する形状のデポジットを作製することが可能となる。有機溶媒を使用する場合は装置をドラフトチャンバーの中に設置するか、著者らのように装置全体を、アクリル製のチャンバーに収め、チャンバー内に乾燥空気を導入した状態でスプレーを行う。エレクトロスプレーにより形成されたジェット、液滴、ナノパーティクル、ナノファイバーなどのスプレーフレーム（spray flame）は、きわめて微小かつ希薄なため通常肉眼では観察することが出来な

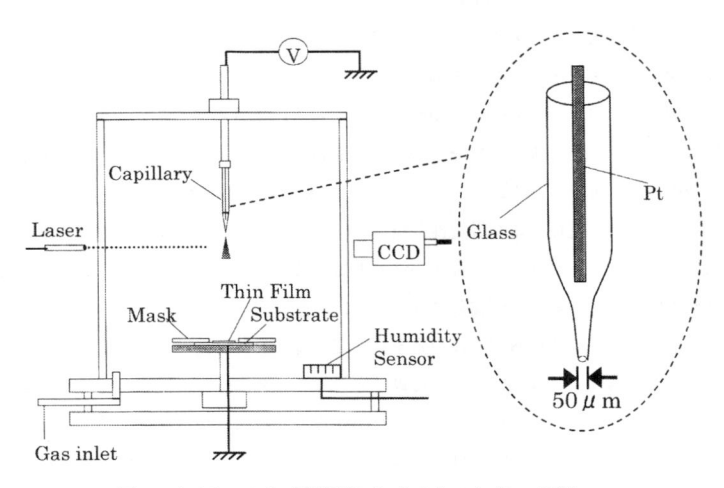

図1　ナノファイバー製造装置（エレクトロスプレー装置）

い。著者らは，赤色レーザー光を側面から照射し，スプレーフレームのチンダル現象を観察することでスプレー状態の確認を行っている。図2にレーザー照射時のスプレーフレームの様子を示す。ノズルを2層にして異なった高分子からなるコンジュゲートファイバーを作製したり[22]，高分子溶液ではなく溶融高分子を使用する試みも検討されている。

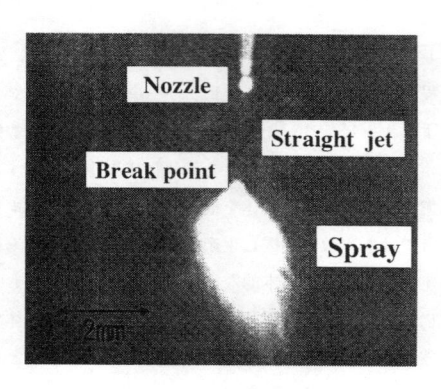

図2 エレクトロスプレーの写真

4.3 原　理

図3にエレクトロスプレー現象の概略を示す。まず，電圧の印加によりキャピラリー先端の液体表面に基板電極と反対符号の電荷をもつ帯電粒子が集まる。液体表面に蓄積された電荷と電場の相互作用によってキャピラリー先端ではメニスカスが半円球状に盛り上がる。より高い電場の下では，テイラーコーン（Taylor Cone）[23]と呼ばれる円錐状のメニスカスが形成される。電場をさらに大きくし，重力と電気的反発力の和が表面張力を上回ると，液体の一部がテイラーコーンから飛び出し，液滴あるいはジェットとして噴出を始める。噴出された液滴あるいはジェットは，強く帯電しており，電場により導電性基板へ引き寄せられる。場合によっては液滴内部での静電気力反発によってさらに分裂して細かい液滴あるいはジェットを形成する。形成された液滴のサイズは極めて小さく，表面積が体積よりも非常に大きいため，きわめて短時間のうちに溶媒が蒸発する。通常，溶媒は飛行過程中に蒸発するので，基板上には乾燥した溶質分子がデポジットされる。このとき基板上には，使用する物質に応じてナノスケールの粒状・紡錘状・繊維状などの構造体が形成される[24〜27]。一般に，分子量の比較的小さい試料からは粒状構造（ナノパーティクル）が，分子量の比較的大きい試料からは繊維構造（ナノファイバー）が形成されやすい。高分子溶液の場合，スプレーがノズルから直進するストレートジェット（Straight jet）と呼ばれる部

第4章　ナノ紡糸

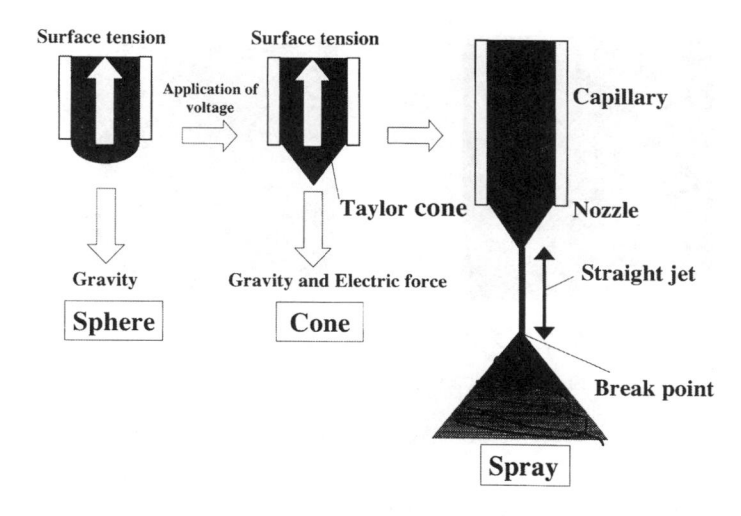

図3　エレクトロスプレー現象の概略

分とスプレーが広がるブレイクポイント (Break point) と呼ばれる部分が存在する。ストレートジェットが長い程繊維構造が形成されやすい。またハイスピードカメラを用いた観察によると繊維構造が形成されるときはブレイクポイントから液滴が広がるのではなく，繊維が螺旋を描くように基板上にデポジットされる様子が報告されている[28]。

4.4　球状高分子のデポジション

図4にESD法により作製した球状高分子であるタンパク質薄膜の表面SEM写真を示す[25]。α-ラクトアルブミン（分子量14200）水溶液をスプレーした薄膜（図4 (a)）は，球状あるいは紡錘状の粒子が集積した多孔構造を示した。一方，インベルターゼ（分子量24万）薄膜（図4 (b)）は，整った形状の球状粒子が集積した多孔構造を示した。ESD法は，室温，大気圧下というおだやかな条件で，生物活性の維持に適した乾燥状態の薄膜の作製が可能であり，生体高分子薄膜の作製法としての汎用性は大きい。デポジットされた薄膜は多孔構造を有するため，バイオチップとしての応用を考えた場合，感度および応答速度の飛躍的な向上が期待できる。また，デポジット後のタンパク質薄膜に化学架橋を行うことにより生物活性を持つ薄膜作製も可能である[29]。

4.5　線状高分子によるナノファイバーの形成

生体高分子のうちで線状かつ分子量が大きいとき，例えば絹フィブロインや分子量数千万の

(a) α-ラクトアルブミン　　　(b) インベルターゼ

図4　ESD法により作製したタンパク質薄膜の表面構造

DNA（λファージ）のESDでは，繊維状構造の形成が報告されている[17]。さらに線状合成高分子のESDについては，前述のようにポリエチレンオキシド（PEO），ポリビニルアルコール（PVA）など30種類以上の高分子についてスプレーが可能であることが知られている[9]。このとき溶媒は水でも有機溶媒でもスプレー可能である。

高分子量の合成高分子を用いた場合，濃度，分子量，粘度，表面張力，電気伝導度，誘電率など試料の溶液物性と，印加電圧，キャピラリー先端径などスプレー条件が，スプレー状態，すなわちスプレーフレームの形状に影響を与え，最終的に基板上に多様な構造のデポジットを形成する。エレクトロスプレー現象のメカニズムについては未解明な部分も多く，現状では形成される構造体を理論的に予測することは難しい。しかしながら，実用的には，これらの因子を調節することによって薄膜の表面構造をナノスケールで制御することが可能になる。

一例として，図5に濃度の異なる分子量88,000のPVA水溶液をエレクトロスプレーしたときのスプレーフレーム形状とデポジットされた薄膜の表面AFM写真を示す[27]。このようにスプレーフレームの形状は構造体形成に大きな影響を与えていると考えられる。ナノスケール構造体制御の実例として，図6に濃度の異なる分子量50万のPEO水溶液からESD法により作製した薄膜表面のSEM写真を示す[26]。5 g/Lと濃度が低いときには薄膜表面は球状構造を示した（図6(a)）。濃度が高くなり30 g/Lになると表面には紡錘状の構造が観察された（図6(b)）。40 g/Lでは紡錘状粒子が連続的に連なった，径に周期的なばらつきのある繊維構造をとり（図6(c)），さらに高濃度の60 g/Lでは繊維径がきれいに整った繊維構造が観察された（図6(d)）。このように形成された繊維径は数十～数百nmであった。ESD法では，ここに挙げた濃度以外の他の因子による構造制御も可能である。また，複数の因子の検討を同時に行うことにより，表面構造体の形状だけでなく粒子径・繊維径制御など，より精度の高い構造制御も可能である。

第4章 ナノ紡糸

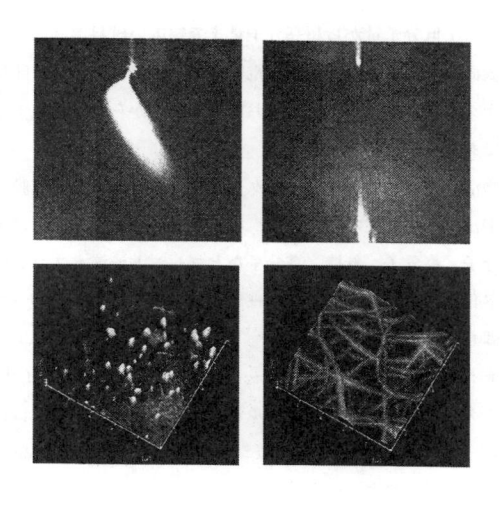

(a) 2g/L　　(b) 5g/L

図5　PVA水溶液のESD時のスプレーの状態と作製した薄膜の表面構造

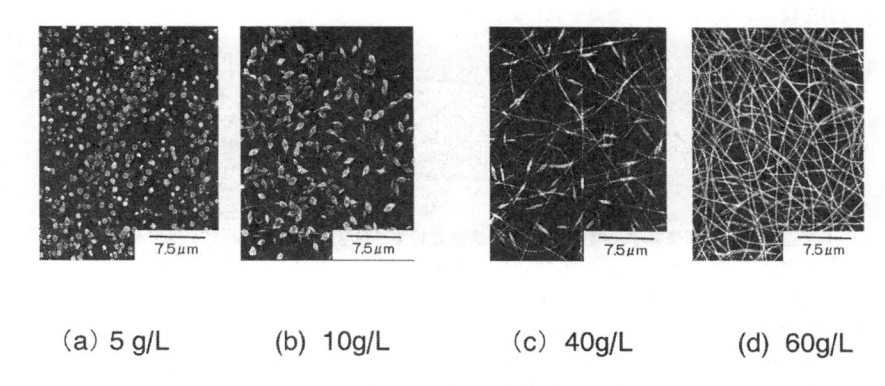

(a) 5 g/L　　(b) 10g/L　　(c) 40g/L　　(d) 60g/L

図6　ESD法により作製したPEO薄膜の表面構造と溶液濃度との関係

4.6　エレクトロスプレー法によるナノファイバー技術の将来展望

静電気力を利用したエレクトロスプレーデポジション（ESD）法は，新しい高分子微細加工技

術である。この方法は，①低分子量から超高分子量まで幅広い試料溶液に適用可能であり，②濃度，分子量，粘度，表面張力，電気伝導度，誘電率など試料溶液の物性と印加電圧などスプレー条件の検討によってナノ〜ミクロンスケールにおいて粒子状から繊維状まで多様な形状の構造体の形成・制御が可能であるという特徴を持つ。

本稿で紹介した生物活性を持つナノパーティクルからなるタンパク質薄膜やナノファイバーからなる不織布などESD法は，汎用性だけでなく，材料設計の自由度も非常に大きい加工技術である。この方法では高分子／高分子，無機／高分子などブレンド溶液もスプレーできるため，マテリアルのハイブリッド化は勿論のこと，ナノパーティクル／ナノファイバーコンポジットのように薄膜の積層構造制御も可能になる。

今後，ESD法はバイオチップ，バイオセンサー，再生医療用培地などバイオ・メディカル分野，水処理用高性能フィルター，農業用多機能フィルムなど環境分野への応用に止まらず，電池セパレーター，電子ペーパー，有機EL素子，電磁波シールドなどIT関連分野などの幅広い領域において薄膜作製法としての活用が期待される[3, 30〜32]。

<謝辞>

本原稿の執筆にあたり井上浩三博士をはじめとする㈱フューエンスの皆様，東京工業大学の皆川美江技官，新田和也博士，斉藤敬一郎博士，植松育生君，諸田賢治君，原聖君，水越智哉君のご助力を賜りました。ここに謝意を表します。

文　　献

1) 本宮達也, 第33回繊維学会夏期セミナー講演要旨集, p. 21 (2002)
2) 遠藤守信, *CHEMTECH*, p. 568-576, ACS (1988)
3) 谷岡明彦, 繊維学会誌, **59**(1), P3-P7 (2003)
4) P. K. Baumgarten, *J. Colloid Interface Sci.*, **36**, 71 (1971)
5) L. Larrondo, R. St. J. Manley, *J. Polym. Sci., Part B: Polym. Phys.*, **19**, 909 (1981)
6) L. Larrondo, R. St. J. Manley, *J. Polym. Sci., Part B: Polym. Phys.*, **19**, 921 (1981)
7) L. Larrondo, R. St. J. Manley, *J. Polym. Sci., Part B: Polym. Phys.*, **19**, 933 (1981)
8) J. Doshi, D. H. Reneker: *J. Electrost.*, **35**, 151-160 (1995)
9) D. H. Reneker, I. Chun: *Nanotechnology*, **7**, 216-223 (1996)
10) I. D. Norris, M. M. Shaker, F. K. Ko, A. G. MacDiarmid, *Synthetic Metals*, **114**, 109 (2000)
11) Lord Rayleigh, *Philos. Mag.*, **44**, 184 (1882)

第4章 ナノ紡糸

12) J. Zeleny, *Phys. Rev.*, **10**, 1 (1917)
13) Jhon B. Fenn博士が生体高分子のエレクトロスプレーイオン化技術によって2002年度のノーベル化学賞を受賞したことは記憶に新しい。
14) A. Formhals, U. S. Patent, No. 1975504 (1934)
15) M. Bognitzki, W. Czado, T. Frese, A. Schaper, M. Hellwig, M. Steinhart, A. Greiner, J. H. Wendorff: *Advanced Materials*, **13**(1), 70-72 (2001)
16) M. Bognitzki, H. Hou, M. Ishaque, T. Frese, M. Hellwig, C. Schwarte, A. Schaper, J. H. Wendorff, A. Greiner: *Advanced Materials*, **12**(9), 637-640 (2000)
17) V. N. Morozov, T. Ya. Morozova, N. R. Kallenbach, *Int. J. Mass Spectrometry*, **178**, 143-159 (1999)
18) V. N. Morozov, T. Ya. Morozova: *Anal. Chem.*, **71**(7) 1415-1420 (1999)
19) V. N. Morozov, T. Ya. Morozova: *Anal. Chem.*, **71**(15) 3110-3117 (1999)
20) N. V. Avseenko, T. Ya. Morozova, F. I. Ataullakhanov, V. N. Morozov: *Anal. Chem.*, **73**(24), 6047-6052 (2001)
21) N. V. Avseenko, T. Ya. Morozova, F. I. Ataullakhanov, V. N. Morozov: *Anal. Chem.*, **74**(5), 927-933 (2002)
22) P. Gupta, G. L. Wilkes, *Polymer*, **44**, 6353-6359 (2003)
23) G. I. Taylor, *Proc. R. Soc. London, Ser. A*, **280**, 383 (1964)
24) 諸田賢治, 谷岡明彦, 山形豊, 井上浩三: 高分子論文集, **59**(11), 706-709 (2002)
25) 諸田賢治, 谷岡明彦, 山形豊, 井上浩三: 高分子論文集, **59**(11), 710-712 (2002)
26) A. Tanioka, K. Morota, S. Hara, T. Mizukoshi, H. Matsumoto, M. Minagawa, Y. Yamagata, K. Inoue: *Polym. Prepr. Jpn.*, **52**(11), 2947 (2003)
27) A. Tanioka, T. Mizukoshi, S. Hara, M. Minagawa, H. Matsumoto, Y. Yamagata, K. Inoue: *Polym. Prepr. Jpn.*, **52**(11), 2949 (2003)
28) D. H. Reneker, A.L. Yarin, H. Fong, S. Koombhongse, *J. Appl. Phys.*, **87**(9), 4531-4547 (2000)
29) I. Uematsu, H. Matsumoto, K. Morota, M. Minagawa, A. Tanioka, Y. Yamagata, K. Inoue: *J. Colloid Interface Sci.*, **269**(2), 333 (2004)
30) 谷岡明彦: 工業材料, **51**(6), 56-60 (2003)
31) 谷岡明彦: 工業材料, **51**(9), 18-24 (2003)
32) 山形豊, 松本英俊: 高分子, **52**(11), 829-832 (2003)

5 複合紡糸法

八木健吉*

5.1 細い繊維への流れ

近年,市場ニーズが細デニールの方向にシフトして来ている。衣料分野ではよりソフトな風合いや感触の優れた素材が求められ,産業資材分野ではより高性能なフィルターが求められることが大きな要因になっている。図1にポリエステルステープル[1]および衛生材料用スパンボンド[2]の各年代における平均単糸繊度の推移を示した。

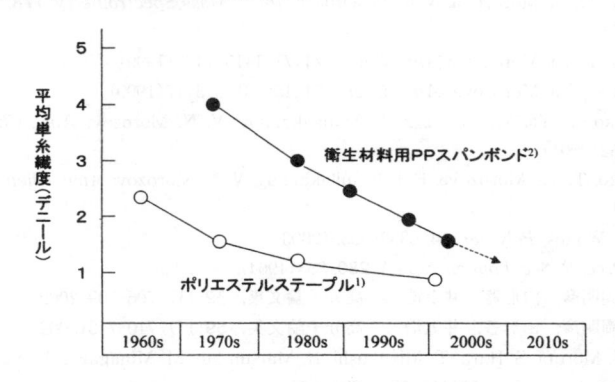

図1 平均単糸繊度の推移(文献1)および2)を図化)

今後の繊維の伸びる分野が,産業資材分野(高性能フィルター,電池セパレーター等)や技術フロンティアの分野(環境・エネルギー,医療福祉,情報通信等の成長分野)であることを考えると,細デニール化の流れはますます高まると予測される。しかし単孔吐出からの押し出しによる汎用紡糸技術では,単糸デニール0.7〜0.3が汎用ポリエステル繊維の限界とされて来た[3]。

1970年頃から2成分のポリマを用いて,繊度0.1デニール(繊維径3μm)の極細繊維を作る方法が人工皮革の分野で発達した。このような紡糸技術は複合紡糸法を発展させたものであり,上記の汎用繊維の限界を打ち破る技術として今後も発展が期待されている。本技術による極限追求の結果,既に繊維径100nmを切るナノファイバーも得られている。

本節ではこのような複合紡糸法による極細繊維(ultrafinefiber, microfiber)の技術および産業へのインパクト等について述べる。

---

* Kenkichi Yagi 八木技術士事務所

第4章 ナノ紡糸

5.2 複合紡糸法の基本技術と極細繊維の誕生
5.2.1 貼り合せ型断面複合紡糸繊維

　異なるポリマ成分を同じ紡糸口金から同時に紡糸する複合紡糸は，もともと羊毛繊維の断面構造を模倣することから発想された。羊毛はオルソコルテックスとパラコルテックスという化学的性質の異なる2つの成分がバイラテラル構造をとっており，この構造により羊毛の優れた捲縮性質が発現することは知られていた[4]。複合紡糸法は1960年前後に捲縮性を付与することを目的にアクリル繊維やナイロン繊維でデュポンにより実用化された。羊毛と同様の2成分のポリマを貼り合せた断面構造（バイメタル，サイドバイサイド等の呼称がある）の複合紡糸繊維とする方法である。捲縮性の嵩高布団綿は代表例である。

5.2.2 芯鞘型断面複合紡糸繊維

　複合紡糸法では，機能の異なるポリマ成分を組み合わせて両成分の特長を発揮させることが可能になるため，別の複合形も発達した。1成分の周囲を他成分で被覆して紡糸した芯鞘型断面（シースコア等の呼称がある）の複合紡糸繊維である。芯成分が中心付近に位置する同心芯鞘型，芯成分が中心よりずれている偏心芯鞘型がある。芯にカーボンを含有させ通常のポリマ鞘で被覆した芯鞘型導電性繊維や高融点ポリマ芯を低融点ポリマ鞘で被覆した芯鞘型熱接着繊維は代表的な例である。

5.2.3 複合紡糸繊維の分割や1成分除去の発想

　上記の貼り合せ型や芯鞘型の複合紡糸繊維を分割したり，1成分を除去したりすれば細い繊維が得られることは今日では容易に類推されるが，繊維を細くする発想が出てきたのは少し後である。細い繊維は実用強力に乏しく腰がないとか，染色性が極度に低いとかの致命的欠陥があり，当時はほとんど開発対象にならなかったためと推定される。

　複合紡糸繊維を各成分に分割したり1成分を除去するという発想が出てきたのは，1964年に同時出願された2つのデュポン特公昭とされる[3]。しかしこれらの特許も鋭い縁（シャープエッジ）の繊維や捲縮繊維に着目したものであり，極細繊維の製法を主目的にしたものではなかった。

5.2.4 極細繊維（ultrafinefiber, microfiber）の誕生

　複合紡糸繊維から繊度0.1デニール（繊維径3 μm）という当時の常識を打ち破る極めて細い繊維を作るという発想は，天然コラーゲンの繊維構造を追求していた人工皮革の分野で生まれた。1970年に東レは高分子相互配列体（islands-in-a-sea-fiber）という複合紡糸繊維を用いて，人工スエード"エクセーヌ"を開発した。この繊維は多数の島成分が海成分の中に存在する海島型複合紡糸繊維で，海成分を除去することで極細繊維束を発生させる。"エクセーヌ"の成功により極細繊維の有用性が認知され，その後人工スエードや極細繊維織物のブームが起こった。

　クラレは2成分ポリマの混合紡糸法による海島構造断面繊維の島成分を除去して多孔状にした

ナノファイバーテクノロジーを用いた高度産業発掘戦略

表1　極細繊維（0.1デニール以下）の製法

分類	タイプ	極細繊維製造プロセス
複合紡糸	海島型複合紡糸	・高分子相互配列体繊維　→　海成分除去 ・混合紡糸繊維　→　海成分除去
複合紡糸	分割剥離型複合紡糸	・分割剥離型複合繊維　→　構成成分に分割剥離
直接紡糸	長繊維紡糸	・単成分ポリマの直接紡糸
直接紡糸	不織布紡糸	・メルトブロー（溶融ポリマを加熱空気で牽引・極細化） ・エレクトロスピニング 　（ポリマ液滴を電気的反発力で分離・極細化）

特殊繊維を1965年に開発した銀付人工皮革"クラリーノ"に用いていたが，海成分を除去して極細繊維化する方法も確立し，1975年に人工スエード"クラリーノ・エル"，1978年に"アマーラ"を開発した．

　1980年代に入ると，0.1デニールレベルの極細繊維が得られる分割剥離型複合紡糸繊維(segmented splittable fiber)が，鐘紡や帝人によって開発された．鐘紡"ザビーナ"，帝人"ハイレーク"等の微細な産毛をもつ薄起毛織編物や高密度織物に展開されて新合繊の一角を占めた．

　極細繊維の有用性が明確になると共に，直接紡糸法による極細繊維の紡糸技術も各社によって開発され，限界とされている0.5デニール以下の直接紡糸が可能になり，直接紡糸極細繊維を用いた人工スエードとして旭化成"ラムース"や三菱レイヨン"グローレ"が開発された．現在では単糸繊度0.1〜0.15デニールの極細マルチフィラメント"ビサイロン"（旭化成）も生産されている．

　表1に0.1デニール以下の極細繊維の製法をまとめた．

5.3　海島型複合紡糸による極細繊維製造技術（islands-in-a-sea-fiber）

5.3.1　高分子相互配列体繊維

　高分子相互配列体繊維は図2(a)[6]に示すように何本もの極細繊維が1本の繊維の中に入った複合構造をとっている．1デニールを切る極細の繊維を直接曳くのは当時は極めて難しく，限界があったためこのような方法が考えだされた．高分子相互配列体繊維の紡糸原理は，多数の芯鞘繊維を統合して1本の複合繊維に紡糸することにある．

　高分子相互配列体繊維はそれ自体は3デニールの太さなので，普通繊維と全く同様にしてカードや織機を用いて不織布や織編物に出来る．通常繊維シートにしてから，図2(b)[6]に示すように海成分を除去して極細繊維を発生させる．海成分の除去には溶剤を用いることが多い．従って島成分にはPETやナイロンのような汎用ポリマを用い，海成分には溶剤可溶なポリマを用いる．この高分子相互配列体繊維を不織布に用いた東レ"エクセーヌ"は，図3[6]に示したように高分

第4章 ナノ紡糸

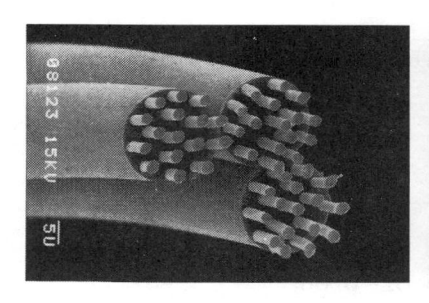

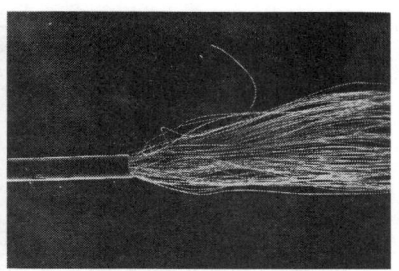

(a) 高分子相互配列体繊維　　**(b) 海成分除去による極細繊維の発生**

図2　高分子相互配列繊維と極細繊維発生[6]

表面

内部

"エクセーヌ"　　　鹿革

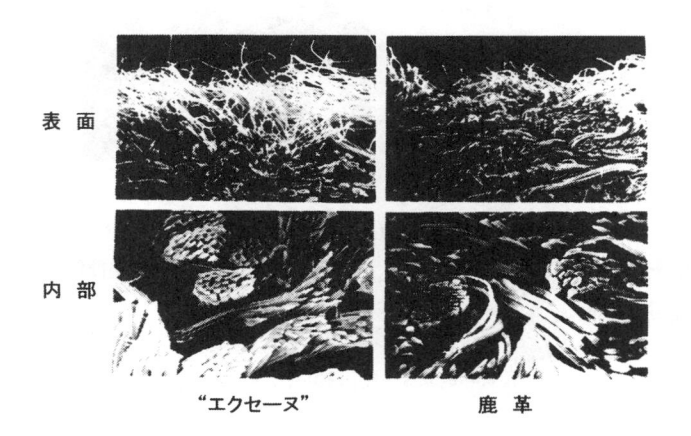

図3　人工スエード"エクセーヌ"と鹿革の繊維構造[6]

子相互配列体繊維から発生した0.1デニールの極細繊維の束が内部で絡み合い，表面で開繊して極細繊維立毛のスエードとなるので，天然スエードと見分けがつかない繊維構造になっている。極細繊維は，このように天然繊維と同じ繊維構造を合成繊維で再現出来ると共に，感性の面で繊維が細いことに起因するしなやかな風合いや上品な感触とスエード効果と呼ばれる独特の表面外観が得られることでその有用性が認識された。

　高分子相互配列体繊維は，中の繊維（島成分）の本数や周囲（海成分）との割合が人為的にコントロール出来る。この原理を多段に応用したり，静止型混合器と組合わせれば極めて細い繊維も可能である[7]。表2にこれらの方法で曳けた極細繊維の太さを，我々になじみの深い繊維の太

ナノファイバーテクノロジーを用いた高度産業発掘戦略

表2 繊維の太さの比較

	繊度(デニール)	円形での直径(μ)
人間の髪の毛	20	53
羊毛	3〜5	20〜26
紙オムツ用PPスパンボンド	1.5〜2	15〜18
紳士Yシャツ用細番手PET	1.5	15
絹糸	1〜1.3	12〜13
人工スエード用極細繊維	0.05〜0.1	2〜3
紙オムツ用PPメルトブロー	0.02〜0.06	2〜3
実験室レベルPET超極細繊維	0.0001	0.1

0.0001デニール超極細繊維

1オンス(4.16g)の重量で地球から月まで到達

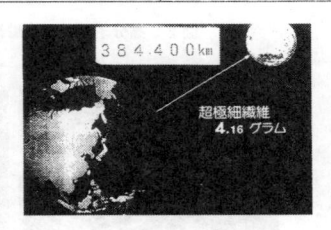

さと比較して示した。1985年には実験室レベルで1万分の1デニール(繊維径0.1μm＝100nm,1オンスの重量で月まで届く)の今で言うナノファイバーレベルの超極細繊維が得られている。

5.3.2 混合紡糸繊維

混合紡糸は異種のポリマチップをブレンドして単孔から紡糸する単純な方法であるが,構成ポリマの成分比や相対粘度により海島状態が連続的に変化するので,海島繊維を安定的に紡糸する適正な条件設定が必要である。図4[8]に混合紡糸法により得られる2つのタイプの繊維形態を示した。島成分を溶解除去したタイプが多孔状繊維,海成分を除去したタイプが極細繊維となる。混合紡糸法でも後者の方法によって細さへの挑戦が進められ,クラレ"ソフリナμ"で繊維径0.1μm(100nm)の超極細繊維が得られている[9]。ただしチップを混合する混合紡糸法からの超極細繊維は,図4に示すように繊度ばらつきを有することは避けられない。この点は高分子相互配列体繊維からの超極細繊維が均一な繊度をもつことと本質的に相違する点である。

5.4 分割剥離型複合紡糸による極細繊維製造技術（segmented splittable fiber）

分割剥離型複合紡糸法は,2成分ポリマからの複合紡糸繊維を作った後,化学的処理や機械的処理で複合紡糸繊維を各々の成分に分割もしくは剥離させて極細繊維を得るという考え方である。従って除去成分は発生しないから海島紡糸法よりも原料利用効率は高い。分割数を上げてい

第4章 ナノ紡糸

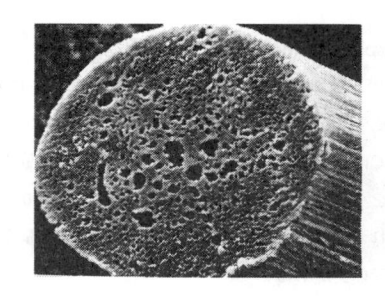

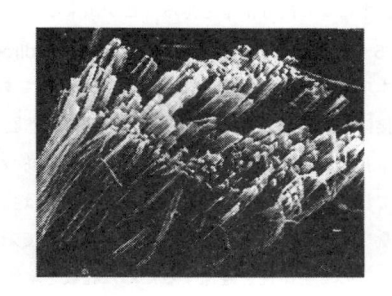

(a) 島成分除去多孔性繊維　　(b) 海成分除去極細繊維

図4　混合紡糸繊維[8]

けば原理的には超極細になるが，口金の精度やポリマ流制御に限界があるので，0.1デニール近辺が実用的に達成できるレベルである。通常3デニールの太さの複合紡糸繊維を8～16分割して剝離すると単糸デニール0.1～0.2程度の極細繊維が得られる。

分割剝離後の繊維形態は，米形，楔形，星形，台形，扁平形，十字形などの種々の形への制御が可能である。図5[10]に鐘紡の放射状複合紡糸繊維"ベリーマ"，帝人の中空環状複合紡糸繊維"ハイレーク"，クラレの多層型複合紡糸繊維"ランプ"の断面を示す。使用されるポリマとしては染色可能な汎用ポリマであるPETとナイロンの組合わせが最も多く，不織布や織物の繊維シートにしてからアルコール系溶剤やアルカリ水溶液等で分割剝離処理される。1成分を膨潤させ他成分を収縮させるような溶剤を選択する方法や，近年では高圧水流処理法（water jet punching）

"ベリーマ"　　　"ハイレーク"　　　"ランプ"

図5　分割剝離型複合紡糸繊維の各種形態[10]

の採用により高分割率を得ることが出来る。

5.5　直接紡糸による極細繊維製造技術（direct spinning microfiber）

本項は複合紡糸法による極細繊維が主題であるが，極細繊維の有用性が明確になるにつれて，直接紡糸の分野でも極細繊維の製造技術が進展してきたので触れておく。

単孔口金から溶融ポリマを吐出する直接紡糸法では，原理的には孔径を小さくして吐出量を下げて行けば細い繊維が得られるが，実際には孔径を小さくするとせん断流動が不安定になり，吐出量を下げると伸張流動性が不安定になって糸切れが発生しやすくなる[3]。また単孔吐出量が低くなるので生産性を確保するために孔数を増加する必要がある。

旭化成はPETの溶融紡糸で，三菱レはアクリルの湿式紡糸で直接紡糸極細繊維の技術開発を進め，繊度0.1デニールの直接紡糸極細繊維を用いて旭化成は"ラムース"，三菱レイヨンは"グローレ"という人工スエードを開発した。このような極細繊維は細すぎて，上記の複合紡糸繊維から人工スエードを作る場合に用いられるカード，ウェッバー，ニードルパンチ等の既存の不織布製造設備を利用できない。両社は極細繊維を短くカットしてパルプ状の短繊維とし，紙の製造に用いられる抄紙設備で不織シート化し，ニードルパンチではなく高圧水流噴射（water jet punching）で極細繊維を交絡させるという，新規な人工スエード製法を開発した[11]。

5.6　産業へのインパクト

5.6.1　極細繊維使い人工皮革の優位性

これまで述べたように極細繊維はまず人工皮革の分野で実用化された。1980年代までは日本の人工皮革は普通繊維使い，極細繊維使いを問わず世界を席巻し，衣料用途，靴・鞄等資材用途，自動車シート・家具等雑貨用途に伸びていった。しかし1990年代に入り韓国，台湾次いで中国の追い上げが始まり，図6（a）に示すように1デニールを超える普通繊維使いの人工皮革はこれら3国に席巻され，日本のシェアは2001年で11%を占めるに過ぎなくなった。

一方図6（b）に示すように，極細繊維を使用する人工皮革の分野では日本は未だ48%強を占めている。日本の技術輸出先のイタリアを含めるとなお67%を占めており，劣勢とされる日本の繊維業界の中で極細繊維使い人工皮革は日本が依然健闘している分野であることが分かる。すなわち極細繊維を紡糸し高級感のある人工皮革を製造するには，高い技術力が必要なことを示しており，韓国，台湾，中国の追随は容易でないことが分かる。極細繊維は，逆境の繊維の中で日本が国際競争力を持ってなお頑張っている高付加価値市場を創造したといって良い。

第4章 ナノ紡糸

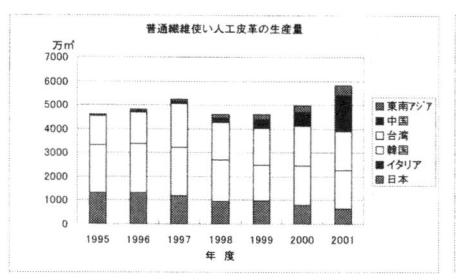

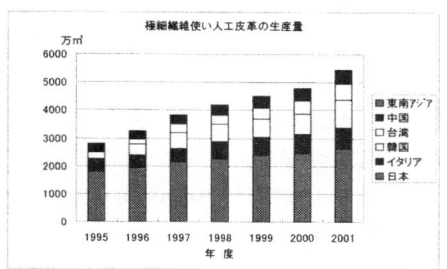

(a) 普通繊維使い人工皮革生産量　　　(b) 極細繊維使い人工皮革生産量

図6　繊維別人工皮革の国別シェア（文献12）および13）を図化）

5.6.2　極細繊維用途の拡がり

　極細繊維のテクノロジーは人工皮革に留まらず，風合いや触感等の感性面の特長を生かした婦人衣料，多孔性等の機能面の特長を生かした透湿性防水布，高性能メガネ拭き，ワイピングクロス，濾過布，研磨布等に用いられている。また極細になると生体適合性や流体抵抗軽減性等の意外な機能も見つかっており，医療用途やスポーツ用途にも拡がっている。図7にその拡がり図を示した。

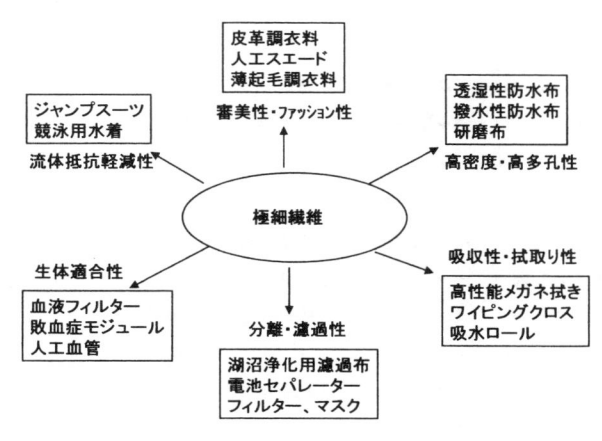

図7　極細繊維の拡がり

(1) 衣料用薄起毛「新合繊」

　極細繊維は長繊維織物の分野にも展開され，スエードよりもっと短い産毛の薄起毛素材を生ん

だ。当初，高分子相互配列体繊維の織物展開から始まったが，分割剥離型複合繊維を用いた鐘紡"ザビーナ"ピーチスキンがヒットし，直紡極細繊維製品も加わって薄起毛素材が平成初期の新合繊ブームの一環を形成した[14]。

(2) 透湿性防水布

透湿性と防水性は一見矛盾した性質のようにみえるが，水粒子の大きさが気体と液体とで大きく異なる（雨滴直径：100～6000μm，水蒸気直径：0.0004μm）ことから，原理的にはこの中間の孔径をもつ微多孔により両立が可能になる。

Gore社のPTFE微多孔フィルムラミネート"ゴアテックス"や，東レ／第一レース（現東レコーテックス）の多孔質ポリウレタン系"エントラント"に対し，鐘紡，帝人は分割剥離型極細繊維を用いて高密度織物とし，繊維のみからなる透湿性防水布を開発した[15]。

(3) 高性能メガネ拭き（ワイピングクロス）

極細繊維織物の拭き取り性が優れることからワイピングクロスへ展開された。東レは高分子相互配列体繊維からの繊度0.06デニール，繊維径2μmの超極細繊維を用いて平織組織とし，表面を特殊加工により適度にルーズ化して高性能メガネ拭き"トレシー"を開発した。油膜が良く取れヒット商品になった[15]。最近洗顔用途でも脚光を浴びている。

(4) 濾過布

極細繊維起毛布は分離機能をもつのでケーク濾過用の濾過布に展開された。湖沼のアオコのような懸濁粒子除去用の浄化装置（東レ"トレローム"）の濾過布として用いられている[15]。

(5) 吸水ロール

"エクセーヌ"等の極細繊維不織布基材の吸水機能を生かして，ユニークな吸水ロールが開発された。鉄板やフィルム等の水滴を瞬時に吸い取るため乾燥工程が省けるメリットや，付着水分による表面欠陥発生防止の効果があり[16]，鉄鋼，自動車等の用途に用いられている。

(6) ハードディスク・テキスチャリング用クロス

ハードディスクの製造工程では，記録密度を高めるため，ポリッシングの後，テキスチャリングという平滑加工（超微細パターン付与）が極細繊維製研磨テープを用いて行われる。近年ハードディスクの記録密度が著しく上がっているが，極細繊維研磨布が一役買っている[17]。

(7) 人工血管・白血球除去フィルター

極細繊維の意外な機能として生体適合性が良く抗血栓性が有ることが分かり，優れた人工血管が生み出されている[18]。また極細繊維は白血球の選択吸着が起こることも見出され，輸血用や体外循環治療用の白血球除去フィルターも開発されている[19]。

第4章　ナノ紡糸

5.7　複合紡糸法における最近のナノファイバーテクノロジー
5.7.1　干渉発色繊維
　帝人は屈折率の異なるPETとナイロンの数十nmの薄層を断面方向に多層積層し，外周をPETで被覆した干渉発色繊維"モルフォテックス"を開発している。繊維1本がナノファイバーという概念ではないが，複合紡糸技術を駆使してナノオーダーの薄層積層構造を実現している[20]。

5.7.2　吸湿性ナイロンナノファイバー
　東レは40デニールの通常太さのナイロン繊維を140万本のナノファイバー（1本の繊度は20nm～100nm）から構成した吸湿性繊維を昨年発表した。通常のナイロン繊維の2倍から3倍の吸湿性があるとされる[21]。ナイロンはそれ自体吸湿性があるが，ナノファイバーでマルチフィラメント化すると吸着可能な表面積が極めて増大してさらに吸湿性が増加するものと推定される。

5.7.3　米国の動き
　注目すべきは最近の米国の動きである。日本のお家芸であるこの分野にHillsのような装置メーカーが進出し，海島紡糸タイプで600島（海成分除去後の島繊維径0.3μm：300nm）の丸断面や十字断面の超極細繊維，および外径が0.2μm：200nmで壁の厚さが40nmの超極細ナノチューブ繊維を曳いている[22]。米国は別章で述べられるようにエレクトロスピニング法でもナノファイバー技術を追求している。日本の得意なこの分野が韓国，台湾，中国ではなく，米国に取って替わられる懸念もあり，今後も用途に結びついたナノファイバー技術の開発が必要である。

文　　献

1) J. Wilson, *NONWOVENS WORLD*, August-September, 76(2001)
2) 三井化学㈱提供資料
3) 石原英昭；繊維機械学会誌, **56**, No. 3, 37(2003)
4) 宮本武明，本宮達也；新繊維材料入門，日刊工業新聞社, p 24(1992)
5) タナー（デュポン）；特公昭39-933，ブリーン（デュポン）；特公昭39-29636
6) 岡本三宜；ハイテク高分子材料，アグネ, p77(1986)
7) 堀口智之，渡邊幸二；繊維機械学会誌, **56**, No. 5, 5(2003)
8) 繊維学会編；図説 繊維の形態，朝倉書店, p261(1982)
9) 米田久夫；繊維学会誌, **54**, No. 4, 129(1998)
10) 繊維学会編；最新の紡糸, 高分子刊行会, p218-222(1992)
11) 和田善文；合成皮革速報, **36**, No. 14(通巻No. 1190), 17(1999)
12) 森川正俊; 不織布情報, **322**, JAN. 10, 182(2001)

13) 森川正俊；不織布情報, **344**, JAN. 10, 205(2003)
14) 松井雅男；最新の紡糸, 高分子刊行会, p139(1992)
15) 八木健吉；多孔材料ハンドブック, アイピーシー, 489(1988)
16) 島田ら（日本鋼管）；特開平5-148684
17) 田中ら（日立製作所）；特開平10-241156
18) 渡邊ら（東レ）；USP4695280(1987)
19) 金子守正；不織布情報, 平成11年4月10日号, 9(1999)
20) 田畑洋；繊維学会誌, **59**, No. 2, 55(2003)
21) 東レ；繊研新聞, 11月1日号(2002)
22) J. Hagewood, A. Wilkie; *NONWOVENS WORLD*, April-May, 69(2003)

6 ナノワイヤーの製造法

藤田大介[*]

電気伝導性のあるナノワイヤーは，ナノメータースケールのデバイスを構成する基本的な回路パーツ（電極）として重要な位置を占める。また，カーボンナノチューブに代表されるナノワイヤーはナノ回路パーツのみならず，電極材料や電子エミッターなどのマクロな材料としても広い応用が期待できる。さらに，ナノワイヤーは，それ自体が低次元性や量子力学的な効果を発現することからナノサイエンスの研究対象でもある。例えば，導電性ナノワイヤーとトンネル障壁により外部回路と接続された導電性ナノドットは単一電子トンネル効果（SET：Single Electron Tunneling）と呼ばれる量子力学的な効果を発現する。SET効果により，低エネルギー消費型の極微なトランジスターやメモリーの作製が可能であり[1]，また量子コンピュータ（quantum computer）への応用が期待される。一方，導電性ナノワイヤーはバリスティックな電子輸送や電子波の干渉によるメゾスコピック効果・量子化コンダクタンスなどの興味深い効果を発現する。このように，導電性ナノワイヤーを創製・評価することは基礎科学の領域と応用科学の領域とにまたがる学際的な研究である。そのため，多くの研究機関によりナノワイヤーの創製とナノ構造に起因する新規物性を探索する研究が進められている。

このような導電性ナノワイヤー構造体を創製する手法としては，自己組織的な手法と人工的な手法に分類することができる。自己組織的な手法としては，例えば，Si(100)-2×1面におけるインジウム，鉛，アルミニウムなどの金属原子の一次元的な二量子体（dimer）原子鎖成長[2]などが観測されている。一方，導電性ワイヤーとして有名なカーボンナノチューブは，Iijimaにより1991年に発見されて以来[3]，多くの合成方法が開発されてきた。現在では3種類の方法，即ちアーク蒸発法[4]，レーザー蒸発法[5]，化学気相蒸着法(CVD)[6]が主要な合成手法である。これらの手法は全て外部炭素源から炭素を基板上に供給して成長させるもので薄膜成長手法の一種といえる。一方，内部固溶炭素が表面へ析出する現象を応用して炭素被膜を形成することが可能である。この現象は表面析出(Surface Precipitation)と呼ばれ，バルク中に固溶した非主要元素が固溶限を越える温度領域において表面に3次元的に成長する現象である。最近，Fujitaらは従来から知られていたグラファイト以外に導電性カーボンナノワイヤーが自己再生的に析出成長していることを発見した[7]。

一方，メゾスコピック領域の導電性ナノワイヤー構造創製の人工的な手法としては，電子ビー

---

[*] Daisuke Fujita （独）物質・材料研究機構　ナノマテリアル研究所　ナノデバイスグループ主席研究員

ムリソグラフィーをベースにしたものが主流であった[8]。近年,走査プローブ顕微鏡(SPM: Scanning Probe Microscopy)を利用した様々な手法も開発されている[9～11]。主にナノデバイス回路パーツとしての応用が想定されている。とくに,STM探針から原子を表面に移動させる方法によれば,原理的には所定の位置に様々な大きさのナノワイヤーやナノドットを形成できる。電子ビームリソグラフィー法等によりあらかじめ創製された電極ギャップ間にナノワイヤーを並べることも可能である[12]。

ここでは,自己再生型カーボンナノワイヤー創製方法,及びSTM探針物質移送によるメタリックナノワイヤー創製方法について紹介する。

6.1 自己再生型カーボンナノワイヤー創製

カーボンナノワイヤーの従来の主要な合成手法である外部から炭素を供給する成長方法では,複雑な表面形状を有する材料を均一に被覆しにくく,また一度剥離すると修復することは容易ではない。最近,内部に固溶した炭素を利用して,自己再生可能かつ電気伝導性と耐酸化性の機能を有する直径1nm～100nm,長さ100nm～数μmクラスのカーボンナノワイヤーを創製することが可能であることがFujitaらにより示された[7]。この方法は従来の手法と異なり外部炭素源を用いることなく,バルク内部に溶けこんだ炭素原子が高温で表面に析出する現象(表面析出現象:surface precipitation)を応用している。そのため,ナノワイヤーの成長はマクロな表面形状に依存せず,どの表面でもほぼ同様に成長・被覆できる。また,カーボンナノワイヤーが表面から剥離した場合でも,超高真空中での熱処理を施すことにより,何度でもナノワイヤーを再び表面析出・成長させることができる自己再生機能を有している。実際,炭素原子を固溶させたニッケル単結晶(111)面を調製し,超高真空中で制御された熱処理を施すことにより固溶炭素を表面に析出させ,単結晶グラファイト基底面と共存するカーボンナノワイヤーを創製できることを走査トンネル顕微鏡(STM)および電界放出電子銃搭載の走査オージェ顕微鏡(FE-SAM)観察により明らかにした。図1は固溶炭素がNi(111)基板上に表面析出した表面のSTM像である。表面に無数のナノワイヤーが成長していることがわかる。ナノワイヤーの中で直径100nm程度の比較的太いものはFE SAM観察することが可能である。図2は表面に炭素が析出したNi(111)基板表面のFE-SAM観察結果(FE-SEM像及び各点でのオージェスペクトル)である。ナノワイヤーおよびナノワイヤーの存在しないテラス上におけるオージェスペクトルは同一であり,炭素のみが観測された。つまり,図に示される表面は全て炭素原子のみで構成されている。すなわち,STMで観測されたナノワイヤーはカーボンナノワイヤーであることがわかる。下地のニッケル原子がほとんど観測されていないことは炭素被膜が表面を被覆していることを示す。この炭素被膜は下地Ni(111)面とエピタキシャル成長したグラファイト(0001)面であることが低速電子線回

第4章 ナノ紡糸

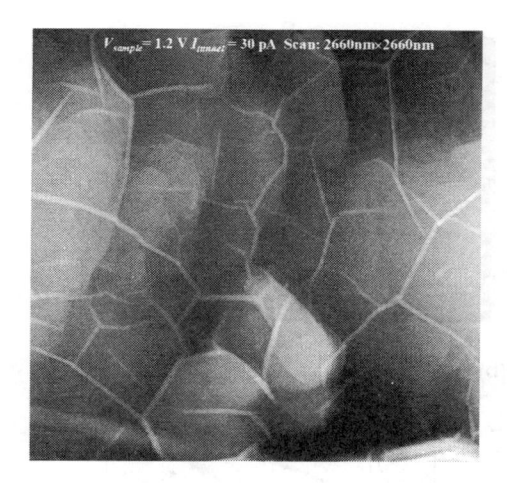

図1 炭素を固溶させたC-Ni(111)試料を超高真空中で熱処理することにより，表面析出した炭素被膜のSTM像
ナノワイヤーがネットワーク状に成長している
(V_{sample}：1.2V, I_{tunnel}：30pA, scan：2660nm×2660nm)

折（LEED）により判明している。また，これらグラファイトテラスやカーボンナノワイヤーは大気暴露によっても酸素が検出されていない。すなわち，大気にさらしても酸素や水分子による吸着・酸化が進行せず，非常に安定であることを示す。図3(a)(b)は，炭素層が表面析出したC固溶Ni(111)表面のSTM像及びその断面プロファイルである。STMトポグラフィー像ではグラファイトテラス構造及び1次元的なナノワイヤ構造が観測された。グラファイトテラスは断面プロファイルから明らかなようにグラファイト(0001)基底面特有のステップ高さ（=0.335nm）の整数倍を有する多重ステップにより囲まれている。また，ナノワイヤーは単一のワイヤーもしくは複数のナノワイヤーからなるバンドル構造として存在していることも判明した。最も直径の小さなナノワイヤーは，直径1nm程度であり，これは単層のカーボンナノワイヤーの直径に相当する。また，カーボンナノワイヤー上における走査トンネル分光の結果から，カーボンナノワイヤーはメタリックな電気伝導性があることが判明した[13, 14]。

　カーボンナノワイヤーの成長様式を考察する。新しく提案するC固溶Ni(111)基板上での炭素の相図を図4に示す。最も高温の炭素相は表面偏析炭素であり，その被覆率は数at.%程度である。炭素の大部分はバルク中に固溶している。表面偏析温度T_sと表面析出温度T_pの間の比較的広い温度領域では，単原子層グラファイトが被覆率$\theta \sim 1$で安定に存在する。さらに温度を低下させていき，バルクの固溶限を超える温度（T_p）に到達すると，バルクから表面への炭素原子の析

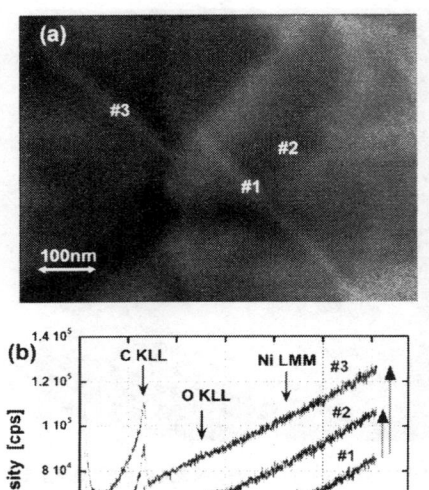

図2 炭素を固溶させたC-Ni(111)試料を超高真空中で熱処理することにより，
表面析出した炭素被膜のFE-SAM観察の結果
(a) SEM像。図中の＃1，＃3はナノワイヤー，＃2はグラファイトテラスの位置を示す。
(b) 各点（＃1～3）でのオージェスペクトル。炭素のみが検出されており，
下地ニッケルや大気暴露による酸素もほとんど検出されていない。

出が開始する。この場合，バルクから拡散してきた炭素原子は既に存在する単原子層グラファイト上もしくは界面において核形成・成長を行うと考えられる。ところで，完全なグラファイト基底面は化学的に安定であり，そのようなテラス上での成長速度は非常に小さいと考えられる。基板ステップ端，ドメイン境界，転位，空孔などの表面結晶欠陥がより効率的な核形成サイトとなり，炭素原子が2次元グラフェンシートを形成する。通常は，このようなグラフェン核は横方向と縦方向に成長し，基板Ni(111)とのエピタキシャル関係を維持しながら，グラファイト多層のアイランドを形成するものと考えられてきた。しかし，グラファイトアイランドのみならずカーボンナノワイヤーも競合して析出している。カーボンナノワイヤーの構造はまだ未解明であるが，例えばグラフェンシートが丸まって円筒状になったものが候補として考えられる。熱力学的に安定な構造であるグラファイトはグラフェンシートから形成されるが，もう一つの安定構造である

第4章 ナノ紡糸

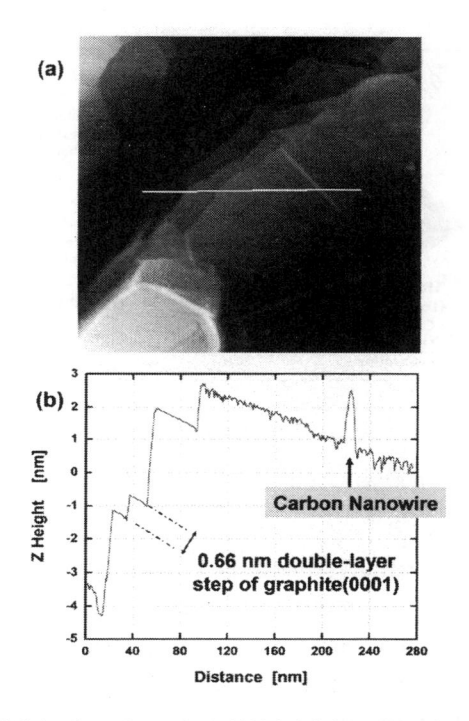

図3 (a) 炭素を固溶させたC-Ni(111)試料を超高真空中で熱処理することにより，表面析出した炭素被膜のSTM像（V_{sample}：0.149 V，I_{tunnel}：39 pA, scan: 431 nm × 431 nm）。
(b) 断面プロファイル。

カーボンナノチューブもグラフェンシートを丸めた構造になっている。よって，カーボンナノワイヤーもグラフェンシートを基にして形成されると推測できる。表面析出カーボンナノワイヤーの核形成サイトはステップ端やテラス上の表面格子欠陥である。通常の気相からのカーボンナノチューブ合成において，金属触媒の周りにグラファイト層が成長し，さらにその上にカーボンナノチューブが成長していることが報告されている[15]。この場合，炭素の供給源は外部であるが，カーボンナノチューブとグラファイトの成長は通常のカーボンナノチューブ合成においても競合して起きている。一方，カーボンナノワイヤーの面密度は表面核密度即ち，表面欠陥密度に依存すると考えられる。完全な表面ほどカーボンナノワイヤーの密度は小さいが，より長いワイヤーの成長が期待できる。カーボンナノワイヤーの多くは表面に沿って成長している。

このようなカーボンナノワイヤーの表面析出による成長はNi(111)表面のみならず，炭素を固

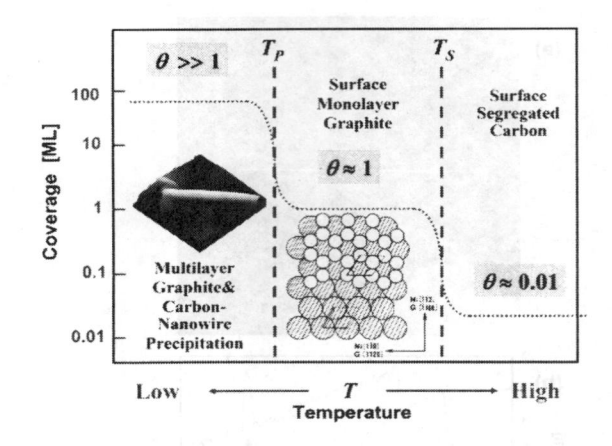

図4 炭素固溶させたC-Ni(111)基板表面の炭素の相図
炭素固溶限温度T_p以下ではグラファイトテラスとカーボンナノワイヤーの競合成長が起こる。

溶させた多結晶ニッケルや合金系においても同様のナノワイヤー構造が創製されることが超高真空中でのSTMやFE-SAM観測により明らかになっている。既に,表面析出カーボンナノワイヤーの様々な実用材料への応用が検討されている。たとえば,耐酸化性・自己再生機能を併せ持つ走査トンネル顕微鏡探針,導電性と耐食性を利用した燃料電池等の電池用電極材料,ガスを吸着しにくい特性と自己再生機能を利用した超高真空材料,低2次電子放出特性を利用した電子光学系材料などの応用展開を図っている。

6.2 STMナノ創製

ナノワイヤー構造をSTMナノ創製技術により創製することができる。この場合,STM探針先端物質の表面への移送によりナノ構造を創製する。まず,表面に形成したい物質で構成されたSTM探針を作製する。これまでにAu,Ag,Cu,Ptなどの物質で構成されたSTM探針からの基板表面への物質移送が報告されている。探針は電解研磨により作製した純物質探針もしくはスパッター法などにより薄膜被覆されたタングステン探針を用いる。STM探針に対して電圧パルス(電圧パルス法)もしくはピエゾのz方向にパルスを印加すること(z-パルス法)により表面に探針物質を移送し,ナノ構造を形成することができる。

6.2.1 電圧パルス法

電圧パルス法によりいくつかの金属種のナノ構造が創製されているが,最も成功例が多いのは金である[3]。主に電圧パルス法ではナノドットの創製が報告されている。直径10nm,高さ1 nm

第 4 章　ナノ紡糸

程度の金ナノドットが原子分解能でイメージングされたSi(111)-(7×7)表面上に得られている。手動もしくは既定デザインに従って任意の位置に電圧パルスを印加することができる。計算機制御により一直線上に電圧パルスを連続的に印加して金のナノドット列を形成することもでき，長さ2000nm程度までのナノドット列が得られている。探針物質として金を用いた場合の電圧パルス法によるナノドット創製の問題点は，創製確率が約50％程度に留まることである。より高い確率で探針物質を表面に移送できる物質として，最近，銀の薄膜を被覆したSTM探針が開発された。この場合，より低いパルス電圧から探針物質移送が開始され，物質移送確率もほぼ100％に達することが可能である[10]。その結果，ナノドットのみならずナノワイヤーを基板表面に創製することが可能である。この高い物質移送特性を応用してAgのナノワイヤーとナノキャラクター（文字）を作製した例を図5に示す。この場合，幅10～20nm，高さ約2nmのAgのナノワイヤーが清浄なSi(11)-(7×7)表面上に形成されている。表面へのAg原子移送のメカニズムについては電界誘起拡散による点接触（ナノポイントコンタクト）モデルで説明できる[16]。従来，電圧パルス法によるSTM探針物質移送のメカニズムとしては，電界蒸発（Field Evaporation）モデルと点接触（Point Contact）モデルの2つが提案されてきた。しかしながら，電界蒸発モデルでは説明できないことが多く，現在では点接触モデルが妥当であると考えられている。図6に電圧パ

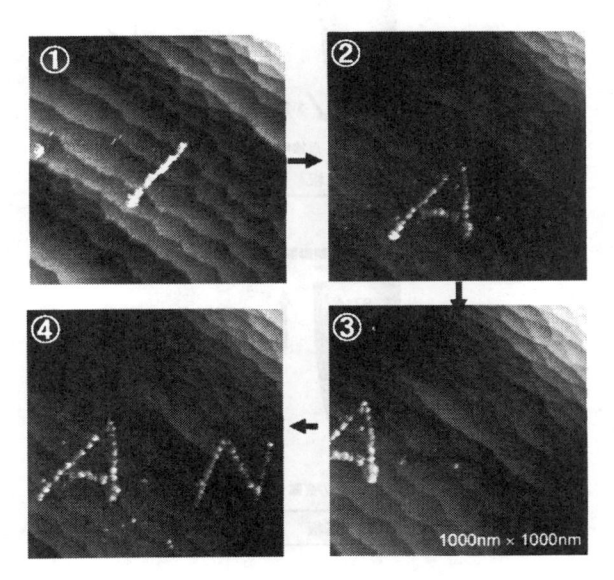

図5　銀被覆STM探針を用いた電圧パルス法により清浄なSi(111)-(7×7)表面上に，Agのナノワイヤとナノキャラクター（アルファベット文字：AとN）を作製した場合のSTM像

ルス法によりAg探針から表面にAg原子が移送するメカニズムの模式図を示す。まずSTM探針のフィードバック回路を切断し，電圧パルスを印加する。探針先端に電界が集中することにより，電界誘起拡散が生じる。その結果，探針先端に金属原子が集中し，探針先端は基板表面側へ伸張し，最終的に点接触する。点接触が生じると過大な電流が流れ，点接触部分の温度が上昇し，金属原子と基板シリコン原子との強固な結合が形成される。電圧パルス終了後，フィードバック回路が回復し，探針はフィードバック電流に戻るまで後退する。金属原子とシリコン原子との結合が強い場合は，探針物質は基板側へ取り残され，金属ナノドットが創製される。このモデルはデジタルオシロスコープにより電圧パルス印加中での電流を調べることにより容易に実証することができる。すなわち，電圧パルス印加中に電流が急激に上昇し，ナノアンペアからマイクロ～ミリアンペア領域にまで電流値が上昇した場合は点接触が形成されたと考えられる。このような探針―基板間電流の急激な上昇が生じた場合には，例外なく探針物質の移送とナノドットの形成が

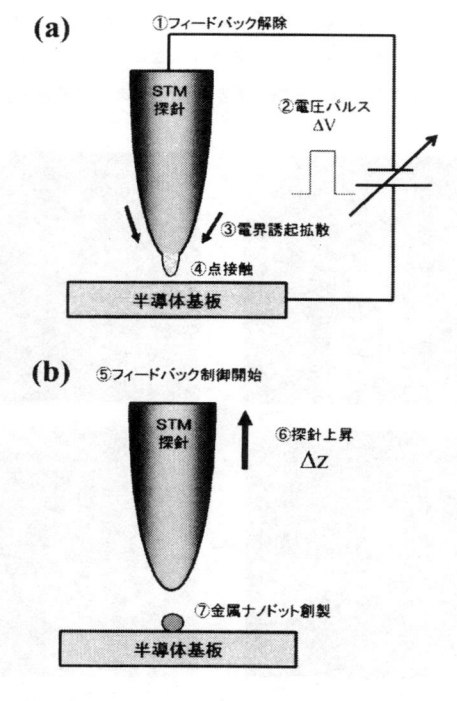

図6 電圧パルス法によりAg探針から表面にAg原子が移送するメカニズムの模式図
（ポイントコンタクトモデル）

第4章 ナノ紡糸

観測されている。また，電流上昇がトンネル電流領域（～数十ナノアンペア）にある場合は，点接触は形成されず，金属ナノドットは基板上に形成されていない。

6.2.2 z-パルス法

このように電圧パルス法による探針物質移送が点接触により生じるのであれば，人為的に点接触を生じさせることによりナノドットを形成できるはずである。このアイディアのもとに，z-パルス法が開発された[1]。ここでは，金探針を用いたz-パルス法の実例について紹介する。トンネル領域にある金探針に対してトンネルギャップ距離程度の移動をzピエゾの伸びる方向にパルス的に与えると，ある条件下では表面にナノスケールの金ドットが形成される。ギャップ距離を小さくしながら探針—表面間の電流を測定する実験結果から，z-パルス法における探針物質移送とナノドットの形成は，STM探針が表面と点接触を形成することによると考えられる。金のSTM探針に微小なバイアス電圧を印加しながら，探針をSi(111)表面に近づけるとトンネル電流は指数関数的に増加するが，点接触を形成すると電流はトンネル領域の指数関数的な距離依存性を脱却し，一定値にジャンプする。これは，原子レベルの伝導路形成にともなって量子化コンダクタンス(Quantized Conductance)が実現されたことによるともみえる。しかし，実際に測定される抵抗値は量子化抵抗(Registance Quantum：R_K = 12.9 kΩ)よりかなり大きいことから，シリコン基板でのナノショットキー障壁の形成に起因したものであると考えるのが妥当である。このような点接触の形成後には，探針物質がシリコン基板側へ移送され，ナノドットが形成されている。これは金原子と表面シリコン原子との結合が強く，探針を引き離した後も金原子が表面に取り残されることによる。これは，z-パルス法によるナノドット形成が点接触によることを示

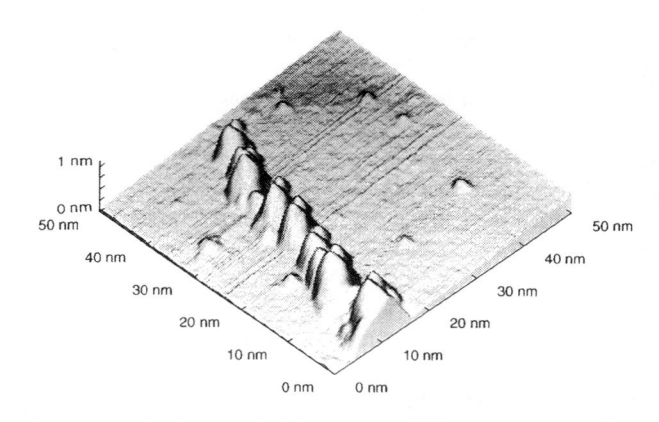

図7 清浄なSi(111)-(7×7)表面上において連続的にz-パルス（点接触）を印加することにより創製された金ナノワイヤのSTM像

している。また，z-パルス法は点接触を必ず実現できる距離まで近づけることから，前記の電圧パルス法に比べてより安定にドットを形成できる可能性がある。z-パルス法のナノドット形成における安定性を利用してドットを連続創製させることにより，図7に示すように連続した1本のナノワイヤーを形成することもできる。これは位置を変えながらz-パルスを与えたもので，長さ約50nm，幅約5nm，高さ約0.7nmのナノワイヤーがSi(111)-(7×7)表面上に形成されている。

6.3 おわりに

自己内発的に導電性のカーボンナノワイヤー被膜を創製する方法と人工的にSTM探針先端からの物質移送によるナノワイヤーを創製する方法を紹介した。このようなナノ構造創製手法は不可欠な要素技術であり，ナノテクノロジーの発展に伴い，今後大いに技術開発が進展するものと期待できる。

文　　献

1) 藤田大介, Hanyu Sheng, Qidu Jiang, Zhenchao Dong, 根城均：表面科学 **18**, 460(1997).
2) Z-C. Dong, D. Fujita and H. Nejoh: *Phys. Rev. B*, **63**, 115402(2001).
3) S. Iijima：*Nature* **354**, 56(1991).
4) S. Iijima and T. Ichihashi: *Nature* **363**, 603(1993).
5) T. Guo, P. Nikolaev, A. G. Rintzler, D. Tomanek, D. T. Colbert and R. E. Smalley：*J. Phys. Chem.* **99**, 10694(1995).
6) H. Dai, A. G. Rintzler, P. Nikolaev, A. Thess, D. T. Colbert and R. E. Smalley：*Chem. Phys. Lett.* **260**, 471(1996).
7) D. Fujita, T. Kumakura, K. Onishi and M. Harada：*Jpn. J. Appl. Phys.* **42**, 1391(2003).
8) M. Kamp, M. Emmerling, S. Kuhn and A. Forchel：*J. Vac. Sci. Technol. B*, **17**, 86(1999).
9) D. Fujita, Q. -D. Jiang and H. Nejoh, *J. Vac. Sci. Technol. B* **14**, 3413(1996).
10) D. Fujita and T. Kumakura, *Appl. Phys. Lett.*, **82**, 2329(2003).
11) D. Fujita, Q. -D. Jiang, Z. -C. Dong, H.-Y. Sheng and H. Nejoh, *Appl.Phys. A*, **66**, 753(1998).
12) D. Fujita, Q. -D. Jiang, Z. -C. Dong, H. -Y. Sheng and H. Nejoh, *Nanotechnology*, **8**, A14(1997).
13) 藤田大介, 大西桂子, 熊倉つや子, 原田雅章, 表面科学 (2003) in press.
14) 藤田大介, *Journal of Surface Analysis*(2003) in press.
15) C. Journet, W. K. Maser, P. Bernier, A. Loiseau, M. Lamy de la Chapelle, S. Lefrant, P.

第4章　ナノ紡糸

Deniard, R. Lee and J. E. Fischer: *Nature*, **388**, 756 (1997).
16) D. Fujita K. Onishi and T. Kumakura, *Jpn. J. Appl. Phys.*, **42**, 4773 (2003).

第5章 ナノ加工

1 ナノ粒子とナノコンポジット

村瀬繁満*

　ナノコンポジットとは，ナノ粒子をナノメートルスケールあるいは分子レベルで均一に分散させて得られる複合体をいうが，最初に開発されたポリマーは，周知のとおりナイロン6である。基本となる考えは，すでに1975年に出願された「粘土—ポリアミド複合体の製造法」である[1]。ただ当時はナノコンポジットという概念ではなく，アミノ酸またはナイロン塩をイオン交換反応で粘土と結合した有機複合体の存在下，ラクタムを重合して得られるナイロン6という考え方で，弾性率向上に代表される補強効果が発揮されると記載されている。ナノコンポジットを製造する方法としては，該特許に示された層間挿入法（インターカレーション）を代表として，機械的分散法（メカニカルブレンド），ゾル-ゲル法，直接重合法などがある[2]。機械的分散法は，ミキサー，あるいは2軸のスクリュー等を用いて溶融ポリマーとナノ粒子を溶融混練，あるいはポリマー溶液にナノ粒子を超音波などの手段を用いて溶液中で分散する方法などが挙げられるが，ナノ粒子の表面エネルギーが高いために二次凝集が起こりやすい欠点がある。ゾル-ゲル法は，一般には金属アルコキシドをポリマーの末端に付加させ，これに金属アルコキシドのゾルを加えてゲルに転換する方法であり，例えば末端にトリエトキシシリル基を有するポリオキサゾリンとテトラエトキシシラン系が報告されている[3]。直接重合法は，一般にはポリマーとモノマーを溶媒に溶解して重合した後，溶媒を蒸発，あるいは貧溶媒による浸漬または抽出などにより形成する方法であり，例えばポリメチルメタクリレートと貴金属微粒子系が報告されている[4]。これらが代表的なナノコンポジットを製造する方法であるが，実用化の進んでいる層間挿入法によるナノコンポジットナイロンについて述べる。

　層間重合法を応用した技術として，ナイロン6（以下，N6と表す）を用いたナノコンポジットでは，天然物のモンモリロナイトに代表される膨潤性を有する粘土鉱物が使用される。粘土鉱物は基本的に雲母（クレイ）と同じ構造をしているが，一般に層状ケイ酸からなるシリケート層の積層体である。このシリケート層を1層ごとに剥離（劈開）してポリマーマトリックス中に分散させる方法が層間重合法である[5]。具体的にナノコンポジットナイロン6（以下，NCN6-*と

＊　Shigemitsu Murase　東京農工大学　工学部　有機材料化学科　客員教授

第5章　ナノ加工

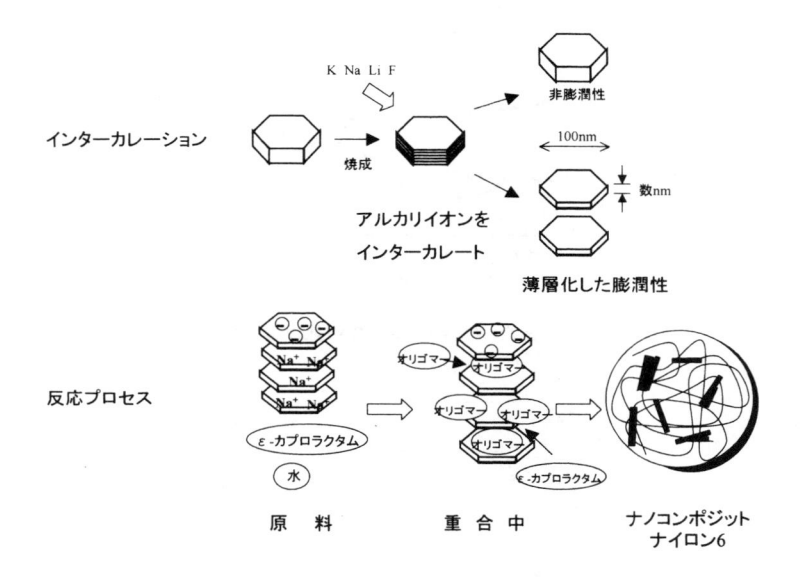

図1　ナノコンポジットナイロン6重合の概念図

表す。ただし＊はクレイの含有量を表す）では，模式的に図1に示すように，ナトリウム，カリウムなどのアルカリイオンをインターカレートした膨潤性層状ケイ酸塩は酸処理することにより層間が広がり，アルカリイオンがアミノカルボン酸イオンと置換する。マトリックスとしてN6のモノマーであるε-カプロラクタムを使用することにより，層間にナイロン6オリゴマーがインターカレーションされて重合が進行し，ナノメートルオーダーに劈開したシリケート層が分散したNCN6が得られる。

以下，文献に準じて粘土鉱物の含有量を変更して重合[6]した相対粘度2.52のN6，NCN6を用いた結果を示す。粘土鉱物が実際にナノメートルオーダーまで劈開していることは，X線回折で確認されているが[7]，後ほど繊維の断面のTEM写真を示す。このナノメートルオーダーのシリケート層は結晶核剤として作用するため結晶化速度が速くなり，また形成される結晶構造はγ型が主体であることが大きな特徴である[8]。N6とNCN6-2の熱プレスフィルムの広角X線回折を図2に示すが，N6ではα型結晶の(200)面と(002)/(202)面の反射による，$2\theta = 20.1°$，$2\theta = 23.7°$の回折が観測される。一方NCN6-2では，それらの回折は弱く，より明瞭にγ型結晶の(020)面と(200)/(001)($\overline{201}$)面の反射による$2\theta = 10.7°$，$2\theta = 21.6°$に回折が観測され，γ型結晶が主体的に形成されていることがわかる[9]。また結晶化速度については，試料を250℃で1分

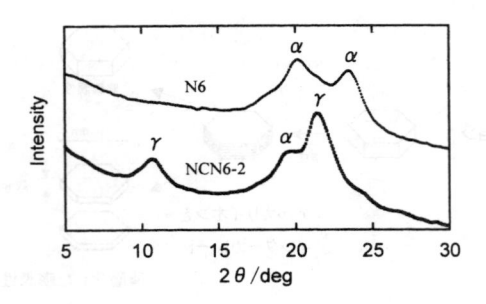

図2　熱プレスフィルムの広角X線回折強度曲線

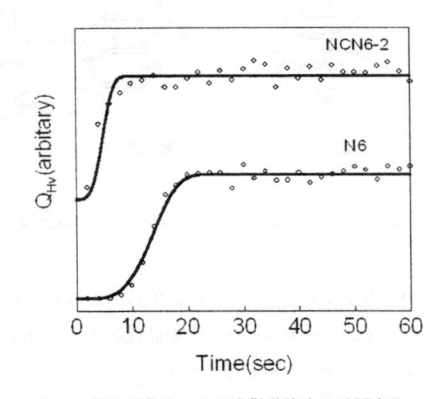

図3　等温結晶化による光散乱強度の時間変化

間溶融後に175℃で等温結晶化させ，その際のHv光散乱の二次元強度分布を，高感度CCD検出器を装着した装置を用いて積分強度分布を算出し，結晶化の機構を解析した。その結果は，図3に示すように，N6それ自体の結晶化速度も速いが，結晶化が始まるのに8秒，結晶化終了までに20秒を要するのに対し，NCN6-2は，1～2秒で結晶化が始まり，10秒後にはすでに結晶化が終了している。このことから劈開したシリケート層がN6の結晶核剤として働いていることがわかる[10]。また結晶化度も高くなっているためと考えられるが，吸水率もN6より低くなる。図4に熱プレスフィルムの収着等温線を示す[9]。塩の飽和水溶液の相対蒸気が，塩の種類と温度によって固有の値となることを利用し，所定の相対蒸気圧の環境として重量法で測定した。いずれの等温線も，相対蒸気圧の上昇にともなって収着量は増加し，相対蒸気圧が0.05～0.2に変曲点を示すシグモイド型であることから，親水性ポリマーでよく観測されるように，高い相対蒸気圧にな

第5章 ナノ加工

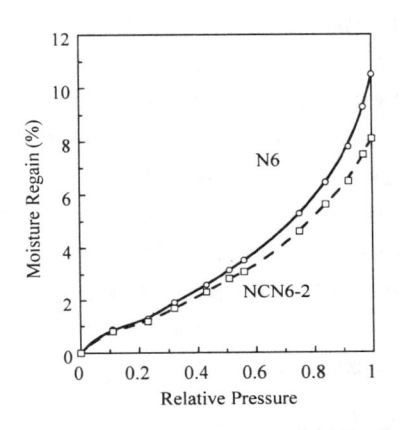

図4 熱プレスフィルムの吸着等温線

ると多分子層吸着が進行するBET型（BDDTの分類のⅡ型[11]）である。そして相対蒸気圧が1の条件下では，N6が10.5％，NCN6-2が7.3％であり，N6の収着量が高い。通常水分子は結晶相に進入できず，非晶相のみに吸着されることからも，結晶化度の影響が考えられる。その他，基本的な成型材料としての特性は，すでに多くの報告があるため[12～14]，以下，溶融紡糸により得た繊維について述べる。

　高分子材料の補強材には高剛性，高アスペクト比，マトリックスとの親和性が要求されるが，従来からガラス繊維や炭素繊維をブレンドした強化プラスチックスが幅広く使用されている。しかしガラス繊維も炭素繊維も数μm以上の直径であるために，それらを含んだポリマーから繊維を得ることができなかった。しかし上記のようにナノメートルオーダーにまで微細に分散された強化プラスチックスからは，容易に繊維が作製できる。

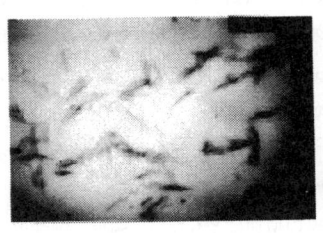

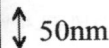

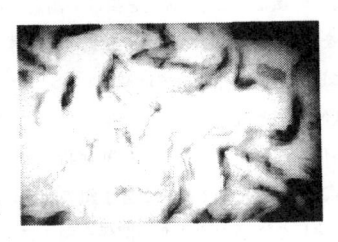

NCN6-2　　　　　　　　　NCN6-4

図5　繊維断面のTEM写真

ナノファイバーテクノロジーを用いた高度産業発掘戦略

　紡糸温度270℃，0.3φ×36Hの紡糸口金からポリマーを吐出し，500m/分の速度で巻き取り，400dtex/36fの未延伸繊維を得た。この繊維を120℃でそれぞれ2.0～4.5倍に延伸した。得られたNCN 6-2とNCN 6-4の4.5倍延伸した繊維の透過電子顕微鏡（TEM）写真を図5に示すが，粘土鉱物は重合時の劈開によって長さが約100nm，幅が数nmのオーダーとなり，超微粒子のシリケート層が繊維中に均一に分散していることがわかる。

　通常，ナイロン6繊維は，捲取工程中や捲取った直後に膨潤（タテ膨潤と称される）し，2,000m/分付近の捲取速度で極大となることが知られている。その原因は中間配向領域において，いったん最も不安定な構造を経て，未延伸糸的な構造から延伸糸的な構造に移るためといわれているが，空気中の水分を吸湿して結晶化することが原因であると考えられる[15]。タテ膨潤の割合を下記の式にしたがって求めた結果を表1に示す。

$$\text{タテ膨潤の割合（\%）} = \frac{L_1 - L_0}{L_0} \times 100 \tag{1}$$

表1　未延伸糸のタテ膨潤の割合と延伸糸の熱収縮率

		N6	NCN 6-2	NCN 6-4
Expansion（%）		8.7	3.0	1.2
Heat Shrinkage (%)	DR：3.0	8.5	6.9	6.2
	DR：4.0	9.7	8.6	8.0
	DR：4.5	10.1	9.3	8.5

　ここでL_0は捲取直後に約1mの長さの繊維に2gの荷重を掛けて測定した長さ，L_1は捲き取ってから30分後に2gの荷重を掛けて測定した長さを表す。シリケート層は繊維の捲取後には何ら変化することがないため，ナイロン繊維の収縮は抑えられ，タテ膨潤の割合は減少する。また延伸した繊維を高温で放置すると，延伸された非晶鎖が緩和するために収縮（熱収縮）が観測される。延伸した繊維の熱収縮率を，タテ膨潤と同じように式(1)で求めた結果（ここでL_0は約1mの長さの繊維に2gの荷重を掛けて測定した延伸糸の長さ，L_1は120℃，15分間放置した後に荷重2gを掛けて測定した長さ）を表1に示す。タテ膨潤の割合と同様，粘土鉱物の含有量が増加するにしたがって熱収縮率は減少し，シリケート層によって寸法安定性が改良されることがわかる。

　延伸倍率と複屈折の関係を図6に示す。延伸倍率の増加にともない，分子鎖の配向が高くなり，結晶化も進行することから，複屈折は高くなるが，いずれもほぼ同じ延伸倍率の依存性を示していることから，フィラーが分子鎖の配向には関与していないことが示唆される。

　延伸した繊維の強伸度の関係を図7に示す。延伸倍率の増加にともない，強度，弾性率は増加し，伸度は低下する。ただし粘土鉱物の含有量が増加するにしたがい，同一延伸倍率のN6と比較すると，強度，伸度はいずれも低くなる。これはナノメートルオーダーという極めて微小なシ

第5章 ナノ加工

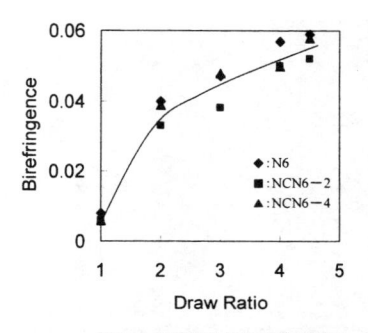

図6 複屈折と延伸倍率の関係

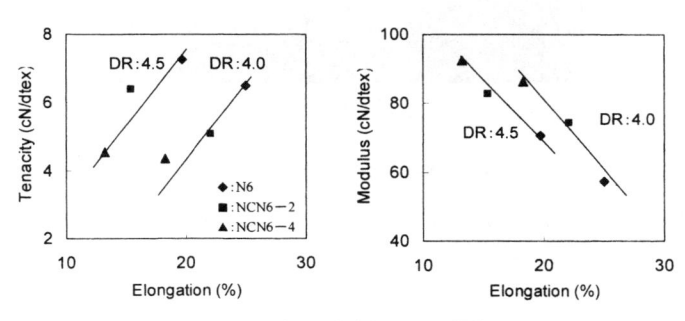

図7 強度，弾性率と伸度の関係

リケート層ではあるが，繊維内部にブレンドされていることによって，それらが欠陥になるためと考えられる。しかし弾性率は，同一延伸倍率，あるいは同一伸度で比較したいずれの場合であっても，粘土鉱物の含有量の増加にともない，大きく上昇している。これは成型材料と同様に，粘土鉱物が補強効果を発揮しているためである。

図8には，広角X線回折の写真を示す。NCN6はγ型結晶が形成されやすいと述べたが，延伸をともなう繊維の場合はその挙動が異なる。すなわち未延伸糸の場合は，いずれの繊維もDebye–Sherrerのリングが観測されるだけで実質的に非晶であるが，2種類の結晶構造からなることが示唆される。しかし延伸することによりα型結晶の散乱による赤道方向の，$2\theta = 20.1°$，$2\theta = 23.7°$にスポットが現れるが，赤道方向の$2\theta = 21.6°$，子午線方向の$2\theta = 10.7°$には回折が見られないことから，γ型結晶は存在しないことがわかる。N6繊維は，延伸あるいは熱処理の工程を経る場合にはα型結晶が形成されていることが知られているが，NCN6繊維でも延伸される場合には熱力学的に安定なα型結晶が形成される。

ナノファイバーテクノロジーを用いた高度産業発掘戦略

× 1

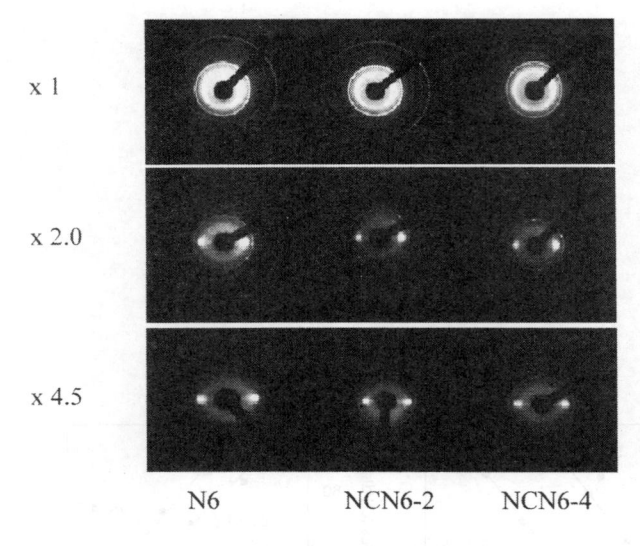

× 2.0

× 4.5

N6　　　　NCN6-2　　　NCN6-4

図8　繊維の広角X線回折写真

　以上，2工程法によって得たナノコンポジットナイロン6繊維の構造と物性を中心に述べたが，ゾーン延伸法[16]，高速紡糸法[17]によって得られた繊維についてもすでに報告されている。ナノメートルオーダーに劈開されたシリケート層は，欠陥として強度低下が観測されるものの，それ以上の効果として，ナイロン6の結晶核剤の役割を果たし，弾性率の向上，寸法安定性の改良を発揮する。今後のナノコンポジット繊維の研究，開発，さらには商品化が期待される。

文　献

1) 藤原新吾，坂本利夫（ユニチカ㈱）特公昭58-35211号（昭和50年3月24日出願）
2) 中條善樹，プラスチックス，**44**, No. 10, 101(1993)
3) 中條善樹，三枝武雄，機能材料，**10**, No. 11, 18(1990)
4) 中尾幸道，高分子，**43**, 852(1994)
5) 吉川昌毅，藤本康治，繊維学会誌，**56**, P-57(2000)
6) 片平新一郎，田村恒雄，安江健治，高分子論文集，**55**, 83(1998)
7) 片平新一郎，安江健治，稲垣道夫，高分子論文集，**55**, 477(1998)
8) 藤本康治，吉川昌毅，片平新一郎，安江健治，高分子論文集，**57**, 433(2000)

第5章　ナノ加工

9) S. Murase, A. Inoue, Y. Miyashita, N. Kimura, Y. Nishio, *J. Polym. Sci.*, **B-40**, 479(2002)
10) 清武亮祐，村瀬繁満，高分子学会予稿集，**51**，2005(2002)
11) S. Baunauer, L. S. Deming, W. E. Deming, E. Teller, *J. Am. Chem. Soc.*, **62**, 1723(1940)
12) 野中裕文，工業材料，**49**，No.11, 29(2001)
13) 襴宜行成，工業材料，**49**，No.11, 31(2001)
14) 藤本康治，プラスチックス，**53**，No.7, 65(2002)
15) 高木康夫，樋口富壮，高分子化学，**25**，769(1968)
16) 小形信男，尾川達生，井田貴文，柳川昭明，荻原隆，山下敦志，繊維学会誌，**51**，439(1995)
17) E. Giza, H. Ito, T. Kikutani, N. Okui, *J. Macromol. Sci.*, **B39**, 545(2000)

2　ポリマークレイナノコンポジット

臼杵有光[*]

2.1　はじめに

　合成樹脂やゴムが自動車部品から日用品に至るまで幅広く利用されるようになったのは，各用途に適したさまざまな合成樹脂，ゴムが生産されるようになったこと以外に，ガラス繊維やカーボンに代表されるフィラーの複合化による合成樹脂，ゴムの強度，剛性，耐熱性向上によるところが大きい。しかし，これらのフィラーは，合成樹脂1分子から見れば，巨大で異質なものである。異質なものであるが故に合成樹脂とフィラーでの界面剥離などの問題等が生じ，それらの問題を回避するために，繊維の表面処理，合成樹脂側の修飾，相容化剤の使用などが行われている。フィラーを極限まで超微細化して，"分子サイズのフィラー"とし，これを複合化すれば界面の問題等も生ぜず，剛性や耐熱性を極限まで高められるのではないか，あるいは新規な機能の発現があるのではないかと期待される。

　一方，クレイ(粘土鉱物)の1種であるモンモリロナイトの結晶構造は，シリカ四面体層／アルミナ八面体層／シリカ四面体層からなる基本単位層(以下，シリケート層とよぶ)が積層してなる。このシリケート層は厚さが約1nm，一辺の長さが約100nmのシート状をしている。シリケート層の大きさを，樹脂の補強材として用いられるガラス繊維一本と比較すると，厚さで約10^4分の1，長さで約10^3分の1と非常に小さい。また，見方を変えると，わずか約650個の炭化水素が結合したポリエチレンの長さ（C–C結合の結合距離は1.54Åで結合角108°とした伸びきり鎖を仮定）はシリケート層一辺の長さと同じである。このポリエチレンの分子量は9000程度であることを考慮するとシリケート層がいかに微細なものであり，分子量が数万～数十万におよぶ合成樹脂（高分子）から見れば，ガラス繊維に比べて違和感のないサイズであると言える。このシリケート層を合成樹脂中に1層ごと均一に分散させれば，まさに"分子サイズのフィラー"としての効果が期待できる。

　ここでは，クレイのシリケート層を，ナイロン6などの高分子中へ分子状に均一分散させ，新しい高分子クレイナノコンポジット（ハイブリッド）材料を創製した例を主に合成方法を主体に分類して紹介したい。以下ナノコンポジットではなくハイブリッドの名称を用いる。

---

[*]　Arimitsu Usuki　㈱豊田中央研究所　有機材料研究室　主席研究員

第5章 ナノ加工

2.2 有機-無機ハイブリッド材料の合成方法（無機材料としてクレイを使用する場合）
2.2.1 層間での重合…ナイロン6クレイハイブリッド
(1) 合成方法

　ナイロン6はカプロラクタムからの開環重合で比較的容易に重合が進行する。カプロラクタムが層間によくインターカレートし，かつ層間で重合が開始するために，12-アミノドデカン酸のアンモニウム塩でイオン交換したクレイ（モンモリロナイト）を用いた。層間でナイロン6を合成することにより，ナイロン6中にシリケート層が1層ごとに分散した材料が創製できた。これをナイロン6クレイハイブリッド（NCH：Nylon 6 Clay Hybrid）と命名した[1]。具体的には，モンモリロナイトを，12-アミノドデカン酸と塩酸で処理する事により有機化クレイ（12-モンモリロナイトと略）を作製し，その後 ε-カプロラクタムを溶融させて層間へ侵入させた。12-モンモリロナイトの割合は，2，5，8 wt%とした。その後，250℃で加熱することにより ε-カプロラクタムの重合を行った。12-モンモリロナイトの仕込み量を，NCH・仕込量（wt%）で表し，NCH 2，NCH 5，NCH 8と呼ぶことにする。

　比較のために，ナトリウム型モンモリロナイト（有機化していないもの）とナイロン6を，2軸押出機を用いて，250℃で溶融混練した材料も作製した。この作製方法は粒子状の充填物を高分子に複合化する場合，通常良く用いられる方法である。このようにして作製した複合材料を，NCC（Nylon 6 - Clay Compositeの略）と呼びNCHと比較した。NCHとNCCの合成の概念図を図1に示す。

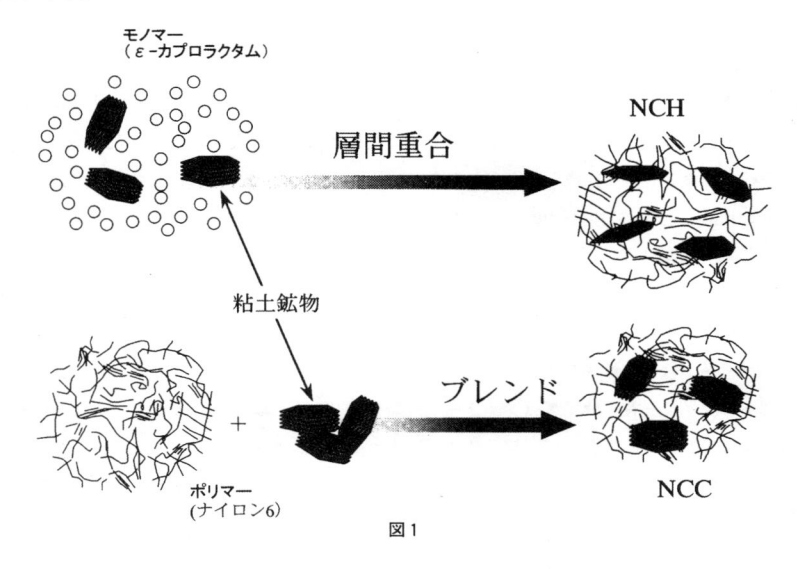

図1

(2) NCH中のクレイの分散状態

NCHでは，表面が平滑であるのに対して，NCCでは，表面にミリオーダの目に見える凝集物（クレイ）が多見られた。また，成形時に，NCCでは多くの発泡が見られた。そこで，さらにNCH中でのシリケート層の分散状態をTEMにより観察すると，図1の概念図のように，ナイロン6中にケイ酸塩層が，分子状に均一分散していることがわかった。また，最近ではナイロン6をエッチングしてSEMでクレイの分散状態を3次元で観察する事も可能である[2]。TEM写真とSEM写真を図2に示す。

100 nm

TEM 写真　　　エッチング後の SEM 写真

図2

(3) ナイロン6クレイハイブリッドの特性

NCH 2, NCH 5 およびNCH 8 を射出成形により試験片を作製し，引張試験，曲げ試験，衝撃試験，熱変形温度測定を行った。その結果をナイロン6と比較して表1に示す。NCHはナイロン6にくらべ，強度，弾性率が高いことがわかる。特に，NCH 5では，23℃における引張強度はナイロン6の1.5倍，120℃の曲げ強度はナイロン6の2倍，120℃の曲げ弾性率はナイロン6の約4倍に向上した。衝撃強度は，ナイロン6に比べ低下した。また，熱変形温度は，NCH 5 で152℃まで上がっており，耐熱性も向上した[3]。

従来のガラス繊維系の複合材料では，ガラス繊維のアスペクト比が特性に大きな影響を与える。無機フィラー系では分散粒子サイズに特性は大きく依存する。たとえば，ポリプロピレンの耐衝撃性に関するフィラー粒子サイズ（フィラー：炭酸カルシウム，タルク，ガラスビーズ，硫酸バリウム；含有量20%）の影響では，粒子サイズが小さくなるにつれて衝撃強度は増大する。また板状タルク充填ポリエチレンフィルム（タルク含有量40%）でも引張破断強度，弾性率が粒子径の減少（14, 8, 5, 3 μm）に伴い増大すると報告されている[4]。しかしながら，NCHでは，

第5章 ナノ加工

表1

物性		単位	NCH 2	NCH 5	NCH 8	ナイロン6
引張強さ	23℃	/MPa	76.4	97.2	93.6	68.6
	120℃		29.7	32.3	31.4	26.6
伸び	23℃	/%	>100	7.30	2.5	>100
	120℃		>100	>100	51.6	>100
引張弾性率	23℃	/GPa	1.43	1.87	2.11	1.11
	120℃		0.32	0.61	0.72	0.19
曲げ強さ	23℃	/MPa	107	143	122	89.3
	120℃		23.8	32.7	37.4	12.5
曲げ弾性率	23℃	/GPa	2.99	4.34	5.32	1.94
	120℃		0.75	1.16	1.87	0.29
シャルピー衝撃強さ（ノッチなし）		/KJ/m^2	102	52.5	16.8	>150
熱変形温度		/℃	118	152	153	65

フィラーがナノメートルオーダーで分散しているために，上述の複合材料のように数10％の添加量は必要なく，わずか数％で充分な効果が得られたと考えられる。

(4) ガス，水分の透過特性

ナイロン6フィルムはガスバリア性がよく，食品包装用フィルムとして広く用いられている。ナイロン6の良好なガスバリア性は気体透過性のない結晶の存在と，ナイロン6中の水素結合が気体の拡散を抑えるためといわれている。NCHの場合は，モンモリロナイトのシリケート層が物質の拡散を抑制し，従来のナイロン6に比べさらにガスバリア性は向上する。

NCH（モンモリロナイト：0.74vol％）のガスバリア性を，ナイロン6と比較して表2に示す。NCHの水素透過係数，透湿係数はモンモリロナイト量がわずか0.74vol％含有するだけでナイロン6の70％以下となり，優れたガスバリア性を示した[5]。このガスバリア効果は，クレイ充填により気体の拡散経路が曲がりくねり，迂回が必要な複雑な経路の形成のため，気体の拡散性が低下すると説明している。板状のタルク充填系のポリエチレンフィルムにおいて気体透過性が報告されている。しかし，タルク含有量の増加につれて，気体透過性が低下する傾向を示すが，タルク

表2

	ナイロン6	NCH（クレイ含有量：0.74vol％）
水素の透過係数 ($\times 10^{-11} cm^3 \cdot cm \cdot cm^{-2} \cdot s^{-1} \cdot cmHg^{-1}$)	2.57	1.79
水蒸気の透過係数 ($\times 10^{-10} g \cdot cm \cdot cm^{-2} \cdot s^{-1} \cdot cmHg^{-1}$)	2.83	1.78

を40％添加しても，気体透過性は未添加の75％にしかならない[6]。

ここまでは主にナイロン6について詳しく説明したが，最近の研究ではナイロン66，ナイロン12などでもクレイとのハイブリッドが合成され，その特性も明らかにされている。

ナイロン6でクレイハイブリッドにより，高性能化に成功し，他の樹脂への展開が精力的に行われている。しかしながら，層間での重合による方法はモノマーに制約があるため，さまざまなクレイハイブリッドの製造方法が提案されている。ここでは，各種ポリマーへの展開例とその特性について簡単に紹介する。

2.2.2 クレイ層間でオリゴマーとゴムの共加硫…NBRクレイハイブリッド

両末端アミノ基を有するNBRのオリゴマーをクレイ層間にイオン結合でインターカレートした。その後，高分子量のNBRとロールで混練し，硫黄加硫することにより，オリゴマーとNBRが共加硫し，NBR中にクレイが均一分散したNBRクレイハイブリッドができた[7]。クレイを3.9vol％添加することにより，水素および水の透過性が約70％に低減できた。

2.2.3 クレイとポリマーを共通溶媒で分散…ポリイミドクレイハイブリッド

耐熱性に優れる樹脂であるポリイミドの場合は，ポリアミド酸（ポリイミドの前駆体）の重合溶媒であるジメチルアセトアミド（DMAC）で良く膨潤するために，ドデシルアミンの塩酸塩で有機化したクレイを用いた。ポリアミド酸のDMAC溶液に，有機化クレイのDMAC分散液を添加し，その後キャストしてフィルムを作製した。300℃で処理して，ポリイミドクレイハイブリッドを得た[8]。クレイが2wt％の添加で水の透過性は50％に低下する。同様の材料でCO_2の透過性が低下する事も確認されている[9]。

2.2.4 クレイ層間にポリマーをインターカレート

PPのような非極性材料ではクレイとのハイブリッド化が容易ではない。そのため，極性のクレイをできるだけ疎水化するために，有機化剤としてジオクタデシルジメチルアンモニウムイオンを使用した。また，さらに疎水性を向上させるため，ポリオレフィンオリゴマーを使用した。有機化クレイ，ポリオレフィンオリゴマー（両末端水酸基ポリオレフィンオリゴマー）とホモPPを200℃で混練し，成形して得られた試料について，TEM観察を行い，初めてクレイがハイブリッド化できたことを確認した[10]。

さらに実用的見地から，無水マレイン酸により変性されたポリプロピレン（変性PP）をオリゴマーとして用いる事により機械的特性の向上を検討した[11]。この場合は変性PPがクレイとPPの相溶化剤として作用している。

さらに，マレイン酸変性（変性度：0.20wt％）のPP（分子量：約20万）と有機化クレイ（オクタデシルアンモニウムで処理したモンモリロナイト）を二軸混練機でブレンドし，PPクレイハイブリッドを創製した例を紹介する。

第5章 ナノ加工

　変性PPと有機化クレイ（クレイ量：2-5 wt%）を180℃で混練し，ペレット状にし，これをTEM観察すると，クレイがPP中に均一に分散している事が確認された。変性PPを使用しない場合は，クレイが凝集している事を考えると，変性する事によりクレイ表面との水素結合が可能になる事が，クレイを分散する事ができた要因であると考えられる。TEM写真を観察すると，PPクレイハイブリッドはNCHとほぼ同様の分散状態であり，単に，溶融状態で変性PPとクレイを混練するだけで，クレイが分散できる事がわかった。また，その引張弾性率はクレイが5 wt%でバージン材の約2倍に向上することがわかった（比較のタルクでは1.3倍）。さらに高温領域でも高い弾性率を維持し，耐熱性にも優れる。

2.3 今後の課題

　以上いろいろな材料に関してのクレイハイブリッドの製造法について述べてきた。まだまだすべての材料に関して技術が完成したとは言い難いが，ホモポリマーでの可能性検討，技術蓄積はできたかと思われる。今後の課題としては
① ポリマーアロイ系へのクレイハイブリッド技術の適用。
② クレイハイブリッド材料への新しい機能の付与。
③ ポリマーごとにそれぞれ適合したクレイの創製。
などがあると思われる。今後も，クレイ分散とその材料の特徴に付いてはさらなる研究が必要である。

2.4 おわりに

　我々が開発したクレイハイブリッド技術の紹介と最近の展開について述べた。これらの特性は，天然の産物であるクレイをトップダウンで分散させる技術と，人工的に作られた有機材料のボトムアップの技術がうまく組み合わされ，有機と無機の異なる特徴を持った材料が分子レベルで混じりあい，お互いの特徴がうまく引き出されかつ合わさった結果であると考えている。クレイの界面を制御し，層間に有機材料が安定に存在できる空間を作りだすことが必要であろう。
　近年，樹脂の高性能化という観点で，ポリマー系ハイブリッドが盛んに研究されている。これらの研究の中から，実用レベルのポリマークレイハイブリッドが創製されると考えている。この技術，手法が一般的な複合化手法として構造材料から機能材料まで幅広く展開していくことを期待している。

文　献

1) A. Usuki et al., *J. Mat. Res.*, **8**, 1179(1993).
2) A. Usuki et al., *Nano Letters*, **1**, 271(2001).
3) Y. Kojima et al., *J. Mat. Res.*, **8**, 1185(1993).
4) N. S. Murthy et al., *J. Appl. Polym. Sci.*, **31**, 2569(1986).
5) 小島由継ほか，マテリアルライフ，**5**, 13(1993).
6) 福本修編，ポリアミド樹脂ハンドブック　日刊工業　p. 420(1988).
7) K. Fukumori et al., *Proc. 2nd Japan International SAMPE Symposium*, p.89(1991).
8) Y. Yano et al., *J. Polym. Sci., Part A: Polym. Chem.*, **31**, 2493(1993).
9) T. Lan et al., *Chem. Mater.*, **6**, 573(1994).
10) A. Usuki et al., *J. Appl. Polym. Sci.*, **63**, 137(1997).
11) M. Kawasumi et al., *Macromolecules*, **30**, 6333(1997).

3 クレーズによるナノボイド

武野明義[*]

3.1 クレーズ複合高分子材料とナノ構造

本節では、クレージング現象により形成されるナノ構造を複合した、クレーズ複合高分子材料の機能と高度産業化への取り組みについて注目する。

3.1.1 クレーズ複合高分子材料とは

クレージング現象に関する研究の歴史は古く、貧溶媒中あるいは力学的に生じたクレーズの微視的構造について多くの研究がなされている[1]。特に近年になって、クレーズの発生段階に着目してナノボイド（nanovoid）と言う用語が使われるようになり、局所的な分子構造との関わりなどについて検討されている[2,3]。クレージングはプラスチックを曲げたときに生じる白化現象として馴染み深いものであるが、工業的には抑制されるべきものであった。高分子材料に生じるクレーズは、直径10〜50nm程度のナノサイズのフィブリルと直径20nm前後のナノボイドから形成されている。通常の綿のミクロフィブリルが直径700〜800nmであるから、かなり細いことが分かる。成生条件にもよるが、クレーズ内の50%程度がナノボイドで占められ、マトリックスとなる高分子との間に大きな屈折率差が生じている。またフィブリルが力学的にクレーズ内を支えるため、クラックと異なり強度低下をほとんど起こさない。図1にクレーズ複合フィルムを模式的に示した。クレーズ層は、フィルムの厚さ方向に貫通した積層構造を形成している。クレーズ複

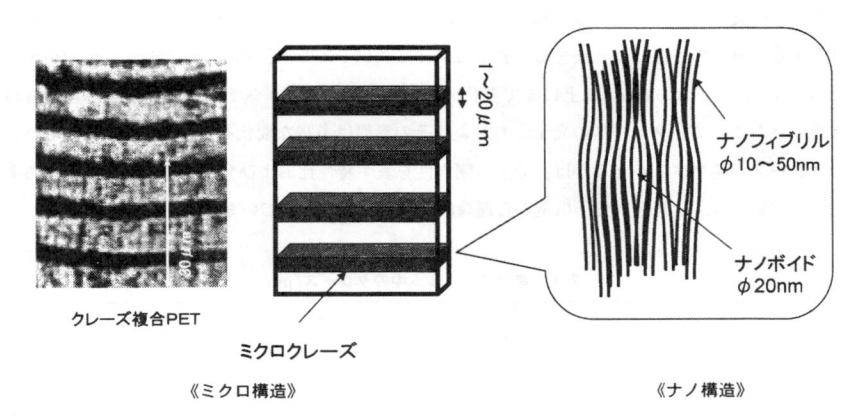

図1 クレーズ複合高分子材料のナノ構造とミクロ構造
（左の光学顕微鏡写真はペットボトル再生樹脂によるクレーズ複合フィルム。このときクレーズ層は厚さ方向に貫通している。）

---

[*] Akiyoshi Takeno　岐阜大学　工学部　機能材料工学科　助教授

合高分子材料は，クレーズ内のナノ構造とクレーズ層のミクロ構造にそれぞれ特徴を持っている。また，図中左の透過顕微鏡写真は，使用済みペットボトルから再生した樹脂を用いて作成したフィルムにクレーズを複合した例である。クレーズ層は光を散乱し黒く写っている。未使用樹脂に比べて再生品はクレーズの複合に適していることが多い[4,5]。

3.1.2 クレーズ内のナノ構造

クレージングによるナノ構造の生成条件は，ナノボイドが生じることによる新たな表面形成に必要な表面エネルギーと変形に伴う歪エネルギーとの間の競合により決まると考えられる。ナノボイドの密度が低い場合には互いに独立しているが密度が高くなるとナノボイド同士連結し，最終的にはクラックに進展し破断する。連続気泡を生じた状態では，ナノボイドの直径より狭い通路で連結した構造を持っている。また，この通路は，無負荷の時には閉じているらしく，気体あるいは液体による圧力を受けると開閉し透過性を示す。クレーズによるナノボイドの大きな特徴は，この柔軟性にあると考えられる。

3.1.3 クレーズ層のミクロ構造

クレーズ層が形成するミクロ構造は，独自の力学的処理により得られる[6]。張力下で，高分子フィルムまたは繊維を局所的な曲げを伴う経路に通すことで，曲げ部分では応力が集中しクレーズが発生し，同時に弾性率が低下し応力は開放される。この局所的な曲げで生じる自発的な応力集中と開放が，クレーズ層によるミクロ構造を形成し，同時にクレーズ内ではクラックをほとんど含まない良好なナノ構造が得られる。この時，クレーズ層の周期性はクレージング処理条件と使用する高分子の特性により決まる。表1のようにクレーズの幅と間隔は，高分子材料の種類によって1μm以下から10μm以上にまで変化する。例えば，ポリエステルの主鎖構造内に剛直鎖を組み込むことで，クレーズの発生応力およびその形態は多様な変化を示す[7]。ある高分子材料にクレーズが発生するかどうかは，分子の剛直性を表す特性比および分子の絡み合い密度からある程度推定でき，それぞれ分子構造から理論的な予測も試みられている[8]。

表1 高分子フィルム中のクレーズ/μm

試料	厚さ	形態	幅	間隔	深さ	備考*
PVDF	25	Crazing	~7	7~	~25	Λ
PP	25	Crazing	~17	9~	~25	Λ
PMMA	120	Crazing	<1	<1	~15	U（M）
PS	25	Crazing	~3	1.5~	~25	W（Λ）
PET	700	Crazing	<1	13~	~60	Λ

PVDF：ポリフッ化ビニリデン，PP：ポリプロピレン，PMMA：ポリメチルメタクリレート，PS：ポリスチレン（耐衝撃タイプ），PET：ポリエチレンテレフタレート，PC：ポリカーボネート
/μm，*：光学的異方性の特徴を示している。

第5章　ナノ加工

3.1.4　クレーズ複合材料のマクロ構造

　クレーズを複合する材料の形態は，局所的な曲げを利用することから，厚さ15～200μmのフィルムをよく用いている．クレーズ内の力学的支えであるフィブリルはナノボイドを抱え込んでいるため，強度低下はほとんど引き起こさないものの弾性率は大幅に減少し，1/5程度に低下することもある．その結果，弾性率はクレーズの幅を広げる方向に低く，それと垂直方向にはマトリックス高分子材料とほぼ同じ値である．一方，分子配向性を抑えた繊維にクレーズを複合したり，フィルムから繊維化したりすることで，クレーズ複合繊維を作成することもできる．図2に示すように，クレーズ複合繊維では，クレーズ層が竹の節のように繊維を縦断しており，フィルムと同様に強度を維持しながら柔軟性が付与される．多くの機能性繊維が繊維断面方向に特徴を持つのに対して，軸方向に特徴を持つ繊維である．

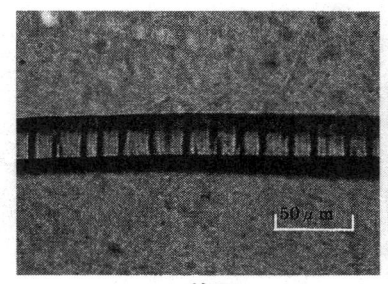

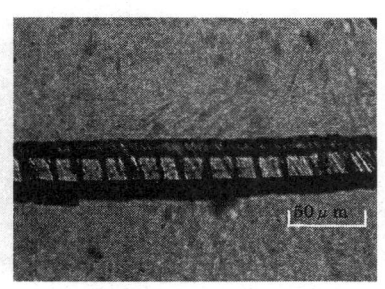

図2　ポリプロピレンによるクレーズ複合繊維
（クレーズ層は，黒い縞として観察できる．繊維の中心部まで縦断している．）

3.2　クレーズ複合高分子材料の特徴

3.2.1　クレーズによる視界制御性

　通常の状態ではナノボイドは空気で満たされている．クレーズ層はマトリックス高分子よりも平均的に屈折率が低い領域となり，クレーズ層と非クレーズ層の界面および内部では光が屈折あるいは反射・散乱される．これらの効果は複合的であるが，結果として図3に示すように光の入射角度により透過率が大きく異なる興味深い特性を示す．例えばポリフッ化ビニリデン（PVDF）フィルムでは光の入射角度がゼロ度，すなわちフィルムに垂直に光が入射した場合に最も透過率が高く，入射角度が大きくなるにつれ急激に透過率が低下するλ型[9,10]．このフィルムの場合に，正面から観察した場合はほぼ透明だが，斜め方向から見るとすりガラスのように不透明である．

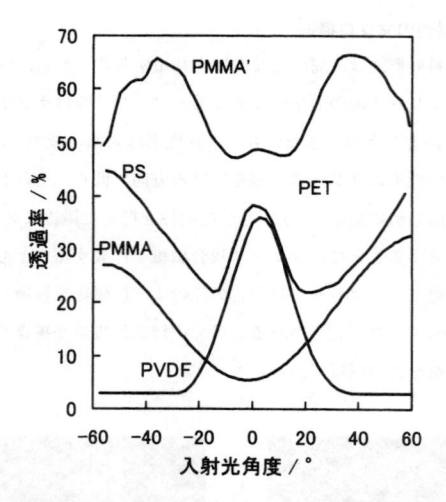

図3 クレーズ複合フィルムの可視光透過率の異方性[12]
(横軸0°の時にフィルムに垂直に光が入射している)

一方,ポリメチルメタクリレート (PMMA) は,まったく逆の特性を持ち,正面から見ると不透明なフィルムであることが分かる (U型)。また,フィルムに加える張力により機械的にナノボイドを拡張すると,視界制御特性およびその対象となる波長域が大幅に変化する。

3.2.2 ナノボイドによる気体透過性

ナノボイドは連続気泡あるいは独立気泡を形成することはすでに述べた。これは,高分子の種類によるところも大きく,ポリスチレン (PS) などは独立気泡になる場合が多く,気体透過性を測定すると材料が持つ気体選択性を維持したまま透過係数が向上する。一方,ポリプロピレン (PP) およびポリフッ化ビニリデン (PVDF) などは連続気泡作りやすく,クレーズの成長とともに本来持つ気体選択性を失う。特にクレーズ層がフィルム表面から裏面に達すると急激に気体透過係数が増加する。ナノボイド間の連結部分の直径は狭く,PPフィルムの場合で2から数ナノメータ程度である。この当初閉鎖されている通路は,0.2MPa程度の圧力を加えることで開放しその後はより低圧であっても気体が連続的に透過するようになる。ナノボイドは気体の圧力によりある程度伸縮しながら順次気体を運んでいると考えられる。

3.3 クレーズ複合高分子材料によるナノコンポジット

3.3.1 色素の複合

高分子にナノボイドを複合した直後の状態では,空気が満たされた空間でしかないが,他の材

料をナノボイド中に複合し，ポリマーナノコンポジットを得ることもできる。例えば，ナノボイド中が空気のときは，光の散乱が光学的異方性に寄与していたが，黒あるいは多様な色素を導入することで吸収波長面の効果を付与できる。顔料系のものはクレーズ層がフィルムターのように作用して溶媒のみが浸透するため，主に染料系を用いる。図4は黄色の色素をナノボイドに充填したフィルムについて，波長ごとに透過率の入射角度依存性を測定した図である。黄色の補色付近の400nmの波長の光に関しては，正面からの入射光の透過率がもっとも高く，斜めからの入射では急激に透過率が低下している。一方，他の波長の光では光の入射角度による透過率の変化がほとんどないことが分かる。このフィルムでは，特定波長で視界制御性を示しているため，正面から見るとほぼ無色だが，斜め方向から見ると黄色に着色して見えることになる。また，この時の黄色は透明性を持つが，散乱を残すことで不透明に着色することも可能である。

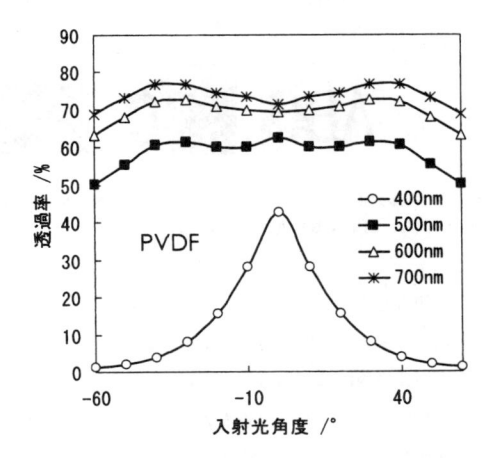

図4 黄色の色素を充填したクレーズ複合フィルムの光学的異方性
(このフィルムは正面からは無色，斜め方向からは黄色に見える)

3.3.2 導電性高分子の複合

固体粒子をナノボイド中に導入することは，ほぼ不可能である。そこで，ナノボイドにモノマーおよび触媒を順次導入し，空間をフラスコのように用いることで導電性高分子を重合し複合する[11]。ナノボイドにポリピロールを複合したフィルムの視界制御性について図5に示す。光の散乱を用いている限り，観察する対象物に視界制御性フィルムが接すると，まったくその効果が失われてしまう。これは，すりガラスに密着すると対象物が透けて見えてしまうのと同じである。しかし，ポリピロール複合クレーズフィルムのように黒色の吸収層を持つことにより，この問題

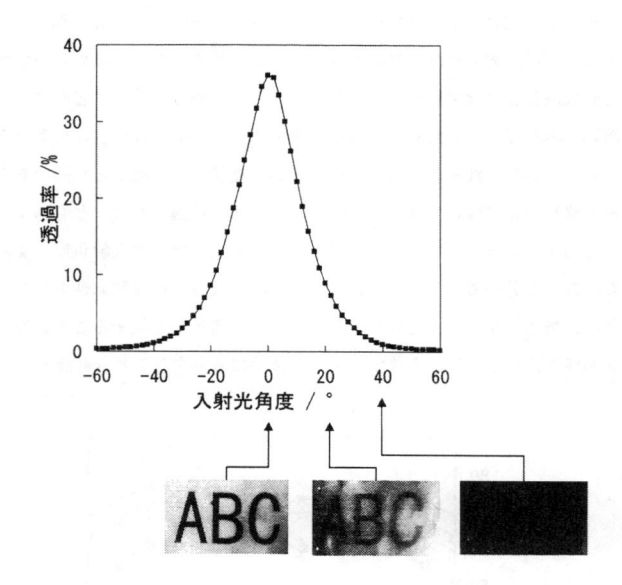

図5 ポリピロール／ポリフッ化ビニリデンフィルムの可視光透過特性
(下の写真は，対応する角度からフィルムを撮影したもの)

はなくなる。ポリピロールを複合したクレーズ層は，高い導電性を示す。そのミクロ構造の異方性に起因して，図6のように，フィルムの厚さ方向およびクレーズの長さ方向に高い導電性を示すが，クレーズ層を横切る方向には絶縁体である。ポリピロール複合クレーズフィルムの弾性率はオリジナルのフィルムより高く，フィルムに占めるクレーズ層の割合を考慮すると，その電気伝導度は粉末のピロールブラックをブレンドした場合に比べ，はるかに効率的である。

3.3.3 光触媒の複合

クレーズの発生は欠陥あるいは界面で優先的に生じる。そこで，酸化チタンを混合したフィルムにクレーズを複合すると，粒子の周囲をナノボイドが取り囲むように生じると考えられる。使用した酸化チタンは，表面に多孔質シリカ層を持ち，接触するマトリックス高分子を分解しないように配慮している。フィルムの表面に露出した酸化チタンのみが，光触媒として作用する未処理のフィルムに比べ，クレーズを複合したフィルムでは優れた光触媒作用を示す。クレーズは，酸化チタン粒子の表面に生じると同時に，フィルムの表面から裏面まで粒子間を繋ぐように貫通する。そのため，ナノボイドを介して酸化チタンは気体と大きな接触面積を持ち，フィルムを透過する気体は，その過程で浄化作用を受ける（図7）。

第5章　ナノ加工

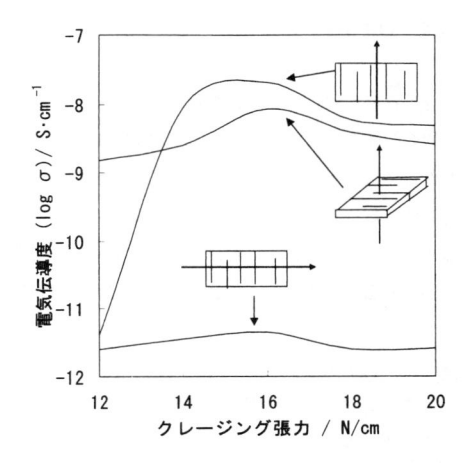

図6　ポリピロール／ポリフッ化ビニリデンフィルムの異方導電性[11]
（図中の複合フィルムの模式図は導電性を測定した方向を示している）

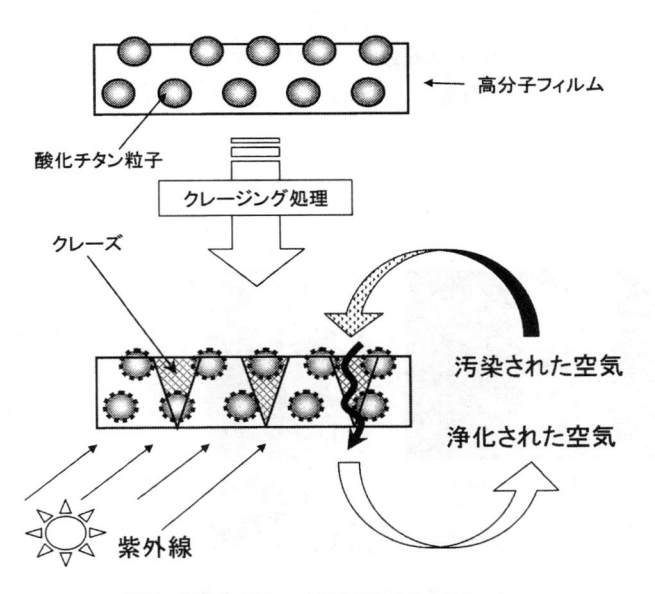

図7　光触媒／クレーズ複合高分子フィルム
（酸化チタンの周囲をナノボイドが取り囲む）

ナノファイバーテクノロジーを用いた高度産業発掘戦略

3.4 ナノボイドから生まれるミクロボイド（微細泡）
3.4.1 微細泡とナノボイド

次に，実際にクレーズ複合高分子材料を用いて実用化を行っている例について紹介する。図8左は，ポリプロピレンクレーズ複合フィルムを使用した市販製品の写真である[12]。基本的な構造は，小型手押しポンプ付きタンクと空気を水中に送り出す噴出し口からなり，噴出し部分にクレーズを複合したフィルムを使用している。小型のPETボトルほどのタンクに内蔵された手押しポンプを使ってタンクに圧力を溜め込むと，水中に設置した噴出し部分から数ミクロン〜数十ミクロン程度の霧のように細かい泡が染み出してくる。この状態で，無騒音・無電源で3時間前後の間，水中に空気を供給することができる。このミクロサイズの微細泡は，水中への滞留時間が長く，通常のエアレーションの泡に比べ表面積も格段に広い。そのため，わずかな空気量を供給することで水環境を維持できる。気泡の直径を決める因子としては，水の表面エネルギー，噴出し口の表面エネルギー，噴出し口の形状，水圧，空気圧および水温などがある。ミクロサイズの微細泡では，水圧だけでなく表面張力による圧縮も無視できず，水圧を1気圧としても微細泡の内圧は1気圧以上になる。気泡の大きさは，基本的には噴出し口の直径によって決まり，浮力により噴出し口から泡が切り離されることで微細泡となる。泡の直径が小さいほど表面張力により大きな圧縮を受けるため，一度膨らみ始めると一気に大きくなってしまう。そのため，必要な空気量だけ順次送り出し，できれば噴出し口が開閉すると都合がよい。これらは，クレーズによるナノボイドの特徴とよく一致している。大型化して活魚の運搬に利用するだけでなく，宇宙船内に設置し水生生物実験の水質管理に利用する検討もなされている。

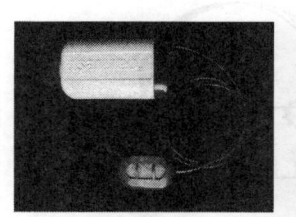

↑ 携帯用エアレーション
ポンプ付きエアータンク（53×80×170mm）
噴出し口（53×80×22mm）
一回の空気充填で，約2〜4時間微細泡を噴出

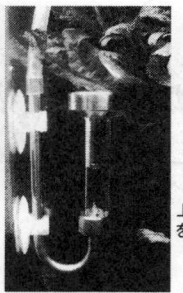

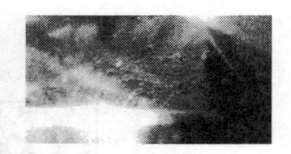

←↑観賞魚用二酸化炭素拡散器
上の写真は，左の写真の噴出し口付近を拡大したもの。

図8　クレーズ複合ポリプロピレンフィルムを用いて微細泡を発生させる製品の例
（株式会社　ナック）

第 5 章　ナノ加工

3.4.2　微細泡による産業発掘

　川や配水管など水に流れがある場合には，微細泡は 1 km 以上運ばれるそうである。この微細泡を試験的に水耕栽培の水に導入すると，トマト，キュウリ，枝豆などの成長に大きな効果があることが分かってきている。また，拡散範囲が広く低消費エネルギーであることから，自然環境の修復を行う試みも検討されており，劣悪な環境のカキの養殖場に設置して，生育環境の改善試験を行っている。この他，エアレーションの水流を問題にする稚魚の養殖や微生物の生育などにも効果をあげている。また，供給気体に酸素または二酸化炭素を用いることで，積極的に水質環境制御を行うことができる。すでに，二酸化炭素を供給する装置が観賞魚用として市販されている（図 8 中右）。微細泡の高い内圧は，効率的に二酸化炭素を水中に溶解できると考えられる。微細泡による二酸化炭素の供給により，40℃前後の水温下で遊離炭酸濃度が 800mg/l 程度に達するとの実験例もある。気泡による水面での泡立ちがほとんどないため，大気中への放散が抑制されていると考えられるが，この条件下での飽和溶解度が約 1 g/l であることを考えるとかなりの高濃度である。第一段階として人工炭酸温泉をはじめとする健康器具関連への応用が準備されている。ナノボイドから得られるミクロボイド（微細泡）は，産業への応用範囲が広いばかりでなく日常生活において身近なものが多い。すでに，国内外から泡の技術に注目が集まり，従来の気泡の概念を変えつつある。

文　　献

1) 高分子材料強度学，横堀武夫，成沢郁夫，オーム社
2) Lei Li and Albert F. Yee, *Macromolecules*, **36**, 2793(2003).
3) Jianwei Liu and Albert F. Yee, *Macromoleculues*, **33**, 1338(1999).
4) 武野明義，三輪　實，工業材料，**48**(4), 104(2000).
5) A. Takeno and M. Miwa. 高分子加工，**51**(4), 146(2002).
6) 特許 3156058(1994).
7) F. Noguchi, Y. Iwashige, A. Takeno, M. Miwa and T. Yokoi, *J. Adv. Sci.*, **13**(3), 382(2001).
8) Wu, *J. Polym. Sci. Polym. B. Phys.*, **27**, 723(1989).
9) A. Takeno Y. Furuse and M. Miwa, *Adv. Composites Mater.*, **4**(2), 129(1994).
10) A. Takeno, N. Nakagaki and M. Miwa, *Adv. Composites Mater.*, **7**(1), 35(1998).
11) 武野明義，吉村昌也，三輪　實，横井輝之，繊維学会誌，**57**(11), 301(2001).
12) 武野明義，三輪　實，コンバーテック，**361**, 42(2003).

4 レーザー加熱による超極細化技術

鈴木章泰[*]

4.1 はじめに

　新規な機能，高度な性能および新しい感性を備えた繊維を新合繊と総称し，その一つである超極細繊維は次世代新合繊として，幅広い応用が期待されている[1]。一般に，繊維は繊維径10μm（1デニール）を境にして2つに大別できる。衣料，インテリア，産業資材などに広く用いられる10μm以上の繊維と，それ以下の細い繊維である。細い繊維は細さの程度によって，8〜10μm（0.6〜1デニール）を極細繊維，8μm（0.6デニール）以下を超極細繊維，さらに3μm（0.1デニール）以下を超超極細繊維と称する。9000mの長さの繊維が1gのとき1デニールと定義され，1デニールの繊維の直径はおおよそ10μmである。ナノオーダーの繊維は0.001デニール以下であり，厳密には，繊維径を繊度に換算するには次式を用いる。

$$d = \left(\frac{3}{2}D\right)^2 \pi\rho \times 10^{-3} \tag{1}$$

　　D：円形断面の繊維の直径（μm）
　　d：繊度（デニール）
　　ρ：密度（g/cm^3）

　超極細繊維には，一般の繊維に無い特長がある。例えば，①柔軟性，②遮断性，③微細空隙，

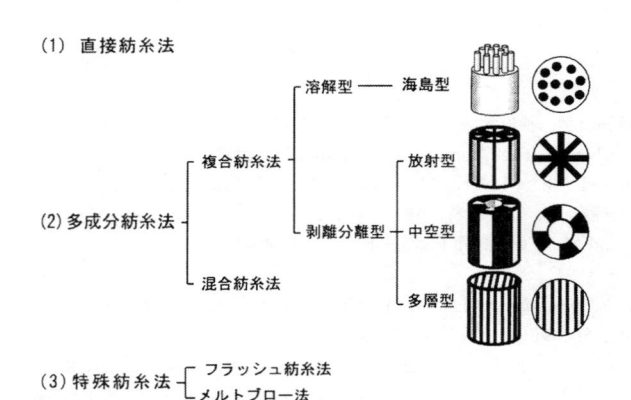

図1　現行の極細化技術

---

*　Akihiro Suzuki　山梨大学大学院　医学工学総合研究部　教授

第5章 ナノ加工

④低い曲げ剛性，⑤集中応力の分散，⑥小さい曲率半径，⑦単位重量当たりの大きな表面積，⑧大きなアスペクト比（繊維径と繊維長の比）などが挙げられる。現在，超極細繊維は直接紡糸法，多成分紡糸法および特殊紡糸法（図1）で製造されている。

4.2 現行の超極細化技術

4.2.1 直接紡糸法

　一般の紡糸法では極細繊維は得られない。しかし，ポリマー粘度を調整し，ポリマーが滞留劣化や不均一溶解すること無く，少量の溶融物を安定して均一に吐出できる口金を用いた直接紡糸法では，冷却速度を制御することで0.1から0.5デニールの超極細繊維が得られる。

4.2.2 多成分紡糸法

　多成分紡糸法には複合紡糸法と混合紡糸法があり，複合紡糸法はさらに溶解型と剥離分離型とに分けられる。

　溶解型では，まず，ポリエチレンテレフタレート（PET）とポリスチレンのように溶解性の異なる2種類のポリマーで芯鞘型繊維を作り，この繊維を多数引き揃え，ロート状の口金を用い，繊維径20μm程度のモノフィラメントとして製糸し，海島構造型繊維（高分子相互配列体繊維）とする。この繊維の海成分であるポリスチレンを溶解除去すると超極細繊維が得られる。この手法では，0.1μm（0.0001デニール）のナノファイバーを作製することができる。

　剥離分離型では，PETやナイロンなどのように相溶性のない2種類のポリマーを複雑な口金を用いて中空型，放射型あるいは多層型の剥離分離型複合紡糸繊維として紡糸する。この複合紡糸繊維を織物にした後，機械的な刺激や化学的処理によって2成分を剥離分離し，繊維を極細化している。

　混合紡糸法では，海成分の中に島成分が多数分散している混合紡糸繊維の海成分を溶解除去すると，フィブリル状の極細繊維が得られる。この極細繊維の直径や長さは不均一であり，高分子相互配列体繊維とは異なる。

4.2.3 特殊紡糸法

　メルトブロー法では，高速で押し出したポリマー融液を音速域の熱風で吹き飛ばし，細化した繊維をネットコンベヤで連続的に捕集し，繊維径1から3μmの超極細繊維を得る。この繊維径は不均一で，10cm程度の短繊維である。

　フラッシュ紡糸法では，結晶化速度が速い高密度ポリエチレンやイソタクトポリプロピレン（it-PP）などを溶剤に溶かして高速で吐出させることで溶剤を蒸発させ，超極細繊維を製造する。以上のように，現行の極細化技術は，大規模で高精度・高レベルな設備を必要とし，極細化できるポリマー種は限定され，得られる極細繊維の形状や特性は限られる。

4.3 炭酸ガスレーザー照射による繊維の超極細化

4.3.1 炭酸ガスレーザーによる超極細化の原理

炭酸ガス（CO_2）レーザーは，赤外領域の10.6μmに発振波長を有し，高出力で高効率であることから無機材料と金属材料では溶接，切断，穴あけや表面処理などに用いられ，高分子材料では切断，切削，表面改質および微細加工などに利用されている[7~10]。また，CO_2レーザーは繊維の延伸や熱処理にも利用され，CO_2レーザー加熱ゾーン延伸・熱処理法はPET繊維などに適応された[11,12]。

CO_2レーザーによる繊維の極細化では，レーザー加熱延伸時の印加張力の1/100から1/500の微小な張力を加えた繊維に，約5倍の出力のレーザーを照射すると超極細繊維が容易に得られる。この手法は，PET繊維のレーザー加熱延伸の条件を検討する中で見出された[13,14]。レーザー極細化では，一般のネック延伸で起こるネッキングとは異なり，特徴的な紡錘形のネックを生ずる。図2はレーザー照射したナイロン6繊維で観察された紡錘形ネックの顕微鏡写真であり，図3は極細化過程におけるレーザー照射部の経時変化を示す。これらの顕微鏡写真は，①レーザー加熱で溶融した部分のポリマー粘度が十分に低下し，②繊維に加えられている張力が微小であるために繊維が切断することなく，局所的に融解した部分が表面張力で球状になり（図3a），③粘度の低い球状の中央部から引き伸ばされるようにして大きく流動変形して（図3b），紡錘形ネックが生じたことを示す（図3c）。一般に，高分子材料の大変形では，分子鎖の配向を伴わない単なる流動であることが多い。しかし，微小張力下でのレーザー照射では，十分にポリマー粘度が低くなった状態から速いひずみ速度で変形が起こり，繊維がレーザーの光路を外れると急速に冷却されるため，この変形過程では分子鎖配向や配向結晶化が起きると考えられる。

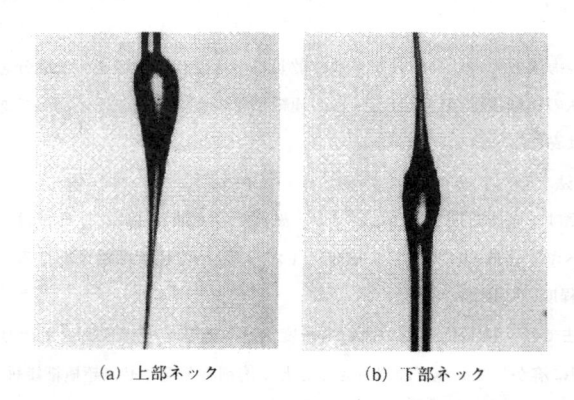

(a) 上部ネック　　(b) 下部ネック

図2　ナイロン6極細繊維のネック部の顕微鏡写真

第 5 章　ナノ加工

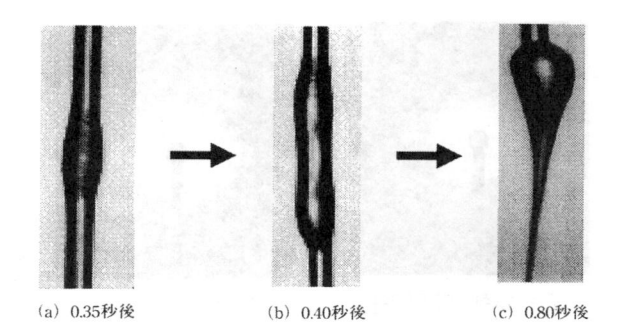

(a) 0.35秒後　　　(b) 0.40秒後　　　(c) 0.80秒後

図3　ナイロン6繊維のレーザー照射部におけるレーザー照射後の経時変化

4.3.2　PET，ナイロン6とitポリプロピレンの超極細化

　レーザーによる極細化では，一定速度で移動させた原繊維にレーザーを照射すると繊維径5 μm程度の極細繊維が容易に得られ，また，予め延伸・熱処理した繊維にレーザーを照射すると繊維径はさらに細くなる。表1は原繊維を延伸・熱処理したPET，ナイロン6とit-PP繊維にレーザーを照射して得られた繊維の直径，繊度，複屈折および繊維径から算出した延伸倍率を示す。3種の繊維はともに繊維径2 μm以下の超超極細繊維であり，全体の配向性を表す複屈折は高く，延伸倍率は約10,000倍にも達する。図4はゾーン熱処理繊維とゾーン熱処理繊維をレーザー照射して得られた超超極細繊維の広角X線回折写真を示す。ゾーン熱処理繊維では高度に配向した微結晶が存在し，超極細化した繊維でも配向した微結晶の存在を確認できる。このことは，レーザー照射による極細化過程で配向結晶化が起きていることを示す。また，PET超超極細繊維のヤング率は17.6GPa，強度は1.01GPaに達し，力学的性質は熱処理したPET繊維に匹敵する。

表1　各超超極細繊維の繊維径，繊度，延伸倍率および複屈折

繊維	繊維径 /μm	繊度 /デニール	延伸倍率[1]	複屈折 $\times 10^3$
PET	1.6	0.024	9539	173
ナイロン6	1.9	0.030	9895	46
it PP	1.8	0.020	51630	29

1：延伸倍率 = $(d_0/d)^2$　（d_0：原繊維の直径，d：超極細繊維の直径）

図4　PETゾーン熱処理繊維と超超極細繊維の広角X線回折写真

4.3.3 繊維の連続的な超極細化

　上述したレーザー照射による超極細化はバッチ式であるため，得られる繊維は1.5m程度の短い超極細繊維である．ここでは，繊維を連続的に超極細化する方法について述べる．

　連続的に極細化するための必須条件は，微小な張力（数百KPa以下）を精度よく安定して繊維に印加することである．通常，繊維の延伸や熱処理工程では，繊維供給速度と巻取り速度との速度比で生ずる張力を繊維に加えて延伸や熱処理する場合が多い．しかし，この手法では微小な張力を繊維に安定して加えることは不可能である．そこで，繊維を連続的に超極細化するために，図5の模式図で示すようなレーザー極細化装置を用いた．この装置は一定速度で繊維を供給する

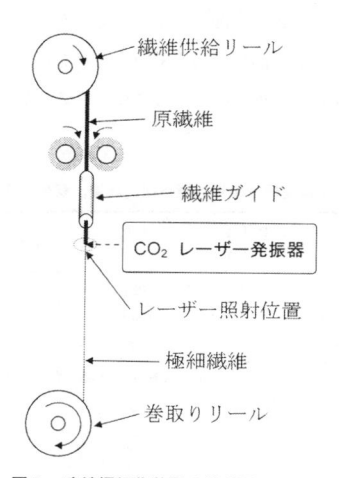

図5　連続極細化装置の模式図

第 5 章 ナノ加工

ための繊維供給部,連続CO_2レーザー発振器および繊維巻取部から構成される。この連続法では,一定速度で供給された繊維にレーザーを照射して極細化した後,得られたモノフィラメントの超極細繊維を800m min^{-1}から2,500m min^{-1}で巻き取ることができる。繊維を連続的に極細化するためには,レーザーの照射位置に繊維を安定して送り出し,一定出力のレーザーを照射することが重要である。

図6はPET繊維の極細化における繊維径と複屈折の巻取り速度依存性を示す。各繊維供給速度において,巻き取りが速くなるにつれて繊維径は細くなり,複屈折は増加する。0.30m min^{-1}で送り出された繊維にパワー密度17.8Wcm^{-2}のレーザーを照射し,2,100m min^{-1}で巻き取ると2.8μmのPET超超極細繊維が得られる。連続的な極細化はナイロン6やit-PP繊維も適用され,ナイロン6繊維では19.8 Wcm^{-2}のレーザーを照射して作製した3.2μmのモノフィラメントの超極細繊維を848m min^{-1}の速さで巻き取ることができる(図7)。このナイロン6超極細繊維の径は均一であり,繊維表面にはレーザー照射による劣化は観察されない(図8)。さらに,it-PP繊維でも3.5μmの超極細繊維を作製することができ,本方法を用いると,基本的には熱可塑性高分子から製糸された全ての繊維を超極細化することができる。

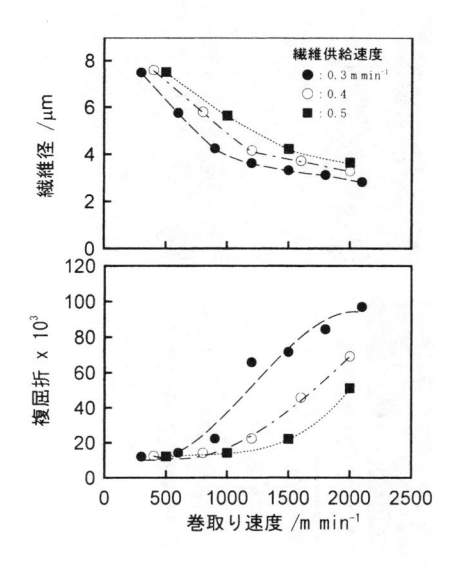

図6 PET繊維における繊維径と複屈折の巻取り速度依存性

図7　848m min⁻¹で巻き取られたナイロン6超極細繊維

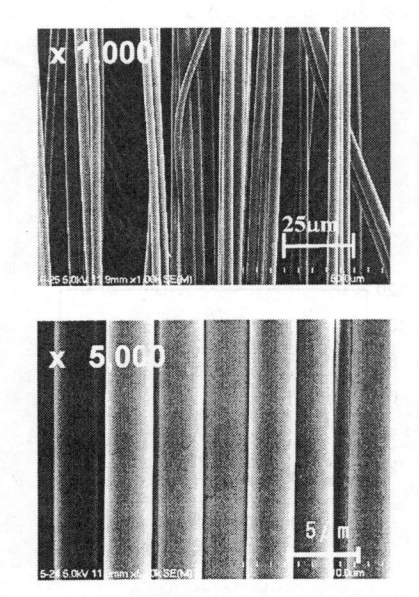

図8　ナイロン6超極細繊維の走査電子顕微鏡写真

第 5 章　ナノ加工

4.3.4　超超極細繊維の延伸・熱処理による超極細化

　連続的に極細化して巻き取ったPET超超極細繊維は延伸・熱処理することができ，この処理により繊維径はさらに細くなり，繊維の力学的性質，結晶性や配向性は向上する。表2はレーザー照射で得られた超超極細繊維，ゾーン延伸およびゾーン熱処理超超極細繊維の繊維径，複屈折と力学的性質を示す。ゾーン熱処理により繊維径は2.0μmまで細くなり，複屈折は0.234に達し，この値はPETの結晶固有複屈折（0.25）に近い。また，バッチ式で得られた超極細繊維と同様，広角X線回折写真から高度に配向した微結晶の存在が確認された。このゾーン熱処理超超極細繊維のヤング率は17.9GPa，引張強度は1.12GPaに達し，巻き取った超極細繊維をゾーン延伸・熱処理すると，現行の極細化技術では得られない高強度・高弾性率超極細繊維を作製できる。

　レーザー極細化法は，普通の繊維のみならず，中空糸やプラスチック光ファイバー（POF）などの極細化にも適用できる。例えば，it-PP中空糸にレーザー照射すると極細中空糸が得られ，POFはスキン-コア構造を保ったまま極細化される。このようにレーザーによる極細化では，"金太郎飴"のように元の断面形状を保持したまま様々な繊維の極細化を可能にする。

表2　ゾーン延伸・熱処理PET超極細繊維の繊維径，複屈折および力学的性質

繊維	繊維径 /μm	複屈折 ×10⁻²	ヤング率 /GPa	引張強度 /GPa	伸度 /%
PET超超極細繊維	2.8	97	2.5	0.24	208
ゾーン延伸超極細繊維	2.2	168	12.3	0.78	57
ゾーン熱処理超極細繊維	2.0	234	17.9	1.12	18

4.4　まとめ

　極細化の従来技術では適用できるポリマーの種類が限定されるのに対し，炭酸ガスレーザー照射による極細化は熱可塑性高分子から製糸された繊維，異形断面繊維や機能性繊維に適用でき，その応用範囲は広い。現在，レーザー照射による超極細化では2μm以下の繊維も得られているが，さらに，繊維の巻取り速度の高速化や得られた超超極細繊維の延伸・熱処理により力学特性に優れた無限長のナノファイバーの作製も期待できる。このレーザー極細化に用いられる装置は，現行の極細化設備に比べて極めて小規模な設備であり，少量・多品種の超極細繊維の作製に適している。

文　　献

1) 次世代繊維科学の調査研究委員会　編："新繊維科学"，p. 201，通商産業調査会（1995）．
2) 松井亨景，松尾達樹："高分子加工 One Point-1 ファイバーをつくる"，p. 16，共立出版（1992）．
3) 宮本武明，本宮達也："新繊維材料入門"，p. 106，日刊工業新聞社（1992）．
4) 中島章夫，筏　義人　編："ハイテク高分子材料"，p.71，アグネ（1986）．
5) 繊維学会　編："繊維便覧"，p. 49，丸善（1994）．
6) 伊勢史章：繊維学会誌，**54**，P-78（1998）．
7) 大津元一："入門レーザー"，p.146，裳華房（1997）．
8) 飯島徹穂，城　和彦，大竹祐吉："レーザー技術活用マニュアル"，5章，7章，工業調査会（1998）．
9) 池田正幸　他　編："レーザープロセスハンドブック"，1章，朝倉書店(1996)．
10) 電気学会　編："レーザアブレーションとその応用"，5章，コロナ社（1999）．
11) A. Suzuki, N. Mochizuki, *J. Appl. Polym. Sci.*, **82**, 2775(2001).
12) A. Suzuki, M. Ishihara, *J. Appl. Polym. Sci.*, **83**, 1771(2002).
13) A. Suzuki, N. Mochizuki, *J. Appl. Polym. Sci.*, **88**, 3279(2003).
14) A. Suzuki, N. Mochizuki, *J. Appl. Polym. Sci.*, **90**, 1955(2003).

5 構造色

渡辺順次[*]

5.1 はじめに

　色は通常，ものの属性のひとつとして語られる。そしてそれは，一般に，ものの成分である化合物の光に対する吸収により生じる。染料はこうした考えに基づいて植物や動物から抽出され，利用されてきた。そしてその人工合成が近代化学産業の幕開けとなったといっても過言ではない。その成功があまりにも目覚しく，日常生活のあらゆる局面に深く浸透しているため，色は一般に化合物の化学的性質とみなされる場合が多い。しかし自然がつくりだす色彩美は，色のもう一つの姿，形と結びついた"構造色"[1]を私たちに教え，心和ませる。抜けるような空の青さ，深い海の碧，雨上がりの虹，そこには染料は存在しないが，自然は色に満ち溢れている。生物界もしかり，真珠の光沢，孔雀，玉虫，モルフォチョウの翅そして魚の体表など色とりどりである。これら自然の中で見られるさまざまな色は，確かに，忙しい私たちにやすらぎの時間を与えてくれる。

　化石の調査によれば，今から5億年も前のカンブリア紀の動物にすでに光の波長程度の周期構造が見られ，構造色を作り出していることがわかっている。最も著名なのが，Rainbow Ammonite（約7100万年前）で，見事な虹色の輝きを示す。おそらく，染料による色はこれより後の分子進化の産物であり，むしろこの構造色が生物に色覚の発達を促したと思われる。ダイヤモンドや真珠，玉虫の翅の色を始め，われわれが輝く色合いに限りなく魅せられてしまうのは，太古の構造色への本能的な郷愁によるものかもしれない。それにしても，多くの人々が構造色に興味を持ち研究を行ってきている。その代表としてマイケルソン－モーレイの実験で有名なマイケルソンやレイリー散乱で有名なレイリー卿などがあげられる。また，筆者が昨年訪ねたインドのラマン研究所の博物館には，真珠の成長に心を奪われたラマン卿の思い出の収集品が陳列されていた。このように，構造による色に対しては古今東西，芸術家・研究者を問わず，一般の人々の熱い眼差しが注がれ，その収集また模倣が手がけられてきた。

　構造色の源は，物理の言葉で言えば次の四つの現象に帰せられる。回折，屈折，干渉，散乱であり，現代科学の先端ナノ技術でもなかなか実現できないような微細なナノ構造に基づく色である。ここでは決して光を吸収したり，放出したりはしない。いわゆる今ある光の本質を変えず，単に分光するという操作だけを行っている。簡単といえば簡単だが，だからこそ自然にやさしい色となる。

---

[*] Junji Watanabe　東京工業大学大学院　理工学研究科　有機・高分子物質専攻　教授

5.2 発色のしくみ

どのようなナノ構造で発色しているの？ その微細な構造そして発色のメカニズムについては現在の優れた解析装置で徐々に解明されてきている。例えば，モルフォチョウの翅の鱗粉には，0.7μm間隔の多くの筋が並び，そのひとつひとつの筋にも0.2μm間隔の棚が作られている（図1）。それぞれの筋の高さは不規則で，単純な干渉だけではなく，モルフォチョウ独特の強いブルーを生み出すと言われている。孔雀の羽は，メラニン色素の微粒子（実際は軸比の小さい棒状粒子らしい）が積み重なった一種の微粒子結晶からなり，また熱帯魚のネオンテトラの体表の色は，細胞の中にグアニンの平板結晶が積層され，細胞を一時的に収縮，膨張させることで反射光の波長を変える。甲虫の翅の色も多層周期構造によるものであり，その周期は棒状分子のらせん配列により生み出されている。オーストラリア近海に住むウミウシは，無数のキチン質のひげ状繊維で覆われており，その繊維方向に光の波長サイズの孔がハニカム状に規則的に配列した構造を持ち，美しく輝いている。といった具合に，解析は着実かつ精密に進んできている[1]。

5.3 構造色の意義

それにしても，自然界の構造色は光の波長程度の微細な構造，規則性と不規則性の共存，構造色と色素の協調などいろいろな組み合わせで，独特の色合いを出している。構造色はいろいろな

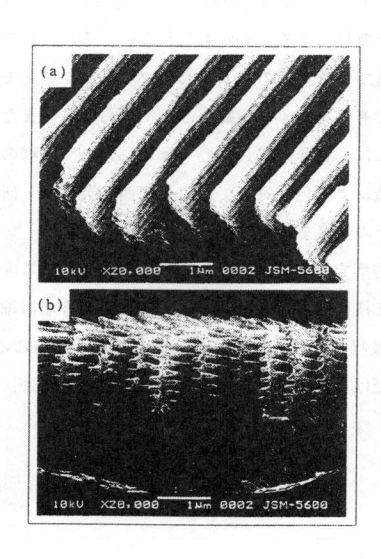

図1 モルフォ蝶の燐ぷんの切断面の電子顕微鏡写真

第5章 ナノ加工

側面からその研究の意義と今後の発展を占うことができる。

まず，波長より小さい規則構造ということでは，現在盛んに研究されているフォトニクス技術と対比させることができる。構造色もフォトニクスも，ともに光の波長より小さい規則構造という点において基盤を同じくしている。すなわち，構造色の色はフォトニクス結晶で言うフォトンギャップに相当する光が結晶中には入れず反射していることになるが，厳密な意味でのギャップではなく，一次元あるいは二次元のホトニクス結晶であり，特定の方向からの光に対してその反射も不完全である。フォトニクス技術が半導体開発の初期のころと同様に純粋な結晶を作りそれに不純物（欠陥）をドープするという過程から進んでいるとすれば，自然が作り出す構造色のほうは始めから視覚を意識して不規則性を積極的に取り入れている点で大いに異なっている。例えば，上述したモルフォチョウがそうであるし，またある種の昆虫は，積層構造による光の選択反射であるにもかかわらず，あまり顕著な視野角依存性を示さない。これは，生物が不規則性を明らかに知覚し，利用していることを意味し，種の保存や擬態とも関係して興味深い問題を与える。また一方このことは，人間の視覚に訴えるという点とも共通するため，いかに目にやさしく，しかも注目される対象あるいは製品を作るかという，視覚に関するさまざまな産業（繊維，化粧品，塗料，表示，装飾品など）ともますます関連を深めていくことになる。

一方，構造色を別の角度から見ると，"いかにその微細な構造ができたのか"という問題に突き当たる。これはある意味では，我々が最も知りたいところのものであり，生物学的には発生や進化の過程でどのように構造が発生するかという問題にもつながる。また，もう少し物理的に見ると"非平衡系あるいは複雑系での秩序形成"とまったく同じ問題となることがわかる。すなわち，対流や結晶，液晶成長，相分離，ゲル化などの多くの現象と共通点を持つわけである。このように，液晶，ゲル，コロイド，相分離，有機・無機複合材など，さまざまなソフトマテリアルの学問分野と深く相関してくることになり，この問題の解決がソフトマテリアルとしての材料創成技術そのものを確立することにつながる。さらに生物に学ぶべきことは，ナノ構造を十分大きなサイズで，再現性よく作り出していることである。一般に，ナノ構造はナノレベルのサイズでしか持続長を持たないというケースが多く，それを利用するには，実効的なサイズを得るという大きなバリアを超えなければならないのが現実である。しかし，彼らは平然と微視的，巨視的構造を作り上げている。これはある意味で生物に学ぶべきもっとも重要なことであると思える。

材料創製を省資源，省エネルギー的に行う。これが近年要請されている必要条件だとすれば，まさに生物が作り出す構造色はその典型的なものである。彼らは，くどいようだが，何も際立った，神がかりなテクニック（ゴッドハンド）を使っているわけではない。DNAをゴッドハンドとすれば，それの直接的な関与は基盤となる分子の構築，成分設定のみであり，あとは自然の摂理，物理・化学の原理にのっとって構造が構築されている。この事実は疑いもなく，構造色創成

に向けて我々に大いなる自信を与えるものである。

5.4 構造色の研究

　構造色の研究は，生物学，化学，物理学にわたる多くの横断的なテーマを含んでいるのも特徴である。生物学の立場からは，生物学的に発生や進化の過程でどのように組織構造あるいは周期構造が生じ，光と相互作用してきたのか，また生命現象と関わるどのような生物機能を獲得してきたのかという問題につながる。物理学の立場からは，その異様な形に着目すれば，非平衡あるいは複雑系での秩序形成と同質の問題にぶつかるし，全く整然とした周期性に着目すれば，純粋に平衡での構造秩序形成の問題ともなる。そして，化学者の立場からは，構成分子はどのような化学構造をもち，どのような高次構造を構築し，どのような機能を持ち合わせているかを理解しようとする。またその相関を解き明かし，最も単純な化学成分系で，自発的構造発生（ボトムアップ型）による疑似構造色材料の創製を可能にする方法を議論する。このようにいずれの分野でも，興味あるテーマを含んでいるが，それとともに各分野での独立した研究では解きほぐせない複雑な要素も含んでおり，横断的なつながりが絶対的に必要であると言える。

　具体的に，横断的な相互の理解でこれまで成功裡に遂行されてきた研究例を挙げて説明しよう[20]。筆者らによる昆虫の翅の色に関する研究である。例えば，図2を見ていただきたい。カナブンを，円偏光子に通して観測したものである。右円偏光子では変わらず光輝いている（図2左側）が，左円偏光子に通すと全く彩色は消えてなくなり（図2右側），その金属色に似た輝きが円偏光の選択反射によるものであることを知る。このような円偏光の反射特性は，分子のらせん凝集構造によってのみ生み出される。そしてらせん構造を形成し得る場は，唯一コレステリック液晶のみである（図3参照）。実際，生体組織体を形成する基本高分子，タンパク質，キチン質，セルロースのいずれもが棒状形態でかつ光学活性であり，コレステリック液晶を形成する能力がある。またそのことは後述するように実験室的にも確かめられてきている。おそらく，細胞内で合成さ

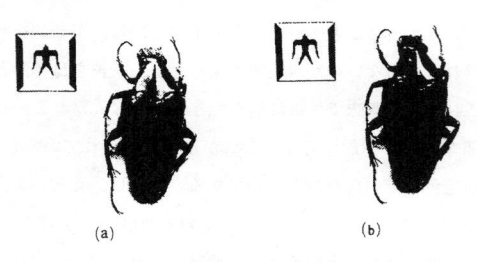

(a)　　　　　　(b)

図2　円偏光子を通して見たカナブン
　aは右円偏光子を通して，一方bは左円偏光子を通して見たものである。

第5章 ナノ加工

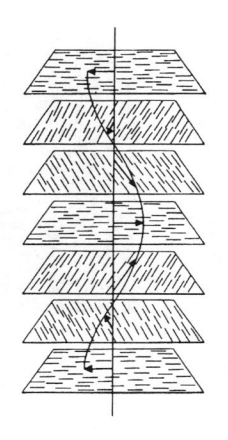

図3 光学活性棒状高分子が形成するコレステリック液晶
棒状高分子は，一つの薄層内ではネマチック一軸配向をしており，隣接層は相互に一定方向に，一定角ねじれている。一般にねじれ角は数分から数度であり，らせん1ピッチ内には数千から数百のネマチック層が含まれることになる。

れた生体棒状高分子は，細胞外で濃度を高めコレステリック液晶を形成し，らせんピッチを減少させながら固体組織構造へと推移していき，最終的にらせん構造を残してきたと推論するに足るものである。

　生物学を志向するグループがこの確信に満ちた探索を行い，コレステリックらせんが多くの生体種において，フィルム状，繊維状の組織構造部位に存在するという事実を広く知ることとなった（図4）[3]。上記の昆虫の翅はまさにその代表的なものである。また，生物学者は"らせん構造はどのように機能しているか？"という疑問にも答えてきている。彼らは，博物館にある昆虫をつぶさに調査した結果，砂漠に生息する昆虫の表皮は赤外光を反射する特性を持つという興味ある結果を得て，熱線から体を守る保護膜となっていると推論している。

　また，コレステリックらせん層，ネマチック一軸配向層，コレステリックらせん層といった三層積層構造を持ち，本来，右あるいは左円偏光しか反射できない単純コレステリックフィルムを，$\lambda/2$板（ネマチック層）を中間に挟み，全反射系に変えている（図5）。目と光の相関も論じられており，鳥の目の角膜はコラーゲン繊維，また昆虫の複眼レンズはキチン質のフィブリルからなるらせん構造を持ち，円偏光を認識し，ナビゲーションの方位を決定したり，種の判別を行ったりする分光器となっていると考えられる。またある種の昆虫は蛍光物質を含み，らせんピッチと等しい蛍光波長の光を強く発光しているとも言われている。まだ想像の域を超えたものはない

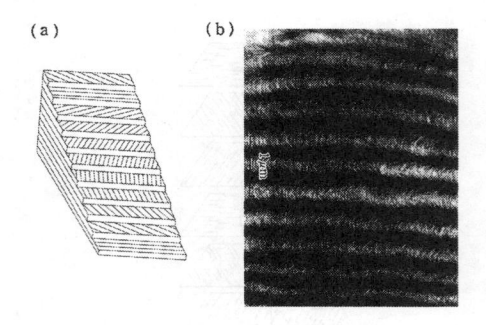

図4 (a) には, コレステリックらせんを斜めに切った切り口における分子配列と分子の配向の軌跡を示すアーク状の周期パターンを示す。また (b) には, その実例として, なしの石状細胞の斜め切断面に見られるアーク状組織の電顕写真を示す。

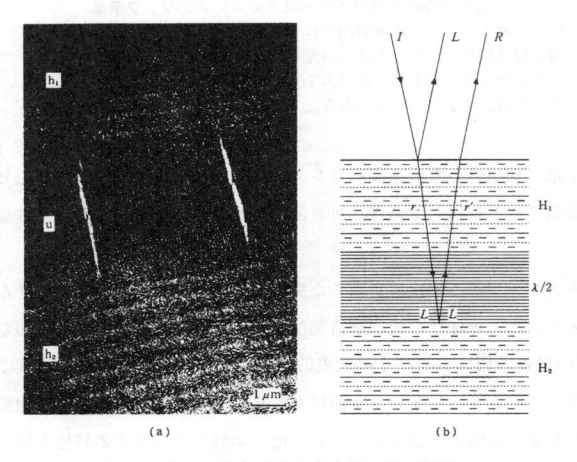

図5 昆虫の羽の表皮層の電顕写真
コレステリック層, ネマチック層, コレステリック層の三層構造からなり, 右に示すように光を全反射できる仕組みになっている。Lは左円偏光, Rは右円偏光を示す。

が, 光学特性が生体機能と相関していることを伺うに十分な証左を提供してきている。

一方, 化学グループは多種の光学活性液晶高分子素材 (ポリペプチド, セルロース, ポリシラン, ポリエステル等) を用い, モノドメインのコレステリック液晶を固化 (あるいはガラス化) する方法で, "玉虫に似て玉虫を超えた"美しいカラーフィルムを作成し (図6), 生体系におけ

第5章 ナノ加工

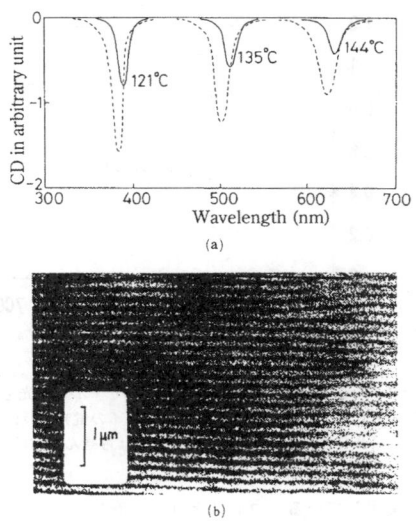

図6 (a) ポリペプチドのサーモトロピック・コレステリック液晶を急冷して得た固体フィルムの円偏光の反射スペクトル（点線）。この円偏光の選択反射のため、フィルムは玉虫の翅に似た光沢を示す。なお、標記温度は、固体へ急冷する前の液晶の温度を示す。実線は、液晶状態でのスペクトルを示す。
(b) コレステリックフィルム面に垂直に切り取った薄片のTEM電顕写真を示す。らせん周期に由来する縞状模様が、均一に膜面に平行配行したものドメインらせん構造を見ることができ、分子の自己凝集の精緻さを見事に見せる。

らせん構造形成のメカニズムの正しさを実証するとともに、その光学特性を利用した応用を探索している[4]。問題は、社会的、産業的ニーズに応えるために、いかに安価で優れた光学素材を提供できるかにかかっている。そして、高分子素材の物性(耐熱性，耐光性)とそのコレステリック液晶特性(らせんピッチの大きさ，その温度依存性，らせん構造の相関長，ガラス化温度)に関する基盤データをもとに、社会的，産業的ニーズに対する適材適所の光学機能素材を作り上げてきた。そのニーズとして、プリントカラー素材，バンドパスフィルター，赤外，紫外カットフィルター，液晶ディスプレイの光位相差板などがあり、これらの応用開発は現在まで着実に進行してきているし、光位相差板に関してはすでに工業化され、上市されている[5]。

近年，さらに新規で重要な試みとして、コレステリックらせん周期構造を利用し、半導体レーザの分布帰還キャビティと類似な構造をもつ分布帰還型レーザを設計しょうとする動きがある[6]。半導体の場合には、活性層に平行な基板に周期格子を形成し、発生した光をこの周期構造によっ

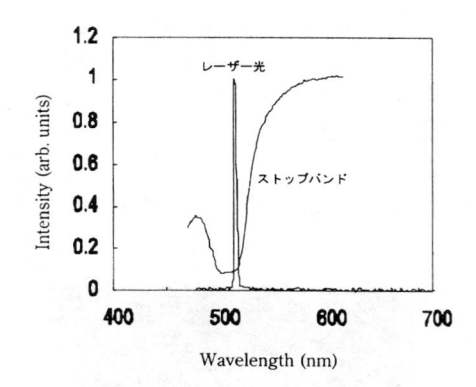

ナノファイバーテクノロジーを用いた高度産業発掘戦略

図7 蛍光ダイを含むコレステリック膜にレーザ・ポンプ光を照射すると，コレステリック反射バンド（点線）とダイの蛍光波長が一致する波長でレーザ発振する（実線）。発振方位はらせん軸方位である。

て反射させ，分布帰還を実現している。コレステリック液晶の場合にはらせん周期により光を選択反射する。もし，このコレステリックらせん構造中にレーザ色素をドープし発光させ，その発光波長域に選択反射波長が重なっている場合は光の閉じこめ増幅が起こり，反射帯のエッジでレーザ発振する（図7参照）。このようにして，外部ミラーを用いず共振器を内在しているコレステリック固体を用いた分布帰還型レーザが実現できる。光を有効に閉じ込めるためには数ミクロンの厚さのフィルムで十分である，いかなる周期のらせん構造も自在に調整でき，そして大口径であるなど，有機材料に特化した応用展開が可能なレーザ発振器を創製できるものと期待されている。玉虫がレーザ発振する！　こんな夢がもう実現できるところまできている。

文　　献

1) O plus E（**23**, 3, 2001），繊維学会誌（**59**, 2, 2003）での構造色の特集を参照
2) 渡辺順次，液晶，**5**, 50（2001）
3) A. C. Neville, "Biology of Fibrous Composites", Cambridge University Press, 1993
4) 幸正弘，渡辺順次，高分子，**47**, 742（1998）
5) 豊岡武裕，小堀良浩，液晶，**4**, 159（2000）
6) 竹添秀男，星肇，チョン・ドーハン，機能材料，**20**, 58（2000）; H. Takezoe, et al., J. Appl. Phys, **94**, 279（2003）

第6章　ナノ計測

1　走査プローブ顕微鏡

佐野正人*

1.1　走査プローブ顕微鏡

　1982年，ビニッヒとローラーによって走査型トンネル顕微鏡（Scanning Tunneling Microscope，STM）が発明された[1]。STMにより，初めて実空間で原子を直接観察することができるようになった。続いて1986年には原子間力顕微鏡（Atomic Force Microscope，AFM）が開発され[2]，STMで必要とされた試料が導電体である制限がなくなり，応用範囲が急速に広がっていった。これらの顕微鏡に代表される走査プローブ顕微鏡は，尖った形状の探針（プローブ）をサンプル表面に近づけたときに両者の間に生じる相互作用を検出する。顕微鏡には，その検出した値を一定に保つようにプローブと表面間の距離を制御するフィードバック機構が組み込まれており，平均距離を一定に保ちながら表面をなぞることができる（よって，探針と試料表面の衝突を避けることができる）。表面上の各点でのフィードバックされた距離（もしくは物理量）の変化をコンピュータ処理することで，相互作用を反映した表面間の画像が得られる。例えば，STMでは，金属細線をプローブとし，金属線と導電性表面の間に電圧（数ミリ〜数ボルト）をかけたときに流れるトンネル電流（数ピコ〜ナノアンペア）を検出する。このときのプローブと

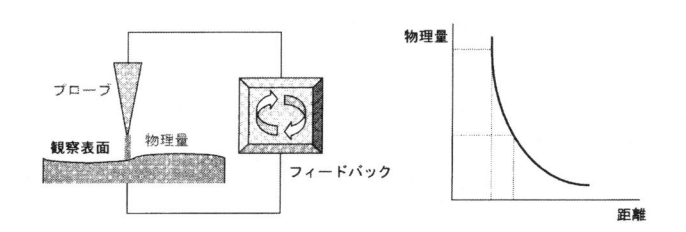

図1　プローブ顕微鏡のしくみ
表面とプローブ間の相互作用に由来する物理量を検出して，それが一定になるように距離を制御するフィードバック機構がある。一般に，物理量は距離に大きく依存するので，物理量を一定にすることは，距離を非常に精度よく制御する結果となり，原子分解能も可能となる。

---

*　Masahito Sano　山形大学　工学部　機能高分子工学科　助教授

表面の距離は，おおよそ0.1〜数nm程度である。トンネル電流を一定に保つようにフィードバックさせながら表面をなぞると，表面近傍の電子構造をイメージングすることができる。AFMでは，カンチレバーと呼ばれる，細長いバネの先端に曲率半径が数十nmにまで先鋭化されたシリコン製の針を取り付けた加工針をプローブに用いる。ファンデルワールス相互作用などのような針と表面間の力（数十ピコ〜ナノニュートン）をバネの反りとして検出している。主に，表面形状や摩擦特性などをイメージングする。

　AFMの登場の後，プローブの種類やフィードバックの操作を変えることで様々な物理量の検出を行う顕微鏡が次々と開発された。これらの「AFM誘導体」をまとめて走査プローブ顕微鏡（Scanning Probe Microscope, SPM）と呼び，個々の顕微鏡には検出する物理量を基に名前が付けられている。表1に，その代表的なものを示した。

表1　走査プローブ顕微鏡ファミリーの一例

名　　称	検出される物理量	試　料	特　徴
Scanning Tunneling Microscope	トンネル電流	導電体，薄膜	原子分解能
Atomic Force Microscope	ファンデルワールス力 化学的相互作用	ほぼ制限なし	分子分解能 表面加工
Magnetic Force Microscope	磁力	磁性体	サブミクロン分解能
Electrostatic Force Microscope	静電力	誘電体	サブミクロン分解能
Scanning Near-Optical Microscope	光特性	光応答性，発光体	サブミクロン分解能

　分解能は，プローブの先鋭化技術，および，検出する物理量の距離依存性でほぼ決まる。また，同じ顕微鏡であってもフィードバック操作法の違いにより，様々なモード（例えば，STMでは，定電流モード・定距離モード，AFMでは，コンタクトモード・ノンコンタクトモードなどがよく応用される）で走査できる。さらに，例えば，AFMの探針に金属コーティングを施すことでトンネル電流も検出可能にしたAFM/STMハイブリッドなどもある。それぞれに長所・短所があり，詳細は専門書を参照していただきたい。

　また，SPMは「見る」だけでなく，プローブを大工道具のように使って，試料表面を加工したり，表面に弱く吸着している分子を任意の位置に動かしたりすることもできる。特に，AFMは全ての物質に作用するファンデルワールス力を検出するので，異なる性質をもつ化合物が混ざった試料（例えば，金属表面上に置かれた有機物絶縁体）に有効である。

　これらの顕微鏡を使い，ナノファイバーを観察した例は膨大な数に及ぶ。最近の例を挙げると，AFMによるシクロデキストリンナノチューブ[3]やデンドリマーナノファイバー[4]の観察や，AFM/STMによるV_2O_5ナノファイバーの導電特性の評価[5]，EFMによる有機芳香族ファイバーの分子配向の研究[6]などがある。また，金の微粒子[7]やナノロッド[8]を表面に並べた報告もあ

る。これら多くの報告例の中でも注目されるのがカーボンナノチューブ（CNT）である。CNTは，原子レベルの観察により構造が詳細に評価されただけでなく，SPMの探針としても研究されている物質であるので，本稿ではCNTに焦点をあてる。

1.2　カーボンナノチューブの分子構造と物性

　カーボンナノチューブ（CNT）は炭素の六員環からなるグラフェンシートをつなぎ目がないように円筒状に巻き，両末端を五員環を含むキャップで閉じた構造[9]をしている。直径はおよそ1〜数十nm，長さは直径の100〜1000倍以上ある。1枚のグラフェンシートが巻いたCNTを単層CNT，何枚ものシートだと多層ＣＮＴと呼んでいる。グラフェンシートを円筒状に巻くと，同じ繋がり方をした六員環の列がらせん状に円筒を巻き上がる。CNTのキラリティは，らせんのピッチや円筒の直径が巻き方により異なることで発現する。このキラリティに依存して，CNTは金属にもなり，半導体にもなる。バンドギャップもキラリティに依存する。

　さらに，CNTは，非常に優れた力学特性を持つことでも知られる。六角形の基本単位からなるsp^2炭素が全長に亘って共役している構造は，軸方向に強固な性質を与えると期待される。実験によるとヤング率は1TPa，引っ張り強度が100GPaにも達する結果が報告されていて，小さな密度を考えると重量あたりでは鋼鉄よりも強い素材である。また，硬い物質にありがちな壊れやすさがなく，CNTに力を加えるとバネのようにしなり，力を抜くと元の形に戻るという特徴がある。

1.3　SPMによるカーボンナノチューブの構造解析と物性評価

　現在のところ，キラリティや直径を制御して，同一構造を持つCNTだけの生成や分離はできていない。すなわち，全てのCNTサンプルは，様々な構造を持つCNTが混合したものである。それでもなお実験が可能なのは，任意のCNT一本だけを選択し，そのCNTの構造や物性が評価できる走査プローブ顕微鏡が存在するからに他ならない。

　まず，STMにより原子分解能で単層CNTを観察し，その観察した単層CNTの電子特性を測定することで，キラリティの存在とバンドギャップや直径の依存性が確認された[10]。その後，AFMで故意にCNTを曲げたために起こる電子構造の変化[11]，単層CNT末端の欠陥構造[12]，短い単層CNTに閉じ込められた波動関数の定常状態の確認[13]，CNT内部に金属フラーレンを内包した単層CNTの電子構造など[14]，原子分解能のイメージングと電子特性評価の研究が多くなされた。一般に，STM像はフェルミ面近傍の電子構造を反映するため，解析が複雑になり，画像の認識が困難になる場合が多いのであるが，グラファイトの構造に似た単層CNTは理論計算が可能であり，幾何学的な対称性もよいので，研究が短期間で進展した。

　単層CNTの大きさは，直径1〜2nm，長さ数μmなので，高さ方向にサブナノメータの分解

能を確保しながら横方向に数百ミクロンの範囲で観察できるAFMは，CNTの形状やその集合体の構造評価に適している。例えば，図2は溶液中で化学修飾して環状になった単層CNTのAFM像である[15]。図から，円周の長さが2μm程度の輪が簡単に観察できる。多くの画像から輪の大きさの統計をとることで環化確立を求め，単層CNTの溶液中での硬さの評価がなされている。また，図3は，デンドリマーと呼ばれる球状の高分子を芯にして，その表面に放射状にCNTを化学結合させて得られた集合体のAFM像である。絶縁体のマイカ表面に吸着されているのであるが，走査型電子顕微鏡などと異なり金属コーティングが必要なく，そのままの状態で観察されている[16]。

CNTをポリマーと混ぜると，両方とも炭素原子からなる物質のため透過電子顕微鏡などではCNTを観察できない。そこで，MFMを用いると，磁場に反応するCNTは，反応しないポリマーと異なるコントラストでイメージングできるので，コンポジット材料中のCNTも観察できる[17]。

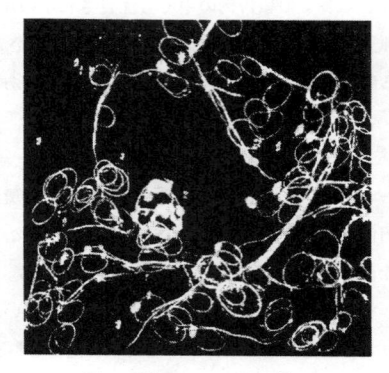

図2　環状CNTのAFM像[15]
スケールバーは2μm

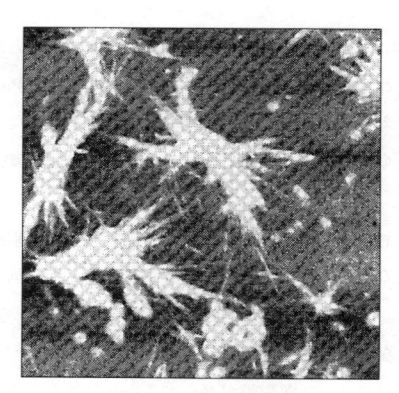

図3　放射状CNTのAFM像[16]

さらに，AFMでは，探針に働く力を精度よく検出したり，逆にナノメータレベルでサンプルの任意の位置に力を加えることができる。AFMと固体基板の間にCNTを固定し，ひっぱり実験を行うことでCNTの力学特性が評価されている[18]。また，ポリマー中に押し込まれたCNTをAFMにより引っ張り出すことで，CNTとポリマーの接着力の評価もできる[19]。

1.4　カーボンナノチューブ探針

AFMやSTMといったプローブ顕微鏡に共通して望まれる探針の性質として，鋭く尖った先端

第6章 ナノ計測

を持ち，硬くて，しなやかで，軽量であることが挙げられる。さらにSTMでは，探針は良好な導電性を持たなければならない。これらの特性から，分解能を上げる，サンプルの損傷を抑える，衝突の際の探針の破損を抑える，探針の汚染を防止するなどの効果が期待できる。CNTの物性は，まさにこれらの要求に応えるものであり，1996年には通常のAFMカンチレバーに多層CNTを接着した探針が報告された[20]。その後の研究では，曲率半径が3〜9nm程度のCNT探針が作製され[21,22]，シリコン製探針にくらべ20%以上シャープな画像が得られている[23]。

　AFMで有機物やバイオ系のサンプルを観察する手法として非接触モードがあるが，これは探針を共振させることで，サンプル表面から離れた位置に探針を保持しながら走査できる特徴がある。一般に，探針とサンプル表面の距離を短くしていくと，その間の引力が増大する。探針のバネ力が表面からの引力に打ち勝てなくなったとき，探針は表面に引き寄せられ瞬時に接触し，サンプルの損傷が起こる可能性がある。CNT探針の場合では，長いCNTほど遠距離で接触が起こる[24]。また，熱によるゆらぎは長いCNTほど大きい。結果として，直径が小さいCNTほど短いものしか探針としては実用的でなくなるので，AFM探針の場合は多層CNTが頻繁に用いられる。

　これまでの研究は，CNTのAFMカンチレバーへの固定法に重点が置かれている。1本のCNTを，カンチレバー光反射面に対して垂直方向に，強固に固定するのが望ましい。CNT特有の強いファンデルワールス相互作用により，CNTをカンチレバーに接触させるだけで付着できるが，この操作は電子顕微鏡などによる個々の探針の直接観察が必要となる[25]。カンチレバーにCNT生成に使われる鉄などの金属触媒を付着させ，CNTを直接カンチレバーに気相成長させる方法[22]では，量産化は可能であるが，CNTの位置制御が難しくなる。

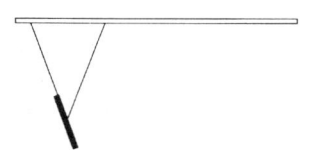

図4　AFMカンチレバーの先端に付けられたCNT探針の模式図

既に市販品があるが，今後は，さらに低価格化が期待される。

　応用例としては，化学修飾CNT探針がある。CNTの構成元素は炭素なので，CNT末端を有機化学的に処理することができ，親水・疎水性や水素結合などに基づいた化学的相互作用を検出することができる[26]。多くの場合，酸処理してカルボン酸を導入したCNTを探針に取り付けた後，このカルボン酸を化学的に修飾して目的とする官能基を導入している（図5）。以前から，シリコン製探針にシラン処理などを施して化学的相互作用を研究した例が多く報告されているが，化学修飾CNT探針を用いることで分解能の向上がみられている。

1.5　おわりに

　ナノファイバー，特にCNTについて，走査プローブ顕微鏡に関する研究をみてきた。ナノファ

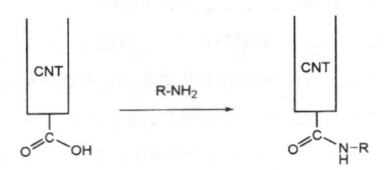

図5 CNT探針の化学修飾の例

イバーと走査プローブ顕微鏡は，ナノメータスケールの物質とナノメータを観察する装置という，互いの特性を最大限に活用できる相補関係にある。今後も，この関係を最大限利用することで，新規ナノファイバー物質の発見とその構造解析や物性評価，さらに，まだ検出されていない物理量に基づくSPMの開発など，ナノテクノロジー研究への展開が大いに期待される。

文　　献

1) G. Binnig, H. Rohrer, Ch. Gerber, E. Weibel, *Phys. Rev. Lett.*, **49**, 57(1982).
2) G. Binnig, C. F. Quate, Ch. Gerber, *Phys. Rev. Lett.*, **56**, 930(1986).
3) T. Shimomura, T. Akai, A. Abe, K. Ito, *J. Chem. Phys.*, **116**, 1753(2002).
4) D. Liu, S. De Feyter, P. C. M. Grim, T. Vosch, D. Grebel-Koehler, U. M. Wiesler, A. J. Berresheim, K. Müllen, F. C. De Schryver, *Langmuir*, **18**, 8223(2002).
5) C. Gómez-Navarro et al., *Nanotechnology*, **14**, 134(2003).
6) T-Q Nguyen, M. L. Bushey, L. E. Brus, C. Nuckolls, *J. Am. Chem. Soc.*, **124**, 15051(2002).
7) M. B. Ali, T. Ondarcuhu, M. Brust, C. Joachim, *Langmuir*, **18**, 872(2002).
8) S. Hsieh et al., *J. Phys. Chem. B*, **106**, 231(2002).
9) R. Saito, G. Dresselhaus, M. S. Dresselhaus, "Physical Properties of Carbon Nanotubes", Imperial College, (1998).
10) T. W. Odom, J. Huang, P. Kim, C. M. Lieber, *Nature*, **391**, 62(1998).
11) T. W. Tombler, C. Zhou, L. Alexseyev, J. Kong, H. Dai, L. Liu, C. S. Jayanthi, M. Tang, S. Wu, *Nature*, **405**, 769(2000).
12) T. W. Odom, J. Huang, P. Kim, C. M. Lieber, *J. Phys. Chem. B*, **104**, 2794(2000).
13) S. G. Lemay, J. W. Janssen, M. van den Hout, M. Mooij, M. J. Bronikowski, P. A. Willis, R. E. Smalley, L. P. Kouwenhoven, C. Dekker, *Nature*, **412**, 617(2001).
14) J. Lee, H. Kim, S. Kahng, G. Kim, Y. Son, J. Ihm, H. Kato, Z. W. Wang, T. Okazaki, H. Shinohara, Y. Kuk, *Nature*, **415**, 1005(2002).
15) M. Sano, A. Kamino, J. Okamura, S. Shinkai, *Science*, **293**, 1299(2001).

16) M. Sano, A. Kamino, S. Shinkai, *Angew. Chem. Int. Ed.*, **40**, 4661(2001).
17) P. T. Lillehei, C. Park, J. H. Rouse, E. J. Siochi, *Nano Lett.*, **2**, 827(2002).
18) M. Yu, B. S. Files, S. Arepalli, R. S. Ruoff, *Phys. Rev. Lett.*, **84**, 5552(2000).
19) A. H. Barber, S. R. Cohen, H. D. Wagner, *Appl. Phys. Lett.*, **82**, 4140(2003).
20) H. Dai, J. H. Hafner, A. G. Rinzler, D. T. Colbert, R. E. Smalley, *Nature*, **384**, 147(1996).
21) S. S. Wong, J. D. Harper, P. T. Lansbury, Jr., C. M. Lieber, *J. Am. Chem. Soc.*, **120**, 603 (1998).
22) J. H. Hafner, C. L. Cheung, C. M. Lieber, *Nature*, **398**, 761(1999).
23) Q. M. Hudspeth, K. P. Nagle, Y. Zhao, T. Karabacak, C. V. Nguyen, M. Meyyappan, G. Wang, T. Lu, *Surface Science*, **515**, 453(2002).
24) E. S. Snow, P. M. Campbell, J. P. Novak, *J. Vac. Sci. Technol. B*, **20**, 822(2002).
25) A. Okazaki, S. Akita, Y. Nakayama, *Physica B*, **323**, 151(2002).
26) S. S. Wong, E. Joselevich, A. T. Woolley, C. L. Cheung, C. M. Lieber, *Nature*, **394**, 52 (1998).

2 透過型電子顕微鏡：TEM

金子賢治*

2.1 はじめに

材料解析の最終目標は，材料の内部構造，表面，界面，欠陥，その他の局所構造や組成をナノスケールで求めることにある。材料の微細組織や元素分布状態等の情報を得ることができれば新規材料の開発へと繋がる。

2.2 TEMの役割

TEMは高電圧（100～300kV）で加速した電子を直径3mmに加工した厚さ1μm以下の薄膜試料に照射し，電子と試料の相互作用により発生したシグナルを観察・分析することにより，試料中の構造や組成を解析する装置である（図1）。電子線の波長（～10^{-3}nm）は物体中の原子間距離より短く，TEMは原子の大きさ程度の空間分解能（～10^{-1}nm）を有し，光学顕微鏡よりもさらに微視的な構造についての知見を得ることが可能である。最近では，0.1nmに近い空間分解能での像観察や，電子ビームを直径約0.5nmまで絞ることが比較的容易となり，まさに原子的な尺度での構造解析や元素分析が可能となってきている。

TEMは高性能な拡大鏡であるだけ

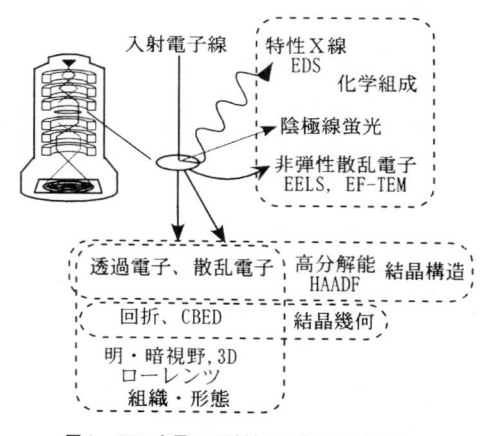

図1 TEMを用いて試料から得られる情報

でなく，電子回折装置でもある。対物絞りによって透過波を散乱角に応じて選別し，特定の散乱角の電子波のみを用いて結像することが可能であり，電子線と試料との相互作用の大きさを可視化し，特定の回折波のみから結像することが可能となる。また，試料と電子の相互作用の結果，電子がエネルギーを失ったり，特異なX線が発生するが，これらを解析することにより原子種や化学結合種の定性や定量分析することも可能である。TEMはあらゆる分野における材料開発や物性研究等で広範囲に利用されており，ナノスケールの情報を得るためには必要な装置である。また，材料の性質は，結晶構造だけではなく，微細な領域の組成変化やその原子の電子状態や結

*　Kenji Kaneko　九州大学大学院　工学研究院　材料工学部門　助教授

第6章 ナノ計測

合状態に依存することから，ナノスケールの微小な領域において，その特性の由来を明らかにするためにも，その結晶構造観察や元素・組成分析を行うことが必要である。一般にTEMにより以下の情報を得ることが可能である。

(1) 試料の大きさ，形状がわかる。

対物レンズの後焦点の位置にある対物絞りを用いて透過波のみを結像（明視野像）することにより，試料の晶癖，粒径分布，凝集の度合などが明らかになる。

(2) 結晶の格子欠陥，転位とそれらの種類，性質，方向などがわかる。

析出物や格子欠陥のみのブラッグ条件を満たす回折波のみを結像（暗視野像）することにより，それらの正確な形状の情報を得ることが可能である。

(3) 電子線回折像が得られる。

制限視野回折図形と呼ばれる限られた視野のみから得られる回折図形から，非晶質試料なら原子の短範囲規則な配列に依存したぼやけた円状のパターン（ハローパターンと呼ばれる）が，単結晶なら透過波を中心にした二次元点の規則正しい配列（ブラッグ回折の位置を示す点）のパターンが，多結晶からは単結晶から得られる回折パターンを回転させた同心円のパターンやそれに準ずるパターンが得られる。

立方体結晶性試料の場合，電子顕微鏡の加速電圧値から求められる電子線の波長（λ）とカメラ長（L）とフィルム実測上の距離（r_{hkl}）から格子定数（a）を決定することが可能であり，また，各面間隔（d_{hkl}）の測定から試料の同定も可能となる（式1）。

$$r_{hkl} = \left(\frac{\lambda L}{a}\right)(h^2 + k^2 + l^2)^{1/2}, \quad d_{hkl} = \frac{a}{(h^2 + k^2 + l^2)^{1/2}} \tag{1}$$

他にも試料上で電子線をナノメートルサイズにまで収束させ回折図形を得ることにより収束電子線回折（CBED：Convergent Beam Electron Diffraction）法と呼ばれる，ブラッグ回折斑点がディスク状に拡がった回折図形が得られる。このディスクには結晶学的情報が含まれ，空間群の決定，加速電圧の厳密測定，歪みを伴った微小領域の格子定数の決定，厚さ測定などに用いられる。

(4) 結晶の配向方位，反応前後の方位関係などがわかる。

高分解像からは結晶内の原子配列とその乱れや分子内の原子配列などが明らかになる。明視野像や暗視野像に比べ，後焦点に大きな絞りを入れて二つ以上の散乱波を干渉させるため，より高い分解能で像を形成することが可能である。高分解能像のコントラストは主に合成される散乱波間の位相差により形成される（位相コントラスト）。

TEMの分解能（d）は球面収差係数（C_s）と電子線の波長（λ）より式2から求められる。

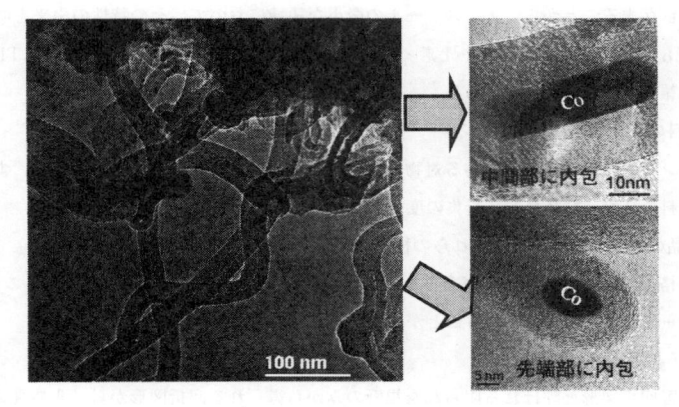

図2 TEMを用いたCNTの観察
CNTが曲線を描き，触媒として用いられているCo粒子
（図中暗いコントラスト）が様々な形状をとっていることがわかる．

$$d = 0.65 Cs^{1/4} \lambda^{3/4} \tag{2}$$

実際には電子波長のふらつき（色収差）や外部震動，レンズ欠陥のため，分解能の低下が生じる．原子の観察を可能とするためには，試料の厚さが数10nm以下である必要があり（電子線強度の低下，プラズモン散乱，多重回折効果），試料作製の際には細心の注意を払う必要がある．

(5) 極微小領域の元素分析ができる．

試料から出る特性X線のエネルギー分析によって，構成元素の定性，定量分析あるいは試料中の特定元素の分布が判別可能である．また，入射電子が試料内を通過するとき，電子線のエネルギーの一部が試料との相互作用により失われるので，このエネルギーの強度を解析すれば同様の分析が可能である．詳細は2.3項に述べる．

(6) ナノスケールの三次元構造が解析できる（図3）．

深さ方向の情報を得る手段として試料を連続的に傾斜させて投影し，フーリエ変換を行い，深さ方向の位置情報を抽出し，立体像を再構築することが可能である．最近のTEMでは自動的な傾斜像の取得が可能となり，立体再構築像を得ることが比較的容易になりつつあるが，実際には100枚以上の画像を取得する必要があり，長時間に及ぶことから，視野ずれやフォーカスずれ，電子線による試料損傷が起きる場合がある．

(7) 磁力線分布や磁束量子の観察ができる．

強磁性体を電子顕微鏡で観察するとき，磁性体に入射した電子は進行方向に垂直な磁性体中の磁場成分によりローレンツ力を受け，電子の軌跡が大きく曲げられる．磁性体中の磁場の方向は

第6章 ナノ計測

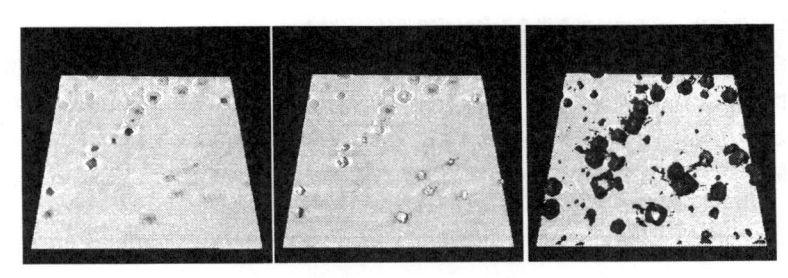

図3 非晶質母相中に磁性微粒子を分散させたケースの立体再構築像

磁区により異なり，透過電子は異なった方向に偏向を受けることになる。この偏向作用を利用して磁区を可視化する方法はローレンツ電子顕微鏡法として知られている。通常のTEMでは試料位置に強磁場が生じ，多くの磁性体は磁気飽和を起こし，試料全体が単一磁区となるため，磁区の観察は不可能である。しかし，磁区観察用の対物レンズを用いて，焦点をはずすことにより，偏向に起因する電子密度の疎密を生じさせることが可能となる。この方法を用いることにより，磁壁そのものを電子顕微鏡像として観察できるので，磁壁の微細構造や磁区内の局所的な磁化方向の揺らぎなどを観察できる。

2.3 TEMを用いた分析手法

特性X線のエネルギー分散を測定し，定性や定量分析を行い，また試料中の電子と相互作用し散乱された電子のうち，エネルギーを一部失って透過してくる電子のエネルギーを測定することにより，試料の電子状態や化学結合の分析も可能となる。

2.3.1 エネルギー分散型X線分光法（EDS：Energy Dispersive X-ray Spectroscopy）

電子が試料を通過するとき，軌道電子（内側からK，L，M，,，,）と衝突してはじき出したときに，原子は内殻電子を励起してイオン化状態となる。この準位に外殻電子が落ち込み，基底状態に遷移する際に，軌道間のエネルギー準位の差が余り，このエネルギーが特性X線として放出される。各原子が特有の内殻エネルギーを有しており，このX線のエネルギーを解析することにより，元素を同定することが可能となる。

例えば，分析領域にどの元素が含まれているかは試料面上の特定微小部分に電子線を照射し，検出される特性X線のエネルギー値から知ることが可能である（定性分析）。TEMの様に加速電圧が高く試料が薄い場合は，電子線の透過能が大きいため，電子線のプローブ径に近い領域からの定性分析が可能となる（点分析）。また走査機能とEDSを組み合わせることにより，試料上に絞った電子ビームを一方向に走査させX線強度の変化を測定する（線分析）やX線強度を二次元

的に結像させ，元素マップを得ることが可能となる（図4）。

分析領域にどのくらいの量の元素が含まれているか，それぞれの特性X線の強度比を濃度比に変換することにより可能であり（定量分析），Cliff-Lorimer法と呼ばれる方法が多く用いられている。これは，A，B両元素の相対含有量C_A/C_Bが，試料から放出されるX線の強度比I_A/I_Bに比例することを利用したものであり，k値と呼ばれる相対感度定数を用いて式3から得られる[1]。

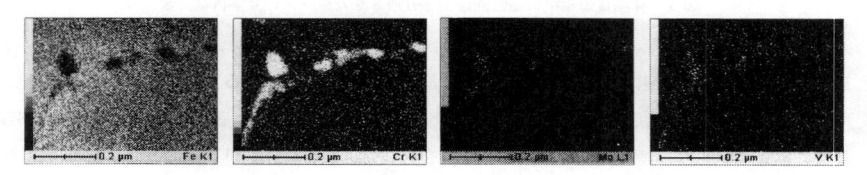

$$\frac{C_A}{C_B} = k \frac{I_A}{I_B} \tag{3}$$

図4 EDS元素マップを用いた高クロム鋼中の炭化物解析例
旧オーステナイト粒界近傍における炭化物の元素分布状態を解析，
左から鉄，クロム，バナジウム，モリブデンの分布状態。

2.3.2 電子エネルギー損失分光法（EELS：Electron Energy-Loss Spectroscopy）

試料に入射した電子の一部は構成原子の電子と相互作用してエネルギーをいくらか失う。この失われたエネルギー値を調べれば，試料に含まれる原子の種類あるいは結合状態を知る事ができる。試料を透過した電子に磁界をかけ，電子の偏向角度から損失エネルギーを調べる方法をEELSと呼ぶ。EELSは，EDSよりもはるかにエネルギー分解能が高いため，元素分析だけでなく詳細な状態分析が可能という大きな特長を持つ。EELSにはプラズモン励起やバンド間遷移によるローロス領域と内殻励起によるコアロス領域に大別できるが，後者は吸収端のエネルギーが元素によって大きく異なるため，その面積強度が定量的な元素分析に用いられる。またコアロスの吸収端近傍の0～30eVでのスペクトルの形状は電子線により励起された原子近傍の電子状態，結合状態や局所構造を反映したものである。

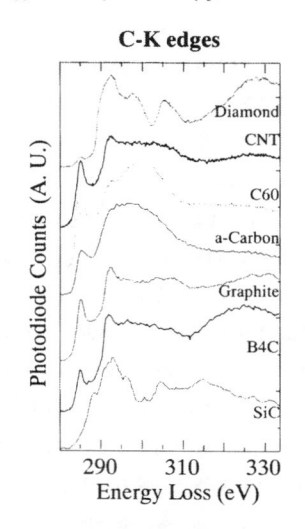

図5 様々なC-K吸収端の形状

ダイヤモンド，ナノチューブ（CNT），フラーレン（C_{60}），アモルファスカーボン，黒鉛（グ

第6章　ナノ計測

ラファイト），はいずれも炭素のみからなる物質であり，元素分析では区別はつかない。しかし，得られたEELSの形状（吸収スペクトルの微細構造）の解析を行うことにより，結合状態の違いや局所的な電子状態の差が明瞭に検出可能となる。例えば吸収端に出現する鋭い吸収ピークは，炭素のK殻電子が空の反結合性π電子軌道へ励起されることに対応し，π電子を持たないダイヤモンドでは観測されない。参考までに他の炭素化合物（B_4CやSiC）も比較のため掲載している（図5）。

EDSと同様に分析領域にどのくらいの量の元素が含まれているか，入射電子線強度（I_i），コアロス領域の検出信号強度（I_A），試料厚さ（t），取り込み角（β），エネルギー選択スリット幅（ΔE），入射電子のエネルギー（E_0）と理論計算から求められた散乱断面積（$\sigma(t, \Delta E, E_0)$）により，式4を用いて含有原子数（N_A）を求めることが可能である[21]。

$$N_A = \frac{I_A(\beta, \Delta E, E_0)}{I_i} \cdot \frac{1}{t\sigma_A(\beta, \Delta E, E_0)} \tag{4}$$

この式から，2元素（A，B）の含有原子数比N_A/N_Bは式5により得られる。

$$\frac{N_A}{N_B} = \frac{I_A(\beta, \Delta E, E_0)}{I_B(\beta, \Delta E, E_0)} \cdot \frac{t\sigma_B(\beta, \Delta E, E_0)}{t\sigma_A(\beta, \Delta E, E_0)} \tag{5}$$

2.3.3　エネルギーフィルタリングTEM法（EF-TEM: Energy-Filtering Transmission Electron Microscopy）

EF-TEMにはTEMの中にエネルギーフィルターを組み込んだin-column型と鏡体の下部にエネルギーフィルターを装着したpost-column型の二通りがある。通常の電子顕微鏡での観察に加え，エネルギー選択スリットで選別された特定のエネルギー範囲の電子だけで顕微鏡像や回折像を観察する手法である。この手法を用いることにより試料中の元素の二次元的な組成分析，元素分布，結合状態のマッピングや最適な像コントラストを選択することができる（図6）。EDSも含め，電子顕微鏡にエネルギーという次元が導入されることもあり，多様なアプリケーション分野が期待される。

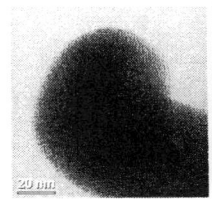

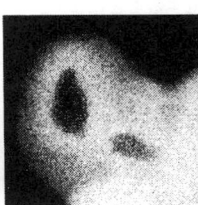

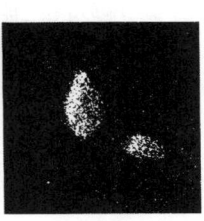

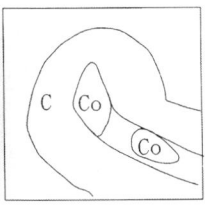

図6　EF-TEM法を用いたCNT解析例
左からゼロロス像，Cマップ，COマップおよび模式図。
EF-TEMを用いることにより，それぞれの元素の分布状態が明確に観察できる。

2.3.4 高角環状暗視野（HAADF：High-Angle Annular Dark-Field）法

TEMに走査機能を組み込み，大きな散乱角をもつ回折波を環状暗視野検出器により，構成元素の原子番号ZまたはZ²に比例したコントラスト像をサブnm程度の空間分解能で得ることが可能である。得られた像は高分解能像のようなフォーカスや試料厚さに依存したコントラストの反転はおきず，直接原子コラムを判別することが可能であり，局所における原子配置を容易に決定することが可能である。これは高角環状暗視野（HAADF）法や原子番号コントラスト法とも呼ばれる。

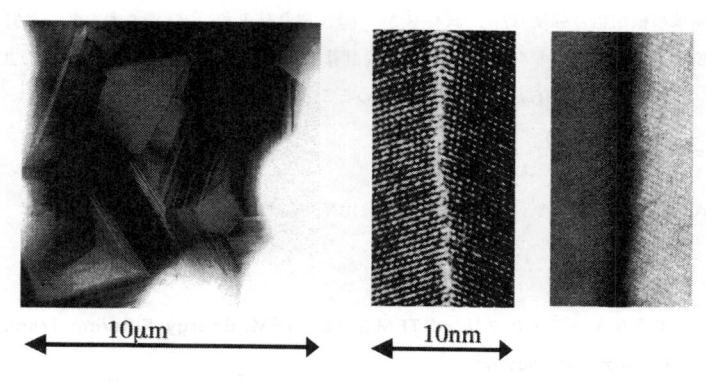

図7 左からホウ素を助剤として焼結することにより生成された多結晶炭化ケイ素の明視野像
粒界の高分解能像と原子番号コントラスト像。原子番号コントラスト像から
粒界において強度が極端に低下していることがわかる[3]。

2.4 おわりに

高分解能像観察や電子線回折による構造解析と同時に，ナノメートル領域での分析（EDS法やEELS法）を相補的に利用し，かつ他の手法と併用することにより，原子レベルでの材料開発が可能となる。

文　　献

1) G. Cliff and G. W. Lorimer, The quantitative analysis of thin specimens, *Journal of*

Microscopy, Vol. **103**, Pt 2, March 1975, pp. 203-207
2) R. F. Egerton, Electron Energy-Loss Spectroscopy in the Electron Microscope, Plenum Press, New York and London, 1996
3) K. Kaneko, M. Kawasaki, T. Nagano, N. Tamari and S. Tsurekawa, Determination of the chemical width of grain boundaries of boron-and carbon-doped hot-pressed β-SiC by HAADF imaging and ELNES line-profile, *Acta Materialia*, Vol. **48**, 2000, pp. 903-910
4)「電子顕微鏡学」，日本電子顕微鏡学会，学際企画
5)「透過型電子顕微鏡」，日本表面科学会，丸善
6)「結晶電子顕微鏡学」，坂　公恭，内田老鶴圃

3 ナノ力学物性

田中敬二[*1], 梶山千里[*2]

3.1 ファイバーテクノロジーにおけるナノ力学物性

　従来，繊維材料は衣料用としての用途が主流であり，繊維一本の直径はミリオーダーで十分であった。20世紀後半には技術発展に伴い，繊維一本の直径はミリからマイクロレベルへと推移し，多彩な機能，例えば，通気性，撥水性等に優れた衣料素材が開発されるようになった。21世紀には，繊維材料は，IT，バイオ，環境・エネルギー分野で活躍しうる材料として期待されている。このような高度に機能化された繊維材料を構築するためには，さらなるスケールダウン，すなわち，ナノ化が必要不可欠である。ナノファイバーを実用化させるためには，様々な機能性の付与はもちろんのこと，その構造及び物性を正確に理解し，設計にフィードバックすることが重要である。

　20世紀後半に見られた繊維材料のブレークスルー，ミリからマイクロへのスケールダウンの場合は，技術的な難しさはあったものの，材料固有の構造や物性は従来の知見をそのまま活用することが可能であった。しかしながら，21世紀の基盤技術となり得るナノファイバーテクノロジーにおいては，従来のファイバー構造・物性に関する知見をそのまま適用することはできない。これは，ファイバーの直径がその構成素単位である高分子鎖と同程度のサイズになること，また，表面および界面の効果が極めて顕著になることに起因する。このため，ナノファイバーテクノロジーを確立するためには，ナノファイバー自身の構造および物性を直接評価することが必要となる。

　ナノファイバーの凝集構造に関しては，6章ナノ計測1～3節に述べてある実験手法に基づき詳細に議論できる。また，分子鎖内の構造評価は4節の振動分光法が有効である。上述したようにファイバーの構造素単位である高分子鎖一本の力学物性は，学問的にも実用的にも重要な課題であり，多くの実験事実が集積されつつある。しかしながら，現状では，分子鎖一本の力学物性は溶液中の評価のみであり[1～3]，材料設計へのフィードバックという観点からは，まだ，ほとんど検討されていない。ここでは，まず，高分子表面のナノ力学物性評価法として，筆者らが提案している走査フォース顕微鏡を用いた手法ならびにナノインデンターについて記述する。次に，構造の制御された高分子として種々の分子鎖末端構造を有する単分散ポリスチレン(PS)における膜表面でのガラス転移温度(T_g)，また，その制御因子を検討する。最後に，ナノファイバーにおける力学物性評価の可能性についてふれる。

---

*1　Keiji Tanaka　九州大学大学院　工学研究院　応用化学部門　助手
*2　Tisato Kajiyama　九州大学　総長

第6章 ナノ計測

3.2 高分子表面におけるナノ力学物性の評価法
3.2.1 走査粘弾性顕微鏡

走査フォース顕微鏡(SFM)では,カンチレバーと呼ばれる薄い板ばねの先端に取り付けられた微小な探針と試料表面の様々な相互作用を検出することにより,その二次元マッピングを行う。著者らは市販のSFMをベースに,高分子材料表面の動的粘弾性関数が測定できる走査粘弾性顕微鏡(SVM)を試作した[1]。図1は(a)SVM測定原理の模式図と(b)装置のブロックダイアグラムである。SVMでは,探針を試料表面に押しつけた状態で探針あるいは試料を正弦的に振動させ,カンチレバーからその応答信号を検出する。試料が完全弾性体であれば印加変位と応答力はフックの法則で関係づけられ,両者の間に位相の遅れは生じない。一方,試料が粘弾性体である場合,応答力の振幅は減衰し,印加変位に対して位相差(ϕ)が生じる(図1(a))。観測される印加変

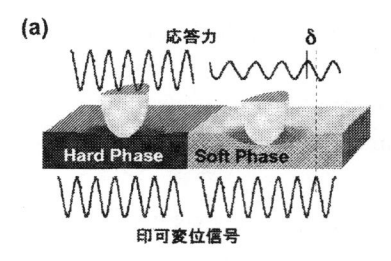

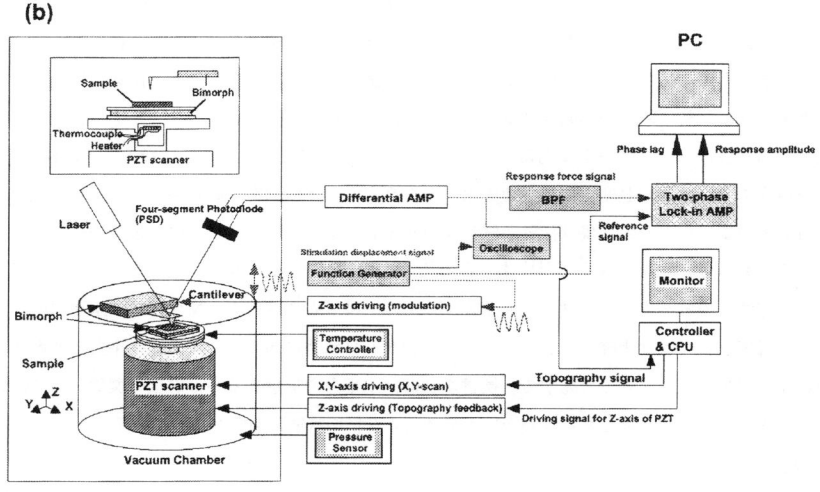

図1 走査粘弾性顕微鏡(SVM)の(a)原理図と(b)ブロックダイアグラム

位と応答力の振幅比及び位相差は試料表面の粘弾特性を反映しており，これらの値に基づき高分子表面の動的貯蔵弾性率（E'），動的損失弾性率（E''），損失正接（$\tan\delta$）が評価できる。

$$E' = (k_c \cdot H/\gamma) \cdot [(\cos\phi) - \gamma] \quad (1)$$

$$E'' = (k_c \cdot H/\gamma) \cdot (\sin\phi) \quad (2)$$

$$\tan\delta = (\sin\phi)/[(\cos\phi) - \gamma] \quad (3)$$

ここで，k_cはカンチレバーのバネ定数，Hは探針と試料表面の接触に関する定数，γは変位信号と応答力信号の振幅比である。筆者らの装置では，試料温度および測定周波数が可変であるため，試料表面で動的粘弾性関数の温度・周波数依存性が測定可能である。装置的には，図1（b）に示しているように，ファンクションジェネレーターから種々の周波数の正弦電圧（印加変位信号）を出力し，カンチレバー支持部あるいは試料下の圧電素子を振動させ，試料表面に動的変位を印加する。応答力信号はカンチレバー背面に半導体レーザーを照射し，その反射光を四分割フォトダイオードで検出することにより得る。応答力信号は交流成分と直流成分に二分割し，一方は印加変位信号とともに二相ロックインアンプに入力し，印加変位信号と応答力信号の振幅比及び位相差の測定に，また，他方は再びコントローラに入力し，探針-試料間の距離を一定に保つためのフィードバック制御用に用いる。

3.2.2 水平力顕微鏡

水平力顕微鏡（LFM）では，探針が試料表面を走査する際のカンチレバーのねじれを検出することにより，摩擦力を検出する[5]。実際には，カンチレバーのねじれは摩擦力だけでなく，試料表面の凝着力によっても影響を受けていること，また，試料表面に平行な力を検出していることから水平力顕微鏡とよばれる場合が多い。探針が試料表面と接触するとき，探針の周りにはリムとよばれる試料の隆起が形成される。一般に，探針の曲率半径は数10ナノメートル程度であるため，試料表面はナノメートルあるいはそれ以下のレベルで変形することになる。それゆえに，走査速度あるいは測定温度を変化させて水平力を測定すれば，試料表面の局所的な粘弾特性が評価可能となる。水平力の発現は探針が試料表面を走査する際のエネルギーの散逸と密接に関連しているため，動的損失弾性率に対応すると考えてよい[6,7]。図2は水平力の走査速度および測定温度依存性の模式図である。試料表面がガラスあるいはゴム状態にある場合には，水平力の走査速度（温度）依存性は明確ではない。一方，表面が転移状態にある場合には，水平力は速度あるいは温度に依存して大きく変化する。換言すれば，水平力を速度あるいは温度の関数として測定し，水平力の変化が顕著であれば表面はガラス-ゴム転移状態にあると結論できる。

3.2.3 ナノインデンター

微少な探針を高分子表面に押し込み，その際に探針にかかる荷重（F）と探針と試料表面の接触面積（A）あるいは変位（d）の関係に基づき表面の力学物性が評価できる[8,9]。図3は探針を

第6章 ナノ計測

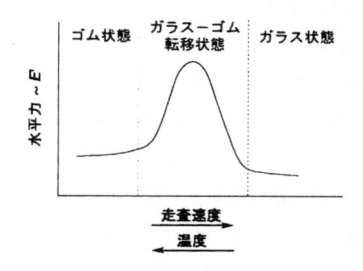

図2 水平力の走査速度依存性および温度依存性の模式図

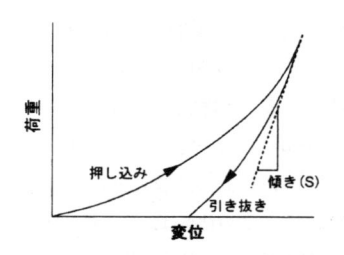

図3 探針を高分子表面に押し込んだ際の荷重-変位曲線の模式図

高分子表面に押し込み,引き抜いた際の荷重-変位曲線の模式図である。探針を引き抜く際の F-d 関係の直線部分の傾き(S)から,試料表面における換算弾性率(E_r)が求まる。

$$E_r = (S/2\beta) \cdot (\pi/A)^{1/2} \tag{4}$$

また,E_rは

$$E_r = \{(1-v_s^2)/E + (1-v_t^2)/E_t\}^{-1} \tag{5}$$

ここで,v_sおよびv_tは試料表面および探針のポアソン比,EおよびE_tは試料表面および探針の弾性率で,βは探針の形状に依存する係数であり1から1.03の値をとる。通常,$E \ll E_t$であるので,右辺第二項を無視すれば,

$$E = (1-v_s^2) \cdot (S/2\beta) \cdot (\pi/A)^{1/2} \tag{6}$$

試料表面の弾性率は(6)式で与えられる。このような実験は,通常のSFMを用いても可能であるし,ナノインデンターという市販の装置を用いても可能である。最近では,探針を振動させながら試料表面に押し込む測定法も検討されている。

3.3 単分散ポリスチレン膜表面の力学物性

ここでは，リビングアニオン重合法により合成したポリスチレン（PS）の膜表面における力学物性について述べる。PSは種々の分子量を有する単分散試料が得られるだけでなく，バルクでの分子鎖熱運動性についてもよく理解されている。ここでのPS鎖末端の化学構造は，sec-ブチル基及びプロトン（-H）で終端されたスチレンユニットである。このため，以下PS-Hと表記した。PS-Hはスピンコーティング法により自然酸化層を有するシリコン（Si）基板上に製膜した後，真空下でバルク試料のガラス転移温度（T_g^b）以上である423 Kで24 h熱処理を行ったものを使用した。また，偏光解析測定に基づき評価したPS膜の厚みは約200 nmであり，基板および薄膜化の影響を受けない程度の膜厚である。

3.3.1 室温での表面粘弾性関数

図4はSVM測定に基づき評価した単分散PS膜表面におけるE'およびtan δの数平均分子量（M_n）依存性である[10]。測定は室温，周波数4 kHzの条件で行った。また，図中には示差走査熱量（DSC）測定に基づき評価したT_g^bも示している。実験を行った全ての試料のT_g^bは室温以上であった。M_nが高い試料の表面ではE'およびtan δはほぼ一定で，それぞれ，ガラス状態に特有の値である約4.5 GPaおよび0.01であった。一方，M_n＜40kのPS膜表面では，E'およびtan δは分子量の低下とともに，それぞれ低下および増加した。この結果は，分子量が低いPSでは内部はガラス状態であってもその表面はガラス-ゴム転移状態あるいはゴム状態にあることを示唆している。

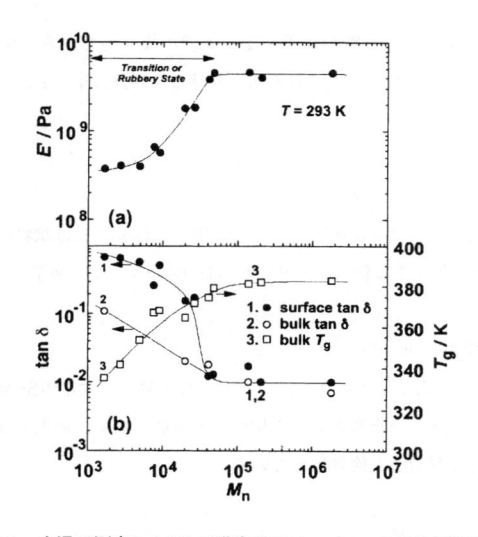

図4 室温で測定したPS-H膜表面のE' and tan δの分子量依存性

第6章 ナノ計測

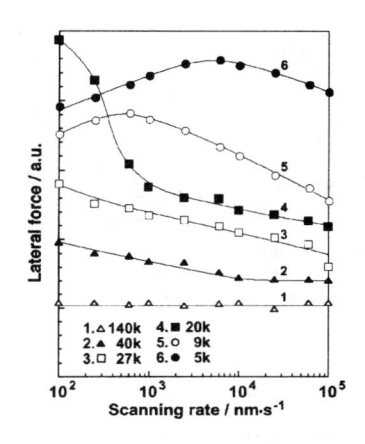

図5 室温で測定したPS-H膜表面における水平力の走査速度・分子量依存性

3.2.2の項で述べたように，水平力の走査速度依存性からも高分子表面の分子運動特性を評価できる。図5は室温で測定した種々のM_nのPS膜における水平力の走査速度依存性である[11]。M_n＝140kの場合，水平力は実験を行った走査速度範囲で一定であった。一方，M_n＜40kのPS膜では，水平力は走査速度に強く依存した。M_n＝40kの場合，水平力は走査速度が高い領域においてほぼ一定であったが，低い領域では走査速度の低下とともに増加した。この結果は，M_n＝40kのPS膜表面は，遅い変形速度ではガラス－ゴム転移状態にあることを示している。図4に示したSVM測定は周波数4kHzで測定しており，この周波数をLFMの走査速度に換算すると，30 μms^{-1}程度に対応する。それゆえ，SVM測定に基づき評価した同試料表面の室温でのE'がガラス状態に対応する値であったのは容易に理解できる。また，M_n＝27kおよび20kのPS膜では，水平力は走査速度の増加とともに低下した。更に分子量の低い9.0kおよび4.9kの場合，水平力－走査速度曲線上に明確なピークが観測された。これらの結果は，分子量が低い場合には，PS膜表面は室温においてさえもガラス－ゴム転移状態にあることを示しており，図4に示したSVM測定の結果と非常に良く対応している。

3.3.2 表面ガラス転移温度

図6はSVM測定に基づき評価したM_n＝140kのPS-H膜における表面位相差，δ^s，の温度依存性である[12]。また，同図には水平力の温度依存性もあわせてプロットしている[13]。δ^sおよび水平力の吸収極大は膜表面に存在する分子鎖のセグメント運動，すなわち，α_a緩和過程に対応する。それゆえに，δ^sおよび水平力の増加し始める温度を経験的に表面のガラス転移温度（T_g^s）と定

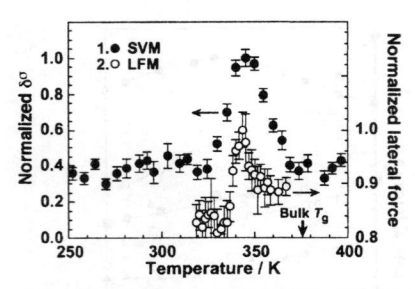

図6　M_n=140kのPS-H膜における表面位相差および水平力の温度依存性

義できる。

　図7は，単分散PS-HのT_g^s及びT_g^bの分子量依存性である。ここで，T_g^bはDSC測定に基づき評価した値である。全ての分子量範囲においてT_g^sはT_g^bよりも低く，また，顕著な分子量依存性を示した。この結果は，膜表面の分子鎖熱運動特性は内部と比較して活性化されていることを示している。PS-Hの両末端は，主鎖の繰り返し単位と比較して，表面エネルギーの低いsec-ブチル基及びプロトン終端スチレンであるため，膜表面に濃縮する[10]。分子鎖末端は主鎖部分と比較して自由度が大きいため，表面では過剰な自由体積を誘起する。それゆえに，T_g^sはT_g^bよりも低く，また，顕著な分子量依存性を示したと結論できる。T_g^sへの分子鎖末端基の影響については後述する。図7より，M_n<40 kのPS-H膜の表面は室温においてさえもガラス－ゴム転移状態，あるいはゴム状態にあることが明らかである。また，M_n>10^{6}の高分子量領域では，分子鎖末端濃度は極めて低く無視できるにもかかわらず，T_g^sはT_g^bよりも低い値であった。この結果は，膜表面で観測される特異な分子運動特性は末端基の表面濃縮だけでは説明できず，他にも支配因子が存在することを示唆している。

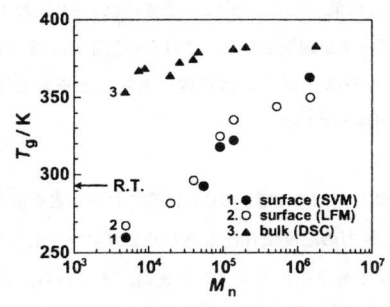

図7　PS-H膜におけるガラス転移温度の分子量依存性

第6章 ナノ計測

3.3.3 表面α_a緩和過程の活性化エネルギー

図8は，カンチレバー振動方式SVMを用いて測定したM_n = 140 kのPS-H膜におけるδ^sの温度依存性を周波数の関数としたプロットである。全ての周波数域において膜表面のα緩和過程に起因するδ^sの吸収極大が観測され，その極大温度は周波数の増加とともに高温側にシフトした。この結果は，表面においても時間－温度換算則の適用が可能であることを示している。また，図8より，全ての周波数においてδ^sの極大温度はT_g^bより低いことが明らかである。ガラス－ゴム転移域において位相差が極大となる温度（T_{max}）の逆数と測定周波数（f）の自然対数の間に直線性が成立すれば，α_a緩和過程の見かけの活性化エネルギー（ΔH^*）は次式で計算できる。

$$\Delta H^* = -R \cdot d(\ln f)/d(1/T_{max}) \tag{7}$$

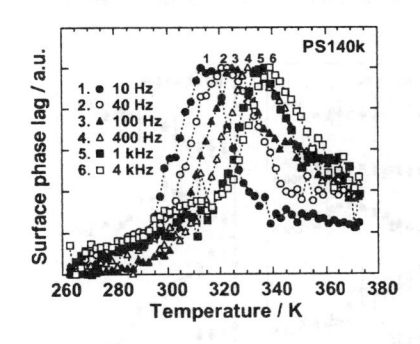

図8 種々の周波数で測定したM_n=140kのPS-H膜における表面位相差の温度依存性

ここで，Rは気体定数である。図9は，測定周波数の自然対数及び図8より得られるT_{max}の逆数関係である。図9に示した直線の傾きより評価した表面α_a緩和過程のΔH^*は200±20 kJ mol^{-1}であった。この値はこれまで報告されているバルクのΔH^*値360～880 kJ mol^{-1} [13]と比較して著しく低く，表面では内部と比較してα_a緩和に対応するセグメント運動の協同性が低下していることを示している。このような協同運動性の低下は，表面セグメント上にはその運動性を束縛する隣接セグメントが存在しないことを考えれば容易に理解できる。それゆえに，表面で観測される分子鎖熱運動特性の活性化は，分子鎖末端の効果だけでなく，表面上の自由空間の存在による協同運動性の低下によっても達成されると結論できる。

水平力の走査速度依存性を種々の温度で測定し，高分子表面のレオロジー解析を行った。ここで，走査速度は周波数と等価であると考えてよい[11]。図10は測定温度の関数としたM_n = 4.9 kおよび140 kのPS-H膜における水平力の走査速度依存性である[11]。温度が低い場合には，水平力は走査速度に依存せず一定であり，表面がガラス状態にあることが明らかである。温度が上昇する

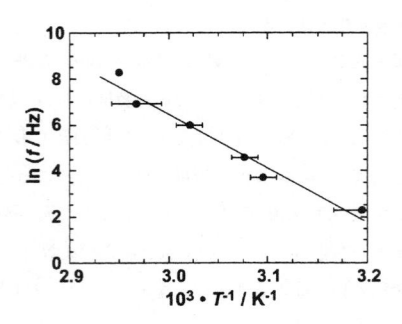

図9 測定周波数の自然対数と極大温度の逆数の関係

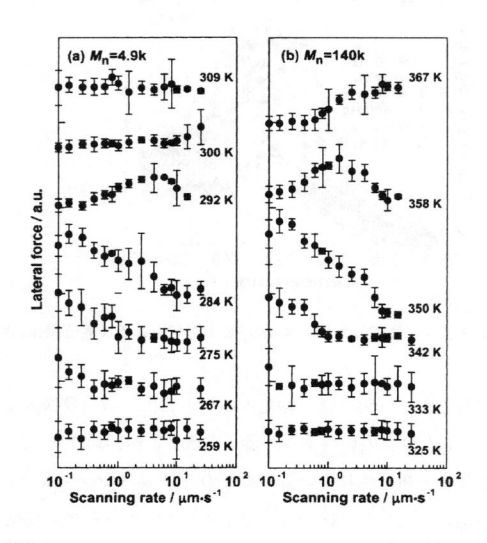

図10 種々の測定温度でのPS-H膜における水平力の走査速度依存性

と,水平力は走査速度に依存するようになり,最終的には水平力は再び走査速度に依存しなくなった。これらの結果は,試料表面が温度上昇と共にガラス―ゴム転移状態を経由してゴム状態へと転移する様子を示している。図10に示した試料表面がガラス―ゴム転移状態に到達する温度はT_g^bよりも低い温度であり,図7の結果とよく対応している。

図11は図10の各曲線を縦・横軸に任意にシフトして得られたマスター曲線である[4]。M_n=4.9 kおよび140 kのPS-H膜における基準温度はそれぞれT_g^s近傍の267,333 Kとした。得られたマ

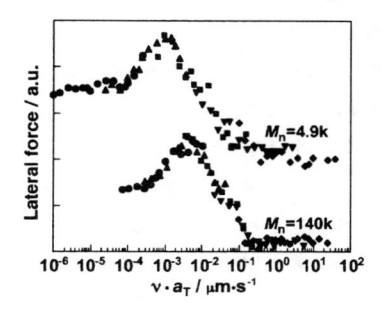

図11 水平力のマスターカーブ

スター曲線は典型的な動的損失弾性率―周波数曲線とよく対応していることから，バルク試料の粘弾性解析に用いられてきた時間―温度換算則は表面分子運動特性の解析においても有効であると結論できる。

図12はマスター曲線を作成する際に用いた走査速度軸方向の移動因子（a_T）の対数と測定温度の逆数の関係である[14]。a_Tが次式で表されるようなArrhenius型の温度依存性を示すなら，表面a_T緩和過程のΔH^*は図12に示した直線の傾きから算出できる。

$$\ln a_T = \frac{\Delta H^*}{R}\left(\frac{1}{T}-\frac{1}{T_0}\right) \tag{8}$$

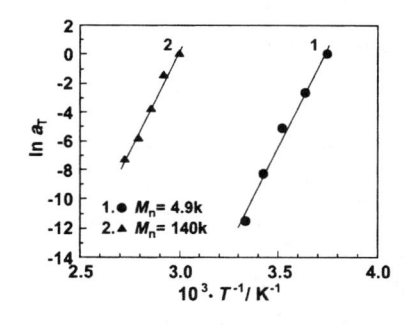

図12 水平力の移動因子に関するArrheniusプロット

ここで，T_0は基準温度である。LFM測定に基づき評価した表面a_a緩和のΔH^*は両試料共に230 ± 10 kJ mol^{-1}であった。この値はSVM測定に基づき評価したΔH^*値とよく一致している。

3.3.4 表面分子運動性への末端基の効果

3.3.2の項で表面分子運動特性を活性化する因子として分子鎖末端の表面濃縮をあげた。この考えが普遍的であれば，T_g^sの値は分子鎖末端の化学構造に強く依存するはずである。ここでは，両末端がアミノ基及びカルボキシル基で終端されたPS(α, ω-PS(NH$_2$)$_2$及びα, ω-PS(COOH)$_2$)膜のT_g^sをSVM測定に基づき評価した。α, ω-PS(NH$_2$)$_2$及びα, ω-PS(COOH)$_2$膜の調製は，PS-H膜と同様である。図13は，種々の末端構造を有するPS膜におけるT_g^sおよびT_g^bの分子量依存性である[15]。α, ω-PS(NH$_2$)$_2$のT_g^bは全ての分子量範囲でPS-HのT_g^bと良く一致した。また，その分子量依存性はM_nの-1乗に比例するFox-Floryの式[16]でよく再現できたことから，α, ω-PS(NH$_2$)$_2$鎖は分子鎖末端基の水素結合による会合体形成は起こっていないと考えてよい。一方，α, ω-PS(COOH)$_2$の場合，分子量の低下とともにT_g^bは上昇した。$M_n = 5$ kの試料におけるT_g^bは，PS-H及びα, ω-PS(NH$_2$)$_2$のT_g^bと比較して，約35 K高い値であった。α, ω-PS(COOH)$_2$の高いT_g^bは分子鎖末端が水素結合により会合し，見掛けの分子量が増加していると考えることで説明できる。カルボキシル末端基の水素結合形成による会合体形成は赤外吸収分光測定により確認した。

T_g^sは，図13に示されているように，分子鎖末端の化学構造に強く依存した。特に$M_n < 100$ kの領域では，α, ω-PS(NH$_2$)$_2$及びα, ω-PS(COOH)$_2$膜のT_g^sはそれらのT_g^bより低い値であったが，PS-HのT_g^sより高い値を示した。アミノ基末端及びカルボキシル基末端はPS主鎖と比較して高表面エネルギー成分であるため，分子鎖末端が膜内部に潜り込んだ表面凝集状態を形成する。このため，M_nの等しいPS-H膜と比較して，膜表面の分子鎖末端濃度は高くならず，表面分子運動性の活性化の度合いは抑制される。以上の結果は，膜での分子鎖末端の濃縮あるいは枯渇化はその分子運動特性に顕著な影響を与えることを示している。

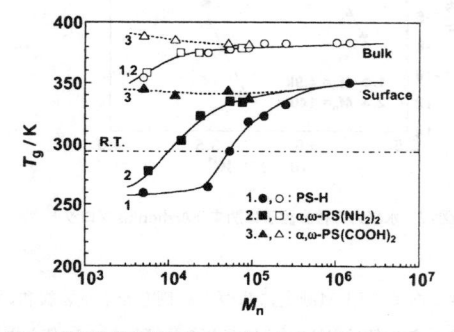

図13 種々の末端基構造を有するPS膜におけるガラス転移温度の分子量依存性

第6章 ナノ計測

3.4 ファイバーテクノロジーにおけるナノ力学物性の展望

モデル高分子表面におけるナノ力学物性の評価法について解説し,表面と内部の分子運動特性,特にガラス転移温度の違いについて概観した。ナノファイバーへの展開としては,表面層ならびに断面の力学物性の評価が挙げられる。表面層の場合は,試料調製は困難であるものの,基本的には上述した実験が遂行可能である。また,ファイバー断面は,ナノファイバーを樹脂中に包埋し,ミクロトームで切り出すことにより,調製可能である。ファイバー中心へ傾斜構造・物性を有する試料の場合には,ナノ力学物性の二次元マッピング[4]が有効である。また,一本のナノファイバー自身の力学物性を評価することも重要である。著者らは,通常の動的粘弾性測定装置を用いて,膜厚約20 nm程度のモデル高分子超薄膜の力学物性評価に成功している。ナノファイバーにおいても試料調製を考慮することにより,動的粘弾性測定は可能であると予想される。

21世紀の繊維材料はナノレベルでの構造ならびに物性評価に基づき設計・創製され,IT,バイオ,環境・エネルギー分野で活躍しうるハイパフォーマンス材料として大きく変貌することを期待している。

文献

1) S. B. Smith, L. Finzi, C. Bustamante, *Science* **258**, 1122(1992).
2) H. Kikuchi, N. Yokoyama, T. Kajiyama, *Chem. Lett.* 1107(1997).
3) Y. Sakai, T. Ikehara, T. Nishi, K. Nakajima, M. Hara, *Appl. Phys. Lett.* **81**, 724(2002).
4) T. Kajiyama, K. Tanaka, I. Ohki, S.-R. Ge, J. -S. Yoon, A. Takahara, *Macromolecules* **27**, 7932(1994).
5) R. M. Overney, E. Meyer, J. Frommer, D. Brodbeck, R. Luthi, L. Howald, H. J. Güntherrodt, M. Fujihira, H. Takano, Y. Gotoh, *Nature* **359**, 133(1992).
6) T. Kajiyama, K. Tanaka, A. Takahara, *Macromolecules* **30**, 280(1997).
7) J. A. Hammerschmidt, W. L. Gladfelter, G. Haugstad, *Macromolecules* **32**, 3360(1999).
8) G. M. Pharr, W. C. Oliver, F. R. Brotzen, *J. Mater. Res.* **7**, 613(1992).
9) W. C. Oliver, F. R. Brotzen, *J. Mater. Res.* **7**, 1564(1992).
10) K. Tanaka, A. Taura, S.-R. Ge, A. Takahara, T. Kajiyama, *Macromolecules* **29**, 3040(1996).
11) T. Kajiyama, K. Tanaka, A. Takahara, *Macromolecules* **30**, 280(1997).
12) N. Satomi, A. Takahara, T. Kajiyama, *Macromolecules* **32**, 4474(1999).
13) N. G. McCrum, B. E. Read, G. Williams, Anelastic and Dielectric Effects in Polymeric Solids, Dover, New York, 1967.
14) K. Tanaka, A. Takahara, T. Kajiyama, *Macromolecules* **33**, 7588(2000).
15) N. Satomi, K. Tanaka, A. Takahara, T. Kajiyama, *Macromolecules* **34**, 8761(2001).
16) T. G. Fox, P. J. Flory, *J. Appl. Phys.* **21**, 581(1950).

4 振動分光

幾田信生[*1]，西尾悦雄[*2]

4.1 赤外吸収とラマン発光

分子振動に関わる分光法は、よく知られているように、赤外吸収とラマン発光に大別される。それぞれ最近のデジタル化技術によって、それぞれ「フーリエ変換赤外分光 (FT-IR)」及び「CCDマルチチャンネルラマン分光」あるいは「近赤外FTラマン分光」として発展してきた。いずれも高感度、高精度の性能を有している。そのために、微弱光あるいは光の微弱変化を検出することが可能になるとともに、波長（波数）の精度は悪くとも$0.1cm^{-1}$程度を有している。

このような状況下で、赤外吸収分光とラマン分光は一般的な評価方法となっており、有機合成的な化合物同定法（官能基判別法）だけではなく、分子の微細構造解析も簡便に行なえる手法である。ナノテクノロジーの分野でも構造解析には有意な情報をもたらすであろう。

しかしながら、余りにもこれらの技法は普遍的な測定方法であり、その応用にあたっては一般的な成書[1~7]を参考にされれば充分と見られる。実際、多くのナノファイバーについて赤外及びラマンの分析結果が論文に示されている。

下記ではこの状況を鑑みて、始めにそれぞれの分光法を4.2～4.5項に記し、その後、4.6項に最近の動向を記した：(1)赤外分光法による従来の表面状態分析、(2)和周波発生(SFG)による表面状態分析、(3)顕微赤外分光法、(4)共鳴ラマンによるカーボンナノチューブ分析、(5)最近の研究に見る振動分光法の使われ方。

4.2 赤外分光による表面状態分析

「ナノテクノロジー」時代以前に、赤外分光法は表面、界面のナノ領域を探索する良好な方法であった。以下ではそのような方法として、ATR法、高感度反射法を取り上げるとともに、より微細な領域を感度よく用いる方法として表面誘起電磁場作用を用いた赤外分析を取り上げる。

4.2.1 各種反射法によるLB膜評価

多重全反射減衰法（ATR）を用いる研究[8]は、ATRの内部反射素子（IRE）上にLB膜を生成させ、その赤外吸収スペクトルからLB膜の配向角度や積層厚みや積層数を評価する。また、外部反射法によって金属[9]や珪酸薄膜上[10]のLB膜を評価する方法もある。特に導電性金属面上で入射角が90°近くなった場合は、高感度反射と呼ばれる。これらいずれの技法でも反射に伴う垂直あるいは平行偏光性が発生する。それに応じて、図1に示すように、平面板状に配置された

---

*1 Nobuo Ikuta 湘南工科大学 工学部 マテリアル工学科 教授
*2 Etsuo Nishio ㈱パーキンエルマージャパン 代表取締役社長

第6章 ナノ計測

(a) CH伸縮振動の遷移能率と赤外電場

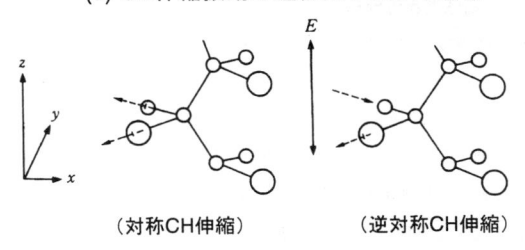

（対称CH伸縮）　　　（逆対称CH伸縮）

(b) CO伸縮振動の遷移能率と赤外電場

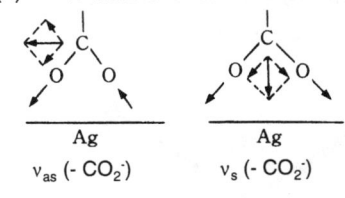

ν_{as} (-CO_2^-)　　　ν_s (-CO_2^-)

図1　CHおよびCO伸縮振動の遷移能率と赤外電場（文献7, p.108より引用）

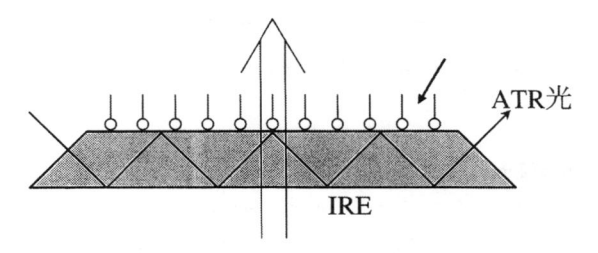

図2　表面吸着膜特性の評価；ATR用IRE（クリスタル素子）上のナノ薄膜分析

LB膜の分子振動の方向性が検出される。結果的にその分子配向を知ることができる。

近赤外ATR法と透過法を併用して，薄膜と基材の特異な結合性の有無を計測する簡便な方法[11]も提案されている（図2）。この場合，入射光は近赤外を用いているので，IRE表面の測定厚みは中赤外よりも小さい。また，IREとして石英やガラスを用いることも可能である。

以上のように，これらの反射を利用する方法ではLB膜や薄層の配向を知ることができる。最近，高分子ナノシートとして注目されている高分子LB膜の機能構築でも構築の確認や反応の有

無を調べるためにこれらの方法は活用されている[12,13]。

4.2.2 誘起電磁波による高感度赤外分析

誘起電磁場による高感度赤外分析は，現在，色々な手法に発展している。しかし，その端緒は次のSEWS[14]であった。

SEWS（Surface Electromagnetic Wave Spectroscopy）あるいはSEIAS（Surface Enhanced Infrared Absorption Spectroscopy）と呼ばれ，導電度の高い金属表面への電磁波の入射によって金属表面に誘起される振動電磁場を利用する。赤外領域では強い表面電磁場を生じるので，赤外吸収は顕著になり，微量表面化学種の測定が可能になる。図3に示すように，ATR用IREの試料接触面に金属薄膜を形成する方法が最も一般的である。これ以外に，金属薄膜ではなく，金属ナノコロイド粒子などを用いた方法[15]もある。いずれにしても，これらの方法はナノ物質の吸着やナノ粒子への吸着を調べるために用いられている。

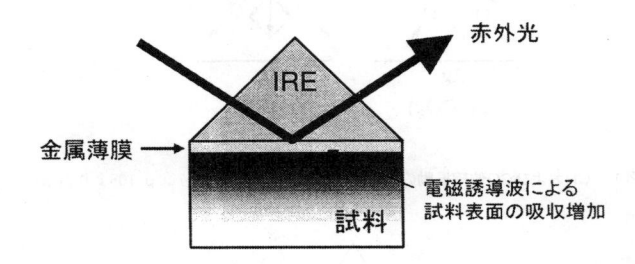

図3　金属薄膜による電磁誘導波発生に伴う赤外吸収増加（SEWS，SEIRS測定）

4.3　最近の表面界面分析：和周波発生（SFG）

レーザ技術を用いた和周波発生（Sum-Frequency Generating Spectroscopy, SFG）と呼ばれる微少量分析方法がある[16]。この方法では，図4に示すように，波長可変赤外レーザで励起された振動励起状態に，さらに，可視領域レーザ（固定波長）で仮想電子励起状態まで励起する。このとき，和周波光が発生する。赤外波長を走査させると，振動励起吸収が生じれば和周波光が検出されるので，結果的に赤外吸収と同様なスペクトルが得られる。

この分析では表面吸着分子の識別とそれらの基板または他分子との相互作用の評価，各吸着種の表面濃度あるいは配向分布の決定や励起寿命の計測が可能である。したがって，本法はナノ材料の吸着状態の解析に適している[17]。

第6章 ナノ計測

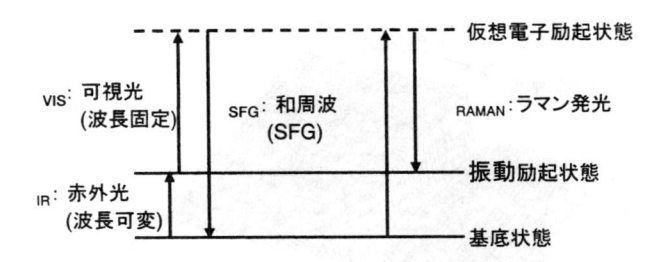

図4 和周波発生及びラマン発光における分子振動の励起緩和

4.4 顕微赤外分光法

顕微赤外分光法[18]は顕微鏡下での微量物質の判別に適している。しかしながら，その空間分解能は赤外検出において赤外波長を越えない。すなわち，ミクロン次元の対象である。しかしながら，ナノ構造集合体の配向や高次構造を知る上で有益であるとみられる。現在では，顕微ATRや顕微高感度反射などの測定技法の種類も多くなり，ナノ試料にあった測定方法が選べる。

ここでは，結晶性高分子が示す分子配向性の二次元的変化について記す。

高分子材料の分子配向は偏光FT-IR法による赤外二色比から評価されてきた[7,19,20]。しかし，分子配向性は同一材料内でも微視的に連続的に変化する場合がある。ここでは，二次元分布解析が可能な顕微FT-IR法の一つである赤外イメージング法を用いて分子配向性の微視的分布を記す。

二軸延伸ポリプロピレン（PP）フィルムを部分的に170℃で熱処理した場合，その結晶はわずかの溶融後の再結晶によって異なる配向を示す。この試料の異方分子配向性をPerkinElmer高速IRイメージングシステムを用いて赤外二色比を求めた。赤外二色比の対象ピークは従来の研究[21]をもとに平行吸収である998cm^{-1}の赤外吸収帯を用いた。測定空間を25μm×25μmとした。

吸収帯998cm^{-1}の平行及び垂直偏光の強度値を元に溶融再結晶した部分の赤外二色比を求めた。図5に示すように，ミクロン次数での赤外二色比変化が分かる。非溶融部では本来の配向性を示すものの，熱溶融部では無配向である。その境界は，分子配向イメージから，極めて明瞭に示され，測定空間以上の識別ができる。

このように，容易に得られる分子配向の二次元的変化からナノレベルの影響範囲を知ることができる。

215

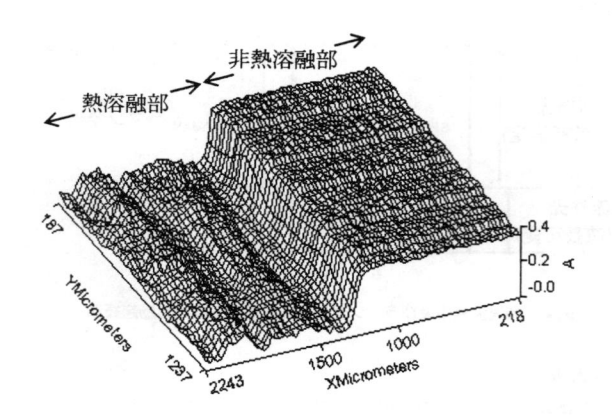

図5 赤外イメージングによるPPフィルムの分子配向性イメージ
縦軸二色比（998cm⁻¹吸収帯）；正値X方向に配向，負値Y方向に配向，
測定領域：2025μm（X軸）×1050μm（Y軸）

4.5 カーボンナノチューブの共鳴ラマン

　ラマン分光を用いるナノ関係の研究で特筆すべきはカーボンナノチューブ（CNT）の共鳴ラマン分光である。通常のラマン分光は，図4に示したように，照射レーザ光によって基底状態から仮想電子励起状態に励起された後，ラマン発光として振動励起状態に戻る。一方，共鳴ラマン分光では照射光によってπ電子系の励起準位まで励起される。このように励起に伴う明瞭な吸収光はラマン発光の感度を極めて向上させる。

　以前，注目されていた異常ラマン散乱（Surface Enhanced Raman Scattering, SERS）[5]と呼ばれる金属上の吸着分子のラマン強度増大現象もこれと同じ理由で生じると考えられている。したがって，共鳴ラマン現象はナノ材料吸着現象の解析にも必要な事柄である。

　CNTは，図6に示すように，その混成軌道配置の相違から，3種類の形状に分けられる。したがって，混成軌道の相違によってπ電子系も異なるので，著しく共鳴ラマン分光に影響を及ぼす。結果的に共鳴ラマン分光からその形状を区別することができる[21~24]。このような事情から，CNTのキャラクタリゼーションには共鳴ラマン分光はなくてはならない手法[25~27]である。また，1個のCNT共鳴ラマンを検出することも可能になってきた[28]。

4.6 最近の研究動向と今後の展望

　興味ある現象として赤外蛍光がある。単層CNTに赤外を当てると，蛍光を発すると云われる[29]。これを利用すればナノチューブ構造の電子配置や巻き方の評価ができるとみられている。このよ

第6章 ナノ計測

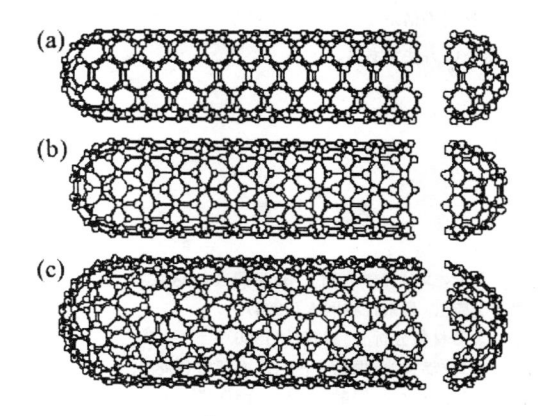

図6 単一壁カーボンナノチューブ；チューブの末端はフラーレン構造で閉じているとする
(a) カゴ型，(b) ジグザグ型，(c) キラル型（文献22より引用）

うな現象はCNTの半導体性から派生する。この特性を利用して赤外検出センサーに使えるという研究動向[30〜32]が現れてきた。このような分光研究を支えるためには，CNT振動モードの理論的研究[33,34]は必要である。

　上述のように，CNTの製造確認のために振動分光法は使われているが，その他のチューブ，たとえば，シロキサンナノチューブでも有力な確認手法として赤外分光法が用いられている[35]。

　一方，CNTを始めとするナノチューブの応用研究にも，振動分光分析は重要な役割を示す。マトリックス媒体との複合化ではナノ材料化学修飾の検証に用いられている[36〜38]。また，ナノチューブ添加に伴うマトリックス媒体の結晶変化にも用いられる[39]。界面で生じる吸着現象についても，CNTやナノ材料と吸着物質間の相互作用を調べるために振動分光法が用いられている[40〜42]。

　以上に記した最近の研究をみても，ナノチューブ・ファイバーにおける振動分光学的研究は普遍的な手法であるといえる。しかし，赤外分光法あるいはラマン分光法単独で計測評価される例は少ない。その理由として，これらの振動分光法の最大の問題点として空間分解能の低さが挙げられる。ナノ計測では空間分解能が必要とされる。しかし，分光法では計測波長に応じてその空間分解能が定まる。赤外分光法では，およそ$10\mu m$から$25\mu m$程度でしかない。可視光領域を用いるラマン分光法でも，その波長域がおよそ500nmから800nmであるものの，発光現象であるので，空間分解能はそれほどよくない。それにも関わらず，振動分光法は，簡便性，利便性，即応性があるとともに，大気中でのその場観察が可能であるので，この方法は今後も活用されると見られる。また，分子構造の微妙な相違を的確に比較する場合には振動分光法は欠かせない。計測結果

がそのままビジュアルにナノ材料の構造を見せることはないが，ナノテクノロジーの評価手法としては今後とも使わざるを得ない方法である．

文　献

1) 北川，T. Tu. Anthony,「ラマン分光学入門」，化学同人(1988).
2) 田隅,「FT-IRの基礎と実際」，東京化学同人(1994).
3) 錦田，岩本,「赤外法による材料分析」，講談社(1986).
4) 坪井，田中，田隅編,「赤外・ラマン・振動」[I]，南江堂(1983).
5) 坪井，田中，田隅編,「赤外・ラマン・振動」[II]，南江堂(1983).
6) 坪井，田中，田隅編,「赤外・ラマン・振動」[III]，南江堂(1986).
7) 錦田，西尾，チャートで見るFT-IR，講談社(1970).
8) F. Kimura, J. Umemura, T. Takenaka, *Langmuir*, **2**, 96(1986).
9) C. Naselli, J. F. Rabolt, J. D. Swallen, *J. Chem. Phys.*, **82**, 2136(1985).
10) A. Udagawa, T. Matsui, S. Tanaka, *Appl. Spectrosc.*, **40**, 794 (1986).
11) E. Nishio, N. Ikuta, H. Okabayashi, R. B. Hannah, *Appl. Spectrosc.*, **44**, (4), 614(1990).
12) F. Feng, M. Mitsuishi, T. Miyashita, I. Okura, K. Asai, Y. Amao, *Langmuir*, **15**, 8673(1999).
13) 角，青木，宮下，高分子論文, **59**, 590(2002).
14) R. J. Bell, Jr. R. Alexander, C. A. Ward, "Vibrational Spectroscopies for Adsorbed Species", Ed. A. T. Bell, M. L. Hair, Am. Chem. Soc., Washington D. C. (1980) p. 99.
15) W.-B. Cai, L.-J. Wan, H. Noda, Y. Hibino, K. Ataka, and M. Osawa, *Langmuir*, **14**, 6992 (1998).
16) Q. Du, E. Freysz, Y. R. Shen, *Science*, **264**, 826(1994).
17) T. Kawai, D. J. Neivandt, P. B. Davies, *J. Am. Chem. Soc.*, **122**, 12031(2000).
18) R. G. Messerschmidt, M. A. Harthcock, "Infrared Microspectroscopy: theory and applications", Marcel Dekker, N. Y. (1988).
19) J. Koga, K. Kawaguchi, E. Nishio, K. Joko, N. Ikuta, I. Abe, and T. Hirashima, *J. Polym. Sci.*, **37**, 2131(1989).
20) 宮沢，ポリプロピレンの赤外吸収と分子構造,赤外吸収スペクトル第17集(1970).
21) 齋藤, 炭素, **2002**, 276(2002).
22) 早沢, 分光研究, **51**, 80(2002).
23) 丸山, 日本機械学会論文集B, **69**, 1495(2003).
24) 片浦弘道, 光学, **30**, 105(2001).
25) G. Chiarello, E. Maccallini, R. G. Agostino, V. Formoso, A. Cupolillo, L. Petaccia, R. Larciprete, S. Lizzit, A. Goldoni, *Carbon*, **41**, 985(2003).
26) A. Kuznetsova., I. Popova., J. T. Jr. Yates, J. G. Chen, M. J. Bronikowski, C. B. Huffman, R. E. Smalley, J. Liu, H. H. Hwu, *J. Am. Chem. Soc.*, **123**, 10699(2001).

27) D. Kahn, J. P. Lu, *Phys. Rev. B*, **60**, 6535(1999).
28) 斎藤,応用物理, **70**, 1196(2001).
29) S. Maruyama, Y. Miyauchi, Y. Murakami and S. Chiashi, *New J. Physics*, **5** 149. 1(2003).
30) D. Dragoman, M. Dragoman, *Prog Quantum Electron*, **25**, 229(2001).
31) J. M. Xu, Infrared. *Phys. Technol.*, **42**, 485(2001).
32) 市田,機能材料, **21**, 70(2001).
33) L. Wirtz, A. Rubio, De. Arenal, R. La. Concha, A. Loiseau, *Phys. Rev. B*, **68**, 045425.1 (2003).
34) E. Dobardzic, I. Milosevic, B. Nikolic, T. Vukovic, M. Damnjanovic, *Phys. Rev. B*, **68**, 045408. 1(2003).
35) R. Zhang, C. Liu, P. Xie, D. Dai, C. Zhu, C. Wang, *Polym. Adv. Technol.*, **12**, 626(2001).
36) S. B. Sinnott, *J. Nanoscience Nanotechnology*, **1**, **2**, 113(2002).
37) A. Eitan, K. Jiang, D. Dukes, L. S. Schadler, R. Andrews, *Chem. Mater.*, **15**(16), 3198 (2003).
38) S. R. C. Vivekchand, L. Sudheendra, M. Sandeep, A. Govindaraj, C. N. R. Rao, *J. Nanoscience Nanotechnology*, **2**, 631(2002).
39) L. Valentini, J. Biagiotti, J M. Kenny, S. Santucci, *J. Appl. Polym. Sci.*, **87**, 708(2003).
40) M. C. Gordillo, J. Marti, *Phys. Rev. B*, **67**, 205425. 1(2003).
41) O. Byl, P. Kondratyuk, L. Chen, J. K. Johnson, J. T. Jr. Yates, S. T. Forth, S. A. Fitzgerald, *J. Am. Chem. Soc.*, **125**, 5889 (2003).
42) O. Byl, P. Kondratyuk, J. T. Jr. Yates, *J. Phys. Chem. B*, **107**, 4277(2003).

応用編

第7章 ナノバイオニック産業

1 薬物・遺伝子デリバリー

片岡一則[*]

1.1 はじめに

　最近，様々な分野で，原子・分子のサイズや精度でものを加工（processing）し，組み立て（assembly），高次な機能を持つユニットを形成する技術（ナノテクノロジー）が注目されている。とりわけ，医薬品医療の分野においては，薬物の体内分布を時間的・空間的に正確に制御する事によって，「必要な時（timing）に，必要な部位（location）で，必要な薬物治療（action）」を最小限の副作用で達成する高精度ターゲティング治療に対する関心が高まっているが，この目的を首尾良く達成する為には，ナノスケールで精密設計された高機能化薬物運搬体（ドラッグキャリア）の開発が最重要とも言える課題である。特に，遺伝子治療との関連では，副作用や危険性が指摘されているウイルスベクターに取って代わる合成ベクターの開発競争が米国をはじめとする各国のベンチャー企業や大学を中心に過熱状態の様相を呈しつつある。本講演では，精密合成された高分子鎖のアッセンブリーに基づいて形成されるナノ構造体（高分子ミセル）を薬物や遺伝子のキャリアとして用いる演者らのアプローチを紹介し，そのナノ医療システムとしての展望を討論したいと考えている[1,2]。

1.2 生体機能性高分子ミセルの構築とその標的指向性ナノキャリアへの展開

　親水性連鎖と疎水性連鎖とからなるブロック共重合体は，水中で会合することによって，疎水部を内核（core），親水部を外殻（shell）とする会合体（高分子ミセル）を形成する。このような高分子ミセルは，その直径が20-50nmであり，天然物で言えば，丁度，リポタンパク質やウイルスと同等のサイズである。高分子ミセルは低分子ミセルに比べてミセルを構築する高分子鎖のミセルからの解離速度が小さく，極めて高い構造安定性を実現することが可能である。また，内核は外界から隔絶された非水的ミクロ環境を構成し，疎水性物質のミクロリザーバーとしての機能が期待される。一方，外殻は親水性で，高分子ミセルの優れた安定性と溶解性を維持するのに役立つとともに自由端を有する高分子鎖の特徴として極めて高いフレキシビリティーを示し，生体内において細網内皮系からの認識を免れるのに役立っている。更に，この外殻を構成する高分

---

[*] Kazunori Kataoka　東京大学大学院　工学系研究科　教授

子鎖の先端には，必要に応じてパイロット分子を連結することも可能である（図1参照）。演者らは，この様な高分子ミセルが薬物キャリアとして優れた特性を有することを見出し，動物実験より，アドリアマイシン（ADR）内包ミセルのがん標的治療における有用性を実証した（図2）[3〜5]。このシステムは科学技術振興事業団委託開発課題に採択され，現在，国立がんセンター中央病院において，臨床第二相試験が行われている。最近では，更なる改良を行い，ミセル内に化学結合されたアドリアマシンが細胞内エンドソームの低pH環境に応答して選択的に解離放出されるインテリジェント型の創出にも成功している[6]。

　高分子ミセルにおいては，その内核形成の駆動力を適宜，選択することによって，アドリアマイシンのような疎水性薬物に限らず，様々な薬物を内包する事が可能である。例えば，制ガン剤として広く用いられている白金錯体であるシスプラチンの場合には，配位子交換反応を利用する事によって，PEG-poly (aspartic acid) あるいはPEG-poly (glutamic acid) ブロック共重合体からシスプラチンを内包する単分散の金属錯体ミセル（直径約20nm）を得る事が出来る。ADRミセルと同様に，このシスプラチンミセルも著しく長い血中半減期を有する。但し，興味深いことに配位子交換反応の進行とともに一定の誘導期（〜10時間）を経てミセル崩壊が生起するため，丁度，固形がんに集積した頃にミセル崩壊に伴う急激な薬物放出を惹起させることが可能となる。すなわち，時限爆弾型インテリジェントミセルとも言えるシステムである[7,8]。この系についても，アドリアマイシン同様に低い副作用でより高い抗がん活性を示すことが動物実験より明らかとされている[9]。

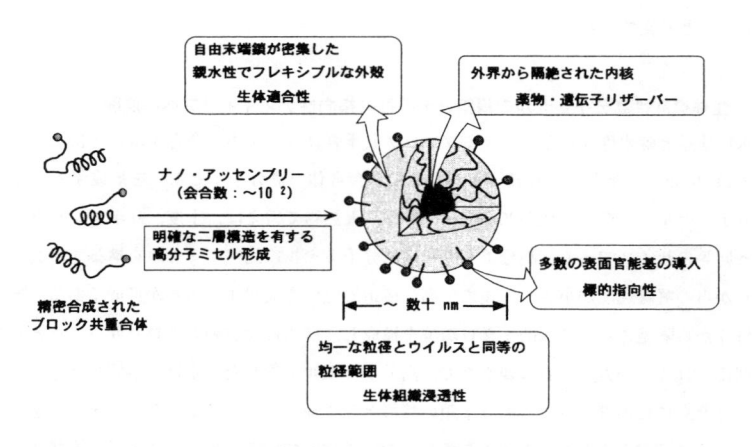

図1　薬物送達機能を有する高分子ミセルの構築

第 7 章　ナノバイオニック産業

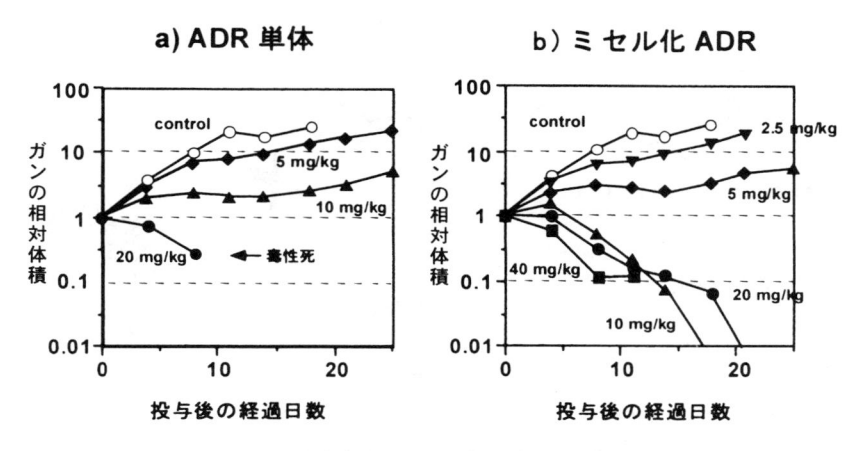

a) ADR 単体

(グラフ：ガンの相対体積 vs 投与後の経過日数、control, 5 mg/kg, 10 mg/kg, 20 mg/kg ←毒性死)

b) ミセル化 ADR

(グラフ：ガンの相対体積 vs 投与後の経過日数、control, 2.5 mg/kg, 5 mg/kg, 10 mg/kg, 20 mg/kg, 40 mg/kg)

図 2　大腸がん（Colon 26）に対する *in vivo* 制がん活性
ミセル中の化学結合ADR：アスパラギン酸残基の48mol%（23wt%）
ミセル中の物理吸着ADR：18wt%

　同様の単分散会合体は反対荷電を有するブロック共重合体から静電相互作用を利用しても構築可能であることも明かとなった（ポリイオンコンプレックス（PIC）ミセル）[10]。このPICミセルについては，詳細な光散乱解析を行い，会合数とブロック鎖長との関連など物理化学的解析を推進したが，その研究途上においてミセル形成における厳格な鎖長認識現象を発見した。すなわち，模式的に図3に示すように，安定なPICミセル形成は，相補的な連鎖長の反対荷電を有するブロック共重合体ペアからのみ起こり，長さの異なる成分はミセル形成から完全に除外されるという事実である。この現象は，内核における荷電セグメントの分布の均一性と外殻／内核界面の明確な相分離性より説明することが可能であり，ブロック共重合体であるが故の新たな分子認識機序の発現と位置づけることが出来る[11, 12]。

　上記の基礎的な物性評価と平行して，酵素やDNAなどの生体高分子を内包するPICミセルの機能材料としての特性評価をも推進し，例えば，ミセルの形成と解離に連動した酵素活性のon-off制御に成功するなど（図4）[13]，インテリジェント・バイオリアクターとしてのPICミセルの応用を提案する事が出来た。また，東大の相田らと共同して，表層に荷電を有するデンドリマー型ポルフィリンのミセル内への内包を行い，このシステムががんや加齢黄斑変性などの光力学療法に有用であるとの知見を得ている[14~16]。

　一方，PICミセルに内包することによって，プラスミドDNAの核酸分解酵素耐性が飛躍的に向上し，かつ遺伝子の発現効率が高まる事をも見出しており，天然のウイルスに代わる新たな遺伝子ベクターとして，現在，遺伝子治療分野への展開を図りつつある[17~19]。このシステムについて

223

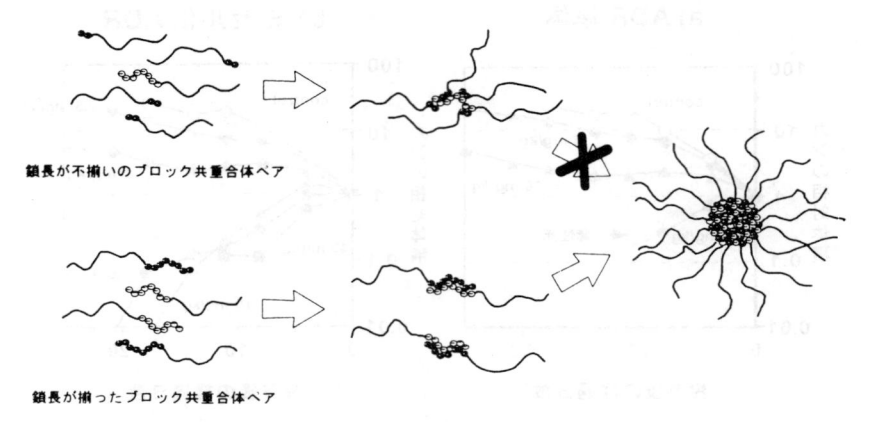

図3　PICミセル形成を通じた鎖長認識プロセス

は，血清中での安定性向上を蛍光のエネルギー移動より確認し[20]，かつ，*in vivo*の血中動態試験より，裸のDNAに比較して飛躍的な血中半減期の延長を認めている[21]。

1.3　DNAを運ぶインテリジェント型高分子ミセル

PICミセルには遺伝子（プラスミドDNA）のみならず鎖長の短いアンチセンスDNAの

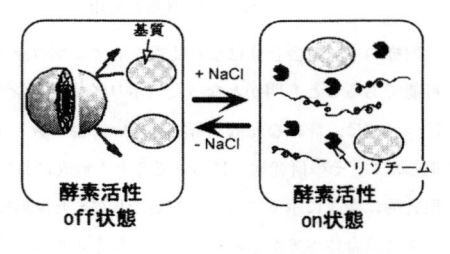

図4　高分子ミセルの形成と解離に連動した酵素活性のon-off制御

内包も可能である。但し，アンチセンスDNAのような鎖長の短い核酸を内包したPICミセルの場合，その希釈に対する安定性は必ずしも十分ではなく，投与後，血中で会合数が減少したりミセルの解離が生起してしまう可能性がある。そのため，目的組織に到達するまでPICミセルが解離してしまわないように安定化する必要があるが，安定化により細胞内での解離も抑えられてしまっては，内包されたDNAの薬理効果が発揮されない。そこで，この問題を解決するために，演者らは，細胞内の環境に応答してPICミセルが解離するメカニズムが必要であると考え，SS結合によるミセルの架橋に注目した。SS結合の特徴は，この結合が細胞内の還元的環境で開裂するということである。このため，SS結合でPICミセルの内核を架橋すれば，静脈注射後も血流中で解離が抑制されるうえ，細胞内に取り込まれた後には，SS結合の開裂に伴い内包されたDNAが放出されることが期待できると考えた。事実，この様なコンセプトで設計したミセルは還元剤の濃

第7章 ナノバイオニック産業

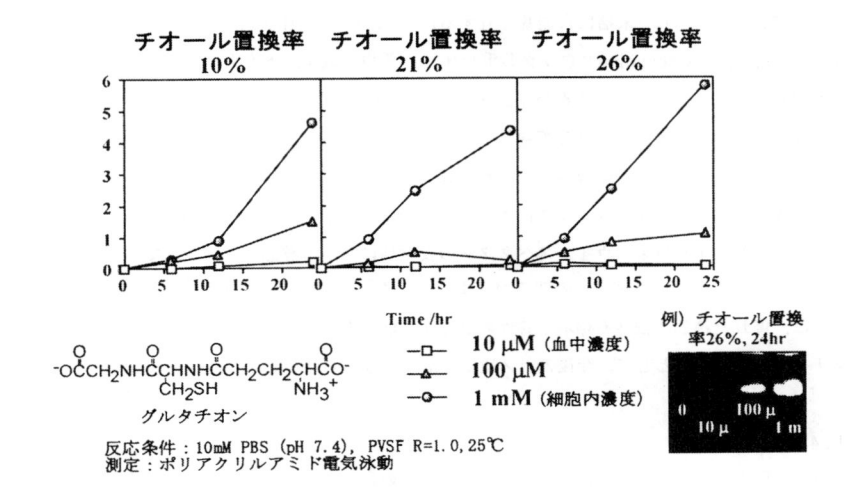

図5 グルタチオン濃度上昇に同期したPICミセルからのアンチセンスDNAの放出
(PEG-P(Lys)組成:PEGのMw = 12,000, P(Lys)の重合度 = 39)

度に依存して内包DNAを外部に放出する事が確認され、新たな環境応答型ミセルとしての機能が期待されている(図5)[22,23]。

一方、細胞内では細胞外に比して遊離Ca^{2+}濃度が1/10000に低下することが知られており、この事実を利用した環境応答型ミセルの構築も可能である[24]。poly(ethylene glycol)-poly(aspartic acid)ブロック共重合体(PEG-PAA)及びDNA存在下でリン酸およびCa^{2+}溶液を混合すると、DNA内包リン酸カルシウム微結晶をPEGがおおう、コアーシェル型の粒径数百ナノメートルの有機—無機ハイブリッドミセルが構築される。この有機—無機ハイブリッドミセルは細胞内に導入されるとCa^{2+}濃度の低下に同期して内包DNAを効率的に放出する。特に、新しい核酸医薬として急速に関心が高まっているsiRNAを本ハイブリッドナノ構造デバイスに内包すると、培養細胞系において顕著なRNA干渉作用を引き起こせることが明らかとなった。高分子ミセル型ナノ構造デバイスを用いたRNA干渉作用はsiRNAそのもののみならず発現ベクターを用いた場合にも確認されており、RNAiの強力な遺伝子発現抑制能と高分子ミセルのデリバリー機能を組み合わせた新しい標的治療の確立が期待される。

以上のようにウイルスと同等のサイズを有し、優れた溶解性と遺伝子発現活性を示す高分子ミセル型遺伝子ベクターに新たに標的指向性と環境応答性を賦与することによって、必要な場所で

必要な時に必要な機能を示すインテリジェント型遺伝子ベクターが構築出来るものと考えられる。標的指向性に関しては，末端に官能基を有するPEG-poly(dimethylaminoethyl methacrylate)[25]及びPEG-polyethyleneimineブロック共重合体[26]の新規合成ルートを東理大の長崎と共同で開発し，現在，これらのブロック共重合体とプラスミドDNAとからなるPICミセル表層にラクトースを導入したシステムを用いて培養細胞系への遺伝子導入を行っているが，ラクトースリガンドの導入に伴い，大幅な遺伝子発現効率の上昇を達成している。現在，遺伝子治療においては，アデノウイルスをはじめとするウイルス性ベクターが臨床的に用いられているが，一昨年の米国における患者の死亡事故以来，ウイルスベクターの安全性に対する懸念が指摘されており，高機能で安全な非ウイルス性ベクターへの期待が高まっている[27,28]。本稿で紹介した高分子ミセル型ベクターは，優れた標的認識性や環境応答性の賦与が可能であり，ウイルスに学ぶインテリジェント型ナノ構造デバイスとして，今後のナノ遺伝子治療分野における展開が期待される。

1.4 おわりに

以上，簡単に紹介したように，ブロック共重合体の自己会合によって形成される高分子ミセルは，天然のナノデバイスであるウイルスと同等のサイズと類似のコアーシェル構造を有しており，薬や遺伝子を運ぶ一種の「人工ウイルス」として，様々なナノ治療分野における応用が期待される。一方，ナノ医療の分野においては，バイオイメージングに用いる診断用ナノ微粒子など，ナノ診断分野への展開を目指した材料開発にも強い興味が持たれている。本稿で述べた方法論はナノ診断を目的とする機能性微粒子の構築にも適用可能であり，例えば，機能性PEGで被覆された金ナノ微粒子を用いたタンパク質の高感度定量アッセイも可能であることが最近，明らかとなった[29]。高分子の会合を的確に制御したナノ構造体は今後のナノ診断・ナノ治療の分野で確実にその重要性を増してくるに相違なく，今後は，検出（センサー機能）→診断（プロセッサー機能）→治療（エフェクター機能）を一体として成し遂げるインテリジェントシステムの構築が大きな課題となるであろう。実際米国においては，このようなインテリジェントシステムに関して，National Nanotechnology Initiativeの一環としてNASAとNCI（国立がん研究所）の共同研究プロジェクトが始動しており，我が国においてもナノテクノロジーとバイオメディカル分野を融合した研究戦略の策定を行うことが早急の課題であると言える。

第7章 ナノバイオニック産業

文　献

1) K. Kataoka, A. Harada, Y. Nagasaki, *Adv. Drug Deliv. Rev.* **47**, 113-131(2001).
2) 片岡一則, *DDS* **15**, 421-428(2000).
3) M. Yokoyama, T. Okano, Y. Sakurai, H. Ekimoto, C. Shibazaki, K. Kataoka, *Cancer Res.* **51**, 3229-3236(1991).
4) G. S. Kwon, S. Suwa, M. Yokoyama, T. Okano, Y. Sakurai, K. Kataoka, *J. Controlled Release* **29**, 17-23(1994).
5) K. Kataoka, M. Yokoyama, G. S. Kwon, T. Okano, Y. Sakurai, *J. Controlled Release* **24**, 119-132(1993).
6) Y. S. Bae, S. Fukushima, A. Harada, K. Kataoka, *Angew. Chem., Int'l. Ed.* **42**, 4640-4643 (2003).
7) N. Nishiyama, M. Yokoyama, T. Aoyagi, T. Okano, Y. Sakurai, K. Kataoka, *Langmuir* **15**, 377-383(1999).
8) N. NIshiyama, Y. Kato, Y. Sugiyama, K. Kataoka, *Pharm. Res.* **18**, 1035-1041(2001).
9) N. Nishiyama, S. Okazaki, H. Cabral, M. Miyamoto, Y. Kato, Y. Sugiyama, K. Nishio, Y. Matsumura, K. Kataoka, *Cancer Research*(in press).
10) A. Harada, K. Kataoka, *Macromolecules* **28**, 5294-5299(1995).
11) A. Harada, K. Kataoka, *Science* **283**, 65-67(1999).
12) A. Harada, K. Kataoka, *Macromolecules* **36**, 4995-5001(2003).
13) A. Harada, K. Kataoka, *J. Amer. Chem. Soc.* **121**, 9241-9242(1999).
14) H. R. Stapert, N. Nishiyama, D.-L. Jiang, T. Aida, K. Kataoka, *Langmuir* **16**, 8182-8188 (2000).
15) N. Nishiyama, H. R. Stapert, G. -D. Zhang, D. Takasu, D. -L. Jiang, T. Nagano, T. Aida, K. Kataoka, *Bioconjugate Chemistry* **14**, 58-66(2003).
16) G. -D. Zhang, A. Harada, N. Nishiyama, D. -L. Jiang, T. Aida, K. Kataoka, *J. Contrl. Rel.* (in press).
17) S. Katayose, K. Kataoka, *Bioconjugate Chem.* **8**, 702-707(1997).
18) S. Katayose, K. Kataoka, *J. Pharm. Sci.* **87**, 160-163(1998).
19) K. Itaka, K. Yamauchi, A. Harada, K. Nakamura, H. Kawaguchi, K. Kataoka, *Biomaterials* **24**, 4495-4506(2003).
20) K. Itaka, A. Harada, H. Kawaguchi, K. Nakamura, K. Kataoka, *Biomacromolecules*, **3**, 841-845(2002).
21) M. Harada-Shiba, K. Yamauchi, A. Harada, K. Shimokado, K. Kataoka, *Gene Therapy*, **9**, 407-414(2002).
22) Y. Kakizawa, A. Harada, K. Kataoka, *J. Amer. Chem. Soc.* **121**, 1247-11248(1999).
23) Y. Kakizawa, A. Harada, K. Kataoka, *Biomacromolecules* **2**, 491-497(200).
24) Y. Kakizawa, K. Kataoka, *Langmuir* **18**, 4539-4543 (2002).
25) K. Kataoka, A. Harada, D. Wakebayashi, Y. Nagasaki, *Macromolecules* **32**, 6892-6894 (1999).

26) Y. Akiyama, A. Harada, Y. Nagasaki, K. Kataoka, *Macromolecules* **33**, 5841-5845(2000).
27) E. Marshall, *Science* **286**, 2244-2245(1999).
28) N. Boyce, *Nature* **414**, 677(2001).
29) H. Otsuka, Y. Akiyama, Y. Nagasaki, K. Kataoka, *J. Amer. Chem. Soc.* **123**, 8226-8230 (2001).

2 再生医療用培地

玄　丞烋[*1]，松川詠梅[*2]

2.1 はじめに

21世紀は再生医療の時代といわれている。この再生医療とは，人工的に培養した細胞や組織を用い，事故や疾病により衰えた生体組織や臓器の機能を回復させる新しい医療技術である。

再生医療では幹細胞を用いて，目的とする細胞に分化させ組織や臓器を再生させることになるが，その増殖や分化に際して必須となるのが培地（medium）である。一般的に培地には，細胞の生存や増殖を維持するため，塩類，炭素源，窒素源などを含んでおり，また細胞に適した浸透圧とpHを維持するための緩衝液を含んでいる。ここで哺乳動物細胞に用いられる培地としては塩類，グルコース，ビタミン，アミノ酸等を含んでおり，また緩衝液としてはリン酸塩－炭酸水素ナトリウムと二酸化炭素を含有している。細胞の種類や目的に応じて様々の培地が開発され市販されているが，その代表的なものはイーグル培地である。この培地は種々の形（例えばBMEやMEM）で使われている。

再生医療では種々の幹細胞（例えば胚性幹細胞，造血幹細胞，および間葉系幹細胞）を，さまざまな培地で増殖，分化させ組織や臓器を再生させることにその目的があるが，その再生医工学により構築された組織の長期保存も極めて重要な研究課題である。そこで本稿では，限られた紙面の都合で，体外受精用培地とES細胞用培地，および細胞増殖をコントロールすることにより，常温で生体組織を長期間保存できる新規の保存液について述べる。

2.2 体外受精用培地

1978年にEdwardsとSteptoeらにより体外受精が始めて成功して以来，体外受精（IVF: in vitro fertilization），胚移植，顕微授精（ICSI：intracytoplasmic sperm injection）などの生殖補助技術（ART：assisted reproductive technology）が発展してきた。再生医療の場合，特にARTにおいては，培養液，培養容器，培養環境（ガス分圧，pH，浸透圧）等の条件により，培養細胞は大きな影響を受ける。近年ARTの分野において，ヒト胚の培養液に関する研究が進んでおり，受精卵から8細胞期まで培養できる基本培地（HTF：Human Tubal Fluid Medium）[1]に加えて，Gardnerにより報告された，胚盤胞まで培養できる合成培地[2]も利用可能である。ここでは，我々のラボにて調整しているIVF培地の種類と組成，調整，保存方法を概説する。

---

*1　Suong-Hyu Hyon　京都大学　再生医科学研究所　助教授
*2　Eibai Matsukawa　大阪府立大学　先端科学研究所　生物資源開発センター　研究員

2.2.1 培養液の種類と組成

基本培地は，主として無機塩類と低分子栄養物質，血清やアルブミンなどを添加することにより，胚の操作，及び受精から8細胞期までの胚の培養が可能となっている。

本ラボにて調製しているのは，基本培地として3種類，すなわちHTF[3]，Special Cleavage Medium（基本培地にtaurineとNa-Citrateを添加し，初期胚の分化に影響を与えるKH_2PO_4を除去したタイプ）[4]，Special HTF Medium（GlucoseとKH_2PO_4を除去したタイプ）[5,6]がある。さらに別の用途に用いるものとして，m-HTF（modified HTF）も調整している。m-HTFは基本培地のHTFに緩衝剤HEPESを添加することにより，H_2CO_3-$NaHCO_3$-HEPES緩衝系にて生理的pHの安定化をはかり，インキュベーター外での胚操作などにおいて，PBSより優れたものとなっている。その組成を表1に示す。

表1 基本培地の組成

Component (mM)	HTF	m HTF	S HTF	S cleavage
NaCl	101.50	101.50	101.50	101.50
KCl	4.69	4.69	4.69	4.69
$MgSO_4 \cdot 7H_2O$	0.20	0.20	0.20	0.20
KH_2PO_4	0.37	0.37	–	–
$CaCl_2 \cdot 2H_2O$	2.04	2.04	2.04	2.04
$NaHCO_3$	25.00	20.00	25.00	25.00
Glucose	2.78	2.78	–	0.50
Na-Pyruvate	0.33	0.33	0.33	0.33
Na-Lactate	21.40	21.40	21.40	35.00
Taurine	–	–	–	0.05
Na-Citrate	–	–	–	0.51
Penicillin-G	100 U/ml	100 U/ml	100 U/ml	–
Streptomycin Sulfate	50 μg/ml	50 μg/ml	50 μg/ml	–
Gentamycin Sulfate	–	–	–	0.01 g/l
Phenol red	0.37mg/l	0.37mg/l	0.37mg/l	0.37mg/l
HEPES	–	20.00	–	–

胚盤胞まで培養できる合成培地として，本ラボにて調整しているものにはα-MEMがある。

α-MEMとblastocyst medium[7]中に含まれるアミノ酸，ビタミン類，血清，アルブミン組成を表2（文献7に記載のものを一部改変）に示す。これらの培養液により，8細胞期から胚盤胞までのヒト胚培養が可能である。

2.2.2 培養液の調整法

(1) 培養液調整の準備

環境：培養液の調整はクリーンルーム内で行う。分注はクリーンベンチ内で無菌操作にて行う。

材料：● 1,000mlスクリューキャップ付き培養ボトル（滅菌済，ディスポーザブル）

第7章　ナノバイオニック産業

表2　胚盤胞まで培養できる合成培地の組成

Component (mM)	α-MEM	blastocyst medium
NaCl	○	○
KCl	○	○
$MgSO_4 \cdot 7H_2O$	○	○
KH_2PO_4	−	○
Na_2HPO_4	−	○
$CaCl_2 \cdot 2H_2O$	○	○
$NaHCO_3$	○	○
Glucose	○	○
Na-Pyruvate	○	○
Ca-Lactate	○	○
Na-Citrate	−	−
Taurine	−	−
Lipoic acid	○	−
Essential amino acids	○	○
Non-essential amino acids	○	○
Vitamins	○	○
Phenol red	○	○
Antibiotics	Penicillin-G/Streptomycin	Gentamycin

(Corning社，ボトルのエンドトキシン＜0.5EU/ml)

- 精密電子天秤（ザルトリウス社，GENIUS，計測域：0.01mg〜410g）自己校正，静電気除去機能付き。プログラムはコンピューターでプリセッティングする。
- 金属薬さじ：使用前に専用洗剤で洗浄後，超純水で洗剤が完全になくなるまで洗い，乾燥してから乾熱滅菌を行う。
- 分注用培養ボトルは，filter-system（Corning社，ポアサイズ：$0.22\mu m$）を使用して分注することにより，操作中のコンタミネーションを最小限に抑えることができる。使用器具はエンドトキシンの影響を考慮し，できるだけ少なく抑える。
- 超純水の準備：培養液の場合，水の質は重要である。本ラボでは，市販超純水として注射用蒸留水（大塚製薬）を使用している。この蒸留水は日本薬局方で人体投与の認可を得た超純水であり，もっとも安全性の高いものである。この蒸留水によりエンドトキシンは極めて微量となっている。
- 試薬の準備：鮮度を保持するために，できるだけ少量包装で購入するのが好ましい。

Na-Pyruvate	Sigma
Na-Lactate	Sigma
Penicilline-G	Sigma
Streptomycin sulfate	Sigma
Glucose	和光純薬社，特級

Phenol red　　　　　　　MERCK社

その他の無機塩類は，和光純薬社製（特級）のものが適している。培養液中のphenol redの量が多いと細胞に毒性を与える可能性があるので，添加は少量にする。

● 培養液の調整：

浸透圧：正常人血清の浸透圧は275〜290mOsm/kg H_2Oであるが，胚の培養は浸透圧の変動により大きな影響を受ける。本ラボでは280±3 mOsm/kg H_2Oの範囲内に超純水で調整している。

pH：哺乳動物細胞の至適pHは7.2〜7.6である。HTFはCO_2-bicarbonate緩衝系を利用している。HTFは，まずpHを7.15〜7.20になるようにCO_2ガスで調整した後，ポアサイズ0.22μmのfilter systemで濾過，分注する。濾過後の培養液のpHが7.3〜7.4になるように，必要に応じて再度微調整する。pHの変化が生じないように培養ボトルのキャップを確実に閉めておく必要がある。pHメーターには温度補正付きのものを用い（HORIBA社，F-22），培養液の温度を室温で平衡になった状態で測定する必要がある。

エンドトキシン：エンドトキシンは極めて有害な物質であるため，できるだけ高感度な方法で検出する。本ラボで調整した培養液は高感度合成基質法でエンドトキシン検出を行っている（生化学工業社）。培養液中のエンドトキシン<0.1EU/ml。

(2) 培養液調整手順

図1のように行う。

2.2.3　培養液の保存

培養液の品質管理はIVFの成績に最も重要な影響を及ぼす。エンドトキシンを高感度検出し，マウスエンブリオテストで品質検査し，さらに保存場所に注意しなければならない。また，培養液中のNa-Pyruvate，抗生物質などは水溶液中では不安定である[8]ため，できるだけ新鮮な培養液を使用し，有効期間を超えたものは使用しないように注意する必要がある。

2.3　ES細胞培養用培地[9]（文献9）に記載のものを一部改変）

1981年になり，Evans and KaufmanおよびMartinが，胚性幹細胞（ES細胞）を培養胚盤胞より樹立した。このES細胞の樹立は，再生医療における最も画期的な新技術のひとつである。

よく使われている培地はダルベッコ変法イーグル培地に4.5g/Lグルコースを添加したDMEMである，同じ細胞株では同じ培地を使用したほうが良い。DMEMは重炭酸塩で緩衝された培地であり，確実にPHが7.2〜7.4になるように5%CO_2 95%空気の気相中で培養する必要がある。培地，グルタミン，トリプシン－EDTAおよびカルシウムとマグネシウムを含まないリン酸緩衝液

第7章 ナノバイオニック産業

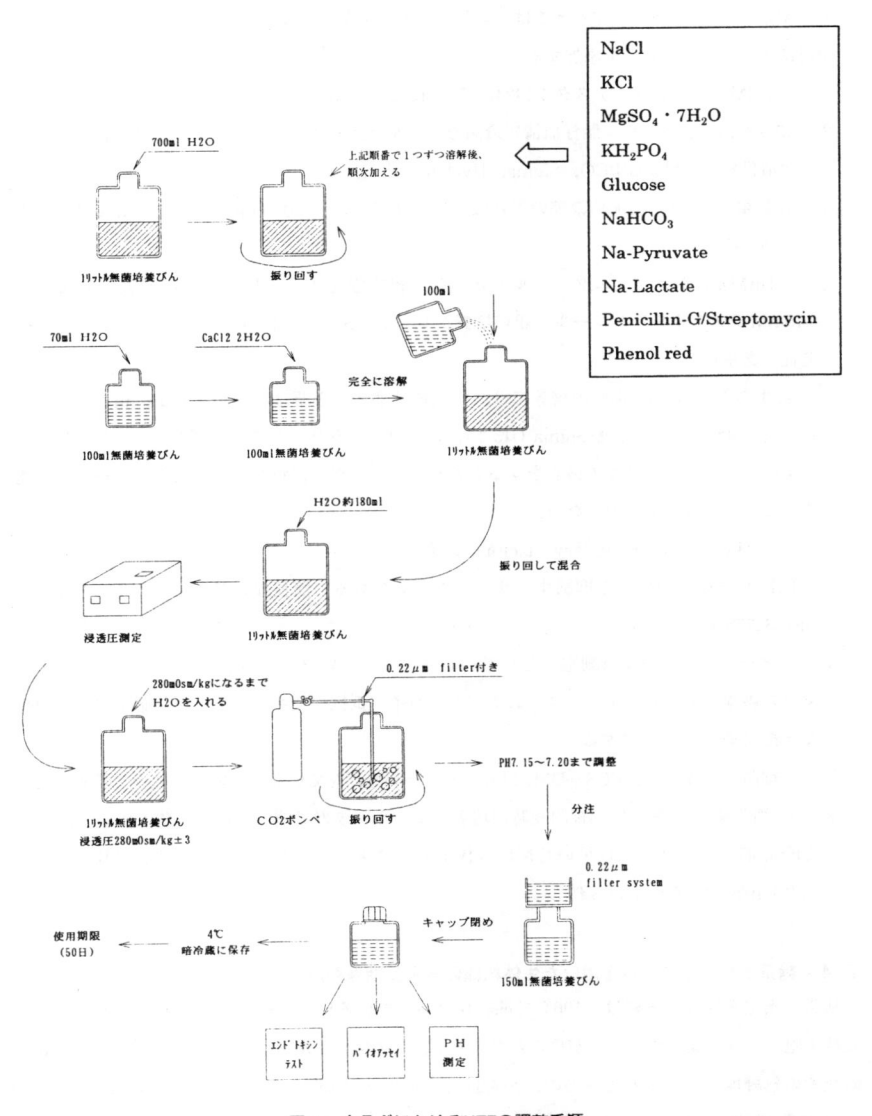

図1 本ラボにおけるHTFの調整手順

(Ca^{++}/Mg^{++}フリーPBS）を作るときは，エンドトキシンを含まない超純水を使うこと。
使用に先立ち，次のものを添加する。

1. DMEM （ナカライテスク；14247-15　Sigma；D8537など）
2. 15%血清（FBS，ウシ胎仔血清）最適な増殖を与える血清のロットチェックを行う。
   （血清供給元の例：GIBCO，Sigma，Hycloneなど）
3. 非必須アミノ酸：100倍濃縮の保存液（10mM GIBCO 320-1140 AG）を0.1mMになるように加える。
4. 0.1mM βメルカプトエタノール（βME）（組織培養グレード，Sigma M7522）または0.15mMモノチオグリセロール（組織培養グレード，Sigma M6145 これはβMEよりも非揮発性である）
5. 抗生剤：通常のES細胞の培養では，抗生剤は加える必要はないが，50μg/mlのゲンタマイシン（50mg/ml 保存液 Sigma G1522），またはペニシリンとストレプトマイシンを加えてもよい。マイコプラズマの検査をするときや，フィーダー細胞としてSTO線維芽細胞を培養するときは，抗生剤は加えない。
6. LIF（Leukemia inhibitory factor）の添加：
   LIFはES細胞の分化を抑制するサイトカインである。簡便な供給元はESGRO（GIBCO BRL 3275SA）
7. フィーダー細胞（支持細胞）としてSTO細胞（Dr. A. Bernsteinによって分離されたSIMマウス繊維芽細胞のチオグアニンおよびウアバイン抵抗性亜系である）や，胎児線維芽細胞などをES細胞と共培養する。
   STO細胞の培養は10%FCS+DMEM培地ゼラチン処理していない組織培養皿上で培養する。
8. ES細胞凍結用培地：ES細胞長時間培養によるキメラ形成能力の低下を防ぐため，樹立したES細胞株はできるだけ早い時期に液体窒素中に凍結保存する[10]。凍結液はDMEM+10%FCS+10%DMSOが用いられる。

2.4　緑茶ポリフェノールを用いた生体組織の常温長期保存液

通常，細胞を保存するには－196℃で凍結保存されている[11～13]。そして，必要なとき，これら凍結細胞を急速解凍して生細胞が得られているが，この凍結・融解後の生存率は，細胞の種類や研究者の熟練度により変わるものの，がん以外の正常有用細胞，たとえばES細胞（胚性幹細胞）やEG細胞（胚性生殖細胞）の生存率は極めて低く20～40%である。この正常有用細胞の増殖を制御でき，凍結させず長期間保存できれば，学問上のみならず応用的にも極めて大きな意義がある。
一方，移植用の生体組織も－196℃の極低温で保存されているが，組織によっては数日間以上

第7章 ナノバイオニック産業

保存できず，たとえば小口径血管の場合，凍結状態では1週間以上になると血管内皮細胞がダメージを受けるため，その後の移植に問題が残る。また，角膜も凍結すると角膜内皮細胞に障害を与えるため，凍結保存できず4℃で10日間しか保存できない。その上，肝臓，心臓，肺および腎臓などの臓器は凍結保存できないため，4℃にて保存されているが保存可能時間は短く4～24時間しか保存できない[14～16]。さらに，近年の組織工学技術の急速な進歩により，培養皮膚，培養軟骨は臨床応用のレベルまで達しており，遺伝子工学の技術により移植臓器用のクローン動物が近い将来誕生することが見込まれている。

以上のように，ヒトから提供された血液，細胞，組織，臓器あるいは組織工学や遺伝子工学技術により生産される組織や臓器が適用される場面が増大しているにもかかわらず，その保存技術や流通産業システムが確立されていないのが現状である。筆者らは，最近，緑茶ポリフェノールが種々の動物細胞の増殖を抑制するのみでなく，造血幹細胞の場合，4℃で長期間，細胞の増殖が停止した後，赤血球，マクロファージ，T細胞およびB細胞などに正常に分化することを見出し，また，血管，角膜，神経，膵島，軟骨および心筋などの種々の生体組織の未凍結状態での長期間保存にも成功した。

2.4.1 緑茶ポリフェノールの細胞増殖制御機能

緑茶ポリフェノールとは我々が日常愛飲している緑茶の葉より，水，エタノール又は有機溶剤で抽出し，精製して得られるもので，主成分はエピガロカテキンガレート(EGCG)を主体とする図2に示すようなカテキン類である。このポリフェノールには抗菌作用，抗う触作用，抗がん作用，抗酸化作用，抗ウイルス作用，および消臭作用等の種々の生理活性が知られている。

著者らは最近，この緑茶ポリフェノールが種々の哺乳動物細胞(例えば，ブタ肝細胞，血管内皮細胞，平滑筋細胞等)の増殖をコントロールできることを見い出した[17]。ここではその一例を示す。

ラット線維芽細胞L-929をEMEM（カナマイシン60mg/1含有）と10%ウシ胎児血清中で培養した。細胞増殖テストを，$1.76×10^5$ cell/mlの細胞密度で行い，コントロールとして血清培地のみ，そしてポリフェノール（250μg/ml濃度）を他の培養系に添加した。図3にラット線維芽細胞培養におけるポリフェノールの添加効果を示す。ポリフェノール未添加系では細胞増殖が活発で4日後には$1×10^6$ cell/mlにも細胞数が増えるが，ポリフェノール添加系では細胞の形態が丸くなり，また増殖が1週間停止し，さらにポリフェノールを除去すると再び正常に増殖を開始することが分かった。線維芽細胞の細胞周期をフローサイトメトリーで測定した結果を表3に示す。ポリフェノール未添加系では9時間まで各々のセルサイクルに変化が見られないものの，ポリフェノール添加系ではG0G1とG2M期が9時間後に0に達している。そして，ポリフェノールが脱離してくるとともにS期が増えることを認めた。このことは，ポリフェノールが細胞の増殖を

生理活性
① 抗菌作用
② 抗う作用
③ 抗ガン作用
④ 抗酸化作用
⑤ 抗ウイルス作用
⑥ 消臭作用

(+)カテキン 3.5%　　(−)エピカテキン 7%　　(−)エピカテキンガレート 4.6%

(+)ガロカテキン 14.8%　　(−)エピガロカテキン 15%　　(−)エピガロカテキンガレート 18%

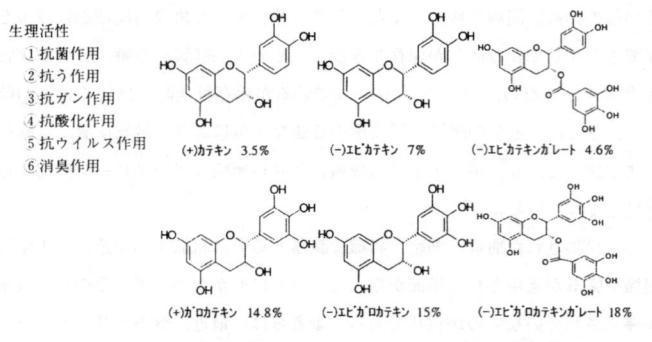

図2　緑茶ポリフェノールに含まれている代表的なカテキン類

線維芽細胞

0日　　　　　　　　　　　　　　　3日

　　　　　ポリフェノール添加

2日　　　　　　　　　　　　　　　4日

　　　　　　　　　　　　　　ポリフェノール除去

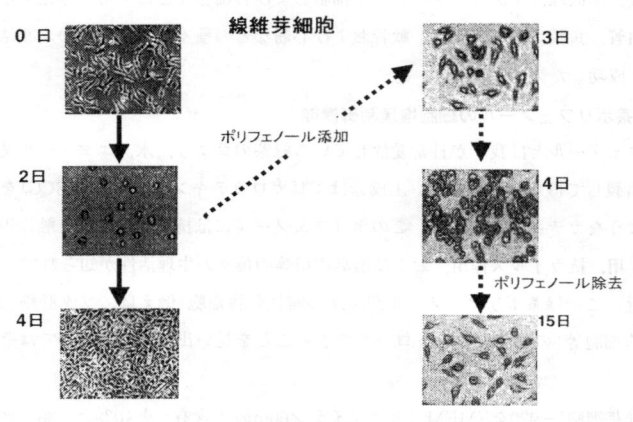

4日　　　　　　　　　　　　　　　15日

図3　線維芽細胞の増殖に及ぼすポリフェノールの影響
(→) ポリフェノール無添加　　(-->) ：ポリフェノール添加

正常にコントロールしていることを意味している。

この線維芽細胞以外にブタの肝細胞でも同様な現象を確認した。さらに，造血幹細胞を4℃で1週間保存しても細胞数が減少せず，その後，赤血球，マクロファージ，T細胞やB細胞に正常に分化することも認められた[18]。

2.4.2　ポリフェノールを用いた移植用生体組織の常温長期保存液

著者らは最近，緑茶ポリフェノールを従来の保存液に適当量添加すると種々の細胞の増殖を正常にコントロールでき，また種々の生体組織，例えば膵島[19]，血管[20]，軟骨[21]，および神経[22]な

第7章 ナノバイオニック産業

表3 ポリフェノール未処理とポリフェノール処理（250μg/ml）線維芽細胞の細胞周期の時間変化

ポリフェノール処理	Cycle	Time (hr)				
		0	2	4	9	48*
未処理細胞	G0G1	22.18	15.69	22.86	18.99	—
	G2M	2.58	1.12	11.93	20.85	—
	S	75.24	83.19	65.22	60.16	—
処理細胞	G0G1	22.18	33.05	52.96	70.07	71.33
	G2M	2.58	11.00	13.83	29.93	20.54
	S	75.24	56.95	33.21	0	8.13

どが未凍結状態で数ヶ月も保存できることを見い出した。ここでは紙面の都合上，角膜の保存のみを述べる。

現在，眼科で用いられている角膜保存液を表4に示す。これらの内，最もよく使用されている保存液はOPTISOL®であるが，その保存期間は4℃で7〜10日間と比較的短い。しかし貴重な角膜が摘出してから10日間以内でしか使用できなくなるとは，ドナーに対して極めて失礼である。

そこで木下らは[23]，この市販のOPTISOL®に緑茶ポリフェノールを添加することでラット角膜の保存時間の延長を試みた。図4に摘出直後のラット角膜とOPTISOL®中にて4℃で4週間経過後のラット角膜，およびOPTISOL®にポリフェノールを添加した保存液中にて4℃4週間経過後のラット角膜の走査型電子顕微鏡写真を示す。

表4 CONSTITUENTS OF K-SOL, DEXSOL, AND OPTISOL

CONSTITUENT	K-SOL	DEXSOL	OPTISOL
Base medium	Tissue culture Medium 199 and Earle's balanced salt solution	Minimal essential Medium	Tissue culture medium 199, Earle's balanced salt solution, and minimal essential medium
Buffer	HEPES	HEPES	HEPES
Antibiotic	Gentamicin	Gentamicin	Gentamicin
Chondroitin sulfate	2.5%	1.35%	2.5%
Dextran			
Adenosine triphosphate	No No	1% No	1% Adenosine, inosine, and adenine
precursors			Yes
Iron	No	No	Yes
Cholesterol	No	No	Yes
L-hydroxyproline	No	No	Cobalamin, ascorbic acid,
Vitamins	No	No	α-ocopherol, D-biotin, calciferol, niacin, pyridoxine, and p-aminobenzoic acid

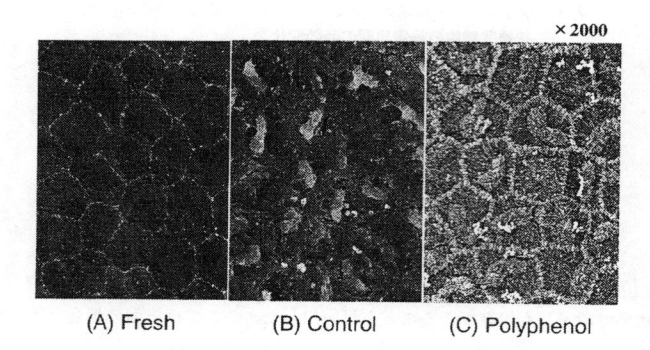

図4　ラット角膜内皮細胞の走査型電子顕微鏡写真
（A）摘出直後のラット角膜内皮
（B）OPTISOL®中で，4℃にて4週間保存したラット角膜内皮
（C）ポリフェノール（500μg/ml）処理後，OPTISOL®中で4℃にて4週間保存したラット角膜内皮

哺乳動物の角膜内皮細胞の形態学的特徴は，図4の(A)に見られるように六角形を呈している。この六角形細胞の形態が保存後に保たれているか否かで保存状態がある程度判断できる。(B)は，4℃で4週間も保存したため収縮により内皮細胞の核のみが見られ，六角形細胞の形態は完全に破壊されている。しかし，OPTISOL®にポリフェノールを添加した保存液では4週間の保存後でも，その六角形細胞の形態が保たれており正常に近いことが分かる。また，上皮細胞も正常に保たれていることを確認した。

2.5　おわりに

ここでは誌面の都合で一部しか紹介できなかったが，培地は再生医療にとって最も重要な要素の一つである。再生医療は，生体のもつ細胞や組織の修復力を利用し，人為的に制御することにより，失われた生体の機能を再生させる新しい医学の研究領域であるが，この研究を成就させるには医学のみならず理学，工学等の学術的な協力が必要となる。特に今後，再生医療と工学が融合した再生医工学は，医療の分野に工学技術を応用することで新たな学問領域と産業とのフロンティアが一挙に開花することが期待される。

第7章 ナノバイオニック産業

文　　献

1) Quinn P. et al. Fertil Steril, **44**, 493〜498 (1985)
2) Gardner DK: Cell Biol Int, **18**, 1163〜1179 (1994)
3) 詠田由美：培養法，媒精法，新女性医学大系16，生殖補助医療，中山書店，208〜215 (1998)
4) Conaghan J. et al., J reprod Fertil, **99**, 87 (1993)
5) Quinn P. et al., Fertil Steril, **63**, 922 (1995)
6) Carrillo AJ, et al., Fertil Steril, **69**, 329 (1998)
7) 鈴木秋悦ほか，ARTラボラトリー　メジカルビュー社，75
8) 森　崇英ほか，図説　ARTマニュアル，永井書店，153〜155
9) 山内一也ほか，マウス胚の操作マニュアル　第二版，近代出版，258〜262
10) 森　崇英ほか，図説　ARTマニュアル，永井書店，390〜395
11) J. O. M. Karlsson, E. G. Cravalho, M. Toner, Intracellular ice fomation：Causes and consequences, Cryo -Letters, **14**, 323-336 (1993)
12) J. O. M. Karlsson, M. Toner, Long -term storage of tissues by cryopreservation：Critical issues, Biomaterials, **17**, 243-256 (1996)
13) W. J. Armitage, B. K. Juss, The influence of cooling rate on survival of frozen cells in monolayers and in suspension, Cryo -Letters, **17**, 213-218 (1996)
14) S. Sandler, A. Anderson, The significance of culture for successful cryopreservation of isolated pancreatic islats of Langerhans, Cryobilogy, **21**, 502-510 (1984)
15) B. Rubinsky, C. Y. Lee, J. Bastacky, G. Onik, The process of freezing and the mechanism of damage during hepatic cryosurgery, Cryobilogy, **27**, 85-97 (1990)
16) L. M. Wilkins, S. R. Watson, S. J. Prosky, Ss. F. Meunier, N. L. Parenteau, Development of a bilayered living skin construcyfor clinical applcations, Biogechnol.Bioeng., **43**, 747-756 (1994)
17) S. H. Hyon, D. H. Kim, Hibernation of mammaliam cells at living body temperature, Biotechnol. Bioprocess Eng., **6**, 289 -292 (2001)
18) 玄　丞烋，須賀井一，堤定美，桂義元，未発表データ
19) S. H. Hyon, D. H. Kim, Long-term presservation of rat pancreatic islets under physiological conditions, J. Biotechnology, **85**, 241-246 (2001)
20) 玄丞烋，金度勲，崔万興，井上一知，堤定美，ラット腹腔大動脈の未踏欠場対での長期間保存と移植，Organ Biology, **9**, 61-69 (2002)
21) 武田聡，坂口和彦，岡正典，玄丞烋ほか，ポリフェノールにより関節軟骨保存の研究，日本バイオメカニクス学会誌，**22**, 11-15 (2001)
22) T. Ikeguchi, R. Kakinoki, T. Nakamura, S. H. Hyon, Eeperimental Neurology, in press (2003)
23) S. Kinoshita, Y. Sano, S. H. Hyon, Curr. Eye. Res., in press

3 バイオチップ

松永　是[*1], 大河内美奈[*2]

3.1　はじめに

　各種ゲノムのシーケンス情報が蓄積されるにつれ，ゲノム情報を利用した様々な遺伝子解析システムが開発されている。特に，ヒトの設計図であるヒトゲノムの全DNA配列が解明され，遺伝子と疾患に関連した研究がますます盛んになっていることから，医療分野において遺伝子診断が重要なツールとなってくるのは間違いない。現在，開発されているバイオチップとしては，DNAチップやDNAマイクロアレイに代表される多種類のプローブDNAを基板上に固定し，蛍光標識したDNAとハイブリダイゼーションを行い蛍光測定により解析する包括的な解析技術，および一連の遺伝子解析の操作をマイクロチップ上に集積化して実現するLab-on-a-ChipやμTAS (micro Total Analysis System) と呼ばれる方法に分けられる。これらのバイオチップは，半導体集積化技術によって培われた微細加工技術を応用して開発されてきたが，今後，臨床やラボワークにおいて実用性の高いシステムの開発が求められている。

　本稿では，これらバイオチップやプローブ固定化に微粒子を利用した遺伝子解析法について紹介する。また，同様に微細加工技術を利用して開発したオンチップ型のイムノセンシングシステムについても紹介する。

3.2　DNAチップ

　現在広く使用されているDNAチップは，大きく2つに分類される。1つは半導体製造技術と光化学反応を利用して作成する高密度なオリゴプローブアレイ[1]であり，Affymetrix社のGeneChipに代表される。もう1つは，Stanford大で開発されたスライドガラス上にプローブDNAの溶液を多数スポットして作成するDNAマイクロアレイ[2]である。これらの方法は，平面上にDNAなどの生体分子を固定化することにより，多数の異なる分子を位置情報によって解析する方法である。少量サンプルでハイスループット解析ができ，遺伝子診断にも有効であると考えられることから，様々な変法が開発されている。DNAプローブをひもに固定してそれをコアに巻き付けた3次元集積構造による解析法（Bio-Strand Inc.）や中空糸繊維内にプローブ固定を行う繊維型DNAチップ（三菱レイヨン㈱）などファイバーを利用するユニークな方法も開発されている。DNAチップの利点は，実験より得られる膨大なデータ量，すなわち，チップ上にある膨大なプローブに関与する包括的な遺伝子ネットワークの解析にある。しかし，現在販売され

---

*1　Tadashi Matsunaga　東京農工大学　工学部　生命工学科　教授
*2　Mina Okochi　東京農工大学　工学部　生命工学科　助手

第7章 ナノバイオニック産業

ているDNAチップは高価であるため，限られた研究機関等で使用されているのが現状である。また，研究・計測対象によってはそれほどプローブ数が多くなくて良いことも多い。現在，包括的に解析を行う手法をたんぱく質の解析に適用する試みがなされている。

3.3 微粒子を用いた解析法

遺伝子解析の高速化・低価格化を実現する手法としてプローブを固定した微粒子を用いる方法が提案されている。微粒子を用いることにより，3次元空間で反応を進行させることが可能である他，表面積が大きくなることから多数の分子を反応に利用することが可能となる。また，微粒子の表面での反応効率は液相に近いものと考えられ，プローブを固定化することに伴う反応速度の低下を抑えた高感度，短時間での計測が可能となる。さらに，微粒子上へのプローブの固定化は，プローブごとに多数の安価な微粒子に対して行った後，デバイスごとに振り分けるので，コストを下げることが可能である。ただし，前述のDNAチップの場合は，プローブの情報はスポット位置で識別できるが，ビーズを集団で使用する場合にはビーズの識別が必要となる。以下に紹介する方法は，微粒子の識別方法に大きな特徴がある。

フローサイトメーターとカラーコードビーズを使用するFulton[3]らの方法が，米国のベンチャーLunimex社（www.luminexcorp.com）で実用化されている。直径約5μmのポリスチレンビーズに2種類の蛍光体の混合比を変えることにより約100種類のカラーコードビーズを作製し，それぞれのビーズに異なるプローブを固定化する。このビーズをサンプル溶液と混合してターゲットを表面に捕捉し，フローサイトメーターで2種類の蛍光を計測することにより，ビーズの識別を行うと同時にビーズ上に捕捉したターゲット由来の蛍光を測定する簡便な方法である。

プローブDNA固定化ビーズの蛍光検出に光ファイバーを利用するデバイスも製品化されている（米国，Illumina社，www.illumina.com）[4]。これは，光ファイバー先端のコア部分をエッチングすることによりμmオーダーのウェルを作成し，この光ファイバー束先端の細かいウェルにプローブ固定化ビーズを固定化し測定するものである。使用時には光ファイバー束の先端をサンプル溶液に浸すことでビーズをファイバー上に補足し，光ファイバー通してターゲットの蛍光を計測する。この方法では，各ウェルにどのプローブが付くかわからないため，プローブ情報をデコードする必要があり，前述のカラーコードビーズを使用するか予めオリゴマーによるハイブリダイゼーションを行うことでプローブ情報を確認する。

この他，微粒子を用いた解析法としては多数のビーズを用いてクローニングから発現解析までを行うBrennarらの方法（Lynx社で実用化）[5]，プローブ固定化ビーズをキャピラリー内部に一列に配置した後，ターゲット溶液を通してハイブリダイゼーションを行い計測する方法[6]などが開発されている。また，金粒子を利用した金粒子の凝集による色調や導電性の変化を利用した解

析法も開発され，マイクロアレイ解析への応用もなされている[7～10]。さらに，磁気微粒子にプローブを固定化し，遺伝子解析に利用する方法も開発されている（次項）。

　以上，ビーズを用いたユニークなDNA解析の手法を紹介した。ビーズを用いた解析法は，100種程度までのプローブを用いた解析に適している。ここではDNA解析に話を絞ったが，ビーズを利用した手法は他の生体関連分子の計測にも利用でき，近い将来多くの研究室で使われるようになるに違いない。

3.4　磁気微粒子を用いた解析法

　磁気微粒子を用いた解析法は，微粒子を利用した解析法の利点に加え，磁気分離により簡便に

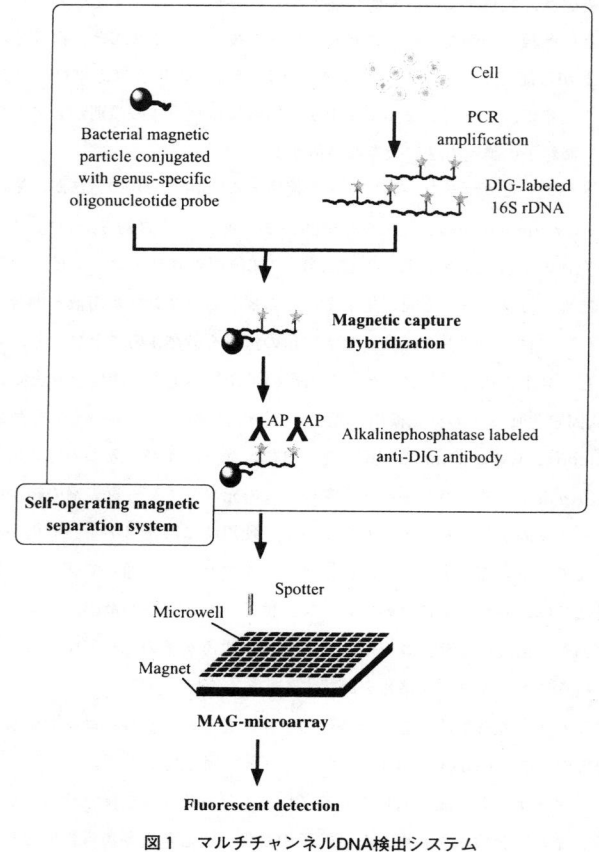

図1　マルチチャンネルDNA検出システム

第7章 ナノバイオニック産業

目的分子の分離精製・濃縮が可能である点である。磁気微粒子を利用した解析法については，すでにイムノアッセイ等でその有効性が実証されており，その信頼性は高い[11,12]。ビオチン—ストレプトアビジン等の結合を利用して磁気微粒子表面にDNAを固定化し，mRNAやDNAの分離，DNA結合たんぱく質の分離など，遺伝子工学の広範な領域に活用することが可能である[13]。

我々は，DNA固定化磁気微粒子および自動分注・磁気分離可能な自動化装置を用いることにより，全自動でDNA検出可能なシステムの構築を行っている[14,15]。このDNAマイクロアレイは，サンプルからのDNA抽出，ハイブリダイゼーション，検出等の工程を，磁性細菌粒子[16]を用いて自動化したものである。最終的に反応終了サンプルをシリコン基板上に作成した検出アレイに対して配置し，蛍光顕微鏡下でハイブリダイズしたDNAをマルチチャンネルで検出するシステムである（図1）本システムを用いて海洋に広く存在するシアノバクテリアの属特異領域を検出プローブとして磁性細菌粒子に固定化し，マイクロアレイにより検出を行った。シアノバクテリア各属においてアレイ上の蛍光パターンが異なり，属特異検出が可能であることが確認された[17]。また，プローブ固定化磁性細菌粒子を利用したマグロの魚種判別[18]や，アルデヒド脱水素酵素遺伝子（ALDH 2）[19]，TGFβ-1[20]等の遺伝子を指標としたSNP解析についても報告している。

磁気微粒子を利用した遺伝子解析は，マイクロ流路内で行う検討も行われている他[21]，フローサイトメトリーを利用したゲノムの多様性解析にも応用されている[22]。また，DNA解析法ではないが，抗体の識別にDNA断片をバイオバーコードとして利用したたんぱく質の高感度検出についても報告されている[23]。磁気微粒子を利用した遺伝子検出技術は，全自動化が可能であることから，ポストゲノム解析，遺伝子発現モニタリングなどへの応用が期待される。

3.5 Lab-on-a-Chipによる遺伝子解析

微細加工技術の進展により，実験室内で行う様々な解析を小さなチップ上で行うというコンセプトのもと，Lab-on-a-chip技術に関する研究が進められている。現在Lab-on-a-chipの基盤に用いられている材料としては，シリコン，ガラス，石英等の無機材料およびディスポーザブルでの使用を目指したポリジメチルシロキサン，ポリメチルメタクリレート，ポリスチレン等の高分子材料があげられる。Lab-on-a-chip上で可能な操作としては，流路内での試薬の混合，定量，バルブを利用した切換え操作，PCR，電気泳動による分離等をはじめとする多種多様な要素技術が挙げられる。さらに，流路内にイオン交換樹脂等の粒子を充填したり流路に機能性官能基を修飾することで様々な機能を付加することも可能である。サンプルの送液や攪拌に関しては，電気浸透流（electro-osmosis flow）を用いた取り組みが行われている。これらの技術を組み合わせて，基盤上でサンプルと試薬を反応させ，その後電気泳動やカラム等の分離装置により反応物を分離し，検出を行うことができる。

チップ技術を利用したゲノム解析や遺伝子診断を目的とするマイクロシステムの開発の進展も目覚しい。遺伝子解析の工程は，抽出・反応・分離・検出から成る。遺伝子解析用のマイクロシステムの開発には，血液などのサンプルからのDNAの抽出，PCR，さらに増幅したDNAの分離と検出といった一連の操作をシステム化した装置の開発が不可欠である。各単位操作を実現する装置に関する報告は多く，多種多様な要素技術が開発されている。特に，マイクロチップ電気泳動は最も開発が進んでおり，少量サンプルによる少量試薬での高速解析が実現されている。最近の論文では，すでに1秒未満での電気泳動による分離が報告されている[24, 25]。また，数分間で多サンプル解析が可能な電気泳動チップシステムがすでに実用化されている。PCRに関しても早くからマイクロシステムの開発に関する研究が進み[26, 27]，微細加工技術により作成したマイクロ流路に変性，アニーリング，伸長用の各温度に設定したマイクロヒーターを配置して，流路内に反応液を送液することでPCR反応時間の短縮が可能となった[28]。Lab-on-a-chipによる遺伝子解析で課題となっているのが，細胞からのDNAの抽出と分離およびPCR増幅，電気泳動，検出などの各工程の連結と自動化である。遺伝子診断においては，血液などの検体中に微量に存在する感染症病原菌等の特定遺伝子やmRNAを対象としているため，サンプルを直接PCRして診断を行うことはできない。したがって，必要とされる検体量は必然的に多くなり，オンチップデバイスの実用化において大きな障害となっている。近年，細胞を界面活性剤やグアニジンイソチオシアネートなどを含む細胞溶解液で溶解し，遊離したDNAをマイクロ流路内に充填したシリカビーズを用いて回収する方法が報告[29〜31]されているが，検体に含まれる微量のターゲットを解析するには，多くの問題が残されている。また，これらLab-on-a-chipの報告のほとんどがサンプルの前処理を必要としないモデル系での検出や，精製したDNAによる解析結果である。

　Lab-on-a-chip技術は開発途上にあり，臨床やラボワークにおいて実用性のある一連の操作をシステム化した装置の開発が求められている。Lab-on-a-chipを構築した場合には1サンプルに対して1つの基盤ですべての操作が行えることから，クロスコンタミネーション，血液による汚損等がないなどの利点がある。高速，小型，安価，自動化，高感度における解析を実現するシステムの開発がまたれている。

3.6　電気化学検出を利用したOn-chip型イムノセンシングシステム

　抗原抗体反応による解析法は，遺伝子診断が行われるようになってもその重要性は変わらない。これまでに抗原抗体反応を測定する様々な解析法が開発されているが，これをバイオチップに集積化する取り組みもなされている。従来用いられてきた光学的検出法をバイオチップに適用するには，光源や小型検出システムの開発が必要となる。電気化学的な検出法は，基板上に電極部をパターニングすることで容易に作製することが可能であることから，理想的な検出法となり得る

第7章 ナノバイオニック産業

と考えられる。筆者らのグループは，フェロセン標識抗体を作製し，電気化学的手法によるオンチップ型イムノセンシングシステムの開発に取り組んできた。フォロセン標識抗体は，IgG抗体のアミノ基にフェロセンモノカルボン酸を化学架橋することで作製した。これをヒスタミン検出に用いるため，BSA（牛血清アルブミン）標識ヒスタミンと未標識ヒスタミンを競合的に反応させ，その反応物を作製した陽イオン交換用のマトリックスカラムに注入することにより，未反応抗体と抗原抗体複合体を分離した（図2）。さらにシステム下流に電極を配置し，抗体に標識したフェロセンの電気化学的な応答を測定した。このシステムを用い，BSA-ヒスタミン-IgG複合体の検出が可能であることが示された。また，未標識ヒスタミンを競合的に反応させると，その濃度の増加とともにBSA-ヒスタミン-IgG複合体に基づくピークが減少し，ヒスタミンの検出が可能であることが示された[32]。フォロセン標識抗体を用いることにより様々な抗原抗体反応の検出に用いることが可能であり[33,34]，電気化学検出を利用したOn-chip型イムノセンシングシステムを構築できることが示された。

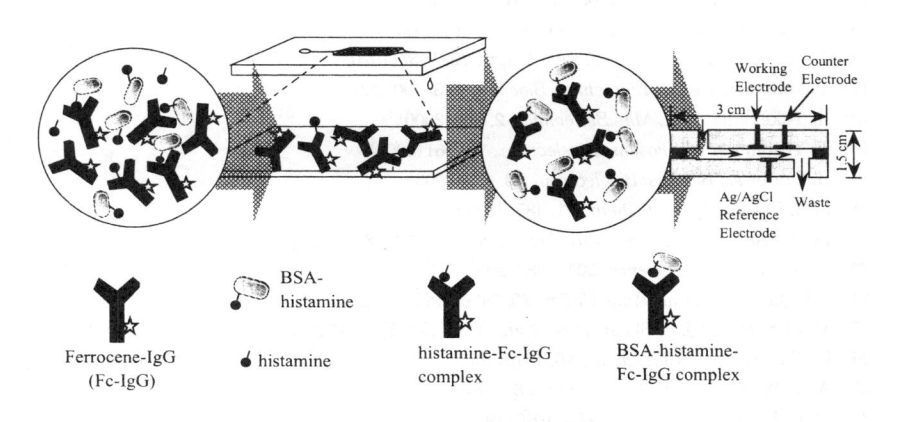

図2 陽イオン交換マトリックスカラムを用いた
histamine-Fc-IgG複合体の分離

3.7 おわりに

本稿では，DNAチップ，遺伝子解析用のLab-on-a-chipや微粒子を利用した遺伝子解析法についてまとめた。また，微細加工技術を利用して開発したOn-chip型のイムノセンシングシステムについても紹介した。バイオチップの実用化は，医療分野をはじめ農業，食品，環境など広範囲に及ぶ産業分野で期待され精力的に研究開発が進められている。

ナノファイバーテクノロジーを用いた高度産業発掘戦略

文　　献

1) S. P. Fodor et al., Science, **251**, 767 (1991)
2) M. Shena et al., Science, **270**, 467 (1995)
3) R. J. Fulton et al., Clin. Chem., **43**, 1749 (1997)
4) D. R. Walt, Science, **287**, 451 (2000)
5) S. Brenner et al., Nature Biotechnol., **18**, 630 (2000)
6) Y. Kohara et al., Nucleic Acids Res., **30**, e87 (2002)
7) R. Elghanian et al., Science, **277**, 1078 (1997)
8) Y. W. C. Cao et al., Science, **297**, 1537 (2002)
9) J. Wang et al., J. Am.Chem. Soc., **125**, 3214 (2003)
10) P. Bao et al., Anal. Chem., **74**, 1792 (2002)
11) T. Matsunaga et al., Anal Chem., **68**, 3551 (1996)
12) T. Tanaka and T. Matsunaga, Anal. Chem., **72**, 3518-3522 (2000)
13) M. Uhlen, Nature, **340**, 733 (1989)
14) K. Obata et al., J. Biosci Bioenerg., **91**, 500 (2001)
15) T. Tanaka et al., Biotechnol. Bioenerg., (in press)
16) T. Matsunaga et al., IEEE Trans Magn., **26**, 1557 (1990)
17) T. Matsunaga et al., Biotechnol. Bioenerg., **73**, 400 (2001)
18) H. Takeyama et al., Mar Biotechnol., **2**, 309 (2000)
19) T. Yoshino et al., Biosens. Bioelectron., **18**, 661 (2003)
20) H. Ota et al., Biosens. Bioelectron., **18**, 683 (2003)
21) Z. H. Fan et al., Anal Chem., **71**, 4851 (1999)
22) D. Dressman et al., Proc. Natl. Acad. Sci., USA **100**, 8817 (2003)
23) J. -M. Nam et al., Science, **301**, 1884 (2003)
24) S. C. Jacobson et al., Anal. Chem., **70**, 3476 (1998)
25) M. Plenert and J. B. Shear, Proc. Natl. Acad. Sci., USA **100**, 3853 (2003)
26) P. Wilding et al., Clin Chem., **40**, 1815 (1994)
27) A. T. Woolley et al., Anal. Chem., **68**, 4081 (1996)
28) M. U. Kopp et al., Science, **280**, 1046 (1998)
29) H. Tian et al., Anal. Biochem., **283**, 175 (2000)
30) K. A. Wolfe et al., Electrophoresis, **23**, 727 (2002)
31) M. C. Breadmore et al., Anal. Chem., **75**, 1880 (2003)
32) T.-K., Lim et al., Anal Chem., **75**, 3316 (2003)
33) T.-K., Lim et al., Biotech. Bioeng., **77**, 758 (2002)
34) T.-K. Lim and T. Matsunaga, Biosens. Bioelectron., **16**, 1063 (2002)

4 ファイバー技術とバイオセンシング

民谷栄一[*]

4.1 はじめに

分子生物学の進展により，遺伝，発生分化，脳神経機能などの生命現象が分子レベルで解析，議論できるようになっている。特に，遺伝子操作技術は，機能遺伝子や蛋白質を直接操作することを可能にした。一方，解析技術に関しても，パッチクランプ法に代表される微小電極を用いたチャンネル蛋白質の機能解析，走査型プローブ顕微鏡を用いた生体分子の直接観察など，微小のプローブを用いて一分子レベルでの解析も可能となっている。ここでは，筆者が行ったカーボンファイバーを用いる神経伝達物質のリアルタイム計測とナノ光ファイバーを用いたニアフィールド光／走査型プローブ顕微鏡による生体解析を中心に示すこととする。

4.2 カーボンファイバー微小バイオセンサーを用いる神経伝達物質の計測

神経細胞は，相互に密接に情報の伝達を行うことにより，脳神経系の機能を実現している。神経情報の伝達はシナプスを介して神経トランスミッターが放出されることにより行われる。神経トランスミッターとしてはアセチルコリン，アミノ酸，神経ペプチドなどが知られている。これらの物質は，長期・短期記憶，うつ病，分裂病などの精神病，アルツハイマー症などの老人病，ストレス，不安感などの情緒作用，さらには痛みに至るまでさまざまな脳・神経作用と密接に関連している。しかしながら，こうした神経トランスミッターを直接モニタリングする方法の開発はきわめて立ち遅れており，リアルタイムにかつ空間分解能（シナプス間隙から神経細胞のレベル）の優れた測定方法の開発が強く要望されている。

そこで著者らは白金を被覆したカーボンファイバー電極を用い，これにグルタミン酸オキシダーゼ酵素を固定化した微小グルタミン酸センサーを作製し，同センサーを用いて実際に神経細胞から放出されるグルタミン酸を測定することを試みた。センサーの測定原理は，微小電極上に固定化されたグルタミン酸オキシダーゼの作用によりグルタミン酸が酸化され，その際に生成する過酸化水素を電気化学的に酸化電流を捉えることによりグルタミン酸を定量するものである。グルタミン酸は長期記憶に関係しているとされており，たとえば，伊藤らは小脳皮質に存在するプルキンエ細胞が平行繊維および登上繊維からの協同した興奮性の入力に対して，長期間にわたり伝達効率の低下を起こす長期抑制現象を実験的に明らかにしている[1,2]。そこで，このような可塑性を示すシナプスにおいて，神経伝達物質の濃度変化を直接的に測定することは極めて意義深いと考えられた。

---

[*] Eiichi Tamiya　北陸先端科学技術大学院大学　材料科学研究科　教授

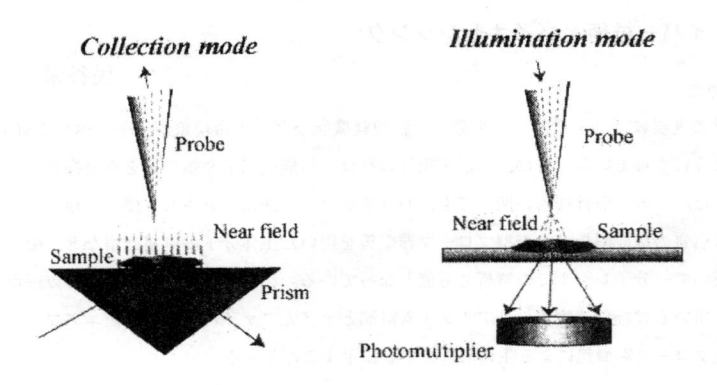

図1 微小開口プローブによる近接場光測定モード

　小脳の神経細胞からはグルタミン酸，GABA，ホモシステイン酸，ノルエピネフリンなどの神経伝達物質が，また神経細胞以外の細胞からはアスコルビン酸などの電極活性物質が放出される可能性が考えられた。そこで実際に小脳組織切片を用いた実験を行う前に，これらの物質のセンサーに及ぼす影響について検討した。ノルエピネフリンやドーパミンといったカテコールアミン類は電極活性が高くグルタミン酸オキシダーゼが固定されている電極面で直接酸化されるため，センサーはこれらの物質に対して高い応答値を示した。GABA，アセチルコリン，ホモシステイン酸はほとんど応答しなかった。アスパラギン酸はグルタミン酸の0.9％程度の小さな応答を示したが，これはセンサーに使用しているグルタミン酸オキシダーゼがアスパラギン酸に対しても若干の酵素活性を示すためである。

　次に，このセンサーを強酸中に浸漬して酸素活性を失活させた後，その応答を比較したところ，アスパラギン酸及びグルタミン酸に対する応答はまったく確認されなくなった。またドーパミンやアスコルビン酸などの電極活性物質に対する応答はほとんど変化しないこともわかった。以上の結果から，グルタミン酸センサーを小脳スライスを用いた実験に使用する場合，神経細胞およびその他の細胞からノルエピネフリン，アスコルビン酸などが放出されると，それらがセンサー応答としてグルタミン酸センサーに重複して観測されること，酵素を失活させたセンサーを使用することにより，これらの電極反応物質の応答のみを測定することができることが示された。このグルタミン酸センサーを小脳皮質の分子層に設置し，脳切片を高カリウムイオン溶液で刺激したときに観察された応答を調べたところ[3,4]，高カリウムイオン溶液の灌流にともない，高いピーク応答値が観察された。使用したセンサーを脳切片に密着させ，高カリウムイオン溶液を用いた実験と同様な状況で0.1mMのグルタミン酸を含むリンガー溶液を灌流させたところ，センサー

第7章 ナノバイオニック産業

のグルタミン酸応答値は83pAであった。この大きさを基準に観察されたピークの示すグルタミン酸濃度を推定すると，ほぼ400μMのグルタミン酸に相当した。次に，長期記憶を誘発するとされる電気刺激を小脳に与え，グルタミン酸の放出パターンをモニターすることもできた。なお，グルタミン酸がセンサー膜に到達し応答値として変換されるまでには，グルタミン酸のシナプスからの放出→組織切片表面への拡散→灌流溶液中への拡散→センサー酵素膜での拡散といった複雑な拡散プロセスを経ねばならず，放出パターンの解析にはこれらの詳細な検討が必要である。

こうした研究により記憶の分子メカニズムが明らかとなり，人工頭脳を構築するための重要な知見を提供できるとも考えられた。またグルタミン酸は，脳障害により虚血状態になった時，多量に放出され，これによって脳細胞が破壊，死に至ることも知られている。本センサーは，グルタミン酸遮断薬などの薬剤の効果を評価するにも適用できると考えられた。さらに筆者らはアセチルコリンを測定する微小バイオセンサーの作製にも成功しており[5,6]，これらのセンサーの集積化により複数の神経伝達物質を同時に測定することも可能である。

4.3 ナノ光ファイバーを用いたニアフィールド光／原子間力計測SPM（走査型プローブ顕微鏡）と生体計測

従来，生体分子を分子レベルで観測，測定する方法としては，透過型電子顕微鏡，原子間力顕微鏡などが知られている。透過型電子顕微鏡は核酸分子，蛋白質分子を一分子レベルで観測できる方法ではあるが，水溶液中における測定は困難であるためNativeな状態での計測ができない。特に生きた細胞の観測は原理的に不可能である。また，原子間力顕微鏡は，試料表面の形状や電子状態をナノメートルレベルで観測できる有用な方法ではあるが，物理的な形状の相違程度しか判別できないため，生体分子の精密且つ特異的な解析は困難である。

一方，最近，原子間力顕微鏡とニアフィールド光学顕微鏡を同時に行えるSNOAM（Scanning Near-field Optic/Atomic-force Microscope）が開発されており，これは，ナノスケールの空間分解能と光学情報のイメージングを同時に行なうことが可能であるため，従来困難だった生きた生体試料からの知見を得られることが期待できる[7,8]。そこで，本研究では原子間力制御系を基礎としたニアフィールド光学顕微システムと超高感度光計測システムを連結することにより，生体機能の精密解析を行った。今回は，GFP（Green Fluorescent Protein）遺伝子を導入した細胞とヒト染色体，神経細胞などを測定材料として選び，これらの立体像（トポグラフィー像）とニアフィールド蛍光像の同時精密計測を検討した。

4.3.1 SNOAMの原理と装置

ここで紹介するSNOAMでは，微小開口部を有する光プローブが用いられる。図1には，こうした微小開口プローブを用いる方式について示している。コレクションモードでは，プリズムな

どを用いて発生させた近接場光であるエバネッセント光を微小開口を有するプローブで測定する。また，イルミネーションモードでは，微小プローブ内に光を導入し，開口先端部で近接場光を発生させ，これに依って誘導された蛍光や散乱光を測定する。なお，本装置では，後者を主に用いている。また，原子間力制御が可能にするために図2に示したように光てこを利用できるようにプローブに工夫されている。実験装置システムは，走査型プローブ顕微鏡とコントロール用のプローブ，ICCD（Intensified Charge Coupled Device）カメラ，分光器からなる検出系とを組み合わせることで構成されている。操作・画像処理はパーソナルコンピュータで行なう。プローブ走査のためのピエゾ素子及びその作動系等のハードウエア，制御及び画像処理用のコンピュータソフトウエアに関しては，STM，AFM等の既存のSPM装置とは基本的には同様のものを用いている。

　図3に，SNOAM装置で用いるプローブの形状の例について示す。先端に数10nmの開口端を有する先鋭化した光ファイバーを炭酸ガスレーザーで　カンチレバー型に曲げている。これに，光てこ制御用のミラー面を精密研磨によって作成した後，開口先端部にアルミニウムもしくは金を蒸着し近接場発生用の薄膜を形成している。光ファイバーのもう片側の端面から導入されるレーザー光線等の励起光は，波長以下の大きさに作成された開口端のプローブ先端から出ることはできないが,プローブ先端部に形成した金属薄膜との境界面で生じたエバネッセント波によって近接場がプローブ先端から数10～100nmの『しみだしの厚み』と表現される範囲で形成される。この近接場光とも呼ばれているエバネッセント波は，伝播方向に虚数の運動量を持つ非放射な高

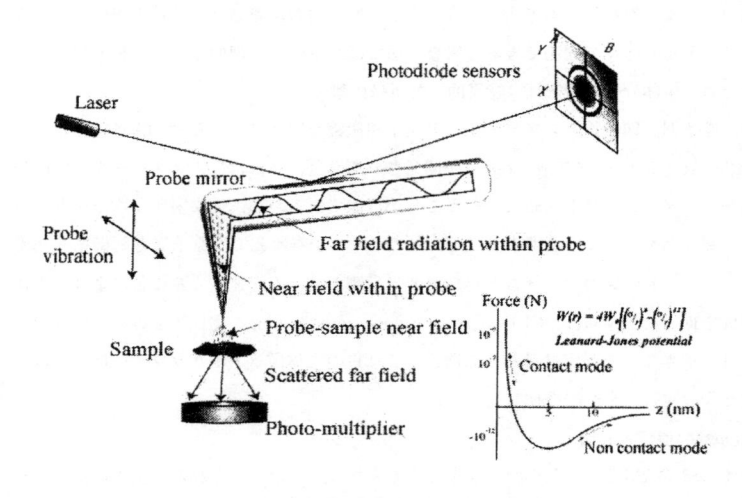

図2　原子間力制御された近接場光プローブ

第7章 ナノバイオニック産業

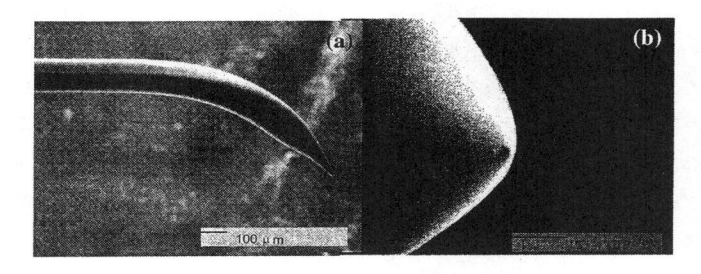

図3 SNOAMプローブの全体（a）と微小開口部（b）のSEM写真

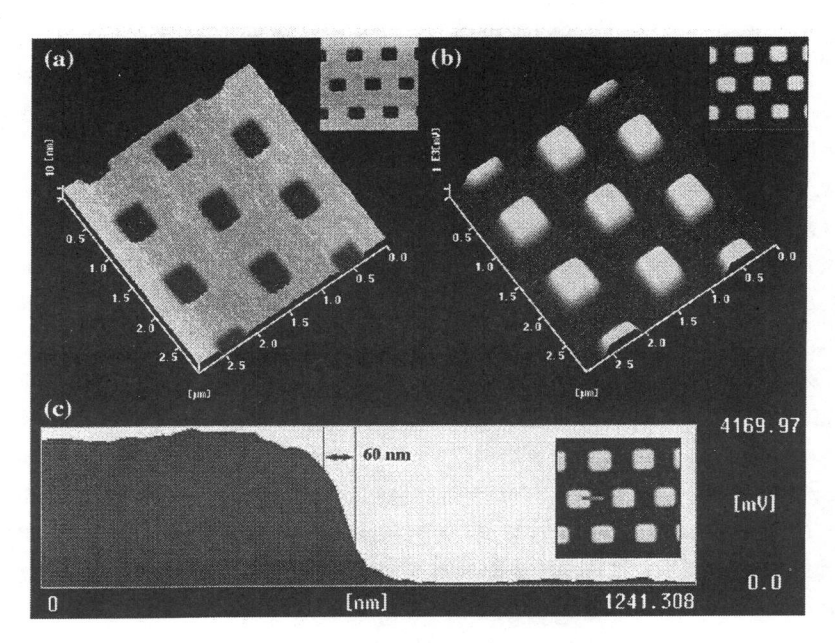

図4 Crパターンを用いた空間分解能の検討
半導体作成Crパターンの（a）AFM像，（b）透過像，（c）(b)の光強度プロファイル

い平面性の電磁波であり，その振る舞いは外部から見ることは出来ない。従来の電磁場の波として捉えていた光とは，本質的に異なる電磁相互作用を媒介する場としての光である。この近接場光を用いれば回折限界によって制限されていた顕微イメージングの分解能をナノメートルレベルまで可能にすることができる。SNOAMによる測定では，プローブを鉛直方向に比較的大きく

251

ナノファイバーテクノロジーを用いた高度産業発掘戦略

(数10nm)振動させながらサンプル表面に近づけ,周期的にプローブがサンプル表面に接触する際の振幅の減少量を検出する方式(サイクリックコンタクト・モード)や極くわずかに(数nm)振動させたプローブの共振周波数の変化として計測するノンコンタクト・モードを用いてサンプル-プローブ間の距離制御を行なう。特に大気中の測定では,試料表面の吸着層で受ける影響が大きく,生体試料の様な柔らかい対象や,プローブとの間に非常に強い相互作用を持つ試料では剪断力(シアーフォース)が働き,試料にダメージを与える可能性が大きい時はサイクリックコンタクト・モードを用いる。また,バネ定数を極力小さくしたプローブを設計することで,サンプル表面近傍のファンデルワールス力による微小な相互作用の変化を捉えることもできる。

光ファイバープローブ先端の微小開口近傍に形成される近接場のエバネッセント光とサンプルとの相互作用によって生じた蛍光などを対物レンズに集光し,光学系を通して光電子倍増管に導き,フォトンカウントにより定量化され,その情報が逐次位置情報に連結されることで行われる。なお,図4には,半導体作成Crパターンを用いてトポ像,透過光および透過像のプロファイルを示している。これにより約60nmの空間分解能を有する光プローブであることが示される。

4.3.2 SNOAMによるGFP遺伝子組み換え大腸菌細胞の解析

まず,本システムの分解能を検討するために,蛍光ラテックス粒子(直径約100nm)を用いて原子間力像と近視野蛍光像を測定したところ,蛍光像の強度プロファイルでは粒子径が170nm程度と少し大きめになっており,これは用いたプローブの開口径が50～100nmであることを反映している。

次に,GFPの遺伝子を導入した大腸菌細胞の観測を行った。その結果,図が得られた。図5の左図は原子間力像を示し,図5の右図は近視野蛍光像を示している。これらは何れも三次元表示されたものである。原子間力像と蛍光像を比較すると,細胞によってかなり蛍光強度が異なることがわかる。たとえば,図5中にある蛍光強度の強い細胞と弱い細胞を選んで蛍光強度のプロファイルを図6に示した。これによれば,蛍光強度の最大値は,10倍以上も異なることが示された。GFPの蛍光が発現されるためには,遺伝子の転写,翻訳のみならず,翻訳後の蛋白質の酸化が必要である。すなわち,これからのプロセスの進行度が,各細胞によって異なることも予想され,こうした蛍光強度の相違が観測されたものと推定された。今回得られた画像は,従来の光学顕微鏡よりも格段と空間分解能が向上され,大腸菌1細胞レベルでの形状や蛍光強度分布が判定できる。本SNOAMで観測しているのは,その測定原理から測定プローブの先端約100nmの領域に,発生する近接場光を用いて励起しており,蛍光もその領域から発生する。

したがって,おおよそ細胞の表面から100nmの厚みの分の情報を得ていると考えられる。細胞の高さは,図5の原子間力像からもおおよそ500nmであることから,細胞のどの部分を観測しているのかイメージできると考えられる。しかし,一部は通常光としての成分もあり実際の系での

第7章　ナノバイオニック産業

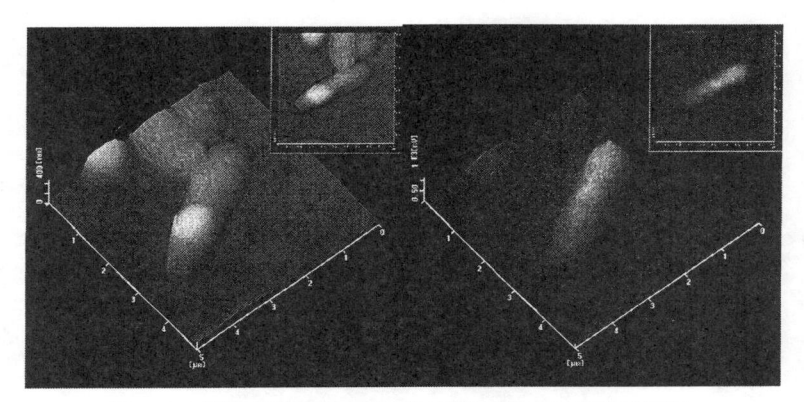

図5　GFP発現大腸菌のSNOAM像（左：原子間力像，右：近視野蛍光像）

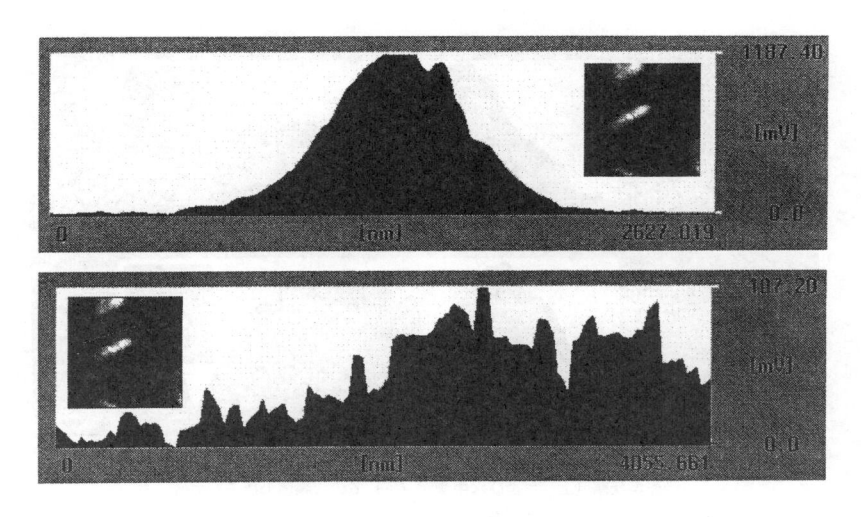

図6　蛍光が強い細胞（上）と弱い細胞（下）の蛍光強度プロファイル
（縦軸は，蛍光強度に対応する）

測定領域の判定には，困難な点もあり，今後の課題である。蛍光は，蛍光物質のおかれている環境も反映するため，その強度やスペクトルデーターはきわめて有用な情報である。図7は，大腸菌の発する蛍光スペクトルを調べたものであるが，Native GFPのもっている505nmでの蛍光極大，540nm付近にショルダーを見い出すことができた。こうしたスペクトル解析は，今後蛍光

253

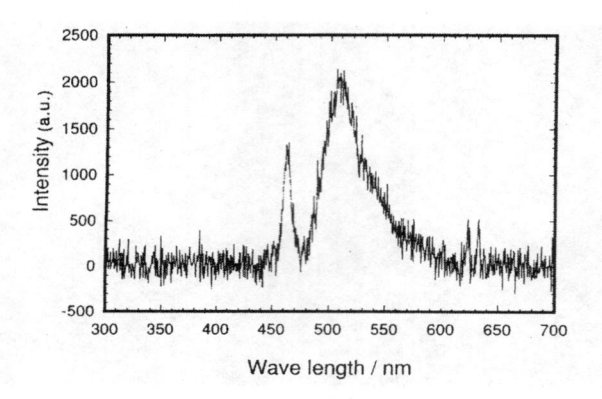

ナノファイバーテクノロジーを用いた高度産業発掘戦略

図7 GFP導入大腸菌の近視野蛍光像からの蛍光スペクトル

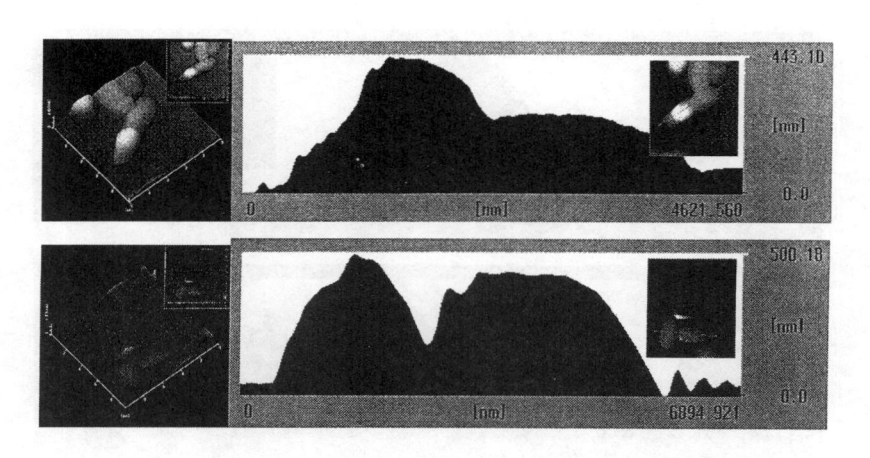

図8 半乾燥状態（上）および水中測定（下）での大腸菌の原子間力像（左）と高さプロファイル（右）

エネルギー転移法などとも併せて用いれば，局所領域の分子間相互作用の研究にも展開できるだろう。

一方，図8は大腸菌細胞を少し乾燥した状態と水中で測定したものを比較した原子間力像である。半乾燥状態の場合は，乾燥の程度により細胞の高さが小さくなっているところも示された。また，このSNOAMでは水中で生きたままの状態で測定することも可能であり，今後連続的に細

第7章 ナノバイオニック産業

胞を追跡観測することにより，細胞機能と構造との関係を分子レベルで調べられる新たな方法論となることを期待している。

4.3.3 染色体解析への応用

次にSNOAMを染色体の構造解析へ応用した例を示す。ここではヒト培養細胞由来のM期染色体をサンプルとした例を紹介する。ヒト染色体サンプルはヒト正常リンパ球の培養細胞であるRPMI1788株より調製した。10%ウシ胎児血清（Fetal Calf Serum, FCS）含有のRPMI1640培地を用いて5%炭酸ガス雰囲気下，37℃にて通常培養し，コルセミドを添加後時間12～16時間インキュベートすることで細胞周期を同調させた。コルセミドはコルヒチンと同様に微小管の合成を阻害し，細胞周期をM期に固定させる生理活性を有する。その後，同期した細胞を遠心分離法にて回収し，界面展開法によってカバーガラス上に染色体を風乾させることで穏やかに固定した。

観察には励起光源として波長488nmのアルゴンイオンレーザーを用いて，大気雰囲気下，常温常圧で行なった。その結果，図9左に示した様に，3本の染色体のトポ像が得られた。トポ像からは各染色体のサイズ，セントロメアの位置，クロマチン凝集パターンが確認できる。短腕(p)-長腕(q)方向で断面形状を求めて，精密にプロファイルを解析すると，計測結果からセントロメア・インデックスなどのパラメーターが求められ，それらの結果をISCN（International System for Human Cytogenetic Nomenclature）結果と比較したことろ，各染色体をほぼ同定できた。また，励起波長490nm，蛍光波長520nmの核酸蛍光染色試薬であるSYBRTM Green I を用いて，特定染色体の近接場蛍光像も得ることができ（図9右），FISH法を精密化する可能性も示された。

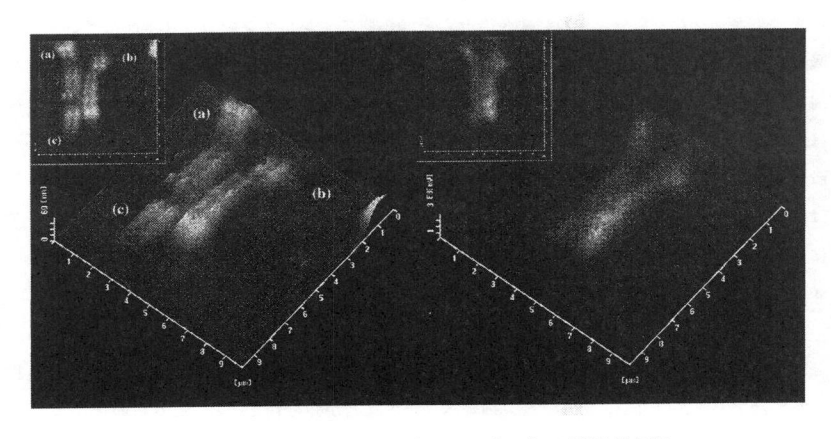

図9 ヒト染色体のSNOAM像（左：AFM像，右：近視野蛍光像）

4.3.4 肥満細胞の開口放出の解析

開口放出による細胞内部の物質の細胞外への分泌は自然界で広くみられるもので，特に神経伝達物質の放出は，この方式によると考えられている。しかし細胞が刺激されてから伝達物質の放出に至るまでの過程において，現象の検出と機構の解明については，まだ断片的にしか研究が進んでいない。開口放出による分泌機構の解明の研究はいろいろな方法があるが，細胞で起こっている形態，機能変化を分子レベルで観測するには，高分解能でイメージングすることは，極めて有用な方法の一つと考えられる。

そこで，肥満細胞の開口放出における細胞表面近傍の分泌顆粒観察を，SNOAMで測定することにした。肥満細胞は，抗原刺激により脱顆粒を起こし，ヒスタミンなどを放出することによりI型アレルギーを引き起こすことが知られている。細胞膜上には，IgEを特異的に高い親和性で結合するIgEレセプターが存在しており，このレセプターに結合したIgE抗体が多価の抗原により架橋されたり，あるいはアナフィラトキシンや分泌促進物質（カルシウムイオノホア，compound48/80）などの非免疫学的な刺激により肥満細胞からヒスタミン，ロイトコトリエンなどのケミカルメディエーターが放出される。

まず，ホルムアルデヒド処理により固定化したときの，肥満細胞の表面構造をSNOAM原子間力像を観察したところ，細胞中心部分は，ホルムアルデヒド処理後でも2 μm程度の厚みが保たれており，細胞の先端にかけて見られる。くびれた部分は，ラインプロファイルから1 μmの厚みがあった。また，数時間のカバーグラス上での培養では，ほとんどこのくびれた形状の細胞は見られず，肥満細胞という名前がつけられた由来のような球状の大きく太った形状をしていた。

次に，キナクリンを分泌顆粒に染色させた肥満細胞にアレルゲン刺激させる前，アレルゲン刺激60秒後の表面構造をSNOAM，原子間力像，近視野蛍光像を観察したところ，アレルゲン刺激前では，細胞の先端付近に局在化されてキナクリンの蛍光分布が観察でき，アレルゲン刺激後では，細胞表面上全体にキナクリンが分布された近視野蛍光像が観察された。特に，アレルギー刺激後のラインプロファイルから，細胞中心にかけて蛍光強度が増しているのが示唆された。これは刺激前では，分泌顆粒が細胞先端に局在しており，刺激されると分泌顆粒が細胞表面上，全体に移動して開口放出されていると考えられた。

4.3.5 神経細胞機能の解析

神経細胞は，相互に密接に情報の伝達を行うことにより，脳神経系の機能を実現している。神経情報の伝達はシナプスを介して神経伝達物質が放出されることにより行われる。神経伝達物質としてはアセチルコリン，アミノ酸，神経ペプチドなどが知られている。これらの物質は，長期，短期記憶，うつ病，分裂病などの精神病，アルツハイマー症などの老人病，ストレス，不安感などの情緒作用，さらには痛みに至るまでさまざまな脳・神経作用と密接に関連している。しかし

第7章 ナノバイオニック産業

ながら，こうした神経伝達物質を直接モニタリングする方法の開発はきわめて立ち遅れており，空間分解能（シナプス間隙から1神経細胞のレベル）の優れた測定方法の開発が強く要望されている。微小電極を用いる方法は電極サイズを1ミクロン以下といった微小化は困難であるため，シナプス間隙に存在する神経伝達物質を直接モニターリングすることはできない。そこで光プローブを用いる方法が検討された。まず，反応系として，グルタミン酸オキシダーゼ（GLOD），ペルオキシダーゼ（POD），Amplex Redが用いられた。GLODはグルタミン酸と反応し，過酸化水素を発生させるためPODとその蛍光基質であるAmplex Redを用いることによりグルタミン酸を選択的に測定できる。神経細胞の脱分極は塩化カリウム刺激による方法を用いた。

イメージングにはまず，蛍光顕微鏡，共焦点レーザー顕微鏡を用いた。既知のグルタミン酸溶液の測定から，グルタミン酸濃度（50nMN～1μM）に依存した蛍光強度の増加が観察された。神経細胞の培養上清を用いた測定からは，塩化カリウム刺激に対する蛍光の増加が観察された。さらに，カルシウムイオン濃度を下げて測定を行った結果，蛍光強度は減少した。したがって，エキソサイトーシス由来のグルタミン酸放出が測定されたと考えられる。神経細胞を用いたグルタミン酸放出のイメージングでは，塩化カリウム刺激前後で軸索末端や細胞体周辺に蛍光の増加が観察された。

その他各種神経伝達阻害剤の結果も併せて本法により，神経細胞が放出するグルタミン酸の測定およびイメージングが可能になったと考えられた。そこでSNOMを用いて測定を行った。ここで用いられたプローブは先端部の開口径が50nm程度までになっており，従来の顕微鏡の空間分解能を越える。また先の電極を用いた場合では物理的に1ミクロン以下にするのは困難であった

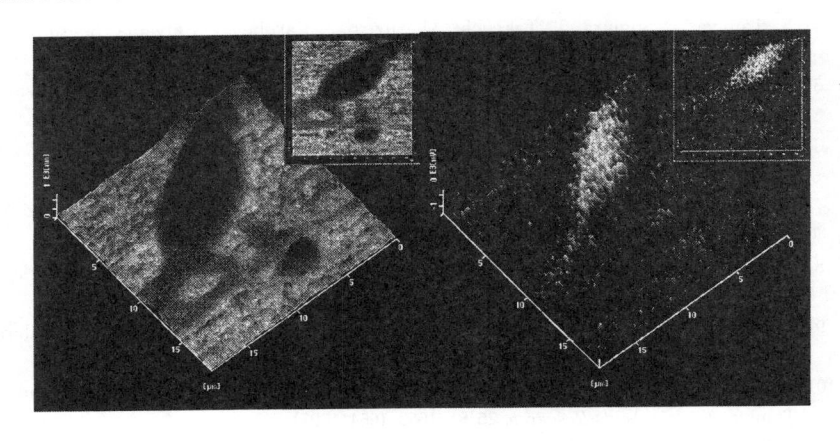

図10　神経細胞のSNOAM像
(左：AFM像，右：グルタミン酸の分布を示す近視野蛍光像)

257

ナノファイバーテクノロジーを用いた高度産業発掘戦略

が，本法はシナプスの解析にも展開できる。SNOAMを用いて得られたイメージングの結果を図10に示す。これにより，1神経細胞の局所部分を原子間力像により立体像が鮮明にできるとともに，グルタミン酸の分布のイメージングも可能にした。これ以外にも神経シナプスのNMDAレセプターのイメージングにも応用されている。

4.4 おわりに

以上，カーボンファイバーとナノ光ファイバーを用いたバイオセンシングへの研究例を示した。これらのファイバー技術は，生体解析において重要な単一分子測定，リアルタイム測定，in vivo測定などを可能とする基本手法として今後，生体分子の解析に大きく貢献するであろう。そのためにもナノテクノロジー，ファイバーテクノロジーは基盤技術としてますます重要となるであろう。

文　　献

1) M. Ito, *Ann. Rev. Neurosci.*, **12**, 85-102(1989)
2) A. Ajima, T. Hensch, R. T.Kado, M. Ito, *Neurosci. Res.*, **12**, 281-286(1991)
3) E. Tamiya, Y. Sugiura, I. Karube, A. Ajima, R. T. Kado, M. Ito, *Sensors and Materials*, **7**(4), 249-259(1995)
4) E. Tamiya, Y. Sugiura, T. Takeuchi, M. Suzuki, I. Karube, A. Akiyama, *Sensors and Actuators B*, **10**, 179-184(1993)
5) E. Tamiya, Y. Sugiura, N. E. Navera, S. Mizoshita, K. Nakajima, A. Akiyama, I. Karube, *Anal. Chim. Acta*, **251**, 129-134(1991)
6) E. N. Navera, M. Suzuki, K. Yokoyama, E. Tamiya, T. Takeuchi, I. Karube, *Anal. Chim. Acta*, **281**, 673-679(1993)
7) H. Muramatsu N. Chiba, K. Homma, K. Nakajima, T. Ataka, S. Ohta, A. Kusumi and M. Fujihira, *Appl. Phys. Lett.*, **66**, 3254-3247(1995)
8) E. Tamiya, Y. Murakami, T. Sakaguchi, K. Yokoyama, Proc. Chemical, Biochemical and Emvironmental Fiber Sensors VIII, *SPIE*, **2836** p.12-15(1996)
9) H. Muramatsu, N. Chiba, T. Ataka, S. Iwabuchi, N. Nagatani, E. Tamiya and M. Fujihira, *Optical Review*, **3**, 470-474(1996)
10) S. Iwabuchi, Y. Murakami, T. Sakaguchi, K. Yokoyama, H. Muramatsu, Y. Kinjyo and E. Tamiya, *Nucleic Acids Research*, **25**(8), 1662-1664(1997)
11) E. Tamiya, S. Iwabuchi, N. Nagatani, Y. Murakami, T. Sakaguchi, K. Yokoyama, N. Chiba and H. Muramatsu, Simultaneous Topographic and Fluorescence Imagings of

第7章 ナノバイオニック産業

Recombinant Bacterial Cells Containing a Green Fluorescent Protein Gene Detected by a Scanning Near Field Optical/Atomic Force Microscope, *Anal. Chem.*, **69**(18), 3697-3701 (1997)

12) E. Tamiya, S.Nie eds. Scanning and Force Microscopies for Biomedical Applications, *SPIE*, **3607**(1999)
13) E. Tamiya, S. Nie, E. Yeung eds. Scanning and Force Microscopies for Biomedical Applications II, *SPIE*, **3922**(2000)
14) P. Degenaar et al, Near-field imaging of NMDA receptors on patterned neuron networks, *Proc. NFO-6* ThO5 p. 271(2000)
15) 民谷栄一，細胞および染色体の表層構造・機能の画像計測，ナノ光工学ハンドブック（大津，河田，堀編）朝倉書店(2002)
16) T. Yanagida, E. Tamiya, H. Muramartsu, P. Degenaar, Y. Ishii, Y. Sako, K. Sairo, S. Ohata-Iino, S. Ogawa, G. Marriott, A. Kusumi, H. Tatsumi, Near-Field Microscopy for Biomolecular Systems, *Nano-Optics*, 191-236 Springer, (2002)
17) 民谷栄一，マイクロバイオセンサーの開発動向と展望，計測と制御，**34**(1), 36-41(1995)
18) 民谷栄一，細胞機能とバイオセンサー，*J. Japanese Society of Hospital Pharmacists*, **29**(10), 1077-1083 (1993)
19) 民谷栄一，神経機能を計るバイオセンサー，生体の科学，**44**(6) 727-733, (1993)
20) 民谷栄一，軽部征夫，微小グルタミン酸センサーによる脳神経機能の解析，臨床検査，**36**(7), 777-779 (1992)
21) 民谷栄一，蚊のセンサーをヒントにしたマイクロバイオセンサー，未知の「脳」解明の新兵器に，モダンメディシン，4月号，102-105, (1992)
22) 民谷栄一，ナノテクノロジーとバイオテクノロジー，技術と経済，10月号，pp4-6(2002)
23) 民谷栄一，先端科学技術大学院大学における先端的ナノテクノロジー研究，工業材料，**50**(5), 62-63, (2002)
24) 民谷栄一，原子間力制御型近接場顕微鏡による生体の観察，医学生物学電子顕微鏡技術会誌，**3**, 1-4(2000)
25) 民谷栄一，形を光と触ってみる，化学と生物，254-259(2000)
26) 民谷栄一，近視野顕微鏡による生体機能解析，細胞．臨時増刊，275-279(1999)
27) 岩渕紳一郎，民谷栄一，原子間力制御型近視野顕微鏡による生体イメージング，膜，**23**(4), 170-176(1998)
28) 民谷栄一，微生物の体内を生きたまま観察する，光アライアンス，**9**(12), 7-10(1998)
29) 民谷栄一，微小センサープローブを用いる脳神経機能，遺伝子発現，染色体構造の解析 蛋白質核酸酵素，**42**(11), 1884-1889(1997)
30) 岩渕紳一郎，村松宏，民谷栄一，走査型近視野原子間力顕微鏡(SNOAM)と生物研究，一分子・細胞解析科学をめざして，*BME*, **11**(10), 47-52(1997)

5 バイオフィルター

西村隆雄*

5.1 はじめに

「バイオフィルター」は辞典類には未だ載っておらず定義は定まっていない。

排水処理用途に，微生物を担体の表面に固定化したものを一部でバイオフィルターと呼んでいる。環境対策における重要技術ではあるが，ナノファイバー技術を取り込む動きは特に見られないので，ここでは総説の引用に留める[1~3]。

バイオフィルターは広くはバイオ技術を利用したフィルターであり，またバイオ・医療用途に使用されるフィルターである。本稿では，ナノファイバーの用途展開の例として，まずミクロファイバーによる白血球系細胞分離・除去フィルターの開発・実用化状況，続いてナノファイバーの組み込みによるフィルターの高機能化の取組みについて紹介する。

5.2 ミクロファイバーによる白血球分離・除去

医療の分野では，治療を目的として血液中の各種成分を分離・除去する様々な医療用具が実用化されている。分子量数百万までの，薬物，異常代謝物，異常蛋白質等の吸着分離には孔径100nm以下の多孔質ビーズが一般に使用される。これに対して細胞成分（直径 $2~20\mu m$）の分離にはミクロファイバーからなる材料が多用される。

ミクロファイバーの利点は細胞と接触する場を効率的に供給でき，空隙率が高いので血液処理時の抵抗が小さく，綿状／布状の素材の形態からカラム／フィルター等の分離器仕様の設計に自由度があり，また製造コストが比較的低く抑えられることにある。高機能化，高付加価値化のために様々な繊維表面の化学修飾も行われている。

分離対象となる細胞成分としては，生体にとって極めて重要な免疫機能を担う白血球系細胞が

表1 医療における白血球系細胞の分離・除去

分野	用途（例）	分離対象	目的
輸血	白血球除去製剤調製	献血血液中の白血球	輸血副作用防止
血液体外循環治療	白血球除去療法	患者血中の異常白血球	免疫異常改善
再生医療	造血幹細胞分離濃縮	臍帯血中の造血幹細胞	保存コスト減，副作用減
細胞免疫療法	免疫細胞分離・活性化	（患者血中の）免疫細胞	癌治療

* Takao Nishimura 旭化成㈱ 研究開発本部 膜技術研究所 主幹研究員

第7章 ナノバイオニック産業

圧倒的に多い。表1に医療における主な白血球系細胞の分離・除去用途をまとめる。

5.2.1 繊維径／繊維集合形態と白血球捕捉能[4]

図1に示すように，不織布フィルターにおいて，平均繊維径が小さくなる程白血球除去率が高まり，特に3μm未満で顕著になる。図2に示すように（平均繊維径は1.8μm），綿状繊維塊では高い白血球除去率を得ようとすると血液処理速度が小さくなってしまうのに対して，不織布では高流速を維持しながら高い白血球除去率を発揮する。図3右に示すように，白血球（大きさ6～20μm）はミクロファイバー（繊維径1～3μm）不織布内部の多数の繊維交絡部付近に，立体的に高密度に捕捉されている。繊維径が大きいとこうした立体的捕捉は殆どみられない。また図3左の全体像からわかるように，不織布では綿状繊維塊に比べて繊維の分散状態を格段に均一化でき，血液の流れ方向の厚みを小さくしても血液のショートパスを防止できる。これらの機構が高血液流速と高白血球除去率の両立を可能にしていると考えられる。

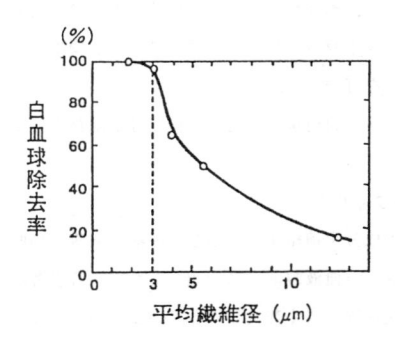

図1 不織布フィルターの繊維径と白血球除去能

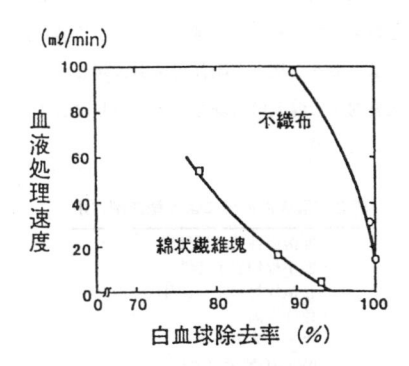

図2 綿状繊維塊と不織布の比較

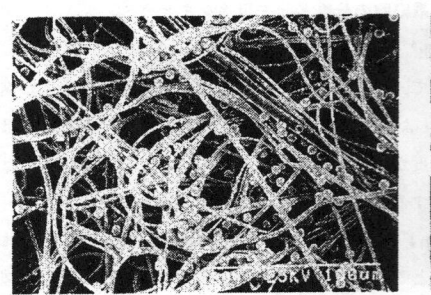

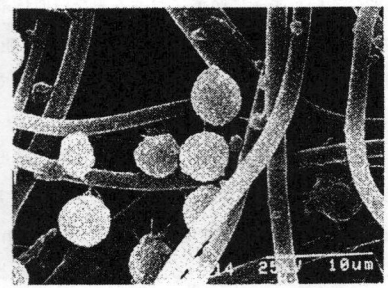

図3　極細繊維不織布に捕捉された白血球（左：弱拡大，右：強拡大）

　繊維の材質としては，血液に対する濡れ易さおよび血液適合性（親水・疎水バランス），湿潤時の寸法安定性等が重要であり，ポリエステル（PET等）が好適である。このポリエステル製のミクロファイバー不織布はメルトブロー法によってクリーンな環境下で工業的に生産でき，医療用フィルターとしての製品化を可能にした。

　なお，捕捉能力を越える白血球負荷量を与えると白血球が漏れ出すことから，捕捉は吸着メカニズムによると考えられる。

5.2.2　輸血用白血球除去フィルター[5]

　輸血は，生命維持に必須の成分を補給する有効な治療法である。輸血医学の進歩により，健康人から採血した全血を各種成分（血液製剤）に分離しておき，各患者が本当に必要とする成分だけを輸血する成分輸血が，先進国で広く普及してきている。国内では，成分分離しない全血輸血は輸血全体の1割以下となっている。

　全血からの赤血球製剤，血小板製剤，血漿製剤への分離は主に遠心分離によっている。遠心分離は血球間の僅かな比重差を利用しており，赤血球製剤，血小板製剤には相当量の白血球が混入し，この混入白血球が表2に示すような様々な副作用を引き起こすことが知られている。輸血の安全性を高めるために，血液製剤から混入白血球をできる限り除去する努力が各国でなされている。

表2　混入白血球による輸血副作用

・非溶血性発熱性反応
・血小板輸血不応性
・移植片対宿主（GVHD）反応
・免疫変調
・ウィルス感染
・nv CJD感染（？）

第7章　ナノバイオニック産業

上記のミクロファイバー不織布技術に基づき，まず赤血球製剤用白血球除去フィルターが開発された。更に材料に非常に粘着し易い血小板を通過させながら白血球の選択的捕捉を可能とする繊維表面改質技術が加わり，血小板製剤用の白血球除去フィルターが開発された。高性能化改良が継続的に進められた結果，現在では自然落差のみで血液製剤を簡便に処理でき，白血球を99.99％以上除去するフィルターが，世界中の血液センターや医療現場で使用されている。

5.2.3　血液体外循環治療用白血球除去フィルター[6]

血液透析に代表される血液体外循環治療は，薬物治療による内科的療法では対応できない様々な難病の治療に対する切り札として医療における重要な役割を果たしている。従来の血液体外循環治療における分離対象物質は尿素等の老廃物から，免疫疾患での異常蛋白質等の分子量数百万までの物質であったが，より高度な治療を目指して白血球系の細胞を分離する治療が注目されている。

こうした中，図4に示すようにミクロファイバー不織布を円筒形状とすることにより，コンパクトで大量の血液処理（2～3L）を可能とする血液体外循環治療用白血球除去フィルターが開発された。従来の連続遠心分離装置に比べて白血球除去効率は2倍以上であり，良好な治療効果が臨床的に確認された。自己免疫疾患，潰瘍性大腸炎（2001年国内保険適応）などの難病の新しい治療法として期待を集めている。

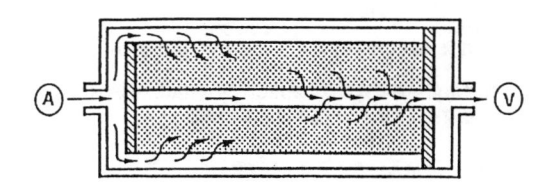

図4　血液体外循環用フィルターの断面模式図

5.2.4　造血幹細胞採取フィルターシステム[7]

造血幹細胞移植は，最も実用化が進んでいる再生医療である。造血幹細胞は従来骨髄より採取されてきたが，ドナーへの負担が全くなく，しかも拒絶反応が起こり難いという特徴を有する臍帯血が最近注目を集めている。

親水性材料被覆ミクロファイバー不織布技術をベースとして，臍帯血から造血幹細胞を簡便な操作で短時間に分離するシステムが開発されている。本システムの使用により，極めて簡便な操作で短時間（10分以内）に，赤血球を80％除去して容量を1/3に減らしながら，機能細胞を90％以上分離・回収できる。研究用途に海外で試験販売されている。

5.3 ナノファイバー組み込みによる高機能化の試み[8]

図1の繊維径と白血球除去能の関係を見ると，繊維径をサブミクロン以下にすれば，フィルター材の単位体積あたりの白血球捕捉能は更に高まると期待される。実際には繊維径が1μm未満になると，血液の4～5割の体積を占める赤血球（大きさ6～9μm）の通過抵抗が急激に高まり，血液は流れなくなってしまう。

筆者らはナノファイバーとしてバクテリアセルロースに注目し，これを少量ミクロファイバー不織布に絡めることで，赤血球通過抵抗を上げずに白血球のみを効果的に捕捉する繊維複合体の作製を試みた。

ポリエステル製不織布（繊維径1.2μm）を，酢酸菌を懸濁させた培養液に浸漬し，2時間おきに不織布を表裏反転させる操作を行いながら，28℃で静置培養した。図5に模式的に示すように，

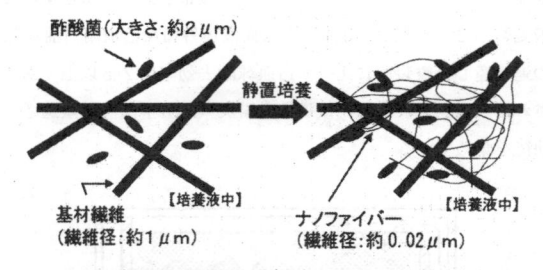

図5　ミクロファイバー不織布にナノファイバーを絡めた繊維複合体の作製方法模式図

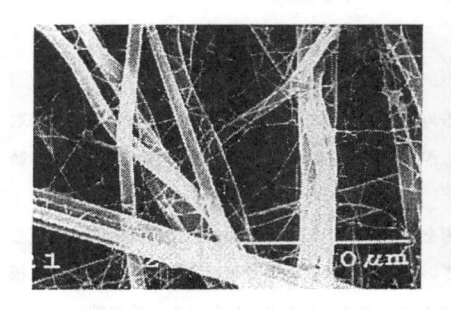

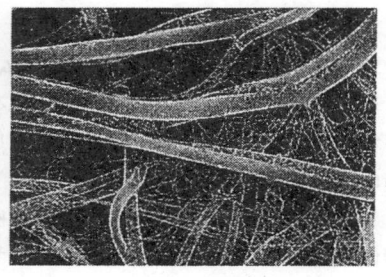

図6　ナノファイバー（バクテリアセルロース）を導入した繊維複合体
（培養時間：左8時間，右13時間）

第7章 ナノバイオニック産業

酢酸菌はミクロファイバー不織布内を遊走しながらナノファイバーを産生し，図6に示すように，繊維径が約0.02μmのナノファイバー（バクテリアセルロース）が導入された繊維複合体が得られた。導入したナノファイバーの量は基材ミクロファイバー不織布の0.01重量％のオーダーであり（表3），バクテリアセルロース繊維が構成する網目構造の孔径は，培養時間によりコントロール可能であった。

血液評価により，網目の孔径を適切に設定した繊維複合体は赤血球の通過抵抗を大きく上昇させることなく，基材の不織布に比べて数倍の白血球捕捉能を有する可能性が示された（表4）。

風通しの良い蜘蛛の巣に虫が捕捉される様子を思い浮かばせ興味深い。

表3　培養時間とナノファイバー導入量（n＝3）

フィルター番号	F-0	F-8	F-13
培養時間（hr.）	0	8	13
ナノファイバー導入量（wt％）	—	0.014 ±0.001	0.088 ±0.016

表4　繊維複合体の白血球除去率（n＝3）

フィルター番号	F-0	F-8	F-13
白血球除去率（％）	24.1 ±14.9	75.5 ±16.8	血液が流れない

5.4　今後の課題・展望

医療に用いる細胞分離用のバイオフィルターにおいて，繊維径および繊維の集合形態が重要な役割を果たし，開発・実用化におけるブレークスルーポイントになると考えられる。

酢酸菌をミクロファイバー不織布基材中に遊走させてナノファイバーを絡ませたユニークな繊維複合体が得られたが，フィルター材として実用化するには工業的生産技術・品質管理技術の開発，血液適合性の確保，といった課題が出てくる。工業的により扱いやすいナノファイバーの検討を進めている。

ナノファイバーの組み込みは検討が始まったばかりで，今後様々な形態の検討がなされていくであろう。ナノファイバー単独で機能を発揮させるのは流体抵抗等の問題が生じやすいため，筆者らの例のように，ミクロファイバーその他の素材との複合化が進むものと思われる。

本稿では紙面の関係で殆ど触れなかったが，繊維表面への化学修飾・抗体固定等により，繊維フィルターによる細胞分離に様々な選択性を持たせられることも見出されている。

ナノファイバーを絡めた繊維複合体と繊維表面修飾技術の複合化等により，細胞分離技術は幅広い展開が可能となってくる。様々な実用化が進められ医療に貢献することを期待している。

文　　献

1) 日経バイオテク／日経バイオビジネス編，排水処理，日経バイオ年鑑2003，日経BP社，p. 769-774(2002)
2) Hallvard Odegaaed，流動床生物膜リアクター，水環境の工学と再利用，北海道大学図書刊行会，p. 290-305(1999)
3) 石田宏，バイテク手法による汚水，汚泥処理の可能性，バイオテクノロジー，ライフサイエンス，バイオマス利用技術，日本ビジネスレポート株式会社，p. 190-206(1990)
4) 梅香家鎮，西村隆雄，黒田徹，加藤等，人工臓器，**17**，p. 413-416(1988)
5) 西村隆雄，*Polyfile*，p. 39-42(1993)
6) 吉田一，日本アフェレシス学会誌，**22**(1)，p. 11-17(2003)
7) 安武幹智，芹澤領，澄田政哉，寺嶋修司，西村隆雄，徳島恭雄，山脇直邦，竹内久彌，高橋恒夫，医科器械学，**68**，p. 237-243(1998)
8) 田中純，丹波佐百合，福田達也，西村隆雄，山脇直邦，山下康彦，白血球高捕捉能新規構造体の開発，第28回医用高分子シンポジウム，p. 3-4(1999)

6 バイオシルク

亀田恒徳[*1]，朝倉哲郎[*2]

6.1 はじめに

　絹糸の主成分である絹フィブロインタンパク質は，蚕が生産する天然の繊維高分子であり，繊維の女王として数千年の長きにわたって人類に用いられてきた。これはシルクの風合いのみならず，その力学特性，特に強度が優れていたことに起因する。また，縫合糸等の生体材料としても長い間用いられてきた経緯があるが，これは絹フィブロインが強度のみならず，生体適合性を有するためであり，この点に注目した新規生体材料としての研究が進んでいる。

　20世紀，繊維・高分子の分野では，天然繊維の絹を超える合成繊維の開発が盛んに行われ，ナイロンやポリエステルは物性に優れ，安価であることとあいまって，広く使われてきた。しかしながら，その開発は，天然素材の持つ異形断面，不均一性や極細性等の外見の模倣であり[1]，カイコによる巧みな絹の作製過程や原子レベルでの絹繊維の構造を十分に把握して，それを取り入れた開発と言うわけではなかった。依然として，今日においても，絹繊維自体の人気は高く，むしろ，最新のバイオテクノロジーを用いて，多量かつ安価に作ることが提案され，試みられている状況である[2～5]。近年，カイコやクモのシルクの構造・物性解明の研究が，特に海外において極めて盛んになってきている。そのような背景の下，外見の模倣だけでなく，シルクの構造ならびに物性との相関を徹底的に解明し，その特性を十分に把握した上で，新しいシルクをベースとした新材料を分子設計するとともに，バイオテクノロジー・ナノテクノロジーの進歩を十分に生かした生産・プロセッシング技術の開発を進め，新たな高機能材料の開発ならびに関連した産業の創成へとつなげることが必要であろう。

6.2 カイコから学ぶナノテクノロジー

　カイコの吐糸プロセスは，繊維産業におけるナノテクノロジーが目指す究極の到達点の一つと考えられる。1デニール（d）程度から合成繊維の製造は急に困難になると言われているが，カイコは，1d（直径約20μmのサブミクロンオーダー）のシルクを水溶液から，室温で極めて短時間に作製する。しかもその糸は，優れた物性を示し生分解性を有する。人類が，同程度の強度の繊維を作製しようとすれば，一般に濃硫酸等の有害な溶媒を用い，極めて高温で紡糸しなくてはならない。環境を意識した新しい繊維の開発にあたって，我々は，カイコによるシルクの巧みな繊維化の機構を見習うことが必要であろう。まずは，シルクの繊維化前後の構造がどのようにな

[*1]　Tsunenori Kameda　東京農工大学　工学部　生命工学科　学科研究支援研究員
[*2]　Tetsuo Asakura　東京農工大学　工学部　生命工学科　教授

っているかを詳細に知る必要がある。

　家蚕絹，正確には家蚕絹フィブロインのアミノ酸組成は，グリシンとアラニンが大部分であり，それらが交互に並んだ交互共重合体と考えることができる[5]。家蚕絹の繊維化前の構造はSilk Ⅰ型と呼ばれ，繊維化後の構造であるSilk Ⅱ型と区別される。Silk Ⅰ型構造は図1に示した"繰り返しβターン（タイプⅡ）構造"であることがわかってきた[6〜8]。分子鎖に沿って，分子内水素結合と分子間水素結合が交互に形成された構造をとっている。このSilk Ⅰ型構造モデルによって，繊維化の機構が定性的に理解できる。すなわち，紡糸の際に"延伸力"と"ずり"が蚕体内に存在する液状絹にかかることにより，分子内の水素結合が切れて分子間水素結合に移る。その結果，全ての水素結合が分子間に変わる。分子間水素結合の方向は繊維軸に垂直であり，繊維軸に対する横方向からの力に抗する分子間水素結合のネットワークが瞬時に作製される。また，家蚕絹フィブロインのアミノ酸の中で，セリンやチロシンが繊維化プロセスで果たす役割は大きく，カイコ体内で保持される水溶液（紡糸溶液）中の絹の構造安定性や繊維化後の絹の強度発現に深く関わ

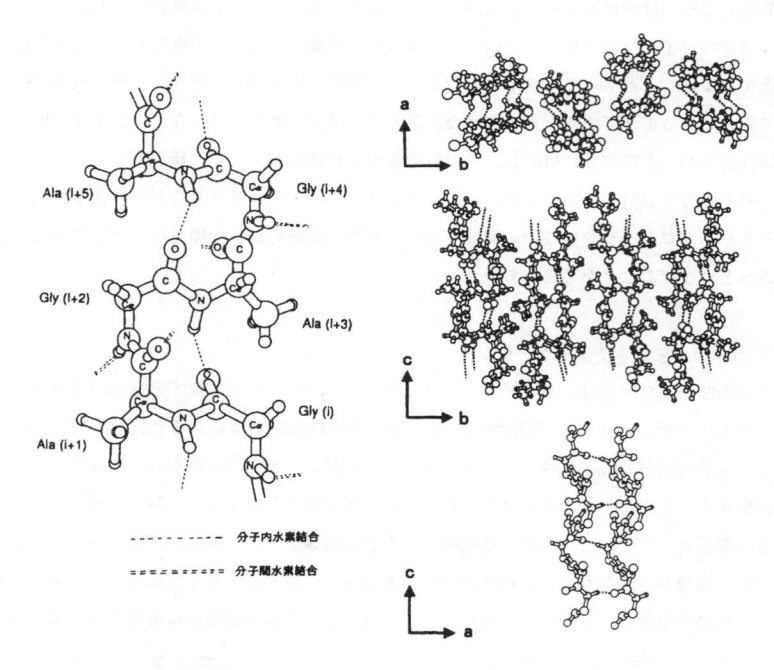

図1a　家蚕絹分子の繊維化前の構造（Silk Ⅰ型）
　　　最新の固体NMR等の構造解析手法を用いて提
　　　案された繰り返しβターン（タイプⅡ）構造

図1b　分子間配置までも考慮した，Silk Ⅰ型
　　　家蚕絹分子の全体構造

第7章　ナノバイオニック産業

っている[9〜11]。

さらに詳細な繊維化の機構を知るためには，繊維化後のSilk II型の絹構造を知る必要がある（図2）。繊維化後の絹は，極めて不均一な構造をとり，比較的均一な構造をとる繊維化前のSilk I型構造とは対照的である。Silk II型構造を有する結晶部の73%は逆平行βシート構造であるが，さらに，分子間構造の異なる2種類のグループからなり，構造Aのように，アラニン残基の側鎖メチル基がシート間で平行になっているグループと向かい合っているグループ（構造B）から成る[12]。その割合は27%と46%である。さらに，結晶部のうちの残りの27%は，ゆがんだβターン構造である。一方，ここでは示していないが，絹の残りの45%を占める非晶部は，半分がゆがんだβシート構造，半分がゆがんだβターン構造である。これらの不均一構造は，明らかに絹繊維の優れた物性と関連するはずであるが，その解明はこれからである。

Silk I型構造を出発点として，カイコ体内で絹に作用する"延伸力"や"ずり"の存在と水を考慮した分子動力学計算，さらに水を取り除いた後のエネルギー計算によって，Silk II型の不均一構造を定量的に再現する事ができた[13]。このように，Silk IおよびSilk II型の構造や各残基の役割が解明されてくると，その巧みな構造転移の機構等を利用して新しい絹様材料を作製するためには，まず，どのように繊維化前の分子を設計しなくてはならないかが明らかとなる。

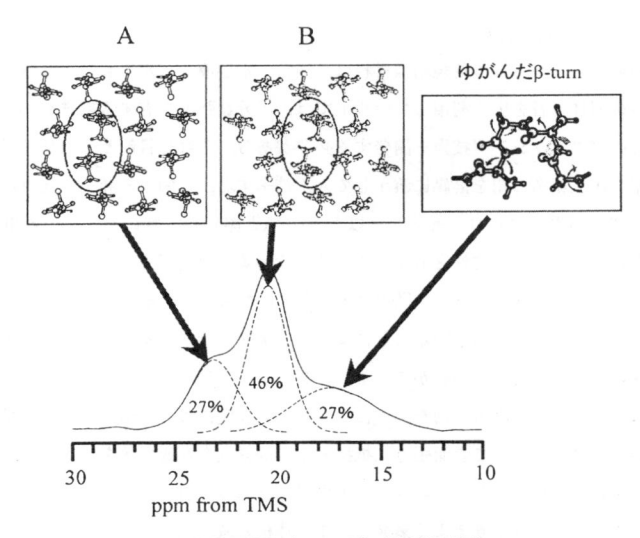

図2　家蚕絹繊維（Silk II型）結晶部の構造

6.3 新しいバイオシルクの創成

シルクの構造情報を基礎にして，全く新しい絹様材料を分子設計し，大腸菌等による遺伝子組換え法によって，その絹様材料を生産することが試みられてきた[14, 15]。例えば，高強度生体材料の作製を目的として，家蚕絹の結晶部の一次構造であるGAGAGS（G：グリシン，A：アラニン，S：セリン）の繰り返し構造を基本とし，クモ牽引糸結晶部のアラニン連鎖構造を組み合わせた絹様材料がすでに作られている。シルク同士の掛け合わせとしては，その他に，家蚕絹の結晶部の一次構造にエリ蚕やクモ牽引糸のグリシンリッチな一次構造の領域を組み合わせたものもあり，新しい物性の発現が期待されている。また，フィブロネクチンの細胞接着部位，RGD（R：アルギニン，D：アスパラギン酸）を含む連鎖部位を家蚕絹の基本構造に導入した材料で，細胞接着性と熱安定性の向上を目的とした絹様材料も作成されている。さらに，優れたハイドロゲルとしての特性を持つことから，将来，ドラッグデリバリー等の生体材料として使用することを目的とした材料，すなわち，エラスチンの弾性発現の源と言われている一次構造の繰り返し部位，GVPGV（V：バリン，P：プロリン）を家蚕絹の構造中に導入した材料の開発も進められている。これらの絹様タンパク質の生産を，組み換え大腸菌[14, 15]以外に，植物[3]や動物[16]，蚕自身を用いて行う試みがなされている。

6.4 ナノシルクへの挑戦

遺伝子組換え法で得られる新規絹様材料は，通常，水溶液，ゲル，もしくは粉末状になっている。これらの絹様材料を広く利用していく上では，十分な強度を有する繊維やフィルムに形状を変えるためのプロセッシング技術を開発する必要がある。それを目的とした基礎研究として，先ず，家蚕絹の再生絹糸（絹を溶媒に溶かして人工紡糸する）に関する詳細な検討が行われた。紡糸溶媒として，ヘキサフロロアセトン（以下，HFAと略）が，特に適している事がわかり，天然のシルクにほぼ匹敵する物性を有する人工絹糸を得ることができた[17]。紡糸ノズルの径を細くすることで，数十マイクロメートル径の再生絹糸を得た報告もある[18]。

エレクトロスピニング法を用いることによって，ナノ—サブマイクロメートルオーダーのフィラメントからなるシルクの不織布ができる。エレクトロスピニング法とは，静電気力を用いて紡糸を行う方法であり，装置の一例を図3に示した。高電圧によって溶液表面に誘導，蓄積される電荷が互いに反発することで表面張力に抵抗する。静電気力が臨界値を越えると，電荷の反発力が表面張力を越え，荷電した溶液のジェットが射出される。射出されたジェットは体積に対して表面積が大きい為，溶媒が効率よく蒸発し，また体積の減少により電荷密度が高くなるため，更に細いジェットへと分裂していく。この過程により，数十～数百ナノメートルオーダーの均一なフィラメントからなる不織布がコレクター上に得られる[19]。すでに，家蚕及び野生種の蚕である

第7章　ナノバイオニック産業

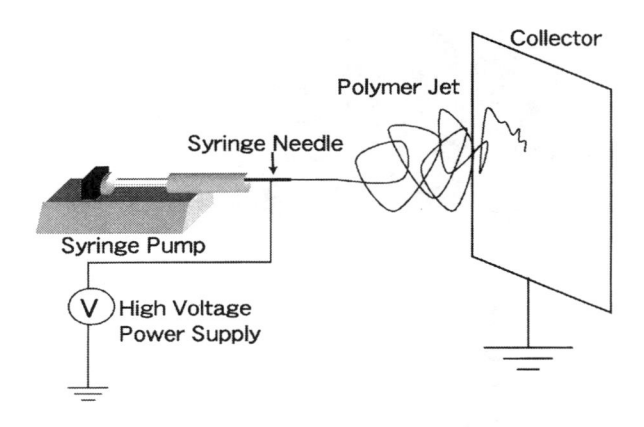

図3　エレクトロスピニングの装置

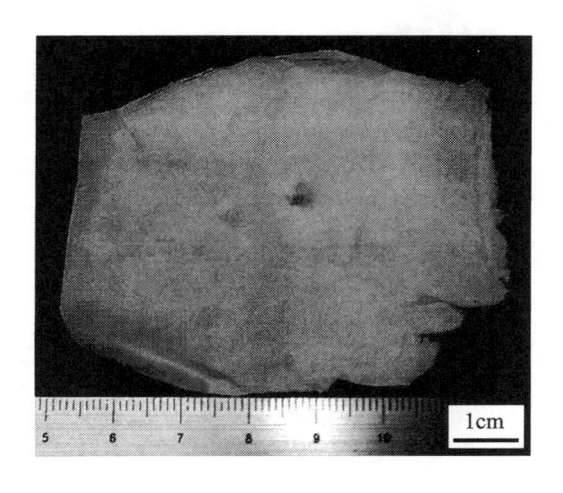

図4　エレクトロスピニング法により作成した家蚕絹フィブロイン不織布

エリ蚕絹フィブロインについて，HFAを溶媒とした系から，不織布の作製に成功している（図4）[20]。これを走査型電子顕微鏡（SEM）で観測すると，直径数百ナノメートルオーダーからなる繊維が形成されているのが分かる（図5）。また，図5には繊維直径の分布も示したが，この分布は，紡糸溶液の濃度，印加する電場や射出距離などで制御することができる。不織布中の絹

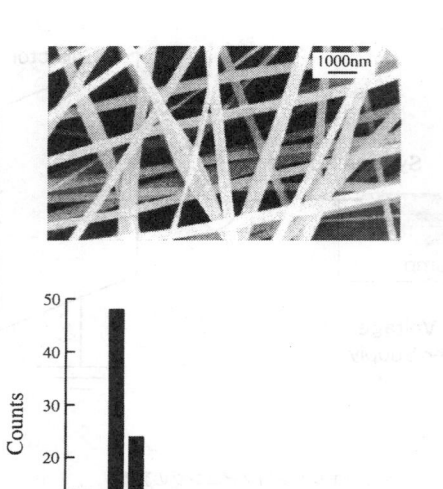

図5 （上）家蚕絹フィブロイン不織布のSEM画像と（下）直径分布

フィブロインの分子構造は^{13}C CP/MAS固体NMR法で調べることができ，紡糸直後の試料ではランダムコイル構造を多く含むが，メタノール処理によって未配向ながらもβシート構造を多く有する不溶性不織布に改質できることがわかった。

絹不織布の作製法は，その作製法に関する特許が多く出ていることからもわかるように，決してエレクトロスピニング法に限定されるものではない[21, 22]。しかし，シルクベースの遺伝子組換え試料の繊維化と不織布の作製まで含めると，現時点では，エレクトロスピニング法が最も応用性が高い不織布作製法であると思われる。例えば，遺伝子組換え法で作製した新規絹様タンパク質［GGAGSGYGGGYGHGYGSDGG(GAGAGS)$_3$]$_6$（H：ヒスチジン）は，溶液紡糸によって繊維作製を行うことは非常に困難であるため，繊維を経由した不織布の作製はできない。ところが，エレクトロスピニング法を用いれば，不織布を容易に作製することができる（図6）[30]。

不織布の形状と，絹フィブロインが持つ独自の性質を組み合わせることで，種々の応用が期待され，既に幾つかは実用に向けた研究が進められている。不織布は，ナノファイバーが絡み合ってできていることから，単位重量あたりの大きな表面積と多孔質性が特徴となっている。この特

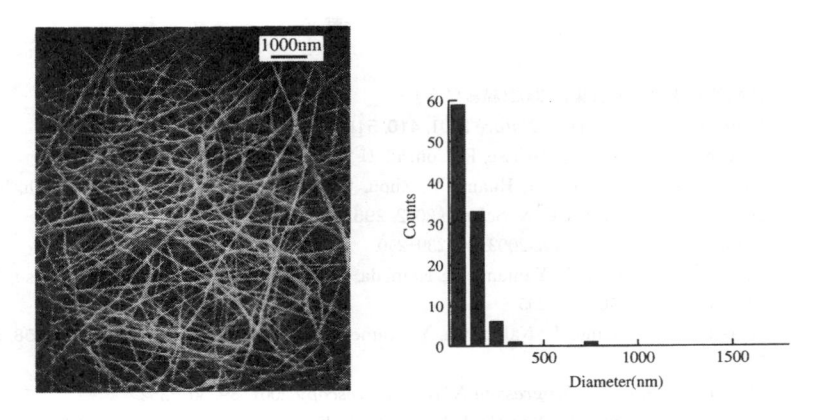

図6 （左）絹様タンパク質の不織布形態のSEM観察と（右）直径分布

徴を活かした不織布の応用が考えられており，フィルター，ドラッグデリバリーの薬剤担体，細胞接着性スキャホールド，創傷被覆材などが挙げられる。一方，シルクを素材とした不織布の利用は，まだ始まったばかりである[22,23]。一例として，ごく最近にKaplanのグループから報告された，細胞増殖のスキャホールドとしての不織布利用がある[23]。不織布を生体材料として用いる場合，その生産工程において，生体に無害な溶媒が使われることが重要である。Kaplanらは，ポリエチレングリコールを上手く利用することによって，絹水溶液から不織布を得ている。また，遺伝子組換え法から作製した絹様物質からなる不織布も研究されている。ミシガン大学のグループは，中枢神経系に移植するデバイスのコーティングを目的とし，絹様タンパク質をエレクトロスピニング法によりシリコン基板上へ塗布することを試みている。絹様タンパク質を，生体組織と基板の力学特性の差を和らげる，力学的緩衝材として用いる事を提案している[24,25]。

6.5 おわりに

　以上，ナノレベルで構造を制御するためのテクノロジーをカイコから学ぶことから始まり，その知見をもとにして，有用タンパク質の分子設計，および遺伝子組換え技術で作り出した新規絹様タンパク質の加工技術を確立する。その上で，QOL（Quality of Life）に欠かすことのできない医療材料等を開発するナノシルク研究の最先端を紹介した。今後，カイコや絹を中心とした昆虫産業の飛躍的な発展を期待している。

文　献

1) 繊維基礎講座I要旨集，2002(繊維学会).
2) Vollrath, F.; Knight, D. P. *Nature* 2001, **410**, 541-548.
3) Scheller, J.; Guhrs, K. H.; Grosse, F.; Conrad, U. *Nat. Biotech.* 2001, **19**, 573-577.
4) Lazaris, A.; Arcidiacono, S.; Huang, Y.; Zhou, J. F.; Duguay, F.; Chretien, N.; Welsh, E. A.; Soares, J. W.; Karatzas, C. N. *Science* 2002, **295**, 472-476.
5) Kaplan, D. L. *Nat. Biotech.* 2002, **20**, 239-240.
6) Asakura, T.; Ashida, J.; Yamane, T.; Kameda, T.; Nakazawa, Y.; Ohgo, K.; Komatsu, K. *J. Mol. Biol.* 2001, **306**, 291-305.
7) Asakura, T.; Yamane, T.; Nakazawa, Y.; Kameda, T.; Ando, K. *Biopolymers* 2001, **58**, 521-525.
8) Zhao, C.; Asakura, T. *Progress in NMR Spectroscopy* 2001, **39**, 301-352.
9) Asakura, T.; Sugino, R.; Yao, J.; Takashima, H.; Kishore, R. *Biochemistry* 2002, **41**, 4415-4424.
10) Asakura, T.; Sugino, R.; Okumura, T.; Nakazawa, Y. *Protein Sci.* 2002, **11**, 1873-1877.
11) Asakura, T.; Ashida, J.; Yamane, T. *ACS Symposium Series* 2003, **834**, 71-82.
12) Takahashi, Y.; Gehoh, M.; Yuzuriha, K. *Int. J. Biol. Macromol.* 1999, **24**, 127-138.
13) Yamane, T.; Umemura, K.; Asakura, T. *Macromolecules* 2002, **35**, 8831-8838.
14) Asakura, T.; Kato, H.; Yao, J.; Kishore, R.; Shirai, M. *Polymer J.* 2002, **34**, 936-943.
15) Asakura, T.; Nitta, K.; Yang, M.; Yao, J.; Nakazawa, Y.; Kaplan, D. L. *Biomacromolecules* 2003, **4**, 815-820.
16) Lazaris, A.; Arcidiacono, S.; Huang, Y.; Zhou, J.-F.; Duguay, F.; Chretien, N.; Welsh, E. A.; Soares, J. W.; Karatzas, C. N. *Science* 2002, **295**, 472-476.
17) Yao, J.; Masuda, H.; Zhao, C.; Asakura, T. *Macromolecules* 2002, **35**, 6-9.
18) Liivak, O.; Blye, A.; Shah, N.; Jelinski, L. W. *Macromolecules* 1998, **31**, 2947-2951.
19) Reneker, D. H.; Chun, I. *Nanotechnology* 1996, **7**, 216-223.
20) Ohgo, K.; Zhao, C.; Kobayashi, M.; Asakura, T. *Polymer* 2003, **44**, 841-846.
21) 蜷川　隆，特開2003-159322医療用絹　不織布
22) Unger, R.R.; Wolf, M.; Peters, K.; Motta, A.; Migliaresi, C.; Kirkpatrick, C.J. *Biomaterials* 2004, **25**, 1069-1075.
23) Jin, H. -J.; Chen, J.; Karageorgiou, V.; Altman, G. H.; Kaplan, D. L. *Biomaterials* 2004, **25**, 1039-1047.
24) Buchko, C. J.; Chen, L. C.; Shen, Y.; Martin, D. C. *Polymer* 1999, **40**, 7397-7407.
25) Buchko, C. J.; Slattery, M. J.; Kozloff, K. M.; Martin, D. C. *J. Biomed. Mater. Res.* 2000, **15**, 231-242.

7　DNAとカーボンナノチューブの複合化と機能化

中嶋直敏[*]

7.1　はじめに

ナノテクノロジーの中心的素材として単層カーボンナノチューブ（SWNT，図1）及び多層カーボンナノチューブ（MWNT）に大きな期待が集まっている[1]。この理由として図1に示したようにこの材料が他の材料にはない様々な極限的な特性を有していることが挙げられている。カーボンナノチューブは水にも有機溶媒にも溶けない。"カーボンナノチューブ（CNT）の強いバンドル構造をほどき，いかに溶媒に可溶化するか"は，CNT研究のホットなテーマの一つになっている。なぜなら，可溶化は，基礎および応用にわたり化学・物理・バイオ関連の多彩な分野で，CNTの可溶化は機能化と結びつくからである。ここでは，まずCNTの溶媒への可溶化について述べた後，「DNAとカーボンナノチューブの複合化と機能化」についての最近の研究を紹介する。

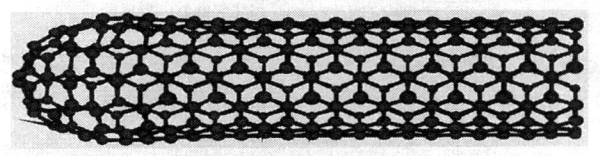

- ナノワイヤー（銅より高い電導度）
- 高力鋼合金より高い引っ張り強度
- 超弾性
- 2800 ℃ の耐熱性
- SPMプローブ・Display・ナノデバイス
- 二次電池・エネルギー貯蔵材料（水素吸蔵）
- センサー

図1　カーボンナノチューブの構造，物性，応用

7.2　可溶化の手法

　化学結合（イオン結合を含む）もしくは物理吸着のいずれかの方法でSWNT，MWNTともに溶媒中に可溶化・分散させることができる。化学結合法は，CNT末端（開環構造を持つ）あるいはCNTサイドウォールの欠陥部のカルボン酸の共有結合もしくはイオン結合による化学修飾法である。物理吸着法は，CNTサイドウォールへの可溶化剤の物理吸着（非共有結合）を利用する方

---

[*]　Naotoshi Nakashima　長崎大学大学院　生産科学研究科　物質科学専攻　教授

法である。

7.3 化学結合による可溶化

具体的には，カルボン酸部位は疎水基（長鎖アルキル基など）をもつアミン（R-NH$_2$）やアルコール（R-OH）と化学反応を行い，アミド基，エステル基を生成する（図2）。この化学修飾で，R基が疎水基であれば得られたナノチューブは，多くの有機溶媒に可溶となり，逆に親水基であれば，水やアルコールに溶解するCNTが得られる。

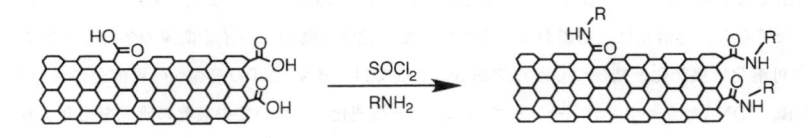

図2　カーボンナノチューブの化学修飾の模式図

有機溶媒への可溶化の最初の論文は，Haddonらにより1998年に報告された[2]。彼らは，①塩化チオニル，引き続き②オクタデシルアミンとの反応により切断SWNTが二硫化炭素に溶解することを示した。その後，さまざまなR基（長鎖基を含む）を用いればcNTを多くの有機溶媒に可溶化・分散できることが報告されている[3]。また，カルボン酸基とアミノを含むポリマーと反応させcNT・ポリマーハイブリッド化合物が合成できる。

ポリエチレングリコールやクラウンエーテルなどの水溶性基をもつ化合物を用いた化学修飾により水溶性CNTが合成出来る。切断末端のカルボン酸基に合成アミノポリマーや蛋白質・酵素（牛血清アルブミン，グルコースオキシダーゼなど）[4]，DNA（あるいはオリゴヌクレオチド）[5]などのバイオポリマーを化学修飾したCNT・合成高分子ハイブリッドおよびCNT・生体高分子ハイブリッドが合成できる。これらは，新しいナノカーボンバイオ材料として展開が期待できる。DNAとの相互作用については後述する。

SWNTのサイドウオールに対して①ジラジカルやナイトレンのラジオアクティブ光ラベリング，②ジクロロカルベンとの反応，③Birch還元反応，④ナイトレンの[2+1]環化付加によるアルキルアジリディノ基の導入，など多彩な化学反応を利用することにより有機分子を共有結合で導入できる[2]。

一方，イオン結合形成によるCNTの可溶化が可能である[6]。方法は図3に示したように簡単であり，切断末端のCNT-カルボン酸と長鎖アルキル基をもつアミノ化合物を混合し，NT-COO$^-$・R-NH$_3^+$というイオン対が形成されればCNTは有機溶媒に溶解する。

第7章 ナノバイオニック産業

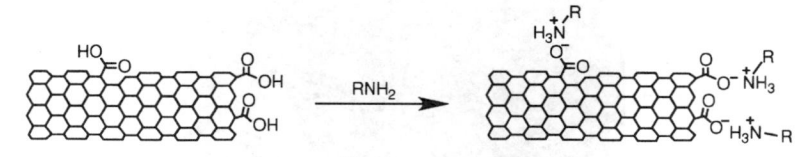

図3 カーボンナノチューブのカルボン酸とアミノ基とのイオン結合

7.4 物理吸着による可溶化

低分子及び高分子のCNTサイドウオールへの物理吸着（非化学結合）によりCNTを有機溶媒や水に溶解できる。この方法は，化学修飾法と異なり，①CNTが本来もっている基本特性を保持したまま可溶化が可能，②未切断のCNTにも利用できる，など優れた特長をもっている。私たちは特にCNTサイドウオールと多核芳香族可溶化剤との$\pi-\pi$相互作用を利用した可溶化および機能化に着目した研究を進めている（図4）。芳香族可溶化剤に親水基があればCNTは水やアルコールに溶解し，疎水基があれば有機溶媒に溶解する。

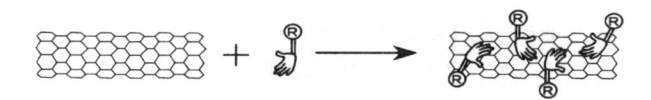

図4 芳香族分子のカーボンナノチューブ表面への吸着の模式図

CNTは，水中の界面活性剤ミセルに可溶化・分散する[7]。この方法はCNTの精製にも利用される。可溶化・分散は界面活性剤分子のCNTサイドウオールへの物理吸着によるものと推定できる。電気化学活性の界面活性剤でCNTを可溶化すれば，電気化学的手法を用いることにより電極上にCNTの薄膜形成が可能である[8]。

ピレン[9]やポルフィリン[10]基などの多核芳香族基は，CNTサイドウオールとの$\pi-\pi$相互作用が期待できる。私たちはピレンにアンモニウム基を導入したアンモニウムの水溶液にSWNTを加え超音波照射を行うとSWNTが水中に可溶化分散することを見いだした（図5）。機能性多核芳香族分子であるポルフィリン化合物も同様の$\pi-\pi$相互作用によりSWNTを可溶化できる。

最近，ポリマーラッピングによる可溶化・分散が注目されている。Smalleyらは，ポリビニルピロリドンなどの水溶性ポリマーによるCNTラッピングにより，SWNTが可溶化分散できることを示した[11]。ただし，界面活性剤ミセルによる前処理が必要である。Sttodartらは，水中でアミロース・ヨウ素錯体とSWNTを超音波照射するとアミロース・SWNTコンプレックスが生成すると報告している[12]。またナノチューブのバイオ分野への応用として，タンパク質・SWNTコン

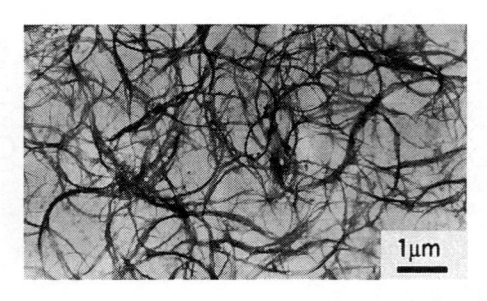

ナノファイバーテクノロジーを用いた高度産業発掘戦略

図5　ピレンアンモニウム水溶液中のSWNTのTEM像

ポジットの作成についての研究[13]が報告されている。

7.5　DNAとカーボンナノチューブの複合化と機能化

　カーボンナノチューブと生体情報分子であるDNAとのハイブリッド化は，化学のみならず生化学分野でも非常に興味深い。これに関する研究例を紹介する。

　ナノチューブ末端およびサイドウオールに存在するカルボン酸を用いた化学修飾ナノチューブについては上記の3.3　化学結合による可溶化の項で記述した。このカルボン酸基を用いてオリゴヌクレオチドを化学結合させたナノチューブの合成が報告された[14]。このハイブリッドナノチューブは，相補的な核酸塩基を持つDNAと選択的に結合することが蛍光イメージングにより示された。Liらは，リソグラフィー技術で作成されたSi(100)ウエハー上のナノ電極アレイにCVD法で多層カーボンナノチューブを合成し，ナノチューブ末端のカルボン酸基を利用してオリゴヌクレオチドを化学結合させた[15]。このオリゴヌクレオチドと相補的なシーケンスをもつDNAとの結合を$Ru(bpy)_3^{2+,3+}$メディエーションによるグアニン酸化反応により高感度に検出できることを示した。また，Dwyerらは，ナノチューブ両末端に化学結合させたオリゴヌクレオチドを利用した"self-assembly"プロセスの可能性について報告している[16]。一方，Gaoらは，分子ダイナミクスシミュレーションにより，オリゴヌクレオチドがカーボンナノチューブのナノポアーに挿入される可能性を示し，この複合体が合成できればDNA-modulated分子エレクトロニクス，分子センサー，エレクトロニックDNAシーケンシング，geneデリバリーシステムの開発に利用できる可能性があると述べている[17]。

　2003年5月に，水中でDNAがカーボンナノチューブを可溶化するという論文が2報出された。一つはDu Pont中央研究所のZhengらの一本鎖DNAによる可溶化[18]，もう一つは，私たちの二重らせんDNAによる可溶化である[19]。Zhengらは，Poly(T)ラッピングナノチューブのモデルを示すとともに，アニオン交換クロマトグラフィーにより，一本鎖DNA結合ナノチューブとフリー

第7章　ナノバイオニック産業

のナノチューブを分離した。さらに，分画成分により，メタリックナノチューブと半導体ナノチューブの割合が異なると記述している。

次に，私たちが発見した二重らせん型DNA分子によるカーボンナノチューブの水中に可溶化について紹介する[19]。可溶化の操作は簡単である。まず，DNAを水に溶解させ，これにCNTを加え，バス型ソニケーターを用いて超音波処理を行った後，遠心分離によりDNA-SWNTs分散水溶液が単離できる。図6にDNA-SWNT水溶液（左）およびSWNTsのみの分散水溶液（右）の写真を示す。DNA-SWNT水溶液は黒色透明を与えており，DNAを用いることによりSWNTが水中に可溶化分散が可能であることを示している。このDNA-SWNTs水溶液は約5℃で長期間安定である（ナノチューブ沈殿の生成は認められない）。図7にDNA-SWNT水溶液の電子顕微鏡（TEM）像を示す。ここではバンドル構造を持つ長さ約0.5-2 μmのSWNTがDNA水溶液中に可溶化・分散していることが確認された。図8にDNA-SWNT水溶液の原子間力顕微鏡（AFM）像を示す。a-hによって示されているSWNTの高さは，それぞれ2.75, 2.35, 2.72, 2.24, 2.12, 1.96, 4.68および5.03nmである。ここで用いたSWNTの太さは0.8～1.2nmであり，1.32±0.35nmと報告されているプラズミドDNAの高さを用いて換算すると，溶液中にDNAによって1本1本に解けた孤立溶解状態のSWNTが多く存在していることがわかる。しかしバンドル構造のナノチューブも認められる。

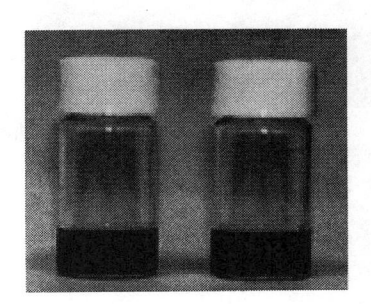

図6　DNA-ナノチューブ水溶液（左）およびナノチューブの分散水溶液（右）
右図では沈殿が見られる。

DNA-SWNT水溶液は，可溶化前後で核酸塩基に由来する258nmの吸収にシフトは観測されなかった。しかし他の可溶化ナノチューブと同様に可視―近赤外領域に特徴的な吸収バンドを示す。SWNTのDNA水溶液中への可溶化メカニズムや，その構造についての詳細は，今のところはっきりしていないが，超音波処理によって一時的に生じた核酸塩基とSWNTサイドウォールとのπ-π相互作用や，DNAのMajor GrooveまたはMinor Grooveとナノチューブとの相互作用が可溶化に関与しているものと推定できる。

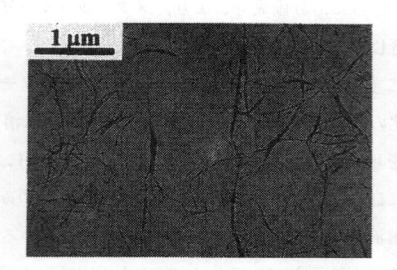

図7　DNA-ナノチューブ水溶液のTEM像

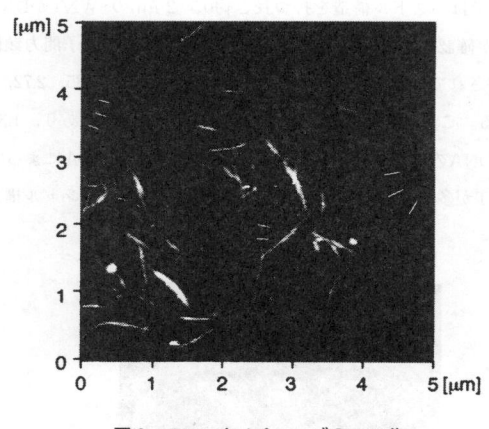

図8　DNA-ナノチューブのAFM像

　以上紹介した化学結合および物理吸着によるDNA-ナノチューブハイブリッドは，新しい素材であり，ナノファイバーテクノロジー（サイエンス）およびバイオナノテクノロジー（サイエンス）の観点から今後の大きな展開が期待される。

文　　　献

1) (a)田中一義編"カーボンナノチューブ"，化学同人，2001. (b)工業材料，**51**，17（2003），(c)篠原久典，"カーボンナノチューブ"，化学同人，2001，p. 99.
2) J. Chen, M. A. Hamon, H. Hu, Y. Chen, A. M. Rao, P. C. Eklund, and R. C. Hadoon, *Science*,

第7章 ナノバイオニック産業

282, 95(1998).
3) (a) A. Hirsch, *Angew. Chem. Int. Ed.*, **41**, 1853(2002). (b) Y-P. Sun, K. Fu, Y. Lin, W. Huang, *Acc. Chem. Res.*, **35**, 1096(2002). (c) S. Niyogi, M. A. Hamon, H. Hu, B. Zhao, P. Bhowmik, R. Sen, M. E. Itkis, R. C. Haddon, *Acc. Chem. Res.*, **35**, 1105(2002).
4) F. Pompeo, D. E. Resasco, *Nano Lett.*, **2**, 369(2002).
5) (a) H. Cai, X. Cao, Y. Jiang, P. He, Y. Fang, *Anal. Bioanal. Chem.*, **375**, 287(2003). (b) C. Dwyer, M. Guthold, M. Falvo, S. Washburn, R. Superfine, D. Erie, *Nanotechnology*, **13**, 601 (2002). (c) S. E. Baker, W. Cai, T. L. Lasseter, K. P. Weidkamp, and R. J. Hamers, *Nano Lett.*, **2**, 1413(2002).
6) (a) M. A. Hamon, J. Chen, H. Hu, Y. Chen, M. E. Itkis, A. M. Rao, P. C. Eklund, and R. C. Haddon, *Adv. Mater.*, **11**, 834(1999). (b) J. Chen, A.M. Rao, S. Lyuksyutov, M. E. Itkis, M .A. Hamon, H. Hu, R. W. Cohn., P. C. Eklund, D. T. Colbert, R. E. Smalley, and R. C. Haddon, *J. Phys. Chem. B*, **105**, 2525(2001).
7) V. Krstic, G. S. Duesberg, J. Muster, M. Burghard, S. Roth, *Chem. Mater.*, **10**, 2338(1998).
8) N. Nakashima, H. Kobae, H. Murakami, *Chem. Phys. Chem.* **3**, 456(2002).
9) N. Nakashima, Y. Tomonari, and H. Murakami, *Chem, Lett.*, 2002, 638.
10) H. Murakami, T. Nomura, N. Nakashima, *Chem. Phys. Lett.*, **378**, 481(2003).
11) M. J. O'Connell, P. Boul, L. M. Ericson, C. Huffman, Y. Wang, E. Haroz, C. Kuper, J. Tour, K. D. Ausman, R. E. Smalley, *Chem. Phys. Lett.*, **342**, 265(2001).
12) A. Star, D. W. Steuerman, J. R. Heath, J. F. Stoddart, *Angew. Chem. Int. Ed.*, **41**, 2508 (2002).
13) (a) B. R. Azamian, J. J. Davis, K. S. Coleman, C. B. Bagshaw, M. L. H. Green, *J. Am. Chem. Soc.*, **124**, 12664(2002). (b) K. Besteman, J-O. Lee, F. G. M. Wiertz, H. A. Heering, C. Dekker, *Nano Lett.*, **3**, 727(2003).
14) S. E. Baker, W. Cai, T. L. Lasseter, K. P. Weidkamp, R. J. Hamers, *Nano Lett.*, **2**, 1413 (2002).
15) J. Li, H. T. Ng, A. Cassell, W. Fan, H. Chen, Q. Ye, J. Koehne, M. Meyyappan, *Nano Lett.*, **3**, 597(2003).
16) C. Dryer, M. Guthold, M. Falvo, S. Washburn, R. Superfine, D. Erie, *Nanotechnology*, **13**, 601(2002).
17) H. Gao, Y. Kong, D. Cui, C. S. Ozkan, *Nano Lett.*, **3**, 471 (2003).
18) M. Zheng, A. Jagota, E. D. Semke, B. A. Diner, R. S. Mclean, S. R. Lusting, R. E. Richardson, N. G. Tassi, *Nature Materials*, **2**, 338(2003).
19) N. Nakashima, S. Okuzono, H. Murakami, T. Nakai, K. Yoshikawa, *Chem. Lett.*, **32**, 456 (2003).

第8章　ナノネットワーク・ナノデバイス産業

1　プラスチック光ファイバーPOF

近藤篤志[*1]，小池康博[*2]

1.1　はじめに

主にオフィス内のLocal Area Network（LAN）において利用されてきたインターネット常時接続が，各家庭にまでその対象範囲を広げてきた。様々な方法によるインターネットの常時接続サービスが各家庭を対象として展開されている。

特に，既存の電話線によるネットワークを利用した高速データ通信が可能となる，Asymmetric Digital Subscriber Line（ADSL）技術が注目を集めており，2000年に最大速度1.5Mbpsで始まったサービスは2003年夏に24Mbpsと順調に伝送速度の向上を図っている。このADSLサービスを利用している加入者数はこの6月に800万世帯を超え，今後も加入者数の増加が見込まれている。このように，これからは各家庭においてもインターネットの常時接続が当然の時代となることを示している。

このような状況下，各家庭において数百M～Gbpsの速度で通信を行うことに対する疑問の声も聞かれる。しかしながら，低価格で大容量の通信を提供できるシステムが存在した場合であっても，家庭にはそのような大容量通信は不要と思われるであろうか？　次世代のマルチメディア社会には実現されるであろう双方向リアルタイム動画像通信あるいは，映画などの画像コンテンツの短時間ダウンロードを実現するためには，数百Mbpsの通信速度は決して過剰ではない。さらには，家庭内のネットワークのブロードバンド化により，必ずその特性を生かした新しいサービスが生まれてくるものと考えられる。

その高速通信ネットワークを実現するための通信メディアとして，プラスチック光ファイバー（POF）があげられる。プラスチックに特有の機械特性や加工性から100μm～1000μmのコア径を可能とし，接続などの取り扱い性に関して従来の金属線と同様な容易さを望める。特にナノオーダーでの屈折率分布制御を行っている屈折率分布型プラスチック光ファイバー（GI型POF）は，

[*1]　Atsushi Kondo　科学技術振興機構ERATO　小池フォトニクスポリマープロジェクト　光機能発現グループ　研究員

[*2]　Yasuhiro Koike　慶應義塾大学　理工学部　物理情報工学科　教授；科学技術振興機構ERATO　小池フォトニクスポリマープロジェクト　総括責任者

第8章 ナノネットワーク・ナノデバイス産業

伝送距離100mでGbps以上の伝送速度を可能とすることが実証あるいは理論的に解明されている。

本節では，高速通信のメディアとなりうるGI型POFの開発の歴史，作製方法，光学特性，そして実用化に向け重要な指標となる長期信頼性について主に述べる。

1.2 プラスチック光ファイバーの構造

プラスチック光ファイバーは基本的には同心円上の2層のプラスチックからなっており，屈折率の高い繊維状のコア領域を，コアよりも屈折率が低い別材料からなるクラッドが覆う構造となっている。光は屈折率の異なる媒体の界面において，屈折を受けるが，特に屈折率の高い媒質から低い媒質へ進行する場合にはその界面における光の入射角が，スネルの法則により決められる臨界角以上になると，屈折を受けることなく界面において全反射するようになる。ステップインデックス（SI）型POFは，この性質を利用し，臨界角よりも小さい入射角で光ファイバーのコア－クラッド界面に入射した光は，全反射され，これを繰り返すことによりコア内をファイバー軸方向へ伝搬される。したがって，モードごとに異なる伝搬距離がそのまま伝搬時間に影響する。その結果，モード間に大きな群遅延を生じてモード分散が大きくなり，図1に示すように伝送後の信号波形に大きな広がりを生じる。SI型POFでは，このようなモード分散が伝送帯域の大きな制限要因となり，伝送距離100mにおいて100Mbps程度が伝送速度の上限となってしまう。

この伝送帯域の改善を目的として提案されたファイバーが図1に示すGI型POFである。GI型POFは，SI型POFと同様，屈折率の高いコアが屈折率の低いクラッドで覆われた構造となってい

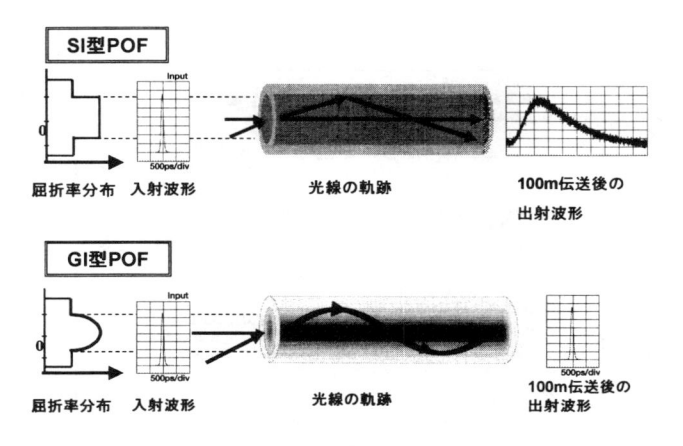

図1 SI型POFとGI型POFの屈折率と伝送特性

るが大きく異なる点は,コアの屈折率が,中心軸上で最も高く,半径方向に放物線状に減少していく分布を有している点である。このように屈折率分布をコアに形成することにより,モードごとに異なる伝搬距離と屈折率の影響が相補的に働く。その結果,屈折率分布形状を適切に選択すれば,モード分散を実質的に避けることができ,図1に示すように100m伝送後でも信号波形に広がりはほとんど生じない。GI型ファイバーにおける伝送路の構造は,コア径の大きなマルチモードファイバーの場合でも,そのコアにおける屈折率分布を最適にすることによりモード分散の影響を低減することができ,高速伝送を可能にするということである。

1.3 GI型POFの開発の歴史

図2にGI型POFの高速化の歴史を示す。コアに屈折率分布を形成したプラスチック光ファイバーの可能性を実証したのは1982年のことである。この時点のGI型POFは2種類のモノマーを共重合させることにより屈折率分布を形成していたので散乱損失が大きく,伝送損失値は1070 dB/km(波長0.67μm)と高いものであった。

ポリマー中にサブミクロンオーダーの不均一構造を形成することなく屈折率分布を形成することができる低分子をドープする方法は1991年に開発され伝送損失の改善がはかれた。その結果,全水素原子を重水素原子に置換したポリメチルメタクリレート(PMMA-d8)と低分子をドープする方式を組み合わせることにより,1992年には55dB/km(波長0.69μm)が達成された。

1994年には,PMMA系GI型POFに関して,波長0.67μm,伝送速度1Gbps,伝送距離30mの伝送実験の成功と波長0.65μm,伝送速度2.5Gbps,伝送距離100mの伝送実験の成功がそれぞれ報告された。

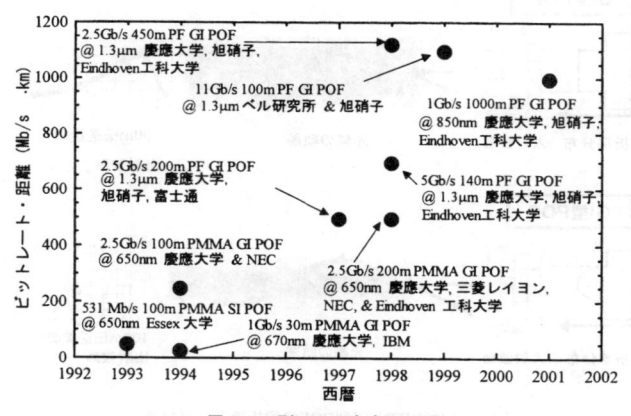

図2 GI型POFの高速化の歴史

第8章 ナノネットワーク・ナノデバイス産業

　1996年には，より伝送損失が低くできる全フッ素化ポリマー（PFポリマー）系GI型POFが開発され，波長1.3μmで50dB/kmが達成された。そして1999年にはPFポリマー系GI型POFに関して，波長1.3μm，伝送速度11Gbps，伝送距離100mの伝送実験の成功が報告され，2001年には波長0.85μm，伝送速度1Gbps，伝送距離1000mの伝送実験成功が報告されている。

1.4　GI型POFの作製方法

　これまでにコアに屈折率分布を有するGI型POFの作製方法は各種報告されてきたが，その一例として界面ゲル重合法を示す[1]。この方法では理想的な屈折率分布と透明性を兼ね備えたGI型POFを作製することができる。界面ゲル重合法においては，まずポリマーからなる中空管の中に，高屈折率で分子体積が大きく，かつ重合に関与しないナノオーダーサイズの低分子と分子体積が小さく，かつ低屈折率を与えるモノマーを同時に仕込み重合を開始させる（図3(a)）。中空管の内壁（ポリマー）はモノマーに膨潤するために，重合初期には重合管内壁に膨潤層（ゲル層）が形成される（図3(b)）。この部分ではゲル効果（ゲル状態での重合速度の加速効果）が誘発されるため，重合は中空管の内壁から開始され徐々に中心部へ進行していく。このときゲル層内には分子サイズの小さいモノマーが優先的に入り込むため，重合が進行するにつれ分子サイズの大きな低分子は中央に押しやられる。最終的に重合が完結すると（図3(c)），高屈折率を与える低分子が中央付近により多く存在した組成分布を有するプリフォームが得られる。この組成分布により屈折率分布が形成されることになる。このようにして作製されたプリフォームを190～250℃で熱延伸することによりGI型POFが得られる。

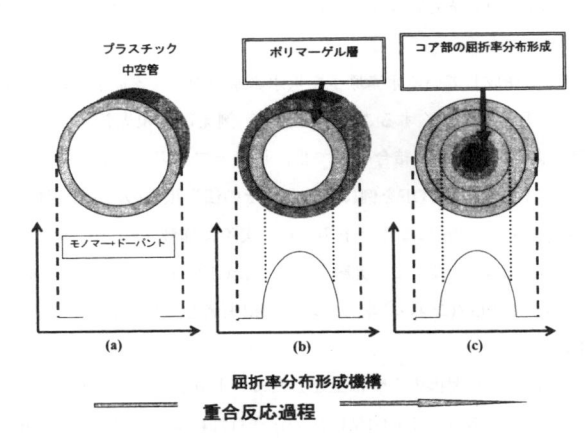

図3　界面ゲル重合法による屈折率分布形成機構

1.5 GI型POFの性能

GI型POFの性能は、光ファイバー一般と同様に、主に伝送損失と伝送帯域により評価されるが、今後ともますます増大する情報伝送容量にGI型POFが応え得るかという視点においては、伝送帯域が特に重要となる。

1.5.1 伝送損失

光ファイバーにおいては様々な原因により伝送損失を生じ、これにより伝送光の減衰を招く。伝送損失の原因として特に重要なのは散乱損失と吸収損失である。

(1) 散乱損失

POFのコア材料に用いられる非晶質高分子は秩序性をもたないガラス状態にあり、ガラス転移温度での溶融状態が熱運動的に凍結されたものと考えられる。このため、石英ファイバー同様、非晶質高分子の光散乱は、液体の光散乱理論を用いて推測可能である。等方的な物質におけるレイリー散乱は、分子の熱運動に基づく分子分布の乱れによる誘電率の空間的変化に起因する[2]。すなわちレイリー散乱は光ファイバーコア中の構造不均一（材料の密度揺らぎあるいは組成揺らぎ）によりもたらされる。GI型POFは屈折率分布を形成するために低分子ドーパントを添加しているのでレイリー散乱の影響を大きく受けるように思われるが、低分子ドーパントが光の波長より十分小さいナノオーダーサイズであるため影響は小さいことが明らかにされている。

(2) 吸収損失

物質を構成している原子間の結合における伸縮振動や変角振動はそれらと共鳴する波長の光および共鳴波長の倍音の光を吸収し、これが吸収損失をもたらす。POFの主構成材料であるポリマーによる近赤外領域から可視光領域までの吸収エネルギーの大きさは、モースポテンシャル理論により計算することができる。

一般に、ポリマーを構成している水素原子を重水素原子やフッ素原子に置換すると可視光領域やその近辺における吸収を小さくすることができる。例えば可視光領域における炭素－重水素（C-D）結合の損失値は炭素－水素結合の10^{-2}倍、炭素－フッ素（C-F）結合の場合は10^{-10}倍と大きく減少する。PFポリマー系POFを例にとると、その伝送損失の理論限界値は波長1.3μmにおいて石英に匹敵する約0.2dB/kmになると予測され、実際に作製されたPFポリマー系GI型POFの伝送損失は15dB/kmである。図4に、実験で得られたGI型POFの伝送損失スペクトルを示す。図にはPFポリマー系GI型POFについて求めた理論的損失値も示してある。

1.5.2 伝送帯域

伝送帯域を規定する大きな要因の一つは上述したモード分散であり、他の一つはPOFを構成する材料に固有な材料分散である。このGI型POFの伝送特性については、SI型POFの解析と同様の光線追跡法に加えて、WKB法、摂動法、レイリーリッツ法、有限要素法など、多数の方法が提

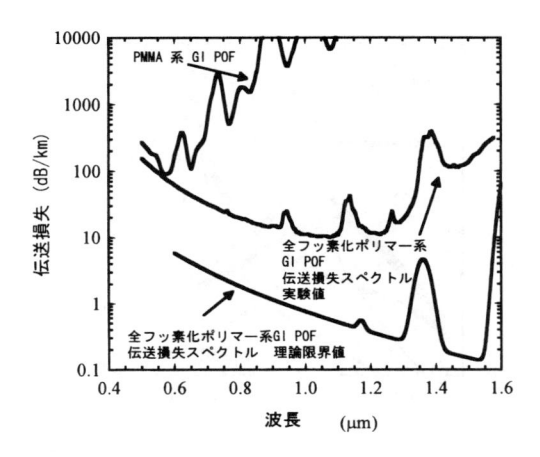

第8章　ナノネットワーク・ナノデバイス産業

図4　PMMA系GI型POF，PFポリマー系GI型POFの伝送損失スペクトル

案されているが，本節では特にGI型POFの屈折率分布形状をべき乗則で近似して得られるWKB法を用いて解析する。

PMMA系GI型POFでは，モード分散のみを考慮した場合には，屈折率分布係数が2.0付近で最も広伝送帯域を得られることが予測されているが，PMMAの材料分散を考慮することにより，波長0.65μmを用いる場合のPMMA系GI型POFの伝送帯域特性は，最適屈折率分布係数が2.4近傍にシフトし，3～4GHz（ファイバー長100m）に制限されることが明らかとなっている。

現在，有力なPOFの材料はPMMAとPFポリマーである。特にPFポリマーは低損失化により，PMMA系POFと比較して長距離伝送が可能となった。PFポリマー系GI型POFによる高速伝送リンクの実現のためには，一層の広帯域性が要求される。PFポリマーはPMMAのみでなく石英と比較しても，広く可視域から赤外域にわたって低材料分散性を有する材料であることが知られている。計算により予測されるPFポリマー系GI型POFの伝送帯域特性の波長依存性と石英系のそれとを比較して図5に示す。図5において示した各屈折率分布係数g＝2.17，2.05，2.02はPFポリマー系GI型POFにおいて，それぞれ波長1.3μm，0.85μm，0.65μmにおける最適屈折率分布を，g＝1.78，2.01は石英系マルチモードファイバーの波長1.3μm，0.85μmにおける最適分布形状を表している。それぞれ最適に設計した際の伝送帯域特性を比較すると，PFポリマー系GI型POFの伝送帯域特性が石英系マルチモードファイバーのそれを大きく上回っていることがわかる[3]。

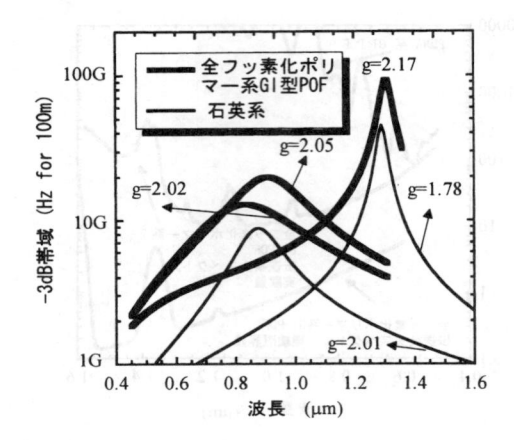

図5　PFポリマー系GI型POFおよび石英系マルチモードファイバーの伝送帯域の波長依存性

1.6　GI型POFの長期信頼性

　これまで述べてきたPMMA系GI型POFならびにPFポリマー系GI型POFは，低分子ドーパントの濃度分布により屈折率分布を形成している。したがって，高温下において，あるいは長い年月を経てその屈折率分布形状が劣化することが懸念された。実際に試作されたPMMA系GI型POFの中には，70℃雰囲気下に放置することで屈折率分布が劣化するものも存在した。特に高温下において低分子をドープしたポリマーの分子内でのモビリティーは，ポリマーの有するガラス転移温度T_gに依存すると考えられる。このことから，低分子をドープしたポリマーのガラス転移温度，さらにはドープ後のポリマーの屈折率に注目し，多種にわたる低分子ドーパント候補物質のスクリーニングを行った。その結果，次の点を考慮することで耐熱性の向上が可能となることを明らかにした。

① 　ドーパントを添加した際のポリマーのT_g低下抑制。
　　極性基の導入によりポリマー鎖との二次的な結合を形成させる。
② 　高屈折率を有する低分子ドーパント。
　　高屈折率低分子ドーパントを用いることにより，同じ開口数のGI型POFを得るために必要となるドーパントの濃度を低減できる。したがって，ドーパント添加によるT_g低下を抑制することが可能となる。

　屈折率分布の安定性と同様に，GI型POFの伝送損失特性の高耐熱性，長期信頼性が求められる。特に，吸湿性の高いポリマー材料とされるPMMAにより作製されたGI型POFでは，高温・高湿

第8章 ナノネットワーク・ナノデバイス産業

下での伝送損失特性の安定性が問題視されてきた。さまざまな条件下で作製されたGI型POFに関して高温・高湿下での伝送損失安定性を評価する中で，低分子ドーパントが高温・高湿下において伝送損失特性に影響を与えることを明らかにした。PMMA系GI型POFの低分子ドーパント材料としては，高屈折率を有する点を重視した芳香族系の物質を一般的に用いるため，極性が低下し，GI型POFのコア領域が，通常のPMMAに比べて強い疎水性を示すようになる。実際にドーパントを含有するPMMAの吸湿性はPMMA単体（約2wt%）に比べて著しく低下し，1wt%以下になることが実験的に確認された。この低吸湿性は，高湿下での伝送損失を増加させることが明らかとなった。これは，わずかに吸収された水分子が，コア部の強い疎水性のためにポリマー内で会合し，その結果，過剰な散乱損失を誘発するためである。したがって，ドープした後もPMMAと同じ極性を有しうる，低分子ドーパントを用いる，あるいは，ドープする濃度を低減することにより，高温・高湿下での散乱損失の増加を抑制することが可能であると考えられる。安息香酸ベンジル（BEN），リン酸トリフェニル（TPP），新規スルフィド系低分子の3種類をドープしたPMMA系GI型POFの伝送損失の70℃，80%R.H.下での経時変化について図6に示す。ファイバー状での経時伝送損失の上昇度合いは，低分子ドーパントを含有させたPMMAロッドにおける湿熱試験の結果と同じ傾向を示しており，高温・高湿下でのGI型POFの伝送損失の増大は過剰散乱が主原因であることが明らかとなった[4]。この結果をもとに現在では，新規スルフィド系低分子のように，適切なドーパントの選択によって，高温・高湿下で伝送損失の安定化を達成することが可能となっている。

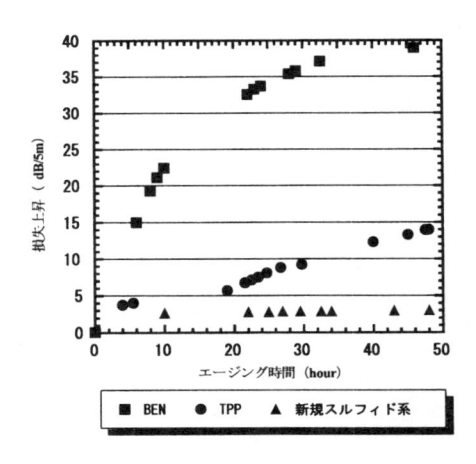

図6 PMMA系GI型POFの伝送損失の高温・高湿（70℃，80%R.H.）雰囲気下での安定性

1.7 おわりに

　POFの最も大きな特徴は，コアの大口径化が容易であることである。コア径を大きくすることで，通信ネットワーク末端系において最も求められる接続の容易性を満足させることができるということである。その一方で，コア径を大きくすることにより伝送帯域の制限要因であるモード分散を招くという問題がある。しかしこの問題はGI型とすることにより解決できる。その結果，材料分散がGI型POFにおける伝送帯域の支配要因になる。この材料分散については，すでに全フッ素化という分子構造により石英系を上回る特性も可能であることが明らかにされてきている。そしてポリマー材料においては，全フッ素化を一つの指針とした新たな分子デザインなどにより，さらに適切な分子構造を選択する余地が大いに残されている。これに伴い，GI型POFのみならず，GI型POFのためのインターフェイス，システムの開発も重要な課題となろう。高速GI型POFのネットワークの構築を大いに期待するものである。

文　　献

1) T. Ishigure et al., *J. Applied Optics*, **16**, 3394 (1994)
2) M. Kerker, *Academic Press*, New York (1969)
3) T. Ishigure et al., *J. Lightwave technol.*, **18**, 178 (2000)
4) T. Ishigure et al., *J. Lightwave technol.*, **20**, 1818 (2002)

2 有機EL素子

浜田祐次*

2.1 はじめに

　有機EL素子は，1987年にコダック社のTangらが，10V以下の低電圧で高輝度を得ることに成功して以来，新しいフラットパネルディスプレイとして注目を集めている[1]。有機EL素子は，蛍光，あるいは燐光を持った有機化合物を薄膜状にし，それを電極でサンドイッチ状に挟んだ構造を持っている。そして，素子に電圧を印加すると，陽極からホールが，陰極から電子が注入され，有機薄膜層中で再結合して，放射失活するという発光機構である。

　有機ELの基礎研究は，1960年代までさかのぼることができる。しかし，Tangらの成功以前は，100V近い高電圧を印加しても，明るい発光を得ることができず，ディスプレイへの応用など考えることもできなかった。Tangらの技術的なブレークスルーは幾つか挙げられるが，その中で，特に重要なのは，有機薄膜を100nm以下の薄さにすることができたからである。それは，金属錯体Alq等の安定な有機材料を用いたこと，あるいは真空蒸着法などの成膜工程の最適化を行ったことによる。有機化合物は，無機半導体に比べてキャリアの移動度が小さいため，有機薄膜中に電流を流すためには，高電界をかけなければならない。Tang以前の実験では，有機膜の厚さを1μm以上の厚さにしか出来なかったため，高電圧をかけなければならなかった。それが，Tangによって，膜厚を100nm以下にすることができ，低電圧で高輝度を得ることが可能になった。従って，有機ELの高性能化は，有機膜をナノオーダーの薄さにすることにより達成できたということになり，有機EL素子はナノテクノロジーの典型的な例と言える。

　有機EL素子は，用いる材料によって低分子型と高分子型に分けることができる。低分子型はTangらが発表した積層型有機EL素子が代表的である。高分子型は，高分子発光材料を用いた点が特徴である。1990年にケンブリッジ大学のBurroughersらにより，ポリパラフェニレンビニレンを用いた高分子型有機EL素子が初めて発表された[2]。低分子型も高分子型も世界の研究機関で盛んに研究されているが，商品化という点では低分子型の方が先んじている。2003年春，三洋電機とコダック社が共同開発した2.16型アクティブ型フルカラー有機ELディスプレイが，デジタルスチルカメラに搭載されて，世界で初めて商品化された。また，2002年のCEATECショーで，三洋電機とコダック社が，白色発光とカラーフィルターを用いた14.7型アクティブ型フルカラー有機ELディスプレイを発表し，大型ディスプレイが商業的に実現可能なことも示された。

　本節では，低分子材料を用いた有機EL素子の概要についてまとめ，さらに，アクティブ型フルカラー有機ELディスプレイへの応用について述べた。

---

*　Yuji Hamada　三洋電機㈱　マテリアルデバイス技術開発センターBU　主任研究員

2.2 低分子型有機EL素子の概要

蛍光，あるいは燐光を持った有機材料は古来より知られ，インキ，染料，シンチレータ材料など様々な用途で広く利用されてきた。有機EL素子は，これら「光る」有機材料を応用した素子である。有機EL材料は，低分子材料と高分子材料に分けることができるが，工業的な両者の違いは製膜法である。低分子材料は真空蒸着法などのドライプロセスで製膜されるが，高分子材料はスピンコート，インクジェット法などウエットプロセスで製膜される。従って，どちらの材料を使用するかによって，導入する設備が違ってくる。

有機EL素子の基本構造は，有機発光材料を薄膜化し，それを陰極と陽極で挟み込むという構造である。そして，これに電界をかけて，外部から電子とホールを注入させ，有機発光層で再結合させる。その時，有機発光分子は励起状態になり，基底状態に戻るときに，光を発して失活する。これを繰り返すことにより，発光が持続する。従って，有機EL素子を高輝度化させるためには，外部から電子とホールをいかに効率良く注入し，再結合まで行わせるかという点を考慮しなければならない。そのために，Tangらが考えたのは，有機層を機能別に積層することである。つまり，ホール輸送層，発光層，電子輸送層のように分けると，発光効率が向上し，高輝度を得ることができる。図1で示すように，標準的な素子構造は，（陽極／ホール輸送層／有機発光層／電子輸送層／陰極）の積層構造であり，これを元にして各層にバリエーションをつけている。従って，低分子材料は，ホール輸送（注入）材料，電子輸送（注入）材料などのキャリア輸送材料と発光材料に分けることができる。

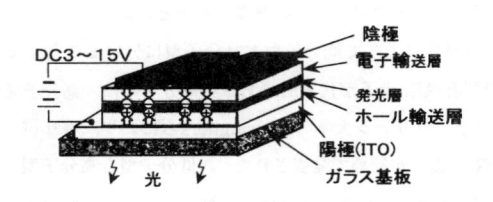

図1 有機EL素子構造図

2.3 キャリア輸送（注入）材料

主な，キャリア輸送，注入材料を図2に示す。ホール輸送材料には，フェニルアミン系材料が広く用いられている。フェニルアミン系材料は，$10^{-4} \sim 10^{-3} cm^2/V \cdot sec$の高いホール移動度を持つ材料であり，代表的な材料はNPBである。また，ホール注入材料にはフェニルアミン系材料のスターバーストMTDATA，あるいはCuPcがよく用いられている。いずれも，ホール輸送に携わる材料であるが，陽極（ITO等）に近い層からホール注入層，ホール輸送層と名付けられて

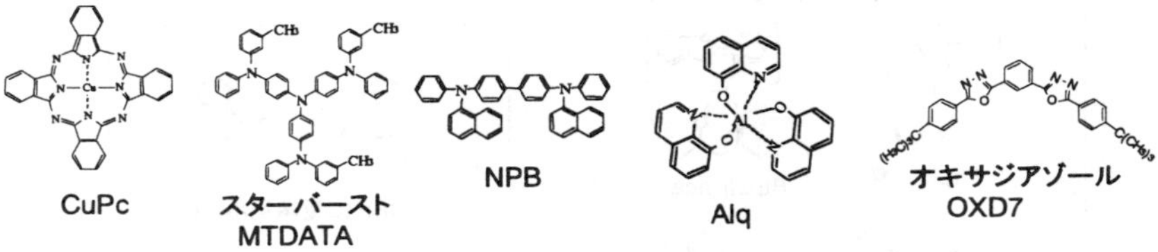

第8章　ナノネットワーク・ナノデバイス産業

図2　キャリア輸送，注入材料

いる。材料の積層の順序はイオン化ポテンシャル（Ip）の大きさに基づいており，ITO（4.7-5.0ev）のIpに近い材料から順番に積層される。例えば，ITO/CuPc（5.0eV）/NPB（5.4eV）の順である。

　ホール輸送材料の課題として，耐熱性の向上が挙げられる。ディスプレイは，車載仕様で85℃以上の耐熱性が要求されるが，NPBのガラス転移点Tgは96℃である。商品としての品質を考えると，さらに高い耐熱性が要求され，材料の高Tg化に開発の重点が置かれている。

　電子輸送材料にはAlqが用いられている。Alqは，従来は発光材料として使われていたが，現在では電子輸送材料として使われる場合が多い。Alqの特長は製膜安定性の良さ，耐熱性の良さが挙げられ，また，コスト的に安価であるという点も挙げられる。欠点としては，電子の移動度が$10^{-5}cm^2/V \cdot sec$と比較的小さいことが挙げられる。Alq以外の電子輸送材料としては，オキサジアゾール誘導体が報告されているが，Alqの安定性，使いやすさという点から，Alqを凌ぐ材料には到っていない。電子注入材料としては，無機塩であるLiFやLiO_2が使われている。これらの無機塩を1nmレベルの超薄膜として積層すると，陰極Alからの電子注入効率が向上し，大幅に発光効率，寿命が向上することが報告されている。また，電子輸送層のAlqに金属LiやCsをドープすると，LiFと同等の発光特性を得ることができる。これは，いずれもAlqがアルカリ金属により還元され，電子が注入されやすくなることに基づいている。

2.4　発光材料

　発光材料は，蛍光，あるいは燐光を持った有機材料であり，有機EL素子の発光色を左右する。従来，発光層を構成する材料は1種類の場合が多かったが，現在では，ホストとドーパントの組み合わせが主流である。ホストの中に，数％のドーパントをドープさせて，ドーパントを発光させる。一般的に，有機材料は濃度消光をおこす材料が多く，濃度が高い状態では発光強度は小さいが，濃度を薄くすると発光強度が増すという性質を持っている。この性質を利用したのが，このホストとドーパントとの組み合わせである。例えば，キナクリドンは高濃度では輝度は低いが，

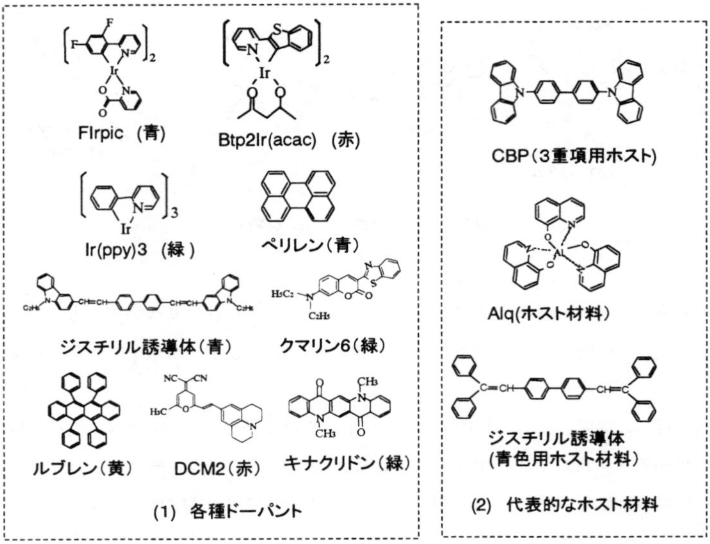

図3 各種ドーパントおよびホスト材料

1％以下の低濃度にすると，100,000cd/m²以上の高輝度を示す。

　ホスト材料には，Alqがよく用いられる。Alqは緑色の蛍光を持っており，組み合わせるドーパントはAlqより励起エネルギーが小さい，緑～赤色の蛍光を持ったドーパントが用いられる。また，青色のドーパントの場合は，Alqにドープすると，Alq自体が発光してしまうため，大きな励起エネルギーを持った青色専用のホストを用いる必要がある。図3に今まで発表されたホストとドーパントを示した。代表的なドーパントとして，青色はジスチリル誘導体，ペリレン，緑色はキナクリドン，クマリン6，黄色はルブレン，赤色はDCM誘導体が挙げられる。

　また，図4に示すように，新しいタイプのドーパントも報告されている[3]。例えば，赤色発光層として，ホストAlqと赤色ドーパントDCM誘導体との組み合わせを用いたとする。この場合，ホストと赤色ドーパントのエネルギー差が大きいため，ホストから赤色ドーパントへの励起エネルギーの移動が円滑に行われず，赤色以外にホストの緑色が発光する。両者が発光すると，赤色の純度が低下し，フルカラーディスプレイには使用できない。そこで，AlqとDCM誘導体の中間の励起エネルギーを持ったルブレンをドープすると，ホストから赤色ドーパントにルブレンを介してエネルギー移動が円滑におこり，Alqの発光を抑制することができる。従って，赤の色純度を向上させることができ，フルカラー用の赤色発光として使用することができる。この場合，ル

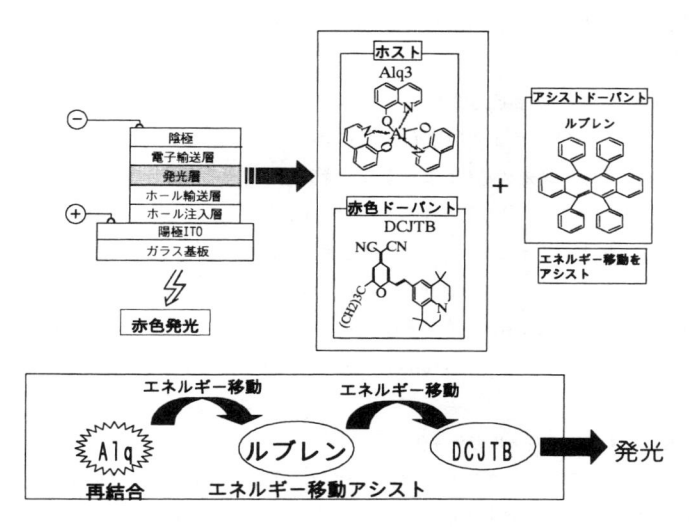

第8章 ナノネットワーク・ナノデバイス産業

図4 アシストドーパントを用いた赤色発光

ブレンは自ら発光せず，発光を補助する役割を果たすため，アシストドーパントと呼ばれる。今後，このようなアシストドーパントの使用は，発光特性を向上させる上で重要である。

最近，新しい発光材料として注目を集めているのが，3重項材料である。今まで，記述してきた低分子材料は1重項励起状態を経由して発光するのに対し，Ir(ppy)3などのイリジウム化合物は3重項励起状態を経由して発光する。理論的には，励起子の生成は1重項励起状態が25％，3重項励起状態が75％を占めるため，3重項励起状態を経由して発光させる方が，発光効率が高くなる。今までは室温で安定に発光する3重項材料が見つからなかったこともあり，積極的に3重項励起状態を利用しなかった。しかし，1999年にプリンストン大学のグループが室温でも高効率を示すイリジウム化合物を見出したことにより，3重項材料が一躍注目されることになった[4]。CBPをホストに，Ir(ppy)3を発光ドーパントに用いた素子は，外部量子収率8％，発光効率28cd/Aを示し，1重項材料に比べて数倍以上，発光効率が向上した。図3に示すように，Ir(ppy)3は緑色発光を示し，Btp_2Ir (acac)が赤色，FIricが青色（水色）を示すことが知られている。3重項材料を用いた素子の課題は，青色の色純度と連続発光における寿命である。FIricの発光ピーク波長は475nmと短波長であるが，長波長成分が存在するため，色純度が悪く，フルカラー用の青色材料には使用できない。また，寿命についても，更なる改善が必要である。

3重項材料には種々の解決すべき課題が存在するが，発光効率が非常に高いため，低消費電力

が要求される携帯機器用ディスプレイへの応用が期待されている。

2.5　有機ELディスプレイの製造方法

　低分子材料を用いた有機ELディスプレイの製造プロセスでは，従来の液晶ディスプレイでは使用されていない，新しい製造装置が必要となる。特に，量産タイプの装置では，大面積の基板上にいかにして，有機膜を均一に蒸着させるかという点がポイントになる。我々は，リニアソースという蒸着源を採用することにより，この問題を解決することができた。今までの蒸着源が点状であったのに対し，リニアソースは線状の蒸着源である。リニアソースを基板に沿って移動させることにより，大型の基板にも均一な蒸着膜が形成可能となる。現状では数％以下の均一性が達成されており，有機ELディスプレイの量産に十分使用できるレベルになっている。

2.6　有機ELディスプレイのフルカラー化

　図5に示すように，有機ELディスプレイのフルカラー化は，RGBの3原色を各画素に個別に配置する方法が用いられ，「RGB塗り分け法」と呼ばれている。この方法は，色純度に優れており，また，カラーフィルターを使用しないので光の減衰が無く，高輝度を示す。しかし，シャドーマスクを用いて，RGBの各色を個別に蒸着しなければならないため，製造には高度なノウハウが必要になってくる。画像品位は，マスクの寸法精度および位置合わせに大きく影響を受ける。従って，基板が大面積になる程，マスクプロセスはさらに困難さが増してくる。そこで，大面積基板用の技術として，新たに，白色発光とカラーフィルターとの組み合わせが浮上してきた。この方法は，シャドーマスクを用いず，白色発光層をベタ付けして，カラーフィルターによりRGB 3原色に分ける方法である。この方法は，RGB塗り分け法に比べ，シャドーマスクの位置合わせが不要で，製造工程が簡単であるため，大面積基板への対応は有利である。しかし，この方式の技術的な課題は，元の白色発光が高効率でなければならない点である。カラーフィルターでの光の減衰が大きいため，元の白色発光を高輝度にする必要があるからである。色純度と発光効率はトレードオフの関係になっており，色純度を高めれば，カラーフィルターの透過率が低下し，その結果，RGB各々の発光効率が低下する。また，TFTと組み合わせたアクティブ型有機ELディスプレイの場合，開口率が20～40％であり，それも発光効率を低下させる要因になる。白色発光の場合，RGB塗りわけと同レベルの発光効率を得るためには，元の白色発光は概算で15cd/A以上の高発光効率が必要である。これに満たない場合は，駆動時にジュール熱によりディスプレイの表面温度が上昇し，寿命の低下などを招く。

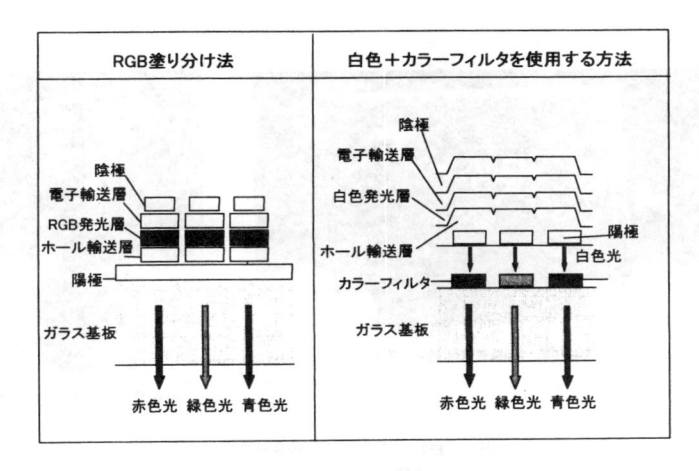

図5 アクティブ型有機ELディスプレイのフルカラー方式

2.7 有機ELディスプレイの特徴

　有機ELディスプレイは大別して，パッシブ型（Passive-matrix）とアクティブ型（Active-matrix）の2種類に分けることができる。有機EL素子は応答性が速く，残光特性が無いため，パッシブ型のようなデューティー駆動が可能である。しかし，デューティー駆動であるため，瞬間的に高い輝度が必要となり，有機EL材料の寿命を著しく低下させる。さらに，配線抵抗による電圧降下のため，高精細化には制約が生じる。これに対し，アクティブ型は低温ポリシリコンTFT基板上に素子を作製しているため，常時発光させることができ，パッシブ型のような瞬間的な高輝度を必要としない。従って，寿命を向上させることができる。また，パッシブ型に比べて，低電圧駆動なので，消費電力も小さくすることができる。従って，ディスプレイの大面積化やフルカラー動画表示はアクティブ型の方が優れていると言える。

　我々は，携帯電話向け，あるいはデジタルスチルカメラ，ビデオ，テレビ用の2.2インチと5インチのアクティブ型フルカラー有機ELディスプレイをRGB塗り分け方式で試作した[51]。これらのディスプレイは厚さ2mm以下の軽量薄型で，高コントラスト，広視野角という特長を持っており，フルカラー動画の表示に向いている。

　また，図6に示したように，白色発光とカラーフィルターを組み合わせて，14.7インチのアクティブ型フルカラー有機ELディスプレイも試作した。RGB塗り分け方式の場合，基板が大面積化する程，マスクによる基板周辺の色ずれが目立つ。しかし，白色発光を用いた場合は，発光層を基板上にベタ付けするだけで良いので，製造工程が簡単になる上，色ずれも起こらず，均一

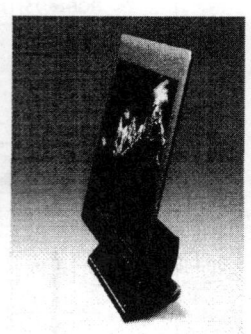

図6　白色＋カラーフィルター方式による
14.7型アクティブ型フルカラー有機ELディスプレイ

な画像を示す。この大型ディスプレイは，将来のパーソナルユース用テレビをターゲットとしており，ハイビジョン等の高精細映像に対応するワイド720Ｐの解像度を有している。

以上より，白色発光を用いて，鮮明で，なめらかな動画表示を実現することができたとともに，大型の有機ELディスプレイが商業的にも実現可能なことを示した。

2.8　おわりに

アクティブ型フルカラー有機ELディスプレイは，2003年春，世界で初めて商品化され，現在，その動向が大いに注目されている。これからのモバイルを中心としたマルチメディア機器には薄型・軽量で，しかも視野角依存性が無く，動画表示に向いている有機ELディスプレイは格好のディスプレイであると言える。しかし，市場のニーズは，有機ELディスプレイに更なる高輝度化，低消費電力化を要求している。有機ELディスプレイの性能を向上させるためには，材料技術，素子構造設計技術，製造技術などの要素技術を三位一体に向上させる必要がある。今後，有機ELディスプレイは，巨大な市場に発展することが予想される。そのためにも，これら要素技術を早急に確立させ，素子特性の改善をはかって，応用分野をひろげる必要がある。

第8章 ナノネットワーク・ナノデバイス産業

文　　献

1) C. W. Tang and S. A. VanSlyke, *Appl. Phys. Lett.*, **51**, 913 (1987).
2) J. H. Burroughes, *et al.*, *Nature*, **347**, 539(1990).
3) Y. Hamada, *et al.*, *Appl. Phys. Lett.*, **75**, 1682(1999).
4) M. A. Baldo, *et al.*, *Appl. Phys. Lett.*, **75**, 4(1999).
5) G. Rajeswaran, *et al.*, *SID 2000,Digest*, May 14-19, p. 974-977(2000).

3 カーボンナノチューブ冷陰極

齋藤弥八[*]

3.1 電界エミッターとしてのカーボンナノチューブの特長

固体表面に強い電界がかかると,電子を固体内に閉じ込めている表面のポテンシャル障壁が低くかつ薄くなり,電子がトンネル効果により,真空中に放出される。この現象を電界放出という。電界放出により実用上十分の電流密度を得るには,10^9 V/m(1 V/nm)オーダーの強い電界を表面にかけなければならない。このような強電界を実現する方法の1つとして,針状突起物の先端への電界集中を利用するものがある。針先端の曲率半径を r,針に掛ける電圧を V とすると,針先の表面に現れる電界Eの強さは r に反比例し,$E \simeq aV/r$ となる。ここで,a は針の形状に依存する因子で,0.2程度の大きさである。従って,r が小さいほど,低い V でも強電界を得ることができる。カーボンナノチューブ(CNT)はこの電界エミッターとして,以下の点で有利である。

① アスペクト(長さ/直径)比が大きく,先端が鋭い
② 電気伝導性が良好
③ 表面は化学的に安定で不活性
④ 機械的強度に優れる
⑤ 炭素原子の表面拡散が小さいため,先端形態が安定している

CNTは,モリブデンやシリコンで作られたマイクロエミッター,ダイヤモンド(あるいは"DLC"と呼ばれるダイヤモンド状炭素)薄膜などの従来の電子放出素材に比べ,電流密度,駆動電圧,頑健さ,寿命などの特性において総合的に優れている(表1)。

表1 種々のフィールドエミッターの特性比較

エミッタ	放出電流密度	低電圧駆動	残留ガスに対する耐性	寿命	低コスト化・大面積化
CNT	◎	○	◎	◎	○
スピント型金属エミッタ	◎	◎	△	○	△
DLC[*1]	△	△	○	—	△
SCE[*2]	○	◎	—	—	○
金属/絶縁層/金属(半導体)構造(BSD[*3]含む)	○	◎	◎	—	△

◎:優れている,○:普通,△:劣る
 * 1 Diamond-like carbon, * 2 Surface conduction electron emitter
 * 3 Ballistic electron surface-emitting display

* Yahachi Saito 三重大学 工学部 教授

第8章　ナノネットワーク・ナノデバイス産業

電界エミッターとしてのCNTが着目されたのは1995年以降で，当時はまだ物理的現象の解明が興味の中心であった[1~3]。しかし，それから僅か2,3年後には工業的な利用をめざした研究が始まり，現在では，ディスプレイへの応用においては既に実用化に近い段階まで開発が進むに至った。

3.2　電界放出顕微鏡法による電子放出の研究
3.2.1　CNTエミッター先端の観察

電界放出顕微鏡法（field emission microscopy；FEM）による種々のCNTの先端構造ならびに電子放出特性の研究がなされている[4~9]。これまでに調べられたCNTは，アーク放電で作製された多層CNT，単層CNTなどで，未処理試料の他に，酸化処理によって精製されたCNTも研究されている。酸化処理により，CNTの先端は破れ，また細く尖るので，電子放出特性の改善が期待される。

1本のCNTをタングステンの針先に固定して，単独のCNTからのFEM実験を行う方法[6]と，CNTの塊をそれぞれタングステンのヘアピンフィラメントの先に接着して，エミッターとして用いる方法[4,5,7~9]の2つがある。後者の場合，CNTの塊を使っているので，何本ものCNTが飛び出たマルチティップになっているが，エミッターにかける電圧を適切に設定することにより，明瞭な電界放出パターンを示すCNTの数を数本に限定することができる。電界放出顕微鏡は，エミッター先端を百万倍くらいに拡大した像を容易に得ることができる。

アーク放電により作製された未処理の多層CNTの先端は，写真1の透過電子顕微鏡（TEM）写真に示すように，グラファイト層で塞がれて閉じている。このように，炭素六角網面を半球状に閉じるには，図1に示すように六角形の網の中に五角形（五員環）を6個導入しなければならない。この五員環に歪が集中するため，五員環部分は多面体の頂点のように尖ると考えられている。実際に，超高真空中（10^{-8}Pa台）で多層CNTの表面を加熱清浄化すると，写真2(a)に示すような6つの五角形リングからなるFEMパターンが観察され，五員環の存在が強く示唆される。この清浄表面に残留ガス分子が吸着すると，写真2(b)に示すように吸着分子が明るく観察される。これは，分子が1個吸着することにより電子放出が増強することを示している。吸着分子はCNTの加熱（1,300K，1分間程度）により容易に脱離し，FEMパターンも元の五員環パターンに戻る。このような残留ガス分子の吸着および脱離に対応して，放出電流が階段状にそれぞれ増加および減少することが明らかにされている[10]。

3.2.2　エネルギー分布

中心の1つの五員環から放出された電子のエネルギー分布を図2に示す。このエネルギー幅は330meVで，タングステンなどの金属エミッター（半値幅約200meV）に比べ，1.5倍くらい広い。これは，CNTが半金属的であるために，電界が表面で完全にシールドされずに内部にしみ込んで，

301

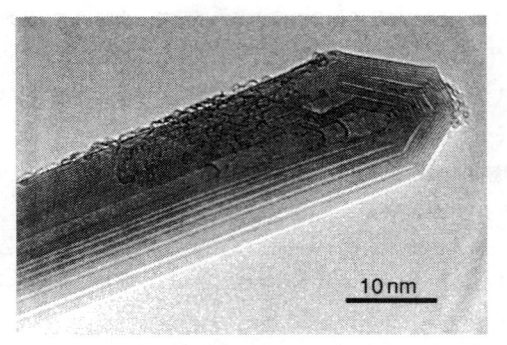

ナノファイバーテクノロジーを用いた高度産業発掘戦略

写真1 アーク放電で作製した未処理の多層CNTのTEM写真

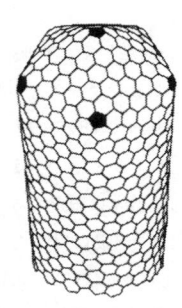

図1 先端の閉じたCNTの先端構造（モデル）

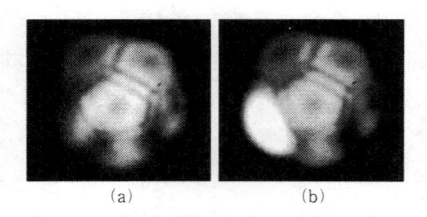

写真2 先端の閉じたMWNTからの電子放出パターン
(a) 清浄表面，(b) 残留ガス分子が吸着した表面

バンドの曲がりが起きていることを示唆するが，明確な理由は未だ分からない。また，主ピークから低エネルギー側0.5eV付近に肩が観察されるのも特徴である。この肩はどの五員環からも観察され[11,12]，清浄なCNT表面に特有の電子状態に起因するものと考えられる。他方，吸着分子から放出された電子のエネルギー分布にはこの肩は観察されなかった。

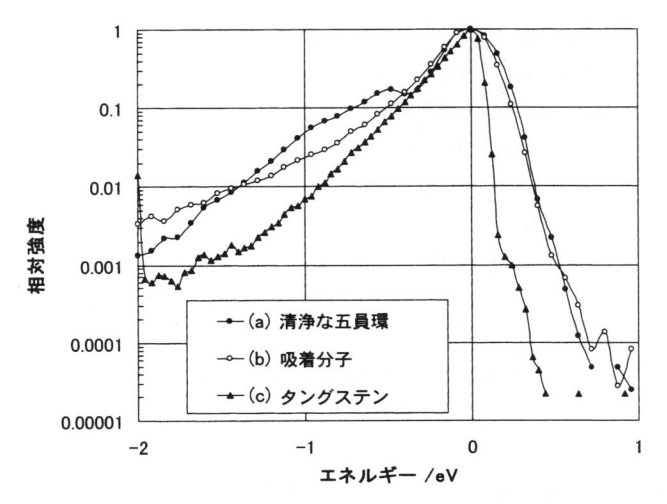

第8章 ナノネットワーク・ナノデバイス産業

図2 多層CNTの先端にある1つの五員環から放出された電子のエネルギー分布

3.2.3 電子源としての輝度

1本のCNTから得られる電子電流は，多層CNTの場合，最大で1から10μAである[1,13,14]。これを超えると，ジュール熱によりCNTが蒸発する[1,13]。10μAの電流がCNT先端の直径5nmの領域から放出されるとすると，電流密度としては$10^8 A/cm^2$にもなる。また，FEM測定から放射角電流密度として$10^{-7} A/sr$が得られている[15]。この値から，電子源としての輝度を見積もると，加速電圧100kVにおいて$10^{10} A/cm^2 \cdot sr$以上になる[15]。この輝度は，現在実用されているタングステン電界エミッターより1桁高い値である。

3.3 CNT冷陰極の作製

上述のFEMでは，単一のCNTあるいは，束状のCNTがエミッターとして用いられるが，大電流を必要とする応用には，基板表面にCNTを固定した面状の陰極が使われる。基板にCNTを固定する方法は，大きく2つに分けられる。1つは，アーク放電法などで予め作製したCNTの粉体を金属基板に固定するもので，スプレイ堆積法，スクリーン印刷法，電気泳動法などがある。もう1つの方法は，化学気相成長（CVD）法により，CNTを固体基板の上に直接成長させるものである。

3.3.1 スプレイ堆積法

エアブラシを使って,溶媒に分散させたCNTを金属基板上に吹き付けるもので,この方法により薄いCNT膜を形成することができる。CNTを吹き付ける前に予め鉄の薄膜を金属基板に蒸着しておき,CNT堆積後に真空中で熱処理することにより,CNTと金属基板との間の電気的および機械的コンタクトを改善することができる[16]。

3.3.2 スクリーン印刷法

CNT,導電ペースト,有機バインダーからなるペーストを基板上にメッシュを通して塗布するもので,厚い膜を形成する。乾燥・焼成後に適当な表面処理を施すことによりCNTを表面に露出させる[17]。

3.3.3 電気泳動法

電着法と同じで,電解質の懸濁液中でCNTに電荷をもたせ,電気力により金属表面にCNTを堆積させる[18]。

3.3.4 化学気相成長法

メタン,アセチレンなどを原料ガスとするCVDプロセスにより,触媒金属でパターン形成した基板(シリコン,石英ガラスなど),あるいはバルクの金属基板そのものの上にCNT膜を形成する[19〜22]。金属基板および触媒金属としてはFe,Co,Niの単体やこれらの合金が使用される。微細加工技術により予め作製したシリコン微小突起の先端にCNTを成長させることも行われている[23]。

3.4 CNTエミッターの寿命と残留ガスの影響

アーク放電法で作製された3種類のCNT,つまり単層,二層および多層CNTの電界エミッターとしての耐久性(寿命)は,多層,二層,単層CNTの順で,総数が多いほど優れている。封止された真空管内での多層CNTの寿命テストにおいて,1万時間を越える安定した電子放出が確認されている[24]。他方,電子放出のしやすさという点では,順序は逆になり,単層,二層,多層CNTの順で,直径が細くなるほど優れている。FED用CNTの選定において,これら相反する2つの特性を考慮する必要がある。

CNTエミッターの寿命を決める因子は,放出電流の大きさと真空中の残留ガスである。種々のガス(H_2, CH_4, H_2O, CO, N_2, O_2, Ar, CO_2)と圧力(10^{-5}, 10^{-6}, 10^{-7}および10^{-8} Torr)の下で,多層CNTエミッターの耐久性が調べられた[16]。その結果,N_2,ArおよびH_2では大きな影響はなかったが,CH_4, H_2O, COおよびO_2は,10^{-6} Torr以上の圧力では,エミッターに重大な劣化をもたらすことが明らかにされた。寿命の原因は,CNTのジュール熱による温度上昇と雰囲気ガスのと化学反応(燃焼)によるものと推測される。

第8章 ナノネットワーク・ナノデバイス産業

3.5 ディスプレイデバイスへの応用
3.5.1 ランプ型デバイス

図3にCNTを電子源に用いたランプ型デバイスの構造模式図を示す[25]。CNT電子放出源（陰極），グリッド電極および蛍光面（陽極）からなる三極管構造である。電子放出面は，グリッド電極で覆われている。CNT陰極を接地電位として，グリッド電極に正電位を印加することにより，CNT陰極から200～300μAの放出電流を得る。放出された電子の大半は，グリッドを透過し，真空空間で加速され，10kV程度の高電圧が印加された蛍光面を照射する。蛍光面の背面（電子が入射する側の面）は，アルミニウム薄膜（厚さ約100nm）により被覆されている。このメタルバックにより，陽極電位が保持されるとともに，蛍光体で発光した光を表示面側に反射させて輝度を増大させ，加えて蛍光体の電子照射などによる損傷を防止することにも有効となる。

ガラス管球内部を排気し，封止切り後ゲッターをフラッシュさせて残留ガスを吸着させると管内の真空度は10^{-5}～10^{-6}Paに到達する。デバイス製作工程において，約500℃の熱処理プロセスが必要であるが，CNTはこのような条件下でも諸特性に影響はほとんどなく，電子放出材料としては比較的扱い易い。

図4にグリッド電極と陰極表面間の距離d_{T-C}を変化させたときのグリッド電圧V_gと放出電流I_eの関係を示す。d_{T-C}が，0.2mmの場合，300Vの印加電圧で約200μAの放出電流が得られ，実用的輝度が得られる。この場合，電子放出が観測される閾値電圧値は150～160Vで，電界強度で約0.8V/μmとなる。グリッド電圧を増加すると電流値は増大し，電流密度で約100mA～1A/cm^2

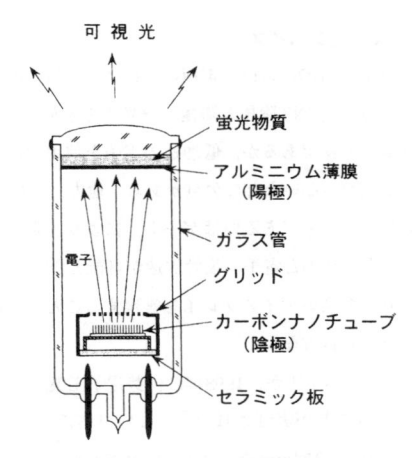

図3 CNTを陰極とする高電圧型蛍光表示管の構造模式図
（管球サイズ：直径20mm，長さ：74mm）

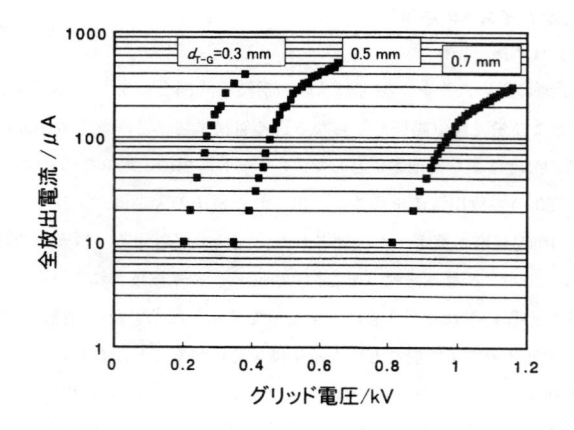

図4　グリッド電圧に対する放出電流

まで取り出すことが可能であった[26]。

表示色は，蛍光体材料により選択することができ，陽極電流を100〜200μAに設定した場合，緑色の発光蛍光体ZnS:Cu,Alで約$6.3×10^4$cd/m^{2}の輝度が，赤色発光蛍光体Y_2O_3:Euで$2.3×10^4$cd/m^2，青色発光蛍光体ZnS:Agを用いた場合は$1.5×10^4$cd/m^{2}の輝度が得られる。

3.5.2　フラットパネル型デバイス

電界放出ディスプレイ（FED）には，電極の数により二極（diode）型と三極（triode）型の2種類に分けられる。二極型はCNT陰極と陽極（蛍光体を塗布した透明電極）から成る。これはパネル構造が簡単で作製が容易であるが，低加速の電子を使用するために，蛍光体の発光強度が低く，エネルギー効率が上がらないなどの欠点がある。他方，三極型は，図5に示すように，CNT陰極の直ぐ上に置いたグリッド（あるいはゲート）により，陽極とは独立に電子放出を制御できるので，放出電流の低電圧制御と電子の後段加速が可能となる。これにより，FEDの特長である高輝度でエネルギー効率の高いディスプレイを実現することが可能となるので，CNT-FEDの開発は三極型が中心となるであろう。

最初の三極型CNT-FEDパネルが，1998年に伊勢電子工業（現ノリタケ伊勢電子）により試作され，高輝度の得られることが実証された[27]。このパネルはスクリーンサイズ66mm×66mm，画素サイズ3.0（RGB）mm×2.54mmで，MWNTの陰極ラインが印刷法により形成された。また，サムソンSDIはSWNTの陰極を用いた4.5インチおよび9インチ（対角）の二極型カラーFEDパネ

第8章　ナノネットワーク・ナノデバイス産業

ルを1999年に発表し[28]，2000年には，グリッドを加えた三極型パネルを試作した[29]。

(1) パネル大型化への取り組み

　今後，デジタル放送やブロードバンドの普及に伴い，20インチ以上の中・大型ディスプレイの市場が拡大すると予想される。しかし，大型液晶TVやプラズマディスプレイパネルが市場に投入されつつあるものの，廉価で高性能の平面パネルディスプレイがないのが現状である。このような状況で，CNT-FEDは大型化が可能で，低消費電力，高画質を実現できる次世代平面ディスプレイとして期待されている。パネルの大型化への試みとして，ノリタケ伊勢電子は，2001年に14.5インチ，2002年には40インチのCNT-FEDを試作して，実用可能な輝度を得ることに成功している[30]。これに用いられたCNT陰極は，熱CVD法により成膜されたものであるが，アーク放電法により作製されたCNTに比べて結晶性に劣るものの，大面積への成膜が容易で，生産性も良いと考えられている。

(2) 低電圧駆動と精細化への取り組み

　上で述べた三極型CNT-FEDは，グリッドをリブ（あるいは絶縁シート）の上に置くグリッド方式（図5(a)）である。そのために，CNT陰極とグリッド間距離を精密に縮めることが困難で（せいぜい0.2mm程度まで），駆動電圧を余り低く抑えることが難しく，また画素のサイズも細かくすることに制限があった（1mm程度）。これに対して，リソグラフィーによる微細加工技術を利用することにより，ゲートをCNT陰極のごく近傍（10μm程度の距離）に組み込んだゲート付CNT陰極（図5(b)）の開発も進められている。

　2000年末，日本電気から駆動電圧の低電圧化を狙ったゲート付CNT-FEDの開発に関する研究成果が報告された[31]。単層CNTを用いた陰極とゲート電極の間は厚さ20μmの絶縁層で隔てられ，ゲートの穴径は100μmである。ゲート電圧80Vで陽極電流密度0.5mA/cm^{2}が得られている。パネル全体のサイズは30×30ピクセル（700μmピッチ）でカラーであり，100V以下の低電圧駆動に成功している。また，サムソンSDIはゲート口径が30μmおよび55μmで，対応するゲート―陰極距離が数μmおよび15μmの2種類のCNT-FEDを試作し，ゲート電圧をそれぞれ40Vと80Vの低い電圧で駆動させることに成功した。輝度は，陽極電圧1.5kVにおいて500cd/m^{2}が得られ[32]，カラーの動画表示も実演された。ここで述べたゲート付きCNT-FEDは，印刷法によるCNT膜形成と光リソグラフィーを駆使したものであるが，CVD法によるCNT形成と微細加工技術を駆使したゲート付きCNT-陰極の作製の研究が，韓国，台湾をはじめとする幾つかの研究グループから続々と報告され，CNT-FED実用化に向けた研究開発が熱く展開されている。

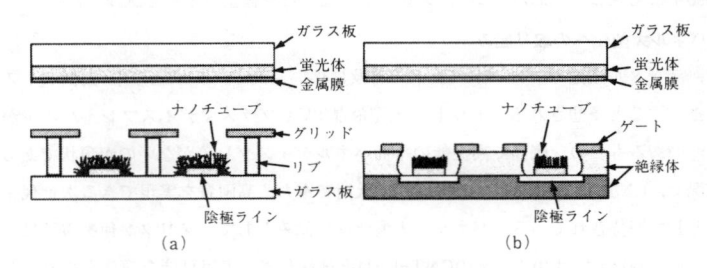

図5 三極型CNT-FEDの構造模式図
(a) グリッド方式，(b) ゲート方式

文　献

1) A. G. Rinzler, J. H. Hafner, P. Nikolaev, L. Lou, S. G. Kim, D. Tomán ek, P. Nordlander, D. T. Colbert, R. E. Smalley, *Science*, **269**, 1550 (1995)
2) W. A. de Heer, A. Châtelain, D. Ugarte, *Science*, **270**, 1179 (1995)
3) Y. Saito, K. Hamaguchi, K. Hata, K. Uchida, Y. Tasaka, F. Ikazaki, M. Yumura, A. Kasuya, Y. Nishina, *Nature*, **389**, 554 (1997)
4) Y. Saito, K. Hamaguchi, T. Nishino, K. Hata, K. Tohji, A. Kasuya, Y. Nishina, *Jpn. J. Appl. Phys.*, **36**, L1340 (1997)
5) Y. Saito, K. Hamaguchi, K. Hata, K. Tohji, A. Kasuya, Y. Nishina, K. Uchida, Y. Tasaka, F. Ikazaki, M. Yumura, *Ultramicroscopy*, **73**, 1 (1998)
6) M. J. Fransen, Th. L. van Rooy, P. Kruit, *Appl. Surface Sci.*, **146**, 312 (1999)
7) J. M. Bonard, J. -P. Salvetat, T. Stökli, L. Forr, A. Châtelain, *Appl. Phys. A*, **69**, 245 (1999)
8) K. A. Dean, B. R. Chalamala, *Appl. Phys. Lett.*, **76**, 375 (2000)
9) Y. Saito, K. Hata T. Murata, *Jpn. J. Appl. Phys.*, **39**, L271 (2000)
10) K. Hata, A. Takakura, Y. Saito, *Surface Sci.*, **499**, L119 (2002)
11) C. Oshima, K. Mastuda, T. Kona, Y. Mogami, M. Komaki, Y. Murata, T. Yamamshita, Y. Saito, K. Hata, A. Takakura, *Jpn. J. Appl. Phys.*, **40**, L1257 (2001)
12) A. Takakura, K. Hata, Y. Saito, K. Matsuda, T. Kona, C. Oshima, *Ultramicroscopy*, **95**, 139 (2003)
13) Z. L. Wang, R. P. Gao, W. A. de Heer, P. Poncharal, *Appl. Phys. Lett.*, **80**, 856 (2002)
14) S. T. Purcell, P. Vincent, C. Journet, V. T. Binh, *Phys. Rev. Lett.*, **88**, no. 105502 (2002)
15) 大下倉，畑，齋藤，第62回応用物理学会学術講演会（愛工大，2001.9.11-14）,13p.-M-12
16) Y. Saito, *J. Nanosci. & Nanotech.*, **3**, 39 (2003)

第8章　ナノネットワーク・ナノデバイス産業

17) S. Uemura, J. Yotani, T. Nagasako, Y. Saito, M. Yumura, Proc. Euro Display '99 (19th IDRC), p. 93 (1999)
18) W. B. Choi, Y. W. Jin, H. Y. Kim, N. S. Lee, M. J. Yun, J. H. Kang, Y. S. Choi, N. S. Park, N. S. Lee, J. M. Kim, *Appl. Phys. Lett.*, **78**, 1547 (2001)
19) Z. F. Ren, Z. P. Huang, J. W. Xu, J. H. Wang, P. Bush, M. P. Siegal, P. N. Provencio, *Science*, **282**, 1105 (1998)
20) S. Fan, M. C. Chapline, N. R. Franklin, T. W. Tombler, A. M. Cassell, H. Dai, *Science*, **283**, 512 (1999)
21) C. L. Lee, J. Park, S. Y. Kang, J. H. Lee, *Chem. Phys. Lett.*, **323**, 554 (2000)
22) H. Murakami, M. Hirakawa, C. Tanaka, H. Yamakawa, *Appl. Phys. Lett.*, **76**, 1776 (2000)
23) K. Matsumoto, S. Kinoshita, Y. Gotoh, T. Uchiyama, S. Manalis, C. Quate, *Appl. Phys. Lett.*, **78**, 539 (2001)
24) J. Yotani, S. Uemura, T. Nagasako, Y. Saito, M. Yumura, Proc. of the 6th Inter. Display Workshops (December 1-3, 1999, Sendai International Center, Sendai, Japan), pp. 971-974
25) Y. Saito, S. Uemura, K. Hamaguchi, *Jpn. J. Appl. Phys.*, **37**, L346 (1998)
26) S. Uemura, J. Yotani, T. Nagasako, H. Kurachi, H. Yamada, H. Murakami, M. Hirakawa, Y. Saito, Proc. of the 20th Inter. Display Research Conf. (September 25-28, 2000, Palm Beach, Florida, USA), pp.398-401
27) S. Uemura, T. Nagasako, J. Yotani, T. Shimojo, Y. Saito, SID '98 Digest, pp. 1052-1055 (1998)
28) W. B. Choi, Y. J. Lee, N. S. Lee, J. H. Kang, S. H. Park, H. Y. Kim, D. S. Chung, S. M. Lee, S. Y. Chung, J. M. Kim, *Jpn. J. Appl. Phys.*, **39**, 2560 (2000)
29) J. M. Kim, N. S. Lee, J. H. You, J. E. Jun, C. G. Lee, S. H. Jo, C. J. Lee, D. S. Chung, S. H. Park, J. H. Kang, Y. S. Choi, H. Y. Kim, Proc. 1st Inter. Display Manufacturing Conf., pp.39-43 (2000)
30) S. Uemura, J. Yotani, T. Nagasako, H. Kurachi, H. Yamada, T. Ezaki, T. Maesoba, T. Nakao, Y. Saito, M. Yumura, SID '02 Digest, pp. 1132-1135 (2002)
31) F. Ito, Y. Tomihari, Y. Odaka, K. Konuma, A. Okamoto, *IEEE Electron Device Lett.*, **22**, 426 (2001)
32) J. H. You, N. S. Lee, C. G. Lee, J. E. Jung, Y. W. Jin, S. H. Jo, J. W. Nam, J. W. Kim, J. S. Lee, J. E. Jang, N. S. Park, J. C. Cha, E. J. Chi., S. J. Lee, S. N. Cha, Y. J. Park, T. Y. Ko, J. H. Choi, S. J. Lee, S. Y. Hwang, D. S. Chung, S. H. Park, H. W. Lee, J. H. Kang, Y. S. Choi, S. J. Lee, B. G. Lee, S. H. Cho, H. S. Han, S. Y. Park, H. Y. Kim, M. J. Yun, J. M. Kim, Proc. of the 21st Inter. Display Res. Conf. and the 8th Inter. Display Workshops, pp. 1221-1224 (2001)

4 ナノ加工光ファイバーデバイス

小山俊樹*

4.1 はじめに

　光ファイバーをナノオーダーで加工することにより光学デバイスが創出されている。光ファイバーへのナノ加工はファイバーの内部と表層が対象となっている。ファイバーのコア部へのナノ加工としては，紫外線レーザーを照射することで屈折率を変えてナノオーダーの周期で屈折率変調回折格子が作製されている。ファイバー表面へのナノ加工としては，ナノオーダーの薄膜の積層，リソグラフィーによるナノオーダーの造形物の形成，ナノプリントや，ナノ微粒子による表面修飾などが行われている。

4.2 ファイバー・ブラッグ・グレーティング

　ファイバーのコア部へのナノ加工の代表的なものにファイバー・ブラッグ・グレーティング（FBG）を用いた光ファイバーセンサがある。道路，河川管理などの広範にわたる遠隔地の様々な情報を光で計測・伝達することができる。これは光ファイバーの中心コア部に伝播波長の程度の周期を持つ屈折率の周期構造を導入してあり，屈折率の周期構造部分が一次元のフォトニック結晶として作用しブラッグ反射の条件（$\lambda_{Bragg} = 2n_{eff}\Lambda/m$；$\lambda_{Bragg}$ブラッグ反射光の波長，$n_{eff}$有効屈折率，$\Lambda$回折格子の周期，$m$回折次数）を満たす波長の光のみを効率よく反射する機能を有する（図1）。これにより反射してくる光の波長により場所の情報が得られ，応力や温度，接触などによる屈折率変化を利用して各FBGの地点での変化量を反射率の変化として計測できる。

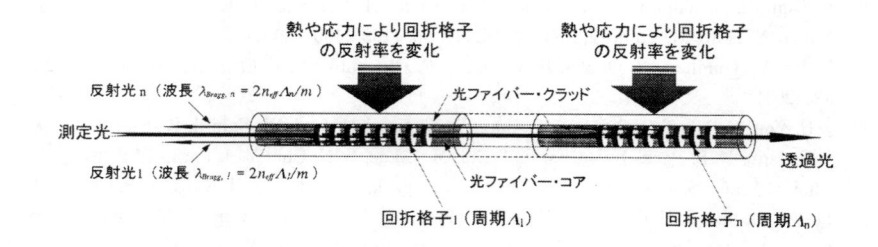

図1　光ファイバー・グレーティング・センサー

---

*　Toshiki Koyama　信州大学　繊維学部　機能高分子学科　助教授

第8章 ナノネットワーク・ナノデバイス産業

4.3 有機ナノ薄膜導波路をコートしたDFB型光ファイバーレーザー

ファイバー表面へのナノ加工によるファイバーデバイスとして，有機半導体ナノ薄膜を用いたファイバー型有機薄膜DFBレーザーが試作されている。DFBレーザーとは，分布帰還型（Distributed Feedback：DFB）共振器を用いたレーザー素子のことで，有機レーザー色素を活性層に用いることで発振波長の極めて豊富な多様化が達成できる。色素レーザーは，一つのレーザー装置で308～1400nmまでの非常に広い範囲の波長をカバーできる波長可変レーザーである。レーザー色素はアルコールなどを溶剤とした溶液にして光学セルに入れてエキシマレーザーなどのポンピング用レーザーで励起する。プリズムや回折格子などの波長選択素子を用いた共振器で特定の単色光を取り出す仕組みである。一種類のレーザー色素の可変波長範囲は数十nmであるが，色素を換えることで紫外から赤外までの広い波長範囲を連続的にカバーすることが可能である。これまでに発振が確認されている色素の種類は600種に及んでいる[1]。これらのレーザー色素の中で固体薄膜状態でもレーザー励起で発振する色素がある。固体状態で発振させるために，色素単独のアモルファス薄膜とする方法や，励起レーザーの波長に吸収を持つ色素をエネルギーホストとしてレーザー色素をドープする方法がある[2]。有機半導体結晶においては，劈開による平行な端面を形成することでFabry-Pérot型の共振器を活性層へ導入することも可能である。しかし，一般的な有機色素では劈開は困難であることから，Lasing波長をチューニングする方法として，無機のレーザダイオードで実績のあるDFB共振器が採用されている[3]。他の光閉じこめ効率の高い光共振器構造として，微小球[4]や光ファイバーの周囲に形成したマイクロリング[5]，さらに，電極導入を考慮した共振器構造としてリソグラフィー法により作製したマイクロディスク[6]も検討されている。ローカルネットワーク用レーザーとして，色素をドープしたファイバー導波路にFabry-Pérot共振器を設置した光励起ポリマーファイバーレーザが検討されている[7]。フォトニック結晶は特定の波長域の光を三次元的に閉じこめてしまうフォトニックバンドギャップ（Photonic Band Gap：PBG）を形成する。これを利用して可視域にPBGを形成するフォトニック結晶に有機色素を導入して低しきい値のフォトニック結晶レーザーが検討され始めている[8]。

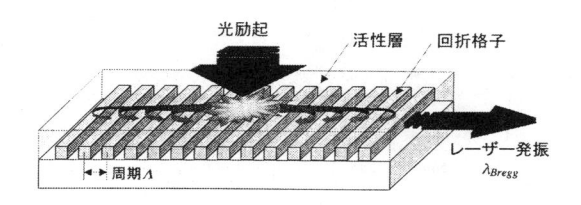

図2　分布帰還型（Distributed Feedback：DFB）レーザー

DFBレーザーにおいては，図2に示すようなレーザー波長の光学長に相当する周期Λの回折格子の上に成膜された活性層内では，ブラッグ反射の式：$\lambda_{Bragg} = 2n_{eff}\Lambda/m$で限定される波長の光のみがブラッグ反射と誘導放出を繰り返すことにより著しく増幅される。また，回折格子周期Λを変化させることによりDFBレーザー波長（$\lambda_{DFB} = \lambda_{Bragg} \pm \delta\lambda$）をチューニングすることが可能である[9,10]。

この有機薄膜DFBレーザーを光ファイバー周囲に形成することで，通信用レーザー光源としての展開が期待される。光励起有機薄膜DFB型光ファイバーレーザーとして駆動させるためには，①光ファイバー周囲への有機ナノ薄膜導波路形成，②導波路へのDFB共振器の組込の方法を確立する必要がある。

4.3.1 光ファイバー上への有機薄膜レーザー導波路の形成

レーザー色素による薄膜導波路からの発光は，共振器構造のない利得媒体のからの増幅された自然放出（Amplified Spontaneous Emission：ASE）として観察される[11]。ASEが起こるために必要な最低励起エネルギー密度（励起しきい値）が低いことが，低エネルギーでレーザー発振を起こす条件となる。つまり，励起しきい値は光導波路の性能を評価する特性値である。図3は，ポリスチレン（平均分子量300,000）をバインダーポリマーとして用いて，レーザー色素（4,4'-Bis(N,N'-di(p-tolyl)amino-p-styryl)biphenyl：DPASBP）を光ファイバーの表面に約180nmの薄膜としてコートしたマイクロチューブ型光ファイバーレーザーの発振特性である[12]。共振器を設置してないため，線幅（Full width in half maximum：FWHM）は5.7nmのASEピークが496nmに示されている。励起エネルギーによる発光強度の依存性を示す図4より，このASEの励起しきい値は$1.2\mu Jcm^{-2}pulse^{-1}$（2.4kWcm^{-2}）と求められている。DPASBPを33wt%の濃度で分子分散したポリスチレンファイバー（直径26μm）を同様に光励起した場合の励起しきい値は，

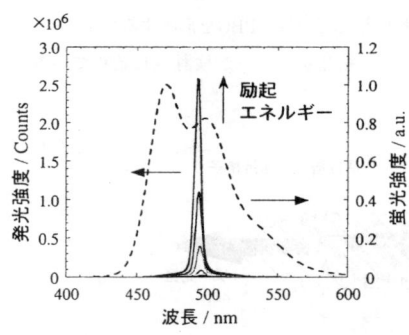

図3 マイクロチューブ型光ファイバーレーザーの発光スペクトル

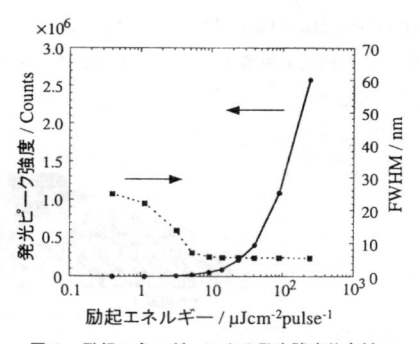

図4 励起エネルギーによる発光強度依存性

第8章 ナノネットワーク・ナノデバイス産業

$0.96\mu Jcm^{-2}pulse^{-1}$であり[13]，チューブ型薄膜導波路においても同程度の性能であることがわかる。

4.3.2 分布帰還型共振器の導入したDFB型光ファイバーレーザー

　DFB型光ファイバーレーザーのためのDFB共振器導入法として，リソグラフの技術を応用したレジストによる回折格子を直接光ファイバー側面の一部に形成する方法と，前述のマイクロチューブ型光ファイバーレーザーを平板石英製の回折格子にナノコンタクトさせる方法が試行されている[12]。DFB共振器による発振波長は，$\lambda_{Bragg}=2n_{eff}\Lambda/m$で示されるブラッグ波長に起因する。そして，回折次数mが小さいほど，つまりΛが短いほどブラッグ反射強度は増すことになり，励起しきい値の低減につながる。$\lambda_{Bragg}=500nm$となる色素を用いている場合，導波路の有効屈折率n_{eff}が約1.5程度の場合，mが1となるには回折格子の周期Λが167nmとする必要がある。しかし，フォトマスクを使ったフォトリソグラフィーでは325nmのHe-Cdレーザーを用いても，周期700nm程度が限界である。二光束干渉露光法を用いると二光束の角度が50～140°のとき周期を180～475nmの範囲で変えられる。この方法により，光ファイバー側面の長さ5mmの領域に，周期300と450nmの回折格子が作製されている[14]。また，光ファイバーにコートした活性層薄膜を，平板石英に形成した回折格子へナノコンタクトさせることで，DFB共振器を導入した素子も作製されている。これら二つは，共振器作製方法の制限でファイバーの全周には共振器を形成できない。そこでSiO_2微粒子の自己配列現象を応用して，ファイバーの周囲にSiO_2微粒子の配列膜（2

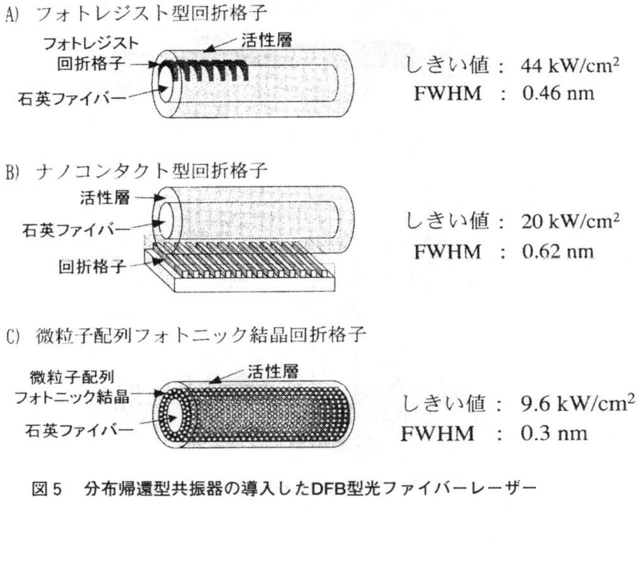

A) フォトレジスト型回折格子
　　しきい値： 44 kW/cm^2
　　FWHM ： 0.46 nm

B) ナノコンタクト型回折格子
　　しきい値： 20 kW/cm^2
　　FWHM ： 0.62 nm

C) 微粒子配列フォトニック結晶回折格子
　　しきい値： 9.6 kW/cm^2
　　FWHM ： 0.3 nm

図5　分布帰還型共振器の導入したDFB型光ファイバーレーザー

次元フォトニック結晶）を形成し，DFB共振器として作用することが検証されている[15]。SiO$_2$微粒子フォトニック結晶薄膜は粒径160nmのSiO$_2$微粒子を自己配列効果により石英ファイバー上に集積させ，その上にレーザー活性層として1,4-Bis(N, N-di(p-tolyl)-amino-p-stylyl)benzene (DPASB)をバインダーポリマーに溶解して成膜し，粒子配列型DFBファイバーレーザーを作製している。図5に3種類のDFB共振器を導入した光ファイバーレーザーの素子構造と，これらを窒素ガスレーザ（337nm）で光励起したときの発光特性をまとめた。それぞれの励起しきい値は，フォトレジスト型回折格子を用いたときは44kW/cm^2，ナノコンタクト型で20kW/cm^2，SiO$_2$微粒子配列フォトニック結晶型で9.6kW/cm^{2}が得られており，回折次数$m = 1$の回折格子をファイバーの全周に導入したSiO$_2$微粒子配列共振器において，低しきい値化が達成されている。SiO$_2$微粒子が無い場合は，510nmにASEが現れている。一方，SiO$_2$微粒子フォトニック結晶を用いた素子では，FWHMが0.3nm程度の非常に鋭い発光ピークが502nmに観測されている。このピーク波長はブラッグ反射の条件により見積もられるブラッグ波長と一致しており，これより，SiO$_2$微粒子配列フォトニック結晶がDFB共振器として作用してレーザー発振が起こったことが実証されている。

4.4　ファイバー型有機発光ダイオード

有機発光ダイオード（OLED，あるいは，有機EL）は，液晶に変わるディスプレイとして商品化が始まった自発光表示素子の一つである。OLEDは表示素子としての応用の他に，発光波長の

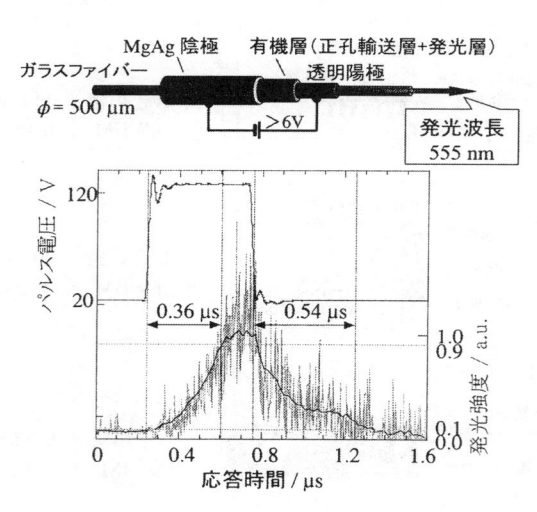

図6　ファイバー型OLEDとその発光応答特性

第8章 ナノネットワーク・ナノデバイス産業

チューニングが容易であることから光通信用光源としての応用も期待されている。光ファイバー通信用光源への展開として，図6のような光ファイバーの周囲にナノオーダーの電極層や有機発光層等を積層したファイバー型のOLEDが試作されている[16]。陽極（インジウム—亜鉛酸化物，IZO）薄膜は光ファイバーを回転させながらスパッタ装置で，正孔輸送高分子層（膜厚70nm）はその溶液からディップコートで，有機発光層（Alq$_3$，膜厚70nm）と陰極薄膜（MgAg，膜厚200nm）はファイバーを回転させながら真空蒸着で成膜してある。電極間に直流電圧を印可すると7V付近から発光が始まり，20Vで最高輝度の2720cd/m^{2}に達成している。発光はファイバー陽極側端面から優占的に得られている。発光面積4mm^{2}のファイバーOLEDにパルス電圧を印可して，発光応答特性を測定した結果，立ち上がり時間360ns，立下り時間540nsという値が得られている。これらの応答性より，その通信速度特性は約1.1Mbpsであることが見積もられた。ファイバー型OLEDの光通信用光源としての可能性が実証された。

4.5 おわりに

ナノオーダーで加工を施した光ファイバーデバイスの試作例として，ファイバー・ブラッグ・グレーティングとDFB型光ファイバーレーザー，および，ファイバー型有機発光ダイオードについて紹介した。光ファイバーのナノ加工としては，紫外線レーザーを用いた屈折率変化という立体的な変化を伴わない加工や，ナノオーダーの薄膜の積層，リソグラフィーによるナノオーダーの造形物の形成，ナノプリントや，ナノ微粒子による表面修飾などのナノ技術用いられている。さらに，これらの他にも電子線描画や集束イオンビーム（FIB）など，光ファイバーの直接ナノ加工に使用可能な技術が研究されている。今後，様々な光ファイバーデバイスの実現が期待される。

文　献

1)「レーザー入門」J. Wilson and J. F. Hawkes著，清水忠雄鑑訳，姫野俊一，久世宏明，山口静夫，浜本佳彦共訳（森北出版），1992年．
2)「機能性色素の最新技術」，中澄博行 監修，第Ⅱ編，第2章「有機半導体レーザー」小山俊樹，谷口彬雄 共著（シーエムシー出版），2003年．
3) B. H. Soffer and B. B. McFarland, *Appl. Phys. Lett.*, **10**, 266 (1967).
4) H. Kogelink and C. V. Shank, *Appl. Phys. Lett.*, **18**, 152 (1971).
5) V. G. Kozlov, V. Bulović, P. E. Burrows and S. R. Forrest, *Nature*, **389**, 362 (1997).

6) V. G. Kozlov, A. Fujii, D. Chinn, Z. V. Vardeny, K. Yoshino, and R. V. Gregory, *Appl. Phys. Lett.*, **72**, 2811 (1998).
7) T. Kobayashi, K. Kuriki, N. Imai, T. Tamura, K. Sasaki, Y. Koike, and Y. Okamoto, *SPIE*, **3623**, 206 (1999).
8) K. Yoshino, S. Tastuhara, Y. Kawagishi, M. Ozaki, A. A. Zakhidov, and Z. V. Vardeny, *Jpn. J. Appl. Phys.*, **37**, L1187 (1998).
9) M. Berggren, A. Dodabalapur, R. E. Slusher, A. Timko, and O. Nalamasu, *Appl. Phys. Lett.*, **72**, 410 (1998).
10) M. D. McGehee, M. A. Díaz-garcía, F. Hide, R. Gupta, E. K. Miller, D. Moses, and A. J. Heeger, *Appl. Phys. Lett.*, **72**, 1536 (1998).
11) F. Hide, M. A. Diaz-garcia, B. J. Schwartz, M. R. Anderson, Q. Pei, and A. J. Heeger, *Science*, **273**, 1833 (1996).
12) 津崎　修，市川　結，小山俊樹，谷口彬雄，電子情報通信学会技術研究報告 OME2000 有機エレクトロニクス，11，(2000)．
13) 津崎　修，舘　珠美，名川倫郁，市川　結，小山俊樹，谷口彬雄，応用物理学会学術講演会講演予稿集，**61**，1123 (2000)．
14) N. Suganuma, A. Seki, Y. Tanaka, M. Ichikawa, T. Koyama, Y. Taniguchi, *J. Photopolymer Science and Technology*, **15**, 273 (2002).
15) 森本雄策，市川　結，小山俊樹，谷口彬雄，応用物理学会学術講演会講演予稿集，**63**，1121 (2002)．
16) 與田健治，市川　結，小山俊樹，谷口彬雄，応用物理学会学術講演会講演予稿集，**61**，1120 (2000)．

5 光散乱を利用した光制御デバイス

渡辺敏行[*]

5.1 はじめに

本稿では，光散乱を利用した光制御デバイスについて解説する。光制御デバイスには様々な用途があるが，紙面の関係から，偏光素子に絞って話をすすめる。これまで液晶表示素子（LCD）は低消費電力，低電圧駆動を特徴にして大きく発展してきたが，ノートPCなどに用いられている透過型のカラー液晶では，必ずしも光エネルギーの利用効率が高いとはいえない。カラー液晶パネルでは偏光板やカラーフィルターまで含めた光透過率が10％以下となり，バックライトから出射される光エネルギーの利用効率が低く，バックライトでの消費電力が上昇してしまう。液晶表示素子を用いたノートPCやビデオカメラのモニターディスプレイなど携帯用途に用いられる機器では軽量化とバッテリーの長寿命化という相反する要求を満たすため，バックライトの消費電力を低下させることが重要な技術的課題となっており，そのための偏光素子における光エネルギー利用効率の改善が必要とされている。

現在LCD用に量産実用化されている偏光板の多くは基材フィルム（ポリビニルアルコール（PVA））にヨウ素や有機染料などの二色性材料を染色・吸着させ，高度に延伸配向させることで吸収二色性を発現させているものである。このような，偏光板は1930年代にLand[1]らにより開発された。

現在のヨウ素系偏光フィルムでハイコントラストタイプのものでは，透過率43％，偏光度99.9％以上であることから，理論的には光透過率は残り3％程度の上昇しか見込めない。そのため，従来の吸収二色性を利用した偏光板では，LCDパネルの光透過率を改善し，バックライト部でのエネルギー利用効率の改善，消費電力の低下は見込めない。そこで，光吸収を利用した偏光板での光学的限界を打破するような新規の偏光フィルムが必要とされている[2]。以下，高性能な偏光素子を作製するための設計指針について紹介する。

5.2 偏光素子の原理

偏光素子の性能は偏光度（PE）によって評価され，異なる偏光を入射した際の透過率から次式を用いて求められる。

$$PE = \sqrt{\frac{T_p - T_v}{T_p + T_v}} \tag{1}$$

ここで，T_pはフィルムの延伸軸方向に偏光した光を入射した際の透過率，T_vは延伸軸方向に対

---

[*] Toshiyuki Watanabe　東京農工大学　工学部　有機材料化学科　助教授

して垂直方向に偏光した光を入射した際の透過率である。PEが100%のとき，完全に偏光した光が得られる。一方PEが0%のときはランダム偏光であるということを意味している。なお，実用化のためには偏光度が99.9%以上あることが望ましい。従来の偏光素子の問題点を解決するために，様々なタイプの薄膜型偏光素子が提案されてきた。以下にこれまで研究されてきたフィルム状（厚さ100ミクロン程度）の偏光素子の原理について簡単に説明する。

5.2.1 吸収型偏光素子（ポーラロイド）

吸収型偏光フィルムは自然光を直線偏光に変える素子であり，その機能は入射する自然光を二つの直交する直線偏光の合成と考えた場合に，一方の直線偏光成分のみを透過し，他方を吸収により遮蔽するものである。

この吸収二色性を原理とした偏光板では光透過率の理論限界は50%となる。しかし，実際には偏光フィルムは空気に接しているため，表面反射によって約4%程度の光透過率のロスが生じてしまう。そのため，偏光フィルムの光透過率は最大でも46%程度にしかならない。

現在，特にLCD用に量産実用化されている偏光板の多くは基材フィルム（ポリビニルアルコール：PVA）にヨウ素や有機染料などの光二色性材料を染色・吸着させることで吸収二色性を発現させているものである[3~5]。ヨウ素系偏光フィルムは，高い偏光特性を有するフィルムを大面積で均一に提供できるために広くLCD用途に用いられている。しかし，PVAの耐熱性が低いため高温での使用，あるいは高出力のレーザーでの使用には適していない。

ヨウ素系偏光フィルムでの，PVAとヨウ素の呈色反応・光二色性の発現は未だに研究対象となっており，まだ完全には解明されていない。現在のところヨウ素分子がI_3^-や，I_5^-などのようにポリヨウ素イオンとしてPVAマトリックス中に存在し，可視領域に吸収を持つ錯体構造の形成により可視光領域全域をカバーする二色性吸収能を示していると考えられている。

5.2.2 フッ素化ポリイミドによる薄膜偏光素子

この方法ではポリイミド中に含まれた銀微粒子の吸収二色性を利用している。作製は剛直性フッ素化ポリイミドの前駆体であるポリアミド酸溶液中に硝酸銀を溶解させ，フィルム成形後に一軸延伸をかけながら加熱イミド化を行うことで行われる。延伸過程において，ポリイミドの剛直性ゆえの強い配向場の中で硝酸銀が熱分解し，形状に異方性をもった銀微粒子が析出する。この形状異方性をもった銀微粒子が有する光二色性により，ポーラロイドと同様に非偏光から吸収二色性を利用し直線偏光を生み出すことができる[6,7]。

5.2.3 コレステリック液晶を用いた偏光素子

Philips社のBroerらによりコレステリック液晶の選択反射を利用した偏光素子が提案されている[8]。コレステリック層に入射した光は液晶の選択反射により一部が反射しそれ以外は透過する。このとき透過光と反射光はそれぞれ反対の回転方向をもつ円偏光となる。コレステリック層を透

第8章 ナノネットワーク・ナノデバイス産業

過した円偏光がさらに1/4位相差板を透過することで位相差板の光軸に対し45°傾いた直線偏光を生み出すことができる。この方法では選択反射される波長（λ）とコレステリック液晶の屈折率（N），コレステリックピッチ（P）との間に

$$\lambda = N \times P \tag{2}$$

の関係があるために可視光領域全域に渡って選択反射を行うには，コレステリック層において様々なピッチを有している必要がある。そのため，作製には高度な技術力が必要とされる。また，垂直入射光以外の光に対しての選択反射が弱くなるため，視野角依存性が生じやすい。この問題をどう克服するかも重要な課題である。

5.2.4 複屈折を有する多層膜の干渉を用いた偏光素子

Polaroid社のRogersら，あるいはDow Chemical社のSchrenkらは，屈折率の異なる2種類のポリマーフィルムの配向多層膜での偏光分離を行う方法を提案している。この方法では延伸したときにポリマーフィルムの複屈折制御を利用し，2種のポリマーフィルム間で延伸軸方向の屈折率を一致させて一方の偏光成分を透過させ，その直角方向の振動方向を持つ偏光成分を反射させることにより偏光分離を行う[9,10]。この方法を利用した偏光素子は3M社からD-BEF[11]という商品として市販されている。特許によるとD-BEFではポリマー層が多数積層された構造となっており，各層の厚みが可視光の特定波長の光に対して1/4波長の光学的な厚さとなるように設計され，全体で400～800もの積層がなされている[12]。この厚み制御と数百層ものポリマーフィルムの積層を行うことが技術的に困難な点となっている。

5.2.5 ゲストホスト系の光学的異方性を利用した偏光素子

Jagtらは単純なポリマーブレンドを利用した偏光分離方法を提案している。この方法では多層膜の光干渉を利用した方法と同様に，2種のポリマー間での延伸による屈折率制御を原理としているが，ポリマーフィルムの積層を行わずに非相溶の2種の高分子をブレンドし，海―島構造を形成させている点が異なる。この方法ではポリマー層の積層を必要とせず，高い特性を持つ非吸収型の偏光素子を容易に作成できる[13~15]。

図1にその原理を示す。互いに非相溶である2種のポリマーA，Bをブレンドし，海―島構造を形成させ，延伸を行う。今，成分Aが島であり，延伸によりマトリックスポリマーであるBのみに複屈折が生じる，一番単純な場合について考える。ある延伸倍率（λ）において延伸軸方向でのポリマーA，Bの屈折率はそれぞれN，Neになり垂直方向ではN，Noとなる。そしてλにおいて延伸軸方向では屈折率の異なる状態（$N \ne Ne$），垂直方向では屈折率の一致した状態（$N = No$）とする（図1）。このような状態では延伸軸方向に振動方向を持つ入射偏光成分に対しては，ポリマーAとBとの間に屈折率差があるために，フィルム中に存在する海―島界面において反射，散乱による損失が生じる。逆に垂直方向に振動方向を持つ入射偏光成分に対しては，

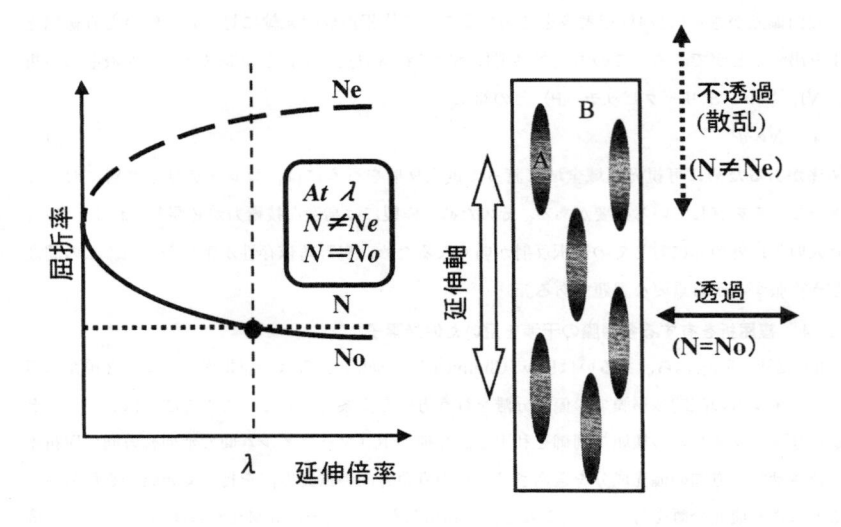

図1 ゲストホスト系の光学的異方性を利用した偏光素子

ポリマーA，B間での屈折率整合が行われているためにブレンドフィルム内の海—島界面において反射，散乱といった光学的な影響を受けずに入射光偏光成分は透過することができる（図1）。

この方法を利用した偏光素子に関する報告例は少なく，Jagtらが行ったポリエチレンテレフタレートとゴム粒子のブレンド系[13]，ポリエチレンナフタレートとメタクリル酸メチル—スチレン共重合体のブレンド系[14,15] そして東北大学の内田らが行ったポリアリレートとスチレン—アクリロニトリル共重合体のブレンド[16] 系での報告のみとなっている。

上記の方法とは異なるが，最近慶応大学の小池らは複屈折を有する炭酸カルシウム等の無機系の棒状粒子を高分子に分散させた偏光素子を開発している[17]。この素子では，延伸や流動配向により棒状粒子を同一方向に配向させ，粒子の長軸方向の屈折率と，マトリックスポリマーの屈折率をマッチングさせている。このとき，粒子の短軸方向の屈折率と，マトリックスポリマーの屈折率が異なるため，粒子の短軸方向に偏光している光は散乱される。棒状微粒子の配向制御がどの程度までできるかが，この素子の性能を左右する。その偏光度は150ミクロン厚のフィルムで61％であった。

5.3　ゲストホスト系の光学的異方性を利用した偏光素子の特性と課題

以上述べたような偏光素子を比較し，耐熱性があり，かつ作製が比較的容易であるという見地からすると，ゲストホスト系の光学的異方性を利用した偏光素子が有望であると思われる。また，

第8章 ナノネットワーク・ナノデバイス産業

この素子を1/4波長板や鏡などと組み合わせて利用することにより，透過率が50%以上に改善されることが期待できる。そこで，ポリマーブレンドをベースとした偏光素子を取り上げ，その偏光特性の改善にはどのような因子が影響するかについて検討した。

ゲストホスト系において偏光特性に影響する因子としては

  a）ドメインの大きさ
  b）ドメインのアスペクト比
  c）ドメイン表面の凸凹
  d）ドメインの配置
  e）ドメインとマトリックスの屈折率差

があげられる。

  一方，マクロな物理的現象としては，

  i）幾何光学に基づく，光の反射
  ii）Mie散乱
  iii）Fraunhofer回折

などが偏光特性に影響する。

  i）または ii)のどちらが優勢であるかは，ドメインの大きさに依存する。粒子の大きさが波長以上の場合は，幾何光学に基づく屈折や光の反射が重要になる。一方，粒子の大きさが波長以下の場合は，Mie散乱が重要になる。前者では，偏光特性はドメインのアスペクト比，ドメイン表面の形状と配置によって決まる。一方，後者では，主にドメインの大きさ，ドメインのアスペクト比によって決定される。

5.3.1 ドメインサイズが波長以上の場合

  ドメインサイズが波長以上の大きさを有するブレンドフィルムの偏光特性を評価した。本実験で用いたポリマーを表1に示す。散乱の影響を小さくするために，ドメインの屈折率とマトリックスの進相軸の屈折率を一致させた方が有利であると考えられる。マトリックスとなるべき高分子には正の複屈折を有しているものを選んで実験を行った。

  マトリックスとしてはビスフェノールAタイプのポリカーボネート（PC）（Aldrich社製 Mw；64,000)，ポリエチレンナフタレート（PEN）（帝人㈱社製），ドメインとしては変性ポリメタクリル酸メチル（日立化成社製　以下OZ-1310），メタクリル酸メチル―スチレン共重合体（MAS）（Aldrich社製　スチレン含量40wt%　Mw；100,000〜150,000），スチレンアクリロニトリル共重合体（SAN）（Aldrich社製　アクリロニトリル含量30wt%）を用いた。各試料をプレス機にて240℃に10分程度保ち，その後4 MPaの圧力をかけることでフィルム試料を作製した。そして，それをさらに延伸した。屈折率はMETRICON社製のPRISM COUPLERを用いて測定し

表1 偏光素子に用いた高分子の屈折率（155℃で延伸した場合）

Sample	N	Ne	No	ΔN	
PC	1.58	1.62	1.57	0.05	Matrix
PEN	1.65	1.86	1.56	0.30	Matrix
OZ-1310	1.50	1.50	1.50	0	domain
MMA-co-St (60:40)	1.53	1.53	1.53	0	domain
St-co-AN (70:30)	1.56	1.56	1.56	0	domain

N ：延伸前の屈折率
Ne ：延伸方向と平行な偏光に対する屈折率
No ：延伸方向と垂直方向の偏光に対する屈折率
ΔN：複屈折

表2 ブレンドフィルムの偏光度

Sample	PE (%)	Ne-N	No-N
PC/St-co-AN	54.6	0.06	0.01
PC/MMA-St	61.8	0.09	0.04
PC/OZ-1310	62.2	0.08	0.07
PEN/PSt	72.1	0.26	0.04
PEN/MMA-co-St	97.0*	0.30	0.00

* 参考文献15)より

た。表2にブレンドフィルムの偏光度（PE）を示す。

以上の実験より得られた知見としては，

a) ホスト（マトリックス）のNeとゲスト（ドメイン）の屈折率差が大きいほど偏光度はよくなる。これは主にT_rの値が減少するためである。

b) No-N=0，すなわちホストとゲストの屈折率差がゼロであれば，偏光度はよくなる。これは主にT_pの値が大きく上昇するためである。

c) ドメインの形状も散乱特性に大きな影響を与える。ドメインのアスペクト比が大きくなるほど，偏光度はよくなる。これは，円柱状のドメインの方が，単位体積当たりに含まれる散乱部位が増えるため，特にT_rが減少することと関係がある。

ポリマーブレンドフィルムの典型的な可視紫外吸収スペクトルを図2に示す。T_p，T_r共に大きな波長依存性を示し，長波長側で透過率が良くなっている。これにはドメイン長軸方向の長さが関係している。ドメイン長が入射光より大きいと，そのドメイン長以上の波長において，散乱能が低下し，偏光度が悪くなる。PEN/PStブレンドと，PEN/MMA-co-Stとのドメイン形状の違いは顕著であり，後者では，そのドメインは繊維に近い形状をしている[15]。一方，PEN/PStブレンドでは，延伸時の張力がうまくドメインに伝わらないために，そのドメインは図3にみられる

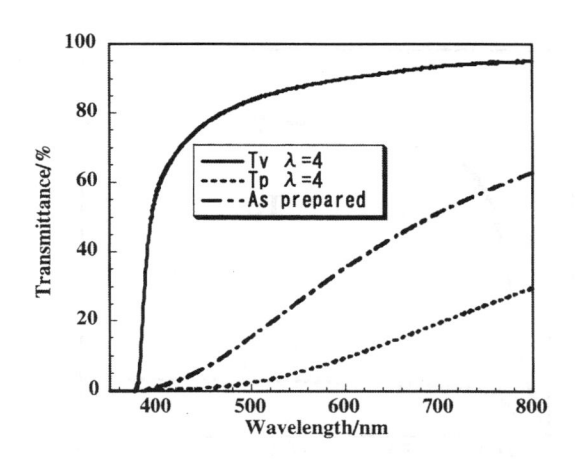

第8章 ナノネットワーク・ナノデバイス産業

図2 PEN/PSt (98:2) ブレンドフィルムの可視紫外吸収スペクトル

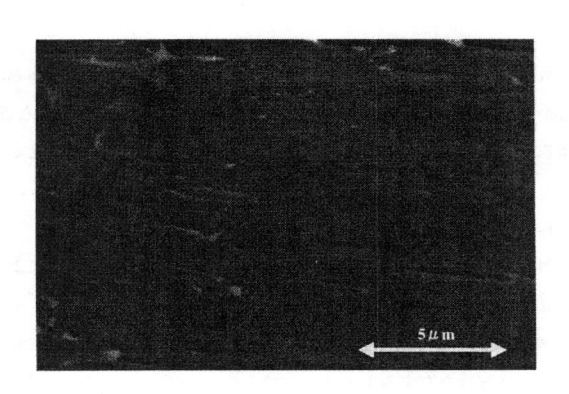

図3 PEN/Pst (98:2) の電子顕微鏡写真
(ポリスチレンをエッチングによって溶解させた後,撮影)

ように楕円状で十分なアスペクト比を有しているとはいいがたい。

そこで,我々はブレンド試料中のドメインのアスペクト比を制御する方法として,ドメインそのものを直径20ミクロンのナイロン-6繊維に置き換えた偏光素子を作製した。ベースフィルム基板上で繊維を同一方向に配向させ,繊維の進相軸方向の屈折率とマッチングしているエポキシ樹脂で繊維を埋包し,フィルムを作製した。図4に,このフィルムの可視紫外吸収スペクトルを

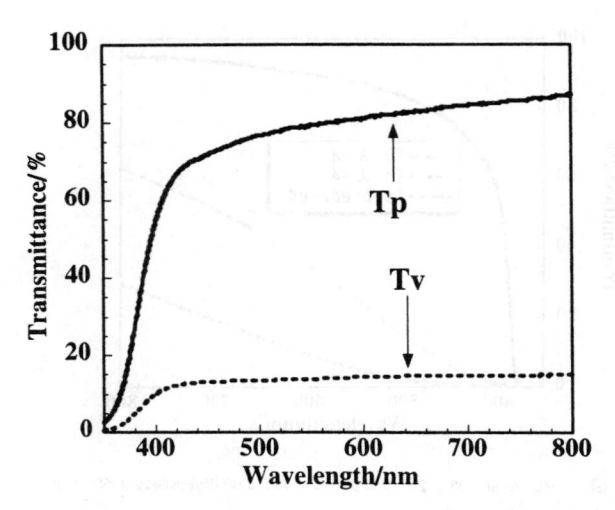

図4 繊維をドメインとして利用したフィルムの可視紫外吸収スペクトル

示すが,殆ど波長分散のない偏光素子が作製できた。繊維は1層分だけで,全体の厚みは30ミクロン程度であるにもかかわらず,偏光度が89%の素子が得られた。複屈折の大きな繊維を使用し,さらに繊維を積層することにより,T_vの値を小さくし,偏光度をさらに向上させることができると考えている。

5.3.2 ドメインサイズが波長以下の場合

この場合の偏光特性はMie散乱が支配する。微粒子の光散乱特性はMie理論によって説明できる。これはMaxwellの電磁方程式の厳密解であり,微粒子の光散乱式としてよく知られているReyleigh-Debyeの式をも満足する。Mie散乱は粒子径が波長の半分になった時に最大になる。それゆえ,直感的に光学的異方性を有するドメインがマトリックス中に存在する場合は,その長軸方向とマトリックスの屈折率が同じであり,短軸方向の屈折率が,マトリックスの屈折率と離れているほど,散乱光強度が大きくなることがわかる。波長500nmの光に対して最大の散乱を得るためには,ドメインの短軸方向の長さは約250nmである必要がある。一方,その垂直方向の光散乱を小さくするためには,ドメインとマトリックスの屈折率が同じで,かつドメインの長さが大きいほどよい。実際に,このようなサイズのドメインをポリマーブレンドで作ることは難しい。そのような観点からナノファイバーをドメインとして利用した偏光制御素子が作製できれば,興味深い。

第8章 ナノネットワーク・ナノデバイス産業

5.4 おわりに

　光学異方性を有するドメインを利用した光制御素子の研究は始まったばかりで，散乱異方性に関する理論がどの程度まで実験結果と一致するかの厳密な検証もまだされていない。したがって，まずは構造が明確な素子を作製し，その偏光特性と理論計算値との違いを地道に検証していく必要がある。また，このような解析を続けることにより，散乱異方性に関する理論も発展し，優れた光制御デバイス作製につながる道が開けると信じている。

文　　献

1) E. H. Land, *J. Opt. Soc. Am.*, **41**(1951)957.
2) 中野渡，液晶，**2**(1998)32.
3) 末田，「光学部品の使い方と留意点」，オプトロニクス社(1997).
4) 大頭，高木，「基礎光学」，コロナ社(2000).
5) 高分子学会編，「エレクトロニクス・マルチメディアを支える高分子」，NTS社(2000).
6) T. Sawada, S. Ando and S. Sasaki, *Appl. Phys. Lett.*, **747**(1999)938.
7) B. M. I. Zande, M. R. Bohmer, L. G. J. Fokkink and C. Schonenberger, *Langmuir*, **16**(2000) 451.
8) D. J. Broer, J. Lub and G. N.Mol, *Nature*, **378**(1995)467.
9) H. G. Rogers, W.Mass: U. S. Patent 3610729.
10) W. J. Schrenk, J. A. Wheatley: U. S. Patent 5486949.
11) D. I. Wortman: SID'97, *Proceeding of the International Display Research Conference*, (1997)98.
12) A. J. Ouderkirk, M. F. Weber, J. M. Jonza, C. A. Stover: Japan Patent 506837.
13) Y. Drix, H. Jagt, R. Hikmet and C. Bastiaansen, *J. Appl. Phys.*, **83**(1998)2927.
14) H. Jagt, Y. Drix, R. Hikmet and C. Bastiaansen, *J. J. Appl. Phys.*, **37**(1998)4389.
15) H. Jagt, Y. Drix, R. Hikmet and C. Bastiaansen, *Adv. Mater.*, **10**(1998)934.
16) M. Miyatake, Y. Fujimura, T. Miyashita and T. Uchida, *Mol. Cryst. Liq. Cryst.*, **331**(1999) 423.
17) T. Okumura, T. Ishikawa, A. Tagaya, *Appl. Phys. Lett.*, **82**(2003)496.

6 高分子光導波路デバイス

杉原興浩*

6.1 はじめに

　近年，インターネット等の爆発的な普及に伴い，通信及び情報処理の分野で高速化・広帯域化が進展している。幹線系やメトロ領域では既にガラス光ファイバ網が張り巡らされ，波長分割多重通信に必須なAWG等石英系光回路が実用化されている。今後はコンテンツサービスの充実化に伴ってブロードバンド人口が飛躍的に増大することを考慮すると，光化はアクセス系や家庭にまで拡大すると予想され，家庭内でも数台のパソコン，放送系，通信系，家電系がネットワーク化されて外部と接続されるようになる。そのためには，幹線から末端に分岐するゲートウェイシステムの光回路や，接続技術の高コスト要因を解決する必要がある。

　一方，情報処理分野における配線の微細化に伴うノイズに対応するため，光導波路や光ファイバを用いたモジュール間・ボード間の光インターコネクションの研究が展開されている。また，近距離のボード間・チップ間といった隣接場での光インターコネクションも検討されており，このような領域では光ファイバでは曲げ損失や機能性付与困難・ファイバ余長処理等の問題により，その使用が制限されるため，フレキシブル有機高分子光回路が要求されている。

　さらには，自動車もITSや将来的な安全・自動運転等，情報信号の多様化・高速化に対応するため，従来の銅絶縁電線によるワイヤーハーネスの一部をプラスチック光ファイバー（POF）に置き換えた光情報通信網の適用が始まっており，ドイツ車の一部に光ネットワークが採用されている。POFを用いることで電磁ノイズの解消（安全性）や車体の軽量化（燃費向上）という利点があり，同時にPOFに対応するような大口径光導波路回路も提案されている。

　上記分野はいずれも量産を期待できるが，これらの分野で利用される光部品は幹線系のそれとは異なり，少人数でシェアしなければならないため，「経済化」が非常に重要である。幹線光通信で主流である石英系光導波路型部品は，その製造方法に火炎堆積法，反応性イオンエッチング（RIE）や1000℃以上の高温処理を必要とするため，工程が複雑で高コストになる。それに対して，低温プロセス，加工容易性という特長をもつ高分子材料を用いた低コスト光部品作製が検討されている。

　本稿では，将来上記分野に光通信網を巡らすために必要となる高分子光導波路について，要求される材料の基礎特性，並びに経済的な光導波路加工技術とそれに適用できる材料特性を記載し，光導波路作製の実例を紹介する。

---

*　Okihiro Sugihara　東北大学　多元物質科学研究所　助教授

第8章　ナノネットワーク・ナノデバイス産業

6.2　高分子光導波路材料

高分子光回路に使用される材料には，（用途によっては開発項目の軽重があるが）以下の基本的な特性が要求される。

① 使用波長で透明であること

通信波長帯のような長波長での分子振動吸収や短波長での電子遷移吸収に加えて，不純物や含水による吸収も損失増加の要因となる。重原子置換等を利用して材料損失（特に使用波長での）を抑制する必要がある。

② 屈折率制御ができること

例えばシングルモード光導波路を作製する場合にはコア材とクラッド材の屈折率を小数点以下3桁のオーダーで制御することが必要になる。

③ 耐熱性を有すること

導波路加工プロセスの際の耐熱性や光電子部品実装の際のハンダ耐性等の短期的な耐熱性に加えて長期的な信頼性を有する必要がある。

④ インターミキシングがないこと

光導波路は2層あるいは多層の構造となっている。各層の製膜は高価な装置や手法を必要とせず，溶液でのスピンコートやキャスト技術を利用することが多い。したがってアンダークラッド層やコア層は，その後の工程での溶媒によるインターミキシングを抑制することが重要である。

⑤ 複屈折が小さいこと

高温でのプロセスを要する場合には，基板とポリマーの線膨張係数の差による熱ストレスが複屈折やクラックの要因になり，偏波モード間の伝送信号にクロストークが生じることになる。そのため，特にコア材料の構造を工夫することで偏波無依存性を実現するだけでなく，基板材料の複屈折も考慮して材料開発を検討しなければならない。

⑥ その他耐候性を有すること

また，上記に加えて，材料性能は光導波路作製加工法とは密接に関連しており，それぞれの加工法に適した最適な特性を有する材料を開発することが課題となっている。これをクリアするには加工容易性，低温プロセス性に優れる高分子の一次構造から高次構造体の設計，開発と，量産性に富む製造技術の開発が不可欠である。特に成形加工等の量産技術に対応できる分子構造が制御された高分子材料開発が課題である。

6.3　高分子光導波路作製方法

高分子光回路はその用途を考えると経済的な作製法を使用する必要があり，以下にその候補を

あげる。材料の特長を活かした様々な作製法が考案されており，材料性能によってデバイスの形状，さらには特性までもが左右される場合も多々ある。

(1) リソグラフィ及びRIE法

通常の半導体リソグラフィ工程や石英系PLCの作製工程で利用されており，既に技術的に確立している項目も多いことから，これまでの高分子光導波路作製報告例のほとんどが本方法を用いている。RIEで使用するガスは酸素ベースがほとんどである。コア径数μmのシングルモードから数十μmのマルチモードまでが本方法の適用範囲である。

(2) 成形加工

成形加工技術は，各種光デバイスの作製において，①ナノからミリメートルオーダーのパターン形成が可能，②高スループット，③電気光学(EO)ポリマーでは，ポーリングと同時工程でパターン形成可能，等のメリットを持ち，低コスト・量産に適した技術として光導波路への適用が検討されてきている。オリジナル型作製方法はLIGA，SIGA，RIE等の技術が用いられている。他の用途とは異なり，光回路ではサブμm～μmオーダーの高精度で，かつシングルモード～マルチモード用とμm～mmのサイズの凹凸要求がある。また表面荒さも10nmレベル以下が必要となる。通常はオリジナル型に鍍金等でパターン転写してスタンパを作製するが，低コスト化や機能付与を目指してポリマー等他の材料をスタンパに用いている試みもある。

基板形成については，エンボスや射出成形の報告例がある。転写性向上，成形時間短縮，組立・実装の容易さが要求されるため，温度をはじめ様々な因子を考慮しなければならない。成形時における光学特性変化や異方性の問題等特殊な留意項目も多々ある。熱可塑性樹脂を用いたホットエンボスや光硬化性樹脂を用いたUVエンボスも報告されている。図1に(a)ポリイミド回折格子(周期1.0μm)スタンパ，及びそれを用いたホットエンボス法により(b)PMMAに転写したレプリカ回折格子を示す。また有機－無機複合材料を用いて200nm周期の微細格子も形成している。

コア形成については，光硬化性樹脂を充填する例がほとんどである。留意項目として，重合時の収縮許容度や流動性があろう。特に重合前後の体積変化は転写性やコア形状の均一性に影響するため，材料面からの重要な検討事項である。近年ナノインプリントリソグラフィ等微細パターン形成が注目されており，将来的にもフォトニック結晶等ナノパターンが利用されよう。このような微細領域では，材料面からのアプローチが不可欠であり，何らかの進展を期待したい。

(3) フォトブリーチング

色素を含有しているEOポリマーや最近報告されている低損失ポリシラン光導波路において利用されている。フォトマスクを通した光照射によるStep-Index (SI) 型光導波路形成ができ，大面積パターンの簡便な形成に有効である。図2に1μmのライン＆スペースマスクを用いてEOポリマーにフォトブリーチングで転写したパターンを示す。留意事項としては，フォトブリーチン

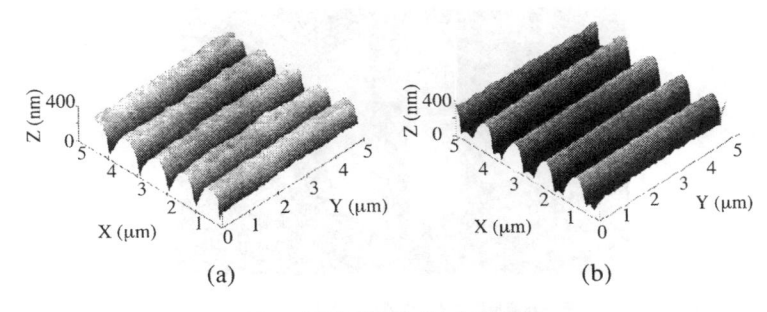

第 8 章　ナノネットワーク・ナノデバイス産業

(a)　(b)

図1　成形加工法で作製した回折格子

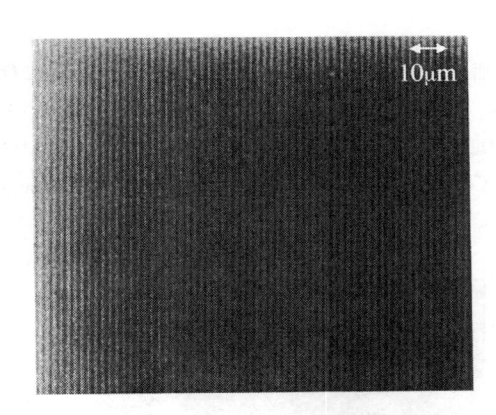

図2　フォトブリーチングで作製した回折格子

グによる体積収縮の許容範囲，屈折率の制御性，深さの制御性（特にマルチモードの場合は材料の吸収を考慮しながら照射光をコア底面まで貫通させる必要がある）がある。

(4) **直接描画**

　レーザや電子線を高分子薄膜に直接照射し，CADを用いて任意のパターンを形成する方法。照射した領域の屈折率変化を利用したSI型光導波路の形成や，現像処理を行うことによるパターン形成が可能である。フッ素化ポリイミドに電子線描画で光導波路を作製した例や，我々もPMMA系EOポリマーに電子線描画・現像でサブミクロン周期回折格子を形成した例（図3）がある。特に他の方法で作製した光回路パターンの部分的な修正やナノパターン形成には効果を発揮できる。

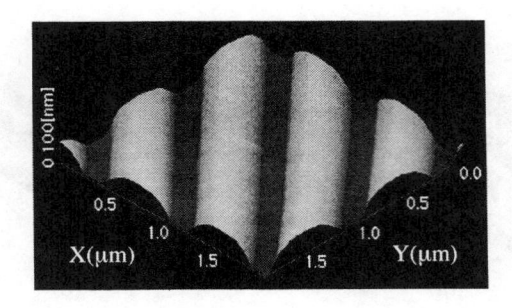

図3 電子線直接描画法で作製したサブミクロン回折格子

(5) **直接露光**

　基本的に光硬化性樹脂にフォトマスクを通して光照射を行い，重合硬化を行いながらパターン形成を行う方法である。レジストやRIEを用いず，湿式現像のみで導波路パターニングを行う方法であり，工程時間が短縮される上に表面荒さも滑らかであるという特長を有する。我々はUV硬化エポキシ樹脂を用いてコア径100μmの導波路リッジを作製し，40～60nmの表面荒さを計測している（図4）。

図4 直接露光法による光導波路リッジ

(6) **自己形成**

　自己形成技術は，光ファイバからの出射光によって光硬化性樹脂モノマー中で「自己収束」効果を生じながら重合導波路が自律的に成長していくので，ファイバとの特別なアライメント技術が必要ない。このことは実装の簡便性につながり（特にサブミクロンオーダーのアライメント精度が要求されるシングルモードで有効である），光ハンダ効果を考慮するとその進展に期待が持てる。

第8章 ナノネットワーク・ナノデバイス産業

6.4 光導波路作製例
6.4.1 ホットエンボス法による大口径光導波路

　金型を利用した成形加工は，その簡便性・量産性から活発に研究開発が行われている。シングルモード導波路でも工程時間の短縮に寄与するが，RIEにおいて作製に長時間かかるようなマルチモード導波路，特に100μm〜mmのコアサイズを持つ大口径導波路において効果的である。このような大口径の場合は，アライメント実装においてもμmレベルの精度で良いため，ファイバ固定溝を用いて接続するような簡易パッシブアライメントで対応できる。従って，光導波路用金型作製の際にファイバガイド機構を加えておけば，実装を考慮した一括成形が可能である。本章では，大口径光導波路作製例について報告する。

　現在金型を用いたホットエンボス法により，100μm〜1mmサイズの光導波路用溝を作製している。図5に500μm径の場合を示す。Si基板の微細加工により，幅500μm×深さ500μmの凸形状オリジナル型を作製（左上図(a)）した。次にシリコーン樹脂をオリジナル型にキャストし，重合後剥離することにより，凹形状（右上図(b)）に転写した。本研究では，耐熱・高硬度を有するUV硬化エポキシ樹脂モノマーをシリコーン型にキャスト塗布し，上部からガラス基板で押さえると同時にUV光を照射して樹脂を重合させることで凸形状スタンパを作製（左下図(c)）した。最後にホットエンボス法により，PMMA基板にスタンパをプレスすることにより，光導波路用

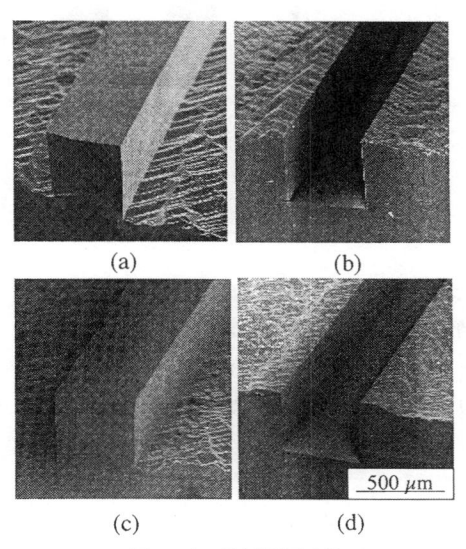

図5　大口径光導波路作製工程

ナノファイバーテクノロジーを用いた高度産業発掘戦略

コア溝のついた下部クラッド層を形成（右下図(d)）した。以上の工程により，500μmサイズの形状転写ができていることがわかる。一方，比較としてシリコンを凹型にエッチングした場合も行ったが，溝底面の表面が粗くなり，PMMAレプリカの底面も粗くなったため光導波路には適さなかった。シリコンの凸型から転写を繰り返すことで，光導波路に適用可能な底面と壁面の平滑なレプリカを作製できた。オリジナル型の表面荒さは30～40nm，凹形状PMMAレプリカの表面荒さは40～60nmであった。

作製したPMMA溝にコア材であるUV硬化エポキシ樹脂を充填・重合させることにより，導波路コアを形成し，最後にオーバークラッドを塗布して導波路を作製した。作製した導波路の両端面をカットし，PMMA系POFの伝送波長650nmのレーザ光を結合させたところ，図6のニアフィールドパターンのように光導波が確認できた。カットバック法で測定した伝搬損失は，0.2dB/cmであった（図6）。さらにアンダークラッド表面の平滑化処理を行うことにより，損失を0.13dB/cmまで改善している。

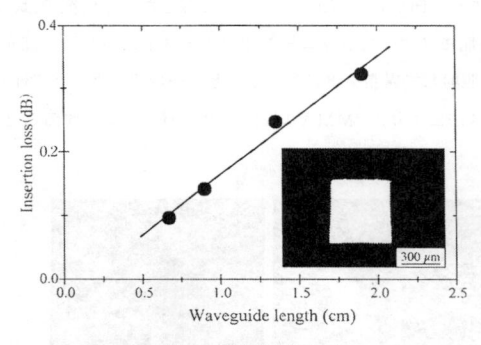

図6　導波損失とNFP

6.4.2　光回路エレメント一括成形加工

成形加工は，光導波路溝のみならず，ファイバガイド溝や回折格子形状を一つのプラットフォームに一括形成することが可能である。これらの光回路エレメントをチャネル導波路に組込むためのアライメントは，サブμm精度が要求され，製造法やコスト面で問題となる。そこで，チャネル導波路と各エレメントを特別なアライメントの必要なく一括作製することを試みている。従来の一括形成のための成形加工法は，一括形成用スタンパを用いたエンボス法により導波路溝等を形成し，次にコア樹脂を溝に充填するという多工程であった。本方法は，光導波路はフォトブリーチングを用いて直接コア形成し，その他のエレメントについては，ホットエンボスを用いて

第8章 ナノネットワーク・ナノデバイス産業

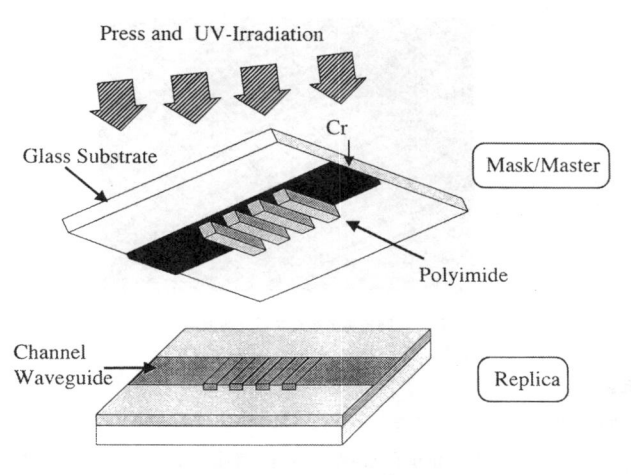

図7 光導波路と回折格子一括形成概念図

形成するという複合加工法である。一括形成のために，フォトマスク（フォトブリーチ用）とスタンパ（エンボス用）を組合わせた複合構造マスク／スタンパを作製し，それぞれのエレメントの位置合わせをマスク／スタンパ上で行っている。本報では，チャネル導波路と局所回折格子の一括形成を試みた（図7）。

Cr電極を蒸着したガラス基板上にポリイミドをコートした。その後Alの真空蒸着を行い，フォトリソグラフィによりAlの導波路ラインを形成した。ライン外部のポリイミド薄膜とCrはエッチングにより除去した。Alのエッチング後，UVレーザアブレーションによる2光束干渉法により，単一パルスでポリイミドに回折格子を形成した。この作製法により，回折格子はCrマスク部分の上部にのみ配置されていることから，レプリカ作製の際に回折格子と導波路の位置あわせを必要としない。

高分子材料として色素含有PMMAを用いた。色素はフォトブリーチングの際の屈折率調整用ドーパントである。作製したマスク／スタンパを薄膜上に固定した後，サンプルをTg付近まで加熱し，マスク／スタンパを押し付けて回折格子を転写すると同時にフォトブリーチングを行った。図8に周期$1.0\mu m$のレプリカ回折格子のSEM写真を示す。幅$10\mu m$の部分に局所的に回折格子が形成できていることを確認した。以上の結果から，複合マスク／スタンパを用いることで，位置あわせをする必要なく，一括でチャネル導波路上に局所回折格子を作製することができる。また，同様の手法により，回折格子だけでなく他のエレメント一括作製も可能である。

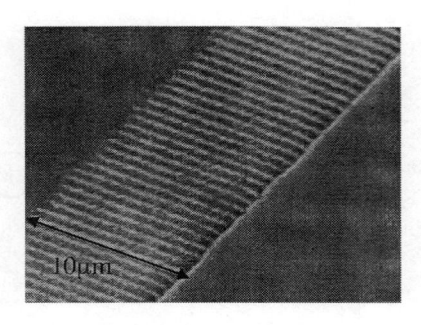

図8　回折格子を有する光導波路レプリカ

6.5　結論

　高分子光導波路の実用化に要求される簡便・低コスト作製方法と，加工技術に適用する材料に要求される特性を紹介した。高分子光回路の用途を考慮すると，簡略化された数工程のリソグラフィ，あるいはより簡便で量産性のある成形加工技術を模索すべきと思われ，将来的なナノ微細加工に向けての材料の一次構造から高次構造体の設計，開発が必須になろう。一方で，高分子光導波路の爆発的な普及には，実装技術を考慮すべきである。現状の光ファイバと光導波路の接続技術はアクティブアライメントが用いられており，そのため，各ユーザーが簡単に取り扱えず，家庭内等へ普及するための障害となっている。今後は実装技術の簡便・経済化をも考慮した材料や加工法を開発する必要がある。

　さらに，高分子材料は熱光学定数が無機材料に比べて1桁大きく，光通信網において必須となる導波路型光スイッチにおいては，低消費電力に貢献するというメリットがある。またmsecのスイッチ速度を持つ現状の熱光学スイッチから，将来的にはnsecの高速電気光学スイッチが要求されるようになると予想される。非線形色素やマトリクスの組み合わせや分極配向処理の材料面からの開発と，スイッチや変調デバイス構造の最適化やパッシブ高分子光導波路との接合技術等の基礎研究の積み重ねが重要である。

文　　献

1) 光学，第31巻第2号(2002)
2) エレクトロニクス実装学会誌，第5巻第5号(2002)
3) マテリアルステージ，2003年2月号(2003)

第9章　環境調和エネルギー産業

1　カーボンナノチューブへの水素吸蔵

白石誠司*

　地球環境保護の観点から石油に代表される化石燃料の膨大な消費に伴う温暖化・大気汚染が大きな問題としてクローズアップされ，さらにこれら化石燃料の枯渇が懸念される現在，これに代わる新たなエネルギー資源の創出・確保が焦眉の急となっている。代替エネルギー源として太陽光・原子力などが候補として挙げられているが，効率・安定供給・安全性などの問題をクリアするに至っていない。そこで近年急速に注目を集めているのが水素エネルギーを用いた燃料電池システムである。これは水の電気分解の逆反応を利用したエネルギー創出システムであり，自然界にほとんど無尽蔵に存在する水素を利用するために枯渇の心配がなく，さらに副産物が水のみであるために環境汚染の心配がないという大きなメリットがある。

　水素エネルギー研究の中で近年特に注目を集めているトピックの1つが炭素材料への水素吸蔵である。1980年ごろにその研究の萌芽が既に見られているが，特に1991年に飯島によってカーボンナノチューブが発見されると[1]，その筒状構造ゆえにチューブ内部への水素の吸蔵を期待し，一気に研究は本格化した。図1(a)(b)はカーボンナノチューブの分子構造模型と電子顕微鏡写真である。現在炭素材料への水素吸蔵というテーマそのものは，ホスト材料である炭素が軽量でありかつほぼ無尽蔵に自然界に存在することから水素吸蔵合金など比較的重くコストも高く，さらに希少元素を含有する吸蔵材料に比べ将来的に水素吸蔵のキーマテリアルになるのではないか，という期待から研究が進められている。吸蔵量に関してもこの研究テーマにおいてもちろん大きな意味を持つが，例えばアメリカエネルギー省（DOE）では6.5wt％（重量％）をその吸蔵量のターゲットに設定している。図2に様々な吸蔵体の吸蔵量の比較を容量・重量の2つの視点から示す。

　さて，1997年にアメリカのNational Renewable Energy Laboratory（NREL）のDillonらは，未精製SWNTとはいえ5～10wt％の水素吸蔵が期待できるという内容の報告を行なった[2]。この報告はSWNTのみならずナノカーボン材料一般への水素吸蔵に関する研究の広がりをさらに加速

---

*　Masashi Shiraishi　ソニー㈱　マテリアル研究所　π電子材料研究グループ　π電子デバイス研究チーム　チームリーダー

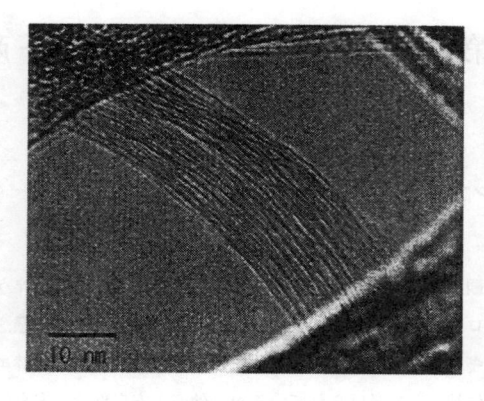

ナノファイバーテクノロジーを用いた高度産業発掘戦略

(a) SWNTの電子顕微鏡写真

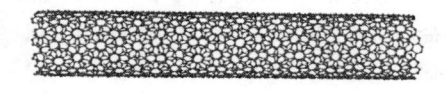

(a) SWNTの分子模型の例

図1　SWNTの分子模型と電子顕微鏡写真

させることになった。例えば層状のグラファイト構造を有するGraphite Nano Fiber (GNF) を用いて室温で60wt%以上もの水素を吸蔵するといった報告など大きな水素吸蔵量を示すセンセーショナルな報告も相次いだが[3～5]，Dillonらの報告も含めてそのほとんどに対して実験結果が再現しないという反証がなされ[6～11]，現在ではこれらの報告は信頼性が低いと認識されている。振り返って再現性・信頼性の高い報告が少ないことの理由を考えると，①炭素—水素系における物理吸着現象の理解の欠如，②高圧水素系における誤差の少ない実験系構築の困難，の2つの問題があったように思われる。このようなプロセスを経て現在ではいたずらに吸蔵パフォーマンスを追いかけるのではなく，炭素への水素吸着という物理現象を基礎的に解析し，その中でSWNTという特異な擬一次元性材料の物性を明らかにし，その中で可能な吸蔵パフォーマンスを見極める

第9章 環境調和エネルギー産業

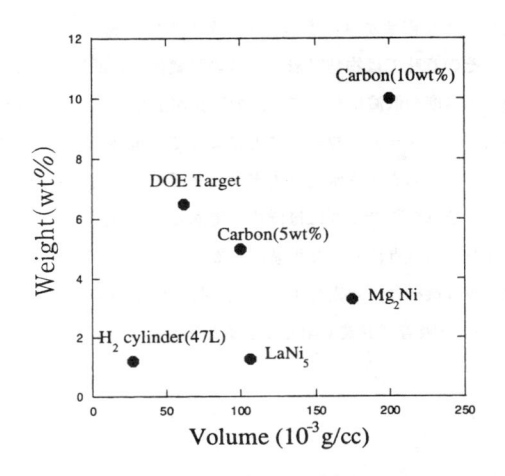

図2 各種水素吸蔵体の比較

というスタンスに研究トレンドは変化している。ここではその2点の問題の克服という観点も含めて，カーボンファイバー系材料の中でも特に注目されるSWNT系材料への水素吸着現象とそのメカニズムについて論じながら，今後の指針と新規産業発掘の可能性について触れてみたいと思う。

よく知られているように水素の吸着には物理吸着と化学吸着の2種類の機構が存在する。物理吸着は吸着材料と被吸着材料の間のファン・デル・ワールス力が媒介となって生じるため脱離エネルギーが約0.2 eVと小さく，そのため気体分子の脱離温度も比較的低いのが特徴である。アモルファスカーボンと水素の間の物理吸着における脱離温度は90K以下であることが実験的にわかっている[12]。一方，化学吸着は原子価結合による吸着であり，脱離にはその結合を切らなければならない。そのため，炭素－水素系では脱離エネルギーは約2eVと物理吸着の10倍あまり大きな値をとり，脱離温度が600K以上の高温になる。メタノールなどではなく純粋水素を用いた水素エネルギーデバイスへの応用，特に携帯型燃料電池応用を考えた場合，水素の化学吸着ベースの吸着機構を有する材料の利用は非常に困難が大きい。従って物理吸着ベースで，しかも室温付近で水素が脱離してくれるような材料開発が炭素系において必要となってくる。

それ以外の吸蔵機構には吸蔵合金のように格子間に水素を取り込む機構がある。この場合，水素吸蔵は発熱反応，水素放出は吸熱反応となりこの熱の処理が特にポータブルシステムでは問題となりやすい。このような材料・吸蔵機構の違いによるこの放出温度は燃料電池デバイスの用途に大きく影響を与える。大型のシステムであれば特別な熱制御システムを加えることには特に支

337

障はないが,特に今後大きな需要がみこまれるポータブル型の場合,できるだけambientな条件での放出が望ましい。その意味では物理吸着ベースの吸蔵体への期待が高まるとともに,吸蔵合金などにおける水素放出温度の低減にむけて今後の研究が進むことが予想される。

さて,SWNTは通常ファン・デル・ワールス力によって三角格子状のバンドル構造をとることが知られているが,チューブの有する水素吸着ポアは3種類(外表面・内部空間・バンドル間の空間)しかなく,しかもそれらのサイズはほぼ均一である。一方,アモルファスカーボンなどはポアサイズに大きな分布がある点に大きな相違がある。

炭素-水素間の物理吸着機構は,水素分子が極性を持たずかつ非常に小さな分極率を有することから,基本的にLangmuir吸着等温式で記述できると考えてよい。

$$f = \frac{1}{1+\exp(\frac{\varepsilon-\mu}{kT})} \tag{1}$$

f は炭素表面の被覆率,ε は炭素の吸着ポテンシャル,μ は水素の化学ポテンシャル,k はボルツマン定数,T は温度である。さて,水素の化学ポテンシャルは既に実験的に求められているエンタルピー H とエントロピー S から計算で容易に求めることが出来,その温度及び圧力依存性が図3に示されている[13]。一方ここで考えるSWNTの吸着ポテンシャルに関しては実験的に求められた値というのはまだなく,計算で求められた値があるだけである。この計算は1本の独立なSWNTについてなされており,その外表面と内部空間の吸着ポテンシャルはおよそ-38meVから-90meVである[14]。この関係から,以下の事実がわかる。すなわち,①80K程度の低温では吸着ポテンシャルと化学ポテンシャルはほぼ等しいので,ある程度の量の水素吸着は現状でもSWNT系に対して期待できる,②室温領域では水素の化学ポテンシャルが非常に安定なので現状

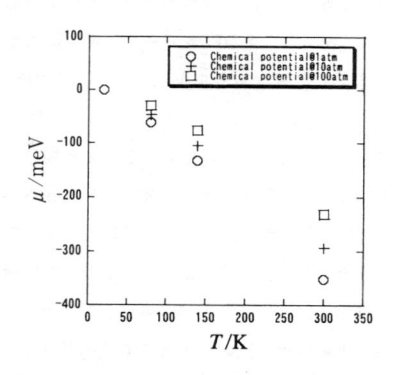

図3 水素ガスの化学ポテンシャルの温度・圧力依存性

第9章　環境調和エネルギー産業

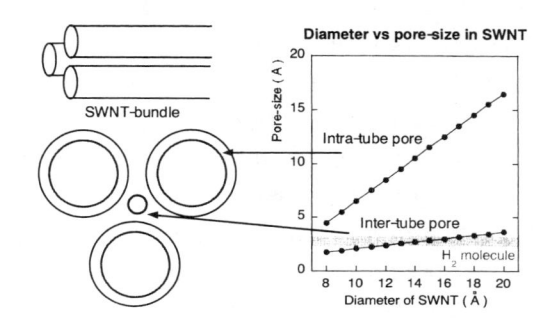

図4　SWNTバンドルの構造とポアサイズの対応

では吸着は難しいがしかし大きな吸着ポテンシャルを有するポアをなんらかの方法で作りこめば可能になるであろう，という2点である。①に関しては，既にYeら[15]は80K，12MPaの条件で8wt%という結果を得ているが，この値は式(1)，図1から考えても妥当なものであると考えられる。一方②に関しては，新たなポアの作製が望まれるため我々はバンドル間のポアに着目し，その吸着特性を調べることによって我々が「サブナノ空間」と名づけた1nm以下の微細な空間の有効性を検証した。図4はバンドル状のSWNTの模式図とそのポアの大きさを示したものである。ポアの大きさの計算には炭素原子の有するπ電子軌道の広がりを考慮に入れて計算してある。このような1nm以下のサイズをもつ空間は約-200meV程度の大きな吸着ポテンシャルを有するために室温領域でも水素を物理吸着できることが我々の研究グループによって明らかになった[13,16]。この結果から明らかになった重要な点は上記のサブナノ空間が今後の材料開発に必須であるということである。サブナノ空間は何もSWNTのバンドル間サイトだけではない。例えばSWNTの内部空間に有機分子などを適宜内包することで人工的に創生することも可能である（図5[17]）。またカーボンナノチューブだけではなくグラファイトや活性炭に処理を施すことでサブナノ空間を作り出すことも可能であると思われる。つまり近年のキーワードである「ナノテク」をさらにスケールダウンした「サブナノテク」を開発することで，このようなサブナノ空間を自由にアセン

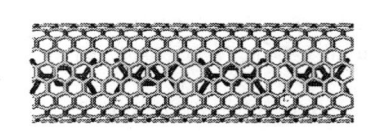

図5　SWNTの内部空間への有機分子内包の例
ここではTCNQを内包している。

ブルすることが今後の材料開発に必要となってくる。現在の吸蔵量が室温で約0.4wt%程度であることを考えれば，効率よくこのようなサブナノ空間を作りこむことが実用化への地道ではあるが不可欠の方法であることがご理解いただけると思う。このテクノロジーを磨くことが技術オリエンティッドなサブナノテクノロジー産業を生む可能性をあろうし，またこの技術を磨くプロセスが思いもよらぬ副産物として新たな技術や応用例を生み出すこともまた十分にありえよう。

一方，80K程度の低温ではSWNTだけでなく，活性炭・カーボンファイバーなどにも比較的多量の水素が吸着する[18]が，もし低温高圧という条件下で許されるのであればすぐさま大量の水素の貯蔵・運搬というビジネスに展開することもそう困難なことではないと考えられる。既に燃料電池パソコンや燃料電池自動車など具体的な応用例が市場に登場する寸前の今日，広い意味でのカーボンファイバーを用いたサブナノテクノロジーの持つ可能性は大きいと信じてペンを置くこととする。

<謝辞>

本研究を進めるにあたり有益な議論を行なっていただいたソニー㈱マテリアル研究所π電子材料研究グループの阿多誠文博士・竹延大志博士（現 東北大学金属材料研究所）・梶浦尚志博士を始めとする諸氏に感謝する。図2は梶浦博士からのご提供によることを付記し感謝したい。また東京都立大学の片浦弘道博士にはSWNTの合成・精製に関して多大なご指導・ご協力をいただいた。ここに感謝の意を表したい。

文　献

1) S. Iijima and S. Ichihashi, *Nature*, **363** (1993), 603.
2) A. C. Dillon, K. M. Jones, T.A. Bekkadahl, C. H. Kiang, D. S. Bethune and M. J. Heben, *Nature*, **386**(1997), 377.
3) A. Chambers, C. park, R. Terry, K. Baker and N. M. Rodriguez, *J. Phys. Chem. B*, **102** (1998), L4253.
4) P. Chen, X. Wu, J. Lin and K.L. Tan, *Science*, **285**(1999), 91.
5) C. Liu, Y. Y. Fan, M. Liu, H. T. Cong, H. M. Cheng and M. S. Dresselhaus, *Science*, **286** (1999), 1127.
6) M. Hirscher, M. Becher, M. Haluska, U. Detlaff-Weklikowska, A. Quintel, G.S. Duesberg, Y.-M. Choi, P. Downes, M. Hulman, S. Roth, I. Stepanek and P. Bernier, *Appl. Phys. A*, **72** (2001), 129.

第9章 環境調和エネルギー産業

7) C. C. Ahn, Y. Ye, B.V. Ratnakumar, C. Witham, R.C. Bowman and B. Fultz, *Appl. Phys. Lette.*, **73**(1998), 3378.
8) R. T. Tang, *Carbon*, **38**(2000), 623.
9) C. Zandonella, *Nature*, **410**(2001), 734.
10) G. G. Tibbetts, G. P. Meisner and C. H. Olk, *Carbon*, **39**(2001), 2291.
11) H. Cheng, G. P. Pez and A. C. Cooper, *J. Am. Chen. Soc.*, **123**(2001), 5845.
12) E. L. Pace and A. R. Siebert, *J. Phys. Chem.*, **63**(1959), 1398.
13) M. Shiraishi, T. Takenobu and M. Ata, *Chem. Phys. Lett.*, **367**(2003), 633.
14) G. Stan and M. W. Cole, *J. Low Temp. Phys.*, **110**(1998), 539.
15) Y. Ye, C. C. Ahn, C. Witham, B. Fultz, J. Liu, A. G. Rinzler, D. Colbert, K. A. Smith and R. E. Smalley, *Appl. Phys. Lett.*, **74**(1999), 2307.
16) M. Shiraishi, T. Takenobu, A. Yamada, M. Ata and H. Kataura, *Chem. Phys. Lett.*, **358**(2002), 213.
17) T. Takenobu, T. Takano, M. Shiraishi, M. Ata, H. Kataura, Y. Achiba and Y. Iwasa, *Nature Materials*, in submission.
18) K. Kadono, H .Kajiura and M. Shiraishi, *Appl. Phys. Lett.*, in submission.

2 ナノチューブのLi容量

下田英雄[*]

2.1 はじめに

身の回りにある電気製品は情報化時代を迎え,携帯電話やノート型パソコンなど,多機能,高機能,小型化した情報端末の開発にしのぎを削っている。これに伴い,長時間の戸外での使用に対応するよう,製品そのものの省エネルギー化とともに,携帯情報端末における電池の性能の向上は不可避なものである。本稿ではナノチューブの持つ様々な可能性のうちのひとつであるLiイオン二次電池への応用に焦点を合わせる。特に容量の増加という観点からナノチューブの持つ素材としての特徴を解説しながら紹介する。

2.2 カーボンナノチューブ

カーボンナノチューブ発見当初はナノチューブといえば今で言うMWNT (Multi-Walled Nanotubes)[1]を指した。そののち,SWNT (Single-Walled Nanotubes)が登場し[2,3],ナノチューブにもいろいろなバリエーションがあることが次第に明らかになる。現在では,単にナノチューブといっただけではいったいそれがどのような素性を持ったナノチューブであるのかよくわからないほど,そのバリエーションは多彩である。初期のころはMWNTはアーク放電法,SWNTはレーザーアブレーション法で合成されたものが主流であった。MWNTは,炭素6員環のシートであるグラフェンを筒状に丸めたものが何層にも同心円状に重なった構造をもち,SWNTは一枚のグラフェンシートを筒状にした単層チューブが数十本,あるいは数百本束になった構造を持つが,これらの実際のナノチューブはチューブ壁面に多くの欠陥を持っているのが普通である。この欠陥は現在盛んに用いられているCVD法など比較的低温(800℃以下を指す)で合成するとますますひどくなる傾向がある。ただ,これら欠陥は高真空中(10^{-6}から10^{-7}torr程度)で800℃以上の温度でアニールすると大きく改善され,結晶性もあがる[4]。ただし,真空度が悪かったり,欠陥があまりにも多いと残留酸素によって分解してしまい,跡形もなく消失してしまう場合があるので注意が必要である。

Li二次電池をはじめ,ガス吸蔵などエネルギーの貯蔵庫としてナノチューブを考える場合,これらの欠陥に基づくホールはドーパントの出入り口となるため,欠陥の制御や開口端,閉端ナノチューブの調整は重要な基本技術である。また,ナノチューブの本質的性質を明らかにするためには不純物を取り除くための精製技術は必要不可欠である。これらの技術は最近でこそ徐々に洗

---

[*] Hideo Shimoda   Applied Nanotechnologies Inc. Research and Development
    Research Scientist   www.applied-nanotech.com

第9章　環境調和エネルギー産業

練されてきたが，Li二次電池関連に限らず，初期の段階でこのような技術が成熟していないころのナノチューブに関する論文ではやや精密さに欠け，データ自体も安定感を欠いていたのもが多かった。最近では精製法も発達し，純度の高いナノチューブを用いた報告例が多くなっている。

2.3　ナノチューブにおけるLiの容量

現在，Li二次電池の負極に用いられているグラファイトの理論値容量は372mAh/gであり，組成で言うとLiC_6となる。結論から言うとMWNTの場合にはグラファイト以下の容量しか得られず，SWNTの場合には同等，あるいはそれ以上になる。

MWNTに対するLi容量の第一報では可逆なLi容量は100mAh/g($Li_{0.27}C_6$)～400mAh/g($Li_{1.07}C_6$)であり，同程度の非可逆容量がある（100mAh/g～500mAh/g）と報告されている[5]。これとほぼ同時期のMWNTに対するLiの可逆容量の報告では，その多くが250mAh/g($Li_{0.27}C_6$)以下であり，グラファイトの可逆容量と比べてかなり小さな値となっている[6～9]。MWNTではチューブが幾重にも重なっているので，グラファイトがそのままチューブ状になったようなものであり，Li容量もグラファイトに近い値を取りそうなものである。ところがこれらの報告を見る限りMWNTの場合には層間にLiは入りにくいようである。グラファイトの場合，Liのインターカレート前後で，層間距離が3.35Åから3.7Åに拡大する。しかし，MWNTの場合，同心円状にチューブが重なっているため，層間隔を広げることは難しく，これが大きなエネルギー障壁となっている可能性がある。閉端のものは，内部にLiは入れないはずなのでチューブの表面のみにLiが付着するだけのように思えるが，合成後，未処理のMWNTをそのまま用いた場合には閉端チューブであっても欠陥を通していくらか内部に侵入するようである[10]。そして，開口端処理した後もそれほどLi容量に変化はなかったとする報告もある[9]。

SWNTはたった1層からなる直径1～2nm程度のチューブが数十本から数百本束になった状態で存在する。したがって，Liの受け入れ場所はチューブ－チューブ間と，各チューブの内部の2種類の隙間がある。このようなSWNTの場合には，グラファイトやMWNTのようなグラフェンシートの層状構造を持たないので比較的容易にLiがインターカレートされそうである。筆者らはSWNTを高純度に精製した後，チューブの内部にLiの侵入を許さないようにできるだけ欠陥を取り除いた閉端SWNT束を準備して実験に臨んだ[11]。高純度精製法は特にMWNTくらべて不純物含有量の多いSWNTでは非常に重要なプロセスであり，筆者らの精製法[12]は，触媒金属が強磁性金属であるためにそれまで不可能であったSWNTに対するNMR測定への適応を可能にするほどの精製度を持つ[13]。

次にSWNT内部にもLiが侵入できるように，このSWNT束を酸によってエッチングした。このエッチング操作によって，SWNT束は断片にすることができ[14]，断片化されたshort tubeはその

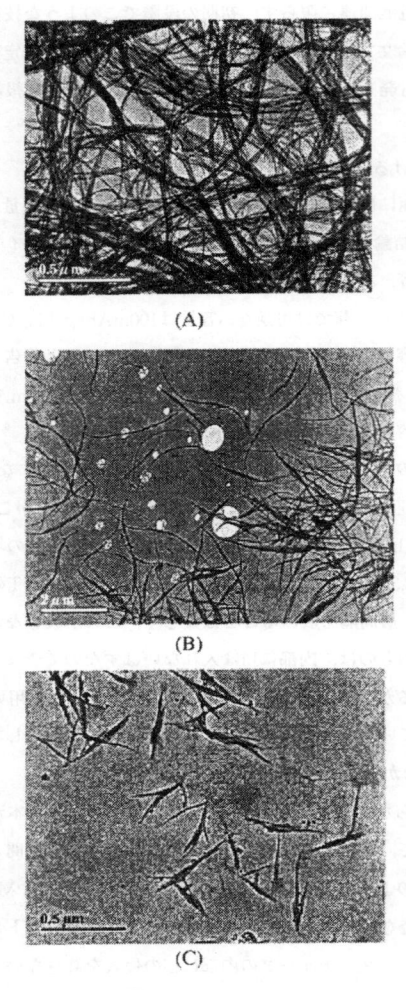

図1 実験時使用したSWNT束のTEM像
(A) 高純度精製後のSWNT束。(B) ケミカルエッチングにより
平均長4μmとしたSWNT束と (C) 平均長0.5μmとしたもの。

両端が開放している。チューブの長さはエッチングする時間によって調節することができ，平均長さが4μmのものと0.5μmものとの2種類の開口端SWNT束を用意した（図1）。先ほどの密閉したSWNTと，この2種類のShort tubeに対して行った電気化学的な容量測定結果を併せて図2

第9章 環境調和エネルギー産業

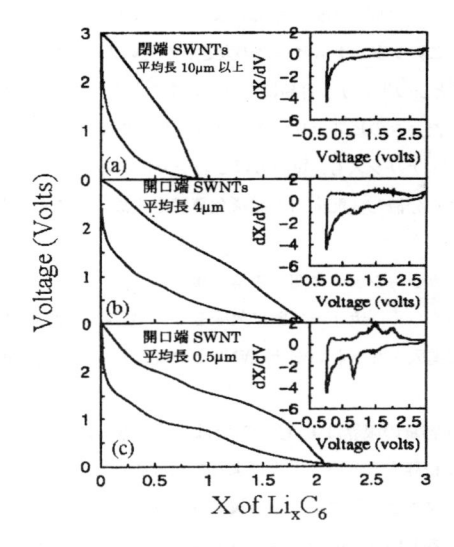

図2 充放電図
(a) 高純度生成後の閉端SWNT。(b) 酸によってエッチングした平均長4μmのSWNT。(c) 酸によってエッチングした平均長0.5μmのSWNT。電解溶液としてエチレンカーボネートとジメチルカーボネートの1対1溶液に1 MのLiClO$_4$を用い，一方にはLi金属，もう一方の電極にはSWNT膜を貼り付けて電極として測定。

に示す。

密閉したSWNTの場合，その可逆容量はLiC$_6$というグラファイトと同じ値をとることが明らかとなった（図2(a)）。筆者らは，このLiC$_6$という組成はSWNT束に対するLiの飽和相であるとも結論している。これは，電気化学的なインターカレーションとは独立に気相反応でもLi-SWNTを合成して確認した結果である。気相反応においてLiとSWNTの仕込み組成を1：6にして反応させたものと，1：3の仕込み組成で反応させたものについて，^{7}Li-NMRと^{13}C-NMRを用いてその強度比から組成を決定したのである。するとどちらの仕込み組成で合成してもLiC$_6$という結果を得た。このように，高純度な精製に成功すると，NMRのような非常に強力な測定手段を用いることができるようになるので，その御利益は絶大である。

Short tubeで観測された可逆容量はどちらの長さのナノチューブもLi$_2$C$_6$という非常に大きな値を持ち，ちょうど密閉SWNTのもつLi容量の2倍となった。長さの異なるチューブで同じ容量が得られたことから，大切なのはSWNT内部への経路があるかないかであり，LiがSWNTの内側へ侵入できるようにしてやることで容量が倍になったと考えることができる。しかも，このエッチングをおこなったshort tubeには，明らかなレドックスピークが現れ，ナノチューブ内部に出

入りするLiは，チューブ－チューブ間を出入りするLiよりも充放電過程がスムースであることを示唆している(図2)。また，このレドックスピークの大きさが短いチューブほど大きくなっていることから，チューブが短いほどLiの出入りが容易になっていることもわかる。さらに，密閉SWNTが$Li C_6$という可逆容量を示したときのヒステリシスと比べると，2種類のshort tubeがLi_2C_6という可逆容量を示したときのヒステリシスも，短い方ほど若干ではあるが小さくなっている。また，このshort tubeは，水中によく分散し，配向自己組織化薄膜を生成することがわかっており，高密度化できる可能性がある[15]。

SWNTに対するLiインターカレーションに関する第一報では$Li_{1.2}C_6$〜$Li_{1.7}C_6$という値が報告されていた[6]。これらの値はおそらく，チューブ壁に欠陥をもつSWNTの割合を反映していたと考えられる。つまり，Liの内部進入を許さない密閉SWNTと欠陥を持った部分的開放SWNTが混在していたのであろう。

SWNTを用いた場合の可逆容量の限界は実はLi_2C_6ではない。さらに大きな容量がボール・ミル法を用いてSWNTを物理的に粉砕するという手段によって達成されている[16]。ボール・ミル法とは，円筒状金属製カプセルにサンプルとともに小さな金属剛球を共に仕込んで振動させ，剛球の衝突によってサンプルを粉砕させるというものである。可逆容量はボール・ミルを行う時間によって増加していくが，ある点をピークに今度は低下していく。このときの最大可逆容量は$Li_{2.7}C_6$という値まで到達している(図3)。この$Li_{2.7}C_6$という値は実に驚くべき数字であるが，SWNTの性質というよりは粉砕によって断片化したグラフェンシートに似た炭素形態が持つ特徴である可能性がある(図4)。最大可逆容量をあたえたSWNTサンプルにおける非可逆容量は粉砕前の$Li_{3.2}C_6$から$Li_{1.3}C_6$へと減少した。ヒステリシスはほとんど変わらず，依然大きかったようである。

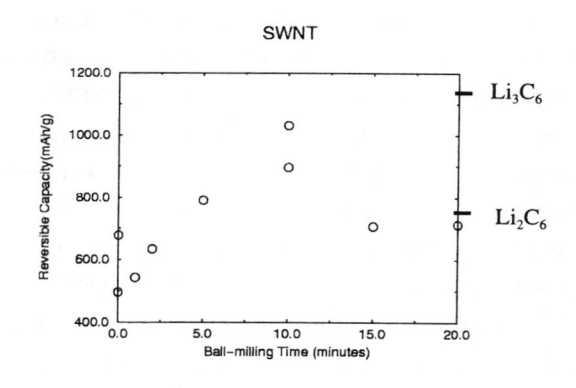

図3 可逆容量とボール・ミルにかけた時間との関係

第9章　環境調和エネルギー産業

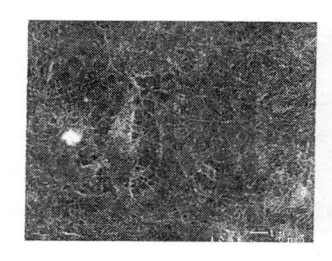

図4　左図：ボール・ミル前の精製後のSWNTと右図：10分間ボール・ミルした後のSWNTのSEM像

2.4　問題点

一般に，MWNTでもSWNTでもLiに対する充放電特性には

① 大きな不可逆容量

② 大きなヒステリシス

という2つの難点が存在する。しかし，①の大きな非可逆容量は試料を十分に注意深く調整し高純度の状態で扱えば解決できる見込みがまだ残されている。また，②に関しても，SWNTの内部空間を有効に用いれば小さくできる余地もある。

また，実は②の問題点はなにもナノチューブに限った話ではなく，グラファイト系やその他の炭素系を負極材料として用いようとした場合，容量の増加を目指して手を加えた材料は容量の増加と引き換えにこの難点を背負うようである[17,18]。したがって，たとえ大きな非可逆容量を持ったり，ヒステリシスを持っていたとしても，十分に実用に耐えうる電池の設計こそが求められているのかもしれない。

ナノチューブに対するLiの容量に関しては不純物の排除やナノチューブの取り扱い方が成熟してきてその概要は明らかになってきてはいるが，いまだにナノチューブにインターカレートされたLiの配置に関してははっきりとしたデータがない。筆者らのグループで^{7}Li-NMRの測定を行った際，室温においてLiイオンはナノチューブの隙間の間で動き回っており，2種類の安定な場所があってホッピング運動をしている兆候を観測したが，そう言い切るにはやや観測結果に不十分な点もあって決定的な観測結果としてまとめるまでには至っていない。また理論計算においても，Liの配置に関してはっきりと述べ，その飽和組成に関して言及しているものは皆無である。

汎用に向けてのナノチューブの実用化という側面では価格の問題は大きな要素である。電池のように実用化されれば比較的まとまった量の材料が必要になるような場合に，現在のようなコストではまだまだ価格面での障害は大きい。安くて高品質な大量ナノチューブ合成法の完成が一日でも早く訪れるのを期待したいところである。

2.5 おわりに

以上をまとめるの次のようになる。

① MWNTは最大でもグラファイトのLiC$_6$（372mAh/g）という容量程度である。
② 欠陥のない閉端SWNTのもつ可逆容量はグラファイトと同じLiC$_6$（372mAh/g）である。
③ SWNTの内部も使用すると可逆容量はグラファイトの2倍のLi$_2$C$_6$（740mAh/g）となる。
④ SWNTを機械的に粉砕すると最大可逆容量はLi$_{2.7}$C$_6$（1000mAh/g）まで到達する。
⑤ 大きなヒステリシスと不可逆容量が存在する。

現時点ではLi二次電池の負極材料としてナノチューブを考えた場合，MWNTよりもSWNTのほうが有利に見える。しかし，安価で未精製でも比較的不純物の少ないMWNTが使えないのは残念なことである。今後，不純物がほとんどなく，低価格でSWNTが大量合成できるようになれば電池特性の向上のための研究にも拍車がかかるかもしれない。

文　　献

1) S. Iijima, *Nature*, **354**, 56(1991).
2) S. Iijima, T. Ichihashi, *Nature*, **363**, 603(1993).
3) D. S. Bethune, C. H. Chiang, M.S. de Vries, G. Gorman, R. Savoy, J. Vazquez, R. Beyers, *Nature*, **363**, 605(1993).
4) O. Zhou, H. Shimoda, B. Gao, S. Oh, L. Fleming, and G. Z. Yue, *Acc. Chem. Res.*, **35**, 1045-1053(2002).
5) E. Frackowiak, *et al.*, *Carbon*, **37**, 61(1999).
6) B. Gao, A. Kleinhammes, X. P. Tang, C. Bower, L. Fleming, Y. Wu, and O. Zhou, *Chem. Phys. Lett.*, **307**, 153(1999).
7) G. Maurin, *et al.*, *Chem. Phy. Lett.*, **312**, 14(1999).
8) Z. Yang, and H. Wu, *Mat. Chem. Phys.*, **71**, 7(1999).
9) Z. Yang, and H. Wu, *Solid State Ionics*, **143**, 173(2001).
10) O. Zhou, R.M. Fleming, D.W. Murphy, C.H. Chen, R.C. Haddon, A.P. Ramirez and S.H. Glarum, *Science*, **263**, 1744(1994).
11) H. Shimoda, B. Gao, X. P. Tang, A. Kleinhammes, L. Fleming, Y. Wu, and O. Zhou, *Phys. Rev. Lett.*, **88**, 015502(2002).
12) O. Zhou, B. Gao, C. Bower, L. Fleming and H. Shimoda, *Mol. Crys. and Liq. Crys.*, Vol. 340, 541(2000).
13) X. P.Tang, A. Kleinhammes, H. Shimoda, L. Fleming, K.Y. Bennoune, C. Bower, O. Zhou, and Y. Wu, *Science*, **288**, 492(2000).

14) J. Liu, A. Rinzler, H. Dai, J. Hafner, A. R. Bradley, P. Boul, A. Lu, T. Iverson, A. K. Shelimov, C. Huffman, F. Rodriguez-Macias, Y. Shon, R. Lee, D. Colbert, and R. E. Smalley, *Science*, **280**, 1253 (1998).
15) H. Shimoda, S.J. Oh, H.Z. Geng, R.J. Walker, X.B. Zhang, L.E. McNeil and O. Zhou, *Adv. Mater.*, **14**, 900 (2002).
16) B. Gao, C. Bower, J. D. Lorentzen, L. Fleming, A. Kleinhammes, X. P. Tang, L. E. McNeil, Y. Wu, and O. Zhou, *Chem. Phys. Lett.*, **327**, 69 (2000).
17) W. Xing, R. A. Dunlap, and J.R. Dahn, *J. Electrochem. Soc.*, **145**, 62 (1998).
18) F. Disma, *et al.*, *J. Electrochem. Soc.*, **143**, 3959 (1998).

3 カーボンナノチューブの電気二重層キャパシタへの応用

森本　剛*

3.1 はじめに

従来の電池電源に代わって，数ファラドの容量を有し，かつ充放電サイクル特性や急速充放電特性にもすぐれた小型バックアップ電源として電気二重層キャパシタ（EDLC）が検討され，ビデオ，チューナーなどのAV機器や電話機，ファクシミリなどの通信機器におけるメモリバックアップ用途を中心に幅広い分野で用いられている[1]。また，100F以下の中型電気二重層キャパシタ（EDLC）が，太陽電池と併用して，道路標識等で広範に用いられている。

さらに近年，EDLCは信頼性が高く，高出力であることが着目され，内部抵抗を低減させ，容量を1000F以上に大きくしたパワー用EDLCの開発が進められている[2]。大容量品はHEVにおけるモーター駆動や回生エネルギーデバイスなどのパワー用途において一部実用化され始めたが，今後の技術開発の進展が特に求められる。

大型電気二重層キャパシタの現状の開発課題は，HEV等の電源に用いた場合の大容量化，高エネルギー化，長期電圧印加状態での性能劣化の低減，一層の大電流充放電を可能にするセルの内部抵抗の低減，低コスト化等である。これらを満たす高性能EDLCは，電解液，電極材料，セパレータ材料，集電体材料（セルハウジング材料）における新材料開発ならびに新規なセル構造の開発により得られる。

EDLCは用いる電解液の種類により水溶液系と有機電解液系に分けられるが，EDLCの耐電圧は電解液の分解電圧に支配され，耐電圧を上げエネルギー密度の向上を図るには，分解電圧の高い有機電解液を使用するのが有利である。

以下に有機電解液系EDLCにおいて広く用いられている活性炭電極の現状と課題を示し，さらに現在入手可能なカーボンナノチューブを電極に用いるEDLCの特性から判断されるカーボンナノチューブ類のEDLC用電極の可能性について述べる。

3.2 電気二重層キャパシタの原理

電気二重層キャパシター（EDLC）は，充電時に活性炭のような比表面積の大きな材料からなる正負極のそれぞれと電解液の界面に形成される電気二重層に，電解液中のアニオンおよびカチオンを電極の酸化・還元を伴わない非ファラデー反応により蓄積することを原理とするため，信頼性が高く高出力になり得る。

EDLCに用いられる高比表面積分極性電極と電解液との界面に形成される電気二重層に蓄積さ

---

*　Takeshi Morimoto　森本技術士事務所　代表

第9章 環境調和エネルギー産業

れる容量 C は次式で表され,電極界面の表面積に比例する[3]。

$$C = \int \varepsilon /(4\pi\delta) \cdot dS$$

ここで,ε は電解液の誘電率,δ は電極表面からイオン中心までの距離,S は電極界面の表面積である。

EDLCの定電流下での充電電圧,放電電圧は充放電時間に対しほぼ直線的に変化し,模式的に示すと図1の如くになる。これよりセルの容量,出力,エネルギーは実用的には以下の式で求められる。

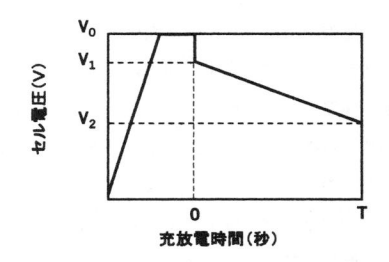

図1　電気二重層キャパシターの定電流充放電曲線模式図

即ち,図1において,V_0,V_1,V_2 はそれぞれボルトを単位とする充電電圧,放電開始電圧,放電終止電圧であり,内部抵抗:$R(\Omega)$ を有するセルの放電において,放電開始から終了まで,一定電流:$I(A)$ をT秒間放電したとすると,初期の電圧降下:ΔV は式(1)によって表される。

$$\Delta V = V_0 - V_1 = IR \tag{1}$$

また,セルの容量:$C(F)$ は式(2)で示す如くになる。

$$C = IT/(V_1 - V_2) \tag{2}$$

さらに,放電出力:$P(W)$,放電エネルギー:$E(Wh)$ はそれぞれ(3)式,(4)式で表される。

$$P = (V_1 + V_2)/2 \times I = V_0 I - (R + T/2C)I^2 \tag{3}$$

$$E = (V_1 + V_2)/2 \times I \times T/3600 = 1/2 C(V_1^2 - V_2^2)/3600 \tag{4}$$

以上より,特に大電流を流す大容量EDLCの出力,エネルギーを向上させるには,充電電圧を高めるべくセルの耐電圧の向上,容量の向上,内部抵抗の低減を図ることが重要なことがわかる。

EDLCのセル容量 Ct は $1/Ct = 1/C_a + 1/C_c$(C_a:負極容量,C_c:正極容量)で表され,正負極容量がほぼ等しい場合($C_a = C_c = C$)は,電極容量は $C = 2C_t$ 即ちセル容量のほぼ2倍となる。セル容量の1/2を電極容量として表現している場合が見られるがむしろ誤りであり,容量を比較する場合注意が必要である。

351

3.3 電気二重層キャパシタ用電極
3.3.1 活性炭電極

　工業生産されているEDLCの製品は電極材料として高純度活性炭を用いている。活性炭の形状としては，粉末や繊維があり，成形したり，基材に塗布して用いられる。また，活性炭素繊維の場合は織布も用いられる。ここではトリエチルメチルアンモニウムテトラフルオロボレート（Et$_3$MeNBF$_4$）のプロピレンカーボネート（PC）溶液を電解液に用いて評価した活性炭電極について述べる。

　EDLC素子の容量は電極の表面積と電極単位面積当たりの電気二重層容量によって決定されるので，容量密度の向上を図るには比表面積の大きな炭素電極を用いれば良い。しかしながら，活性炭の場合，一般に比表面積が増大するほど活性炭の細孔容積が増大するので，活性炭の見かけ密度は低下する傾向にある。電極体積当たりの容量を向上させるには，活性炭の比表面積が増大しても，見かけ密度の低下を抑制する細孔分布や細孔容積を有する活性炭を得る必要がある。すなわち，電極中の活性炭重量当たりの容量と活性炭比表面積とは，図2に示すようにほぼ直線的な比例関係にあり，活性炭電極上の電気二重層容量が比表面積にかかわらずほぼ一定であることがわかる。しかし，EDLCのエネルギー密度を決めるのに，より重要な電極の体積当たり容量密度は，活性炭の比表面積が2000～2500m^2/gの範囲で最大を示し，さらに比表面積を増加させると低下する傾向にある[3]。これは，活性炭の比表面積が増加すると細孔容積が増大し，電極の見かけ密度が低下するので，電極体積当たりの活性炭含有量の減少による容量低下の方が，活性炭の比表面積増大による容量増加分を上回っているためである。また，以上に示した関係は炭素系電極材料について絶対値は別にして広く認められる。また，水溶液と水銀電極の界面で形成される電気二重層容量の実験値は，20～30μF/cm^{2}であることから，活性炭が水銀と同じ挙動を示すならば，表面積が1000m^2/gの活性炭では200～300F/gもの超大容量が得られるはずである。活性炭電極で発現される容量は，特に有機電解液系においてこのような計算から求められる容量よ

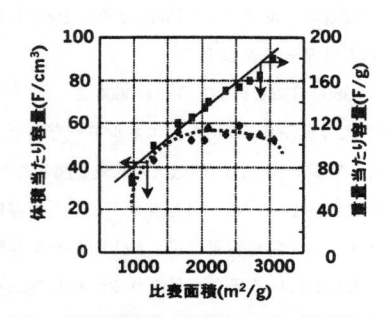

図2　活性炭電極の体積当たり及び重量当たり容量

第9章 環境調和エネルギー産業

りも低く,活性炭表面は十分に利用されていない可能性がある。表面を最大限利用できる活性炭の微細構造を得るべく,活性炭中のミクロ孔の孔径を増加させることが行われている。

また,電極材料には,EDLCの作動電圧領域に分極されても電解質あるいは電解液溶媒と電気化学的反応を起こさず,同時に電極自身の酸化還元が起こらないことが要求される。各種の電源として機器に搭載された場合,EDLCは常に電圧印加された状態に保持されることが多いので,電圧印加時の電極反応に基づく電流がわずかなものであっても,長期間の使用においては著しい性能劣化を引き起こしうる。即ち,EDLCには長時間の電圧印加に対して性能劣化が少ないことが要求される。長時間の電圧印加に対して容量劣化や内部抵抗増加の大きいセルではセル内部に顕著な分解ガスの発生が見られる。有機電解液を用いる場合,分解ガスの主成分は炭酸ガスや水素であることから,電圧印加による性能劣化は電解液の分解に起因し,これには電解液中に微量存在する水分や,電極表面の触媒作用が大きく関与していると考えられる。活性炭表面に存在する,カルボキシル基,フェノール基,キノン基,ラクトン基等の官能基量の尺度となる活性炭中の酸素量と電圧印加によるEDLCセルの性能劣化には関連性がある。図3に示すように,各種の活性炭電極を含むコインセルに,70℃で2.8Vの電圧を1000時間印加後の初期値に対する容量の変化率は,電極活性炭に含まれる酸素量即ち官能基量が少ないほど小さい[3]。また,官能基の少ない活性炭を電極材料に用いるほどポテンシャルウィンドウが広がることも報告されている。従って,電圧印加等の長期の使用に対する活性炭電極の安定性を向上させるには,活性炭表面の官能基除去や高純度化が有効である。

重量当たりの容量が大きな活性炭電極を得ることは比較的容易であるが,体積当たりの容量が大きく,かつ長期電圧印加試験や充放電サイクルの繰り返しに対して優れた耐久性を有する活性炭電極を得ることは容易でない。このため容量と耐久性を両立させかつ電極の低抵抗化を可能にする,新たな炭素材料の原料,前駆体,賦活技術,処理技術の開発が進められている。また,次

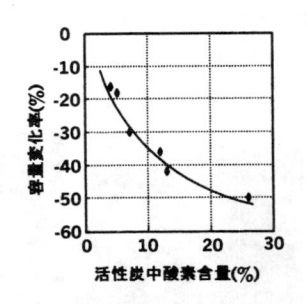

2.8V, 70℃, 1000時間

図3 電圧印加試験後におけるセル容量変化率の活性炭電極中酸素含量依存性

に述べるカーボンナノチューブ（CNT）類のような新規な電極材料の出現が望まれる。

3.3.2　カーボンナノチューブ電極

カーボンナノチューブ（CNT）は炭素六角網面が円筒状に閉じた構造をしており，一枚の網面からチューブが構成されているものを単層カーボンナノチューブ（Single-Walled Carbon Nanotube：SWCNT），複数の網面が入れ子状になったものを多層カーボンナノチューブ（Multi-Walled Carbon Nanotube：MWCNT）と呼ぶ。またCNTと同様に炭素六角網面からなるグラファイト構造で，単層ナノチューブと類似の太さの単層構造をとり，先端が角状に尖った不規則な形状をしているカーボンナノホーン（Single-Walled Carbon Nanohorn：SWCNH）等もある。これらCNTの製法や物理的性質については他に詳しい解説がある[1]。筒状形態のCNTは一種の炭素多孔体であり，新規な多孔性炭素として注目され，いずれもEDLC用電極材料として興味深い。例えばSWCNTは内壁面と外壁面を合わせた理論比表面積は2630m^{2}g^{-1}と非常に高く[5]，チューブ径が約1nm程度で均一なため現在用いている有機電解液中に存在するイオンの大きさを考慮すると，チューブ端が開いていれば理想的な均一ミクロ孔炭素電極となる。

(1) 単層カーボンナノチューブ（SWCNT）電極

現在までに得られたSWCNTの電気二重層容量特性にはかなりのばらつきがあり，正確な議論や考察は難しい。これは純度が高く，基本物性に関して再現性を有するSWCNTを，評価に充分な量を入手することが困難な為である。ここでは，SWCNTとして図4に示す高圧CO熱分解法で得たCarbon Nanotechhnologies社のHiPco™ Single Walled Carbon Nanotubesの物性やこれを電極とするコイン型セルの特性を示し，EDLC用電極材料としての可能性を述べてみる[6]。図5に本SWCNTと電気二重層キャパシタにおいてよく用いられる樹脂を原料とし，水蒸気賦活により得られた標準的なEDLC電極用活性炭AGのX線回折図を示す。活性炭AGは明確な回折ピークを示さないのに対しSWCNTは固有の回折ピークを示す。また回折ピークからわかるように本SWCNTは製造工程で触媒として用いたと考えられる鉄を含有し，その含有量は6.2wt%である。図6にSWCNTと活性炭AGのN$_2$吸着等温線を示す。活性炭AGはミクロ孔を主体とする多孔体

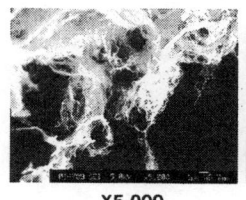

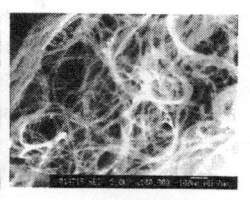

図4　Carbon Nanotechnologies社製SWCNT SEM像

第9章　環境調和エネルギー産業

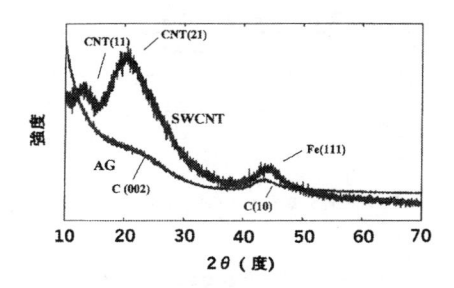

図5　活性炭及びSWCNTのX線回折図

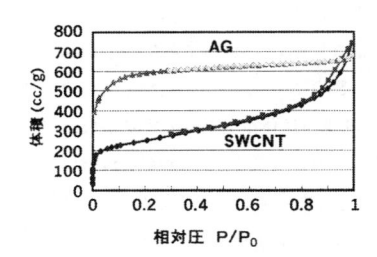

図6　活性炭及びSWCNTの窒素吸着等温線

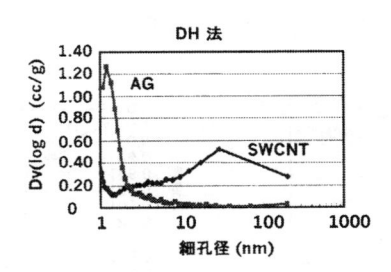

図7　活性炭及びSWCNTの細孔分布曲線

に特有なI型等温線を示し，比表面積として1900m^2g^{-1}を有するのに対し，SWCNTはメソ孔を多く含む，型等温線を示し，比表面積は880m^2g^{-1}になる。ここで得られたSWCNTの比表面積は前述の理論比表面積よりもかなり小さい。図7に細孔分布曲線を示す。また，表1にSWCNTと活性炭AGの物性を比較して示す。活性炭AGと比較するとSWCNTはメソ孔の占める割合が非常に高いが，ミクロ孔もかなり存在する。これはチューブの末端や壁面の一部が製造工程や精製

表1 電極材料の物性

電極材料	比表面積：S_{tot} (m^2/g)	比表面積：S_{mic} (m^2/g)	比表面積：S_{ext} (m^2/g)	構造 (X線回折図)
AG	1900	1744	156	アモルファスC
SWCNT	880	279	601	SWCNT

工程において酸化除去されチューブ内面が窒素ガスの吸着サイトとして利用可能になっているためであると考えられる。

一方，図8及び図9に活性炭AGとSWCNTをそれぞれバインダーを用いて成型した電極を11.8 $\phi \times 1.8$ mmの大きさのコイン型セルに収納し，2M Et_3MeNBF_4のPC溶液を電解液として含浸させたセルの放電特性，セル容量の放電レート依存性を示す。また，放電特性より得られた容量の電極材料依存性を表2に示す。活性炭AGとSWCNTを電極に用いるセルはほぼ同等の放電容量，容量の放電レート依存性を示し，SWCNTはEDLC用電極として充分使用可能である。表2に示す如く，活性炭AG電極とSWCNT電極は体積当たりの容量がほぼ等しくなっているため，2つのセルの容量はほぼ同一になる。これは重量当たりの容量は活性炭AG電極の方が大きいが，電極の密度はSWCNT電極の方が大きくなっているためである。SWCNT電極は密度が高いにもかかわらず，チューブで形成される細孔の形状やチューブの集合構造が，イオンの移動や電解液の含浸を容易にし，優れたレート特性を示すことは注目に値する。このため，それぞれの材料の比表面積と重量当たりの容量から求めた電極表面積当たりの容量はSWCNT電極の方が活性炭AG電極よりも大きく，表面の利用率が向上していることがわかる。

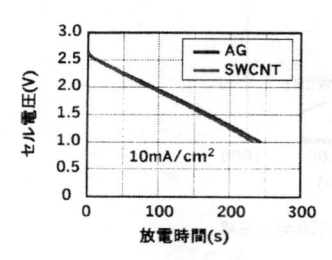

図8 定電流放電曲線

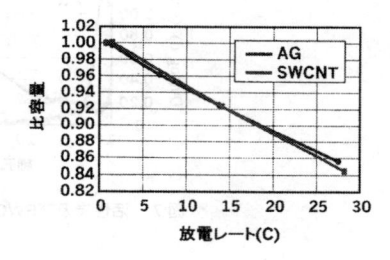

図9 セル容量の放電レート依存性

第9章 環境調和エネルギー産業

表2 活性炭電極,SWCNT電極容量の材料物性依存性

材料	比表面積 (m^2/g)	重量容量 (F/g)	電極密度 (g/cm^3)	体積容量 (F/cm^3)	面積容量 ($\mu F/cm^2$)	セル容量 (F)
AG	1900	111.0	0.547	60.9	5.8	0.431
SWCNT	880	72.4	0.820	59.4	8.2	0.420

図10に容量の温度依存性を示す。電気二重層キャパシタの容量は温度の低下に伴い低下するが,SWCNT電極を用いるキャパシタの低温特性は活性炭AG電極を用いるキャパシタよりもやや良好になっている。これはSWCNT電極は活性炭AG電極よりも細孔が大きくなっていて,低温で電解液の粘度が上昇してもイオンの細孔内への移動が容易であるためである。

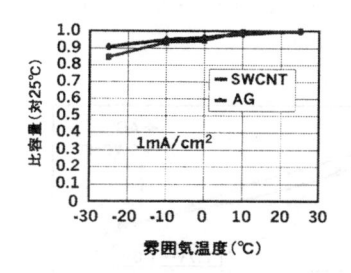

図10 セル容量の温度依存性

図11,及び図12にSWCNT電極及び活性炭AG電極を用いるコイン型キャパシタの長期電圧印加耐久性,及び充放電サイクル耐久性試験の結果を示す。SWCNT電極を用いるキャパシタは電圧印加試験及び充放電サイクル耐久性試験において,セル容量の低下は活性炭AG電極を用いるキャパシタとほぼ同等である。

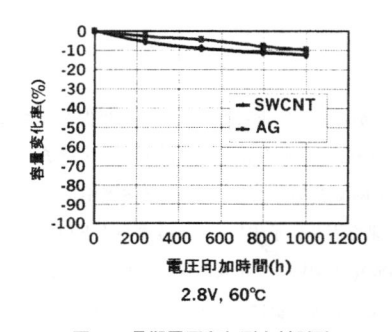

図11 長期電圧印加耐久性試験 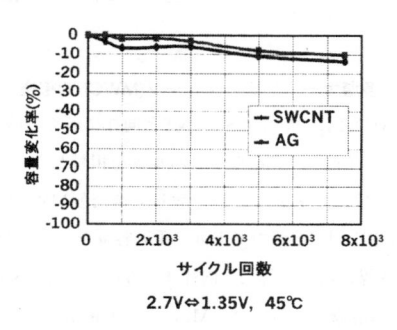　　図12 充放電サイクル耐久性試験

パワー用途で用いる大型のセルにおいては電極の厚さは高出力を得るためにコイン型セルよりも薄くなる。図13に電極を薄くすることが可能なアルミラミネートセルを用い，電極層，集電体，セパレータから成る素子の体積あたりのエネルギー密度と出力密度の関係をSWCNT電極及び活性炭AG電極を用いた場合で比較して示す。SWCNT電極は活性炭AG電極よりも厚くかつ密度が大きく作られているが，実用的に重要な1500W/kgの出力密度までは，同じ出力密度ではより高いエネルギー密度が得られていて，キャパシタ用電極としては好都合であることがわかる。

SWCNTは高温で酸化処理を行うことにより比表面積が向上し，それに伴い重量当たりの電気二重層容量が向上する[7]。これらはチューブの末端や壁面の一部が酸化除去されチューブ内面がイオンや窒素ガスの吸着サイトとして利用可能になったためと考えられる。適切な酸化処理を行うことにより，チューブ内面がイオンの吸着サイトとして有効利用され，さらなる容量，特性の向上が可能になると考えられる。

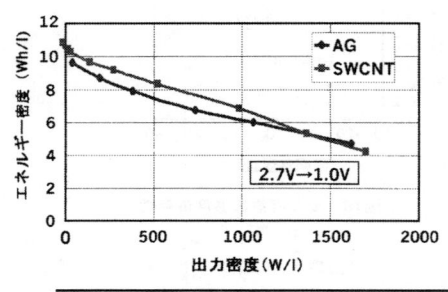

電極材料	正負極厚み	電極密度	セル内部抵抗
AG	150μ	0.56 g/cm³	12Ω・cm²
SWCNT	250μ	0.85 g/cm³	12Ω・cm²

図13 エネルギー密度と出力密度の関係

(2) **多層カーボンナノチューブ(MWCNT)電極**

MWCNTについてもSWCNTと同様に多くの研究者から電気二重層容量について報告がなされている。Frackowiakらがコバルトを担持したシリカやゼオライト等を触媒に用い，アセチレンやプロピレンを気相で熱分解して得た粗MWCNTを酸で精製した後，KOH水溶液中あるいは1 MLiPF$_6$/PC溶液中で電気二重層容量を測定した結果を表3に示す[8]。例えばコバルト担持シリカを触媒に用いて得た，内径4～6 nm，外径15～30nmのMWCNT比表面積は411m²/gであり，KOH水溶液中あるいは1 MLiPF$_6$/PC溶液中での電気二重層容量は，それぞれ45F/g，36F/gである。MWCNT電極について得られた容量は，活性炭電極で得られている容量よりも低いが，こ

第9章 環境調和エネルギー産業

れは比表面積がキャパシタ電極に用いるには小さ過ぎることによるものと考えられる。MWCNTの比表面積が小さいのはチューブの直径が太いことや，チューブの末端や壁面が酸化除去されにくく，チューブ内面が利用しにくいこと等が考えられる。このため比表面積の向上を図るべくさらにアルカリ賦活を行うことなどが試みられている。

表3　MWCNTの物性とキャパシタ特性

MWCNT		A700Co/SiO$_2$	A900Co/SiO$_2$	A600Co/NaY	P800Al Temp.
BET (m^2/g)		411	396	128	311
V$_{meso}$ (cm^3/g)		0.76	0.66	0.43	1.04
V$_{micro}$ (cm^3/g)		0.003	0	0.004	0.014
容量 (F/g)	6 MKOH	68	45	3	30
	1 MLiPF$_6$	−	36	−	17

E. Frackowiak and F. Beguin, *Carbon*, **39**, 937 (2001).

(3) カーボンナノホーン（SWCNH）電極

カーボンナノホーン等を電極とする電気二重層キャパシタの特性は公表されていない。これはカーボンナノホーンやその他のカーボンナノチューブは入手が難しいためと思われる。しかしながら，カーボンナノホーン（SWCNH）は表4に示すように700℃付近で酸化処理を行うとBET法で求めた比表面積が400m^{2}g^{-1}程度から1300m^{2}g^{-1}程度にまで向上する[9]ことが報告されていて，初期の特性面だけからはEDLC用電極として利用可能性があるものと思われる。

表4　SWCNH集合体の比表面積（BET法）

	全比表面積	NH外	NH内
SWCNH	358m^2/g	358m^2/g	−
SWCNH（697℃）	1296m^2/g	358m^2/g	938m^2/g

金子克美，2002年炭素材料学会2月セミナー資料，23 (2002).

(4) カーボンナノチューブ電極の最近の動き

最近，基板上に長尺のナノチューブを高密度に合成し，キャパシタ用電極として応用することが提案されている[10]。即ち，製造装置内に触媒金属をつけた基板を入れ，メタンガスなどを充填した後，700℃に加熱したうえでプラズマ放電させると，基板と垂直方向にナノチューブが合成されていく。長いナノチューブを作る熱CVDとナノチューブの向きを制御できるプラズマCVDの技術が組み合わされた本技術により，長さが50〜100μmのナノチューブを10億本/cm^{2}の密度で生成させることが可能である。触媒金属の粒径をさらに制御することでナノチューブの直径を5〜10nmの間で制御できる。実際のキャパシタ特性は不明であるものの，量産性やそれと関連するコストの問題が解決されれば，興味深い技術である。

3.4 おわりに

HEV用途等のパワー用EDLCの広範な実用には活性炭電極の電極体積当たりの容量の向上，高純度化等が課題である。

一方CNT類の特性向上には，チューブ内壁の利用率を向上させる試みや内外壁の表面処理が必要であり，さらには特性を最大限発揮させる現状の活性炭系に用いられているものとは異なる新規な電解液の開発が必要になることも考えられる。

現在得られているCNT類は，必ずしもEDLCへの応用を目的に開発されたものでなく，総合的な特性は最先端の活性炭の特性には及ばない。しかしながら表面の利用率が向上していることは大きな利点であり，電極体積当たりの容量の向上，高純度化等，活性炭電極で課題とされている事項が解決できるならば，EDLC用電極材料として優れた材料になり得る。現状，CNT類の特性，耐久性等をはじめとする実力は，素性の明確な高純度な材料の入手が難しく，充分把握できていない。CNT類の実力把握と広範な使用には，今後EDLC用途に適した，CNT類の大量合成，チューブ径，長さ等の構造の作り分け，分級，精製，表面官能基量の低減，さらにはチューブで形成される細孔の形状やチューブの集合構造の制御等の技術開発やCNT類の大幅なコストダウンが求められる。

文　　献

1) 森本　剛，平塚和也，真田恭宏，栗原　要，木村好克，電気化学，**63**, 587(1995).
2) A. F. Burke and T. C. Murphy, *Mat. Res. Soc. Symp. Proc.*, **393**, 375(1995).
3) 森本　剛，炭素，**189**, 188(1999).
4) 田中一義編，カーボンナノチューブ，ナノデバイスへの挑戦，化学同人（2001）.
5) 白石壮士，表面，**40**, 13(2002).
6) 森本　剛，"電気二重層キャパシタの新展開，˜活性炭からCNTまで˜"電気化学会関西支部第42回電気化学セミナー「カーボンとナノテク-エネルギー変換材料への期待-」, 30（2002）2002年7月18日
7) S. Shiraishi, H. Kurihara, K. Okabe, D. Hulicova and A. Oya, *Electrochemistry Communication*, **4**, 593(2002).
8) E. Frackowiak and F. Beguin, *Carbon*, **39**, 937(2001).
9) 金子克美，2002年炭素材料学会2月セミナー資料，23(2002).
10) 日経産業新聞，2003年8月21日

4 バッテリーセパレータ

比嘉 充*

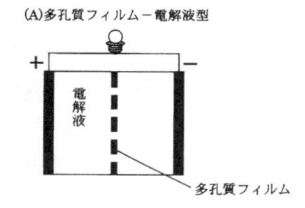

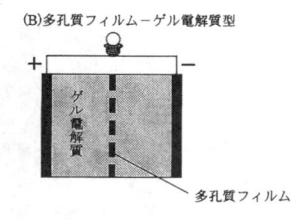

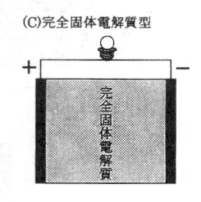

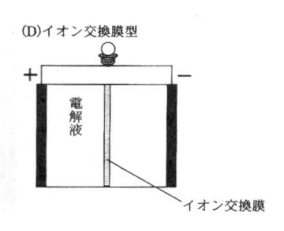

4.1 バッテリーセパレータの機能と分類

バッテリーセパレータとはリチウム二次電池，燃料電池などの電池において正極，負極の間に存在し，この両極間にエネルギー差を作るためにこれらの電極を隔てる材料のことを示す。

バッテリーセパレータの種類は図1に示すように主に4つのタイプに分類される。

(A) 多孔質フィルム—電解液型
(B) 多孔質フィルム—ゲル電解質型
(C) 完全固体電解質型
(D) イオン交換膜型

これらのセパレータ材料には

(1) 電池内で電子の移動が起こらないような高絶縁性と，正極と負極の物理的な接触を防ぐための十分な機械的強度
(2) 高いイオン伝導度

という2つの主な機能が求められる。これまで(1)の機能を有する多孔質フィルムなどの隔膜をセパレータとし，(2)の機能を有する電解液などの電解質部分とに分けて記述した文献[1~4]が多いが，燃料電池やレドックスフロー電池に用いられるイオン交換膜や最近，研究が盛んに行われている完全固体電解質は(1)と(2)の機能を有する隔膜であるため，ここでは各種電池において(1)と(2)の機能を有する部位をセパレータ材料と定義した。

この2つの機能を併せ持つセパレータを開発すればバッテリーの高性能化が期待できるが，一般に(1)と(2)の機能はいわゆるトレードオフの関係にあるためこの二つの性能を同時に実現するのは困難である。そこで多孔質フィルムにおけるナノレベルの孔径制御，ナノファイバーを用いた高分子フィルム補強材，イオン交

図1 バッテリーセパレータの分類

---

* Mitsuru Higa　山口大学大学院　医学研究科　助教授

換膜におけるナノオーダーのクラスター構造制御の研究を行うことでより高性能なセパレータ材料の開発が行われている。

実際のバッテリーセパレータは上記の基本的機能だけではなく，その用途に応じて異なった機能が求められる。以下に4種類のセパレータとその用途について解説を行う。

4.2　多孔質フィルムー電解液型セパレータ

高機械的強度と高イオン伝導度を併せ持つセパレータ材料を開発するのは困難であるため，初めての近代電池であるボルタ電池から最近のアルカリ乾電池，またリチウム二次電池の一部に至るまで多くの電池は絶縁紙（不織布）や微多孔フィルムと，イオン伝導性の高い電解液を組み合わせることで，隔膜としての実用的な機械的強度とイオン伝導度を実現している。セパレータ材料として用いられている不織布のSEM写真を図2に示す。

表面

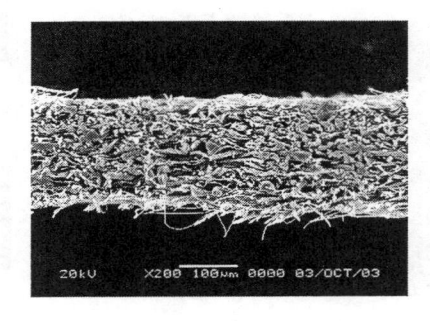

断面

図2　コイン型リチウム電池用セパレータのSEM写真
材質：ポリプロピレン不織布
ニッポン高度紙工業㈱　提供

第9章 環境調和エネルギー産業

$\theta = \dfrac{\bar{\lambda}}{d}$

$\bar{\lambda}$：各微孔の長さの平均
d：フィルム厚

$\varepsilon = \dfrac{\sum s_i}{S}$

s_i：微孔の面積
S：フィルム面積

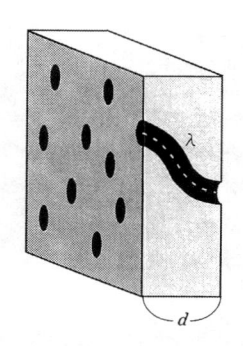

図3　多孔膜の模式図と空孔率，曲路率の定義

　不織布や微多孔フィルム用高分子材料としては，親水性が高く電解質水溶液との濡れ性が高いポリアミドや，耐アルカリ，耐酸化性に優れたポリエチレン，ポリプロピレンなどのポリオレフィン系高分子が使用されている。これらの高分子材料自体はイオン伝導性がないため，これらの材料を用いたセパレータのイオン伝導度はこの多孔質フィルムに存在する微多孔構造に大きく依存する。より高いイオン伝導度を有するためには，図3に示すようにフィルム全体の面積に対する各微孔面積の総和の比（空孔率 ε）が大きく，各細孔の長さの平均値 $\bar{\lambda}$ に対するフィルム厚の比（曲路率 θ）が1に近い微多孔構造が望ましい。このような微多孔構造はミクロ相分離法，延伸法などにより形成されている。

　高イオン伝導度を得るためにはより薄い多孔質フィルムが要求される。これまで50 μmの多孔質フィルムが使用されてきたが，現在は10〜20 μmが主流となっている。またポリオレフィン系フィルムは撥水性であるため水溶液電解質と組み合わせて用いる場合にはスルホン化処理，アクリル酸のグラフトなど親水性処理を行い，水溶液電解質との濡れ性を高める必要がある。

　セパレータ材料としての多孔質フィルムは高機械的強度と高イオン導電率という基本要求性能だけでなく，液漏れや発火などの危険性が無く，安全に電池を使用できる特性が要求される[5]。特にリチウム電池では電解液としてプロピレンカーボネートやエチレンカーボネートに代表される低粘度エーテル溶媒が使用されている。これらの有機溶媒は一般に沸点が低く，何らかの原因で電池の温度が上昇すると発火する危険性がある。そのため130℃以上の温度になると図4に示すようにセパレータの微孔が塞がれ，しかもセパレータ自体は溶解せずに機械的強度を保持することでイオンの流れをシャットダウンする機能が求められる[19]。

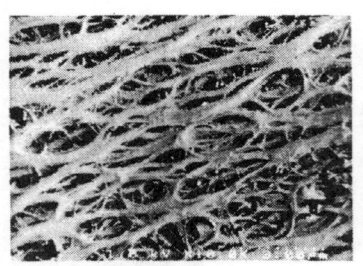

写真　セパレータ(PE膜)

シャットダウン状態(PE膜)

図4　リチウム電池用セパレータのSEM写真[19]
日本バルカー工業㈱　提供

4.3　多孔質フィルム―ゲル電解質型セパレータ

　前述のように電解液を用いたリチウム電池では発火の危険性がある。これを回避するために電解質溶液をゲルに置き換えたゲル電解質の開発が行われている[6]。

　高分子ゲルはマトリックスとなる高分子鎖が溶媒に溶解した状態でこれらの高分子鎖が互いに橋架け構造を形成することで巨大な3次元網目構造を形成したものである。このような3次元網目構造を有する高分子マトリックスが電解質を含む有機溶媒に膨潤した状態をゲル電解質という。このゲル電解質ではゲルを構成する高分子鎖と電解液が相溶性に優れているため、圧力を加えてもゲル電解質内部の電解液が外部に漏れ出たり、揮発性ガスが発生する可能性が低く、高い安全性を有する。

　ゲル電解質用として使用されている主なポリマーにはポリアクリロニトリル（PAN），ポリフッ化ビニリデン（PVdF），ポリメタクリル酸メチル（PMMA），ポリエチレンオキシド（PEO）などがある。これらの中でPEOを架橋したゲル電解質の25℃でのイオン伝導度は10^{-3}S/cmオーダーとかなり高い値を示す。これらのゲル電解質が十分な機械的強度を有するなら、ゲル電解質

第9章　環境調和エネルギー産業

のみで構成されたセパレータが可能となる。しかし現在のゲル電解質の多くは単独で電池用セパレータとして使用するのに十分な機械的強度を有さないため,支持体として多孔質フィルムを用いた多孔質フィルム－ゲル電解質型セパレータが実用化されている。この場合セパレータ全体のイオン伝導度は10^{-4}S/cmオーダーに低下するが強度が増加し,安定した性能,品質が得られ,このゲル電解質で作製した薄型リチウムポリマー電池の外装体の一部に切れ込みを入れた加圧試験においても,電解液の漏れがないという報告がある[7]。

4.4　完全固体高分子電解質セパレータ

ゲル電解質は有機溶媒電解液と比較して液漏れ,引火の危険性は低いが,ゲルの内部に液状成分が含まれるため,まだこの危険性が存在する。しかし液状成分をほとんど含まない完全固体高分子電解質セパレータを使用することで安全な電池の作製が可能となる。さらに完全固体高分子電解質は,リチウム金属を二次電池負極として用いた場合にリチウム金属が負極に針状に析出するデンドライト析出を抑制するという報告がある。このデンドライトは電池内の負極と正極の短絡を引き起こし,発熱,発火の原因となるため,完全固体高分子電解質を使用することでデンドライトを抑制出来れば負極にリチウム金属を用いた高性能なリチウム二次電池の開発が期待できる[6]。

完全固体高分子電解質はポリエチレンオキシド（PEO）などのアルカリ金属イオンが溶媒和され易い高分子マトリックスと電解質から構成される[8]。高分子鎖の熱運動が活発になるガラス転移温度（Tg）以上の温度になると,マトリックス中のPEO鎖のセグメント運動によりアルカリ金属が輸送される。PEOにリチウム塩を溶解した完全固体高分子電解質は結晶化のために室温付近でのイオン伝導度が10^{-6}〜10^{-7}S/cm程度と低いが,PEO鎖の架橋や,他のポリマーとの共重合により結晶化を抑制することで室温付近でのイオン伝導度が10^{-4}S/cm程度まで向上したとの報告も行われている[9]。また有機低分子やナノフィラーを可塑剤として添加してPEO鎖間およびPEO鎖とリチウムイオン間の相互作用を弱め,PEOのセグメント運動を促進する方法も検討されている。

4.5　イオン交換膜セパレータ

イオン交換膜は高分子3次元網目構造を有しており,その3次元網目を形成する高分子鎖に正荷電基または負荷電基が固定されたシングルイオン固体電解質である。完全固体高分子電解質と異なり,イオン交換膜のイオン伝導度は溶媒を含まないと絶縁フィルムの値に近くなるため一般に湿潤した状態で使用される。またこの膜は高い機械的強度を有しているため,絶縁フィルムを用いなくても単独で正極と負極の隔膜として使用可能である。このイオン交換膜は電気透析用膜

として製塩や苛性ソーダの製造に広く用いられており，またレドックスフロー型電池や燃料電池用のセパレータとしての応用が期待されている[10]。

(1) レドックスフロー型電池用セパレータ

レドックスフロー型電池の例としてバナジウム系レドックス電池を図5に示す。この電池の両極液の混合による電流効率の低下を防ぐために主に水素イオン選択透過性を有する炭化水素系イオン交換膜が用いられる。炭化水素系イオン交換膜は主にスチレン—ジビニルベンゼン共重合膜をベースに作製されている。この膜はポリ塩化ビニルやポリエチレンの布に，スチレン，ジビニルベンゼンと開始剤として過酸化ベンゾイルからなる溶液に浸漬してホットプレス中で重合して製膜後，荷電基を導入することで作製される[11]。

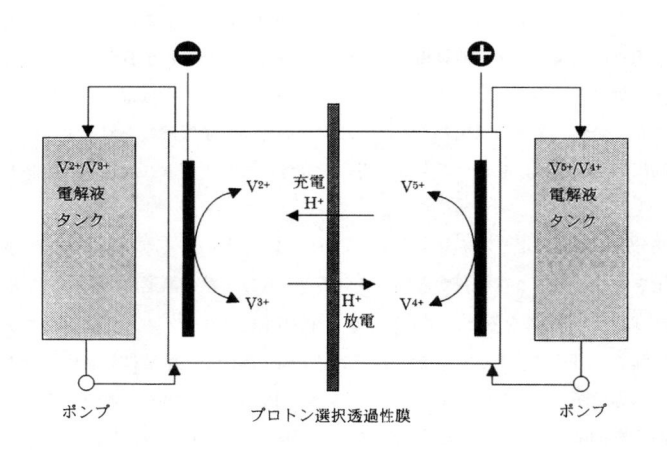

図5　バナジウム系レドックスフロー電池の模式図

(2) 燃料電池用セパレータ

燃料電池用セパレータとして炭化水素系イオン交換膜を用いる場合の一番大きな問題点となる耐久性を解決する膜として，パーフルオロアルキル基を主鎖としたフッ素系イオン交換膜が開発されている。このような膜はDu Pont社のナフィオン®膜，旭硝子㈱社のフレミオン®膜，旭化成㈱社のアシプレックス®膜などがある。ナフィオン®膜の構造はGierke[12]が解析を行い，図6に示すような疎水性相と親水性相が相分離したナノレベルのクラスター構造を提案している。

フッ素系イオン交換膜は燃料電池用セパレータとして現在，実用に最も近い材料であるが，高コストであり，クラスター構造により膜が形成されているため機械的強度に問題がある。また水

第 9 章　環境調和エネルギー産業

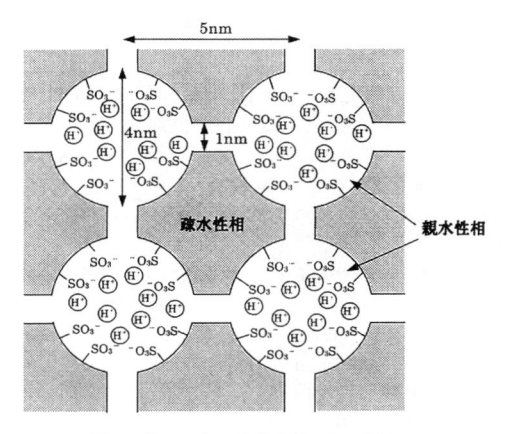

図6　ナフィオン®膜のクラスター構造

**表1　従来型フッ素系イオン交換膜に代わる
燃料電池用イオン交換膜セパレータの研究例**

膜の種類	主な材料	開発目的
改良型フッ素系イオン交換膜		
多孔体補強膜 (Gone-Select®膜)[14]	PTFE多孔体, パーフルオロスルホン酸樹脂	機械的強度向上
フィブリル補強膜[15]	PTFEフィブリル, パーフルオロスルホン酸樹脂	機械的強度向上
部分フッ素化電解質膜 (BAM3G®膜)[16]	トリフルオロスチレン, トリフルオロスチレン誘導体	低コスト化
放射線グラフト重合膜[17]	PTFE, スチレン	低コスト化
炭化水素系イオン交換膜	炭化水素系イオン交換膜	
PBI/リン酸複合体[18]	PBI, リン酸	高温使用

PTFE：ポリテトラフルオロエチエン，PBI：ポリベンゾイミダゾール

素ガスやメタノールの高透過性や，また低含水率時でのイオン伝導性が低いなど解決すべき課題が存在する。これらの課題を解決するため上述したフッ素系イオン交換膜に変わる種々のイオン交換膜の開発研究が行われており[13]，その主な例を表1に示す。

367

ナノファイバーテクノロジーを用いた高度産業発掘戦略

文　献

1) 松田好晴, 竹原善一郎, 小久見善八編, 電池便覧, 第3版, 丸善(2001)
2) 電気化学学会編, 電気化学便覧, 第5版, 丸善(2000)
3) 田村秀雄監修, 森田昌行, 池田宏之助, 岩倉千秋, 松田好晴編, 電子とイオンの機能化学シリーズ　Vol.3, 次世代型リチウム二次電池, エヌ・ティー・エス(2003)
4) エヌ・ティー・エス編集企画部編, リチウム二次電池の技術革新と将来展望, エヌ・ティー・エス(2001)
5) 芳尾真幸, 小沢昭弥編, リチウムイオン二次電池—材料と応用—第二版, 日刊工業新聞社(2000)
6) 植谷慶雄著, ポリマーリチウム電池, ㈱シーエムシー出版, (1999)
7) S. Nakamizo, M. Yamasaki, M. Kamino, H. Watanabe, I. Nakane and S. Narukawa, *SANYO TECHNICAL REVIEW*, **31**(2),36(1999).
8) P. V. Wright, *Br. Polym. J.*, **7**, 319(1975).
9) A. Nishimono, M. Watanabe, Y. Ikeda and S. Kohjiya, *Electrochimica Acta*, **43**, 1177(1998)
10) 電気透析および膜分離技術研究会編, イオン交換膜の工業的応用, 日本海水学会(1986)
11) 電気透析および膜分離技術研究会編, イオン交換膜の工業的応用　第2集, 日本海水学会(1993)
12) T. D. Gierke, *Am. Electrochem. Soc. Meeting*(Oct. 1977)
13) 田村秀雄監修, 内田裕之, 池田宏之助, 岩倉千秋, 高須芳雄編, 電子とイオンの機能化学シリーズ　Vol.4, 固体高分子形燃料電池のすべて, エヌ・ティー・エス (2003)
14) B.Bahar, A.R. Hobson, J.A. Kolde and D. Zuckerbrod, USP5547551(1996)
15) 小谷貴彦, 工業材料, **51**(4), 43(2003)
16) S. Nezu, H. Seko, M. Gondo and N. Ito, Abstracts 1996 Fuel Cell Seminar, Nov. 17-20 (1996)
17) 八巻徹也, 浅野雅春, 吉田勝, 工業材料, **51**(4), 39(2003)
18) M. Kawahara, J. Morita, M. Rikukawa, K. Sanui and N. Ogata, *Electrochim. Acta*, **45**, 1395 (2000)
19) 池田宏之助, 寺司和生, バルカーレビュー, 第42巻第04号, 日本バルカー工業株式会社 (1998)　http://www.valqua.co.jp/products/review/

第10章　環境産業

1　ナノファイバーテクノロジーと分離膜

川口武行*

1.1　はじめに

　本稿では，ナノファイバーテクノロジーを用いた分離膜（以下，ナノファイバー分離膜）について，開発動向とその背景を探る。あわせて，いくつかの最近の研究開発事例を紹介する。まず，ここでいうナノファイバー分離膜とは，図1に示すように，以下のいずれかの特徴を有する繊維状の膜やフィルターと定義する。

① 繊維径が1μ以下のナノファイバーフィルター
② ナノ加工が施された中空糸状の分離膜，ここでいうナノ加工とは，
　●ナノメートルオーダの多孔構造や相分離構造を有する中空糸状分離膜
　●ナノメートルオーダの薄膜活性層を有する中空糸状分離膜
　●ナノコンポジットからなる中空糸状分離膜

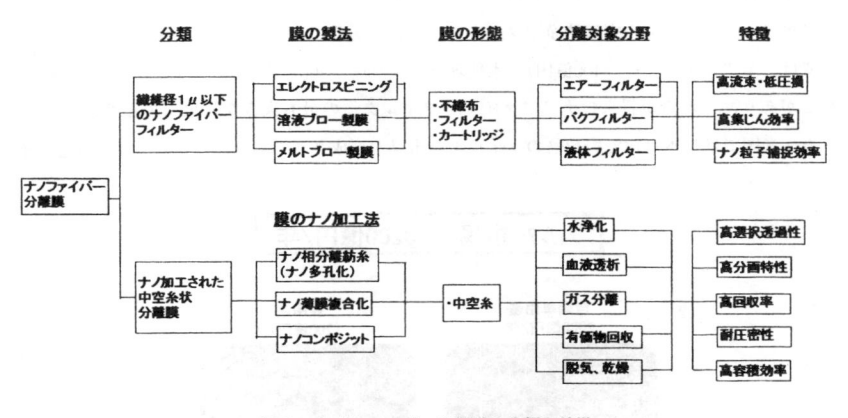

図1　ナノファイバー分離膜の分類と特徴

＊　Takeyuki Kawaguchi　帝人グループ理事；帝人㈱　新事業開発グループ　先端技術研究所　所長

上記のナノファイバー分離膜の中で，ナノファイバーフィルターの主な製造法としては，エレクトロスピニング，メルトブロー製膜，溶液ブロー製膜，スポンボンドなどが知られている。これらのナノファイバーは主に不織布状に成型され，フィルターやカートリッジに組み込まれて，すでに工業プロセス用や自動車用の特殊エアフィルターや液体フィルターとして，一部実用化されている。

また，ナノ加工中空糸状分離膜は，ナノ相分離を利用した乾湿式紡糸や湿式紡糸などで得られる多孔性中空糸膜をナノ薄膜加工やナノコンポジット化することにより得られる。これらのナノ加工分離膜は，その高い選択透過性や分画特性などから水浄化，血液透析，ガス分離，有価物回収，脱気などの幅広い分野で注目され，一部で使用され始めている。

こうしたナノファイバー分離膜が近年改めて注目されるようになってきたのは，ナノファイバー分離膜でないと分離が困難であるか，効果的，効率的に分離ができないような分離対象が，市場で顕在化してきたことが背景にある。

1.2 ナノファイバーフィルターの分離対象市場動向

図2に，2010年に予想されるフィルター市場を示す[1]。2010年度の想定フィルター市場は3200億円であり，その内訳としては，自動車用フィルターが2000億円，一般用途が1200億円と見られている。自動車用フィルターの内訳は，エンジン用のエアクリーナー，オイルフィルター，外気ガス用フィルター，車内空気清浄用フィルターなどがある。また，その他の産業用フィルターとしては，エアフィルター（400億円），水処理フィルター（400億円），バグフィルター（100億円）などがあり，これらが将来のナノファイバーフィルターの最も大きな対象市場と考えられる[2]。一方，米国では日本対比で約数倍のフィルター市場が形成されており，今後とも環境対応，軍事

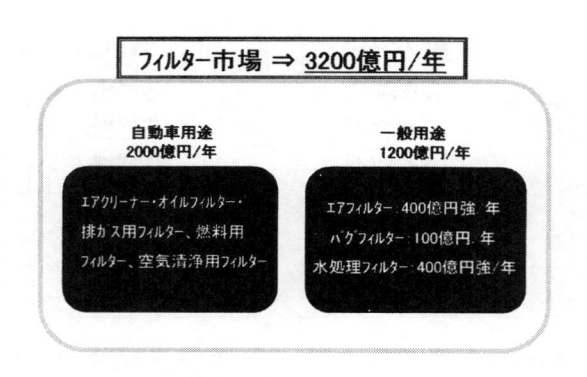

図2　ナノファイバーフィルターの対象市場規模

第10章　環境産業

用途（テロ対応）や高齢化社会での高度医療の進展に伴ない高い成長が予測されている[3]。

1.3　ナノファイバーフィルターの技術開発動向

本稿では，近年米国で開発が急速に加速しているエレクトロスピニングによるナノファイバーフィルター開発の経緯と近年の開発動向を紹介する。

エレクトロスピニング法そのものは，1934年に基本原理と方法が開発された古い歴史を持つナノファイバーフィルターの作製技術の一つである[4]。工業的には1970年代後半からエレクトロスピニングによる不織布エアフィルタの工業的な製造は開始されていたが[5]，近年になるまで幅広い実用性がある技術とは，一般には認識されていなかった。1990年代になって，Akron大学のReneker[6]やDrexel大学のKoら[7]によってナイロン，アラミド，ポリエステル，PANなどの各種のポリマー溶液からナノファイバー不織布が3次元的にも一体成型できることや，多様な応用領域が徐々に示されるようになった。その後，特に2000年以降はアメリカ政府や軍関連の研究予算重点投資の後押し効果もあって，図3に示すように全米を中心にエレクトロスピニングとナノファイバーフィルター研究が大きく加速してきた[8]。

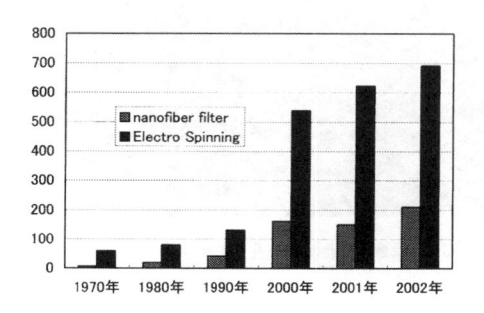

図3　ナノファイバーフィルターとエレクトロスピニングに関する全世界での報告件数
（特許・論文・学会発表）

1.3.1　ナノファイバーフィルターの特徴

エレクトロスピニングにより得られるナノファイバーフィルターは，既知の不織布フィルターには見られない特徴を有する。すなわち，①紡糸と同時にナノファイバー不織布が成型可能であり，かつ三次元の物体への直接加工が可能，②単位容積あたりの表面積が，従来のミクロファイバーに比べて飛躍的に大きい（例えば繊維径が10μmから0.1μmとなれば，有効表面積は100倍），③ミクロン粒子のろ過効率が飛躍的に向上する，④フィルターの耐久寿命が向上することである。さらに，⑤フィルターの材料によっては，水蒸気透過性は良好だが，水滴やエアゾルなどは殆

ど透過しない，⑥熱に不安定なタンパク質や薬剤を共存させて，常温常圧で紡糸成型が行えるなどの多くの特徴を有する。これらの内で，これまで最も早くから実用化されてきたのが，ナノファイバーエアフィルターである。図4と5に，セルロース不織布上にナイロン6,6をエレクトロスピニング法で積層したナノファイバーエアフィルターを示す[9]。

このナノファイバーフィルターは，繊維径250nmのナノファイバーが4-5層重なった構造をしており，膜厚が1μmと極めて薄い。そのために通常は強度補強のために，マイクロファイバーからなる基材の上に積層して使用する。このフィルターを用いて10μmから0.2μmまでの微粒子をろ過した場合の粒子径とろ過効率を図6に示す[10]。

図から明らかなように，ナノファイバー径が小さくなるにつれて，フィルターを透過するのに最適な粒子径が減少する。また，図7からファイバー径の減少と共に，あらゆる粒子径の粒子に対して，同一の圧損条件下でのろ過効率は向上する。この理由としては，フィルター繊維径がナ

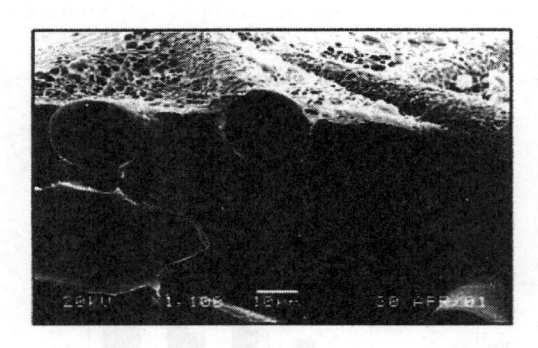

図4　セルロース基材上に担持されたナノファイバー不織布断面写真

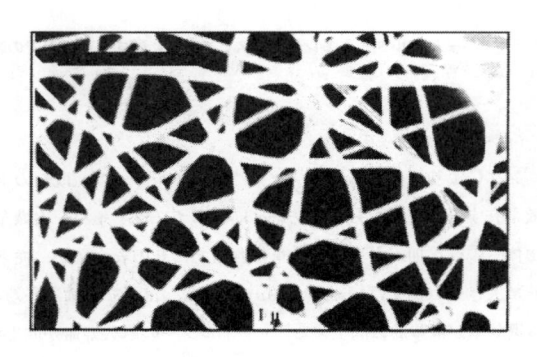

図5　市販ナノファイバー

第10章　環境産業

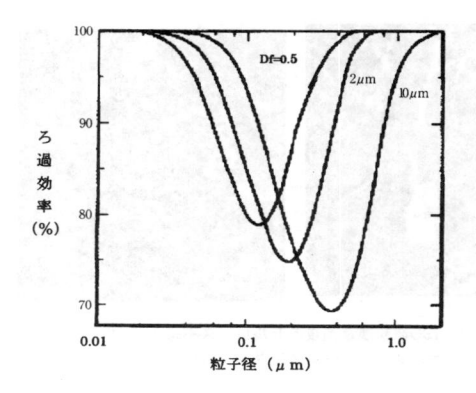

図6　繊維径の異なるフィルターによる濾過効率の濾過粒子径依存性
（Df：フィルター繊維径＜μm＞）

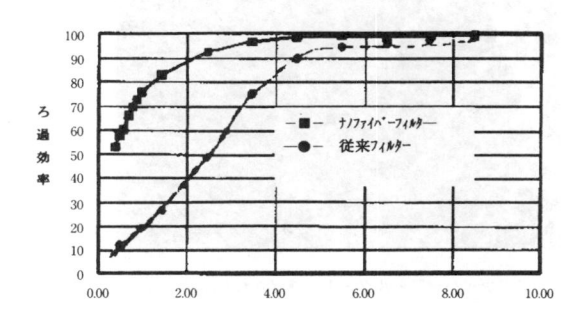

図7　標準セルロースフィルターとナノファイバーフィルターによる濾過効率の粒子径依存性

ノメートルオーダになると，従来の気体ろ過理論では想定していない空気分子とナノファイバー表面との界面での相互作用に基づくSlip Flow効果（空気が滑りやすくなる効果）が寄与してくるためと考えられる。

図8にはサブミクロンのほこり粒子（ISO fine test dust）が高密度に捕獲されたナノファイバーフィルター[11]を示す。また，図9には0.01～0.5ミクロンの粒子径のNaClがナノファイバーフィルタ上に密集して捕獲されている様子を示す[12]。こうしたナノファイバーによるサブミクロン粒子の高い捕獲効果は，今後車両用や工業用フィルターの小型，軽量化にも貢献できる。また，ナノファイバー上へのナノサイズの触媒担持なども可能であることを示唆している[13]。

373

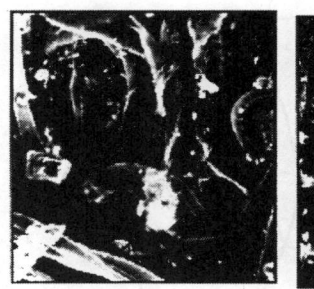

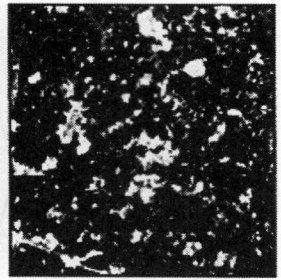

図8 ISO微粉塵濾過後のセルロース不織布（左）と
ナノファイバーフィルター（右）

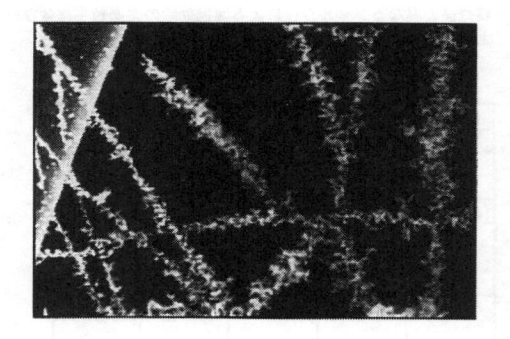

図9 ナノファイバーフィルター上に捕捉されたNaClサブミクロン結晶

1.3.2 ナノファイバーフィルターのその他の用途展開例

　エレクトロスピニングにより作成されるナノファイバー不織布の用途としては，エアフィルターが圧倒的に多いが，近年は立体成型加工性を活かした人工血管[14]や生分解性素材を用いた再生医療用scaffold[15]，徐放性ナノファイバー基材を用いたDDS[16]などの医薬医療分野や，透湿・通気性の優れた軍服用の細菌侵入防護コーティング材[17]，導電性不織布[18]，リチウム二次電池用セパレータ[19]，色素増感太陽電池用基材[20]などのエレクトロニクス分野への応用についても報告例が増加しており，韓国や日本でも研究開発が2000年以降活発化してきた。

1.4 ナノファイバーフィルターの工業的な製造技術の今後の課題

　エレクトロスピニングによるナノファイバー製造は，メルトブローやスパンボンドほど工業的に確立された技術とはなっていないが，近年かなり工業的な製造技術の進展があり，現在では例

第10章　環境産業

えば，ナイロン66を用いたナノファイバーフィルターが，幅610mmで10,000m^2/日の連続生産が可能になっている[21]。

ただし，得られるナノファイバー繊維径の均一性には課題を残しており，ちなみに，現在得られているエレクトロスピニングによるナノファイバー径は，紡糸条件によって，40nm～1μmの範囲で制御可能であるが，例えば200nmを狙って紡糸した場合でも，得られる繊維径のばらつきは100nm～400nmと比較的大きい[21]。

この原因としては，複数ノズル間の干渉による繊維の不安定化や厚みムラなどが考えられるが，これらを解消するためには，ポリマー溶液粘度，印加電圧制御，電極や対極の配置構造や電極間距離，支持体の繊維径や空隙率，紡糸環境条件などの最適化を含めて，今後更なる連続紡糸の制御技術の開発が必要と思われる。

文　献

1) 富士総合研究所調査レポート，2002年12月
2) CMC "自動車用・精密電子機器用フィルタの開発と新しい展開" 2002.11.
3) The Freedonia Group, Inc. "Industry Stydy , Filters" 2003
4) Doshi, J., et al., Journal of Electrostatics, **35**, 151-160(1995).
5) Tsai, P. P., et al., Journal of Electrostatics, **54**, 2002.
6) Reneker, D. H., et al., Nanotechnology, **7**, 216-233(1996)
7) Ko, F., et al., J. Biomed. Mat. Res., **60**, No4, 613-21(2002)
8) Yahoo. com検索：nanofiber ＊filter，electrospinning（1970-2000）
9) Kalayci, V. E., "Electrostatic Solution Spinning", MS Thesis, University of Massachusetts, Dartmouth, July, 2002
10) Grafe, T. et al., Filtration 2001 Conference Proceedings, 2001
11) Schaefer, J. W., et al., "Air Filtration Media for Transportation Applications", Filtration & Separation, March 1998.
12) Schaefer, J.W., et al., "Nanofibers in Aerosol Filtration", Cambridge, MA, July (1998).
13) Christopher, D., et al., Nano Letters, **3**(2), 143-147(2003).
14) Ehicon, Inc., U.S. Patent 5,311,884
15) Yoshimoto, H., et al., Biomaterials, **24**, 2077-2082(2003).
16) Kenawy, E. R., et al., Polymer Preprints, **43**(1), 457-458(2002).
17) Peter, P.T., Journal of Advanced Materials, **34**(3), 44-55(2002).
18) MacDiarmid, A.G., Synthetic Metals, **119**, 27-30(2001).
19) Yun, K., et al., PCT patent：WO 01/89023.

20) Drew, C., et al., *Journal of Macromolecular Science-Pure and Applied Chemistry*, **39**(10), 1085-1094 (2002).
21) http://www.donaldson.com/en/filtermedia/nanofibers/

2 エアフィルター

永井一清*

2.1 はじめに

"エアフィルター"とは，その名称が示しているように"空気をろ過して純化する機能を有するフィルター"である。表1に例示するように，その応用分野は多岐にわたる。すでにオフィスビルや工場などの室内空調や自動車のエンジン用途など，我々の身近な暮らしの中で利用されている。より効率的に高品質な空気が得られれば，より快適な暮らしができるはずである。そのような人々の欲望は，尽きることはないであろう。そのため，現在すでに利用されている分野でのエアフィルターの高機能化は，この先も積極的に進められていくものと思われる。また，一昔前には予想だにしなかった分野への早急なる対応も求められている。その例として，新型急性肺炎（SARS）や生物・細菌兵器への防護用のエアフィルターが挙げられる。宇宙産業分野の発展にも，エアフィルターの果たす役割は大きい。宇宙ステーション用空調技術の確立は，人類が宇宙空間に移住できる可能性を高めるものである。エアフィルターに，さらに高度な空気純化機能を発現させるためには，高度な材料設計，すなわちナノテクノロジーが重要であると考えられる。本節では，ナノファイバーテクノロジーの観点からエアフィルターについて解説する。

表1 エアフィルターの応用分野の例

分野	用途
建築	建物内空調（オフィスビル・体育館・デパート・コンサートホールなど） 一般家庭空調 厨房排気・空調
工場・研究所	工場・研究所内空調 クリーンルーム 有害物（微粉末など）除去・防護
医療	病院内空調 診察室・手術室・集中治療室内空調 ウイルスやバクテリアの防護
輸送	車・電車・飛行機・船舶などの室内空調 エンジン用フィルタ
軍需	生物・細菌兵器防護 化学兵器防護 戦闘機・戦車などの粉塵防護 艦船・潜水艦などの室内空調
宇宙産業	スペースシャトルや宇宙ステーションなどの室内空調

---

* Kazukiyo Nagai 明治大学 理工学部 工業化学科 助教授

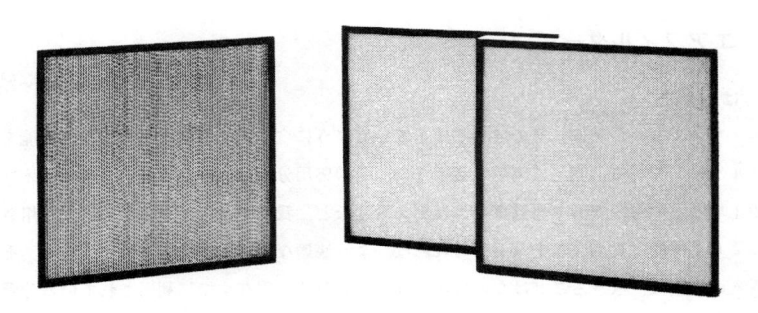

写真1　クリーンルーム用高性能エアフィルターの例
（転載許可・写真提供　日本バイリーン㈱）

2.2　エアフィルターとは

　エアフィルターは，分離膜の一種であり，空気とその他の物質を分離するためのフィルターである。分離対象物（不純物）は，空気の主成分である酸素分子と窒素分子よりも大きな"固体分子"または"高沸点液体"である。分類方法により，空気と二酸化炭素などの気体（または蒸気）からなる"混合気体"を分離する"気体分離膜"をエアフィルターに含める場合もあるが，分離のメカニズムが異なるため，本節ではエアフィルターと気体分離膜を分けて取り扱う。

　図1にエアフィルターの分離の概念図を示す。フィルターを通して空気だけを選択的に透過させることにより，きれいな空気を作りだそうというものである。エアフィルターの規格は，JIS B 9908などにより規定されている。主要な試験項目は，粒子捕集率，圧力損失，そして粉塵保持容量である。粒子捕集率は供給した粉塵がフィルターに捕集された割合，圧力損失はフィルター

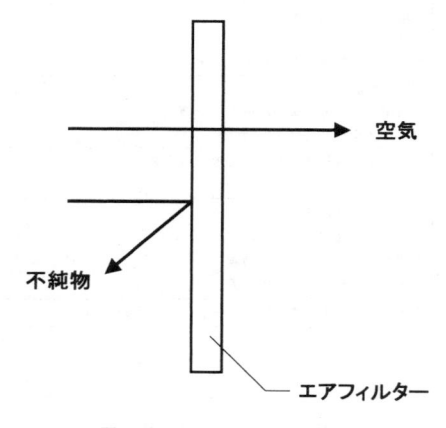

図1　エアフィルターの概念図

第10章　環境産業

通過時の抵抗による供給空気圧力の低下率（図2），そして粉塵保持容量は単位フィルター面積あたりに保持できる粉塵の量である。エアフィルターには，粒子捕集率と粉塵保持容量が高く，かつ圧力損失が小さいことが望まれる。一般に，フィルター上の捕集物による目詰まりにより，時間とともに圧力損失は増加し易い。そのため，目の細かい主フィルターに空気を通す前に，あらかじめ大きめな粒子を取り去るためのプレフィルターを用いる場合が多い。図3のように，孔径の異なるプレフィルターを幾層にも組み合わせて利用する場合もある。フィルターの劣化は，不純物の吸着や目詰まりなどの物理的な要因が主である。そのため，水洗や吸引などによるフィルター洗浄により，初期機能に復元させることも可能である。

酸素分子と窒素分子の直径は，ともに0.3-0.4nmである。空気中の不純物は，1nmよりも大きな粒子であり，大気塵埃・金属製ヒューム，ウイルス，バクテリア，かび，花粉・胞子の順に大きくなっていく（図4）。ろ過しようとする空気が一番小さいため，孔径が1nm程度のフィルターを設計すれば分子篩作用により，空気と不純物との分離が完全にできることがわかる。しかし現行の技術では，孔径が1nmに整ったフィルターを製造することは不可能である。

上市されている高性能エアフィルターは，$0.1-0.2\mu m$（100-200nm）の微粒子に対して99.9997％以上の捕集効率を有している。これが半導体産業の工業用クリーンルームに利用されているタイプのエアフィルターである。表1の利用目的によっては，現行の性能でも問題なく利用できるものもある。しかし現在，$0.1\mu m$より小さな大気塵埃やウイルスを完全に除去・防護できるエアフィルターは無く，その開発要求は非常に高いものである。

エアフィルターの形態には，規則的に織られたファイバーフィルター，不織布フィルター，均質構造層に貫通孔が空けられたフィルターなどがある（図5）。どの形態についても言えること

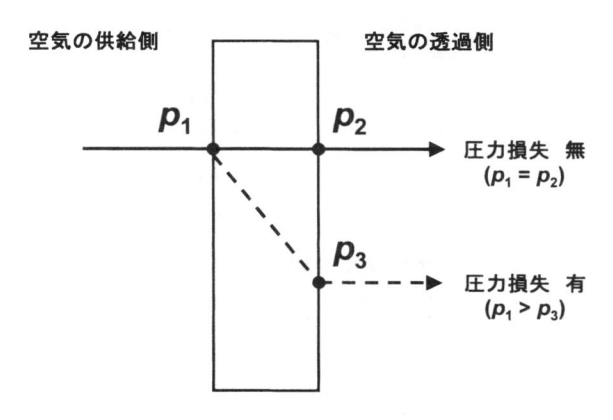

図2　エアフィルターを通しての空気圧の変化

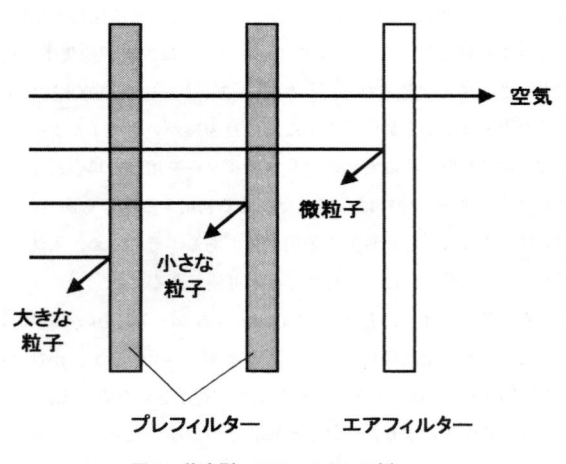

図3 複合型エアフィルターの例

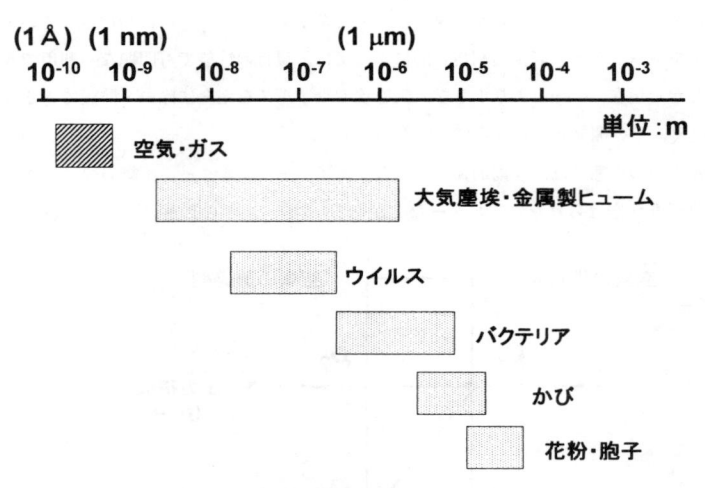

図4 空気と不純物の大きさの関係

であるが，各々の孔径には分布が存在してしまう（図6）。捕集効率は，フィルターの平均孔径だけでなく，それよりも大きな孔の孔径とその存在率に依存する。規則的に織られたファイバーフィルターは，他の形態のフィルターと比較して孔径分布が整い易い。しかし一般の汎用ファイバーは，数μm以上の直径を有するため，ファイバー間にできる空隙も大きい（図7）。従って，

第10章　環境産業

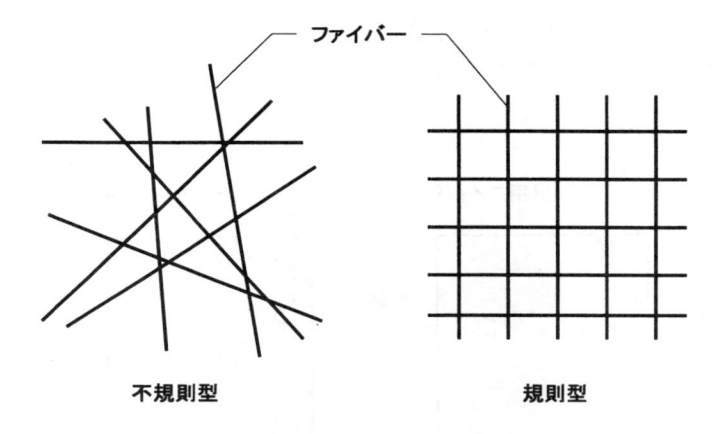

図5　ファイバーの凝集形態の例

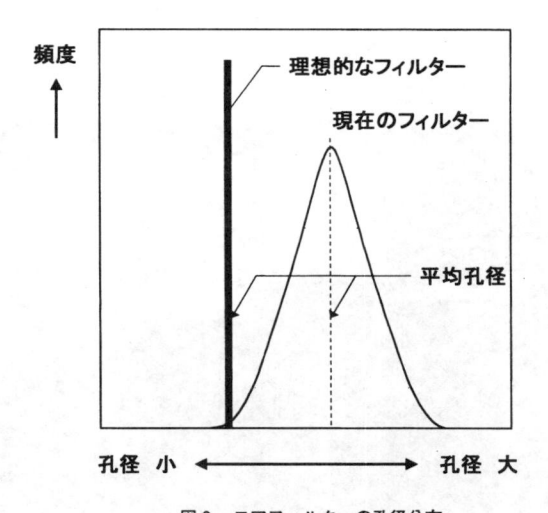

図6　エアフィルターの孔径分布

ナノオーダーで制御された小さな孔径を調製することは困難である。また，ファイバーが太いということは，空気がフィルターを通過する際の抵抗も大きいことを意味している。そのためフィルターの目を細かくすると，圧力損失が大きくなるという問題点も有する。そして，薄いフィルターを調製することも難しいということでもある。このフィルターの厚みも，圧力損失の低下に

つながる。そのため，0.1 μmより小さな微粒子の捕集には，エアフィルター単独で使用されるのでは無く，活性炭などによる吸着除去が併用されているのが現状である。

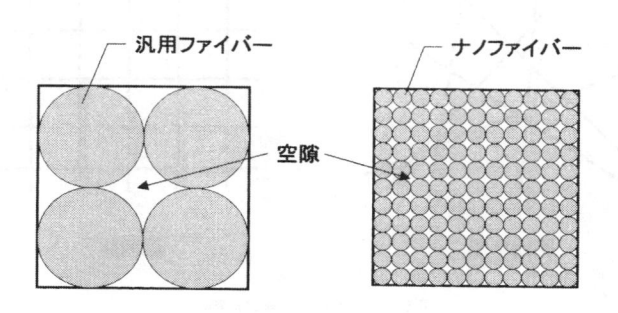

図7 ナノファイバーと汎用ファイバーの最密充填状態

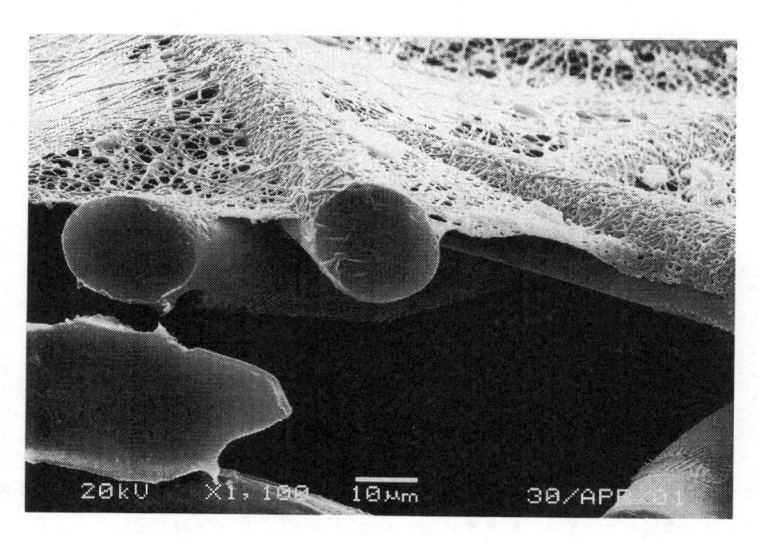

写真2 エレクトロスピンニング法を用いて汎用フィルター上に調製した
Ultra-Web® ナノファイバーフィルターの断面
(Used with permission of Nippon Donaldson Ltd. ©2002 Donaldson Company Inc.)

Cellulose Filter Media   **Ultra-Web® Nanofiber Media**

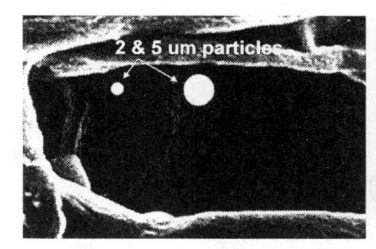

2,000 X Scanning Electron Microscope Images

写真3　汎用フィルター（写真左）とエレクトロスピンニング法を用いて調製した Ultra-Web® ナノファイバーフィルター（写真右）
(Used with permission of Nippon Donaldson Ltd. ⓒ2002 Donaldson Company Inc.)

2.3　ナノファイバーエアフィルター

　"ナノファイバー"は，直径が1nmから100nmのファイバーを指している。それを絡み合わせることにより，汎用ファイバー1本の直径よりも薄いフィルターが形成できる。溶融紡糸や溶液紡糸などの従来から用いられる紡糸技術の一つに，複合紡糸法がある。この方法で製造されたナノファイバーの直径の限界は，20nm程度である。さらに細いナノファイバーの製造を可能にした紡糸法の一つが，エレクトロスピニング法である（第9章参照）。紡糸ノズルから高分子溶液を噴射する際に高電圧を加えることにより，ナノファイバーを連続紡糸するものである。ナノファイバーは，高分子などの有機系ナノファイバーと無機系ナノファイバーに大別できる（第7章参照）。そのどちらも，エアフィルター素材としての展開の可能性を秘めている。

　エアフィルターの材質としてナノファイバーが注目されている主な理由は，次の2点である。一般の汎用ファイバーと比較してナノファイバーは細いため，より密に，そしてより薄くファイバーを織ることが可能となる。つまり，図6に示した理想的なナノオーダーの均一孔径分布を有する超薄膜フィルターが製造できる可能性が高いということである。

　もう一点は，エアフィルターの単位体積あたりのファイバーの表面積が，一般のファイバーと比較してナノファイバーの方が際立って大きくできる点である（図7）。それは，大きな粉塵保持容量が見込まれるということである。

　ナノファイバーを利用する場合，単に孔径制御に基く分子篩作用による分離だけではなく，ナ

383

ノファイバーの吸着特性を利用した分離のメカニズムも考えられる。エアフィルターの分離の概念図を図8に示す。ケース1は溶解・拡散機構，そしてケース2は分子の大きさの違いに基いた分子篩効果による分離機構の例である。ケース1は，気体分離膜に用いられる高分子非多孔質フィルター，ケース2は本節で取り扱っているエアフィルターのような多孔質フィルターに適用される。

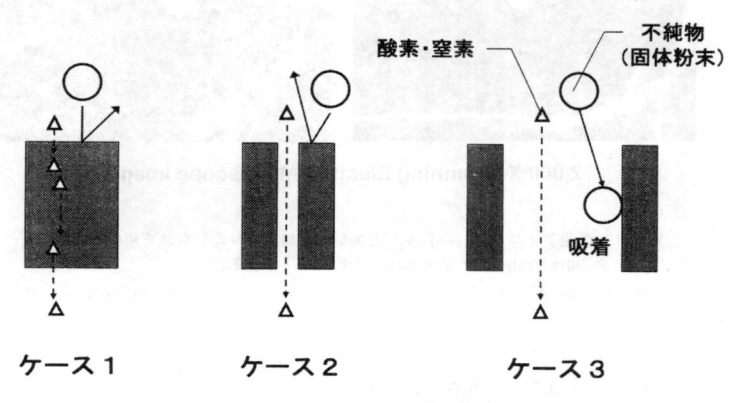

図8　フィルターによる空気分離のメカニズム

　ナノファイバーフィルターの表面積が大きいということは，ファイバー表面の吸着容が大きいということである。そのためケース3のように，ナノファイバーフィルターの孔径を大きくして透過流束を増やし，不純物の除去は分子篩機構ではなく，ファイバー表面の吸着で行うという分離概念もある。このような場合，カーボンナノファイバーなどの吸着性の高い素材の応用が期待される。ナノファイバーの表面吸着特性の向上のために，ナノファイバーの表面コートなども行われている。表面コートは，単に吸着特性の制御だけではなく，フィルターへの加工性を向上させる目的に行われる場合もある。

2.4　おわりに
　ナノファイバーフィルターの技術が進歩し，ファイバーがより細くなり，そしてより精密なフィルター構造制御が可能となることにより究極のエアフィルターが開発できると考えられる。近い将来，高分子鎖レベルの細さまでファイバーの設計が可能になるのかもしれない。その時は，エアフィルターだけでなく気体分離膜にも一つの革命をもたらすものと予測する。

3 繊維性バイオマスと植物由来材料

木村良晴[*1]，近田英一[*2]

3.1 はじめに

21世紀になって人間の生産活動の持続性（sustainability）がクローズアップされてきた。それとともに環境保全，省資源，リサイクルなどあらゆる面で新思考に基づく持続性社会への移行の必要性が認識されるようになった。特に，エネルギー・資源の観点からは化石資源から再生可能資源（renewable resource）への転換が重要視され，石油依存からの脱却が急ピッチで進められようとしている。素材面では，石油化学製品からバイオマス（biomass）を中心とする天然素材へのシフト，すなわち持続性材料（sustainable materials）の開発が進められている。このような動きに呼応して，(1)未利用のバイオマス資源の開拓，(2)バイオマスリファイナリー（biomass refinery）による新基礎化学原料の開発，(3)新しいバイオプラスチック，複合材料の開発等が重要な開発課題となってきた[1~5]。

バイオマスは，もともと植物が主として光合成により二酸化炭素を同化して作り上げたものであるため，その利用後に廃棄処理をしても大気中の二酸化炭素の濃度を上昇させることはない。このため，バイオマスを原料とする生産社会では，原理的に生産－廃棄による環境破壊を伴うことなく持続的な生産を恒久的に維持することができる。したがって，バイオマスをどのように利用してゆくのかは重要であり，また，その利用を進めるには21世紀の中心になるであろうバイオ技術の利用が欠かせない。換言すれば，新たな大規模バイオインダストリー（bio-industry）の確立なしにバイオマスベース産業（biomass-based industry）の発展は考えにくいということである。

3.2 繊維性バイオマス

表1に再生可能な天然由来資源をまとめて示す。セルロース，でんぷん，キチンなどの多糖類，コラーゲンやフィブロインなどのタンパク質が主体であるが，低分子化合物を除いて素材としての利用はあまり進んでいない。特にセルロース系については，でんぷんほど有効な加水分解酵素が発見されておらず，容易に化学原料へ転換することが困難であるため，バイオマスベース産業への利用が進まない。

これらセルロースやタンパクという高分子系バイオマスの多くは繊維状態で天然には存在して

[*1] Yoshiharu Kimura 京都工芸繊維大学 繊維学部 高分子学科 教授；京都工芸繊維大学 地域共同研究センター センター長

[*2] Masakazu Konda 京都工芸繊維大学 地域共同研究センター 研究支援推進員

ナノファイバーテクノロジーを用いた高度産業発掘戦略

表1 再生可能資源

セルロース（再生・変性）
リグニン，ヘミセルロース
でんぷん
キチン，キトサン
しょ糖，ブドウ糖，オリゴ糖
たんぱく：フィブロイン，セリシン，コラーゲン，カゼイン，ケラチンなど
核酸
脂肪：ひまし油など

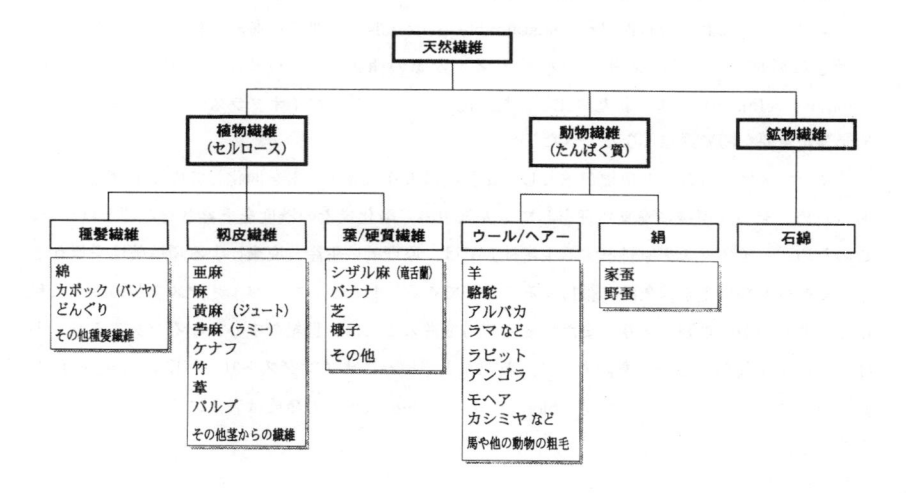

```
                        天然繊維
           ┌──────────────┼──────────────┐
        植物繊維          動物繊維         鉱物繊維
       （セルロース）    （たんぱく質）
    ┌─────┼─────┐        ┌─────┼─────┐        │
 種髪繊維 靭皮繊維 葉/硬質繊維  ウール/ヘアー  絹    石綿
  綿      亜麻    シザル麻(竜舌蘭) 羊       家蚕
  カポック(パンヤ) 麻   バナナ     駱駝     野蚕
  どんぐり 黄麻(ジュート) 芝     アルパカ
  その他種髪繊維 苧麻(ラミー) 椰子   ラマ など
           ケナフ  その他      ラビット
           竹                  アンゴラ
           葦                  モヘア
           パルプ              カシミヤ など
           その他茎からの繊維   馬や他の動物の粗毛
```

図1 繊維性バイオマスの分類

おり，その性状を強調する意味で，これらを「繊維性バイオマス」（fibrous biomass）と呼ぶことにする。図1はそれらを分類したものである[5]。主として植物繊維はセルロースから，動物繊維はタンパクから構成されており，パルプ，綿，麻，絹，羊毛を除くと未利用の繊維が多い。また，絹を除くといずれも天然繊維であり，繊維径も数十ナノメートルの種髪から数ミリメートルの芝まである。これらを，未利用の繊維性バイオマスとして有効利用できるなら上述の再生可能資源に立脚した新しい工業を確立できる。そのためには，これらの繊維を機械的粉砕や爆砕により細粒化して利用を図ることが重要であり，究極的にはナノファイバーへ転換されることになろう。

第10章　環境産業

3.3　バイオマスのケモ・バイオ変換とバイオマス材料

　バイオマスの有効利用にはリファイナリーが必要であることを述べたが，そのプロセスには物理，化学，生物学的手法を組み合わせた新しい方法が開拓されなければならない。特に，バイオマスを材料として利用するには，生物の一次，二次代謝を有効に利用したケモ・バイオ変換プロセスの開発が重要となる。図2にバイオマスの材料化プロセスを示す。直接利用する以外に，まず低分子原料にブレークダウンした後でポリマー化するルートが有効とされている。この典型例は図3に示すポリ乳酸である。でんぷんを糖化後，生物発酵して乳酸を合成し，続いて化学的な重合によりポリ乳酸の合成が行われる。このように，生物の代謝経路を巧みに利用しながら，バイオマスの化学原料化を図るのが，バイオマスベース産業の基本プロセスとなる。図4は微生物による糖からの化学原料合成の可能性を示したものである[6]。現在では，この経路により乳酸の大規模生産が行われているだけであるが，今後，こはく酸やりんご酸などの生産にも適用されてくるであろう。

　図5は植物油を用いたレジン（polymer from triglyceride and polycarboxylic anhydride: PTP）の合成例で，これも発酵によりポリカルボン酸を合成するルートと植物油（モノマー）の化学変

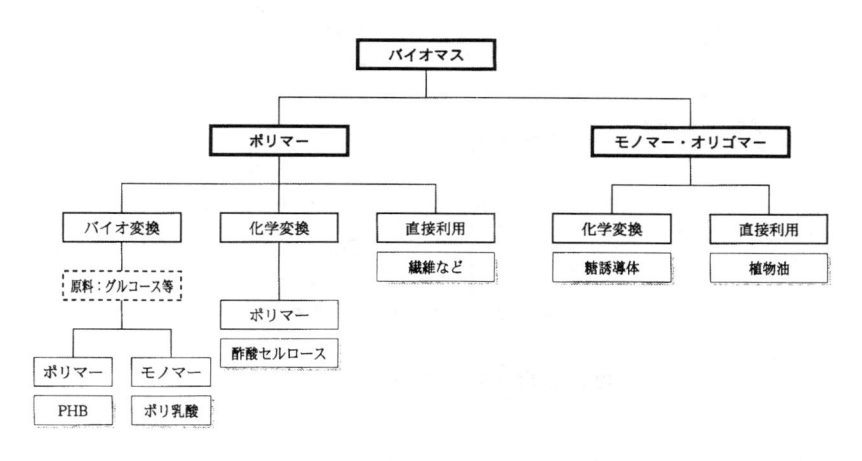

図2　バイオマス材料

図3　コーンからのポリ乳酸合成（重量%）

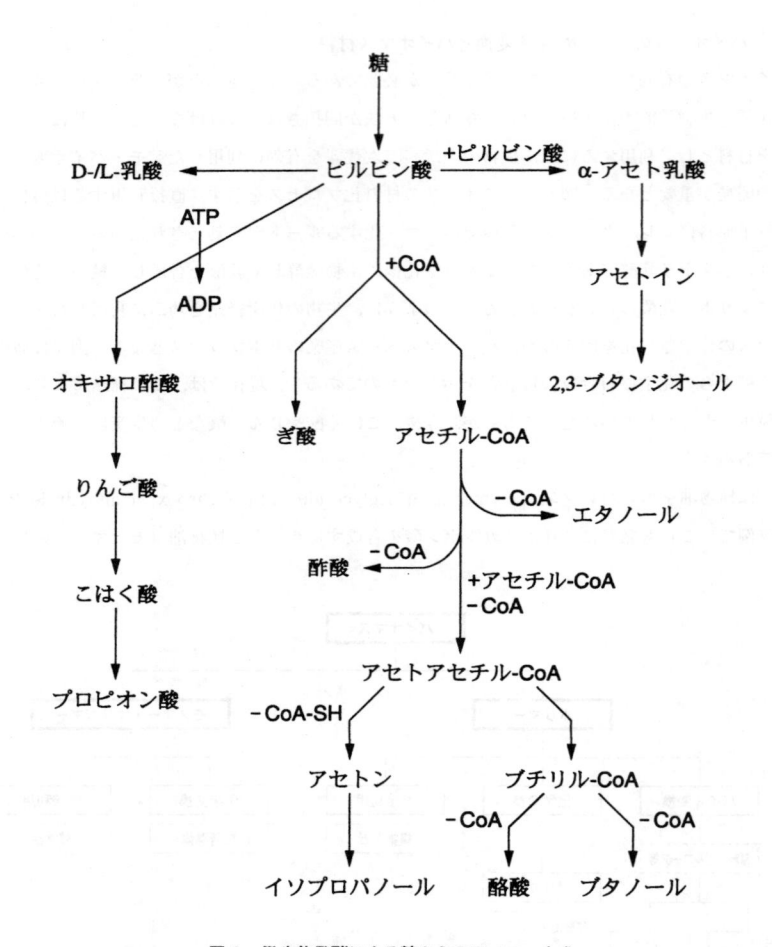

図4　微生物発酵による糖からのモノマー合成

換によるエポキシ化が組み合わされている[5]。得られたレジンの諸性能を表2にまとめてある。このようにバイオマス材料のバイオ変換と化学変換を有効に活用することにより新しい高分子材料が得られている。

　一方，微生物ポリエステル（Poly(3-hydroxyalkanoate)：PHA）や微生物セルロースのように直接発酵によりポリマー化できるものもあり，バイオマスのケモ・バイオ変換は，生物由来材料の合成の有力な手段となる。

第10章　環境産業

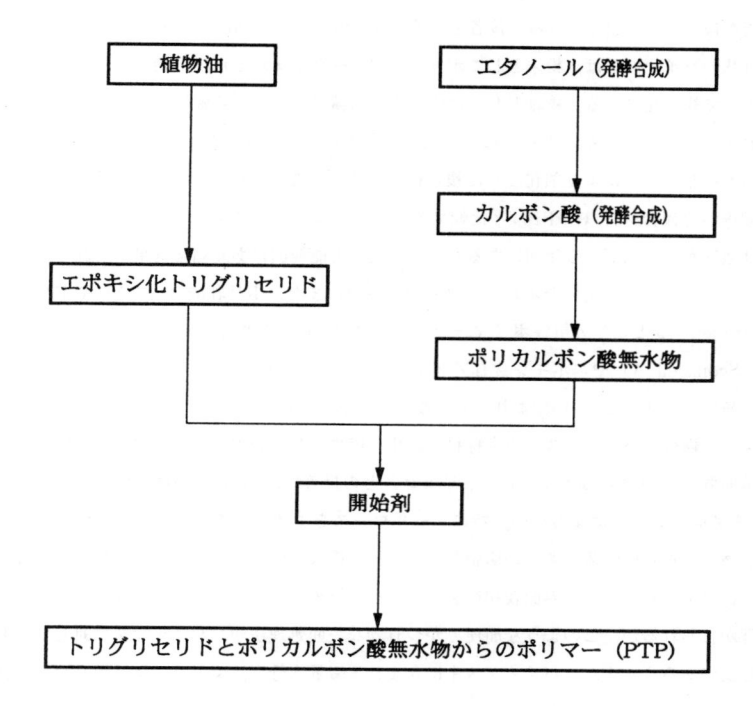

```
  ┌──────────┐              ┌──────────────────┐
  │  植物油  │              │ エタノール(発酵合成)│
  └────┬─────┘              └─────────┬────────┘
       │                              │
       │                              ▼
       │                    ┌──────────────────┐
       │                    │ カルボン酸(発酵合成)│
       │                    └─────────┬────────┘
       ▼                              │
┌──────────────────┐                  ▼
│エポキシ化トリグリセリド│          ┌──────────────────┐
└────────┬─────────┘                │ポリカルボン酸無水物│
         │                          └─────────┬────────┘
         │              ┌──────────┐          │
         └─────────────▶│  開始剤  │◀─────────┘
                        └─────┬────┘
                              │
                              ▼
┌──────────────────────────────────────────────────────┐
│トリグリセリドとポリカルボン酸無水物からのポリマー (PTP)│
└──────────────────────────────────────────────────────┘
```

図5　トリグリセリドとポリカルボン酸無水物からのポリマー合成経路

表2　PTPと従来型エポキシドの諸性能の比較

性質	亜麻仁油ベースPTP	従来型エポキシド
ヤング率，DIN 53 457 [MPa]	1,700～3,000	2,000～3,500
水への溶解性（8 d, 23C），DIN 53 476	不溶	不溶
密度，DIN 53 479 [g/cm^3]	1.24	1.20
クリープ弾性率，DIN 53 444 [MPa]	182	
圧縮強度，DIN 53 454 [MPa]	107	

3.4　繊維性バイオマスによる強化複合材

　繊維性バイオマスを直接利用する試みの一つとして，繊維プラスチック複合材料（FRP）の強化繊維に用いる例がある。ガラス繊維や炭素繊維のかわりに繊維性バイオマスを利用することにより，使用後の廃棄処理が可能になるだけでなく，生分解性ポリマーとの複合化により完全生分

解の可能な複合材料も開発される。後者をバイオコンポジット（bio-composite）と呼んでいる。

　短繊維状のバイオマスは，粉末としてポリマー中に練り込まれるか，不織布としてポリマーを充填後固めて複合化される。繊維としては麻がガラス繊維に匹敵する弾性率を有するため最も有力視されているが，竹や葦の未利用繊維の利用も考えられている（後述）。図6は高弾性率の亜麻繊維の不織布マットにより強化された複合材料の曲げ特性を比較したものである[5]。一般的なガラス繊維強化複合材料（GFRP）と比較すると，マトリックスに用いるポリマーの種類によっては曲げ強度がやや低下する傾向にあるものの，使用可能範囲にあり補強効果が現れている。特にマトリックスにPTPを用いた場合，曲げ強度が高い。また，ポリ乳酸（PLLA）やポリウレタン（Elastoflex）などの生分解性ポリマーを用いた場合は曲げ弾性率が高い。酢酸エステル化でんぷん（Sconacell A）やエポキシ含有アクリレート（Tribest），ワニス（Shellac）を用いた場合には，強度，弾性率ともGFRPよりも低くなることがわかる。

　このように繊維性バイオマスを複合材料の強化用繊維として利用するときには，各繊維に対する(1)破断強度，(2)熱安定性，(3)マトリックスとの接着性，(4)長期の物性変化，(5)成形性，(6)価格を考慮しなければならない。特に，セルロースを主体とする繊維性バイオマスの表面は親水性が強く，疎水性の強い多くの樹脂との界面接着性は低いと考えられる。一般に，無機物をポリマーに充填する際，その界面親和性を上昇させるために，シリコーンカップリング剤による表面処理が行われるが，このような簡便でかつ有効な表面処理法が，バイオマスに対しても開発される必要があろう。また，バイオマス中に含まれる微量水分も，マトリックスポリマーの加水

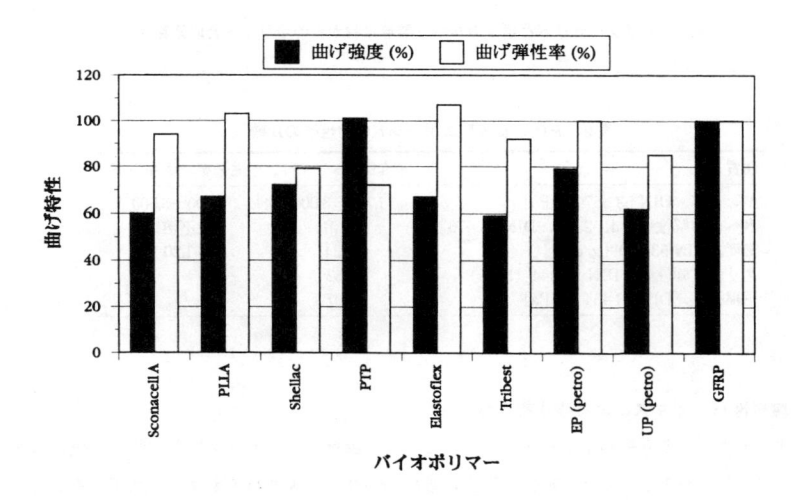

図6　天然繊維（亜麻）不織布強化コンポジットの曲げ特性

分解を引き起こす原因となり，熱成形性の低下を招く。この微量水分は除去できないだけでなく，成型物の長期安定性にも影響を与える。繊維性バイオマスの直接利用を広げるにはこの問題の解決が不可欠であろう。

最近，トヨタ自動車は，ケナフとPLLA繊維を70：30の比で混合してマット状に成形し，スペアタイヤのカバーを作製し，Raum[B]という車に搭載した[7]。これはバイオコンポジットを実用化した最初の例であり，PLLA繊維はケナフの融着材として機能している。この素材のライフサイクルアセスメントをみると，石油系のプラスチック素材と比較して，90%にのぼる二酸化炭素削減が可能であるという。これを「カーボンニュートラル効果」とよび，環境保全への貢献がうたわれる。

3.5 竹，葦繊維を用いたバイオコンポジット

上述したように，生分解性ポリマーは自然界や生体の作用で分解（biodegradation）して，炭酸ガスや水などの地球物質に無機化（assimilation）される有機材料であり，環境に適合した理想的な材料として開発されてきた。生分解性ポリマーとして開発されてきたポリマーが「グリーンポリマー」とよばれるようになったのは，それらが再生可能な生物資源から得られる持続性素材であり，自然の物質循環サイクルに適合するからである。ポリマーの生分解は，(1)主鎖の分解によるオリゴマー化もしくはモノマー化の過程（分解過程）と，(2)分解で生じたオリゴマー／モノマーが無機化される過程（代謝過程）という二つの反応過程を経て進行する。後者の代謝過程を円滑に進めるには，オリゴマー／モノマー生成物が生体の利用しやすい代謝生成物であることが望ましく，この条件を逆にたどって分子設計すると，「代謝生成物を分解可能な結合でつなぎ合わせたもの」が生分解性ポリマーとなる。この生分解性ポリマーの分子設計の基本方針は，まさに再生可能な生物資源を利用する「グリーンサステナブルケミストリー（GSC）」の手法と軌を一にしており，生分解性ポリマーは持続性材料と同意義と考えられるようになった。

今世紀に入って，実用性を有する生分解性ポリマーとして開発されるようになったのは，ポリ－L－乳酸（PLLA），ポリヒドロキシ酪酸（PHB），およびポリコハク酸ブチレン（PBS）の3種の脂肪族ポリエステルである[4]。しかしながら，これらを従来の汎用プラスチック材料と比較すると，性能面で劣っており，改善が求められている。その有力な方法として生分解性ポリマーに繊維性バイオマスを充填して強化したバイオコンポジットの開発がある。バイオコンポジットは強化繊維の種類や充填率によって複合材料の物性や生分解性の制御ができると期待されている。

補強用の繊維性バイオマスとしては，上述のケナフのほか竹，葦など，靭皮繊維の利用が提案されている。このような非木質系の繊維性バイオマスが利用されるのは，森林資源の保護の観点，また，木材から得られるパルプと比較して非木質系繊維性バイオマスの方が高剛性，高靭性で高

い補強効果が期待されるからである。特に，竹繊維，葦繊維は，上述の麻繊維と比較して，(1)剛性，強度は同等もしくは高い，(2)靱性，柔軟性が高い，(3)日本を含めた東アジアが主産地である，(4)多年草であり生育が速い，などの特徴を有している。また，竹繊維の価格は50～60円/kg，葦繊維は7～8円/kgであることから，実用化においてコスト面での競争力が見込める。

一例として，PBS系の脂肪族ポリエステルであるエンポール[R] (Ire Chemical Corp. Korea) を生分解性ポリマーとして用いて，竹繊維，葦繊維を溶融ブレンドして複合材料を作製した。この際，充填する繊維表面のグリオキサール処理の影響についても検討を加えた。図7と8に竹繊維/PBS複合材料の曲げ弾性率および強度の繊維含有率依存性を示す。グリオキサール処理の有無にかかわらず，曲げ弾性率は繊維含有率の増加とともに上昇することが分かる。それに対して，曲げ強度には繊維含有による変化が認められず，弾性率に対する効果が確かめられた。葦繊維を複合化した場合も，図9に示すように曲げ弾性率の上昇が認められる。葦繊維の方が竹繊維より弾性率が高いため複合化効果も高く現れている。図10は竹繊維/PBS複合材料の土壌中での生分解性を比較したものである。樹脂単体と比較して，グリオキサール処理を施さない竹繊維を複合化した場合では重量減少率の低下速度が速くなるのに対して，表面処理を施した竹繊維を複合化した場合は重量減少速度が遅くなることがわかる。用いた竹繊維はミクロンサイズであるが，繊維・マトリックスの界面設計により生分解性の制御が図れることを示しており，重要な知見である。また，竹繊維/PBS複合材料が，*Pseudomonas cepacia*由来のLipase PSの作用により有効に酵素分解試験されることも確認されている。竹繊維を含有させることによって酵素分解は抑制さ

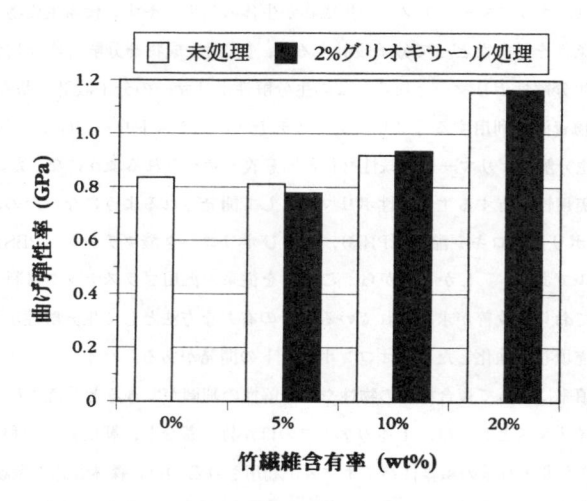

図7 竹繊維/生分解性樹脂（PBS）成型品の曲げ弾性率

第10章　環境産業

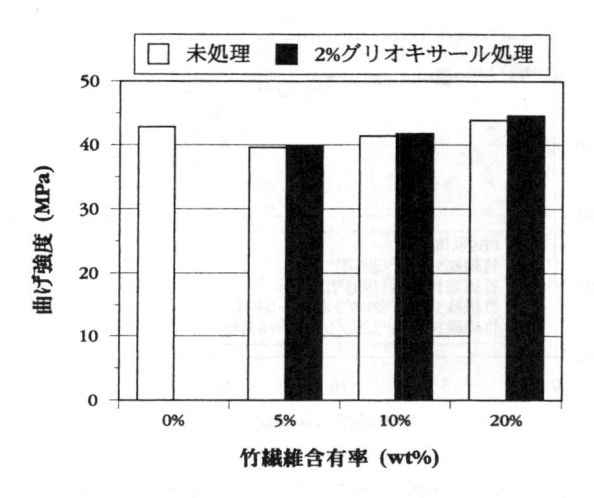

図8　竹繊維/生分解性樹脂（PBS）成型品の曲げ強度

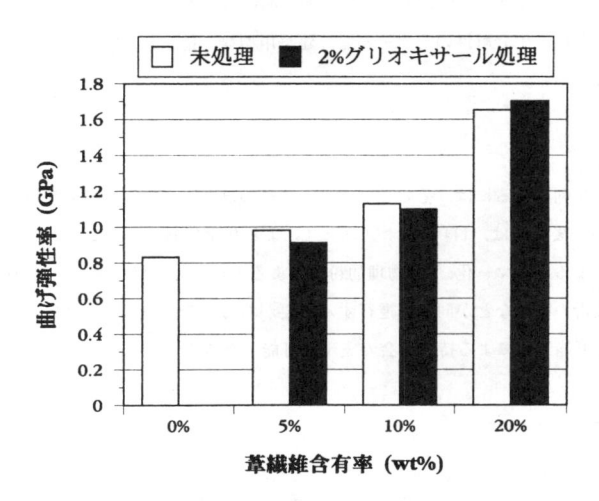

図9　葦繊維/生分解性樹脂（PBS）成型品の曲げ弾性率

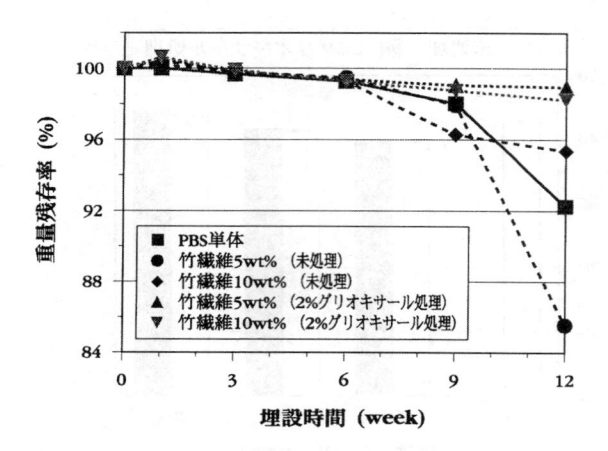

図10 土壌埋設による竹繊維/生分解性樹脂（PBS）試験片の重量変化

れ，含有率が10%までの範囲では竹繊維含有率と分解抑制の度合いは比例することが分かった。また，酵素分解性とグリオキサール処理との明確な相関関係は認められていない。

これらの結果をもとに，生分解性のトナー容器，建築用型枠，植生管，服飾用ボタンなどが開発され，実用化されている。

3.6 おわりに

繊維性バイオマスを利用するには，そのリファイナリーのほか，直接，間接的な材料化が行われなければならない。後者では，(1)バイオプロセスによる化学原料へのブレークダウンと効率的な化学プロセスによるポリマー化，(2)物理的粉砕によるナノ・ミクロ繊維化，(3)バイオコンポジットへの利用技術の開発などが同時に進行する必要がある。今世紀の前半には，これらの技術が整備され，再生可能資源による持続社会の実現が可能となろう。

文　献

1) 御園生誠，村橋俊一編，「グリーンケミストリー――持続的社会のための化学」，エンティフィク(2001)

第10章　環境産業

2) 生分解性プラスチック研究会編, 「生分解性プラスチックハンドブック」, エヌ・ティー・エス (1995)
3) 生分解性プラスチック研究会, グリーンプラジャーナル, (4), (2002).
4) 木村良晴, 近田英一, OHM, **90**(11), 18-22(2003)《文末文献も参照のこと》.
5) A. Steinbuchel編, "Biopolymers, Vol. 10, General Aspects and Special Applications", Wiley-VCH (Weinheim, FRG) (2003)《他巻も参照のこと》.
6) A. -C. Albertsson編, "Advances in Polymer Science, Vol. 157, Degradable Aliphatic Polyesters", Springer (Berlin, FRG) (2002).
7) 築島幸三郎, グリーンプラジャーナル, (11), 5-7(2003).

4 農業用フィルム

大林　厚*

4.1　はじめに

　日本の施設園芸は，昭和26年に農業用塩化ビニルフィルムが開発・市販されて以来，その面積は現在5万haを越え，世界有数の面積と栽培技術を誇っている。農業用フィルムは保温効果を第一の目的として園芸作物のハウス栽培に広く使用され，生鮮野菜を中心に安定供給に役立っている。近年，施設園芸分野では大規模化，長期展張化，省力化が進み，図1に示すように各種プラスチック被覆資材が開発されている。

　ナノコーティングをはじめとするナノテクノロジーを応用した製品開発も一部に進められており，その現状を紹介する。

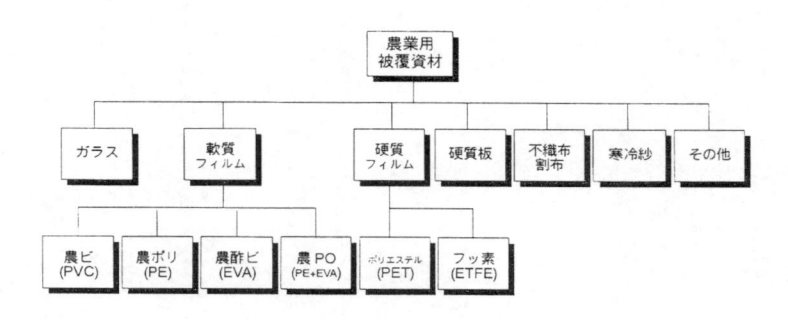

図1　農業用フィルムの分類

4.2　農業用フィルムの要求性能

　農業用フィルムに必要とされる性能は，図2に示すように基本物性である強度・耐候性はもちろんのこと，光・熱・水の栽培環境に係る性能など多岐にわたっている[1]。

①　光

　光学的特性のうち透明性は，植物の光合成やハウス内温度維持に必要不可欠である。フィルムを被覆することにより光の透過が日中ハウス内温度を上げ，作物の生育と光合成に必要なエネルギーが十分得られる。近年，光の絶対量以外に光の質をコントロールする技術も開発され，それぞれ栽培特性に合った製品がつくられている。

---

*　Atsushi Obayashi　三菱化学MKV㈱　農業資材事業部　技術グループマネージャー

第10章　環境産業

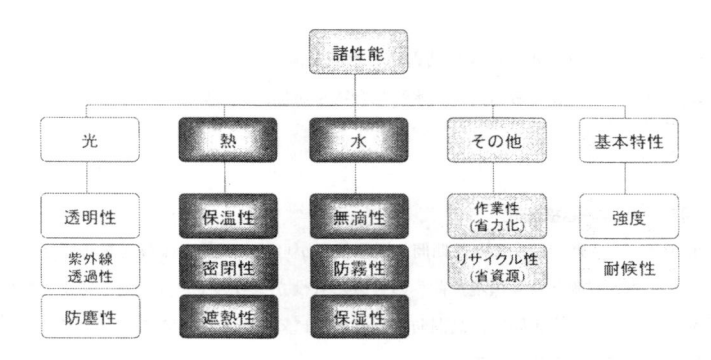

図2　農業用フィルムの要求性能

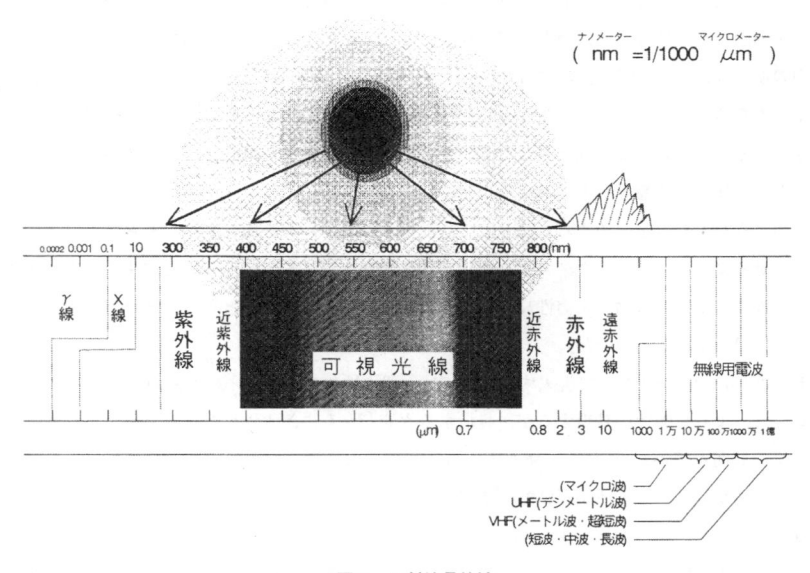

図3　日射波長特性

② 熱

熱的特性では保温性が必要不可欠な性能の一つとして挙げられる。保温性とは夜間ハウスの熱を外に逃さない性能をいい，最も保温性を左右するのが長波長放射であり，具体的には $4 \sim 25\mu$ の遠赤外域透過率を抑えることが重要になっている。図3に日射の全波長特性を示す。

③ 水

水に関してはハウスでフィルム内面に結露した水滴を流す無滴性が重要になってくる。通常，フィルムには無滴性を発現させる為に，親水性化合物を添加，あるいは塗布する方法がとられている。

4.3 農業用フィルムの高機能化

近年農業用フィルム分野では，より長期間の展張使用が可能で頻繁な張替えを必要とせず，結果として省力化や省資源となり環境負荷への軽減にも役立つものや，光に対してある特定波長域の光の透過を制限して病虫害防除，高温防止（遮熱）に効果のあるものなど，高機能化を目指した被覆資材の開発が求められている。

① 塗布無滴耐久フィルム

ハウスの大型化に伴って張替えの手間を省く目的から耐久フィルムへの移行が進んでいるが，ハウス内面の無滴性は長期にわたって持続させることが難しかった。無滴性が消失すると，ハウス内の温度・湿度等の条件によってはフィルム内側面に水滴が凝縮し，曇りが生じる。この曇りはフィルムを透過する光線の量を少なくして植物の生育を遅くすることもある上，植物に水滴が落下することで作物の品質を低下させたり，さらには病害の発生を助長し，ハウス内の作業者を濡らすなど，種々の不都合が生じさせることになる。

このような不都合を解消する方法として，従来からフィルム表面に凝縮した水滴を膜状にして流下させるように，界面活性剤のような親水性化合物をフィルムに混入する方法，あるいはフィルム表面に親水性化合物，水溶性高分子化合物等を塗布する方法がとられてきたが，特に耐久性の点で十分とはいえなかった。

親水性化合物をフィルムに混入する方法では，親水性化合物がフィルム表面にブリードアウトすることにより無滴性が発現するが，凝縮する水滴とともに親水性化合物が流出するため性能を発揮する期間が短かった。一方，塗布する方法では親水性化合物の耐水性が乏しく，またプラスチックフィルムへの密着性が弱い為，多湿条件下では塗膜剥離が生じ，性能が十分長期にわたって持続することはなかった。

そこで，表面凹凸微細技術により，親水性物質はより親水度が強調されることを利用した製品が開発されている[2]。具体的には，バインダーに疎水性化合物そして親水成分として無機質コロイドゾルを主成分とした有機／無機複合塗膜を表面に形成する技術が提供されている[3]。図4に原子間力顕微鏡（AFM）で観察した塗膜表面を示した。最適な製膜プロセッシング条件で形成された無滴塗膜は，無機質コロイドル粒子が表面に高濃度で配列した傾斜構造をとっており，20～50nmの微細な凹凸面を呈している。図5は無滴塗膜表面の水に対する水滴接触角を示したも

第10章　環境産業

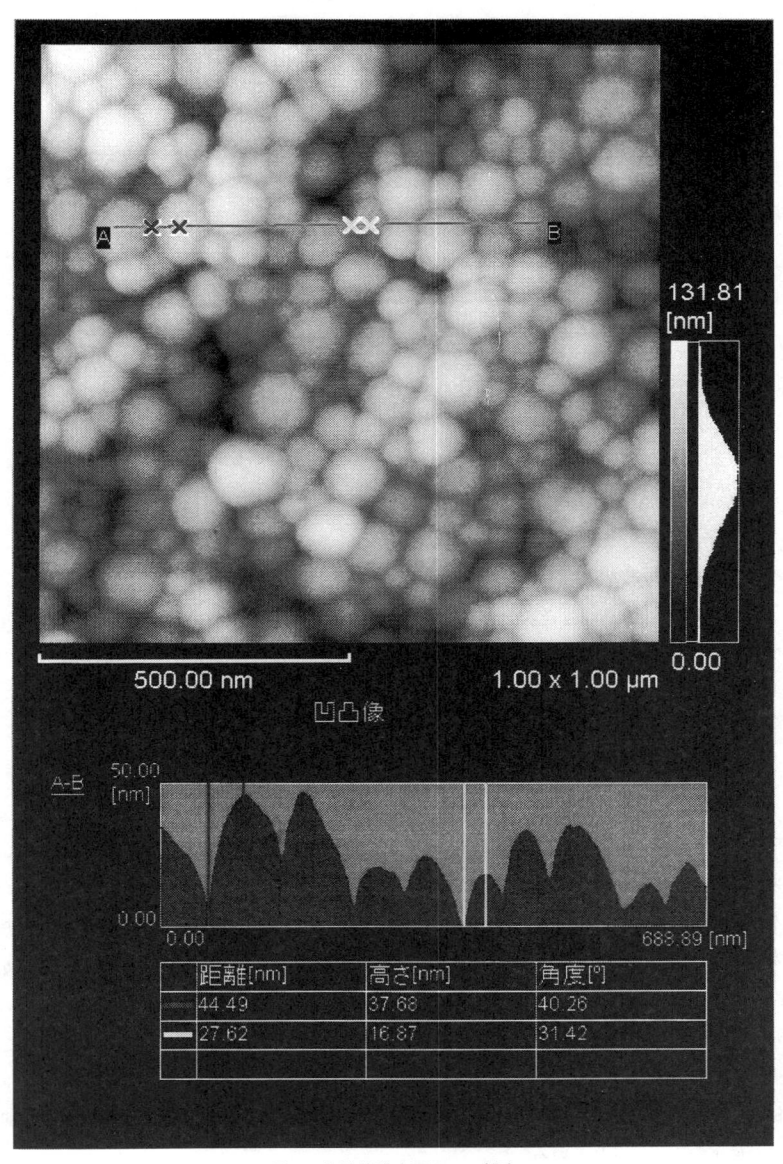

図4　無滴塗膜表面のAFM観察

図5　無滴塗膜表面の水滴接触角

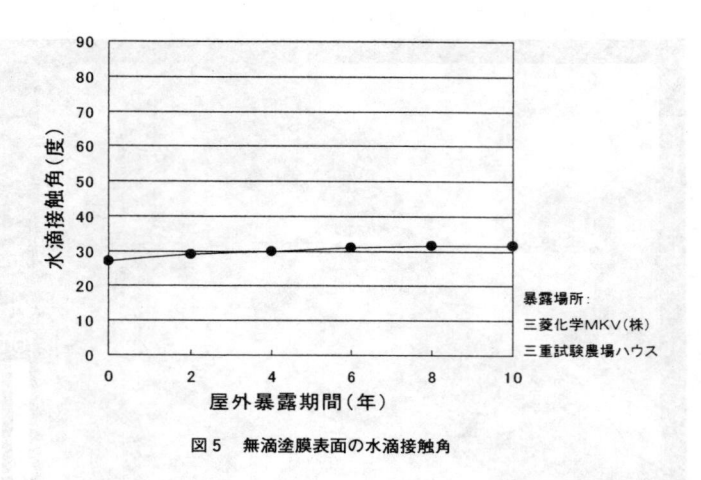

のであるが，初期から水滴接触角が低く，屋外暴露後もこの特性を長期間維持していることが分かる。

② 光制御フィルム

太陽光線は紫外線，可視光線，近赤外線（熱線）からなり，そのエネルギー比率は紫外線が5％，可視光線が45％，近赤外線が50％である。施設園芸の発展に伴い，低農薬化などの省資源性，或いは遮熱資材にみられるように作業の快適化の機能が求められており，ハウス内に入射する光を制御した高機能化製品が開発されている。主だったものを紹介する。

ⅰ　紫外線カットフィルム

ハウスで作物を栽培する場合，紫外線の有無は作物の生育，病害虫の発生，果実の着色，昆虫の活動などに大きく影響する。波長380nmまでの近紫外線の透過を制限した紫外線カットフィルムは，病害虫の発生抑制効果があり，農薬の使用量を減らすことが可能である。図6に紫外線カットフィルムの光学特性を示す。灰色カビ病や菌核病は，紫外線をカットすると菌糸の状態で止まり胞子をつくらないので，被害が軽くすみ，農薬の使用量が削減できる。写真1に灰色カビ病の発生状況を示す。紫外線カットフィルムで被覆した場合，白い菌糸は発生しているが，一般フィルムのような胞子の形成はほとんどみられない。また，昆虫にとって紫外線は人間の可視光に相当し，ミカンキイロアザミウマ，アブラムシといった害虫は，紫外線をカットするとハウスへの侵入が抑制される[4]。紫外線をカットする方法としては，フィルムに紫外線吸収剤を添加する方法が従来から採用されている。

第10章　環境産業

(厚み0.1mm)

図6　紫外線カットフィルムの光線透過性

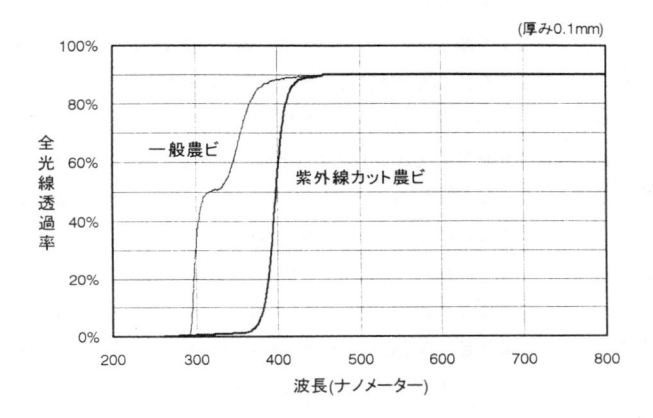

三菱化学MKV研究所

紫外線カット農ビ　　　　　　　　　一般農ビ

写真1　灰色カビ病の発生の比較

ⅱ　遮熱フィルム

　施設園芸において一般的に用いられる農業用フィルムは，冬場の保温性向上および光合成に必要な日射量を確保することを目的に可視光線を極力透過させる透明フィルムが使用されている。

しかしながら初夏から盛夏を経て初秋の間，透明フィルムの被覆下ではハウス内が高温となり，作物の品質および作業環境が問題となっている。そこで，可視光線は極力透過させ，熱線（即ち，近赤外線）を極力カットする為に，熱線吸収剤または熱線反射剤を基材に練りこむ，あるいは塗布したフィルムが検討されている[5]。ただこれらの方法によると，近赤外領域で透過率が大きくカットされる反面，可視光領域でも光量が不足するという事態となる。こうしたことから可視光部分の透過率を維持しつつ，近赤外部分のみをカットした資材の開発が期待されている[6]。

一方，フィルム表面微細化技術により，ハウス内に入射する光線のうち冬場の光エネルギーを増加させ，夏場の光エネルギーは減少させる機能を付与する方法が提案されている[7]。この方法は，フィルム表面に溝の深さが$1 \sim 10 \mu m$で溝のピッチが$5 \sim 50 \mu$の微小な凹部を所定の傾斜角度の範囲で形成することにより起こる光屈折を利用したものである。溝を付ける方法として，レーザー照射やイオンビーム等により直接加工する方法や，フォトエレクトロフォーミング等により凹凸の金属製の型を作成した後にエンボッシングする方法が挙げられる。この方法においても溝深さが可視光領域の波長より大きい為に，可視光線の透過率が低下傾向にあり，必ずしも満足し得るものではなかった。透明性を阻害せずに近赤外光を遮断するには，光の波長以下の微細構造を表面に形成する必要があるといえる。

こうしたなかで，光学多層膜による光線透過性制御がディスプレーや光学デバイスなどの分野で応用されている。多層膜にすることで干渉を強めるものである。代表的な多層膜形成方法としては真空蒸着法，イオンビーム法，スパッタリング法，そしてプラズマCVD法などが挙げられる。光学多層膜技術ではフィルム厚さ方向の屈折率差を制御することに特徴があり，隣接する高屈折率層と低屈折率層の光学厚みを$\lambda/4$に設定することで波長選択性のある干渉効果が得られる為に，可視光の透過率を損なうことなく，近赤外の透過率を完全にカットすることが可能となる[8]。農業用フィルム分野では製造プロセスやコストなどでさらに検討を要するが，期待される方法の一つと考えられる。

4.4 おわりに

以上，農業用フィルムの概要について紹介した。農業用フィルムは本来持っている特性に加え，最近ではハウス内環境制御を目的とした高機能化製品が開発されている。ナノテクノロジーを応用した研究も一部に始まっており，今後の展開が期待される。

第10章　環境産業

文　　献

1) 大林厚, 平成13年度ビニル部会第4回例会「塩ビ加工製品の過去―現在―未来」, P24
2) 中島章, 高見和之, 橋本和仁, 渡部俊也, 表面, 39, No3, d22(2001)
3) 特許　第3120713号
4) 稲田勝海, 着色フィルムの被覆は作物に有効か？,「農業および園芸」第69巻第9号(1994)～第72巻第12号(1997)
5) 斎藤光正, コンバーテック　1977. 7, P.1
6) 五訂施設園芸ハンドブック, ㈳日本施設園芸協会, P88
7) 特許第2910291号
8) 佐野興一, セミナー "光学機能性フィルムによる光マネージメント技術と応用", 技術情報協会, 2003, 7

第11章　革新的ナノ材料産業

1　ナノファイバー充てん複合材料

西野　孝[*]

1.1　はじめに～ナノファイバー充てん複合材料に期待できること

　二種以上の素材を組み合わせた複合材料では単一素材では持ち合わせない特性が発現され，日用品から航空・宇宙機器の構造材料に至るまで幅広く利用される。充てん材として各種繊維，フィラーが用いられる中，ナノ複合材料としてはモンモリロナイトに代表される層状粘土鉱物をナノレベルで高分子マトリックス中に分散させた材料の発展が著しい。これらについては別項（第5章）で解説されることから，ここでは，ナノファイバーを充てんした複合材料について述べることとする。

　繊維とは「その幅が肉眼で直接測れないほど細く，すなわち数十μ以下であり，長さは幅の数十倍以上大きいもの」[1]と定義される。中でもナノファイバーは「1 nmから100nmまでの直径を有し長さが直径の100倍以上」[2]とされている。この定義に従えば，無機材料として既存のアスベスト，ウィスカーもこの範疇に入る。ただし，アスベストを充てんした複合材料はかつて広く用いられてきたが，発がん性との関連から代替が行われた。さらに，第4章で解説されているカーボンナノファイバー，カーボンナノチューブ，また，植物繊維の基本単位としてのセルロースミクロフィブリルもナノファイバーということができる。

　ここで，繊維が微細化し，ナノファイバー化した場合に起こり得る現象をいくつか考えてみる。Penningsらは繊維を引張った際，繊維表面の欠陥（たとえばキンクバンド）にまずクラックが発生し，内層のミクロフィブリルの境界に沿って伝播したのち，ミクロフィブリルの欠陥や末端を横切ってさらに内部のミクロフィブリルへと階段状にクラックが進行することで，最終的に繊維全体の判断に至ると考えた[3]。このように繊維の破断がぜい性的に生じる場合，高分子であってもGriffithの考え方[4]が成立する。つまり，繊維が微細化することで繊維1本あたりの表面積，断面積が減少すれば，欠陥の発生確率も減少し，引張り強度の増加が期待できる。

　図1には，超高分子量ポリエチレンを超延伸したゲル紡糸糸あるいは表面成長法で作製したポリエチレンの(直径)$^{0.5}$と(引張り強度)$^{-1}$の関係を示した[5]。両者が直線関係で表わされることは上の考え方が支持されたことを意味する。縦軸の切片は繊維直径＝0のときの引張り強度を示し，

---

[*]　Takashi Nishino　神戸大学　工学部　応用化学科　助教授

第11章 革新的ナノ材料産業

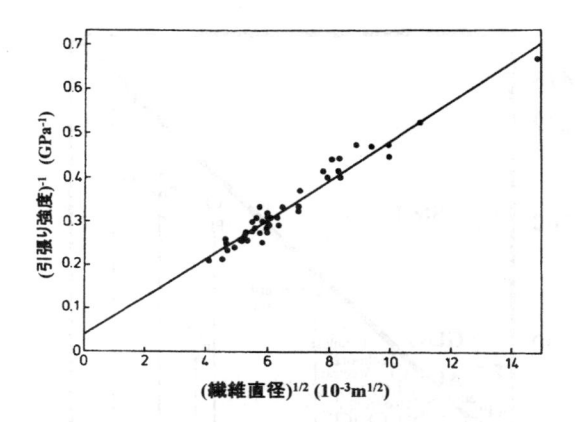

図1 超高分子量ポリエチレンを超延伸したゲル紡糸糸あるいは表面成長法で作製したポリエチレンの(直径)$^{0.5}$と(引張り強度)$^{-1}$の関係

(J.Smook, et al., *J. Mater. Sci.* (1984))

26GPaが得られる。この値はポリエチレンに対する計算強度(25〜35GPa)に匹敵する[6]。このように一般には柔軟と考えられるポリエチレンは,欠陥を除去することにより,鋼鉄の30倍,鉄ウィスカーの数倍の引張り強度を有するようになる。さらに,ナノファイバー化による欠陥の除去は引っ張り強度だけでなく,弾性率の上昇ももたらすことが期待できる。

図2には,各種高分子の結晶弾性率と,これまでに報告された試料全体の弾性率の最高値との関係を示した[7]。分子鎖軸方向の結晶弾性率は結晶領域の弾性率をX線回折法により実測することで得られ,その高分子固体の極限弾性率に匹敵する。図中,原点を通り斜め45°の線上にプロットがきた場合,その高分子では試料の高弾性率化が極限にまで推し進められたことを意味し,ポリプロピレンが該当する。ところがポリプロピレンは結晶弾性率(=極限弾性率)が低いため,本質的に高弾性率高分子にはなり得ない。一方,上述のポリエチレン(結晶弾性率=235GPa)に加え,ポリ(*p*-フェニレンベンゾビスオキサゾール)(PBO：Zylon繊維)の弾性率(結晶弾性率=478GPa)はアルミニウム,ガラス繊維の弾性率(70GPa)はもとより,鋼鉄の弾性率(206GPa)を超えている。すなわち,分子鎖を引きそろえて欠陥を少なくすることで,高分子材料の力学物性は原理的に無機材料をはるかに凌駕する。したがって,高分子ナノファイバーは複合材料の補強繊維として力学的に充分に期待できる材料と言うことができる。

複合材料における繊維充てんの効果としては,上述のような充てん繊維自身の特性に加えて界面効果を挙げることができる[8]。通常のマクロな繊維を充てんした複合材料に比較して,ナノファイバー充てん複合材料では,充てん繊維の直径が小さくなることで比表面積が増大するため,

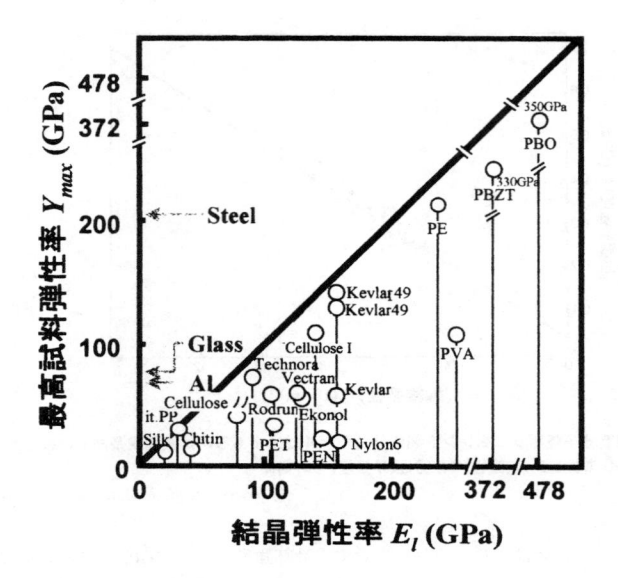

図2 各種高分子の結晶弾性率と，これまでに報告された試料全体の弾性率の最高値との関係

マトリックスとの界面積が増大し，界面での相互作用が増大することが期待できる。さらに，微細化に伴う表面エネルギーそれ自身の増大や，核剤として振舞うことでマトリックスの構造・性能に影響を及ぼす可能性もある。また，同じ体積分率の繊維を充てんした場合でも，繊維直径が小さくなると繊維間距離も狭くなり，破壊の際のクラックの伝播が遅延されることが考えられる。本項では，各種ナノファイバーを充てんしたナノ複合材料について，力学物性を中心に述べる。

1.2 ウィスカー充てんナノ複合材料

欠陥のない針状の単結晶は"ひげ"結晶（ウィスカー）と呼ばれ，力学物性をはじめ各種物性が極限値に近い値を示す。たとえば，鉄ウィスカーは13GPaを超える引張り強度，295GPaの弾性率を有している。このように力学特性に優れたウィスカーを高分子マトリックスに充てんすることで複合材料の力学物性の向上を目的とする研究が，チタン酸カリウム，塩基性炭酸マグネシウム，ホウ酸アルミニウム，ウォラストナイトを中心にこれまで数多く報告されている。この際，単にマトリックス樹脂全体へウィスカーを均一に充てんするのではなく，たとえば繊維の中への充てんも試みられている。ポリ（p-フェニレンテレフタルアミド）（Kevlar）に代表される液晶性高分子は高強度・高弾性率繊維として引張り特性に優れるが，圧縮により比較的容易に座屈す

る。この点に関して，ドープに予めSiCウィスカーを分散させ，そののち紡糸することでナノ複合材料繊維が作製された。直径13〜15μmの繊維の断面に対して150本のウィスカー（直径0.1μm，長さ5〜15μm）が繊維に沿って配列しており，圧縮強度が0.6GPaにまで改善されている[9]。また，炭素繊維充てん複合材料のプリプレグの層間にSiCウィスカーを充てんすると層間破壊靭性が上昇することも報告されている[10]。ウィスカーの充てんは溶融粘度の上昇をもたらし，成形性がしばしば損なわれる。その対策として，チタン酸カリウムを加える際に，溶融粘度が低い液晶性ポリエステルがナイロン6へブレンドされている[11]。

最近では力学物性に加え，それに付随する効果の発現が試みられている。Wenらは，リチウムイオン導電性ポリエチレンオキサイドにアルミナウィスカーを添加することでミクロクラックの生成が抑制され，力学物性のみならずイオン導電性が向上することを報告した[12]。AlN，SiCウィスカーを充てんすると複合材料に高い熱伝導性，低い熱膨張性を同時に付与できている[13]。この際，ウィスカー表面をカップリング剤で処理することで界面での熱障壁が減少し，熱伝導性が2倍となる（11W/m・K）。また，SiCウィスカーをポリエーテルエーテルケトンに充てんすることで摩擦係数が低下し，耐磨耗性が向上することも報告された[14]。

1.3　カーボンナノチューブ充てん複合材料

炭素の同素体としてのダイヤモンド，グラファイトが極めて高い力学物性を有することは古くから知られており，前者に対しては人工ダイヤモンド，後者に対しては炭素繊維が工業化されてきた。これらの材料の力学特性が極めて高いのは，炭素-炭素間の共有結合だけで構成される骨格が力学的に有効に利用されたことによる。その結果，ダイヤモンドでは等方的に，グラファイトでは網目の方向に，弾性率として1000〜1200GPa（1〜1.2TPa），引張り強度として100GPaの極めて高い強度・弾性率が達成される。昨今では，ニューカーボンファミリーとして，炭素繊維よりもさらに微細なカーボンナノファイバー，ナノチューブ（NT）が注目を集めている。

カーボンナノチューブはグラファイトの網目が円筒状の構造を有しており，一層からなるシングルウォールナノチューブ（SWNT）と多層の網目が入れ子状のマルチウォールナノチューブ

表1　各種高分子にナノチューブ(NT)を充てんした複合材料の弾性率

	弾性率（GPa）			
	樹脂単独			NT充てん材
PE：	0.47	→	2wt% →	0.61
PVA：	2	→	0.4wt% →	4.2
PEEK：	4	→	10wt% →	5
Nylon12	0.8	→	10wt% →	1.7

(MWNT)がある。構造上の特徴を反映して，ナノチューブを充てんした複合材料では高弾性率(1.2TPa)[15]，高（超）電気伝導性，高熱伝導性，難燃性などの特性が発揮されることが期待されている。さらに，水素貯蔵性などの機能も併せ持っており，センサー，プローブ，デバイスへの応用は他の章で解説されている。従来，極めて高価であったが，価格の低下に伴い複合材料の補強繊維としての利用の観点からも多数の研究が進められている。2000年までの成果についてはAjayan, Thostensonらの総説を参照されたい[16]。マトリックスの弾性率E_mを2GPaと仮定すると，NTを1％充てんしただけで複合材料の弾性率E_{comp}は14GPaとなることが期待できるはずである（$E_{comp} = V_f \cdot E_f + (1-V_f) \cdot E_m$，ただし，$V_f$は繊維充てん量，$E_f$はNTの弾性率）。ところが，これまでに報告された補強性は表1に示したように弾性率にして高々マトリックスの2倍程度にすぎない。

さて，複合材料中では充てん材をマトリックス中にいかに①高分散，②高配向させ，③界面での応力伝達を良好にするかが重要となる。さらに微細なだけに，これらを如何に定量的に評価するかも重要となる。ところで，複合材料の繊維／マトリックス間の接着性を評価する手法のひとつに繊維引き抜き試験がある。この試験法では通常，樹脂から繊維を，あるいは繊維上に形成した樹脂の液滴を繊維から引き抜く際に要する力を接触面積で除することで界面の接着性が評価される。最近，走査型プローブ顕微鏡（SPM）を用いて，エポキシ樹脂からのNTのマイクロ引き抜き試験が試みられた。

1.3.1 界面での接着性

図3には，引き抜かれる前後の様相の透過型電子顕微鏡写真を示した[17]。エポキシ樹脂の穴を横切るNTをSPMのカンチレバー先のチップで引っ掛けて，引き抜いている。その結果得られた，引き抜けた跡の孔も同時に観察されている。引き抜く際のカンチレバーのたわみを力に換算したところ，NT直径，NTの樹脂中への埋め込み深さに依存して値が変化するが，30〜300MPaの界面せん断強度が報告された。マトリックス自身のマクロなせん断強度に比較して，界面強度の方が大きいなどの矛盾点も指摘されているが，いずれにしてもこの結果は，NTと高分子の界面の接着強度はかなり高く，複合材料の設計上さほど注意を払う必要のないことを示唆している。本来のNT表面はグラファイト構造を有しており，化学的に不活性なためエポキシ樹脂との相互作用は低いはずである。ところがNT表面の欠陥にラジカルが発生することでエポキシ樹脂との間に共有結合が形成されたためとして，この高い接着性が説明されている。

NTのラマンスペクトルにおいて，2640cm^{-1}に現れる通称G'バンドのピーク位置が応力によりシフトすることが見出された[18,19]。この現象を利用することで，複合材料中でのマトリックスからNTへの応力伝達の状態が調べられている。その結果，引張り変形下ではNTの入れ子の最外層だけが応力を担うことが見出され，このことはSWNTが補強性に優れていることを意味する。上

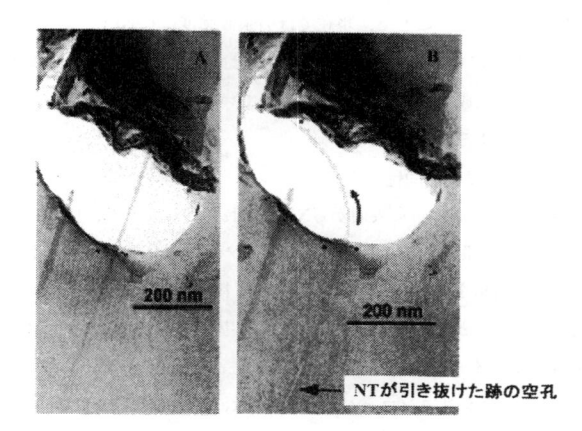

図3 エポキシ樹脂からナノチューブが引き抜かれる
(A) 前，(B) 後の様相の透過型電子顕微鏡写真
(Cooper et al., Appl. Phys. Lett. (2002))

述の三つの問題点のうちのひとつ，接着性が解決されたとすると，残る問題はNTの分散性と配向性になる。

1.3.2 ナノチューブの分散性

フラーレンがたとえばCS_2に溶解するのに対して，側面がグラファイト構造からなるNTは本質的に不活性であり溶媒がない。さらに，NT同士が凝集することで分散性が損なわれているとすれば，表面修飾することで溶媒に可溶化させ，分子分散させる必要がある。この点に関して，SWNTのフッ素化によるイソプロパノール，イソブタノールへの可溶化[20]，酸（H_2SO_4/HNO_3）浸漬下での超音波処理，ついでオクタデシルアミン修飾によりクロロホルム，トルエンなどへの溶解が報告されている[21]。また，NTはポリビニルピロリドンやスルホン化ポリスチレンと複合体を形成し，これが1.4g/Lの濃度で均一な水溶液となる[22]。これを利用してゲル電気泳動によるチューブの長さ分割が試みられた。また，NTは界面活性剤であるドデシル硫酸ナトリウム（SDS）水溶液中に均一に分散させることができ，ポリ（スチレン－アクリル酸ブチル）エマルジョンとのブレンドが行われた[23]。また，NTは多糖であるアラビアゴムの存在によっても水分散する[24]。ただし，NT壁面の性状は作製方法によって千差万別であり，報告された修飾法が常に有効とは限らないことに注意する必要がある。VigoloはSDSの1wt％水溶液にSWNTを0.35wt％の濃度で均一に分散させ，これを5wt％のポリビニルアルコール水溶液中に押し出すことで，数μmから100μmの直径の繊維を作製した[25]。NTは均一に分散・配向しており，この繊維は15GPaの弾性率，150MPaの引張り強度を示し，結び目が作れるほどしなやかである。さらに

同プロセスに改良を加えることで，現在では引張り強度は1.8GPaとなっている[26]。ただし，この場合でも力学物性はNT本来の値に程遠い。これはNTが分岐し，互いに絡み合うことで網目のようなネットワークを形成していることに基づいている。これらの点の解決を目指した最近の研究を以下いくつか紹介する。

1.3.3 ナノチューブの配向性

Windleらは，基板である石英表面からNTを成長させることで，図4に示したように基板から垂直に配列したNTを報告した。この構造は「ナノチューブ・カーペット」と呼ばれており，からみあいが少ない構造を有することから，複合材料化が期待できる[27]。また，Kotovらは，硝酸中で超音波分散することで，壁面にカルボキシル基を導入したSWNTを作製した。このNTは水中で負に帯電している。そこで，予めカチオン性高分子（論文では多分岐ポリエチレンイミン（PEI））をコートしたシリコンウェハーをNT分散液に浸漬すると，電荷の中和によりNTが表面に析出する。次いで，PEI水溶液に浸漬すると，NT層上にPEIが析出，さらにNT分散液に…と繰り返し浸漬することで，NT充てん率にして50wt%の多層複合材料が作製されることを見出した[28]。40回の繰り返しによりフィルムの厚みは1 μmとなり，35GPaの弾性率と220 MPaの引張り強度を示した。この場合，NTは網目状であるが高分子層に挟まれることで凝集体は観察されず，分散性は極めて良好である。Kumarらは，SWNT存在下でPBOの合成を行い，液晶性を示すポリリン酸溶液をそのまま紡糸することで，NT含有繊維を作製した。同じ条件で紡糸したPBO繊維の弾性率／強度／伸び＝138GPa/2.6GPa/2.0%であるのに比較して，NTを10wt%含むPBO繊維の値はそれぞれ167GPa/4.2GPa/2.8%であった[29]。同時に熱膨張，クリープの抑制も報告されており，NTの配向による効果が現れた。

図4　基板から垂直に配列した「ナノチューブ・カーペット」
(C. Singh, et al., Physica B (2002))

第11章　革新的ナノ材料産業

1.3.4　ナノチューブの自己修復性

　Terronesらは，平行な2本のSWNTが電子線照射により1本の太いチューブになることや，交差するNTからX型やト型のチューブの生成を報告している[30]。これらの現象はNTが変形・切断しても近くのNTと再融合することで自己修復性を示すことを示唆している。岸本は複合材料の劣化，疲労の修復に，NTのこの自己修復性の利用を提言している[31]。NT充てん高性能複合材料は宇宙空間をはじめ劣化部位の取替え，修復に困難が伴う場面での利用が予想されることから，材料自身への自己修復性の付与は長寿命化，ひいては環境問題との関係においても今後益々重要になると考えられる。

1.4　今後の展開～セルロースナノファイバー充てん複合材料

　前項まででウィスカー，カーボンナノチューブ充てん複合材料を中心に述べてきたが，これらのナノファイバーは極めて高い性能を有するが一方，未だに高価格であり，高品質NTの大量工業生産・安定供給にはしばらく時間が掛かる。この点に関して，経済産業省のカーボンナノファイバープロジェクトの一環として，信州大学・遠藤らは民間企業との共同研究で，既に実用化している繊維径80nmのカーボンナノファイバーをナイロンに充てんした複合材料製の歯車を発表している[32]。射出成型によって作製されたこの歯車は直径が0.2mm，耐磨耗性，摺動性，帯電防止，熱的機能にも優れている。

　図2に今一度立ち返ると，天然素材としてのセルロースの結晶弾性率（138GPa），試料弾性率がアルミニウム，ガラス繊維を凌駕し，最近開発された高性能繊維に匹敵することがわかる[33]。このことから，セルロースナノファイバーは力学的な補強だけでなく，環境調和の観点からも複合材料の充てん繊維として充分な有資格者ということになる。植物由来のセルロースは5nm幅のミクロフィブリルと称されるナノファイバーを基本構成単位としている。矢野らは，パルプを繰り返し叩解することで5～10本のミクロフィブリル束にまで微細化し，ポリ乳酸をマトリックスとして30％組み合わせることで複合材料化した[34]。曲げ弾性率，強度として17.5GPa，270MPaの値が得られ，これらの値がガラス短繊維複合材料を超え，マグネシウム合金に匹敵することを報告した。

　これまで述べてきたナノファイバー以外にも，たとえばZnO[35]，ボロン酸[36]をはじめさまざまなナノチューブが見出されている。また，図2で示したように高分子繊維はいずれも力学的に優れた可能性を内包しており，新しい機能，高い性能を有する材料の開発にあたって，ナノファイバー化，さらには複合化は今後益々重要になってくるものと期待できる。

ナノファイバーテクノロジーを用いた高度産業発掘戦略

文　　献

1) 櫻田一郎, "繊維の化学", 三共出版, 東京, 1978, p.14.
2) 谷岡明彦, 繊維学会誌, **59**, p. 129(2003).
3) D. J. Dijkstra, J. C. M. Torfd, A. J. Pennings, *Colloid Polym. Sci.*, **267**, 866(1989).
4) A. A. Griffith, *Phil. Trans. Roy. Soc.*, **A221**, 163(1921).
5) J. Smook, W. Hamersma, A. J. Pennings, *J. Mater. Sci.*, **19**, 1359(1984).
6) 伊藤泰輔, 高性能高分子系複合材料, 高分子学会編, 丸善(1990)第2章.
7) 西野 孝, 高分子, **51**, 32(2002).
8) 畑 敏雄, 複合材料, 日本化学会編, 化学総説 8, 学術出版センター(1975)第1章
9) M. A. Harmer and B. R. Phillips, *J. Mater. Sci., Lett.*, **13**, 930(1994).
10) W. X. Wang', Y. Takao, T. Matsubara and H. S. Kim, *Composite Sci. Technol.*, **62**, 767 (2002).
11) S. C. Tjong and Y. Z. Meng, *Polymer*, **40**, 1109(1999).
12) Z. Wen', M. Wu, T. Itoh, M. Kubo, Z. Lin, O. Yamamoto, *Solid State Ionics*, **148**, 185 (2002).
13) Y. Xu', D. D. L. Chung, C. Mroz, *Composites*, **A32**, 1749(2001).
14) Q. J. Xue, Q. H. Wang, *Wear*, **213**, 54(1997).
15) M. M.J. Treacy, T. W. Ebbesen, T. M. Gibson, *Nature*, **381**, 680(1996).
16) Ajayan, *Chem.Rev.*, **99**, 1787(1999) ; E. T. Thostenson, Z. Ren, T. W. Chou, *Composite. Sci. Technol.*, **61**, 1899(2001).
17) C. A. Cooper, S. R. Cohen, A. H. Barber, H. D. Wagner, *Appl. Phys. Lett.*, **81**, 3873(2002).
18) O. Lourie, H. D. Wagner, *J. Mater. Res.*, **13**, 2418(1998).
19) C. A. Cooper, R. J. Young, M. Halsall, *Composite*, **A32**, 401(2001).
20) E. T. Mickelson, I. W. Chiang, J. L. Zimmerman, P. J. Boul, J. Lozano, J. Liu, R. E. Smalley, R. H. Hauge, J. L. Margrave, *J. Phys. Chem.*, **B103**, 4318(1999).
21) J.Chen *et al.*, *Science*, **282**, 95(1998) ; *J. Chem. Chem.*, **B105**, 2525(2001).
22) M. J .O' Connel, P. Boul, L. M. Ericson, C. Huffman, Y. Wang, E. Haroz, C. Kuper, J. Tour, K. D. Ausman, R. E. Smalley, *Chem. Phys. Lett.*, **342**, 265(2001).
23) A. Dufresne, M. Paillet, J. L. Putaux, R. Canet, F. Carmona, P. Delhaes, S. Cui, *J. Mater. Sci.*, **37**, 3915(2002).
24) R. Bandyopadhyaya, E. Nativ-Roth, O. Regev, R. Yerushalmi-Rozen, *Nano Lett.*, **2**, 25 (2002).
25) B. Vigolo, A. Pénicaud, C. Coulon, C. Sauder, R. Pailler, C. Journet, P. Bernier, and P. Poulin, *Science*, **290**, 1331(2000).
26) A. B. Dalton, S. Collins, E. Munoz, J. M. Razal, H. Ebron, J. P. Ferraris, J. N. Coleman, B. G. Kim, R. H. Baughman, *Nature*, **423**, 703(2003).
27) C. Singh, M. Shaffer, I. Kinloch, A. Windle, *Physica B*, **323**, 339(2002), *Polymer*, **44**, 5893 (2003).
28) A A. F. Mamedov, N. A. Kotov, M. Prato, D. M. Guldi, J. P. Wicksted, A. Hirsch, *Nature*

第11章　革新的ナノ材料産業

　　　Mater., **1**, 190 (2002).
29) S. Kumar, T. D. Dang, F. E. Arnold, A. R. Bhattacharyya, B. G. Min, X. Zhang, R. A. Vaia, C. Park, W. W. Adams, R. H. Hauge, R. E. Smalley, S. Ramesh, P. A. Willis, *Macromolecules*, **35**, 9039 (2002).
30) M. Terrones, H. Terrones, F. Banhart, J. -C. Charlier, and P. M. Ajayan, *Science*, **288**, 1226 (2000).
31) 岸本　哲, ここまできた自己修復材料, 自己修復材料研究会編, 工業調査会, 2003, 第8章.
32) http://www.nedo.go.jp/shoueneshitsu/project/pro02_08/kaihatsu.html
33) T. Nishino, K. Takano, K. Nakamae, *J. Polym. Sci., Polym. Phys.*, **33**, 1647 (1995).
34) H. Yano, S. Nakahara, *Proc. 6th Pacific Rim Bio-based Composite Symp.*, (2002), p. 171, p. 188.
35) S. C. Lyu, Y. Zhang, C. Ji. Lee, H. Ruh, H. J. Lee, *Chem. Mater.*, **15**, 3294 (2003).
36) Y. Li, R. S. Ruoff, R. P. H. Chang, *Chem. Mater.*, **15**, 3276 (2003).

2 ナノ難燃材料

柏木　孝*

2.1　はじめに〜ナノファイバー充てん複合材料に期待できること

　高分子材料は現在社会において，加工性に優れている，軽量である，非腐食性であるなどの特長を有するため種々の応用展開がなされている。しかしながら，一方で高分子材料は「可燃性である」という欠点をもつ。特に，最も多量に使われているオレフィン系の高分子材料の大部分は木材と比較して燃焼時の発熱量（火災の大きさを決めるパラメーター）が大きい傾向にある。このため難燃剤を添加することによって用途別に要求されている火災の標準試験に合格する工夫が必要である。しかし，一般的に使用されている臭素系難燃剤は効果的であるが，ヨーロッパにおいて環境問題のため一部の使用を禁止する方向に進んでいる。それに代わり，ここ6−7年脚光を浴びているのがナノコンポジット（材料）であり，特にこれまではモンモリロナイトを始めとするclayを基にしている。この特集の他の章・節で説明されているように，少量のclayを高分子材料と混合し，その分散がナノスケールまで達した場合（exfoliate又はdelaminate），得られる複

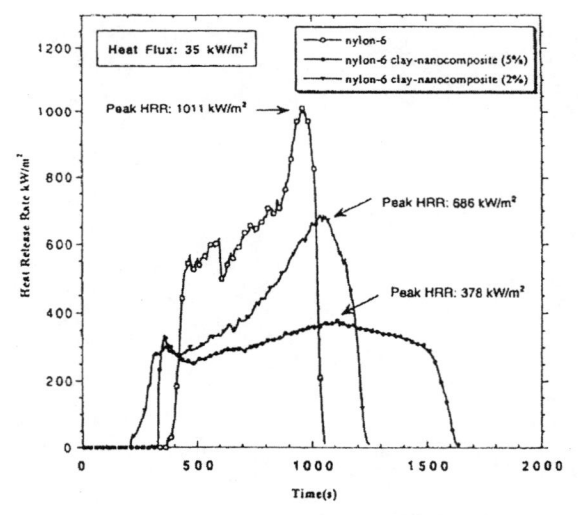

図1　Nylon−6/Clayナノコンポジットの発熱量の時間的変化の比較，Crayの量による影響（外部輻射熱＝35kW/m^2）

---

*　Takashi Kashiwagi　University of Maryland Department of Fire Protection Engineering Adjunct Professor

第11章 革新的ナノ材料産業

合材料の物性値が非常に向上することが報告されている[1]。一般に，伝統的に使われている難燃剤はこれを高分子材料と混合した場合，高分子材料の物性値が下がる傾向にある。それに対してナノスケールの添加物を高分子材料と混合したナノコンポジット材料は，3つの改良が同時に達成される可能性がある。それは①物性値が向上すること，②難燃性が向上すること，③環境に負荷がないことである。しかし，はたしてどの程度難燃性が向上するのだろうか？

2.2 Clay系ナノコンポジット

Clay系ナノコンポジットの難燃性に関する最初の文献は"Nanocomposites: Revolutionary New Flame Retardant Approach"という題で1997年に発表された[2]。この研究では，Nylon-6/Clayナノコンポジットでclayを2 wt％と5 wt％含んでいる試料を使用し，Cone Calorimeter*で燃焼特性を測定している。発熱量の系時変化を図1に示す。これよりClay添加量の増加に伴い発熱量が急激に低下することが確認できる。この研究以降，種々の高分子ナノコンポジットの燃焼特性測定，並びにその機構解析の研究が進められてきた。その例として，ポリプロピレン(PP)[3]，エチレン—酢酸ビニル共重合体(EVA)[4,5]，ポリスチレン(PS)[6]，ナイロン6(PA6)繊維[7]，ポリエチレン[8]，ポリエーテルイミド[9]系ナノコンポジットがある。これらのナノコンポジットは全て大幅な発熱量の減少が報告されている。特に興味深いのは図2の結果である。これは4つの試料［PS, PS/Naモンモリロナイト(MMT), PS/2C18-MMT, PS/C14-フルオロヘクトライト(FH)］の発熱量の比較である。MMT表面に有機処理を施してないPS/NaMMTはclayの分散性が悪いためナノコンポジットではなく，マイクロコンポジットの範疇に入る。マイクロコンポジットの試料における発熱量はPSの発熱量とほぼ同じである。同じような結果が他の高分子系マイクロコンポジットにも見られる。図2の結果において，PS/C14-FHの発熱量がPSとあまり変わらずPS/2C18 MMTの発熱量よりもはるかに高いこともまた興味深い。有機処理剤が違うためclayの分散性が異なることも考えられるが，この発熱量の違いは使用したclayのアスペクト比の違いによる可能性もある。NISTに於ても，PP/PP-g-MA/合成マイカ，PP/PP-g-MA/MMT，PP/PP-g-MA/合成FHの3種の試料の発熱量比較で同様の傾向が観測された。アスペクト比の高いものほど発熱量が低くなる傾向が確認された。しかし現段階においてはclayの有機表面処理による違いによる分散の影響とその熱安定性の違いなども原因として考えられるため，これを確認するには更なる研究が必要である。同様に，exfoliateされた試料とintercalateされた試料の発熱量の差は明確に観測されていないため，まだ確認されていない。ただし，両材料の物性値の差

---

* 火災の分野で使われている燃焼試験装置で，着火遅れ，発熱量，CO，CO_2 particulates，試料の重量等の時間的変化がConeの形をしたヒーターから輻射熱で燃えている時に測定が出来る（ISO規格5660）。

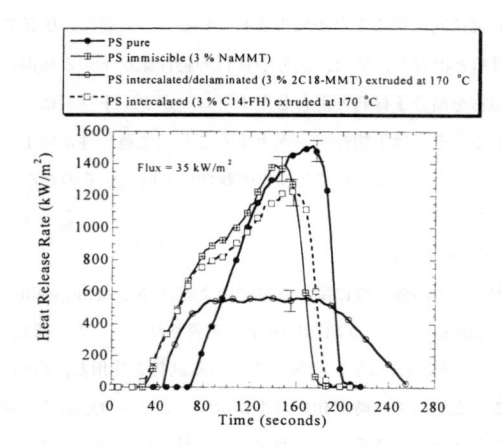

ナノファイバーテクノロジーを用いた高度産業発掘戦略

図2 PS，PS/Clayマイクロコンポジット，PS/Clayナノコンポジットの発熱量の時間的変化（外部輻射熱＝50kW/m²）

ほどではないようである。

　図1と図2より示されるもう一つの点はナノコンポジットの着火遅れが高分子の場合と比較して短い傾向である。様々な推察がなされているがその理由はまだ明らかにされていない。Clayの有機表面処理の熱安定性，熱伝導率，輻射熱の表面吸収率等の影響によるものと推察されている。clayの有機表面処理をしたときの残渣が着火遅れを短くするという最近の報告もある[10]。有機表面処理の熱安定性は良く使われているalkylammonium-treated MMTの熱分解がextruderを使用したmelt blending中起こるということが報告されている[11,12]。有機表面処理の熱安定性が高分子の場合よりも低ければその熱分解生成物が析出し，着火を早くする可能性がある。特にhigh temperature processing高分子においては高い熱安定性は重要でありImidazoliumに基づいた新しい有機表面処理の文献が発表されている[12]。最も興味深いのはナノスケールのclayを若干量添加することによって高分子の発熱量が低下する機構である。ナノコンポジットの熱安定性を高分子と比較した場合，熱安定性が向上する場合[6,13]と変化が無い場合[2,8]が報告されている。全体的に見るとナノコンポジットの熱安定性は多少向上する傾向にあるが（しかし向上度は低い），そのために発熱量が顕著に減少するとは考えにくい。一部には，clay中にある微量の鉄がナノコンポジットの熱分解中に出来たラジカルをトラップするという説もある[6]。この結果，僅か0.1%のclayを添加しただけでPSの発熱量が僅かに低下すると報告されている。しかし鉄を含まない合成マイカでも発熱量が大きく低下することから，この説は特殊な例かもしれない。Clayナノコン

第11章　革新的ナノ材料産業

ポジットの燃焼の際に試料の表面に保護層が形成され，その層が断熱層として働き，更に試料の内部から生じた熱分解生成物が試料から出る際のバリアーとして働くという現象が現在一般に受け入れられている。保護層の形成の一例を図3に示す。PSとPS/clayナノコンポジットの一連の写真は窒素雰囲気中で輻射熱が50kW/m^{2}の条件のもとで観察されたものである。直径75mm，厚み8mmの試料は薄いアルミ箔で作られた容器に入っている。窒素雰囲気下なので火炎がなく試料表面の挙動を良く観察することが出来る。PSの表面は溶けて液体状となり，熱分解生成物からなるたくさんの気泡が観察されるが炭化物（char）はまったく生成していない。しかしPS/clayナノコンポジットはかなり早い段階で炭化物が表面に生成し始め，それが広がって表面全体を覆うようになる。このようにしてできた炭化物の量は最初の試料の約4-5％である。ナノコンポジット材料からの炭化物の形成は一般に微量である。PP/clayナノコンポジットはマレイン酸グラフトPP（PP-g-MA）を使用するためPP-g-MAから微量の炭化物ができる。しかし微量の炭化物とclayによって出来た表面の保護層はclayだけから生成した保護層よりも力学的に強固であるためひび割れが形成されにくいとされている。しかし図3に見られるような大きなひび割れがPS/Clayナノコンポジットには生成している。輻射熱が割れた部分を通して試料内部に入り，熱分解が進行することで分解生成物が出やすいようになる。それゆえにひび割れが形成し

図3　窒素雰囲気下におけるPSとPS/Clayナノコンポジットの熱分解挙動
（輻射熱=50kW/m^2）

ない方が保護層として望ましい。PS/Clayナノコンポジットの場合は保護層がほぼ全体を覆っているが，保護層が表面の一部しか覆わないPA6/Clayナノコンポジットもある。その例を図4に示す。この試料における発熱量の低下（PA6の発熱量と比較して）は，図3に示されているPS/Clayナノコンポジットの発熱量の低下よりも少なく難燃効果が低いことが確認されている。

次にPA6/Clayナノコンポジットの保護層の構造について検討した。図4に示されている残渣はPA6/Clayナノコンポジットが窒素雰囲気下で50kW/m²の輻射熱のもとでガス化された物である。実験を途中でとめて（各種の試料の重量減少比（W/W₀）のところで）残渣を収集した。ガス化が進むにつれ黒い保護層の拡がりが確認できる。図5は黒い保護層の空気雰囲気下における熱重量分析の結果である。800℃以上の残渣を無機物（clay）と仮定すると，ガス化が進むにつれて保護層中のclayの量が急速に増えるのがわかる。約20%の試料重量が失われると保護層の約80%はclayである。残りは熱安定性の高い芳香族を基にした有機物と炭化物の混合物と考えられる。もとのナノコンポジットではclay一枚一枚の薄片がexfoliateしていたが多量のclayが保護層

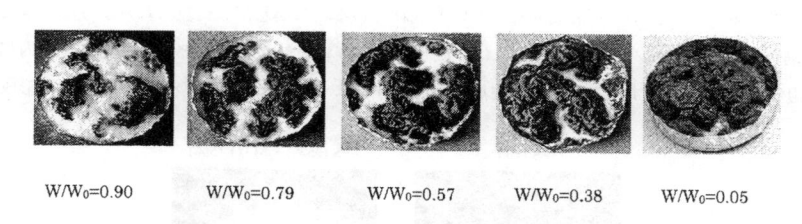

$W/W_0=0.90$　　$W/W_0=0.79$　　$W/W_0=0.57$　　$W/W_0=0.38$　　$W/W_0=0.05$

図4　PA6/Clay（5%）ナノコンポジットの残渣の写真
Wは残渣の重量でW₀は試料の始めの重量。窒素中で輻射熱は50kW/m²

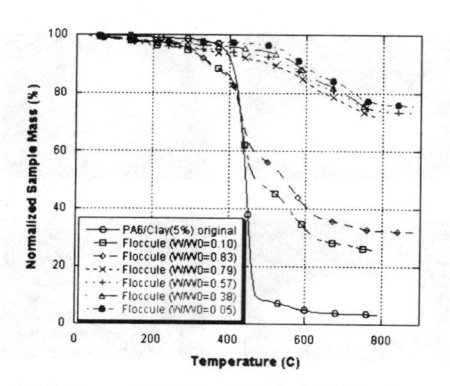

図5　PA6/Clayナノコンポジットの残渣の空気雰囲気下での熱分析
残渣は図4の黒い保護層から取ったものである。

第11章　革新的ナノ材料産業

図6　PA6/Clayナノコンポジットの燃えた後の残渣の電子顕微鏡写真

に集まることによってclayの分散状態が変わる可能性がある。図6は図3のPS/Clayナノコンポジットの保護層の電子顕微鏡像である。clay一枚一枚の薄片が密集して重なっていることがわかる。X線回折に基づき評価した薄片間距離は1.3-1.4nmで元の試料と比べると非常に小さくなっている。しかし有機処理していないclayの薄片間距離は1.19nmでそれよりは幅広い。おそらく炭化物がclayの薄片間に入り込むことで若干薄片間距離を拡げていると考えられる。このように保護層は不燃性である無機物のclayと炭化物を主とした有機物からなっており，火炎からの熱並びに外部からの輻射熱をブロックする断熱効果と熱分解による生成物を閉じ込めるバリアーの役割をしていると思われる。

　上記のように高分子/clayナノコンポジットは発熱量を低下させる効果はあるが，電気製品の火災の規格に良く使われるUL-94試験法ではその難燃効果はあまり現れずナノコンポジットだけではV-0の格付に達しない。その理由として種々の可能性が考えられるがここでは二つの可能性を挙げてみる。一つはUL-94試験法は小さな火種（例えばマッチの火）から物が燃え拡がらないことを目的としたものであり，どちらかといえば着火と初期の燃焼特性に大きく影響される。図1に見られるようにナノコンポジット材料は着火遅れが，高分子のみの場合と比較して短くかつ発熱量も初期の段階において高くなる傾向がある。もう一つは試料の厚みによる影響であり，著者の最近の実験で薄いナノコンポジット材料は厚いナノコンポジット材料と比べて発熱量が高い傾向にあるという結果が得られた。薄いナノコンポジットはclayの絶対量が少ないため燃焼時の保護層が薄くなるか，または試料の表面全体を覆わない傾向がある。UL-94試験法における試料の厚みは1.6mm-3.2mmであるが図1と図2に示される試料の厚みは8mmである（これは試料が試験中に反ることを防ぐためである）。このような要因のためナノコンポジット材料はUL-94試験法において難燃効果があまり現れない。

　このような状況において，難燃効果を上げるためにはナノコンポジットと既存の難燃剤と併用する方法がある。EVA/Clayナノコンポジットと水酸化物[14]，EVA/APP（ammonium polyphosphate) とPA 6 /Clayナノコンポジット[15]，PP/Clayナノコンポジットとbrominated flame retardant/antimony oxide[16] がその併用の例として発表されている。UL-94試験法は材料業界で広く使われているが実際に規格として使用されているのは電気製品だけである。その他の製品，例えば建材については，火炎伝播の距離（例としてUL-84)，発熱量（日本のJIS規格），ヨーロッパではSingle Burning Item (SBI) 試験法という新しいテストを使うことになっている。SBI試験法は着火，火炎伝播，発熱量，dripping等種々の測定が含まれている。UL-94試験法の結果と発熱量とは必ずしも比例していない。各国が次々とperformance based codeを採用するに従いUL-94試験法よりも発熱量や火炎伝播特性を基にした規格に将来変わる可能性がある。そうなった場合，ナノコンポジットそのものが既存の難燃剤なしに使われることになるかもしれない。

2.3 シリカ微粒子系，カーボンナノチューブ系ナノコンポジット

これまではclayを用いたナノコンポジットについて紹介したが，異なったナノスケールの添加物を用いたナノコンポジットの難燃効果について解説する。最初にナノスケールのシリカの微粒子とポリメタクリル酸メチル（PMMA）によるナノコンポジットの例を示す。平均粒径12nmのシリカとモノマー（MMA）で合成して透明なナノコンポジット（silica 含有率13%）を作成した[17]。このナノコンポジットの発熱量はPMMAのみの値の半分に減少したがシリカ含有量を考慮に入れると，clayと比較した場合の難燃効果は低いように思われる。試験後の残渣を調べるとその表面は粒径がmm オーダーの粗い粒子で覆われているため，均一な保護層が形成されていない。これと比べてPP/MWCNT（多層カーボンナノチューブ）のナノコンポジットの場合，残渣表面に均一なネット状構造体を形成し，それが試料の全表面を覆い，割れ目もなく燃焼中も試料の形状がほとんど変化しない。図7は微量のMWCNT添加によりPPの発熱量が非常に減少した結果である[18]。難燃効果はMWCNT，clay，シリカ微粒子の順に低下する傾向がある。この序列はそれぞれナノスケール添加物のアスペクト比の大きさ順と一致する。どちらかというとアスペクト比の大きいものは均一なネットのような構造をもった力強い保護層を作り割れ目もなく表面全体を覆う。カーボンナノチューブを用いたナノコンポジットの難燃性の研究は始まったばかりで更なるデータの集積が必要である。最近EVA/Clay/MWCNTナノコンポジットの難燃性を測定した文献も発表されている[19]。Clayを無極性の高分子（例えばポリオレフィン）中に分散をするのは難しいが，MWCNTの分散はそれほど難しくない。それゆえ，将来は高分子の特性によってどのナノスケールの添加物を選択するかという方向に向かうのではないかと思う。これまでは添加物についてのみ検討を行ったがナノコンポジットの難燃性を考えた場合高分子の分子量も考慮する必要がある。熱可塑性の高分子が燃焼する際，高分子は大部分溶融する。もし溶融した高分子の粘度が低い場合，高分子の熱分解生成物による気泡の上昇挙動並びにそれに影響された溶融高

第11章　革新的ナノ材料産業

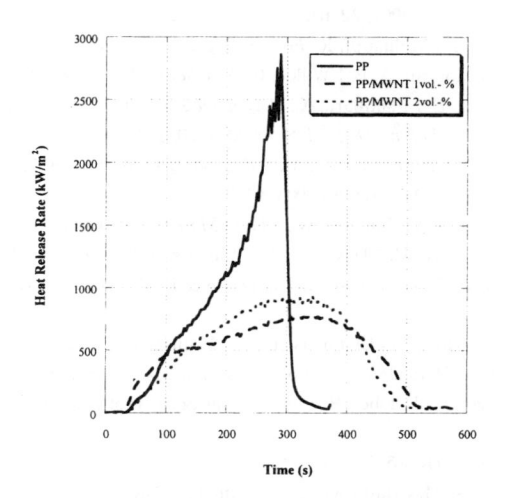

図7　PP/MWCNTナノコンポジットとPPの発熱量の比較
（輻射熱＝50kW/m²）

分子の対流によって添加剤による均一なネット状構造をもった保護層の形成が阻害される可能性がある。その結果，低分子量のPMMAを基にしたPMMA/シリカゲルの発熱量は高分子量PMMA由来のPMMA/シリカゲルの場合よりかなり高くなる[20]。同様な現象がナノコンポジットにも見られる可能性があり，ナノコンポジットの難燃機構を確立するためには更に多くの研究が必要である。

文　　献

1) Usuki, A.；Kawasumi, Y.；Kojima, M.；Fukushima, Y.；Okada, A.；Kurachi, T.；Kamigaito, O., *J. Mater.* 1993, **8**, 1179. Wang, M. S.；Pinnavaia, T. *J., Chem. Mater.* 1994, **6**, 468.
   Vaia, R. A.；Tshii, H.；Giannelis, E. P., *Chem. Mater.* 1993, **5**, 1694.
2) Gilman, J. W.；Kashiwagi, T., *SAMPE J.*, 1997, **33**, 40.
3) Gilman, J. W.；Jackson, C. L.；Morgan, A. B.；Harris, R. H.Jr.；Manias, E.；Giannelis, E. P.；Wuthenow, M.；Hilton, D.；Philips, S. H., *Chem. Mater.* 2002, **12**, 1866.
4) Alexandre, M.；Beyer, G；Henrist, C.；Cloost, R.；Rulmont, A.；Jerome, R.；Dubois, P.,

Macromol. Rapid Commun. 2001, **22**, 643.
5) Zanetti, M. ; Camino, G. ; Mulhaupt, R., *Polym. Degrad. Stab.* 2001, **74**, 413.
6) Zhu, J. ; Uhl, F. M. ; Morgan, A. B. ; Wilkie, C. A., *Chem. Mater.* 2001, **13**, 4649.
7) Bourbigot, S. ; Devaux, E. ; Flambard, X., *Polym. Degrad. Stab.* 2002, **75**, 397.
8) Zhang, J. ; Wilkie, C. A., *Polym. Degrad. Stab.* 2003, **80**, 163.
9) Lee, J. ; Takekoshi, T. ; Giannelis, E. P., *Mat. Res. Soc. Symp. Proc.*, **457**, 1997, 513.
10) Morgan, A. B. ; Harris, J. D., *Polymer*, 2003, **44**, 2313.
11) VanderHart, D.L.; Asano, A.; Gilman, J.W., *Chem. Mater.* 2001, **13**, 3796.
12) Gilman, J. W. ; Awad, W. H. ; Davis, R. D. ; Shields, J. ; Harris, R. H. Jr. ; Davis, C. ; Morgan, A. B. ; Sutto, T. E. ; Callahan, J. ; Trulove, P. C. ; DeLong, H. C., *Chem. Mater.* 2002, **14**, 3776.
13) Gilman J. W. ; Kashiwagi, T. ; Giannelis, E. P. ; Manias, E. ; Lomakin, S. ; Lichtenhan, J. D. ; Jones, P., In Fire Retardancy of Polymers. The use of intumescence; Le Bras, M., Camino, G., Bourbigot, S., Delobel, R. Eds.; Royal Society of Chemistry, Cambridge, UK, 1998, pp203-221.
14) Beyer, G., *Fire Mater.* 2001, **25**, 193.
15) Boubigot, S. ; Le Bras, M. ; Dabrowski, F. ; Gilman, J. ; Kashiwagi, T., *Fire Mater.* 2000, **24**, 201.
16) Zanetti, M. ; Camino, G. ; Canavese, D. ; Morgan, A. B. ; Lamelas, F. J. ; Wilkie, C.A. *Chem. Mater.* 2002, **14**, 189.
17) Kashiwagi, T. ; Morgan, A. B. ; Antonucci, J. M. ; VanLandingham, M. R. ; Harris, R. H. Jr. ; Awad, W. H. ; Shields, J. R. *J. Appl. Polym. Sci.* 2003, **89**, 2072.
18) Kashiwagi, T. ; Grulke, E. ; Hilding, J. ; Harris, R. ; Awad, W. ; Douglas, J., *Macromol. Rapid Commun.* 2002, **23**, 761.
19) Beyer, G., *Fire Mater.* 2002, **26**, 291.
20) Kashiwagi, T. ; Shields, J. R. ; Harris, R. H. Jr. ; Davis, R. D. *J. Appl. Polym. Sci.* 2003, **87**, 1541.

3 自己組織性ナノファイバー

守山雅也[*1], 溝下倫大[*2], 加藤隆史[*3]

3.1 はじめに

近年,有機材料に対して,社会から精密機能,環境低負荷性,省エネルギー性への要請が高まってきており,これまでにはない高機能・多機能材料の開発が必要になっている。そこで,エンジニアリングプラスチックなどの共有結合で構築されるハードマテリアルとは異なり,非共有結合性の分子間相互作用によって自己組織的に階層的な秩序構造を形成するソフトマテリアルが注目を集めている[1~4]。

水素結合や$\pi-\pi$相互作用などの分子間相互作用によって低分子が一次元的に自己集合して形成される自己組織性ナノファイバーは,ソフトマテリアルの一つである。自己組織性ナノファイバーは数十~数百ナノメートルの太さを有しており,溶媒中に分散したナノファイバーが連結して三次元のネットワーク構造を形成すると,巨視的には溶媒の流動性が失われたソフトな固体(物理ゲル)が得られる[5]。この物理ゲルは,非共有結合性の分子間相互作用によって構築されるため,熱可逆的にゲル-ゾル転移を起こすなどの動的な性質を有する。

この自己組織性ナノファイバーによる物理ゲル形成を機能材料に展開する目的で,液晶物理ゲルが開発された(図1)[1~4,6~25]。液晶は液体のような流動性と結晶のような秩序構造を有するソフトマテリアルである[25]。光学異方性,電場応答性などの性質を有するため,表示素子等へ広く利用されている。液晶と自己組織性ナノファイバーの複合体(物理ゲル)は,通常の等方的な

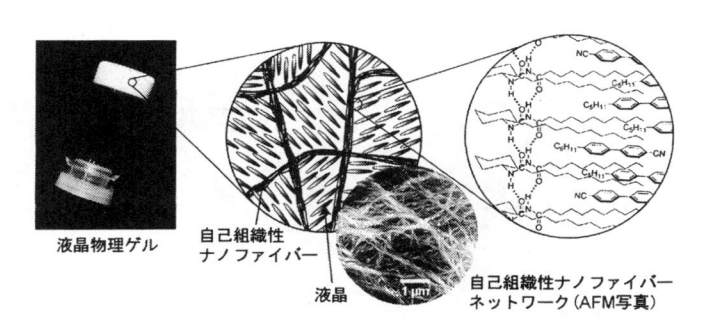

図1 液晶／自己組織性ナノファイバー複合体(液晶物理ゲル)

---

* 1 Masaya Moriyama 東京大学大学院 工学系研究科 化学生命工学専攻 助手
* 2 Norihiro Mizoshita 東京大学大学院 工学系研究科 化学生命工学専攻
* 3 Takashi Kato 東京大学大学院 工学系研究科 化学生命工学専攻 教授

有機溶媒とナノファイバーとの複合化では得られない，高度に組織化された複合構造に起因する新たな機能を発現するマテリアルとなった。本節では特に，自己組織性ナノファイバーを液晶と組み合わせたときに得られる新しい動的機能性マテリアルについて述べる。

3.2 液晶物理ゲル～液晶と自己組織性ナノファイバーとの複合体

液晶ゲルは図2に示すような液晶（1-3）にゲル化剤（4-10）を数wt%添加することで形成する。液晶ゲルでは，液晶とナノファイバーネットワークがミクロ相分離しており，液晶の電場応答性などを維持しつつ，ゲルのソフトな固体としての性質をあわせ持つ材料となる。また，ゲル化剤のナノファイバー形成に伴うゾル—ゲル転移と液晶溶媒が示す等方相—液晶相転移が独立して両方現れるという特徴を有する。これらの相転移温度の順序で液晶ゲルを分類した場合，2種類のタイプに分類できる。

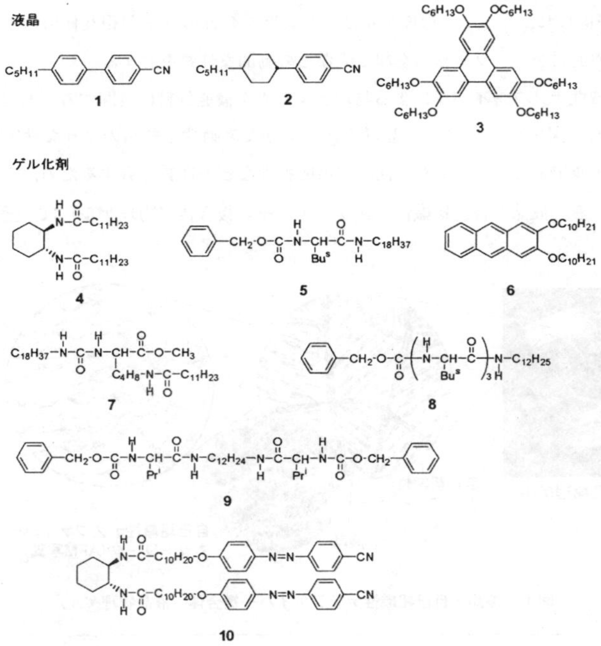

図2　液晶と低分子ゲル化剤の分子構造

第11章 革新的ナノ材料産業

　第一のタイプはゾル―ゲル転移温度＞液晶転移温度の場合であり，例としてネマチック液晶1とゲル化剤4の複合体の相図および複合構造の模式図を図3(a)に示す（図1に示した写真等も1/4複合体）。等方性液体から冷却することで，はじめにナノファイバーのランダムネットワークが形成される。このゾル―ゲル転移温度は，ゲル化剤の濃度が増加するとともに上昇し，4wt%のとき約80℃でゲル化する。さらに温度を下げるとナノファイバーのネットワーク内で液晶相転移が起こり液晶ゲルとなるが，液晶転移温度はミクロ相分離構造のため，1の液晶転移温度の34℃でほぼ一定である。この際，液晶はナノファイバーネットワークによって細かくドメイン化される。

　一方，第二のタイプである液晶転移温度＞ゾル―ゲル転移温度の場合を図3(b)に示す。液晶SCE8(強誘電性スメクチック液晶のひとつ)とゲル化剤5の複合体を例に挙げると，等方相から冷却することで，はじめに等方相→ネマチック(N)→スメクチックA(S_A)液晶相転移が起こる。例えばゲル化剤5を3wt%含む系では94℃でN相，72℃でS_A相に転移する。このときゲル化剤は，液晶中に溶解している。その後，S_A液晶場でナノファイバーの形成が起こるため(3wt%で65℃)，形成されるナノファイバーの方向は液晶の配向を反映したものとなる。さらに温度を下げると，液晶のキラルスメクチックC(S_C^*)相への転移が起こり，S_C^*ゲルとなる。

　このように組み合わせる液晶とゲル化剤を適宜選択し，相転移温度を制御すれば，自己組織性ナノファイバーの方向や階層構造を制御することが可能となる。また，制御された複合構造内での液晶と自己組織性ナノファイバーの協調作用により，液晶単独では得られない優れた光学特性，電気特性が発現する。

3.3　液晶中での自己組織性ナノファイバーの構造制御

　図3(a)のタイプでは，ナノファイバーが形成される際に液晶分子は配向していないため，ナノファイバーはランダムネットワークを形成する。一方，図3(b)のタイプでは配向させた液晶を用いれば，自己組織性ナノファイバーを一次元的に配列させることが可能となる。配向させたSCE8中でイソロイシン誘導体の水素結合性ゲル化剤5を組織化させた場合は，図4に示すように，S_A相の層方向，液晶分子の配向方向に対して垂直方向にナノファイバーの形成が起こる[14]。このような異方的自己組織化はπ-π相互作用をファイバー形成の駆動力とするアントラセン誘導体6をゲル化剤として用いた場合にも観察される[20]。また，ゲル化剤と液晶の組み合わせによっては，液晶分子の配向方向と平行な方向にナノファイバーの形成が起こる場合もある。例えば，層状構造をもたないネマチック液晶2中において，リシン誘導体7は液晶分子配向と平行にナノファイバーを形成する[22]。

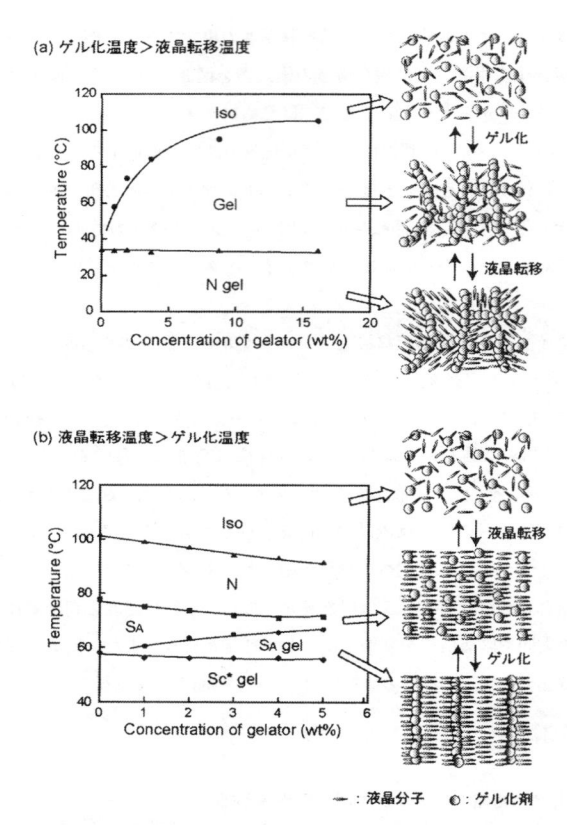

図3 液晶／自己組織性ナノファイバー複合体の相図および複合構造の模式図
(a) 1/4複合体　(b) SCE8/5複合体

3.4 液晶／自己組織性ナノファイバー複合構造を利用した高性能表示素子への展開

　ネマチック液晶とランダム構造の自己組織性ナノファイバーを複合化させると，液晶のドメイン形成が促進され，液晶の光散乱特性の向上などの液晶単独では得られなかった性質が発現する[19]。ゲル化剤8（0.2wt%）と液晶1との複合体は，高光散乱特性のため紙のように目にやさしい白色状態を示す（図5（a））。この状態に電場を印加すると，ファイバーネットワーク内の液晶が電場に沿って一様に配向することで光透過状態を得られる（図5（b））。これらの状態は，電場のオン／オフで可逆的にスイッチできる。この光散乱型表示の場合，通常の液晶ディスプレイに用いられる偏光板や基板の表面処理等は必要とせずに，明るく高コントラストの表示が実現可能である。

第11章　革新的ナノ材料産業

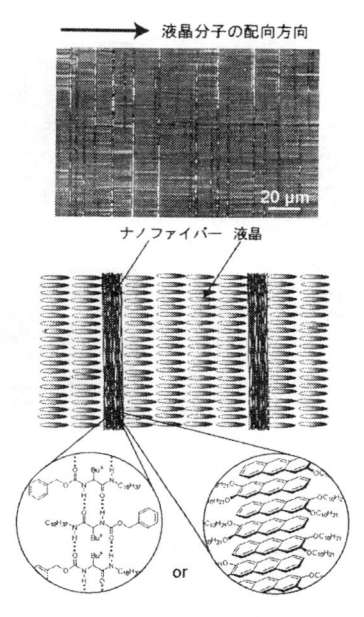

図4　スメクチック液晶中で配向した自己組織性ナノファイバー
（上は偏光顕微鏡写真）

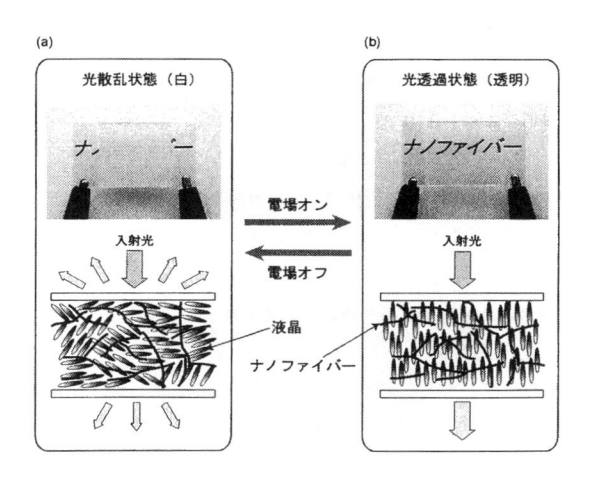

図5　液晶／自己組織性ナノファイバー複合体の電場印加による光散乱↔光透過スイッチング

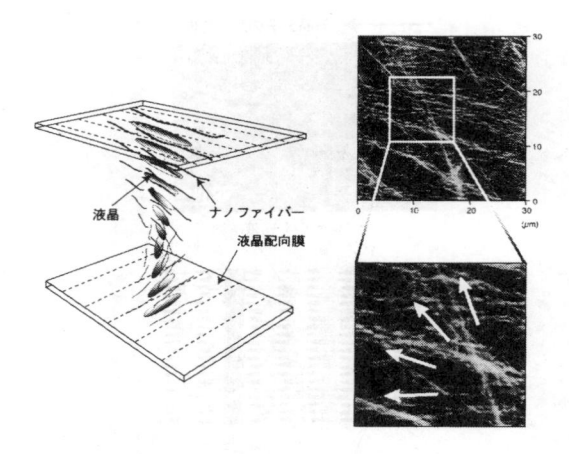

図6　TNセル中での自己組織性ナノファイバー（右はAFM写真）

　また，液晶表示方式のひとつであるねじれネマチック（Twisted Nematic, TN）と自己組織性ナノファイバーを複合化させた場合，液晶分子配向に沿った，ねじれたナノファイバーが形成した[22]。液晶配向膜によって表面処理をしたTNセル中でのゲル化剤7（1.5wt%以下）と液晶2の複合体では，液晶2がTN配向をした後にナノファイバーが形成する。AFM観察の結果，液晶配向を反映したねじれた自己組織性ナノファイバーの様子が観察された（図6）。ファイバーの配向制御により高コントラストを維持しつつ，自己組織性ナノファイバーの効果で応答速度の向上，しきい値電圧の低下が達成された。ゲル化剤7（0.4wt%）と液晶2の複合体では，液晶単独の応答時間及びしきい値電圧がそれぞれ17ms，1.7Vに対し，自己組織性ナノファイバーとの複合体では7ms，0.7Vと，かなりの性能向上が見られた[13,22]。

　自己組織性ナノファイバーと液晶との複合体は，液晶単独では達成できなかった高機能ディスプレイデバイスへ応用可能である。

3.5　液晶／自己組織性ナノファイバー複合体の光・電子機能化
3.5.1　ホール輸送性液晶ゲル

　分子半導体と自己組織性ナノファイバーを複合化することによるホール伝導性の向上も報告されている[18]。化合物3のような円盤状分子のトリフェニレン誘導体は，4つのベンゼン環の縮合する発達したπ電子系を有するため，分子が積層したディスコチックカラムナー構造をとることでカラム方向に1次元的なホール輸送を示す光導電性液晶となる。このディスコチック液晶3と

第11章 革新的ナノ材料産業

ナノファイバー
ディスコチックカラムナー液晶

図7 光導電性ディスコチックゲル

ゲル化剤9の複合体は，ナノファイバーネットワーク中でディスコチックヘキサゴナル状態の3がミクロ相分離した構造をとる(図7)。このディスコチック液晶ゲルのホール移動度は，ナノファイバーと複合化していない単独の値($4.5 \times 10^{-4} cm^2 V^{-1} s^{-1}$)に比べて，約3倍の値($1.2 \times 10^{-3} cm^2 V^{-1} s^{-1}$)を示した。ナノファイバーによって液晶の熱的運動性が抑えられる結果，高速ホール輸送が発現したものと考えられる。

3.5.2 光応答性液晶ゲル

　液晶とナノファイバーの複合構造は，これまで述べてきたように熱や電場などの外的刺激によって変化させることが可能であるが，自己組織性ナノファイバーに光応答性ユニットを直接導入することで，光により自己組織化構造を制御できる[23]。水素結合性低分子ゲル化剤である光学活性なシクロヘキサン誘導体にフォトクロミック分子のアゾベンゼンを導入したゲル化剤10と室温ネマチック液晶1とを複合化させた液晶ゲルは，アゾベンゼン部位のトランス―シス光異性化によって，その複合構造が変化する（図8）。

　アゾベンゼン部位がトランス体のゲル化剤10と液晶1の複合体を等方相にした後，冷却することで10のランダムネットワーク内で1がネマチック液晶に転移し，ネマチックゲルが形成する（図8(a)→(b)）。一方，紫外光照射によってトランス―シス光異性化を誘起するとナノファイバー形成の駆動力である水素結合が解離し，光学活性を有するゲル化剤10が液晶に溶解してコレステリック液晶相を発現する（図8(b)→(c)）。この状態を室温で放置し，コレステリック液晶中で徐々にシス―トランス異性化を起こすと，コレステリック構造を反映してナノファイバーネットワークが再び形成され，安定なコレステリックゲルとなる（図8(c)→(d)）。さらに，このコレステリックゲルは加熱してナノファイバー及び液晶配列をリセットすることで再び元のネマチックゲルに戻る（図8(d)→(a)→(b)）。この複合構造変化の繰り返しサイクルは，液晶と光応答性ナノファイバーの複合化によって達成された。

429

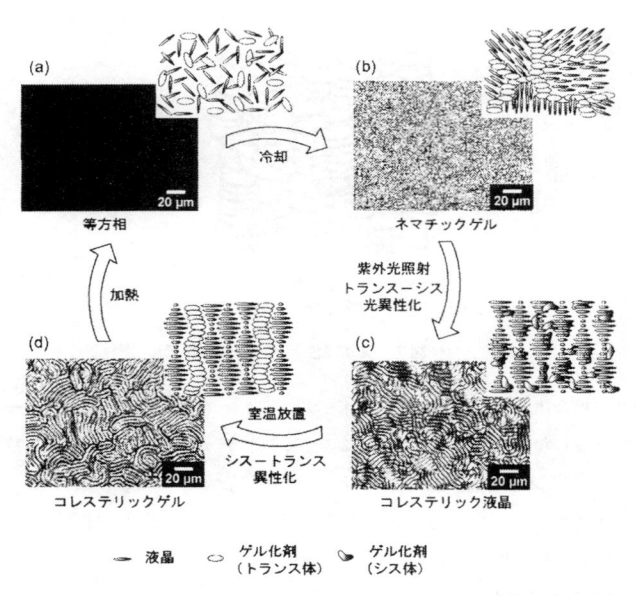

図8 光応答性液晶ゲルの光誘起複合構造変化

　この複合体に局所的な紫外光照射を行うことで，光学的性質の異なる二つのゲル状態のパターニングも可能である。このように，光応答性液晶ゲルは光の特性を生かした微小領域への情報書き込み，ゲル状態の光学的性質の違いによる情報表示，ゲルネットワークによる安定な情報保存，ゲル状態の相互変換による情報消去を行えるため，新たなリライタブル光情報記録材料として期待される。

3.6　おわりに

　本稿で述べたように自己組織性ナノファイバーは，液晶のような機能性物質と精密に複合化することにより，多様な新しい機能を発揮することができる。温和な条件で，自己組織化により加工することのできるこのような機能性マテリアルは，今後さらに重要性が増していくだろう。

第11章　革新的ナノ材料産業

文　　献

1) T. Kato, *Science*, **295**, 2414(2002)
2) 加藤隆史, 現代化学, No. 364, 24(2001)
3) 加藤隆史, 高分子, **52**, 276(2003)
4) T. Kato, N. Mizoshita, *Curr. Opin. Solid State Mater. Sci.*, **6**, 579(2002)
5) 英　謙二, 白井汪芳, 高分子論文集, **55**, 585(1998)
6) T. Kato, N. Mizoshita, K. Kanie, *Macromol. Rapid Commun.*, **22**, 797(2001)
7) T. Kato, *Struct. Bonding*, **96**, 95(2000)
8) 加藤隆史, 応用物理, **68**, 541(1999)
9) 加藤隆史, 溝下倫大, 機能材料, **20**, 65(2000)
10) 加藤隆史, 籔内一博, 繊維学会誌, **59**, P18(2003)
11) T. Kato, T. Kutsuna, K. Hanabusa, M. Ukon, *Adv. Mater.*, **10**, 606(1998)
12) T. Kato, G. Kondo, K. Hanabusa, *Chem. Lett.*, **1998**, 193
13) N. Mizoshita, K. Hanabusa, T. Kato, *Adv. Mater.*, **11**, 392(1999)
14) N. Mizoshita, T. Kutsuna, K. Hanabusa, T. Kato, *Chem. Commun.*, **1999**, 781
15) K. Yabuuchi, A. E. Rowan, R. J. M. Nolte, T. Kato, *Chem. Mater.*, **12**, 440(2000)
16) N. Mizoshita, T. Kutsuna, K. Hanabusa, T. Kato, *J. Photopolym. Sci. Technol.*, **13**, 307(2000)
17) N. Mizoshita, K. Hanabusa, T. Kato, *Displays*, **22**, 33(2001)
18) N. Mizoshita, H. Monobe, M. Inoue, M. Ukon, T. Watanabe, Y. Shimizu, K. Hanabusa, T. Kato, *Chem. Commun.*, **2002**, 428
19) N. Mizoshita, Y. Suzuki, K. Kishimoto, K. Hanabusa, T. Kato, *J. Mater. Chem.*, **12**, 2197(2002)
20) T. Kato, T. Kutsuna, K. Yabuuchi, N. Mizoshita, *Langmuir*, **18**, 7086(2002)
21) N. Mizoshita, Y. Suzuki, K. Hanabusa, T. Kato, *Proc. SPIE-Int. Soc. Opt. Eng.*, **5003**, 159(2003)
22) N. Mizoshita, K. Hanabusa, T. Kato, *Adv. Funct. Mater.*, **13**, 313(2003)
23) M. Moriyama, N. Mizoshita, T. Yokota, K. Kishimoto, T. Kato, *Adv. Mater.*, **15**, 1335(2003)
24) Y. Suzuki, N. Mizoshita, K. Hanabusa, T. Kato, *J. Mater. Chem.*, in press.
25) 液晶便覧編集委員会編, 液晶便覧, 丸善(2000)

4 有機ナノファイバーとそれを利用した無機ナノファイバーの創製

英　謙二[*1]　小林　聡[*2]

4.1 はじめに

　物質には気体，液体，固体の三つの状態があるが，我々の身の回りにはゼリーやゲル（ジェル）と呼ばれる液体と固体の中間のような状態を数多く見ることができる。例えば寒天やこんにゃく，プリンなどが例である。これらのゼリーやゲルの製品の中には，熱や力を加えることによって液体状態に戻る性質を持つものがあり，このようなゲル製品の幾つかは"ゲル化剤"と呼ばれる液体を固める性質を持つ低分子量の有機化合物を添加することによりつくられている。では何故，ゲル化剤は液体を固めることができるのか？　ゲル化剤はその分子構造の中に，分子同士がお互いに引き合う部分を持っている。この引き合う力によって無数のゲル化剤分子がお互いに結合して，あたかも"繊維（ファイバー）"のように繋がったナノスケールの"自己会合体"を形成する。そしてさらにその"ナノファイバー"が絡まり合い三次元的な網目構造体をつくる。その結果，スポンジが水を保持するように，この網目の中に液体が保持されることによってゲルという状態が生み出される。

　このゲル化剤がつくるナノファイバーには幾つかの特徴がある。まず，ゲル化剤同士を繋ぐ結合は水素結合，ファンデルワールス力，配位結合といった非常に弱い結合であり，外部から熱や力などのエネルギーを加えることによって簡単に切れてしまう。つまりファイバーを形成できなくなり，ゲル状態から液体状態に戻るのである。逆に，液体状態に戻ったものを冷やしたり静置すると，ゲル化剤同士は再び結合しファイバーを形成して液体状態からゲル状態となる。このようにゲル化剤は外部からの刺激に対して可逆的な状態変化を引き起こす性質を持っている。このような性質のために，化粧品，廃油の固化剤，食品の増粘剤，軟膏など我々の生活において幅広い製品の中にゲル化剤は利用されている。

　ゲル剤が作る有機ナノファイバーをテンプレートとして金属アルコキシドのゾル・ゲル重合をおこなうと中空状の無機ナノファイバーが得られる。本稿では，ゲル化剤が形成する有機ナノファイバーとそれを利用した無機ナノファイバーの創製について述べる。

4.2 有機ゲル化剤とナノファイバー

　有機ゲル化剤による溶媒のゲル化はきわめて迅速に起こる。そのゲル形成の手順を図1に示す。例えば（a）ゲル化剤を溶媒（この写真では1.5 gの後述のゲル化剤〔4〕と100mLのトルエン）に加

---

*1　Kenji Hanabusa　信州大学大学院　工学系研究科　教授
*2　Satoshi Kobayashi　長野県佐久地方事務所　生活環境課　技師

第11章　革新的ナノ材料産業

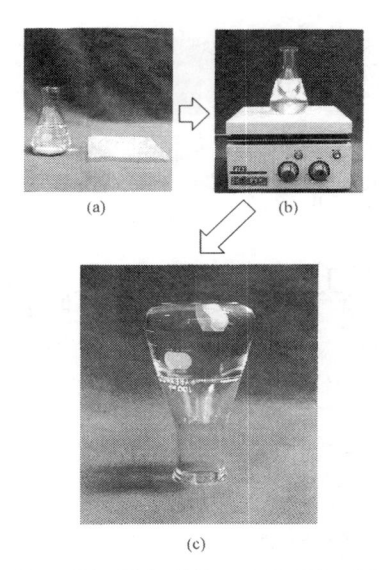

(a)

(b)

(c)

図1　低分子量ゲル化剤によるゲル形成の過程

え，(b) 一旦加熱溶解させ，(c) その後室温に戻すと放冷過程で直ちにゲル化する。現在までに数百種類の低分子有機ゲル化剤が報告され，筆者らの研究室においても数多くのゲル化剤を開発し研究を行ってきた。特に，L-バリン誘導体〔1〕[1] やL-イソロイシン誘導体〔2〕[2]，双頭型のL-バリン誘導体〔3〕[3] など一連のアミノ酸化合物やジアミノシクロヘキサン誘導体〔4〕[4] に優れたゲル化能力がある。アルコール類，ケトン，エステル，芳香族溶媒，鉱物油，植物油等の広範な液体を数10mg/mL程度の濃度でゲル化することができる。ゲル化の機構は先に述べたとおりファイバー状の自己会合体が重要な要因となっており，ゲル化能を発現するためには，分子構造に会合体を形成するような要素を持たせる必要がある。水素結合等による分子同士の相互作用が強すぎるとゲル化という状態にはならず，結晶として溶媒と分離してしまう。逆に分子同士の相互作用が弱いあるいは，溶媒との親和性が高すぎると均一な溶液状態となりゲル化は起こらない。したがってゲル化能を有する化合物の分子構造中には，分子同士が結合する部位とその結合を妨げる部位が共に存在し，そのバランスが保たれる必要性がある。筆者らの開発したゲル化剤の分子構造は，アミド基やウレタン基による水素結合形成部位と長鎖アルキル基によるファンデルワールス力発現部位から構成されている。アミド基やウレタン基のNHとC＝O間の水素結合により分子同士が引きつけ合う一方で，長鎖アルキル基によって溶媒との親和性を保っており，結晶

433

ではなくナノスケールのファイバー状会合体を形成しゲル化を起こしている。実際,電子顕微鏡観察ではゲル化剤分子が分子レベルで自己会合して形成された有機ナノファイバーが確認できる。〔1〕の四塩化炭素ゲルの透過型電子顕微鏡写真を図2に示す。幅が数10nmサイズの有機ナノファイバーが多数観察された。

シクロヘキサン誘導体であるゲル化剤〔4〕は,その化学式は同一であるが右手と左手のような異なる立体構造を持った(1S, 2S)型と(1R, 2R)型の光学異性体がある。これらのシクロヘキサン誘導体は図3に示すようにらせん状に捻れた有機ナノファイバーを形成し,その捻れの向きが(1S, 2S)型では右巻き,(1R, 2R)型では左巻きのらせん構造となっている。このことからゲル化剤の分子構造中に光学活性な部位を導入することによって,ゲル化剤が形成するファ

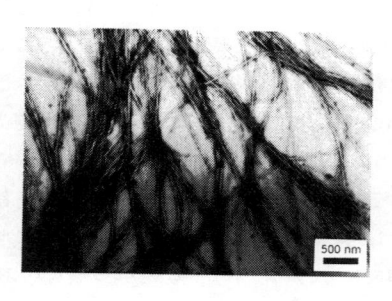

図2　〔1〕の四塩化炭素希薄ゲルの透過型電子顕微鏡写真

第11章 革新的ナノ材料産業

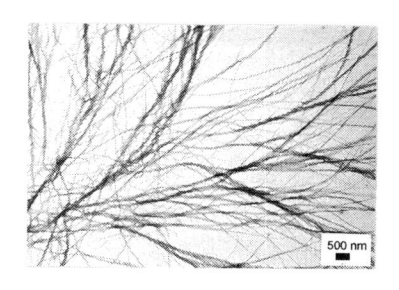

図3 〔4〕のアセトニトリル希薄ゲルの透過型電子顕微鏡写真

イバー状会合体に光学不斉な構造を与えられることがわかった。つまり分子構造に見られる光学活性な性質が，より高次な組織体の光学不斉な構造へと反映されていくのである。

4.3 ゲル化剤を利用した無機ナノファイバーの創製

有機物が形成する超分子構造体を構造決定因子に用いて無機材料のナノサイズの構造を制御する研究は米国Mobil社の研究グループにより1992年に初めて報告された[5]。界面活性剤は特定の濃度および温度条件において棒状ミセルを形成し，規則的に配列することが知られているが，彼らはその規則構造をそのまま転写することにより極めて高い集合・配向状態を持ったシリカ多孔質材料を合成できることを示した。このメソポーラス材料は，大きな表面積と高度な均一性のために吸着剤や触媒の担体，分子デバイスなどへの幅広い応用が期待されている。この研究以降，界面活性剤を始め様々な有機物が形作る超分子ナノ構造体を構造決定因子として利用し，無機材料のナノ構造の制御を試みる多くの研究が行われている。テンプレート用有機化合物の開発が盛んに行われる一方，優れた性質を持った無機材料についてのナノ構造制御法が注目されている。特に酸化チタンや酸化タンタルなどの遷移金属酸化物は，電気，光，触媒といった特性に優れており，現在も防汚効果を期待した光触媒，太陽電池材料やコンデンサーなどとして実用化されている[6]。したがってこれらの遷移金属酸化物のナノ構造を適正に制御した材料は，性能の向上や新しい機能を持った未来の材料としての可能性が期待されている。

有機ゲル化剤が形成するナノファイバー自己組織体を有機物テンプレートとして着目し，有機ゲルファイバーの特徴的な構造をシリカの構造に転写する研究は新海等のグループにより報告された[7]。ゲル化剤分子にイオン性部位を導入することにより，シリカとゲル化剤会合体との静電的相互作用を利用し，効果的にシリカとゲル化剤の無機−有機複合体を形成している。

筆者らの研究室でも，優れたゲル化能力を示すシクロヘキサン誘導体に注目し，アルキル鎖末端にピリジニウム基を導入し正電荷を持った化合物〔5〕，〔6a〕，〔6b〕を合成した。これらの化合

ナノファイバーテクノロジーを用いた高度産業発掘戦略

[5] : X⁻ = PF₆⁻ , (1R, 2R)
[6a] : X⁻ = ClO₄⁻ , (1R, 2R)
[6b] : X⁻ = ClO₄⁻ , (1S, 2S)

物を構造決定因子に用いた酸化チタン，酸化タンタル，酸化バナジウム，酸化ニオブの遷移金属酸化物のナノ構造制御について検討した。

まず化合物〔5〕，〔6a〕，〔6b〕について各種有機溶媒に対するゲル化テストを行った。カウンターアニオンがPF_6^-である〔5〕は1-ブタノールをゲル化したのに対し，ClO_4^-をカウンターアニオンに持つ〔6a〕，〔6b〕はエタノール，1-プロパノール，2-プロパノール，1-ブタノールをゲル化することができた。また，化合物〔5〕，〔6a〕，〔6b〕について，エタノール中でそれぞれの化合物が形成する会合体の電子顕微鏡観察を行った。その結果を図4に示す。〔5〕は直径50nm〜300nm程度のロッド状の会合体を形成し，〔6a〕，〔6b〕は直径90nm〜160nm程度の枝分かれの多い捻れたファイバー状会合体を形成することが確認された。カウンターイオンを変えることにより，ゲル化剤が形成する会合体の形態が変化すると共に，ゲル化能力に影響を与えることが分かった。

これら化合物〔5〕，〔6a〕，〔6b〕が形成するファイバー状会合体をテンプレートとして用いて金属酸化物の調製を行った。金属酸化物の調製法として金属アルコキシドを原料とし，加水分解と重縮合によって金属酸化物を得るゾル-ゲル重合法を用いた。ゾル-ゲル重合には，溶媒としてエタノール，触媒として25%アンモニア水溶液，金属アルコキシドとして$Ti[OCH(CH_3)_2]_4$，

第11章 革新的ナノ材料産業

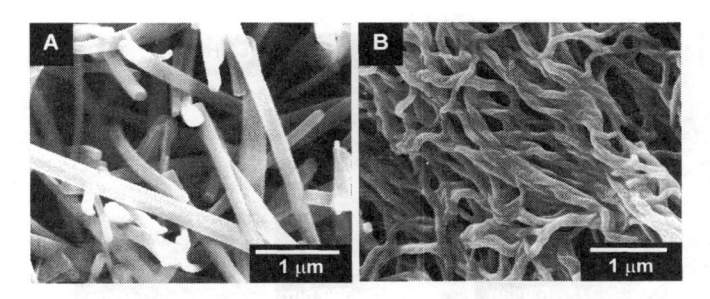

図4 〔5〕(A)および〔6a〕(B)がエタノール中で形成した自己会合体のSEM写真

Ta(OCH_2CH_3)$_5$, O=V[$OCH(CH_3)_2$]$_3$, Nb(OCH_2CH_3)$_5$をそれぞれ用いた。金属アルコキシドのエタノール溶液にゲル化剤を添加し，続いてアンモニア水溶液を加えた後，加熱溶解して均一溶液を得た。反応溶液は25℃に冷却することにより，白色のゲル状態あるいは沈殿を生じた。25℃でゆるやかに乾燥させた後，アセトニトリルを用いた洗浄あるいは500℃の焼成によりゲル化剤等の有機物成分の除去を行い，金属酸化物を得た。

図5に〔5〕を用いて調製した酸化チタンの走査型電子顕微鏡（SEM）写真を示す。得られた酸化チタンは中空なファイバー状構造を持っていることが明らかとなった。中空ファイバーの長さは百数10μm程度で，外径は300～600nm，内径は90～350nmであり，この内径は〔5〕が形成する会合体の直径にほぼ一致した。また，得られた酸化チタンチューブのBET法による比表面積は，約80m^2/gでテンプレートを用いない場合に比べて数倍程度大きくなった。これは酸化チタンの形状が〔5〕を添加して調製したことにより，球状からチューブ状に変化したためである。さらに金属アルコキシドと有機テンプレートの濃度比を変えることにより，チューブの膜厚を制御できることがわかった（図5）。この結果から，まずゲル化剤のファイバー状会合体が形成され，次にその会合体表面上に静電的な相互作用によって酸化チタン成分が効率よく吸着し，最後に焼成によって有機物成分が除去された結果，チューブ状の酸化チタンが得られたと推定できる。以上より正電荷を持ったゲル化剤は金属酸化物のナノ構造制御において，優れた構造決定因子として作用することが示唆された[8]。

次に，鏡像異性体である〔6a〕および〔6b〕をテンプレートとして用いて調製した酸化タンタルのSEM写真を図6に示す。得られた酸化タンタルは，外径200～500nmのらせんを巻いたファイバー状構造となっていることが分かった。さらに，(1R, 2R)鏡像体〔6a〕を用いて調製した系では左手型，(1S, 2S)鏡像体〔6b〕を用いた系では右手型のらせんを持つことが分かった。また，〔6a〕の系より得られた酸化タンタルのらせん状ファイバーの透過型電子顕微鏡写真（図6B）よ

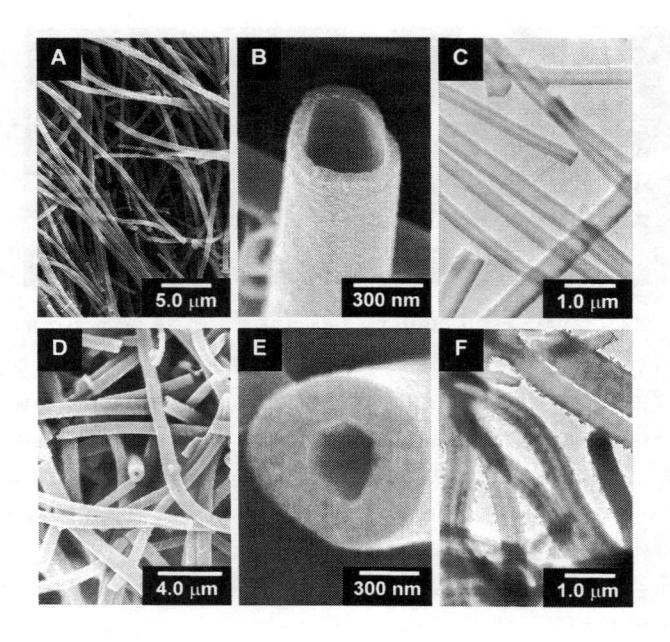

図5 5をテンプレートに用いて調製した酸化チタンチューブの
SEM（A，B，D，E）およびTEM写真（C，F）
(A，B，C)；[Ti]：[5] = 1：0.4, (D，E，F)；[Ti]：[5] = 1：0.1

り，らせん状ファイバーは内径40-170nmの中空構造を持ち，その空隙も左手型であることが分かった。鏡像異性体である[6a]および[6b]が形成する捻れたファイバー状会合体が酸化タンタルの構造に転写され，中空らせんファイバー状構造を持つ酸化タンタル材料が得ることができた。さらに有機ゲル化剤の自己会合体が持つキラリティの転写により，無機材料である酸化タンタルの構造にキラリティを与えることができた[9]。

次に，各種有機溶媒に対して優れたゲル化能を示す双頭型L-バリン誘導体に着目した。アルキル鎖長の異なる双頭型L-バリン誘導体に正電荷を導入した化合物[7]〜[10]を合成し，アルキル鎖長の違いによってエタノール中で形成される会合体の形態にどのような違いがあるか観察した。さらにそれぞれの会合体をテンプレートに用いてゾル-ゲル重合を行い，得られる金属酸化物の形態を比較した。

双頭型L-バリン誘導体[7]〜[10]がエタノール中で形成した会合体のSEM写真を図7に示す。アルキル鎖長の短い[7]は，厚みが30-80nm程度のシート状の構造体を形成した。一方，[8]，[9]，

第11章 革新的ナノ材料産業

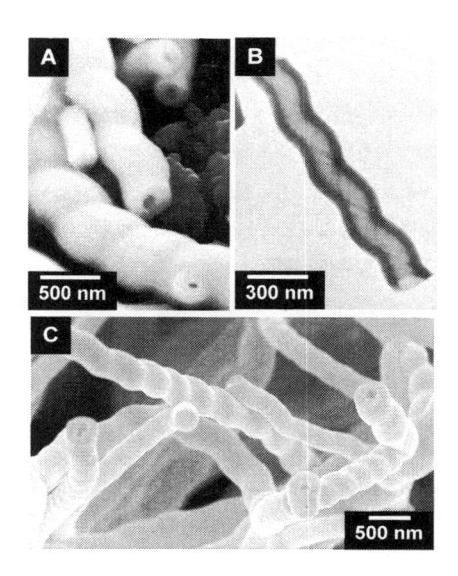

図6 〔6a〕(A, B)および〔6b〕(C)をテンプレートに用いて調製した
らせん中空酸化タンタル繊維のSEM(A, C)およびTEM(B)写真

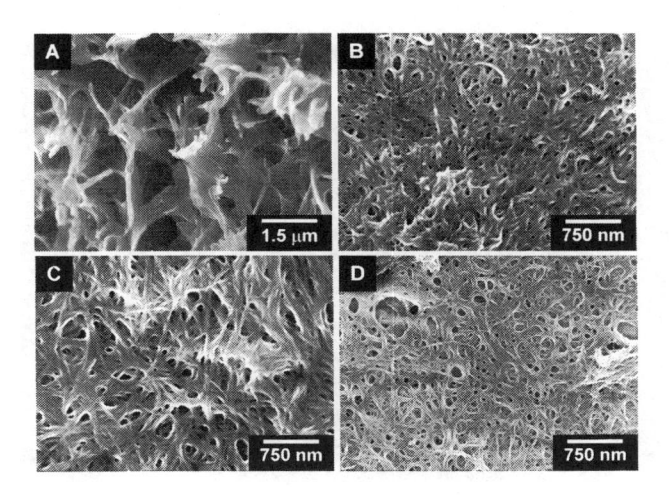

図7 化合物〔7〕(A), 〔8〕(B), 〔9〕(C), 〔10〕(D)がエタノール中で形成した
自己会合体のSEM写真

[10]は繊維状会合体を形成し,それぞれの直径は50-150,30-90,30-90nmであった。[8]〜[10]についてはアルキル鎖長の違いにより,形成される会合体の形態,直径に大きな違いは観察されなかった。また,これらの会合体をテンプレートに用いて調製した酸化タンタルのSEM写真を図8に示した。[7]を添加して調製した酸化タンタルは[7]がエタノール中で形成する構造体と同様なシート状構造であった(図8A)。[8],[9],[10]を有機物テンプレートに用いて調製した酸化タンタルもまた中空繊維状構造であることがわかった。それらの繊維の平均外径は145,80,310nmであった。また[9]を用いて得られた酸化タンタル繊維は,[8],[10]のものに比べて平均外径が細く,また比較的が狭い外径分布を示した。これはゾル-ゲル重合時における反応溶液の状態が影響していると考えられる。[9]の系では,反応溶液がゲル化したのに対して,[8],[10]の系では白色の沈殿が生じた。このことから,テンプレートとなるゲル化剤の繊維状会合体は,ゲル状態では直径がある程度細く,直径分布が狭い状態であると考えられ,一方,沈殿を生じる系では,会合体は大きく成長し,幅広い直径分布になっていると推測される。テンプレートとなる繊維状会合体の状態が,そのまま金属酸化物の構造に転写され,中空繊維の外径分布の違いに現れたと推測できる。

 [7],[8],[9],[10]を添加して得られた酸化タンタルの比表面積は,それぞれ5.7,33.8,56.0,25.1m^2/gであった。テンプレートを用いない場合(2.9m^2/g)に比べて,形態が中空繊維状となることにより8倍から20倍程度,比表面積が大きくなり,特に繊維の直径が小さなサンプ

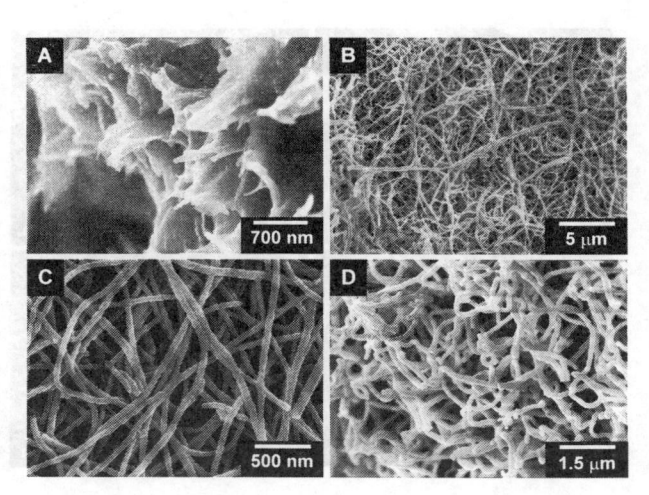

図8 テンプレートに[7](A),[8](B),[9](C),および[10](D)をそれぞれ用いて調製した酸化タンタル中空繊維のSEM写真

第11章 革新的ナノ材料産業

ルほど表面積は大きくなった。

以上と同様な結果が，酸化チタン，酸化タンタル，酸化バナジウム，酸化ニオブの系において得られており，ゲル化剤が形成するファイバー状会合体の特徴的な構造を転写した新しいナノ構造を持つ各種遷移金属酸化物材料が作製することができた。得られた金属酸化物材料は，大きな比表面積やキラリティといった有機物であるゲル化剤の構造的性質と，金属酸化物特有の光・電気，触媒等の性質を持ち合わせていることから，ナノスケールの物質の分離膜，高効率な光触媒や異方性のある電子デバイスなど今までにない機能を持った材料としての可能性が期待できる。

4.4 おわりに

ゲル化剤の自己会合体は，数～数百ナノメートル程度の極めて細い有機ナノファイバーを基本構造としており，その形はロープ状やらせん状といった様々な形態を持っている。このようなファイバー状自己会合体の大きさや形態は，適切にゲル化剤の分子構造を設計し，調製条件を最適化することによって制御が可能である。近年，光・電子デバイスや触媒等の分野で次世代の材料としてナノメートルスケールの構造を制御した金属微粒子や金属酸化物等の無機材料が注目を集めている。無機材料のナノ構造を制御する一つの方法として，有機物が形成するナノ構造体をテンプレートとして用いる手法が期待されており，特にゲル化剤が形成する自己会合体を有機物テンプレートとして利用する方法は簡便であり有用であると考えられる。

本稿において記述した研究の一部は，文部科学省21世紀COEプログラム「先進ファイバー工学研究教育拠点」の補助金のもとに行われたものである。ここに付して謝する。

文　献

1) K. Hanabusa, J. Tange, Y. Taguchi, T. Koyama, and H. Shirai, *J. Chem. Soc., Chem. Commun.*, 1993, 390–392.
2) K. Hanabusa, K. Hiratsuka, M. Kimura, and H. Shirai, *Chem. Mater.*, 1999, **11**, 649.
3) K. Hanabusa, R. Tanaka, M. Suzuki, M. Kimura, and H. Shirai, *Adv. Mater.*, 1997, **9**, 1095–1097.
4) K. Hanabusa, M. Yamada, M. Kimura, and H. Shirai, *Angew. Chem. Int. Ed. Engl.*, 1996, **35**, 1949.
5) T. Kresge, M. E. Leonowicz, W. J. Roth, J. C. Vartuli, and J. S. Beck, *Nature*, 1992, **359**, 710.
6) (a) C. J. Patrissi, C. R. Martin, *J. Electrochem. Soc.*, 1999, **146**, 3176. (b) J. Robertoson, C.W.

Chen, *Appl. Phys. Lett.*, 1999, **74**, 1168. (c) S. Y. Huang, L. Kavan, I. Exnar, M. Grätzel, *J. Electrochem. Soc.*, 1995, **142**, L142. (d) P. Liu, S. -H. Lee, C. E. Tracy, Y. Yan, J. A. Turner, *Adv. Mater.*, 2002, **14**, 27. (e) Y. Takahara, J. N. Kondo, T. Takata, D. Lu, K. Domen, *Chem. Mater.*, 2001, **13**, 1194. (f) M. R. Hoffmann, S. T. Martin, W. Choi, D. W. Bahnemann, *Chem. Rev.*, 1995, **95**, 69. (g) M. A. Fox, M. T. Dulay, *Chem. Rev.*, 1993, **93**, 341.

7) (a) Y. Ono, K. Nakashima, M. Sano, Y. Kanekiyo, K. Inoue, J. Hojo, and S. Shinkai, *Chem. Commum.*, 1998, 1477. (b) J. H. Jung, Y. Ono, and S. Shinkai, *Angew. Chem. Int. Ed.*, 2000, **39**, 1862. (c) J. H. Jung, Y. Ono, K. Hanabusa, and S. Shinkai, *J. Am. Chem. Soc.*, 2000, **122**, 5008.

8) S. Kobayashi, K. Hanabusa, N. Hamasaki, M. Kimura, H. Shirai, and S. Shinkai, *Chem. Mater.*, 2000, **12**, 1523.

9) S. Kobayashi, N. Hamasaki, M. Suzuki, M. Kimura, H. Shirai, and K. Hanabusa, *J. Am. Chem. Soc.*, 2002, **124**, 6550.

5 天然無機ナノファイバー「イモゴライト」

高原　淳[*1]，山本和弥[*2]，和田信一郎[*3]

5.1 はじめに

　有機，無機，あるいは金属のナノファイバーやチューブ状のナノ構造を有する物質がナノテクノロジー分野で注目を集めている。この本の他の節で詳細に記述されているようにカーボンナノチューブ(CNT)[1]に関しては国内外で精力的な研究が行われている。CNTはその特異的な形状，優れた導電性，熱伝導性，機械強度やガス吸着能から，電子情報デバイスなどの基盤材料としての研究開発が進行している。

　一方，CNTと同様にナノメートルオーダーの径を有し，数μmの長さを有する天然に存在する無機ナノチューブである「イモゴライト」は，CNTと異なり，透明性，表面の親水性などの特性を有するために，種々の応用展開が期待されている。本項では，代表的な無機ナノファイバーであるイモゴライトの構造とそのハイブリッド材料への応用について解説する。

5.2 「イモゴライト」はどのような物質か？

　イモゴライトは九州大学の青峰，吉永によって熊本県人吉盆地のガラス質火山灰土「イモゴ」から，粘土鉱物であるアロフェンの副次的産物として発見された粘土鉱物の一種である[2]。イモゴライト(単位構造組成$Al_2O_3 \cdot SiO_2 \cdot 2H_2O$)は外径2〜2.5nm，内径1nm以下，長さ数百nm〜数μmの特徴的な構造を有するナノチューブ状アルミノケイ酸塩である[3]。図1はイモゴライトの構造モデルである。イモゴライトはギブサイトシートの単位構造にオルトケイ酸 $[Si(OH)_4]$ がわん曲してできた中空管を単位構造としている[3]。

　イモゴライトは，風化した火山灰や軽石等に見られる水を多量に含んだゲル状物質であり，天然に存在する状態では金属酸化物などの不純物を含んでいる。図2は精製前後のイモゴライトの写真である。精製前のゲルは図2(a)のように多くの不純物を含んでいるため着色している。このイモゴライトゲルより金属系，有機系不純物除去により脱色し，超音波によりゲルをほぐすことで，図2(c)のようなイモゴライトの懸濁液が得られる。さらに凍結乾燥することにより，図2(d)に示すような白色綿状の精製イモゴライトが得られる。

　図3はイモゴライトの透過電子顕微鏡像である。イモゴライトをpH＝3.0の水溶液に分散させ，それを電子顕微鏡のグリッド上に滴下することにより観察用基板を調製した。希薄溶液にもかか

[*1]　Atsushi Takahara　九州大学　先導物質化学研究所　教授
[*2]　Kazuya Yamamoto　九州大学大学院　工学府　博士後期課程2年
[*3]　Shin-Ichiro Wada　九州大学　農学研究院　助教授

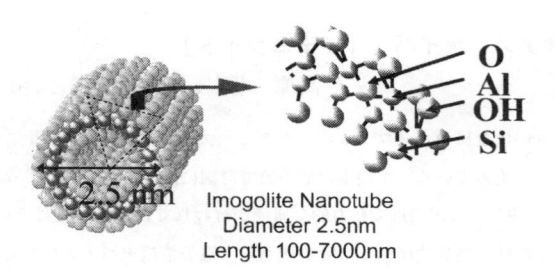

図1 イモゴライトの構造モデル

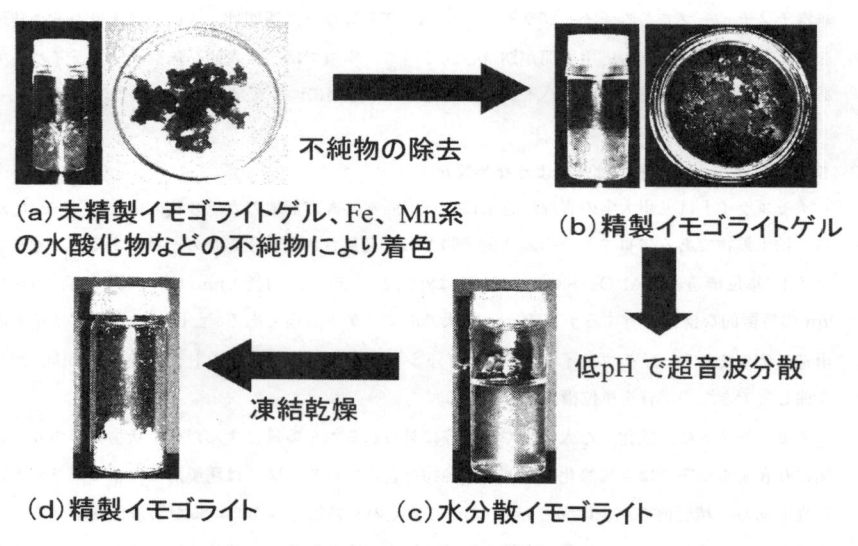

図2 イモゴライトの精製過程

(a) 未精製イモゴライトゲル、Fe、Mn系の水酸化物などの不純物により着色
(b) 精製イモゴライトゲル
(c) 水分散イモゴライト
(d) 精製イモゴライト

わらず，その大きなアスペクト比のために，網目状の構造を形成している。イモゴライトが溶液中に分散した場合，連続相が0.2vol%で形成されることが知られており，観察される網目状のナノファイバー構造は二次元ではあるがそれとよく対応している。図4はイモゴライトの電子線回折像と構造モデルである。チューブの長軸方向に(006)，(004)の回折が明確に観測される。この一連の回折から，チューブの長軸方向に0.84nmの繰り返しがあることが明らかである。一方，チューブの長軸に垂直方向には，1.2nm，0.8nm，0.57nmの回折が観測される。これらの回折は，ナノチューブが平行に配列した部分からの回折と考えられる[4]。

第11章　革新的ナノ材料産業

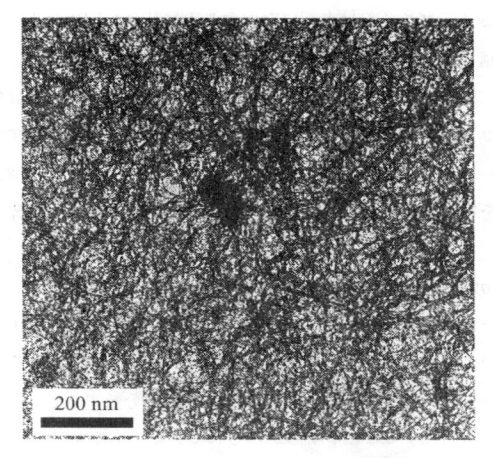

図3　イモゴライトの透過電子顕微鏡像

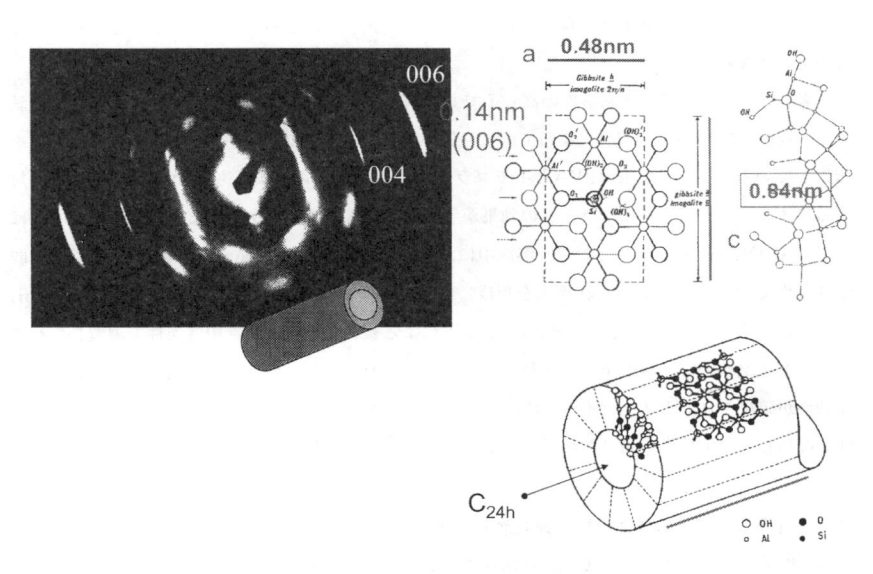

図4　イモゴライトの電子線回折像と構造モデル

天然に存在しているイモゴライトは表面に存在する水酸基に起因する高い親水性，ナノメートルオーダーの形状と構造に基づく高い比表面積に起因する高い吸着能を有しているため，ガスの貯蔵媒体，調湿材料，速乾性乾燥剤等の応用[5]が期待されている。また特異的な形状から比較的低濃度でリオトロピック液晶を形成する[6]ことを利用した材料開発や，高アスペクト比の形状を利用したナノフィラーとしての応用，ナノファイバーネットワークによる酸素拡散阻害を利用した難燃性材料，形状を制御して配列，薄膜化したナノマテリアルとしての潜在性が期待される。

5.3 イモゴライトの水溶性高分子との複合化

粘土鉱物をフィラーとして用いたナノコンポジットに，岡田，臼杵らにより報告された層状シリケート系ハイブリッド材料があげられる[7]。層状シリケートで構成されるクレイ（モンモリロナイト）がナノメートルオーダーでポリマーマトリクス中に分散することで，力学物性，ガスバリヤー性，耐疲労性[8]が向上することが明らかにされている。イモゴライトは，高アスペクト比，高い比表面積を有しているため，層状シリケートと同様に強化材としての効果が十分に期待できる。同様なナノファイバーであるCNTはフィラーとして用いた場合，物性改善は確認できるが，得られるナノコンポジットが黒色に着色し，不透明性となり光学的特性が損なわれる。一方，イモゴライトは一般の高分子と同程度の屈折率を有し，光学的に透明であるため広範な材料への応用が可能となる。

筆者らはイモゴライトと水溶性の高分子であるポリビニルアルコール（PVA）との複合化を試みた。梶原らはPVAとの混合によって，より低い濃度でイモゴライトが液晶相を形成することを報告している[9]。この現象はPVAとイモゴライト間の相互作用によるものであって，PVAに対するフィラーとしてのイモゴライトの効果が十分期待できるものである。また，イモゴライトは表面にAl-OH基を有しているので，溶液中における分散状態はpHに依存し，pH 5～6以下の弱酸性条件で分散しファイバー状構造を形成，中性～アルカリ性で凝集する。そこで水溶液のpHを調製し，イモゴライトとPVAの溶液ブレンドによる複合化を行った。中性条件で調製したハイブリッドと比較して，酸性条件で作製したハイブリッドの場合，ガラス転移温度の上昇等の有意な効果が確認され，ナノファイバー状に分散したイモゴライトがマトリクスPVAの分子鎖熱運動性を抑制し，力学特性を向上させていることを明らかにした[10]。

5.4 イモゴライトの表面特性と表面化学修飾

上記の条件では，イモゴライトとの複合化は水系の溶媒，水溶性ポリマーに限定され，親水性の低い高分子との複合材料としての展開は困難である。そこで，イモゴライトナノファイバーの有機溶媒への分散化を試みた。一般的にナノファイバー（例えばCNT）は高い比表面積，分子間

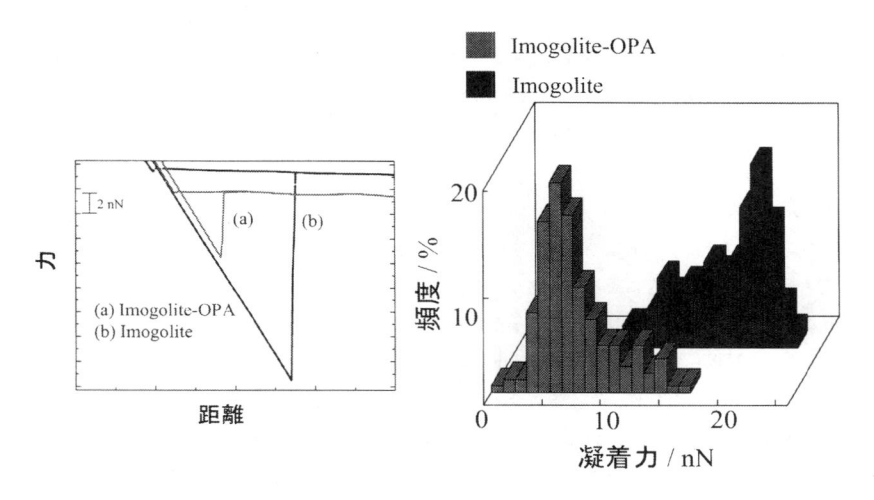

図5 イモゴライトとOPA修飾イモゴライトのフォースカーブと凝着力分布

相互作用により,溶媒もしくはマトリクス中への分散性が極めて悪いことから,分散性の改善を重点的に様々な研究が遂行されており[11],イモゴライトに関してもシランカップリング剤を用いた手法が試みられたが,十分な成果は得られていない[12]。そこで筆者らは,イモゴライト表面のAl-OH基がリン酸基と特異的な相互作用を形成することに着目し,疎水性媒体中への分散性向上のための表面改質剤にオクタデシルホスホン酸(OPA)を選択し,モデル実験を行った。OPAはアルキル鎖末端にリン酸部位を有する,両親媒性化合物である。OPA吸着イモゴライトの熱重量分析測定および赤外吸収分光測定により,OPAはイモゴライト表面に吸着し,単分子吸着層を形成することを明らかにした。表面疎水化を確認するためにOPA吸着後のイモゴライト表面と原子間力顕微鏡(AFM)のSi_3N_4カンチレバーの先端との間の凝着力を評価した。図5はOPA吸着前後のイモゴライト表面のフォースカーブと凝着力のヒストグラムである。凝着力はフォースカーブの極小値で定義される。イモゴライト表面の凝着力は,親水性のSi_3N_4との相互作用のため極めて高い値を示すが,OPA吸着に伴いイモゴライト表面が疎水化され表面の吸着水の量も減少しているため凝着力は著しく減少している。イモゴライト表面へOPAが吸着することで表面改質され,親水性溶媒である水やエタノール等には分散せず,逆に疎水性溶媒であるヘキサンやクロロホルムへの分散が可能となった。以上のように,リン酸系化合物を用いることによりイモゴライトの表面改質が可能であることを確認した[13]。

5.5 イモゴライト／ポリマーハイブリッド

以上の知見に基づき，リン酸基とイモゴライト表面の特異的な相互作用を利用したポリマーハイブリッドの調製法を解説する。PVAは側鎖に多数のOH基を有し，リン酸基の導入が可能である。部分リン酸化PVAを用いてイモゴライトとのハイブリッドを調製した。リン酸基とイモゴライト表面の特異的な相互作用により，PVAの分子運動が抑制され，ガラス転移温度が上昇することが確認された[10]。

一方，イモゴライト表面にリン酸基を有するメタクリレート系モノマーを吸着させ，メタクリル酸メチルのその場重合によるハイブリッド調製を試みた。図6はハイブリッド調製のスキームである。複合化させるマトリクス高分子として汎用性のポリマーであるポリメタクリル酸メチル（PMMA）を選択した。このハイブリッド化における鍵は，①イモゴライトナノファイバーのマトリクス中における分散性，②イモゴライトとポリマーの親和性である。筆者らはこれらを考慮し，表面修飾剤として重合部位であるメタクリレート基を有したリン酸化合物である2-ヒドロキシエチルメタクリレートリン酸エステル（P-HEMA）を選択した。P-HEMAで表面修飾したイモゴライトをモノマーであるメタクリル酸メチルと混合し，ラジカル重合開始剤により重合を行い，イモゴライト／ポリマーハイブリッドを調製した。モノマー中で重合することでP-HEMAが存在するイモゴライト表面から，ポリマー鎖がグラフトされマトリクス中における分散性，親和性の改善が期待される。実際に本手法により調製したイモゴライト／PMMAハイブリッドは，PMMAホモポリマーと比較して，室温で弾性率が1.8倍に上昇するなど力学的物性の向上，またホモポリマーと同等の透明性が確認され，イモゴライトファイバーの分散性，汎用性高

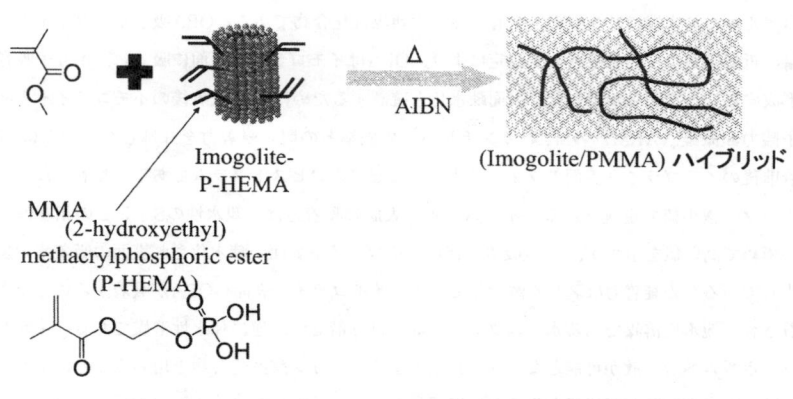

図6 リン酸基を有するメタクリレート系モノマーを吸着させたイモゴライトを用いた，メタクリル酸メチルのその場重合によるハイブリッド調製の模式図

第11章　革新的ナノ材料産業

分子材料に対する強化剤としての効果が明らかとなった[14]。

5.6　イモゴライトのその場合成によるポリマーハイブリッドの創製

　イモゴライトは天然に存在する粘土鉱物である。しかし，自然界における存在比は決して多くない。また，不純物等を多く含み，生成分離過程が必要不可欠であるため，純粋かつ多量のイモゴライトゲルを得るのは非常に困難である。そこで，筆者らはイモゴライトの合成を検討した。イモゴライトの合成は1977年にFarmerらが報告して以来[15]，様々な手法が展開されている[16]。最近，鈴木らはこれまでの手法の数十倍の濃度で合成し，高純度のイモゴライトを得ており[17]，イモゴライトの材料応用への機運を高めている。

　しかしながら，ハイブリッド材料として展開する場合，前節で述べたようにナノファイバーのマトリクス高分子中における分散性が物性を支配する。天然ゲルから精製したイモゴライト，もしくは合成したイモゴライトは，凍結乾燥等により一度凝集させた後に加工するため，分子レベルでの再分散が非常に困難となる。そこで，筆者らはイモゴライトがマトリクス中で分散した状態でハイブリッド材料が生成可能となる in-situ 合成法を提案した。この手法は少量であるが高純度のイモゴライトが得られる従来の合成法を適応でき，またワンポットかつ簡便である等の利点を有する。イモゴライトの合成は，これまで報告されている和田の方法に準じて行った[18]。塩化アルミニウムとモノケイ酸を出発原料としたイモゴライト合成反応の途中において，ポリマー水溶液（PVA水溶液）を混合することで，ハイブリッドを調製した[19]。図7は天然イモゴライト，合成イモゴライトならびにPVAとのハイブリッドの広角X線回折のプロファイルである。いずれ

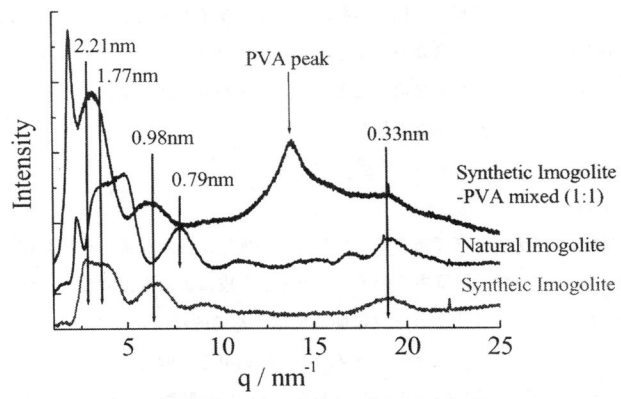

図7　天然イモゴライト，合成イモゴライトならびに
PVAとのハイブリッドの広角X線回折のプロファイル

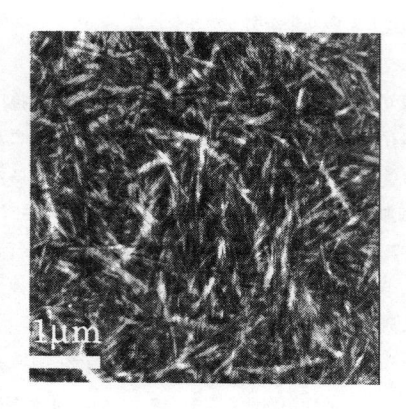

図8　(イモゴライト／PVA) ハイブリッドの
タッピングモード原子間力顕微鏡 (AFM) 像

の試料にもイモゴライトチューブの配列に対応する回折が観測される。それらの面間隔は合成物と比較して天然イモゴライトが小さな値を示しており，天然イモゴライトチューブの直径がより小さいことを示している。一方，PVAとのハイブリッド系では合成イモゴライトからの回折とPVAの回折が観測され，PVA溶液中においてもイモゴライトが生成していることを確認できる。図8は(イモゴライト／PVA)ハイブリッドのタッピングモード原子間力顕微鏡 (AFM) 像である。明るい部分がイモゴライトナノファイバーに対応する。イモゴライトの分率が50wt％程度であるにもかかわらず，ナノメートルサイズのファイバーが微細に分散していることが確認できる。また，フィルム化した場合，同量の粉末状イモゴライトを加えて調製したPVA複合体と比較して高い透明性が得られたことから，in-situ合成法により調製したイモゴライトはポリマーマトリクス中における分散性が極めて高いことが明らかとなり，この手法がポリマーハイブリッド化手法として有効であることが示唆された[20]。

5.7　おわりに

本稿では無機ナノチューブであるイモゴライトの構造，表面改質，それを利用したポリマーハイブリッド，またポリマー溶液中でのイモゴライト合成による直接的なハイブリッド調製法について紹介した。イモゴライトチューブに関しては，基礎的な研究はまだまだ少なく，凝集構造，表面組成，形状などの制御，またチューブ内空孔の利用等，検討すべき点が数多くあるが，これらの問題を一つ一つ解決していくことで，ナノチューブの特徴を活かした高性能，機能性ハイブリッド材料の創製が期待される。

第11章 革新的ナノ材料産業

文　献

1) S. Iijima, *Nature*, **354**, 56(1991).
2) a) N. Yoshinaga, S. Aomine, *Soil Sci. Plant Natur.*, **8**, 22 (1962). b) S. Aomine, K. Wada, *Ameri. Mineral.*, **47**, 1024(1962).
3) P. D. G. Cradwick, V. C. Farmer, J. D. Russell, C. R. Masson, K. Wada, N. Yoshinaga, *Nature*, **240**, 187(1972).
4) 和田信一郎, 人工粘土, No. 20, 2 (1993).
5) 例えばW. C. Ackerman, D. M. Smith, J. C. Huling, Y-W. Kim, J. K. Bailey, C. J. Brinker, *Langmuir*, **9**, 1051(1993).
6) 例えばK. Kajiwara, N. Donkai, Y. Hiragi, H. Inagaki, *Makromol. Chem.*, **187**, 2883(1986).
7) A. Usuki, M. Kawasumi, Y. Kojima, A. Okada, T. Kurauchi, O. Kamigaito, *J. Mater. Res.*, **8**, 1174(1993).
8) A. Yamashita, A. Takahara, T. Kajiyama, *Compos. Interface.*, **6** 247(1999).
9) H. Hoshino, T. Ito, N. Donkai, H. Urakawa, K. Kajiwara, *Polym. Bull.*, **28**, 607(1992).
10) K. Yamamoto, H. Otsuka, S.-I. Wada, A. Takahara, *J. Adhesion*, **78**, 591(2002).
11) 例えばJ. Chen, M. A. Hannon, H. Hu, Y. Chen, A. M. Rao, P. Ecklund, R. C. Haddon, *Science*, **282**, 95(1998).
12) L. M. Johnson, T. J. Pinnavaia, *Langmuir*, **7**, 2636(1991).
13) K. Yamamoto, H. Otsuka, S. -I. Wada, A. Takahara, *Chem. Lett.*, 1162(2001).
14) 山本和弥, 大塚英幸, 和田信一郎, 高原　淳, 日本化学会第83春季年会予稿集, **I**, 96 (2003).
15) V. C. Farmer, A. R. Fraser, J. M. Tait, *J. Chem. Soc. Chem. Comn.*, 462(1977).
16) 例えばS. -I. Wada, *Clays Clay Miner.*, **35**, 379(1987).
17) 特開2001-220129
18) 和田信一郎, 粘土化学, **25**, 53(1985).
19) K. Yamamoto, H. Otsuka, S. -I. Wada, A. Takahara, *Polym. Prepr. Jpn*, **52**, 584(2003).
20) K. Yamamoto, H. Otsuka, S. -I. Wada, A. Takahara, *Polym. Prepr. Jpn*, in press(2003).

6 汎用ポリマーから成るナノファイバー

越智隆志[*]

6.1 はじめに

本章では様々なナノファイバーが紹介されているが，いづれも長さが大きくともミクロンオーダーであり，従来の概念からすると，「繊維」と言うよりも「繊維状」，「ファイバー」というよりも「フィラー」という言葉の方が適切であるものがほとんどである。これは，繊維，ファイバーという概念の拡張であり，次代の繊維産業の中で大きなうねりになっていく可能性がある。ところで，このような流れとは別に，従来の繊維産業の概念である長さがcmオーダー以上の「繊維」の世界でも汎用ポリマーによるナノファイバーが創生されており，これが従来の汎用ポリマーから成る「繊維」の革新となることが期待されている。ここでは，この汎用ポリマーから成るナノファイバーについて紹介したい。

6.2 形態制御による繊維の高機能化

繊維の高機能化にはいくつかの手法があるが，原料となるポリマーを改質する手法としては，共重合やポリマーブレンドなどにより機能物質を繊維に含有させる方法が挙げられる。しかし，単に繊維の形態を制御するだけでも繊維は驚くほど機能化する。その最も身近な例が，スポーツウエアでおなじみの吸汗速乾シャツである。これは繊維の横断面形状を単純な円からエッジのきいた三葉断面やX字断面にすることで，その溝による毛細管現象を利用したものである[1]。そして，まだ身近な例があるが，それはめがね拭きである。これは通常の1/10程度の繊維直径を持つ超極細糸からできている。これでは，拭き取り残しがあっても超極細糸が次々と拭き取っていくため，拭き取り性が飛躍的に向上するのである[2]。

このように，化学的な組成は同じでも形態が異なるだけで様々な機能を付与することが可能なのである。ここでは，極細化の極限であるナノファイバーについて紹介したい。

6.3 超極細糸

上記超極細糸は，一般的にはいわゆる海島複合繊維から海成分を溶解除去することにより得ることができる[3]。より具体的には，海ポリマー中に多数の島ポリマーを配置できる口金（図1左）を用いて，島数が数十～数百の海島複合繊維を作製し，これから海ポリマーを溶剤で除去することで島ポリマーからなる超極細糸を得ることができる（図1右）。そして，実際に直径 $2～6\mu m$ の超極細糸が工業的に生産されている。また，生産性向上のためには海ポリマー複合比を減じる

---

[*] Takashi Ochi 東レ㈱ 繊維研究所 主任研究員

第11章　革新的ナノ材料産業

ことが好ましいが，現在では海ポリマー複合比が4％程度のものも実現されている。なお，極細化のレベルは島数に大きく依存し，実験室レベルでは1000を超える超多島複合糸も実現されている。これについての詳細は「第4章5複合紡糸法」を参照願いたい。

元々，この超極細糸は従来に無い高級感あふれるスエード調人工皮革として実用化されたものであるが，現在ではアパレルだけでなく，家具や自動車内装のような繊維製品，また濾過布や産業資材用途にも拡がっている。また，隠れた製品として，パソコン下面の断熱材やプリンター部品にまで応用が拡がっている。

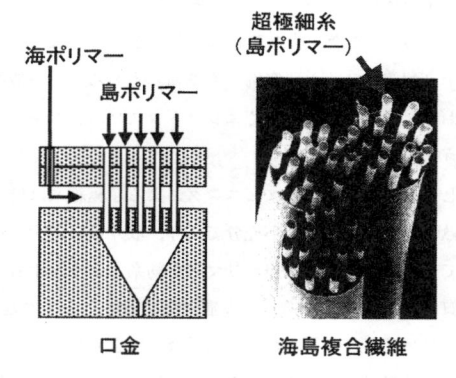

図1　超極細糸

6.4　エレクトロスピニング

繊維を極細化する技術としては，上記した海島複合繊維から海ポリマーを溶出することが一般的である。しかし，これでは，繊維径はミクロンレベルが限界であり，ナノファイバーを得るには至っていなかった。一方，最近米国を中心に，海島複合繊維とは全く異なる超極細糸製造技術が脚光を浴びている。それは，エレクトロスピニングと呼ばれるものである。詳細については，「第4章ナノ加工　4　エレクトロスプレー法」を参照願いたい。

エレクトロスピニングとは，ポリマー溶液に数千～3万Vという高電圧を印可し，ポリマー溶液流を極細化すると同時に溶媒を蒸発させ，続いてポリマーを捕集することにより，ワンステップで超極細糸から成る不織布を得るものである[4]。これは，通常の溶融紡糸とは異なりポリマー限定が少なく，コラーゲンやフィブリノーゲンのような生体ポリマーなどの通常では紡糸不能なポリマーを不織布化できる点が魅力的である[5]。また，目開きの大きい不織布が得られる点でも優れている。しかし，ここで得られる繊維の繊維径はほとんどが未だサブミクロンにとどまっている。ポリマーや紡糸条件によっては繊維径が100nm以下のナノファイバーが得られる場合もあるが[6]，多くのエレクトロスピニングの研究者は，細さよりも目開きの大きい不織布や生体ポリマーや導電性ポリマーを比較的容易に繊維化できる点に注目し，メディカル用途（wound dressingやscaffoldなど）やケミカルセンサー用途への応用を考えているようである。特にメディカル分野は米国が圧倒的に進んでおり，一部の研究機関では，すでにポリ乳酸／ポリグルコール

453

酸共重合体やコラーゲンからなるエレクトロスピニング不織布を使用した in vivo での検証が進みつつある[7]。また，少々変わったところでは，歯の治療材料の補強[8]やエレクトロニクス分野でのナノ配線といった研究例[9]もある。もちろん，一般的なフィルター材料としての検討も行われており，支持体の上に薄くエレクトロスピニングを行い，低圧損で微粒子捕捉効率が向上したという報告もある[10]。

しかし，エレクトロスピニングによる超極細糸はほとんど配向結晶化しないため，力学特性や耐熱性，形態安定性が不充分であり，取り扱いに大きな制限があった。さらに，基本的に乾式紡糸であり，いわゆる汎用ポリマーを紡糸しようとすると，ギ酸やハロゲン系有機溶媒などの有害物質を用いる必要があり，大量の蒸発溶媒ミストの処理が安全性の面から課題となる。加えて，ナノファイバーを得るためには溶液粘度を充分下げなければならないため，単位時間あたりの吐出量には限界があることから，生産性が低いものであり，また不織布の均一性，紡糸工程で発生する風綿の処理等，工業化には幾多の問題がある。

6.5 ナイロン・ナノファイバー

繊維は表面積が大きいことが特徴の材料であり，超極細化することでさらに大きな表面積が得られると言われてきた。しかし，実は，繊維径が2～6μm程度の従来の超極細糸（マイクロファイバー）では比表面積はたいして増加しないのである（図2）。そこで，表面積増大による新機能発現を期待するためには繊維直径を100nm以下まで微小にすることが重要となるのである。

このような背景のもとに，東レ㈱がナイロン・ナノファイバーの開発に成功したことが報じられた[11]。このナイロン・ナノファイバーの繊維径はわずか20～100nm（平均直径60nm）であり，ウイルス並の大きさである（図3，表1）。ちなみに，髪の毛の1/10以下である従来の超極細糸（マイクロファイバー）のさらに1/100程度，通常の繊維からすると1/1000程度となる。このため，

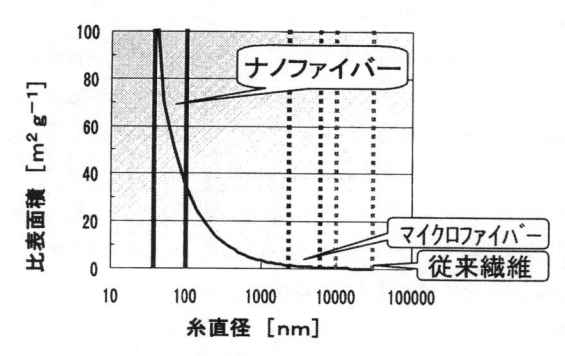

図2　繊維直径と表面積の関係

第11章 革新的ナノ材料産業

図3 ナノファイバーの側面写真

表1 ナノファイバーのサイズの比較

	直径/nm
毛髪	53,000
花粉	30,000
たばこ煙	500
ウィルス	50
ナノファイバー	20〜100

繊維の比表面積が飛躍的に拡大し,これまでのナイロンでは見られなかった新しい性質が期待できるのである。

このナイロン・ナノファイバーはナイロン100%でありながら,吸湿性が従来ナイロン繊維の2〜3倍に向上し,綿同等以上の性能が得られた(図4)。ここで,吸湿性とは20℃,相対湿度65%での繊維の含有する水分率のことであり,水蒸気(ガス状水)の吸着に相当する。従来のナイロン繊維では繊維表面の吸湿量は,繊維内部の吸湿量の1/1000程度であるため,繊維の表面における吸湿量は無視し得るものであった[12]。しかしながら,今回のナイロン・ナノファイバーの表面積は従来繊維の1000倍程度であるため,表面の吸湿効果を大きく顕在化させることができたものと考えられる。

この他にも優れたガス吸着性や液体吸収性,徐放性等を確認しており,従来のナイロンとは全く異なる特性を有している。例えば,ナイロン・ナノファイバーは,吸着剤を含有しないナイロン100%であるにも関わらず,アンモニアガスの吸着性能は市販の消臭繊維同等以上であった。これは,吸着剤などの化学物質を必要としない消臭繊維が可能であることを示しており,従来より化学的に安心できる消臭繊維が得られる可能性があることを示している。また,液体水の保水性は綿並の値を示したことからスキンケアなどにも寄与できる可能性がある。また,ある色素分子を従来ナイロンの10倍以上吸尽することも可能であり,有用物質の坦持・徐放材料としての可能性が期待される。

さらに,このナイロン・ナノファイバー布帛(図5)は,乾燥状態ではきしみ感とドライ感がありシルクのような触感であるが,一旦濡れると湯葉のような粘着質の特異な触感に変貌する。

このように,ナイロンがナノファイバー化により機能性材料として生まれ変わったのである。

このナノファイバー技術は,ナイロンの他にポリエステルやポリオレフィンなどの汎用ポリマーに適用できると共に,既存設備を利用して生産できる汎用性に優れた技術である。また,この

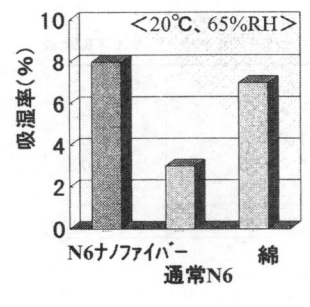

図4　ナノファイバーの吸湿率

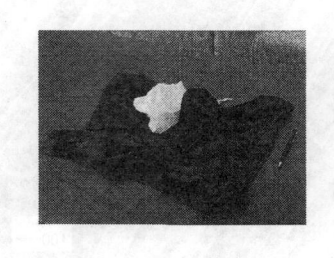

図5　ナノファイバーの編物写真

ナノファイバー技術では，長繊維形状のナノファイバーが得られるため，様々な製品への加工が容易であるだけでなく，ナノファイバーの配向や形状の制御も容易であり，様々な分野への応用が加速することが期待できる。

このナイロン・ナノファイバーの用途としては，上記した従来ナイロンには無い快適さやタッチを活かした，高級アパレルや，様々な分子の吸着や吸収特性を活かした高機能吸着材料やフィルター材料への応用が期待される。さらに，徐放性を活かしたドラッグデリバリーシステムや高比表面積を活かしたscaffoldなどのメディカル材料への応用も期待される。

6.6　おわりに

今や合成繊維の世界で確固たる地位を築いている超極細糸でさえ，誕生したばかりの頃は「用途もないのに…」と揶揄されたと伝え聞いている。

生まれたばかりのナノファイバー技術は，汎用ポリマーと呼ばれる陳腐な材料を機能性材料に変身させられるポテンシャルを持っている。今後，ナイロンのみならずポリエステルやポリオレフィンなどのナノファイバーも創生され，さらにナノファイバーの新機能が続々と発見されてゆけば，我々の生活をさらに豊にし得る新しい価値を創造していくことができると信じている。

文　献

1) 特開平11-222721号公報
2) http://www.toray.co.jp/toraysee/what/index.html

第11章　革新的ナノ材料産業

3) 渡辺，飯島，繊維学会誌，**54**，P-124(1998).
4) D. H. Reneker et al., *Polymer*, **40**, 4585(1999).
5) J. A. Matthews et al., *J. Bioactive and Compatible Polymers*, **18**, 125(2003).
6) G. E. Wnek et al., *NANO LETTERS*, **3**, 213(2003).
7) X. Zong et al., *Polymer Preprints*, **44**(2), 89(2003).
8) H. Fong, *Polymer Preprints*, **44**(2), 100(2003).
9) J. Kameoka et al., *Polymer Preprints*, **44**(2), 117(2003).
10) M. G. Hajra et al., *Separation and Purification Technology*, **30**, 79(2003).
11) 繊研新聞，11月1日(2002).
12) 森島　他，繊維学会誌，**57**，69(2001).

《CMCテクニカルライブラリー》発行にあたって

弊社は、1961年創立以来、多くの技術レポートを発行してまいりました。これらの多くは、その時代の最先端情報を企業や研究機関などの法人に提供することを目的としたもので、価格も一般の理工書に比べて遙かに高価なものでした。

一方、ある時代に最先端であった技術も、実用化され、応用展開されるにあたって普及期、成熟期を迎えていきます。ところが、最先端の時代に一流の研究者によって書かれたレポートの内容は、時代を経ても当該技術を学ぶ技術書、理工書としていささかも遜色のないことを、多くの方々が指摘されています。

弊社では過去に発行した技術レポートを個人向けの廉価な普及版《CMCテクニカルライブラリー》として発行することとしました。このシリーズが、21世紀の科学技術の発展にいささかでも貢献できれば幸いです。

2000年12月

株式会社　シーエムシー出版

ナノファイバーテクノロジー
―新産業発掘戦略と応用―　　　　　　　　　　(B0858)

2004年2月29日　初　版　第1刷発行
2008年10月25日　普及版　第1刷発行

監　修　本宮　達也　　　　　　　　Printed in Japan
発行者　辻　　賢司
発行所　株式会社　シーエムシー出版
　　　　東京都千代田区内神田1-13-1　豊島屋ビル
　　　　電話 03 (3293) 2061
　　　　http://www.cmcbooks.co.jp

〔印刷〕倉敷印刷株式会社　　　　　　　© T. Hongu, 2008

定価はカバーに表示してあります。
落丁・乱丁本はお取替えいたします。

ISBN978-4-7813-0031-3 C3043 ¥6400E

本書の内容の一部あるいは全部を無断で複写（コピー）することは，法律で認められた場合を除き，著作者および出版社の権利の侵害になります。

CMCテクニカルライブラリーのご案内

白色 LED 照明システム技術と応用
監修／田口常正
ISBN978-4-7813-0008-5　B851
A5判・262頁　本体3,600円+税（〒380円）
初版2003年6月　普及版2008年6月

構成および内容：白色 LED 研究開発の状況：歴史的背景／光源の基礎特性／発光メカニズム／青色 LED，近紫外 LED の作製（結晶成長／デバイス作製 他）／高効率近紫外 LED と白色 LED（ZnSe 系白色 LED 他）／実装化技術（蛍光体とパッケージング 他）／応用と実用化（一般照明装置の製品化 他）／海外の動向，研究開発予測および市場性 他
執筆者：内田裕士／森 哲／山田陽一　他24名

炭素繊維の応用と市場
編著／前田 豊
ISBN978-4-7813-0006-1　B849
A5判・226頁　本体3,000円+税（〒380円）
初版2000年11月　普及版2008年6月

構成および内容：炭素繊維の特性（分類／形態／市販炭素繊維製品／性質／周辺繊維 他）／複合材料の設計・成形・後加工・試験検査／最新応用技術／炭素繊維・複合材料の用途分野別の最新動向（航空宇宙分野／スポーツ・レジャー分野／産業・工業分野 他）／メーカー・加工業者の現状と動向（炭素繊維メーカー／特許からみた CF メーカー／FRP 成形加工業者／CFRP を取り扱う大手ユーザー 他）他

超小型燃料電池の開発動向
編著／神谷信行／梅田 実
ISBN978-4-88231-994-8　B848
A5判・235頁　本体3,400円+税（〒380円）
初版2003年6月　普及版2008年5月

構成および内容：直接形メタノール燃料電池／マイクロ燃料電池・マイクロ改質器／二次電池との比較／固体高分子電解質膜／電極材料／MEA（膜電極接合体）／平面積層方式／燃料の多様化（アルコール，アセタール系／ジメチルエーテル／水素化ホウ素燃料／アスコルビン酸／グルコース 他）／計測評価法（セルインピーダンス／パルス負荷 他）
執筆者：内田 勇／田中秀治／畑中達也　他10名

エレクトロニクス薄膜技術
監修／白木靖寛
ISBN978-4-88231-993-1　B847
A5判・253頁　本体3,600円+税（〒380円）
初版2003年5月　普及版2008年5月

構成および内容：計算化学による結晶成長制御手法／常圧プラズマ CVD 技術／ラダー電極を用いた VHF プラズマ応用薄膜形成技術／触媒化学気相堆積法／コンビナトリアルテクノロジー／パルスパワー技術／半導体薄膜の作製（高誘電体ゲート絶縁膜 他）／ナノ構造磁性薄膜の作製とスピントロニクスへの応用（強磁性トンネル接合（MTJ）他）他
執筆者：久保百司／髙見誠一／宮本 明　他23名

高分子添加剤と環境対策
監修／大勝靖一
ISBN978-4-88231-975-7　B846
A5判・370頁　本体5,400円+税（〒380円）
初版2003年5月　普及版2008年4月

構成および内容：総論（劣化の本質と防止／添加剤の相乗・拮抗作用 他）／機能維持剤（紫外線吸収剤／アミン系／イオウ系・リン系／金属捕捉剤 他）／機能付与剤（加工性／光化学性／電気性／表面性／バルク性 他）／添加剤の分析と環境対策（高温ガスクロによる分析／変色トラブルの解析例／内分泌かく乱化学物質／添加剤と法規制 他）
執筆者：飛田悦男／児島史利／石井玉樹　他30名

農薬開発の動向 -生物制御科学への展開-
監修／山本 出
ISBN978-4-88231-974-0　B845
A5判・337頁　本体5,200円+税（〒380円）
初版2003年5月　普及版2008年4月

構成および内容：殺菌剤（細胞膜機能の阻害剤 他）／殺虫剤（ネオニコチノイド系剤 他）／殺ダニ剤（神経作用性 他）／除草剤・植物成長調節剤（カロチノイド生合成阻害剤 他）／製剤／生物農薬（ウイルス剤 他）／天然物／遺伝子組換え作物／昆虫ゲノム研究の害虫防除への展開／創薬研究へのコンピュータ利用／世界の農薬市場／米国の農薬規制
執筆者：三浦一芸／上原正浩／織田雅次　他17名

耐熱性高分子電子材料の展開
監修／柿本雅明／江坂 明
ISBN978-4-88231-973-3　B844
A5判・231頁　本体3,200円+税（〒380円）
初版2003年5月　普及版2008年3月

構成および内容：【基礎】耐熱性高分子の分子設計／耐熱性高分子の物性／低誘電率材料の分子設計／光反応性耐熱性材料の分子設計【応用】耐熱注型材料／ポリイミドフィルム／アラミド繊維紙／アラミドフィルム／耐熱性粘着テープ／半導体封止用成形材料／その他注目材料（ベンゾシクロブテン樹脂／液晶ポリマー／BT レジン 他）
執筆者：今井淑夫／竹市 力／後藤幸平　他16名

二次電池材料の開発
監修／吉野 彰
ISBN978-4-88231-972-6　B843
A5判・266頁　本体3,800円+税（〒380円）
初版2003年5月　普及版2008年3月

構成および内容：【総論】リチウム系二次電池の技術と材料・原理と基本材料構成【リチウム系二次電池材料】コバルト系・ニッケル系・マンガン系・有機系正極材料／炭素系・合金系・その他非炭素系負極材料／イオン電池用電解液／ポリマー・無機固体電解質 他【新しい蓄電素子とその材料編】プロトン・ラジカル電池 他【海外の状況】
執筆者：山崎信幸／荒井 創／櫻井庸司　他27名

※ 書籍をご購入の際は、最寄りの書店にご注文いただくか、
㈱シーエムシー出版のホームページ（http://www.cmcbooks.co.jp/）にてお申し込み下さい。

CMCテクニカルライブラリーのご案内

水分解光触媒技術 -太陽光と水で水素を造る-
監修／荒川裕則
ISBN978-4-88231-963-4　　B842
A5判・260頁　本体3,600円＋税（〒380円）
初版2003年4月　普及版2008年2月

構成および内容：酸化チタン電極による水の光分解の発見／紫外光応答性二段光触媒による水分解の達成（炭酸塩添加法／Ta系酸化物へのドーパント効果 他）／紫外光応答性二段光触媒による水分解／可視光応答性光触媒による水分解の達成（レドックス媒体／色素増感光触媒 他）／太陽電池材料を利用した水の光電気化学的分解／海外での取り組み

執筆者：藤嶋昭／佐藤真理／山下弘巳 他20名

機能性色素の技術
監修／中澄博行
ISBN978-4-88231-962-7　　B841
A5判・266頁　本体3,800円＋税（〒380円）
初版2003年3月　普及版2008年2月

構成および内容：【総論】計算化学による色素の分子設計 他【エレクトロニクス機能】新規フタロシアニン化合物 他【情報表示機能】有機EL材料 他【情報記録機能】インクジェットプリンタ用色素／フォトクロミズム 他【染色・捺染の最新技術】超臨界二酸化炭素流体を用いる合成繊維の染色 他【機能性フィルム】近赤外線吸収色素 他

執筆者：蛭田公広／谷口彬雄／雀部博之 他22名

電波吸収体の技術と応用 II
監修／橋本修
ISBN978-4-88231-961-0　　B840
A5判・387頁　本体5,400円＋税（〒380円）
初版2003年3月　普及版2008年1月

構成および内容：【材料・設計編】狭帯域・広帯域・ミリ波電波吸収体【測定法編】材料定数／電波吸収量【材料編】ITS（弾性エポキシ・ITS用吸音電波吸収体 他）／電子部品（ノイズ抑制・高周波シート 他）／ビル・建材・電波暗室（透明電波吸収体 他）【応用編】インテリジェントビル／携帯電話など小型デジタル機器／ETC【市場編】市場動向

執筆者：宗哲／栗原弘／戸高嘉彦 他32名

光材料・デバイスの技術開発
編集／八百隆文
ISBN978-4-88231-960-3　　B839
A5判・240頁　本体3,400円＋税（〒380円）
初版2003年4月　普及版2008年1月

構成および内容：【ディスプレイ】プラズマディスプレイ 他【有機光・電子デバイス】有機EL素子／キャリア輸送材料 他【発光ダイオード(LED)】高効率発光メカニズム／白色LED 他【半導体レーザ】赤外半導体レーザ 他【新機能光デバイス】太陽光発電／光記録技術 他【環境調和型光・電子半導体】シリコン基板上の化合物半導体 他

執筆者：別井圭一／三上明義／金丸正剛 他10名

プロセスケミストリーの展開
監修／日本プロセス化学会
ISBN978-4-88231-945-0　　B838
A5判・290頁　本体4,000円＋税（〒380円）
初版2003年1月　普及版2007年12月

構成および内容：【総論】有名反応のプロセス化学的評価 他【基礎的反応】触媒的不斉炭素-炭素結合形成反応／進化するBINAP化学 他【合成の自動化】ロボット合成／マイクロリアクター 他【工業的製造プロセス】7-ニトロインドール類の工業的製造法の開発／抗高血圧薬塩酸エホニジピン原薬の製造研究／ノスカール錠用固体分散化の工業化 他

執筆者：塩入孝之／富岡清／左右田茂 他28名

UV・EB硬化技術 IV
監修／市村國宏　編集／ラドテック研究会
ISBN978-4-88231-944-3　　B837
A5判・320頁　本体4,400円＋税（〒380円）
初版2002年12月　普及版2007年12月

構成および内容：【材料開発の動向】アクリル系モノマー・オリゴマー／光開始剤 他【硬化装置及び加工技術の動向】UV硬化装置の動向と加工技術／レーザーと加工技術 他【応用技術の動向】缶コーティング／粘接着剤／印刷関連材料／フラットパネルディスプレイ／ホログラム／半導体用レジスト／光ディスク／光学材料／フィルムの表面加工 他

執筆者：川上直彦／岡崎栄一／岡英隆 他32名

電気化学キャパシタの開発と応用 II
監修／西野敦／直井勝彦
ISBN978-4-88231-943-6　　B836
A5判・345頁　本体4,800円＋税（〒380円）
初版2003年1月　普及版2007年11月

構成および内容：【技術編】世界の主なEDLCメーカー【構成材料編】活性炭／電解液／電気二重層キャパシタ(EDLC)用半製品、各種部材／装置・安全対策ハウジング、ガス透過弁【応用技術編】ハイパワーキャパシタの自動車への応用／UPS 他【新技術動向編】ハイブリッドキャパシタ／無機有機ナノコンポジット／イオン性液体 他

執筆者：尾崎潤二／齋藤智之／松井啓真 他40名

RFタグの開発技術
監修／寺浦信之
ISBN978-4-88231-942-9　　B835
A5判・295頁　本体4,200円＋税（〒380円）
初版2003年2月　普及版2007年11月

構成および内容：【社会的位置付け編】RFID活用の条件 他【技術的位置付け編】バーチャルリアリティーへの応用 他【標準化・法規制編】電波防護 他【チップ・実装・材料編】粘着タグ 他【読み取り書きこみ機編】携帯型リーダーと応用事例 他【社会システムへの適用編】電子機器管理 他【個別システムの構築編】コイル・オン・チップRFID 他

執筆者：大見孝吉／椎野潤／吉本隆一 他24名

※ 書籍をご購入の際は、最寄りの書店にご注文いただくか、㈱シーエムシー出版のホームページ(http://www.cmcbooks.co.jp/)にてお申し込み下さい。

CMCテクニカルライブラリーのご案内

燃料電池自動車の材料技術
監修／太田健一郎／佐藤 登
ISBN978-4-88231-940-5　　　　　　B833
A5判・275頁　本体3,800円＋税（〒380円）
初版2002年12月　普及版2007年10月

構成および内容：【環境エネルギー問題と燃料電池】自動車を取り巻く環境問題とエネルギー動向／燃料電池の電気化学 他【燃料電池自動車と水素自動車の開発】燃料電池自動車市場の将来展望 他【燃料電池と材料技術】固体高分子型燃料電池用改質触媒／直接メタノール形燃料電池 他【水素製造と貯蔵材料】水素製造技術／高圧ガス容器 他
執筆者：坂本良悟／野崎 健／柏木孝夫 他17名

透明導電膜II
監修／澤田 豊
ISBN978-4-88231-939-9　　　　　　B832
A5判・242頁　本体3,400円＋税（〒380円）
初版2002年10月　普及版2007年10月

構成および内容：【材料編】透明導電膜の導電性と赤外遮蔽特性／コランダム型結晶構造ITOの合成と物性 他【製造・加工編】スパッタ法によるプラスチック基板への製膜／塗布光分解法による透明導電膜の作製 他【分析・評価編】FE-SEMによる透明導電膜の評価 他【応用編】有機EL用透明導電膜／色素増感太陽電池用透明導電膜 他
執筆者：水嶋 衛／南 内嗣／太田裕道 他24名

接着剤と接着技術
監修／永田宏二
ISBN978-4-88231-938-2　　　　　　B831
A5判・364頁　本体5,400円＋税（〒380円）
初版2002年8月　普及版2007年10月

構成および内容：【接着剤の設計】ホットメルト／エポキシ／ゴム系接着剤 他【接着層の機能−硬化接着物を中心に−】力学的機能／熱的特性／生体適合性／接着層の複合機能【表面処理技術】光オゾン法／プラズマ処理／プライマー 他【塗布技術】スクリーン技術／ディスペンサー 他【評価技術】塗布性の評価／放散VOC／接着試験法
執筆者：駒峯郁夫／越智光二／山口幸一 他20名

再生医療工学の技術
監修／筏 義人
ISBN978-4-88231-937-5　　　　　　B830
A5判・251頁　本体3,800円＋税（〒380円）
初版2002年6月　普及版2007年9月

構成および内容：【再生医療工学序論】／【再生用工学技術】再生用材料（有機系材料／無機系材料 他）／再生支援法（細胞分離法／免疫拒絶回避法 他）【再生組織】全身（血球／末梢神経）／頭・頸部（頭蓋骨／網膜 他）／胸・腹部（心臓弁／小腸 他）／四肢部（関節軟骨／半月板 他）【これからの再生用細胞】幹細胞（ES細胞）／毛幹細胞 他
執筆者：森田真一郎／伊藤敦夫／菊地正紀 他58名

難燃性高分子の高性能化
監修／西原 一
ISBN978-4-88231-936-8　　　　　　B829
A5判・446頁　本体6,000円＋税（〒380円）
初版2002年6月　普及版2007年9月

構成および内容：【総論編】難燃性高分子材料の特性向上の理論と実際／リサイクル性【規制・評価編】難燃規制・規格および難燃性評価方法／実用評価【高性能化事例編】各種難燃剤／各種難燃性高分子材料／成形加工技術による高性能化事例／各産業分野での高性能化事例（エラストマー／PBT）【安全性編】難燃剤の安全性と環境問題
執筆者：酒井賢郎／西澤 仁／山崎秀夫 他28名

洗浄技術の展開
監修／角田光雄
ISBN978-4-88231-935-1　　　　　　B828
A5判・338頁　本体4,600円＋税（〒380円）
初版2002年5月　普及版2007年9月

構成および内容：洗浄技術の新展開／洗浄技術に係わる地球環境問題／新しい洗浄剤／高機能化水の利用／物理洗浄技術／ドライ洗浄技術／超臨界流体技術の洗浄分野への応用／光励起反応を用いた漏れ制御材料によるセルフクリーニング／密閉型洗浄プロセス／周辺付帯技術／磁気ディスクへの応用／汚れの剥離の機構／評価技術
執筆者：小田切力／太田至彦／信夫維一 他20名

老化防止・美白・保湿化粧品の開発技術
監修／鈴木正人
ISBN978-4-88231-934-4　　　　　　B827
A5判・196頁　本体3,400円＋税（〒380円）
初版2001年6月　普及版2007年8月

構成および内容：【メカニズム】光老化とサンケアの科学／色素沈着／保湿／老化・シミ保湿の相互関係 他【制御】老化の制御方法／保湿に対する制御方法／総合的な制御方法 他【評価法】老化防止／美白／抗（抗シワ）機能性化粧品／剤形の剤形設計／老化防止／美白剤とその応用／総合的な老化防止化粧料の提案 他
執筆者：市橋正光／伊福欧二／正木仁 他14名

色素増感太陽電池
企画監修／荒川裕則
ISBN978-4-88231-933-7　　　　　　B826
A5判・340頁　本体4,800円＋税（〒380円）
初版2001年5月　普及版2007年8月

構成および内容：【グレッツェル・セルの基礎と実際】作製の実際／電解質溶液／レドックスの影響 他【グレッツェル・セルの材料開発】有機増感色素／キサンテン系色素／非チタニア型／多色多層パターン化 他【固体化】擬固体色素増感太陽電池 他【光電池の新展開及び特許】ルテニウム錯体 自己組織化分子層修飾電極を用いた光電池 他
執筆者：藤嶋昭／松村道雄／石沢均 他37名

※書籍をご購入の際は、最寄りの書店にご注文いただくか、㈱シーエムシー出版のホームページ（http://www.cmcbooks.co.jp/）にてお申し込み下さい。